# D. Friedr. Heinr. Wilh. Martini's allgemeine Geschichte der Natur in alphabetischer Ordnung;

fortgesetzt von einer Gesellschaft Gelehrten,
und herausgegeben
von
D. Johann Georg Krünitz.

**Neunter Theil.**
Mit 66 Oktav-Kupfern.
Von Boh bis Bry.

---



---

Berlin, 1790.
bey Joachim Pauli, Buchhändler.

# Verzeichniß

## der im IXten Bande

# des Naturlexikons

## enthaltenen Kupfertafeln.

---

Allge-

D. Friedr. Heinr. Wilh. Martini's

allgemeine

# Geschichte der Natur

in alphabetischer Ordnung;

fortgesetzt von einer Gesellschaft Gelehrten.

Mit vielen Kupfern.

IX. Bandes I. Abtheilung.

Mit Königl. Preuß. und Kurfürstl. Sächsischen Privilegien.

Berlin, 1790.

bey Joachim Pauli, Buchhändler.

# Allgemeine Geschichte der Natur,

## in alphabetischer Ordnung.

## IX. Bandes I. Abtheilung.

---

### Boh.

**Bohne, Bufbohne, Gartenbohne, gemeine Gartenbohne, große Gartenbohne, große Bohne, römische Bohne, Saubohne,** Vicia Faba. Eine Art Sommergewächse, die zu den Hülsengewächsen, und nach Linné zu der Gattung der Wicken gehört; sie stammt ursprünglich aus Egypten und aus der Gegend des kaspischen Meers an der persischen

Grenze, und wird häufig in ganz Europa als Sommerfrucht auf offenem Felde, einige Spielarten auch in Gärten gezogen. Sie wächst aufrecht, und hat große, glänzend glatte, schön grüne, gefiederte, vor ihrer Entwicklung zusammengerollte Blätter ohne Gabeln; ihre Blumen haben einen angenehmen sehr starken Geruch, den sie auch dem darüber abgezogenen Wasser mittheilen, und werden fleißig von den Bienen besucht, die den Stoff zu einem bleifarbigen Honig darauf sammlen; sie stehen auf kaum merklichen Stielen in den Winkeln der Blätter; ihre Krone ist schmetterlingsförmig und weiß, nur die Seitenblättchen haben in der Mitte einen dunkeln Flecken, der wie Sammt glänzt. a) Man hat davon zwo Unterarten.

1) Die Gartenbohne, welche größer ist; man speise ihre Hülsen und Samen grün, auch mischt man wohl ihre Samen gemahlen unter das Weitzenmehl zu Brod, oder macht Brei und Suppen daraus; b) man hat aber davon mehrere Abarten; in Frankreich schätzt man die Feves de la grosse espece am meisten, und hält sie für besser, als die Julienne und die durch ihre große und breite Samen ausgezeichnete Pikarde; in England steht die Mazaganbohne oben an, theils weil sie schmackhafter, theils weil sie früher und schon im May eßbar ist; auf sie folgen die Windsorbohnen und die nur etwas kleinere Mundfordbohnen;

a) Bona s. phaseolus. Dod. pempt. 513. Faba. *Bauh.* pin. 338. Vicia caule erecto, petiolis absque cirrhis. *Linné* Syst. veget. 14. p. 554. n. 18. spec. pl. 2. p. 1039. n. 18.

b) Faba hortensis; major recentiorum; major vulgaris; sativa.

bohnen; die große und kleine spanische Bohnen setzt man über die portugiesische, die wahrscheinlich eine in Portugall gezogene Mazaganbohne sind, und wie die Sandwich- und Lokerbohne nicht sehr geschäzt werden.

2) Die Feldbohne, Futterbohne, kleine Bohne, kleine teutsche Bohne, Pferdebohne, Rosbohne, die entweder als grünes Futter, oder in ihrem Samen für das Vieh gebraucht, höchstens noch von den Sklaven, die von Afrika nach Westindien geführt werden, genossen wird. Ihr Stroh kann als Streue, oder, um zärtliche Pflanzen im Winter zuzudecken, gebraucht werden; aus ihrer Asche laugte man vormals ein Salz aus, das aber vor einem andern laugenhaften Aschensalze keinen Vorzug hat. c)

Bohne, Phaseolus. Eine Gattung Sommergewächse, mit dreifachen Blättern und Gabeln an denselbigen, vermittelst welcher sie sich an andere Körper anhängen, mit Schmetterlingsblumen und Hülsenfrüchten; alle sind außerhalb Europa und in wärmern Ländern zu Hause; einige werden auch im mitternächtlichen Theil Europens im Großen gezogen, verfrieren aber leicht; bey vielen klimmt der Stengel an andern Körpern hinauf. Das Schiffchen an ihrer Blumenkrone ist, so wie die zehen unten, einen einzelnen ausgenommen, ganz zusammengewachsene Staubfäden, und die etwas haarige Narbe nach einer Schneckenlinie zusammengedreht.

— — ägyptische. S. Faseln.



c) Faba minor. f. equina. *Bauh.* pin. 338.

Bohne, amerikanische. S. Anacokfrucht.

— — bleichrothe, Phaseolus helvolus. Sie kommt aus Karolina; die Blättchen an ihren Blättern sind deltaförmig, doch mehr länglicht; ihre Blumen stehen in Köpfchen beisammen, und haben an ihren Kelchen Deckblättchen, und eine bleichrothe Krone, deren Fähnchen sehr kurz, die Seitenblättchen aber sehr groß und ausgebreitet sind. Ihre Hülsen stehen aufrecht, und sind länglicht rund, schmal und glatt. d)

— — Caffeebohne. S. Kaffeebohne.

— — egyptische. S. Faseln.

— — Feuerbohne. S. Bohne gemeine.

— — Fuchsrothe, Phaseolus rufus. Diese Art blüht im Erndemonat unter freiem Himmel, und trägt im Weinmonat reife Samen; stirbt aber bald darauf ab: Stengel und Aeste schlingen sich um andere Körper, und sind mit kaum sichtbaren feinen Haren bekleidet, merklicher sind diese an dem untern Theil der Blattstiele und an den eigenen Blattstielen, und noch stärker an den Blumenstielen und Blumenkelchen: die Blätter sind ganz glatt, wie bei der gemeinen Bohne, aber kleiner und haben ganz kleine und spitzige Nebenblättchen. Ihre Blumen sitzen an Kämmen, die noch einmal so lang, als die Blattstiele sind, zwo bis drey bey-

d) Phaseolus caule volubili, floribus capitatis, calycibus bracteatis, alis expansis maximis, foliolis deltoidibus oblongis. *Linné* syst. veget. 14. p. 656. n. 7. Phaseolus flore helvulo, alis amplis patulis; *Dillen.* hort. elth. 312. t. 233. f. 300. Phaseolus radice annua, leguminibus erectis linnearibus teretibus glabris. *Royen* prodr. fl. Lugdb. 385. Phaseolus volubilis, floribus capitatis, calycibus bracteatis, vexillis brevibus, alis expansis maximis, *Linné* sp. plant. 2. p. 1017. n. 6.

beysammen, die aber nicht alle zu gleicher Zeit blühen; sie kommen übrigens mit den Blumen der unangenehmen Bohne an Grösse, Gestalt und Farbe so überein, daß man sie nicht unterscheiden kann; Schiffchen und Fähnchen an der Krone sind grünlicht; das leztere umgekehrt herzförmig, vertieft und umgebogen; die Seitenblättchen länglicht, vertieft und aufrecht, und anfangs zwar schneeweis, aber nachher schmutzig gelblicht: Ihre Hülse ist breitgedrückt und scharf zugespitzt, und enthält zween oder drey ungleich eyrunde, etwas breitgedrückte und rothbraune Samen. e)

Bohne, geflügelte, Phaseolus alatus. Die Blumen stehen in losen Aehren beisammen; ihre Krone ist roth, und die Seitenblättchen derselbigen groß, und so lang, als das Fähnchen. f)

— — gemeine, Bohne türkische, Bohne welsche, Vitsbohne, Gartenfaseolen, Phaseolus vulgaris.. Sie stammt aus Indien und dem mittägigen Amerika, wird aber durch ganz Europa in einer zahllosen Menge von Abarten, die sich auf Grösse, Farbe und Zeichnung der Blumen und Samen und Weiche der Hülsen beziehen, gepflanzt. Ihre Blumen stehen an Traubenkämmen, immer zwo und zwo beysammen, haben unter sich Blattdecken, welche kleiner als ihr Kelch sind, und eine weiße g) oder scharlach-



e) N. J. Jacquin Hortus Vindobonensis. Vindobon. 1770. fol. Centur. I. T. XXXIV. p. 13.

f) Phaseolus caule volubili, floribus laxe spicatis, alis longitudine vexilli. *Linn.* sp. plant. 2. p. 1017. n. 7. syst. veget. ed. 14. p. 656. n. 9. Phaseolus flore purpureo, alis amplis longe protensis. *Dillen.* hort. elth. 314. t. 235. f. 303.

g) Phaseolus caule volubili floribus racemosis geminis, bracteis calyce minoribus, leguminibus pendulis. *Linné* spec. veget.

lachrothe h) Krone. Will man sie nur zur Zierde in Gärten oder Lauben haben, wozu die Feuerbohne vorzüglich taugt, so steckt man ihren Samen im April dahin, wo die Pflanzen bleiben sollen, und gibt ihnen, wenn sie aufgegangen sind, Stecken, oder macht sie mit Schnüren vest. Will man sie zur Speise ziehen, und recht lange daran haben, so steckt man ihren Samen im Merz oder April, dann im May und noch einmal im Brachmonat bey trockenem Wetter in einen warmen trockenen Boden, den man mit dritthalb Schuh weit von einander stehenden Furchen durchzogen hat, zween Zolle weit von einander, und bedeckt sie einen Zoll hoch mit Erde; bei gutem Wetter kommen die Pflanzen zuweilen schon eine Woche darauf zum Vorschein, dann giebt man ihnen Stäbe, und wachsen sie etwas höher, so legt man bei trockenem Wetter vorsichtig und ohne die Blätter zuzudecken, etwas Erde um sie herum, hält sie von Unkraut rein, und sammlet die grüne Hülsen, wenn sie sich zeigen, die Woche zwey bis dreymal ein. Will man sie recht früh haben, so steckt man sie im Hornung in ein Mistbeet, das eben so, wie für die Gurken, zugerichtet ist, so daß die Erde vier bis fünf Zoll hoch über dem geebneten Miste liegt, und der meiste Dampf verraucht ist; nur müssen sie hier Raum genug, und bey gelindem Wetter genug frische

---

veget. 2. p. 1016. n. 1. syst. veget. ed. 14. p. 656. n. 1. Phaseolus radice annua, caule volubili leguminibus pendulis compressis torosis. *Roy.* lugdb. 367. Phaseolus vulgaris. *Lobel.* ic. 59. Smilax hortensis s. Phaseolus major. *Bauh* pin. 339.

h) Phaseolus (coccineus) floribus racemosis geminis, bracteis calice minoribus, leguminibus pendulis. *Linné* sp. pl. 2. p. 1016. n. 1. β. Phaseolus indicus, flore coccineo, s. puniceo. *Moris.* hist plant. univ. 2. p. 69. Phaseolus puniceo flore. *Cornuti* canad. 184.

frische Luft haben. Man kann aber auch, um sie früh zu haben, sie um die Mitte des Merzen dicht in ein gelindes Mistbeet säen, das man mit Reifen überspannt, und über diese Matten legt, muß aber die Pflanzen nach und nach an die freie Luft gewöhnen, und zu Anfang des Aprils mit vieler Erde an der Wurzel sorgfältig in einige warme Rabatten an einer Mauer oder Hecke in einiger Entfernung von einander setzen. Will man guten Samen haben, so muß man etliche Reihen Pflanzen stehn lassen, und im Herbst, wenn man merkt, daß er reif wird, sie bei trockenem Wetter ausziehen, aus einander breiten, ausdreschen, und die Samen an einem trockenen Orte aufbewahren. Das Laub kann man unter andern Futter dem Vieh zu fressen geben; die Blumen werden fleißig von den Bienen besucht; die Samen, die auch in theuern Zeiten zu Mehl gemacht und unter Brod gemengt werden können, und Hülsen, dienen frisch und getrocknet, in Essig oder Salzwasser eingemacht, als Zugemüs oder Salat zubereitet, zu einer angenehmen Speise, die doch etwas bläht.

**Bohne, gestrahlte, gestrahlte Bohne aus China,** Phaseolus radiatus. Sie ist in Sina und auf den Inseln des indischen Meers zu Hause: Ihr Stengel ist aufrecht und rundlicht; ihre Blumen stehen in ganzen Köpfgen beisammen; ihre Hülsen sind walzenförmig, und stehen horizontal und stralenförmig gegen einander. In Amboina genießt man ihre Hülsen und Samen; in Arabien pflanzt man sie zum Futter für das Vieh; in Sina gebraucht man das mit den Samen gekochte Wasser gegen den Stein, das auch die schwedische Aerzte in dieser Krankheit kräftig gefunden haben. i)



i) Phaseolus caule erecto tereti, floribus capitatis, leguminibus

**Bohne, halbaufrechte,** Phaseolus semierectus. Sie ist in den wärmern Theilen von Amerika, und wächst drey Schuhe hoch aufrecht, dann aber schlingt sie sich um die benachbarte Körper; ihr Stengel ist rundlicht, und nur ganz wenig harig; die Blättchen an ihren Blüthen eyrund und nackend; die Blumen stehen auf senkrechten einen Schuh langen Stielen in lockern Aehren immer zwo auf einem Stiel beysammen; ihr Kelch walzenförmig und ohne Blattdecke; ihre Krone roth; Fähnchen und Schiffchen klein und blaß; das leztere zusammengedreht; die Seitenblättchen dreymal größer, hochroth, unten bläulicht und zusammenstoßend; die Hülsen lang und schmal. Man gebraucht sie zum Färben. k)

— — **Handförmige,** Phaseolus palmatus. Sie wird in Arabien zum Futter für das Vieh gebaut; ihre Blätter sind mit Borsten besetzt, und wie eine Hand ausgebreitet.

— — **Ignatiusbohne.** S. Ignatie.

— — **Kugelichte,** Phaseolus sphaerospermus. Sie wächst in beiden Indien aufrecht; ihre Hülsen sind lang

---

nibus cylindricis horizontalibus. *Linné* sp. plant. 2. p. 1018. n. 10. syst. veget. ed. 14. p. 656. n. 13. Phaseolus minimus. Rumph. amb. 6. p. 386. t. 139. f. 2. Phaseolus ceylanicus, siliquis radiatim digestis. *Dillen.* hort. elth. 315. t. 235. f. 304.

k) Phaseolus barbadensis erectior, siliqua angustissima, tinctorius. *Dillen.* hort. elth. 312. t. 233. f. 301. Phaseolus caule semivolubili, floribus spicatis, calycibus ebracteatis, alis vexillo triplo majoribus, foliolis ovatis. *Linné* syst. veget. ed. 14. p. 656. n. 8. Phaseolus strumosa radice, flore purpureo, siliqua angustissima. Plumier spec. 8. Phaseolus subhirsutus americanus exitiosus, siliquis longis cauliculis insidentibus. Plucknet alm. 290. t. 214. f. 2.

lang und dünn, und enthalten viele kugelrunde, kleine, weißlichte Samen mit einem schwarzen Flecken. l)

Bohne, mehlige, Phaseolus farinosus. Sie wächst in Indien, und schlingt sich um die benachbarte Körper hinauf; ihre Blätter sind eckig, wie Epheublätter; ihre Blumen sitzen auf eigenen Stielen in einer Art von Köpfgen beisammen, und haben eine rosenrothe Krone; ihre Samen sind stumpf viereckig, und gleichsam gepudert. m)

— — mit Sturmhutblättern, Phaseolus aconitifolius. Hr. Bergr. v. Jacquin hat sie aus der Petiverischen Sammlung trockener Pflanzen untersucht, in welcher ihr der Beyname maderaspatanisch gegeben wurde. Ihr Stengel ist krautartig gestreift und harig, und schlingt sich um andere Körper herum; ihre glatte und dreifache Blätter sitzen wechselsweise auf Stielen, welche so wie die Adern auf dem Rücken der Blätter, harig sind; jedes Blättchen sitzt wieder auf einem eigenen Stiele, und ist wieder tief in drei länglichte etwas spitzige Lappen getheilt, von welchen die äussern

l) Phaseolus caule erecto, seminibus globosis hilo tincto. *Linné* sp. plant. 2. p. 1018. n. 13. syst. veget. ed. 14. S. 657. n. 17. Phaseolus erectus minor, semine sphaerico albido hilo nigro. Sloane jam. 72. hist. 1. S. 185. t. 117. f. 1-3. Phaseolus erectus siliquis gracilibus teretibus polyspermis, seminibus subrotundis hilo nigro. Brown jam. 292. Phaseolus indicus, fructu stricto albo minore nigra macula. Pluckn. alm. 290.

m) Phaseolus caule volubili, pedunculis subcapitatis, seminibus tetragono-cylindricis pulverulentis. *Linné* sp. plant. 2. S. 1016. n. 4. syst. veget. ed. 14. S. 656. n. 5. Phaseolus indicus, hederae folio anguloso, semine oblongi lanuginoso. *Rai* Suppl. 348. Phaseolus peregrinus, flore roseo, semine tomentoso. Nissole Abh. der Ak. zu Paris 1730. S. 577. t. 42.

sern unzertheilt sind, oder einen kleinen Nebenlappen haben; in den Winkeln der Blätter sitzen die haarige Blumenstiele einzeln; jeder derselben trägt fünf kleine Blumen, die wie an einem Traubenkamme stehen; ihr Kelch ist so lang, als ihre Krone, und harig, und besteht aus gleichbreiten aber scharf zugespitzten Blättchen; ihre Krone hat ein großes Fähnchen; ihre Staubfäden sind in zween Haufen getheilt, und der Griffel mit dem Schiffchen nach einer Schneckenlinie gewunden; zu beyden Seiten der Blattwinkel steht ein hariges lanzettförmiges und scharf zugespitztes Nebenblättchen. n)

Bohne, mit zwei Düpfelchen. Phaseolus bipunctatus. Die Samen dieser Bohne erhielt Hr. v. Jacquin o) vom Vorgebirge der guten Hofnung. Schon im ersten Jahre blühte sie vom Ernde- bis im Christmonat, und trug reiche Samen; im zweiten Frühling trieb sie wieder eine Menge Stengel mit Aesten und blattreichen Zweigen: Sie hat viele Aehnlichkeit mit der fuchsrothen, auch in der Blume, nur daß das Fähnchen kleiner ist. Stengel, Blätter und Blumenkämme sind etwas zotig; die Hülse ist ein wenig rauch, und kommt in Gestalt und Umfang mit der Hülse der unangenehmen Bohne überein; nur daß sie wegen der dickeren Samen mehr aufgedunsen ist; ihre Anzahl ist gering; sie sind weiß, fast wie Nieren gestaltet, und über der Vertiefung zu beiden Seiten mit einem Düpfelchen

n) Phaseolus caule volubili, foliis subquinquepartitis. *Jacquin* observat. botanic. T. III, Vindob. 1768. S. 2. T. 52. *Linné* Syst. veget. ed. 14. S. 656. n. 11.

o) Phaseolus caule volubili leguminibus acinaciformibus pubescentibus seminibus ad hilum bipunctatis. *Linné* syst. veget. ed. 14. S. 656. n. 3. N. J. Jacquin Hort. Vindobonens. Vienn. fol. Centur. I. 1770. S. 44. T. C.

felchen gezeichnet: die Blättchen an den Blättern sind eyrund, aber scharf zugespitzt, und der innere Lappe der Seitenblätter doppelt so schmal als die Nebenlappen.

Bohne, mondförmige, Phaseolus lunatus. Sie wächst in Benghalen wild, und windet sich an benachbarten Körpern hinauf; die Seitenblättchen ihrer Blätter sind nach aussen zu noch einmal so breit, ihre Blumen sind sehr klein und grün; nur die Seitenblättchen der Krone sind weiß, werden aber mit der Zeit gelb; ihre Hülsen sind glatt, und beinahe mondförmig, oder wie ein Säbel gekrümmt; ihre Samen sind gestreift und eyrund, doch etwas breit gedrückt. p)

— — Mungobohne, Phaseolus Mungo. Sie ist in Ostindien zu Hause, und auf ihrer ganzen Oberfläche mit bleichrothen Haren bekleidet; sie wächst aufrecht, ihr Stengel ist schlank und rundlicht; ihre Blätter haben länglicht ovale, nackende, mit Haren eingefaßte Ansätze; die Seitenblättchen sind an der äussern Seite wie ein halbes Herz, an der innern wie eine Lanzette gestaltet, und haben noch besondere lanzenförmige Ansätze, die sich in eine Borste verlieren; ihre Blumen sitzen auf Stielen, die so lang, als die Blätter, sind, mehrere beysammen; sie haben eine gelbe Krone; ihre Hülsen sind zotig, und stehen mehrere in Köpfgen beysammen. q)

— — platterbsenartige, Phaseolus lathyroides. Man findet sie in Jamaika auf Wiesen wild; sie wächst

---

p) Phaseolus benghalensis scandens, siliqua acinaciformi, semine ovato compresso striato. Bergen fl. francof. S. 99. Phaseolus caule volubili, leguminibus acinaciformibus sublunatis laevibus. *Linné* sp. plant. 2. S. 1016, n. 2. syst. veget. ed. 14. S. 656. n. 2.

q) Phaseolus caule flexuoso tereti hirsuto, leguminibus capitatis hirtis. *Linné* syst. veget. ed. 14. S. 657. n. 15. Phaseolus hirsutus flexicaulis mungo affinis maderaspatanus caule tereti. Pluckn. alm. 290.

wächst aufrecht; ihre Blätter sind lanzettförmig; ihre Blumen groß; die Krone scharlachroth; das Fähnchen kleiner, als die übrigen Blättchen derselbigen. Ihre Hülsen sind dünn. r)

Bohne, rauhe. S. Faseln.

— — Scharlachkrautartige, Phaseolus sclareodes. Diese Pflanze wächst in Havana in Hecken und Büschen, und blüht daselbst im Jenner. Sie schlingt sich, wie die gemeine Bohne, um andre Körper, und hat auch eben solche Blätter; ihre kleine Blumen bilden lockere aufrechte Aehren, welche ungefähr neun Zolle lang sind, und den Aehren eines Scharlachkrautes von ferne ähnlich sehen; jede steht auf einem eigenen sehr kurzen Stiele; ihr Kelch ist braun, wie Eisenrost; ihre Krone blau, aufrecht, dünn und lang. s)

— — Schneckenbohne, Schneckenfaseolen, Phaseolus Caracalla. Sie kommt aus Ostindien, hält mehrere Jahre aus, und blüht im Heu- und Erndemonat; ihre Wurzel ist rundlicht; ihre Blumen haben einen guten Geruch; die Krone ist scharlachroth, und auch das Fähnchen an derselbigen schneckenförmig gewunden; ihre Hülsen sind länger, als die Blätter, länglicht rund und glatt; ihre Samen braun. Sie läßt sich leicht aus dem Samen ziehen, wenn man ihn im Frühling in ein mäßig warmes Mistbeet steckt, die Pflanzen, wenn sie aufgegangen sind, sorgfältig in Töpfe versetzt, die mit frischer leichter Erde angefüllt sind, und wieder in ein

r) Phaseolus caule erecto, foliolis lanceolatis. *Linné* sp. pl. 2. S. 1018. n. 12. syst. veget. ed. 14. S. 657. n. 16. Phaseolus erectus lathyroides, flore amplo coccineo. Sloane jam. 71. hist 1. S. 183. t. 116. f. 1. Phaseolus minor erectus pratensis, foliis oblongis, vexillo minore, siliquis gracilibus. Brown jam. 291.

s) *Jacquin* histor. stirp. american. S. 201.

ein Mistbeet gegraben werden, sie nach und nach an die freye Luft gewöhnt, bey warmen Wetter, doch an einem geschützten Orte, darein bringt, bey zunehmendem Wachsthum in größere mit gleicher Erde angefüllte Töpfe versezt, den Sommer über öfters, im Winter aber nur wenig begießt, und dann in das Gewächshaus bringt, wo sie gegen Frost verwahrt sind, und bei gutem Wetter frische Luft haben können. t)

Bohne, schwarze, Phaseolus max. Sie wächst in Ostindien wild, und wird in vielen Theilen Asiens gepflanzt, und ihre grüne Hülsen gespeiset; ihr Stengel geht gerade in die Höhe: ist eckig und mit Borsten besetzt; ihre Blumen haben eine blaßgelbe Krone; ihre Hülsen sind dick und groß, und mit weit von einander abstehenden Haaren besetzt; sie hängen unter sich, haben einen gebogenen Schnabel, und haben gewöhnlich kohlenschwarze, zuweilen weiße oder scheckige Samen. u)

— — Türkische. S. Bohne gemeine.

— — Unangenehme, Phaseolus inamoenus. Sie kommt aus Afrika. Ihre Blätter sind länger, als bei andern Arten, das mittelste in der Mitte zwischen eyrund

t) Phaseolus caule volubili, vexillis carinaque spiraliter convolutis *Linné* sp. pl. 2. S. 1017. n. 8. syst. veget. ed. 14. S 656. n. 10. Phaseolus indicus, cochleato flore. *Triumfetti* obs. 93. t. 94. *Rai* hist. 1890. Phaseolus radice perenni subrotunda, leguminibus folio longioribus teretiusculis glabris. v. *Royen* Lugdb. 367.

u) Cadelium. Rumph amb. 5. S. 388. t 140. Fructus niger coriando similis. C. Bauhin pin. 413. Phaseolus caule recto anguloso hispido, leguminibus pendulis tinctis. *Linné* sp. pl. 2. S. 1018. n. 11. syst. veg. ed. 14. S. 657. n. 14. Phaseolus orthocaulis, Mungo persarum. Hernandez mexic. 887.

rund und lanzettförmig; an ihren Blumen ist das Fähnchen umgerollt, und hat mit dem Kelche die gleiche Farbe; ihre Samen sind blutroth, unten und in der Mitte weiß mit blutrothen Düpfelchen. x)

Bohne von Havàna, Phaseolus vexillatus. Sie wächst bey Havana wild, und ist ziemlich harig, übrigens gleichsam eine Mittelart zwischen Bohnen und Faseln. Ihre Blätter haben entzweigespaltene Ansätze; ihre Blumen stehen, immer mehrere beysammen, so daß sie ein Köpfgen bilden, auf glatten Stielen, welche dicker, als die Blattstiele sind; sie haben einen guten Geruch, und unter sich zwo ganz kleine Blattdecken; an ihrer Krone ist das Fähnchen ausgeschnitten, breit und umgebogen; die Seitenblättchen beinahe, wie eine Sichel gekrümmt; das linke hat unten einen kleinen Nebenlappen; das Schiffchen ist eben so gekrümmt, etwas schief, und an seinem Schnabel entzweygespalten; die Hülsen stehen senkrecht, und sind gleichbreit. y)

— — Welsche. S. Bohne gemeine.

— — Zwergbohne, Phaseolus nanus. Sie ist in Ostindien zu Hause; wird aber, wie die gemeine, in Europa häufig gebaut, und, weil sie sehr reichlich trägt, und weichere Hülsen hat, der gemeinen vorgezogen;

x) Phaseolus caule volubili, florum vexillo revoluto, calycibus concolore. *Linné* sp. pl. 2. S. 1016. n. 3. syst. veget. ed. 14. S. 656. n. 4.

y) Phaseolus caule volubili, pedunculis petiolo crassioribus capitatis, alis subfalcatis difformibus, leguminibus linearibus strictis. *Linné* sp. insf. 2. S. 1017. n. 5. syst. veget. ed. 14. S. 656. n. 6. Phaseolus flore odorato, vexillo amplo petulo. *Dillen.* hort. elth. 313. t. 234. f. 302. Phaseolus radice annua, leguminibus strictis erectis torosis, linearibus, caule hirsuto. *Royen* lugdb. 367.

zogen; sie wächst aufrecht, bleibt aber ziemlich niedrig; ihre Blumen haben Blattdecken, welche grösser als ihr Kelch sind; ihre Krone ist weiss; die Hülsen hängen unter sich, sind breitgedrückt und runzlicht, und enthalten ganz weisse, oder ganz schwärzlichte, oder auch weisse Samen mit einem runden röthlichten oder schwärzlichten Flecken. z)

(Gm)

Bohne (Conchyl.) ist ein in der Conchyliologie ohne, und mit Zusatz gebräuchliches Wort, und wird sonderlich von nachfolgenden Conchylien gebraucht:

1) Die Bohne. Eine Conchylie die beym Linné schlechthin die Bohne, beym Martini aber die gefaltete Gurke heißt, eine Volute. a) Unser lieber

z) Phaseolus caule erecto laevi, bracteis calyce majoribus, leguminibus pendulis compressis rugosis. *Linné* sp. pl. 2. S. 1017. n. 9. syst. veg. ed. 14. S. 656. n. 12. Phaseolus vulgaris italicus humilis s. minor, albus cum orbita nigricante J. Bauhin hist. pl. 2. S. 358. Smilax siliqua sursum rigente, s. phaseolus parvus italicus. C. Bauhin pin. 339.

a) Gualtieri Ind. Testar. tab. 28, fig. Q. Concha longa pyriformis, intorta et sulcata, mucronata, labio interno fimbriato, ex albido cinerea, punctis rufis per seriem dispositis notata, et eleganter depicta. Knorr Vergnüg. Th. IV. tab. 17. fig. 6. S. 30. Die punctirte Sturmhaube. Adanson Hist. du Seneg. p. 59. tab. 4. fig. 2. *Narel* Mus. Gottwaldt. tab. 25. fig. 170. a. b. c. d. Martini Conchylienk. Th. II. S. 113. tab. 42. fig. 432. 433. Die gefaltete Gurke mit schwarzen Puncten. Cucumis vel albidus vel olivaceus, fasciis nigro punctatis plicatus. von Born Ind. Mus. Caes. Vind. P. I. p. 208. *Voluta Faba.* Die Bohne. *Belg.* Bonje *Angl* Black Speckled Zilver Cowrykin. *Petiv.* Gaz. t. 10. fig. 5. *Gall.* Cocombre pointée. von

lieber Martini muß doch seine Ursachen gehabt haben, warum er in dieser Conchylie die Bohne des Linné nicht zu finden glaubte, sondern sie vielmehr als Abänderung von Voluta glabella ansahe; und doch passen alle Kennzeichen genau auf unsre Conchylie, die Linné seiner Bohne beylegt. Sie soll nur unmerklich ausgeschnitten seyn, einen eyförmigen Bau, eine glatte nur einigermaßen gefaltete Schale, und einen hervorragenden Wirbel haben; die Spindellefze soll mit vier Falten versehen, die Mündungslefze aber gesäumt und gezähnelt seyn. Das vorzüglichste Kennzeichen, das Volutam fabam, von Voluta glabella unterscheidet, wiederhohlt Linné noch einmal: kaum sagt er, daß man unten einen Ausschnitt bemerkt, (der bey Voluta glabella kenntlich, und breit genug ist,) aber das siehet man, daß der Rand zärter aber einwärts gekrümmt ist. Ueberhaupt ist der Bau länger und schmäler als bey Voluta glabella; die vier Windungen des Wirbels gehen in einen spitzigen Zopf aus, sie sind aber durch eine schwache linie von

---

von Born Muſ. Caeſ. Vind. Teſt. p. 221. Onomat. Hiſt. nat. Tom. VII. p. 802. Voluta Faba. Gronov Zooph. p. 298. n. 1316. Muſ. Gronov. p. 111. n. 1101. Geſtipt Boontje. Muſ. Leerſ. p. 52. n. 493. Haazel - Nooten, Noix. Muſ. Koenig. p. 26. n. 323.

Linné Syſt. nat. ed. X. p. 730. ſp. 355. *Voluta Faba*, teſta ovata laevi ſubplicata, ſpira prominente etc. ed. XII. p. 1189. ſp. 406. Voluta faba, teſta ſubemarginata, ovata, laevi, ſubplicata, ſpira prominente; columella quadruplicata, labro marginato crenulato. Habitat in O. Africano. Teſta poſtice vix emarginata, ſed margine tenuiore et arcuato notata. Müller Linnäiſch. Naturſ. Th VI. S 423. Die Bohne. Linné Naturſyſt. des Thierr. Th. II. S. 521. 522. Meine Einleit. Th. I. S. 212.

von einander getrennt, die erste Windung ist mehr als zweymal so lang als alle die folgenden, der allen Linnäischen Voluten eigne Ausschnitt aber, ist so gering, daß man ihn kaum bemerken würde, wenn ihn nicht der eingebogene Rand kenntlich machte. Eben so unmerklich sind die Falten, die sich am Fuß der ersten, und an allen Windungen befinden, sie entgehen aber dem scharfen Auge des Kenners gleichwohl nicht. Die Spindel hat vier starke Falten, die stark aufgeworfene Mündungslefze aber, feine Kerben. Die Conchylie erhält kaum die Grösse eines Zolls, und auf einem weißgrauen glänzenden Grunde, siehet man schwarze Puncte in ziemlich regelmäßigen Reihen stehen, die an dem einen meiner zwey Beyspiele kleiner und zahlreicher als an dem andern sind. Nach Linné und Gronov findet man diese nicht gemeine Conchylie, von der Gualtieri ein rothpunctirtes seltenes Beyspiel besaß, in den afrikanischen Meeren, man findet sie aber auch, nach Adanson, an den Felsen der Insel Gorea, und besonders an denen Orten, wo die Meereswellen am stärksten anzuschlagen pflegen, und immer in Gesellschaft mit Voluta glabella.

2) Die braune Bohne. So nennt Müller b) eine Dattel, die weder, wie er dafür hält, zu Voluta ispidula Linn., noch wie unser Martini glaubt, zu Voluta oliva Linn. gehört. Keine Olive kann sie seyn, weil ihr der scharfe Rand am Fuß der ersten Windung fehlt; und die so ge-



b) In Knorr Vergnüg. Th. I. neuer Text. S 82. die Spitzdattel, die braune Bohne, die Coffeebohne.

genannten Glimmerchen haben einen ganz andern Bau, als diese hat. Sie ist lang und schmal, doch in der Gegend des Wirbels merklich bauchig, und hat hervortretende fast gar nicht ausgekehlte Windungen. Sie ist, wie Herr Müller sagt, schön braun, am obern Rande der Gewinde mit einer schneeweißen Einfassung, untenher aber mit zwey blaßweißen schmalen linien geziert. Die längliche Mündung ist ebenfalls blaßweiß, oder ziehet sich etwas ins graue. Sie bestimmt eine eigne Art.

3) Die braune Dattel mit Banden, die zu Voluta oliva Linn. gehört, und unter andern beym Knorr Th. III. tab. 17. fig. 3. abgebildet ist, wird im ersten Texte S. 35. die Coffeebohne, im Register S. 10. aber die Bohne genennt. Da ich aber die Oliven des Linné mit ihren Arten und Abänderungen nicht gern aus einander reißen möchte, so verweise ich meine leser auf den Artikel Dattel, wo diese, mit mehrern beschrieben werden soll.

4) Die Regenschnecke, Helix scarabaeus Linn. führet unter andern auch den Namen der Bohne. Siehe Bauchschnecken, die Regenschnecke; im VI. Bande dieses Naturl. S. 355.

5) Die rothe Bohne; die Telline der Ostsee, oder des balthischen Meeres, die Balthische Telline des Linné. (Tellina balthica Linn.) c) Diese

c) Chemnitz, Conchylienk. Th. VI. tab. 13. fig. 128. S 133. die Telline der Ostsee, oder des balthischen Meeres. Tellina balthica Linnaei. von Born Ind. Mus. Caes. Vind.

Diese Telline wird nach Herrn Chemnitzens Versicherung schon bey den dänischen Ufern, im Sunde, und am Strande beyder Belte, und überhaupt an allen Ufern der Ostsee gefunden; und doch fehlet sie in den Schriften eines Listers, Bonanni, Gualtieri, Argenville, selbst des Gronovs, des Freundes und Schülers des Linné, scheinet also auch in den mehresten Kabinetten zu fehlen. Unerkannt kann sie unmöglich bleiben, denn Linné hat sie deutlich genug charakterisiret.

Sie ist, sagt Linné, abgerundet, glatt, und von Außen fleischfarbig. Das bestimmt er noch näher wenn er spricht: sie hat die Größe des Samens von der weißen Lupine, ist sehr zart und zerbrechlich, inwendig ist sie weiß und nur von Außen roth gefärbt, und ihr abgerundeter Bau ist triangelförmig. Fast kann man von dieser kleinen Telline sagen, daß sie dreyeckig sey, aber beym äußern Rande ist sie abgerundet; am Rande verlängert sich indessen die Einbeugung, und

 bringt

Vind. P. I. S. 27. Tellina balthica, die dreyeckige Tellmuschel. von Born Mus. Caes. Vind. Testac. p. 38. doch ist seine tab. 2. fig. 14. gegebene Abbildung nicht Tellina balthica, sondern T. carnaria. Linné Reisen durch Oeland S. 43. n. 2. Uebers. S. 50. Tellina balthica. Linné Faun. Suec. p. 517. n. 1335. Onomat. Hist. nat. Tom. VII. p. 447. Tellina balthica.

Linné Syst. nat. ed: X. p. 677. spec. 53. ed. XII. p. 1120. sp. 68. *Tellina balthica*, testa subrotunda laevi extus incarnata. Habitat in M. Balthico. Testa seminis Lupini albi magnitudine; molliuscula fragilissima, intus alba, extus incarnata, e triangulo rotundata. Müller Linnäisch. Natursyst. Th. VI. S. 241. Die rothe Bohne. Linné Natursyst. des Thierr. Th. II. S. 469. Meine Einleit. Th. II. S. 662. Die balthische Telline.

bringt eben dadurch einigermaßen eine dreyeckige Figur hervor. Gemeiniglich ist sie sehr dünne, und daher durchsichtig und zerbrechlich, vornemlich dann, wenn sie nicht frisch aus dem Wasser gezogen ist, sondern schon eine Zeitlang am Strande gelegen hat. Das Schloß hat einen gespaltenen Mittelzahn, und einen kleinen Seitenzahn. Die Farbenzeichnung ist bey dieser eben nicht stark gewölbten aber auch nicht flachen Tellmuschel verschieden. Gemeiniglich ist sie beym Wirbel äußerlich und innerlich röthlich, und auf ihren Schalen fleischfärbig. Man hat aber Beyspiele, die durchaus röthlich sind, andere haben bloß einen weißen Rand, noch andere haben auf röthlichweißen Grunde, hellrosenrothe bogenförmige Querbänder, und noch andre sind schmutzig weiß, ohne alle Zeichnung. Von allen diesen Abänderungen besitze ich Beyspiele in meiner Sammlung.

Der Herr von Born verwechselt, wie seine Abbildung und Beschreibung lehrt, die Tellinam balthicam mit der Tellina carnaria des Linné, und doch kann man beyde gar leicht unterscheiden. 1) Tellina carnaria ist rund, Tellina balthica eckig. 2) Tellina carnaria hat senkrechte feine Streifen, die nach dem Rande zu etwas wellenförmig werden, tellina balthica hingegen hat keine senkrechte Streifen, sondern sie ist ganz glatt. 3) Tellina carnaria wird auch ungleich größer als Tellina balthica, denn sie kann die Größe eines Zweygroschenstücks erhalten. 4) Tellina carnaria wohnt nicht in der Ostsee, sondern vorzüglich an den Stranden der westindischen Zuckerinseln, wo man die balthische Telline vergeblich suchen würde.

6) Die

6) **Die schwarze Bohne.** d) Die schwarze Bohne hat eine eyförmig gebaute, schwarze glatte Schale, einen zernagten Wirbel, und eine überaus glatte Spindel. Nachdem Linné angezeigt hatte, daß sie Alström in den Wasserleitungen Seviliens entdeckt habe, und daß sie also unter die Flußconchylien gehöre, so setzt er hinzu, daß die Schale fast so groß als eine Bohne sey, sie sey durchaus schwarz und unansehnlich; der Wirbel oder die obern Windungen wären dergestalt zernagt, daß es scheine als wenn sie abgestorben wären. Das letztere scheinet nun zwar bloßer Zufall zu seyn, allein möglich ists doch, daß Linné diese Entdeckung an mehrern Beyspielen machte, daß folglich diese Schale von ihrer Kindheit an mancherley Feinden unterworfen ist, und er also diesen Umstand wohl zum Grunde ihrer Benennung annehmen konnte. Die Conchylie selbst kenne ich nicht, zweifle aber sehr daran, daß Lister in der unten angezogenen Figur, auf die sich Gronov beruft, dessen Citaten sehr oft kühn gewagt, und sehr oft offenbar falsch sind, das Buccinum praerosum des Linné sey. Denn



d) Lister Hist. Conchyl. tab. 124. fig. 24? ohne Beschreibung, doch mit der Frage: an idem cum 21? Gronov Zoophyl. p. 307. n. 1370. Mus. Gronov. p. 115. n. 1166. Potpuntje.

Linné Syst. nat. ed. X. p. 740. sp. 408. *Buccinum praemorsum.* ed. XII. p. 1202. sp. 471. *Buccinum praerosum,* testa ovata, laevi atra, spira cariosa, columella glaberrima. Habitat in Europa australiore, ad aquaeductum Sevillae. Alstroem. Testa magnitudine fere Fabae, tota atra, rudis, vertex cariosus erosus et quasi praemorsus. Müller Linnäisch. Natursyst. Th. VI. p. 465. Die schwarze Bohne. Linné Natursyst. des Thierr. Th. II. S. 533. Meine Einleit. Th. I. S. 341.

1) ist die Listere Conchylie ungleich grösser als eine Bohne. 2) Ist sie nach Linné kein Buccinum, sondern ein Helix, was man ja nicht übersehen kann. 3) Findet Lister selbst unter Helix stagnalis, den er tab. 123. fig. 21. abgebildet hatte, und unter dieser Conchylie eine so große Aehnlichkeit, daß er beyde für einerley hält, und daher hinzusetzt: an idem cum 21?

7) Die weiße Bohne. Die ungleichschalige Telline. e) Daß Linne diese Telline erst unter die Solenes setzte, hernach aber mit mehr Grunde zur Tellina machte, und daß Gronov, weil er sie im Linnäischen System übersehen hatte

e) Brünniche und Spengler in den Beschäftigungen der Gesellsch. Naturf. Freunde in Berl Th. III. S 313. 315. tab. 7. fig. 25. bis 28. von Born Ind. Mus. Caes. Vind. P. I. p. 24. *Tellina inaequivalvis.* Die Bastardtelline. von Born Mus. Caes. Vind. Test. p. 35. Gronov Zoophyl. p. 278. tab. 1. fig. 3. Anomia testa oblonga ovata: margine superiore longiore excisso emarginato: valva altera plana. Ichnographia p. V. *Anomia tabacea.* Mus. Gronovian. p. 101. n. 962. witte Boon. Chemnitz Conchylienk. Th. VI. S 115. tab. 11. fig. 106. a. b. c. d. Die ungleichschaligte Telline. Tellina inaequivalvis, testa alba subargentea, altera valvula oblongo rostrata, convexa, altera plana. *Beg.* Platzydige Telline.

Linné Syst. nat. ed. X. p. 673. sp. 32. *Solen inaequivalvis.* ed. XII. p. 1118. sp. 56. *Tellina inaequivalvis,* testa oblongo rostrata; valvula altera plana. Habitat in M. Mediterraneo. Testa longitudine pollicis transversi, lactea, laevis, pellucida. Sutura dorsalis recta excurrens in rostrum obtusum patulum. A natibus ad rostra inferiora angulus obliquus ut in Tellinis. Valvula altera plana, altera leviter convexa. Cardo dentibus duobus, absque lateribus. Müller Linnäisch. Natursyst. Th. VI. S. 237. Die Milchschale. Linné Natursyst. des Thierr. Th. II. S. 468. Meine Einleit. Th. II. S. 652.

hatte, sie zur Anomia machte, wie auch das Schloß mit dem Schloße mancher Anomien viel Aehnlichkeit hat, das haben die unten angeführten Citaten bestätiget. Nun ist sie aber eine Telline, und Linné beschreibt sie folgendergestalt: „Sie hat einen länglichen Bau, gehet in einen Schnabel aus, und die eine Schale ist platt. Sie wohnet im mittelländischen Meere, hat etwa die länge eines Zolls, eine milchweiße Farbe, und ist glatt und durchsichtig. Der rechte Winkel des Rückens endiget sich in einen stumpfen Schnabel, und auf dieser Seite klafft die Muschel. Von den Wirbelschnäbeln an bis zum Ausgange des Schnabels ist eine schräge Einbeugung, wie bey den Tellmuscheln. Die eine Schale (die obere) ist ganz platt, die andre aber ist etwas mehr convex. Das Schloß hat zwey Zähne, die Seitenzähne aber fehlen gänzlich.“

Das sagt Linné. Herrn Spenglers meisterhafte Beschreibung theile ich abgekürzt mit. Sie ist ungleichseitig und ungleichschalig. Ihre länge enthält zweymal ihre Breite, sie ist also doppelt so breit als sie lang ist. Dem äußern Umriße nach macht die untere tiefe Schale, von dem hintern Ende an bis zum Wirbel, welches den dritten Theil der länge der Muschel beträgt, eine länglicht runde Figur; hingegen sind die übrigen zwey Drittheile an dem obern Rande hohl ausgeschweift, und an dem untern machen sie einen ungleichen Bogen. Wo sie vorn zusammen stoßen, bilden sie eine platte und schmale Rinne, wie gemeiniglich die Tellinen an ihren schmalen Enden zu haben pflegen. Von Außen ist diese Rinne durch 2 etwas erhobene Wulste, die zwischen sich eine Vertiefung laßen, kennbar. Sie fangen am Wirbel an, werden immer breiter, und endigen sich erst vorn am schmalen Ende der Schale. Die andre Schale stellet einen platten, auf beyden Seiten geraden und ebenen Deckel vor. An der inwendigen Seite dieses Deckels, von seinem Wirbel an, bis an das äußerste schmale Ende raget ein winkelrechter Saum hervor, der mitten am breitesten ist. Dieser Saum umschließt und tritt über einen dergleichen etwas schmalern Rand an gleichem Orte der untern Schale, und wenn beyde Schalen auf einander sitzen, so bilden sie vorn eine schmale geöffnete Schnautze. Sonst tritt alles Uebrige des Deckels etwa $1\frac{1}{2}$ Linie tief einwärts in die untere Schale, wie bey den Schwalbenmuscheln. (Mytilus Hirundo Linn.) Das Schloß hat viel Sonderbares. Zwischen beyden Schalen scheint der Wirbel derselben durchbohrt zu seyn, und diese Oefnung ist der Anfang eines Kanals, der inwendig in beyden Schalen durch einen aufgeworfenen oder eingefaßten, und vorn zugerundeten Rand, in einer schiefen Richtung gegen das schmale Ende der Muschel sich zierlich auszeichnet. Dieser Kanal schließet das Band in sich, welches beyde Schalen mit einander verbindet. Gegen das hinterste runde Ende der untern Schale liegt, in einer kleinen Entfernung vom äußern Rande, ein mit einem scharfen Rükken aufgehobener langer Zahn, der mit seinem vordern Ende bis an den Wirbel der Schale reicht, und daselbst gleich einem Fischangel, sich wieder in eine Wirbelspitze schief zurücke biegt. Zwischen dieser letztern Spitze, und zwischen dem oben angedeuteten Kanal, schließt, wenn beyde Scha-

Schalen vereiniget sind, ein ganz hoher, schiefer Zahn vom Deckel. Dieser hoch emporstehende Zahn ist in seiner Figur keilförmig, und doppelt so breit an seiner Oberfläche als an seiner Wurzel. Die Muschel ist sehr zart und dünne, perlmutterartig und durchsichtig. Beyde Schalen sind auswendig vom Wirbel an mit ungleichseitigen Zirkelstreifen, nach der länge der Schalen durchzogen. Der Deckel aber hat von Innen noch das Besondere, daß lauter zarte Strahlen, die beym Wirbel ihren Anfang nehmen, seine glänzende Fläche durchschneiden.

Nach dem grossen Zahn des Deckels, und nach der geöfneten Schnautze dieser Muschel zu urtheilen, müßte dieselbe nach den Linnäischen Kennzeichen, zu Solen oder zu den Messerscheiden geordnet werden, wohin sie auch Linné in der zehnten Ausgabe rechnete. Das Gelenke der Unterschale hat vieles mit einigen Gattungen der Anomien gemein; die äußere Gestalt aber weiset sie zu den Tellmuscheln.

Das von Herrn Spengler beschriebene Beyspiel ist aus dem mittelländischen Meere und auf den Küsten der Provinz Languedok in Frankreich aufgefischt worden. Herr Spengler hat einzelne Schalen von Lißabon, also von den Küsten des atlantischen Meeres oder der von den Schiffern so genannten Spanischen See erhalten, Chemnitz erhielt einzelne Schalen von der marockanischen Grenze, und nach Gronov wohnet sie auch an den norwegischen Ufern. Sie ist eine große Seltenheit.

(S.)

Bohnenbaum. S. Geisklee, Robinie.

— — — amerikanischer stachlichter mit Acacienblättern. S. Gleditschie.

— — — süßer. S. Cassie. Sinnpflanze.

Bohnenduplett (Conchyl.) Siehe Bartkneiper, im VI. Bande, S. 56, fgg.

Bohnenerz, bohnenförmig Seeerz, Min. Ferri subaquosa globosa. Wall. Tophus Tubalcaini L. Schw. Purlemalm. Ruß. Bobkowaja Ruda.

Das mehreste Eisensumpferz ist unförmig, krümlich, theils schlackenähnlich; einiges aber, besonders aus Seen und Sumpfpfützen tophförmig, vom Reiben im Wasser in verschiedenen Gestalten, von gelblicher, brauner oder schwärzlicher Farbe, und dichten erdigen Bruch. Außer dieser äußern Verschiedenheit unterscheidet es sich von dem gemeinen Sumpferz weder in Mischung, noch Eisenhalt, noch der Beschaffenheit des Eisens, daher es auch mit demselben verschmolzen wird, und wie dieses von 30 bis 50 in 100 Eisen sehr mäßiger Güte giebt. Nach seinen Tophgestalten erhält einiges eigene Namen.

— — — Bohneneisenerz, Min. Ferri Fabaeformis. . Schw. Purlemalm. In abgeriebenen Stükken ohngefehr von Form und Größe der Bohnen.

Erbsen-Eisenerz, Minera Martis Pisiformis. In runden Körnern von Erbsengröße.

Hagelerz, Kleinerz, Tophus grandiniformis L. Schwed. Smamalm.

Noch kleiner als Erbsenerz.

Hohl Eisenerz. Schwed. Skragmalm.

Gerun-

Gerundete kleinere hohle und leere, oder mit Ocher oder losen Sumpferz erfüllte Brocken. Eisengerden und Klappersteine.

**Kleinerz.** S. Hagelerz.

**Kuchenförmig Eisenerz,** Min. Ferri placentiformis. Wall. Schwed. Orke.

Ohngefehr von Form und Größe der Kuhfladen.

**Kugeleisenerz.** Eisenbälle.

Kleinere und größere. Dichte und hohle. S. vorh.

**Pfennigerz,** Min. Ferri numismalis L. et W. Schwed. Pennigemalm.

In kleinen, platten Kuchen, ohngefehr vom Umfange kuranter Geldmünze.

**Stalaktitisch Eisensumpferz,** derb und röhrig in vielen Gestalten.

Alle scheinen ihre Bildung durch das Aneinanderreiben im Wasser erhalten zu haben. Dieses Sumpferz ist zwar nicht so häuffig, als das gemeine, aber doch gar nicht selten, und mit dem gemeinen z. B. im Würtenbergschen, Elsas, Schweitz, Böhmen, Norwegen, Schweden, wo man es aus einigen Seen mit Nutzen, die den Schlamm durchlaßen, schöpft. Finnland, Rußland in Morästen und Seen u. s. f.

(Ge.)

**Bohnenhülse** (Conchyl.) Das pohlnische Messer, das Messer f) hat, wie Linné sagt, eine ovale längliche

f) Rumph Amboin. Raritätenk. tab. 45. fig. F. holländ. p. 147. Tellina cultriformis. *Maleitsch*: Bia pisson. p. 148. Poolsch Mes. deutsch. S. 139. 141. die messerförmige Tellmuschel; das polnische Messer. Chemnitz Zusätze S.

liche und etwas gekrümmte Schale. Die Zähne sind, wie er ferner sagt, wie bey Solen vagina, siliqua und ensis,

---

S, CXI. das pohlnische Messer. Valentyn Abhandl. S. 33. die Messermuschel, Mes-Schelp. Petiver Aquatil. Amboin. tab. 17. fig. 13. p. 4. Long crooked Muscle. Gualtieri Ind. Testar. tab. 90. fig. E. Concha longa incurvata leviter rugosa, pellucida, intus et extra ex candido et violaceo colore nitide variegata. Lesser Testaceotheol. §. 90. b. erste Ausg. S. 409. zweyte Ausg. S. 458. das pohlnische Messer. Chemnitz Conchylienk. Th. VI, S. 52. tab. 5. fig. 36. 37. das pohlnische Messer, die Bohnenhülse. Solen cultellus Linnaei, testa arcuata, seu aliquantulum incurvata, livida et violacea, cardine altero bidentato, altero unidentato. *Gall.* Couteau Polonois. Martini Verzeichn. 1773. S. 76 n. 261. der Säbel Solen arcuatus. Peuldoublet. Mus. Leers. p. 141. n. 1370. fraaye kleurige Messehegt. Manche de Couteau coloré, Davila Catal. Tom. I. p. 378. n. 878. Gousse de feve.

Linné Syst. nat. ed. X. p. 673. sp. 27. ed. XII. p. 1114. sp. 37. *Solen cultellus*, testa ovali oblonga subarcuata. Habitat in Amboinae littoribus arenosis. Cardinis dentes ut in primis tribus, sed callus marginalis ut in specie prima. Mus. Regin. Ludov. Ulr. p. 474. n. 15. Testa ovali oblonga, triplo longior quam lata, laevis, lateribus praesertim exterioribus maculata, violacea, ceterum livida; parum admodum curvata versus suturam posticam parum convexa, striata, oblongo rotundata versus apicem. Extremitas utraque rotundata, hians. Cardo dentibus ut in Solene Siliqua, cui adhaeret Callus mucronatus ad margines anteriores omnino ut in Solene Vagina. Müller Linnäisch. Natursyst. Th. VI. S. 228. das polnische Messer Poolsch mesje. Linné Natursyst des Thierr. Th. II. S. 465. Meine Einleit. Th. II. S. 628.

Deutsch. Die Bohnenhülse, das pohlnische Messer, das Messer, die Messermuschel, die messerförmige Tellmuschel. Lat. *Solen cultellus* Linn. Tellina cultriformis Rumph. Solen arcuatus. Mart. Franz. Gousse de feve. Couteau Polonois. Manche de couteau coloré. Holländ.

ensis, die Schwüle an der Seite aber sey wie bey Solen vagina. Wahrscheinlich bemerkt Linné diesen Umstand darum, damit er behaupte, diese Muschel, die Rumph zur Tellina macht, sey ein wahrer Solen. Sonst trägt sie auch noch andre Kennzeichen dieses Geschlechts an sich, wie die ausführlichere Beschreibung, die ich, aus Mangel eines Originals aus Chemnitz ertheile, darthut. Es hat diese Muschel, sagt er, in ihrer Form und Bildung etwas bogenförmiges, daher ihr Linné Testam arcuatam zuschreibet. Die beyden äußersten Enden sind oval und abgerundet, auch stehen sie allemal offen, daß man durch sie hindurchsehen kann. Der ganze äußere Rand ist scharf wie Glas. Der Grund ist schmutzig weiß, und wird von rothbraunen und violetten zerstreut und unordentlich dahin geworfenen kleinern und größern Flecken, welche auch an der innern Seite eben so sichtbar sind, wie besäet. Eine feine gelbliche Haut pfleget wie ein Ueberzug die Oberfläche zu bedecken. Im Schloße der einen Schale stehet nur ein einiger Zahn, darneben siehet man einen kleinen Wulst, einen callum marginalem, an deßen untersten Ende noch ein kleiner fast horizontal liegender Zahn hervorragt, in der andern Schale siehet man zwey Zähne, dazwischen der einzige von der Gegenschale genau hinein paßt. Auch in dieser Schale stehet ein kleiner Callus marginalis, und am Ende desselben ein ganz kleiner Zahn. Es wohnet diese seltene Muschel in den Ostindischen Meeren, sonderlich auf Amboina, doch hat sie Herr Chemnitz auch, doch nur ein einziges mal von der tranquebarischen Küste erhalten. Sie ist 2. Zoll, 3 Linien

länd Peul-doublet, fraaye kleurige Messehegt. Poolsch Mes, Poolsch mesje, Messchelp. Engl. Long crooked Muscle. Malei. Bia pisson.

3 Linien breit, und nur acht Linien lang. In der Leersischen Auction in Holland, wurde ein pohlnisches Messer, nebst noch neun andern Scheidenmuscheln, um dem sehr geringen Preiß von 10 Gulden 10 Stüber verkauft.

Rumph hat dieser Muschel den Namen der messerförmigen gegeben, weil sie die Form der chinesischen Seiffenmesser hat. Man findet sie, wiewohl wenig, wie er noch sagt, an dem Fluße Weynitor. Sie stecken im Sande gerade in die Höhe, da sie denn oben aus der mehrentheils klaffenden Mündung, Wasser sprützen, wenn man nach ihnen gräbt, und gleich tiefer in den Sand hinunter rücken, wenn man sie nicht mit einer Geschwindigkeit heraus wirft, da man sich denn in acht nehmen muß, daß sie nicht mit ihrem scharfen Rande schneiden. Diese Muscheln sind also überhaupt selten; wenn man nun mit Chemnitz hinzu denkt, daß ihre Schalen so ungemein dünne und zerbrechlich sind, und daher von den groben Fäusten der Schiffsleute und Matrosen eher hundertmal zerbrochen, als ein einzigesmal unversehrt und vollständig, mit beyden wohl zusammenhangenden Schalen in die Hände eines Kenners abgeliefert werden; so wird man sich nicht mehr wundern, warum man diese Conchylie oft in großen Kabinetten vergeblich sucht.

Wenn in dem Museo Koeningiano g) einer Scheidenmuschel unter dem Namen der Schwerdt- oder Degenscheide von einer Länge (nach Linné Breite)

g) P. 64. n. 822. Een zeer ongemeen capitaale *Zwaard-Scheede.* Un tres grand *Manche de Couteau*, ou *Sable*, L. No. 1370? longeur 7½ pouces.

Breite) von $7\frac{1}{2}$ Zoll gedacht, und sich dabey auf den Leers n. 1370. obgleich zweifelhaft bezogen wird, so wird darunter schwerlich unser pohlnisches Messer verstanden. (S.)

Bohnenkapern, Zygophyllum, Fabago. Eine Gattung Gewächse, die in wärmern Ländern außer Europa zu Hause sind; ihre Blätter sind meistens gepaart; ihre Blumen haben zehen Staubfäden, welche unten an ihrem Fuße jeder mit einer eigenen Schuppe zugedeckt sind, und einen Staubweg; der Kelch derselbigen, so wie ihre Krone, besteht aus fünf gleich großen Blättchen. Jede Blume hinterläßt ein trockenes Samengehäuse mit vielen Samen, das inwendig in fünf Fächer getheilt ist. Man kennt bisher dreizehn Arten, welche meistens Kräuter sind.

— — — — einfache, Zygophyllum simplex. Es ist in Arabien in der trockensten Wüste sehr gemein, zart und saftvoll, und wächst etwa einen Zoll hoch; sein Stamm liegt darnieder und theilt sich immer wieder entzwey; die Aeste stehen, so wie die Blätter, weit davon ab; die letztern sitzen einander ohne Stiele gerade gegen über, und sind fleischig, einfach, glatt, schmal, und von der Gestalt einer halben Walze; ihre Blumen haben eine gelbe Krone, deren Blättchen lange Nägel, und das obere Ende zugerundet haben; sie stehen einzeln auf eigenen Stielchen in den Theilungswinkeln des Stammes. h)

Boh-

h) Zygophyllum foliis simplicibus sessilibus cylindricis. *Linné* syst. veget. ed. 14. S. 400. n. 1. Zygophyllum (portulacoides) foliis carnosis glabris, flore unico pedicellato in dichotomia.

Bohnenkapern, ethiopische, Zygophyllum Morgsana. Sie wächst in Ethiopien wild, und gehört zu den Stauden; ihr Stamm ist rundlicht, gegliedert und aschgrau; ihre Blätter sitzen auf kaum merklichen Stielen, sind umgekehrt eyrund glatt, fleischig, und gleichen denen des Portulaks; ihre Blumen stehen zu zwo, jede auf einem eignen Stiele zwischen den Blättern, und haben an Kelch und Krone gemeiniglich nur vier Blättchen; die letztern sind gelb, innerhalb des Kelchs braun und spitzig; ihr Samengehäus viereckig. i)

— — — — gemeine, wilde Kapern, Zygophyllum Fabago. Sie wächst in Mauritanien, Syrien, und auf der astrachanischen Steppe wild, und hält mehrere Jahre aus; ihre Blätter sitzen auf eigenen Stielen, und sind umgekehrt eyrund; ihre Blume hat eine weisse Krone mit stumpfen Blättchen; ihre Samengehäuse in Gestalt fünfseitiger Ecksäulen. k)

— — — — heiße, Zygophyllum aestuans. Sie ist in Surinam zu Hause, und wächst ungefähr einen Schuh

i) Fabago capensis frutescens major. *Dillen* hort. elth. 142. t. 116. f. 141. Fabago triphylla et tetraphylla, flore tetrapetalo, fructu membranaceo quadrangulari. *Burm.* afr. 7 t. 3. f. 2 Planta africana frutescens, portulacae foliis, Morgsani syrorum, ex brevi pediculo binis. Pluckn. amalth. 173. t. 429. f. 4. Zygophyllum capsularum angulis compresso-membranaceis. *Linné* sp. pl. ed. 1. S. 385. Zygophyllum foliis conjugatis subpetiolatis: foliolis obovatis, caule fruticoso. *Linné* sp. plant. ed. alt. 1. S. 551. syst. veget. ed. 14. S. 400. n. 6.

k) Capparis Fabago. Dodonäus pempt. 741. Capparis portulacae folio. C. Bauhin pin. 480. Zygophyllum capsulis prismatico-pentaëdris. Gronov fl. orient. S. 132. Zygophyllum foliis petiolatis. v. *Royen* lugdb. 460. Zygophyllum foliis conjugatis petiolatis; foliolis obovatis, caule herbaceo. *Linné* sp. plant. 1. S. 551. n. 1. syst. veget. ed. 14. S. 400. n. 1.

Schuh hoch. Ihre Stengel sind weitschweifig, glatt, auf der einen Seite rundlicht gewölbt, auf der andern flach; ihre Blätter sitzen ohne eigene Stiele einander gerade gegen über, haben keine merkliche Adern und sind zugestumpft und umgekehrt eyrund; jede zwey Paare von Blättern haben fünf umgebogene Blattansätze; zween stehen oben, einer unten zwischen den Blättern, und zween zwischen beiden Paaren. l)

Bohnenkapern, herzblätterichte, Zygophyllum cordifolium. Sie wächst auf dem Vorgebirge der guten Hofnung wild; ihre Blätter sind einfach, halb herzförmig und halb tellerrund, und sitzen einander gerade gegen über. m)

— — — — kleinblätterichte, Zygophyllum microphyllum. Sie kommt auch vom Vorgebirge der guten Hofnung, wächst aufrecht, und gehört zu den Stauden: ihre Blätter sitzen auf kaum merklichen Stielen einander gerade gegen über; die Blättchen sind klein, oval, etwas fleischig, flach, und glatt; ihre Blumen stehen einzeln zur Seite auf haarzarten Stielen, welche so lang als die Blätter sind, und haben eine gelbe Krone mit länglichten Blättchen; ihr Samengehäus ist an beiden Enden zugestumpft, und hat fünf sehr breitgedrückte abgerundete Ecken. n)

— — — — mit festsitzenden Blättern, Zygophyllum sessilifolium. Sie ist in Ethiopien zu Hause,



l) Zygophyllum foliis conjugatis sessilibus: foliolis obovatis retusis. *Linné* sp. plant. 1. S. 552. n. 7. syst. veget. ed. 14. S. 400. n 9.

m) Zygophyllum foliis simplicibus oppositis cordato-orbiculatis. *Linné* syst. veget ed. 14. S. 400. n. 2.

n) Zygophyllum foliis conjugatis subpetiolatis, foliolis ovalibus minutis, capsulis emarginatis. *Linné* syst. veget. ed. 14. S. 400. n. 10.

und gehört zu den Stauden. Ihr Stamm ist eckig; ihre Blätter sitzen fest auf; die Blättchen sind halb lanzenförmig, halb oval, und am Rande rauh, knorpelicht und gekerbt; ihre Blumen sitzen einzeln auf eigenen Stielen, welche länger als die Blätter sind, in den Winkeln von diesen, und haben eine weißlichte o) oder schwefelgelbe Krone mit gekerbten Blättchen; p) ihr Samengehäus ist kugelrund und etwas plattgedrückt. q)

**Bohnenkapern, rothgelbe**, Zygophyllum fulvum. Sie ist nur eine Spielart der kürz vorhergehenden, und unterscheidet sich durch ihre eyrunde, spitzige und gefurchte Samengehäuse, und durch die rothgelbe Farbe ihrer Blumenkrone, welche an der untern Spitze der Blättchen in die rothe übergeht. r)

— — — — **scharlachrothe**, Zygophyllum coccineum. Sie ist in Afrika zu Hause, und soll auch auf der uralischen Steppe wild wachsen. Ihre Blätter sind glatt und fleischig, und sitzen auf eigenen Stielen; die Blättchen sind schmal und walzenförmig; ihre Blumen

---

o) Fabago humilis quadrifolia glabro, flore albido, fructu rotundo. Burmann afr. 4. t. 2. f. 1.

p) Fabago africana arborescens, flore sulphureo, fructu rotundo. Commelin rar. 10. t. 10.

q) Fabago capensis frutescens minor. *Dillen* hort. elth. 142. t. 116. f. 142. Zygophyllum capsulis globoso depressis. *Linné* sp. plant. ed. 1. S. 385. Zygophyllum foliis conjugatis sessilibus: foliolis lanceolato ovalibus margine scabris, caule fruticoso. *Linné* sp plant. ed. 2. 1. S. 552. syst. veget. ed. 14. S. 400. n. 7. Zygophyllum foliis sessilibus. *Royen* lugdb. 460.

r) Fabago flore luteo, petalorum unguibus rubris, fructu sulcato acuto oblongo. Burmann afr. 6. t. 3. f. 1. Zygophyllum capsulis ovatis acutis. *Linné* sp. pl. ed. 1. S. 386.

Blumen haben eine scharlachrothe Krone; ihre Samengehäuse sind walzenförmig. s)

Bohnenkapern, sprossende, Zygophyllum proliferum. Forskal t) fand diese Staude bey den Salzwerken von Alexandria. Ihr Stengel liegt darnieder, besteht aus mehrern Gliedern, die an den Gelenken dicker sind, und ist weitschweifig, rauch und aschgrau; die Aeste sind, so lange sie noch jung sind, grün und filzig; ihre Blätter sitzen ohne eigene Stiele an den Gelenken der Aeste einander gerade gegen über; sie sind grün, fleischig und filzig, und bestehen aus drey Gliedern, so daß in dem erstern, welches walzenförmig ist, die beide andere eyrunde stecken; ihre Blumen sitzen einzeln auf einem sehr kurzen Stiele in den Winkeln der Blätter; sie haben einen filzigen aus dem Braunen in das Violette spielenden Kelch, und eine weiße ins Röthlichte spielende Krone mit spitzigen Blättchen; ihr Samengehäus ist kugelrund, doch mit fünf stumpfen Ecken, und hat nach außen zu etwas Mark, und in jedem Fache zween Samen.

— — — — stachlichte, Zygophyllum spinosum. Auch dieser Strauch ist in Ethiopien zu Hause; er wächst aufrecht, und treibt bald auf diese, dann abwechselnd auf der andern Seite Aeste, die so lang,

 als

s) Fabago arabica teretifolia, flore coccineo. Shaw. afr. 231. f. 231. Zygophyllum capsulis cylindricis. *Linné* sp. plant. ed. 1. S. 386. Zygophyllum foliis conjugatis petiolatis: foliolis cylindricis carnosis laevibus. *Linné* syst. veget. ed. 14. S. 400. n. 4. Zygophyllum foliis petiolatis; foliolis linearibus carnosis. *Linné* sp. plant. ed. 2. S 551. n. 2.

t) Zygophyllum capsulis baccatis globoso quinquangularibus, foliis proliferis carnosis tomentosis, caule procumbente. Flor. veg. arab. S. 87. n. 65.

als die Pflanze selbst, sind; die Blattansätze stehen zu vier wie ein Quirl um die Aeste herum; sie sind spitzig, wie eine Schusterpfrieme, sehr kurz und ziemlich steif; auch die Blätter stehen zu zwey Paaren, ohne eigene Stiele beysammen; sie sind fleischig, gleichbreit, doch am Ende etwas spitzig, oben flach, unten rundlicht gewölbt; ihre Blumen hängen über, und haben eine gelbe Krone; ihre Samengehäuse sind rund. u)

**Bohnenkapern von der Wüste**, Zygophyllum desertorum. **Forskal** v) fand diese Staude in den trockensten Thälern der Wüste zwischen Kahira und Sues, wo sie von keinem Vieh, sogar nicht vom Kameel angetastet wird; sie gleicht der sprossenden sehr; aber sie ist ganz glatt, und wächst ziemlich aufrecht, bis anderthalb Schuhe hoch; ihr Stengel ist übrigens weitschweifig, und seine grössere Glieder bis anderthalb Zolle lang; die Glieder, woraus ihre Blätter bestehen, sind alle walzenförmig, haben übrigens nach außen zu auch etwas Mark.

— — — — **weiße**, Zygophyllum album. Dieser saftige, eisgraue, niedrige Strauch ist in Egypten zu Hause; seine Blätter sitzen auf eyrund länglichten Stielen einander gerade gegen über, und sind fleischig und gleichsam mit einem Spinnengewebe überzogen; die

---

u) Fabago tenuifolia spinosa, fructu rotundo. Burmann afr. 5. t. 5. Zygophyllum caule aculeato. Linné sp. plant. ed. 1. S. 386. Zygophyllum foliis conjugatis sessilibus; foliolis linearibus carnosis supra planis, caule fruticoso. Linné syst. veget. ed. 14. S. 400. n. 8. Zygophyllum foliis sessilibus: foliolis linearibus, caule suffruticoso. Linné sp. plant. ed. 2. S. 552. n 6.

v) Zygophyllum capsulis baccatis cylindricis, foliis proliferis, caule diffuso glabro. Forsk. Fn. aegypt. arab. p. 87. n. 66.

die Blättchen selbst sind keulenförmig; seine Blumen stehen zur Seite, jede auf einem eigenen sehr kurzen Stiele, und haben einen purpurröthlichen Kelch, der um den eyrunden Fruchtknoten herumgeht, an ihrer weißen Krone breit lanzenförmige Blättchen, an ihrem Staubwege fünf spitzige Narben und einen plattgedrückten, stumpf zehneckigen, fleischigen Fruchtbehälter, welcher größer, als der Fruchtknoten, ist. x)

Bohnenkapernbaum, Zygophyllum arboreum. Dieser Baum ist in Amerika zu Hause. Seine Blätter stehen einander gerade gegen über, und bestehen oft aus sieben Paaren kleinerer aber stumpfer Blättchen, welche abwechselnd bald an dieser, dann wieder an der andern Seite des gemeinschaftlichen Stiels sitzen; ihre Blumen sitzen auf ästigen Stielen. y)

Gm.

Bohnenkraut. S. Saturei.

Bohnenschote (Conchyl.) oder

Bohnenschotenduplett. Siehe Bartkneiper, im VI. Bande, S. 56, fgg.

Bohnenstein, Phaseolith, Phaseolithus Wall. nennen die Mineralogen bohnenförmige Erhärtungen von Kalkerden, Mergel, ochrigen sandigen Torf, rc. die das Wasser als Stalaktit oder auch durch Reiben gebildet. Bisweilen sind mehrere zusammengesintert.

 Einige

x) Zygophyllum foliis conjugatis petiolatis: foliolis clavatis carnosis arachnoideo incanis. *Linné* syst. veget. ed. 14. S. 400. n. 5. Zygophyllum foliis petiolatis: foliolis clavatis carnosis. *Linné* sp. pl. 1. S. 551. n. 3.

y) Zygophyllum foliis pinnatis, caule arboreo. *Jacquin* stirp. amer. 20. t. 83. *Linné* sp. plant. ed. 2. vol. 2. S. 1673. syst. veget. ed. 14. S. 400. n. 11.

Einige blättern sich. Diese Bild- oder Formsteine werden von vielen Kabinettbesitzern für würklich versteinte Bohnen gehalten, die wohl schwerlich möglich sind. S. **Bohnen, versteinte**, und **Bildsteine, bohnenförmige**.

Die kleinen mehr runden Bohnensteine werden **Erbsensteine** genannt. S. d. Wort.

Größere Bohnensteine oder vielmehr bohnenförmige Steine, von welchen die größern auch Nierensteine genennet werden, findet man im Herzogthum Zweybrücken auf einer Strecke des Ganggebürges von etwan 4 Stunden von Kreutznach bis ins Lothringsche. Das Gebürge hat Porphyr, Achat, auch Kupfer- und Quecksilbererze, basaltartigen Eisenstein u. s. f. Die Bohnen- und Nierensteine aber findet man in einer obern weißen Thonlage. Um die Bohnensteine ist eine grüne Rinde und röthliche verhärtete Eisenerde. Sie selbst sind inwendig voller Kalkspath. Danz.

(Ge.)

**Bohnenstrauch.** S. **Geisklee.**

**Bohnen, versteinte**, Phaseolithus Auctor. Wahre, in Kalkstein, Kiesel oder andre Mineralien verwandelte Bohnenarten, können wegen der weichen oder mehlichten Substanz dieser Früchte nur äußerst selten, vieleicht gar nicht seyn. Die in Kabinetten aufbewahrten **Phaseolithen** sind gewöhnlich nur Bohnen ähnlich geformte Bildsteine und Tophe verschiedener Art. Indessen sind bey vielen Schriftstellern **versteinte Bohnen** nicht bloß beschrieben, sondern auch abgebildet. **Volkmanns** Silesia subterr. Tab. XXIII. f. 2. T. XXIV. f. 11. 17. 23. Scheuchzer Hist. Diluv. T. XI. f. 1. S. **Bildsteine** und **Bohnenstein**.

(Ge)

Boh-

Bohrer (Conchyl.) Die hieher gehörigen Conchylien sind vorher unter dem Namen der Böttgersbohrer beschrieben worden; es sind alphabetisch folgende: 1) Der bandirte Bohrer. Th. VIII. S. 539. 2) Der bandirte ungezahnte Bohrer. S. 543. 3) Der gedüpfelte undurchbohrte Bohrer. S. 544. 4) Der braune Bohrer. S. 546. 5) Der bunte Bohrer. Siehe Blasenschnecken, der Böttgersbohrer. 6) Der bunte glatte Bohrer. Siehe Blasenschnecken der Böttgersbohrer. 7) Der eigentliche Bohrer. Siehe Böttgersbohrer die Trommelschraube S. 565. 8) Der flammichte Bohrer. S. 546. 9) Der gefurchte Bohrer oder der gestreifte rosenfarbige. S. 552. 10) Der geperlte Bohrer. S 548. 11) Der gestippelte und 12) der gestreifte Bohrer. S. 551, f. 13) Der punctirte Bohrer. S. 564. 14) Der schwere glatte Bohrer. S. 564. 15) Die Trommelschraube. S. 565. 16) Der weiße Bohrer mit gelben Bande. S. 573. 17) Der Zirkelbohrer. S. 573, f. (S.)

Bohrmuscheln (Conchyl.) Im vierten Bande dieses Naturlexikons S. 408. hat es mir unser verewigter Freund zur Pflicht gemacht, unter dem Namen der Bohrmuscheln, die Anomien zu beschreiben, ohne daß er mich ganz in den Stand gesetzt hätte, seinen Plan ausführen zu können. In seinem Naturlex. S. 415. gehören die Bernsteinaustern, die nach Linné Anomien sind, unter die Bohrmuscheln; und in seinem Verzeichniß 1773. S. 132. stehn die Zwiebelschalen, die doch nach Linné auch Anomien sind, unter den Austern. Nehme ich nun zu dem allen seinen Begriff von den Anomien z), wo Terebratulae und



z) Verzeichniß 1773. S. 142.

und Anomiae oder Bohrmuscheln und Anomien bey ihm gleichbedeutende Worte sind, und Muscheln mit künstlicher Artikulation des Schloßes und durchbohrten Wirbel anzeigen, und überlege folgende Worte: „Hievon kannte man ehemals bloß die Versteinerungen, jetzo aber werden bereits mancherley Arten der Originale in großen Kabinetten aufbehalten," so würde ich mich aus diesem labyrinth nicht heraushelfen können, wenn ich nicht aus der Vergleichung mehrerer Schriftsteller wüßte: daß man das Wort Anomie bald enger, bald weitläuftiger nehme. Mir wird es erlaubt seyn, bey dieser Abhandlung die weitläuftigste Bedeutung anzunehmen, das heißt, das Wort im Linnäischen Sinn zu gebrauchen, damit ich alle die Conchylien hier auf einmal beschreiben könne, die man Anomien nennt.

Ich habe gesagt, das Wort Anomie habe eine engere und weitläuftigere Bedeutung. In der engern Bedeutung a) versteht man solche Muscheln, die eine kürzere und längere Schale, und einen mehr oder weniger hervorragenden, mehrentheils durchbohrten Schnabel haben. Aber eben der Umstand, daß der übergebogene Schnabel nicht allemal durchbohrt, sondern auch zuweilen verschlossen ist, machte es, daß verschiedene Schriftsteller b) unter Bohrmuscheln und Anomien den Unterschied machten, daß bey den erstern der übergebogene Schnabel offen, bey den letztern

---

a) Deutsche Encycl. Th. IV. S. 217. Meine Abhandlungen über verschiedene Gegenstände der Naturgesch. Th. II. S. 336 f 370. f. Anomien, Bohrmuscheln. Lat. Terebratulae, Anomiae. Franz. Terebratule, ou Cocq et Poule. Holländ. Terebratula. Schwed. Vildmuslar. Dän Gluge Skiael, Terebratuler.

b) Müller in dem Prodromo Zool. Dan. p. 248. 249. und ich in meinen Abhandl. l. c. S. 340.

tern aber verschlossen ist. Herr **Müller** beobachtete noch den Unterschied, daß die Terebratel Zähne und die Oefnung in der Oberschale hat, die Anomie aber hat ein ungezahntes Schloß, und die Oefnung in der Unterschale.

Das Wort Anomia brauchte **Columna** zu erst, und verstund darunter Muscheln, deren beyde Schalen an Größe, oder an Gestalt, oder an beyden unterschieden waren. Seine Bedeutung kommt daher der Linnäischen am nächsten, davon hernach. Solche Anomien, die einen undurchbohrten Schnabel haben, findet man unter den natürlichen Conchylien überaus selten, und viel seltener, als im Steinreiche. Selbst die Anomien mit einem durchbohrten Schnabel, oder die eigentlichen Bohrmuscheln, ob sie gleich jetzt nicht mehr so selten sind als ehedem, daß auch **Klein** c) genöthiget wurde, um dieses Geschlecht nicht gar zu übergehen, eine Versteinerung abbilden zu lassen, und **Argenville** d) versichert, daß zu seiner Zeit in ganz Paris nicht mehr als drey Exemplare vorhanden gewesen wären; sind darum jetzo keine gemeine Conchylien. Die deutsche Encyclopädie konnte es je wagen nach Zeichnungen folgende Eintheilung bekannt zu machen.

1) **Glatte:** **Knorr** Vergnügen Th. IV. tab. 13. fig 4. **Andreä** Briefe aus der Schweitz. tab. 1. fig. b. **Naturforscher** III. Stück tab. 3. fig. 5. **Murray** Fundam. testaceol. tab. 2. fig. 13. **Mein** Journal Th. III. tab. 2. fig. 1. 2. 3.

2) **Gestreifte.** **Davila** Catal. Tom. 1. tab. 20. fig. A. B. b. G. g. **Berlin.** Samml. Th. III. 5 St.

c) Method. Ostracol. tab. 11. fig. 74.
d) Zoomorphose. S. 76. Anm.

5 St fig. 10. 11. 12. Naturforscher II. St. tab. 3. fig. 1. 2. III. St. tab 3. fig. 1 2. Gualtieri Ind. tab. 96. fig. A. B. C. Andreä Briefe tab. 1. fig. c. d. e. Argenville Zoomorphose tab. 12. fig. E. Mein Journal Th. III fig 4. 5. Meine Abhandlungen über versch. Gegenst. der Naturg. Th. II tab. 5. fig. 8. a. b. 9. a. b.

Indessen dürfen wir diese wenigen, und die noch außerdem bekannt gewordenen Bohrmuscheln, mit den Versteinerungen dieses Geschlechts in keine Vergleichung bringen, weil uns außerdem noch gar viele Originale mangeln würden.

Die Schale der Bohrmuscheln ist überaus dünne, und gleichwohl halten ihre beyden Schalen viel fester zusammen, als man es bey andern Muscheln zu sehen gewohnt ist. Fast allemal erhält man die Bohrmuscheln mit beyden Schalen. Die kleinere Hälfte, gemeiniglich die Oberschale greiffet sehr genau in die Seiten der größern ein, und gehet hier auf und zu, wie eine Thür zwischen ihren Angeln. Der übergebogene Schnabel, dienet gleichsam zum Schutze, daher beyde Schalen nicht so leicht auseinander fallen können, wie die Schalen solcher Muscheln, die entweder eingreifende Zähne, oder wohl gar nur ein lederartiges Band haben, das leicht verfault, oder sonst zerreißt, und nun die Befestigung beyder Schalen aufhebt. Manche Bohrmuscheln haben inwendig einen schaligen Anhang, der hervorragend ist, einer Leiter mit einigen Sproßen gleicht, der wahrscheinlich dem Thier zur Befestigung dient, und sein Nahrungsgeschäfte und sein Ansaugen an fremde Körper befördern hilft. Der durchbohrte Schnabel der Bohrmuscheln ist überhaupt ein Beweiß, daß sich das Thier in der See an fremde Körper ansauge, und an Corallen findet man zuweilen Bohrmu-

scheln,

scheln, die sich auch noch in ihrem Tode mit ihrem Saugrüssel fest an die Coralle angesaugt haben.

Vom Thier, welches die Bohrmuschel bewohnt, haben mehrere e) Abbildungen und Beschreibungen gegeben; aber freylich alle nur nach abgestorbenen und ausgetrockneten Thieren, und also nicht vollständig und eben so wenig genau. Man siehet drey mit haardünnen Franzen besetzte Lappen, die in einer Reihe hangen. Zwey auf beyden Seiten sind zusammen gelegt, der dritte befindet sich in der Mitte, ist kürzer als die beyden übrigen, und gleichet einem zarten Netze. Die haardünnen Franzen gehen um alle drey Lappen herum, und oben, wo sie zusammenstoßen, ist in der Mitte eine länglich schmale Oefnung. Einige Sehnen und Häute befestigen dieses Thier oben am Schloße. Der Mantel, der dieses Schalengehäuse auskleidet, gleichet einer überaus zarten Haut. Der Saugrüssel, womit sich nemlich das Thier an fremde Körper ansaugt, liegt in dem durchbohrten Schnabel, und gleichet einer Stecknadel mit ihrem Knopfe. Seine Länge betrug an einem kleinen Muschelthier einen halben Viertel Zoll, ist wahrscheinlich aber auch an größern Thieren größer.

Im weitläuftigern Verstande nahm Linné das Wort, und weil Anomie von 'ανόμιος herkommt, welches etwas Unregelmäßiges anzeiget, und folglich auf Muscheln angewendet, solche andeutet, die keinen regelmäßigen, sondern einen unregelmäßigen Bau, und man-

---

e) Gründler im Naturforscher II. St. S. 80. tab. 3. fig. 4. 5. Murray in den Fundament. Testaceol. tab. 2. fig. 23. p. 43. Chemnitz im Conchyl enk. Th. VIII. Vignette 13. p. 65. fig. E. F. Und ich in meinem Journal. Th. III. S. 383. f. 386. f.

manches Sonderbare an sich haben, die sich daher unter die übrigen Linnäischen Geschlechter nicht wohl einschieben ließen, daher sie auch **Müller** Bastarde nennet; so wars freylich dem Linné erlaubt, hier manche Art mit einzuschalten, die man hier vieleicht nicht suchen würde; für Linné aber wurde es in der That schwer, solche Kennzeichen dieses Geschlechtes fest zu setzen, welche auf alle angenommene Arten anwendbar wären. f) Er setzet folgende Kennzeichen fest:

1) Beyde Schalen wären einander nicht völlig gleich, sondern ungleich; die eine sey flächer, die antre bey der Basi gewölbter. Allein diese Ungleichheit der Schalen haben die Anomien mit vielen Austern, Klappmuscheln, Tellinen, und Kammmuscheln gemein.

2) Die eine Schale habe eine durchbohrte Basin. Jedoch Anomia craniolaris, gryphus, hysterita, biloba, placenta u. s. w. haben dergleichen nicht. Und obgleich Linné sagt, die Basis sey oft durchbohrt, so wird darum dies Kennzeichen nicht allgemein. Anomia Gryphus, und ich glaube überhaupt

f) Linné Syst. nat. ed. X. p. 700. ed. XII. p. 1150. Animal Corpus ligula emarginata ciliata, ciliis valvulae superiori affixis. Brachiis 2, linearibus, corpore longioribus, conniventibus, porrectis, valvulae alternis, utrinque ciliatis, ciliis affixis valvulis utrisque. Testa inaequivalvis: valvula altera planiuscula, altera basi magis gibba; harum altera saepe basi perforata. Cardo edentulus cicatricula lineari prominente introrsum dente laterali; valvulae vero planioris in ipso margine. Radii duo ossei pro basi animalis. **Murray** Fundam. Testaceol. p. 42. fig. 13. Chemnitz Conchylienk. Th. VIII. S. 66. **Müller** Linnäisch. Naturs. Th. VI. S. 317. Kämmerer Conchyl. in Rudolst. S. 225. **Meine** Einleit. Th. III. S. 380.

haupt, alle Versteinerungen, sollten gar heraus gestoßen werden, weil Linné die Versteinerungen im dritten Bande seines Natursystems besonders abhandelt, und bey Versteinerungen nur wunderselten die Schloßseite erkannt werden kann. Besonders A. Gryphus ist nach seinem Schloße unleugbar eine Auster, welche Ostrea mytiloidaea heißen könnte, weil sie mit ihrem Schloße und der einen flachen Schale manchen Austern, mit der andern Schale aber einigen Mytilis gleichet.

3) Aus der durchbohrten Schale gehe eine Sehne heraus. Das sagt Murray, dies Kennzeichen fällt aber bey allen Anomien, die keine durchbohrte Schale haben, z. B. Anomia ephippium, cepa, electrica, gänzlich hinweg. Selbst die Beschreibung des Thiers, die Linné in der neuesten Ausgabe seines Natursystems giebt, ist das Thier der eigentlichen Bohrmuscheln, das ich vorher schon beschrieben habe.

4) Im Schloße finde man keine Zähne, aber dagegen in der großen gewölbten Schale eine linienförmige Narbe, mit einem Seitenzahn, dergleichen auf dem Rande der flächern Schale ebenfalls zu sehen sey; außerdem aber bemerke man

5) Ein paar knöcherne, den Strahlen gleichende Zungen. Wieder zwey Kennzeichen, die man nur bey den eigentlichen Bohrmuscheln gewahr wird, aber nicht bey allen Arten dieses Geschlechtes.

Man siehet hieraus, daß man auch nicht ein Kennzeichen als allgemein annehmen kann, und daß wir folglich bey diesem ganzen Geschlechte übel wegkommen würden, wenn nicht die angenommenen Linnäischen Arten uns der Leitfaden wären, alle diejenigen

gen Arten kennen zu lernen, welche Linné hieher gerechnet wissen will. Es wäre aber, da wir seine Arten einmal kennen, auch nicht rathsam im System eine Aenderung vorzunehmen, da man dadurch mehr Verwirrung in das System einführen würde, als man demselben vieleicht licht schenkte. Das einzige, was auch Herr Kämmerer gethan hat, billige ich, daß man den Linnäischen Geschlechtern eine andre Ordnung anweise, durch welche sie natürlicher auf einander folgen. In dem Verzeichniß der Gräfl. Reuß-Plauischen Naturaliensammlung, welches den Hrn. D. Batsch in Jena zum Verfasser hat, werden die Anomien, Schuppenmuscheln genennt, und a) in flache undurchbohrte z. B. Anomia placenta L. b) in kammartige durchbohrte, das sind die eigentlichen Bohrmuscheln, und c) in austerartige durchbohrte, z. B. Anomia Cepa, Ephippium, Electrica, eingetheilet. Eine Eintheilung, die aber gleichwohl nicht auf alle benannte Anomien genau genug paßt.

Man kann die Linnäischen Anomien in zwey Hauptclassen theilen, und sie in liberas und parasiticas abtheilen, zur ersten Classe die eigentlichen Bohrmuscheln, die sich im Meer ansaugen, und daher hin und her schwimmen können; zur andern aber diejenigen rechnen, die auf andern Körpern festsitzen, z. B. Ephippium, Cepa, Electrica, und sich daher nicht durch freye Bewegung an einen andern Ort begeben können. Die Anomiae parasiticae sitzen mit ihrer Oefnung an einem steinartigen Wulste (callo lapideo et testaceo) wie an einem Fuße fest, den man auch zuweilen auf Conchylien und andern Körpern findet, und der sich durch keine Gewalt abreißen läßt. Die Anomiae liberae sind im eigentlichen Verstande Testacea pelagica, die sich in den tiefsten Gründen des Meeres

res aufhalten. Dies beweiset schon ihre weiße Farbe, die eben solchen Muscheln eigen ist, die sich im Abgrunde der See aufhalten. Sie haben ferner die feinsten zerbrechlichsten Schalen, und da sie zum Theil klein und unansehnlich sind, so fehlet ihnen freylich das reitzende gefällige Ansehen so vieler andrer Conchylien. Die Hofnung ist uns aber nicht benommen, mit der Zeit auch größere Anomien, als die sind, die wir jetzt kennen, zu erhalten, und diese Hofnung gründet sich theils auf Versteinerungen dieses Geschlechtes von außerordentlicher Größe, deren Originale in dem Abgrunde der See wohnen, theils auf die zunehmende Aufmerksamkeit der Naturforscher.

Als Linné die Sammlung des Grafen von Teßin beschrieb, hatte er noch keine eigentliche Bohrmuschel gesehen, g) auch in der großen Sammlung der Königen fand er keine, und überhaupt aus dem ganzen Geschlecht der Anomien, bloß Anomiam placentam; in der zehnten Ausgabe seines Natursystem kannte er 23, in der zwölften Ausgabe aber 27 Arten, unter denen gleichwohl 14 Arten Versteinerungen waren. Diese Versteinerungen werde ich, weil ich dies Fach nicht bearbeite, bloß anzeigen, die übrigen aber, sammt denen, die dem Linné nicht bekannt waren, in alphabetischer Ordnung beschreiben.

Bohrmuscheln, die abgesägte. Die Feile unter den Anomien. h) Der Herr Pastor Chemnitz zwei-

g) Muf. Teſſinian. p. 80. Anomiarum teſtas nullas per ſectas et immutatas unquam vidi.

h) Gualtieri Ind. Teſtar. tab. 96. fig. A. Terebratula minutiſſime ſtriata, depreſſa, ſubalbida, intus ſcobinata. Chem-

zweifelt, daß Linné das Original zu dieser Bohrmuschel selbst gesehen habe, und muthmaßet, daß er sich bloß nach der Beschreibung und Abbildung des Gualtieri gerichtet habe. Da sonst Linné gewohnt ist, diejenigen Conchylien, die er nicht gesehen hat, mit einem Creuz (†) zu bezeichnen, und die Abbildung des Gualtieri richtig ist, so zweifle ich an der Wahrheit jener Behauptung.

Nach **Linné** hat diese Bohrmuschel einen abgerundeten Bau, glatte, inwendig rauhe und am Wirbel durchbohrte Schalen. Mein Beyspiel, das ich besitze, ist folgendergestalt beschaffen. Ihr Bau ist abgerundet, die eine Schale ist etwas gewölbt, und ragt vor der entgegen gesetzten Schale etwas hervor, und diese kürzere Schale ist platt. Von Außen hat sie die feinsten Streifen, die das bloße Auge kaum siehet, und die eigentlich bloße durchschimmernde Streifen sind; im strengsten Verstande zu reden, ist also die Schale von Außen ganz glatt. Oefnet man aber beyde Schalen, so siehet man schon mit dem bloßen Auge eine Menge senkrechter, gekerbter Streifen, wodurch die Muschel einer Feile ähnlich wird, und so konnte Gual-

Chemnitz Conchylienk. Th. VIII. S. 95. tab. 78. fig. 704. n. 1. 2. 3. 4? die gleichsam abgestumpfte oder abgesägte Anomie. Anomia scobinata, testa subrotunda longitudinaliter striata, intus scabra, nate seu basi truncata, perforata. Mein Journal. Th. III. tab. 2. fig. 4. S. 382. die platte, breite, runde, zartgestreifte Bohrmuschel.

Linné Syst. Nat. ed. X. p. 701. Sp. 199. ed. XII. p. 1151. Sp. 223. Anomia scobinata, testa subrotunda laevi, intus scabra, nate perforata. Habitat in Pelago. Müller Linnäisch. Natursf. Th. VI. S. 321. die Bohrmuschel. Linné Natursyst des Thierr. Th. II. S. 492. Meine Einleit. Th. III. S. 389. tab. 9. fig. 9. die Feile unter den Anomien.

Gualtieri sagen intus scobinata, von Scobina eine Feile, ja dadurch wird die Muschel ganz rauh, daher sie auch Linné mit Grunde intus scabram nennen konnte. Das Schloß der flachen, oder der Oberschale, hat in der Mitte eine Erhabenheit, und nach dem Wirbel zu zwey Hervorragungen, wodurch sie der Todtenkopfsmuschel (Anomia craniolaris) (Siehe hernach Brattenburgischer Pfennig) ähnlich wird. Die gewölbte oder die Unterschale hat an dem Wirbel zwey Einbeugungen, die in die gegenseitigen Hervorragungen genau einschliessen. Der äußere Rand ist glatt und scharf, die Schalen sind dünne und durchsichtig, und ihre weiße Farbe hat inwendig einen Silberglanz. Ihr Vaterland kann ich nicht angeben, Linné wußte es auch nicht, denn das Habitat in Pelago ist viel zu unbestimmt.

Diejenige Bohrmuschel, die Herr Chemnitz abzeichnen ließ, und von der ich zweifle, daß sie die wahre Anomia scobinata des Linné sey, hat innerlich auf der Mitte der flachern Schale eine Ribbe, und auf beyden Seiten derselben feine Streifen, aus welchen ganz kleine Spitzen hervortreten, welche aber nur ein gewafnetes Auge sehen kann.

**Bohrmuscheln, die abgestumpfte, die abgestumpfte Anomie.** i) Nach Linné hat diese Anomie einen abgerun-



i) Lister Hist. Conchyl. tab. 462. fig. 23. ohne Beschreibung. Lister Hist. animal. tab. 9. fig. 50. p. 243. Pectinites minor, striis capillaribus donatus. Anm. diese und die vorhergehende sind versteint. Andreä Briefe aus der Schweitz tab. 1. fig. d. bis g. mit dem Thier. S. 6 Terebratel oder Bohrmuschel. von Born Ind. Mus. Caes. Vind. P. I. p. 103. Anomia truncata, die gestumpfte Bastardmuschel. von Born Mus.

gerundeten Bau, unkenntlich gestreifte Schalen, und ist am Schloße wie abgeschnitten. Linné sagt noch, daß sie der Anomiae striatulae, (welche aber eine Versteinerung ist, und vom Linné die Streifschale genennt wird) sehr nahe komme, daß sie abgerundet sey, aber einen gerade stehenden Wirbel habe, und ausgeschnitten sey. Die länge herab laufen die feinsten Streifen. Sie ist platt, doch ist die eine Schale in ihrem Mittelpuncte etwas gewölbt, und hat am Wirbel ein loch, woraus der Bewohner eine Sehne her-aus-

---

Mus. Caes. Vind. Test. p. 118. tab. 6. fig. 14. (Hier sind im Texte zwey Figuren verwechselt; denn tab. 6. fig. 13. ist Anomia caput serpentis Linn. fig. 14. hingegen Anomia truncata. Die Beschreibungen sind indessen richtig.) Chemnitz Conchylienk. tab. 77. fig. 701. lit. α. β. S. 90. die abgestumpfte Anomie Anomia truncata, testa libera suborbiculata, depressa, striata striis capillaribus, valvula altera convexiore, et in medio quasi dorsata, altera planiore et in medio sinuosa, cardine obtuso exciso, seu basi truncata, margine denticulato, cavitate scabra punctis elevatis, colore flavescente albido. Müller Zool. Dan. Prodrom. p. 249. n. 3004. Anomia truncata, testa suborbiculata obsolete striata, cardine truncato. Mein Journal Th. III. tab. 2. fig. 5. S. 389. die platte rund und breite zartgestreifte Bohrmuschel.

Linné Syst. Nat. ed. XII. p. 1152. Sp. 229. *Anomia truncata*, testa suborbiculata obsolete striata, cardine truncato. Habitat in Pelago Norvegico supra corallina. Testa proxima A. striatulae, suborbiculata, sed cardine recto, exciso; subtilissime longitudinaliter striata, compressa, testa altera medio nonnihil gibba, basi foramine tendinem exserente instructa, quod foramen in ipso cardine mutilatum, seu non undique cinctum testa, verum ad cardinem hians. Margo testae tenuis, interne acutissime denticulatus. Animalculum brachiis lunatis et fere annulatis, depressis ciliatis. Müller Linnäisch Natursyst. Th. VI. S. 322. das Stumpfschloß Linné Natursyst. des Thierr. Th. II. S. 493. Meine Einleit. Th. III. S. 393.

ausstreckt, und dieses Loch ist am Schloße selbst wie abgestumpft, oder es ist nicht allenthalben mit Schale umgeben, sondern es ist am Schloße offen oder klaffend. Der Rand ist mit den feinsten Zähnchen besetzt. Das Thierchen hat mond: fast ringelförmige, gepreßte und mit Spitzen oder Dornen besetzte Arme. Dies Thier hat Andreä zwar abgebildet, aber nicht beschrieben. Diese Anomie ist breiter als sie lang ist, die eine Schale ist ein wenig gewölbt, in der Mitte am stärksten, und raget ganz unmerklich vor der entgegengesetzten flachen im Mittelpuncte vertieften Schale hervor. Die feinen senkrechten Streifen werden durch eben so feine bogenförmige Querstreifen durchkreuzt, inwendig aber sind die Schalen mit feinen, erhöheten, scharfen Puncten versehen. An ganz jungen Exemplaren muß man die Streifen durch das Vergrößerungsglas suchen.

Anfänglich glaubte der Herr Pastor Chemnitz in dieser Muschel die kurz vorher beschriebene Anomiam scobinatam des Linné zu finden, allein da sie kein bloß abgestumpftes, sondern ein gleichsam ausgeschnittenes und ofnes Schloß, (Cardinem truncatum et exscilum,), einen feinen gezähnelten, oder einen mit den spitzigsten Spitzen, oder Zähnen besetzten Rand (marginem denticulatum) eine in der Mitten etwas erhobene, und eben daselbst in der Gegenschale vertiefte Schale, und überhaupt fast zusammen gepreßte Schalen, und feine längliche, durch zarte bogenförmige Querstreifen unterbrochene Streifen hat, so kann sie nicht Anomia scobinata seyn, aber zur Anomia truncata des Linné paßt dies alles sehr gut. Ihre grauweiße Farbe spielt ein wenig in das Gelbliche, und wird an den norwegischen Stranden, aber gerade nicht häufig gefunden.

Bohrmuscheln, die abgestumpfte gleichsam abgesägte Anomie. Siehe vorher die abgesägte.

— — — die aufgeblasene Anomie. Anomia farcta Linn. ist eine Versteinerung.

— — — die pfannenkuchenförmige Auster. Siehe unten, Englischer Sattel, der kleine.

— — — die gestumpfte Bastardmuschel. Siehe vorher die abgestumpfte.

— — — die Bernsteinanomie, oder

— — — die Bernsteinauster. Siehe Bernsteinanomie im VII. Bande.

— — — das Bläschen, ist die vorhergehende.

— — — die blutige Anomie. k) Der Herr Kunstverwalter Spengler in Kopenhagen, der diese seltne Bohrmuschel besitzt, hat ihr den Namen der blutigen gegeben, weil ihre Strahlen und Striche mit Blut bemahlt und besprützt zu seyn scheinen. Sie hat weder Streifen noch Furchen, sondern sie ist völlig glatt, durchsichtig und hornartig, die gewölbte Oberschale bildet auf ihrer Mitte einen hohen breiten Rücken, welcher roth gefärbt ist, und auf dessen beyden Seiten feine Strahlen liegen. Ihr durchbohrter Schnabel tritt ein wenig über die andre Schale hervor, und beym äußern Rande siehet man in der Mitte einen

k) Chemnitz Conchylienk. Th. VIII. S. 96. tab. 78. fig. 706. die blutige Anomie. Anomia sanguinea, testa subcordata, laevi, cornea, pellucida, ex sanguineo colorata et radiata, valvula altera convexa, dorsata, apice perforato, recurvo, prominulo, margine sinuoso, altera subconvexa, in medio penes marginem depressa et lacunosa. Meine Einleit. Th. III. S. 411.

einen merklichen halbrunden Ausschnitt. Die Unterschale ist nicht ganz flach und platt, sondern gleichfalls erhoben und gewölbt, nur nahe beym Rande bemerket man eine Vertiefung und Einbeugung. Die innere Gestalt hat uns Herr Chemnitz nicht beschrieben, er sagt nur, hier gelte das, was Gualtieri von der Anomia scobinata Linn. gesagt habe: singulari articulatione donata; also wahrscheinlich ist sie eben so beschaffen, wie die Feile unter den Anomien. (Siehe vorher, die abgesägte.) Sie kommt aus Ostindien.

Bohrmuscheln, die Bohrmuschel. Das ist der Name, den überhaupt alle diejenigen Anomien führen, die einen durchbohrten Wirbel haben. Siehe die Einleitung. Müller nennt die abgesägte Anomie, Anomia scobinata Linn. (Siehe vorher die abgesägte.) die Bohrmuschel; und im Register zu Knorrs Vergnügen S. 10. wird mit diesem Namen die Glasbohrmuschel belegt. Siehe Glasbohrmuschel. Bey den Sammlern und Freunden der Versteinerungen führt des Herrn von Linné Anomia terebratula ebenfalls den Namen der Bohrmuschel.

Bohrmuscheln, die gestreifte Bohrmuschel aus der magellanischen Straße. l) Sie hat eine herzförmige



l) Naturforscher III. Stück S. 83. tab. 3. fig. 1. 2. 3. die gestreifte Bohrmuschel. Berlinische Sammlungen Th. III. tab. 4. fig. 13? Chemnitz Conchylienk. Th. VIII. S. 101. tab. 78. fig. 710. 711. die gestreifte Bohrmuschel aus der magellanischen Straße. Anomia striata Magellanica, testa suborbiculata et subcordata, cinerea, longitudinaliter crasse transversaliter subtilissime striata et rugosa, altera valvula convexiore rostrata, perforata, dorsata, altera in medio penes cardinem sinuosa, cardine mirabili articulatione instructo. *Gall.* La grande anomie ma-

mige Bildung, und gelangt zu einer ansehnlichen Größe. Sie hat eine aschgraue Farbe, und ziemlich starke Schale, durch ihre vielen schaligten Ringe und bogenförmigen Quereinschnitte und Runzeln, welche vom jährlichen Wachsthum der Schale scheinen entstanden zu seyn, wie auch durch die vielen vom Wirbel herabgehenden Streifen und Furchen, wird sie ganz rauh gemacht. Auf derjenigen gewölbten Schale, daran der runde durchbohrte Schnabel gesehen wird, erhebt sich in der Mitte vom Wirbel bis zum äußersten Rande ein merklich erhobener Rücken; ans diesem Grunde nennet sie Herr Spengler Anomiam dorsatam. Auf der andern ebenfalls erhobenen Schale zeigt sich in der Mitte, und besonders nahe beym äußern Rande eine Vertiefung, die aber gerade wieder in den Ausschnitt oder Sinum, welchen die Oberschale bildet, hinein passet. Der eckige ausgeschweifte Rand sitzt voller Kerben. Von Innen ist diese Muschel glatt, und die äußern Ribben haben auf der innern Oberfläche derselben keine Spur hinterlassen. Die durchbohrte Schale hat von innen außer dem Loche im Schnabel, und zwey Seitenecken neben demselben, die sich in die hohlen Erhöhungen der Gegenschale seitwärts einlegen, weiter nichts anmerkungswerthes, sondern sie ist durch-

magellanique striée. La poulette cannelée. La gueule de Raie. (Davila Catal. Tom. I. p. 312. n. 696. tab. 20. fig. A. Encyclop. Rec. de Planches. Tom. 6 tab. 67. fig. 14. Favart d'Herbigny Diction. Tom. I. p. 31. Anomie Magellanique striée. Da Costa Elem. of Conchol. tab. 6. fig. 7. Argenville neuste Ausg tab. 41. fig. A. 3. cit. *Chemn* ) Kämmerer Conchyl. in Rudolst. S. 226. n. 6. die kurze gestreifte Bohrmuschel (im Gegensatz des Schlangenkopfs, welcher bey ihm die längliche gestreifte Bohrmuschel heißt.) Meine Einleit. Th. III. S. 413. n. 13.

durchaus glatt und mattglänzend. Allein die innre Fläche der kurzen Schale ist von ganz andrer Beschaffenheit, und zeiget ein ganzes Skelet. Hinten am Schloße, gleich unter dem Loche raget eine kurze gabelförmige Erhöhung gegen das Loch hervor, worauf vermuthlich derjenige Theil der Muschel ruhet, mit welchem sich dieselbe durch das Loch an harte Körper anzusaugen pflegt, neben diesen gehet zu beyden Seiten eine runde erhabne Ecke heraus, in welchen die Seitenspitzen der obern Schalen eingelenkt sind. Von hier an gehet eine erhabene Ribbe mitten durch die Muschel gegen den vordern Rand, welche oben einer auswärts gebogenen Gabel gleicht, unten aber zwey Seitenschenkel hat, welche die zwey einander gegen überstehenden und einwärts gebogenen, einem lateinischrn C gleichenden Beinchen verbindet. Alle diese Theile sind mit der untern Schale zusammen gewachsen, bloß die Schenkel, und die langen krummen Cförmigen Körper stehen völlig frey, und sehen dünnen Fischgräten ähnlich, die mit der Schale keinen weitern Zusammenhang als nur bloß durch einen einzigen Körper haben, daher sie auch leicht abbrechen.

Seitdem in den neuern Zeiten die Falklandsinseln und die magellanische Straße öfterer befahren und besucht worden, und sonderlich seitdem Cook und Bougainville ihre Reisen um die Welt vollendet, und bey der Gelegenheit die magellanische Straße und die benachbarten Inseln fleißig besucht haben, so hat man daselbst mehrere von dieser Art entdeckt, und so viel außer allen Zweifel gesetzt, daß die magellanische Straße ihre Wohnstelle und Lagerstätte sey. Daher ist auch der Name, den sie führt. In England wurden die ersten natürlichen Dupletten, welche man von dieser Gattung bey Capitain Cooks Zurückkunft erhielt, gern mit ganzen Pfunden Sterlings bezahlt. Weil aber von den Schifsleuten bey den folgenden Reisen mehrere mit zurück gebracht worden, so sind sie in Preise gefallen und etwas wohlfeiler geworden.

Bohrmuscheln, die länglich runde, glatte bauchige Bohrmuschel. m) Sie befand sich zwischen den Aesten einer Madrepora prolifera, und gehört ihrer Geschlechtsgröße nach unter die Terebrateln von der dritten Größe, ihr Gattungscharacter aber ist, daß sie länglich rund oder oval ist, sie umschließet aber keine völlig ovale Peripherie, sondern sie ist auf der einen Seite in eine länglicht runde Spitze gleichsam verschoben, und folglich ist sie auf der einen Seite länger als auf der andern. Die Farbe ist weißgelb und schmutzig, und verhältnißmäßig betrachtet stärker, als die Schale der hernach zu beschreibenden **Glasbohrmuschel.** Ihr Schnabel ist rinnenförmig offen, und gleicht also nicht, wie bey der Glasbohrmuschel einer durchbohrten Röhre, auch ist die Oefnung des Schnabels verhältnißmäßig sehr groß, zum Beweise, daß diese Anomie nicht zur Glasbohrmuschel gehöre, sondern eigne Art sey. Die Schalen sind glatt, und nur hin und wieder siehet man einige bogenförmige Querstreifen, die nichts anders als Schalenansätze sind. Das Schloß der kürzern Schale ist noch mit einigen Theilen des getrockneten Thiers bedeckt, die längere Schale aber hat in der Gegend der ofnen Rinne, auf jeder Seite einen Seitenzahn. Das getrocknete Thier ist von dem oben beschriebnen Thier nur dadurch unterschieden:

1) Daß

m) Mein Journal Th III. S. 385. tab. 2. fig. 3. die länglichrunde glatte, bauchige Bohrmuschel. Meine Einleit Th. III. S. 418. Num. 21.

1) Daß die beyden längern Lappen nicht in Form eines Hufeisens aus einander stehen, sondern unten zusammenstoßen, und also eine ovale Figur bilden. Wahrscheinlich sind diese Lappen, wenn das Thier lebt, beweglich, und da kommt es auf den Zustand an, den das Thier in seinem Tode annimmt.

2) Daß die Franzen kleinen Haarpüscheln gleichen.

Bohrmuscheln, der Brattenburgische Pfennig. Siehe hernach die Todtenkopfsmuschel.

— — — — die cylindrische Anomie. n) Diese eigne Anomie fand ich zweymal auf den langen Stacheln eines fürtreflich erhaltenen Echinus cidaris Linn. den ich aus Norwegen erhielt. Sie hat fast eine völlig cylindrische Gestalt, und nur nach dem äußern Rande zu, ist sie etwas schmäler. Beyde Schalen sind äußerst dünne und zerbrechlich, die Oberschale ist stark gewölbt, die Unterschale hingegen ist vertiefter, und noch ungleich zärter als die Oberschale. Die Oefnung ist oval. Ein äußerst kleiner Wirbel, der in der einen Schale vertieft, in der andern aber erhöhet ist, vertritt die Stelle eines Schloßes. Die Länge ist ohngefehr ein halber, die Breite aber ein Viertheilszoll. Diese Anomie gehöret zu der obigen zweyten Classe, nemlich zu den parasitischen, die sich nicht ansaugen, sondern die auf fremden Körpern fest sitzen, und ihren einmal gewählten Sitz nie verändern können.

— — — — die dornichte Anomie, Anomia spinosa Linn. ist eine Versteinerung.

— — — — die dreyzähnige Anomie. Die Anomie mit einer dreyfachen spitzigen Hervorragung.

---

n) Meine Einleit. Th. III. S. 419. Num. 25. tab. 9. fig. 13.

ragung. o) Die Zeichnung, die Davila von diesem sonderbaren schaligten Körper gegeben hat, ist zwar ganz erträglich gerathen, sagt Chemnitz, aber er hat doch die Seite des Rückens mit ihren Furchen und Falten nicht abzeichnen lassen. Diese sogenannte Anomie unterscheidet sich durch ihre Bildung und Bauart gänzlich von allen übrigen Anomien. Sie bestehet aus zusammen gewachsenen Schalen, die man nicht aus einander nehmen noch öfnen kann. Zwar bemerkt man auf beyden Seiten am Rande einen kleinen einer Spalte gleichenden Einschnitt. Wenn nun dieser Einschnitt auf beyden Seiten bis zur untersten Spitze hinabreichte, so würde man sich überreden können, daß diese Muschel aus zwey Schalen bestehe, und sich gehörig öfnen und verschließen könne. Allein dieser Einschnitt, welcher einer Spalte gleicht, erstreckt sich nur von der Wirbelöfnung bis zu den beyden Spitzen, die zur rechten und linken Seite der Schale heraustreten. Darum bezeugt auch Forskål, man könne die Schalen nicht öfnen, ohne sie zugleich zu zerbrechen. Er hat dabey den wunderbaren Einfall, sie scheine den Patellen näher verwandt zu seyn, als den Anomien. Ihre drey Spitzen, die dritte endiget diesen seltenen und sonderbar gebaueten Körper, haben ihn bewogen, sie Anomiam tridentatam zu nennen. Diese Spitzen haben die Form der Röhren, denn sie sind hohl. Am merklichsten ist diese Höhlung bey

---

o) Davila Catal. Tom. I. p. 512. n. 699. tab. 20. fig. D. Favart d'Herbigny Diction. Tom. I. p. 31. Anomie Scarabée ou Anomie ailée de Mahon. Anomia Mahonis alata vel scarabaeiformis, vel aurita. Forskål Descript. Animal. in itinere observ. p. 124. n. 63. tab. 40. fig. B. Anomia tridentata. Chemnitz Conchylienk. Th. VIII. Vignette 13. S. 65. fig. a. b. c. d. F. G. Meine Einleit. Th. III. S. 414. n. 15. und in der Vorrede S. X.

bey der untersten Spitze und Röhre, welche auch unter den dreyen die längste und größte ist. Die größere Seite dieser Anomie, bey der sich eben unter dem stumpfen halbrunden Wirbel die Oefnung, welche bey Anomien gewöhnlich ist, befindet, hat auf ihrem Rücken vier länglichte Falten und Furchen. Es wohnet diese äußerst rare Anomie, welche dünne, durchsichtig, zerbrechlich, etwas gelblich gefärbt, und von den feinsten arcubus und Queerstreifen bezeichnet wird, im mittelländischen Meere.

Da man indessen ihre Schale nicht von einander nehmen kann, und sie, wie sich Herr Chemnitz ausdrückt, zusammen gewachsen sind, so hat dieser Körper nicht mehr als eine Schale, folglich nicht zwey Schalen und kein Schloß, sie kann daher auch keine Muschel seyn, und eben so wenig zu den Anomien gehören. Wahrscheinlich bestimmt sie ein eignes und neues Conchylien-Geschlecht.

**Bohrmuscheln, die durchsichtige,** (La Transparente), **die Fensterscheibe, das chinesische Glas.** p) Der Trans-

p) Lister Hist. Conchyl. tab. 225. fig. 60. tab. 226. fig. 61. Pecten planus pellucidus. Seba Thesaur. Tom. III. p. 181. tab. 90. in der obersten und untersten Reihe. Transparentes. Klein Method. p. 124. §. 321. n. 9. Ostreum binis apophysibus longis conjunctis, pellucidum. Knorr Vergnüg. Th. II. tab. 24. fig. 1. Erster Text. S. 43. der englische Sattel. Zweyter Text. S. 211. Anomia placenta. die Fensterscheibe Der Transparant. Davila Catal. Tom. I. p. 280. n. 583. Selle Polonoise papyracée, blanche. Chemnitz Conchylienk. Th. VIII. S. 116. die Fensterscheibe. Anomia placenta Linnaei, testa orbiculata, complanata pellucida, semimargaritacea, fragilissima, striis longitudinalibus vix nudo oculo conspiciendis striata, cardine in unaquaque testa composito ex duabus costis

Transparant. Weil sich die Chineser dieser Muschel wie des Glases bedienen, und daraus Fensterscheiben machen, so hat sie darum die Namen des chinesischen Glases, und der Fensterscheibe. Ihrer Durchsichtigkeit wegen führt sie den Namen der Durchsichtigen, oder der Transparente; und einige Franzosen nennen sie die Gefrohrne (glacée), weil

costis postice convergentibus et curvatis, altera abbreviata. von Born Ind. Mus. Caes. Vind. P. I. p. 105. Anomia placenta die Fensterscheibe. von Born Mus. Caes. Vind. Testac. p. 120. Da Costa Elements of Conchol. tab. 7. fig. 13. Favart d'Herbigny Diction. Tom. 3. p. 463. Vitre chinoise, ou Huitre transparante. Gronov Zooph. p. 278. n. 1199. Mus. Leers. p. 109. la Glacée on Bivalve transparente. Transpirant-Doublet. Mus. Koening. p. 51. n. 639. Transparente. Kämmerer Conchyl. in Rudolst. S. 225. n. 2. Argenville neuste Ausg. tab. 41. fig. D. 2.

Linné Syst. nat. ed. X. sp. 205. ed. XII. p. 1154. sp. 241. *Anomia placenta*, testa orbiculata plana pellucida, cardinum callis linearibus binis testae interne adnatis. Habitat in Pelago. Cardo rufescens. Valvulae aequales integrae. *Mus. Reg. Ludov. Ulr* p. 536. n. 126 Testa plana, hyalina pellucida, orbicularis, vix manifeste striata, intui nitida, macula in medio glaberrima orbiculari; Valvula altera vix manifeste convexa, altera vero omnino plana. Cardo singularis ex fibris duabus, intra discum testae adnatis, apice versus postica convergentibus, introrsum autem divaricatis: altera breviore. Müller Linnäisch. Natursf. Th. VI. S. 325. der Transparant. Linné Natursyst. des Thierr. Th. II. S. 494. Meine Einleit. Th. III. S. 404.

Deutsch. Die Fensterscheibe, das chinesische Glas, die Durchsichtige, der Transparant, der Pfannenkuchen, der weiße englische oder pohlnische Sattel. Lat. *Anomia placenta* Linn. Transparens. Franz. Selle polonoise papyracée, blanche. Vitre chinoise, ou Huitre transparante, la Glacée ou Bivalve transparante, Transparente. Holländ. Trenspirant-Doublet. Transparant. Engl. the chinese pellucid Oyster.

weil sie würklich dem Eise gleichet. Ihre platte und flache Form gab einigen Gelegenheit, sie den Pfannenkuchen zu nennen, den Linné lieber in den allgemeinen Namen des Kuchens verwandelte.

Nach Linné hat die Fensterscheibe einen runden Umriß, flache, durchsichtige Schalen, und statt des Schloßes, zwey die länge herabgehende Ribben, die inwendig an die Schale befestiget sind. Linné sagt noch, daß diese Anomie im Meere wohne, woran wohl niemand zweifelt, daß das Schloß röthlich sey, welches gleichwohl nicht an allen Beyspielen angetroffen wird, und daß sich beyde Schalen ganz gleich und durch nichts unterbrochen wären. Der Bau dieser Muschel ist ganz flach und platt, dergestalt, daß man sich wundern muß, wie in einer Muschel, wo beyde Schalen fast ganz auf einander liegen, ein Bewohner sich aufhalten kann. Die Schalen sind weiß, etwas wachsfarbig, und sie sind so fein, daß sie fast durchsichtig wie Glas sind. Ihr Umriß ist rund, an manchen Beyspielen fast cirkelrund, und von außen sind sie mit sehr feinen senkrechten Streifen belegt, die aber leicht abgerieben werden können, und daher auch an manchen Beyspielen abgerieben sind, und nur hin und wieder zu sehen sind. Inwendig ist die Schale glänzend, fast perlmutterartig, und im Mittelpuncte siehet man einen glatten, runden, mattgefärbten Fleck, welcher der Befestigungspunct für den Bewohner ist. Die eine Schale, in welcher nemlich die Furchen des Schloßes sind, ist etwas weniges gewölbt, die andre Schale hingegen mit den erhöheten Ribben ist ganz platt; indessen siehet man an beyden Schalen einige Unebenheiten. Das Schloß ist ganz sonderbar. Man siehet nemlich zwey gabelförmige Ribben, von denen die eine länger ist als die andre, die in zwey Furchen der Gegenschale

genau

genau eingreifen. An beyden Seiten beyder Schalen siehet man einen etwas aufgeworfenen Rand, der an der gewölbten Schale ungleich länger ist, als an der platten, zwischen welchem wahrscheinlich das lederartige Band liegt, welches beyde Schalen verbindet und fest hält.

Da diese Beschreibung ganz nach **Linné** gemacht ist, so scheint es, als wenn er, wie sich verschiedene einbilden, den **kleinen englischen Sattel**, den ich unter diesem Namen beschreiben werde, von seiner Anomia placenta gänzlich ausschließe, obs gleich nicht unwahrscheinlich ist, daß er beyde für Abänderung einer Art halte, und vielleicht den letztern gar nicht gekannt habe, weil er sich im System und im Museo auf **Gualtieri** tab. 104. fig. B. beruft, und bey **Seba** tab. 90. hinzu setzt figurae pleraeque. Indessen sind beyde Muscheln, die **Durchsichtige** nemlich, und der **kleine englische Sattel** hinlänglich, und deutlich genug unterschieden, worüber **Chemnitz** folgenden Beweiß führt. Jene, die bronzirte, hat eine fast viereckigte, diese aber jedesmal eine fast cirkelrunde Form und Bildung. Bey jener findet man eine merklich convexe, und dabey beydes innerlich und äußerlich gefärbte, gleichsam bronzirte Oberschale; diese aber hat eine völlig flache Oberschale, daran sich kaum eine Spur einiger Wölbung und Erhebung, noch fast ein Schimmer einiger röthlichen Farbenmischung findet. Denn beyde Schalen sind schnee- und silberweiß, und dabey ungleich zarter, durchsichtiger, dünner, zerbrechlicher als jene. Jene hat beym Schloße in der flachen Unterschale weit aus einander fahrende Ribben, deren die eine so groß und lang ist als die andre, die in gleichmäßig gebildete Gruben und Vertiefungen der Oberschale eingreifen, und sich da gleichsam hinein schieben

lassen.

lassen. Allein bey dieser findet man dergleichen Ribben nicht bloß in der Unter-, sondern auch ebenmäßig in der Oberschale. Beyde Ribben sind nicht von gleicher Länge, vielmehr ist die eine allemal kürzer als die andre, darauf uns auch Linné aufmerksam macht, wenn er alteram als breviorem beschreibt. Zugleich beweiset dieser eben angeführte Umstand, daß er bey seiner Anomia placenta nicht jene, welche den Namen des kleinen papiernen englischen Sattels führt, sondern diese, welche die Fensterscheibe oder das chinesische Glas heißt, im Auge gehabt habe. Auch dieses beweiset es, daß er der gegenwärtigen Testam hyalinam, eine Farbe, die dem Glase gleicht, beylegt, und mir machen es alle Umstände mehr und mehr wahrscheinlich, Linné habe die bronzirte Art gar nicht gekannt, noch sie in der Sammlung der Königin gefunden, er würde sonst aus beyden gewiß zwey Arten gemacht, und jeder einen eignen Namen gegeben haben. Beyde Ribben stehen auch bey der Anomia placenta viel näher und enger, wie bey jener neben einander, sie machen einen spitzigen Winkel, der bey seiner Spitze eine merkliche Krümmung zeigt. Auf der schilfrichten, aus den zartesten Scheiben, Lamellen und Blättern bemerkt man die feinsten senkrechten Streifen, die viel regelmäßiger als bey der bronzirten Art sind. Vom Herrn Chemnitz werden wir unterrichtet, daß man an den tranquebarischen Meerufern die Durchsichtige sehr häufig finde; es ist glaublich, denn in der Leersischen Auction wurde eine sehr große Duplette dieser Art, een zeer groot Transpirant Doublett nur mit 3 Gulden, 5 Stüber bezahlt. Meine größte Duplette ist 5 Zoll lang und eben so breit, doch findet man sie größer, denn das im Lister vorgelegte Beyspiel ist über 6 Zoll lang.

Bohrmuscheln, der große englische Sattel. Der englische oder pohlnische Sattel. q) Der Herr Pastor Chemnitz ist mit allen den Zeichnungen nicht zufrieden, die man von dieser äußerst raren Muschel gegeben hat, selbst mit der seinigen nicht, weil an keiner derselben, die einem englischen Sattel so sehr gleichende Beugung und Krümmung der Schalen sichtbar ist. Vorzüglich tadelt er die illuminirte Abbildung im Bonanni, wo man dieser Muschel eine grasgrüne Farbe gegeben hat. Mich dünkt, die im Knorr Th. V, tab 29 fig. 1. sey, wenn wir die schwarzbraune unnatürliche und höchstens nur durch Zufall entstandene Farbe ausnehmen, noch am erträglichsten gerathen.

Man muß sich die Schalen dieser Muschel gar nicht als flach und eben, sondern als sehr verbogen und

q) Bonanni Mus. Kircher. Class. II. fig. 135. p. 449. Ostreum Amboinicum. Seba Thesaur. Tom. III. tab. 90. die mittlern Figuren. p. 181. Knorr Vergnüg. Th IV. tab. 18. fig. 2. S. 31. der indianische englische Sattel. Th. V. tab. 29. fig. 1. S. 46. der ächte pohlnische Sattel. Poolse Zadel, la Selle de Pologne. Davila Catal. Tom. III. p. 280. n. 582. Selle polonoise. Müller Linnäisches Natursys. Th. VI. S 316. tab. 13. fig. 1. die aber unrichtig für Ostrea Ephippium ausgegeben wird. Kämmerer Conchyl. in Rudolstadt. S. 225. n. 1. der englische Sattel. Mus. Leers. p. 109. n. 1065. bis 1069. Poolse of Engelsche Zaadel-doublet. Selle Polonoise ou Angloise Mus. Koening. p. 51. n. 637. 638. Chemnitz Conchylienk Th. VIII. S. 111. tab. 79. fig. 714. der große englische Sattel. Ephippium anglicanum maximum, testa magna scissili, ad formam ephippii anglici flexa, curvata sinuosa, submargaritacea longitudinaliter subtilissime striata, cardine costis duabus in forma trianguli postice convergentibus. *Gall.* La grande selle de cheval. Engelsche of Poolsche Zadel-schulp. Meine Einleit Th. III. S. 415. der große englische oder pohlnische Sattel. Argenville Conchyl. neuste Ausg. tab. 41. fig. D. 3.

und beym Rande wie weit ausgeschweift vorstellen. Auf der Oberfläche der Schalen siehet man unzählige zarte länglichte Streifen, und auch einige braunröthliche Strahlen. Die Schalen selbst sind sehr schilfricht, und scheinen aus lauter übereinander herliegenden dünnen zarten Blättern zu bestehen, die sich wie Schiefer brechen und spalten lassen. Sie sind wie bronzirt, und haben dabey eine perlenmutterne Grundlage und Substanz. Die innern Wände sind spiegelglatt und glänzend, und näher beym Schloße perlenmutterartig. Beym Rande umher zeigt sich die schönste violettbraunröthliche Achatfarbe, darauf die Farben des Regenbogens spielen. In der Mitte stehet ein fast cirkelrunder Muskelflecken, als ein übrig gebliebenes Merkmal, daß der Bewohner auf dieser Stelle seine Befestigung gehabt habe. Beyde Schalen schließen bey aller Krümmung und Verbeugung so genau auf einander, daß es kaum begreiflich, wie ein lebendiges Wesen darzwischen zu wohnen und zu leben im Stande sey. So gar klein kann indessen der Bewohner doch auch nicht seyn, weil er ein paar so ansehnliche Schalen regieren, sie öfnen, verschließen, ihren weitern Wachsthum besorgen, und sich mit seinem schalichten Wohnhause, darauf sich vielmals noch ganze Colonien von Austern und Seetulpen ansetzen, von einer Stelle zur andern bewegen, und seine Nahrung aufsuchen muß. Das Schloß der einen Schale bestehet in ein Paar ribbenartigen Erhöhungen, welche beym Wirbel als ein Dreyeck zusammen laufen. In der Gegenschale dagegen siehet man eben so dreyseitig gebildete Vertiefungen, da hinein diese Erhöhungen eingreifen, und sich wie Schieber da hinein schieben lassen, wozu noch ein lederartiges Band kommt, welches die Verbindung der Schalen ebenfalls befördert. Beyde Schalen dieser seltenen Duplette haben einerley

Farbenmischung', wodurch sie von der folgenden Art, deren Unterschale allemal flach und weiß ist, wenn gleich die Oberschale noch so kupferroth erscheint, hinlänglich würden unterschieden werden, wenn sie sich nicht schon durch ihre ansehnliche Größe und sattelförmige Bildung, durch die sonderbarsten Krümmungen und Beugungen ihrer Schalen, und durch ihren weit ausgeschweiften Rand, auf das deutlichste und sichtbarste auszeichneten. Sie kann länger als 7, und breiter als 8 Zoll werden, wohnet an den Stranden der moluckischen Inseln, und wurde in der Leersischen Auction im Holland mit 20. 26 und 30 Gulden bezahlt.

**Bohrmuscheln, der kleine englische Sattel.** Der kleine papierne englische oder pohlnische Sattel, die pfannenkuchenförmige Auster. r) Rumph, der

r) Rumph Amboin. Raritätenk. tab. 47. fig. B. p. 155. Ostreum placentiforme seu Ephippium. Engelsche Zadels en Zadelschulpen. Mal. Tiram Lebber. Amboin. Ea, oder ya. Boet. Calepinda. Xulan. Calvinde. Deutsch. S. 152. die pfannenkuchenförmige Auster, der Sattel, englische Sattel, Sattelmuschel. Chemnitz Zusätze. S. CXVII. der englische oder pohlnische Sattel, die Zwiebelschale. Petiver Aquat. Amb. tab. 20. fig. 3. p. 4. Saddel Oyster. Gualtieri Ind. Testar. tab. 104. fig. B. Ostreum structura peculiari totaliter complanatum, tenuissimum, pellucidum, fragilissimum, minutissime et subtilissime striatum, striis a cardine ad peripheriam excurrentibus, nonnullis rugis circularibus leviter fasciatum, ex fusco candide splendens, et aliquibus maculis subalbidis identidem nebulatum, intus pullo colore maculatum, et argenteo-fusco velato nidore lucide depictum. Seba Thesaur. Tom. III. tab. 90. die mehresten Figuren p. 181. Ephippium polonicum. Davila Catal. Tom. I. p. 280. n. 583. Selle polonoise. Favart d'Herbigny Diction. Tom.

der diese Muschel mit einem Pfannenkuchen vergleicht, zählt sie zugleich mit den mehresten Schriftstellern unter die Austern, die nach Linné unter die Anomien gehört. Da sie kleiner als die vorhergehende ist, so heißt sie der kleine englische oder pohlnische Sattel. Ihre Schalen sind flach und platt, und nur die eine ist etwas erhaben; sie sind äußerst dünne, durchsichtig, spröde, zerbrechlich, und nach ihrer Figur ein wenig viereckig. Die Oberschale ist ganz rauh und schilfrich, sie scheint aus den allerzartesten, über einander herliegenden, dem Schiefer gleichenden Lamellen zu bestehen, man findet bey ihr einen spitzigen Wirbel, von welchem lauter zarte senkrechte Streifen zum äußersten Rande hinab laufen, welche von bogenförmigen mit dem Rande parallellaufenden Queeransätzen durchschnitten werden. Diese Schale ist etwas gewölbt, und ist innerlich und äußerlich wie bronziret, und glänzet bey ihrem lichtrothen Farbenkleide wie feingeschliffenes Kupfer. Der Farbenglanz ist aber an der inwendigen spiegelglatten Wand viel stärker als auf der äußern Oberfläche, welche noch dazu hin und wieder, wenigstens an einigen Beyspielen, etwas aschgrau ist, und von einigen breiten weißen Strahlen, die auch innerlich durchschimmern, bezeichnet wird. Die an-



Tom. III. p. 303. Selle polonoise, ou selle angloise. Kämmerer l. c. Chemnitz Conchylienk. Th. VIII. S. 114. tab. 79. fig. 715. der kleine papierne englische oder pohlnische Sattel. Ephippium parvum papyraceum Anglicanum seu Polonicum, testa subquadrata scissili, scabra, depressa longitudinaliter subtilissime striata, et ex albo radiata, transversaliter nonnullis arcubus circularibus circumscripta, valvula altera convexiore, extus et magis intus cuprea rubedine splendente, altera plana, alba, submargaritacea, cardine composito ex duabus costis abbreviatis. La Selle non cambrée. Meine Einleit. Th. III. S. 416. n. 17.

dre Schale, oder die untere, ist ganz flach, nahe beym Wirbel ein wenig vertieft und eingedrückt, von außen ebenfalls fein gestreift, durchsichtig, silberglänzend, und inwendig bis zum schönsten Glanze glatt. Eben an dieser flachen Schale sitzen im Schloße ein paar erhabene Ribben, welche unter dem Wirbel in einem spitzigen Winkel, wie in einem Triangel zusammenstoßen, und in der Gegenschale eine Vertiefung antreffen, da hinein sie passen. In der Mitte einer jeden Schale siehet man einen cirkelrunden Muskelflecken. Meine einzelne Schale ist $3\frac{3}{4}$ Zoll lang, und $3\frac{1}{4}$ Zoll breit.

**Rumph** giebt von dieser Muschel zwey Abänderungen an. Die eine hat eine schwarzgraue Schale, die inwendig perlmutterartig ist, und mit Regenbogenfarben spielt. Man findet sie auf Toccoere, und daselbst führen sie auch Perlen bey sich. Sie hat sehr wenig Fleisch, das fast nur aus lauter Lappen bestehet, demohnerachtet aber von einem guten Geschmacke ist. Man findet sie auf Bonoa im stillen Meerbusen, wo ein harter Corallenboden mit etwas süßem Wasser ist, auf einander liegend. Eine andere dünnere Art findet man in dem Amboinischen Meerbusen, diese ist einem dünnen Pfannenkuchen noch mehr ähnlich, und ihre Lamellen lassen sich leicht von einander ziehen. Sie ist kleiner im Umfange, auswendig fuchsroth und grau, inwendig perlartig, mit vielem röthlichen Glanz, wie Kupfer, und daher so schön nicht als die vorige. Die großen findet man auch in der Meerenge Bouton, und rings um Pangesane, woselbst man das Perlmutter davon braucht, um das Vordertheil an ihren Schiffen damit einzulegen. Eben diese Art findet man an der Ostküste von Celebes, und auch eine kleine Art, die sehr platt und dünne,

dünne, wie die auf Baguala, ist. Die Inwohner von Tambocco schnüren diese Schalen an einander, und hängen sie an das Vordertheil ihrer Schiffe, wenn sie von einem glücklichen Siege wieder zurück kommen. Auch hängen ihre Vorfechter sie um ihre Häuser herum, damit, wenn der Wind gehet, und diese Schalen an einander schlagen, ein jeder wisse, daß hier ein tapfrer Held wohne. Alle diese Arten führen Perlen bey sich, in Amboina aber sind dieser Perlen wenig, auch sind sie klein, dazu eckigt und gelblicht; in den Xulanesischen Inseln hingegen sind sie schöner, desgleichen auch auf der Papörischen Insel Meßoal. Man findet diese Muscheln drey bis 4 Klafter tief unter Wasser. Etliche liegen platt, andre wie die Dachschiefer schief über einander geschoben, und um sie zu bekommen, so sticht man mit Harpunen oder spitzigen Eisen darnach, und hebt sie in die Höhe. Auf der Insel Baly schneidet man sie schön aus, und legt die Sattel und Pferdezeuge damit ein. Nach Chemnitz wohnet diese Muschel auch an der Tranquebarischen Küste, und man kann von daher zwar einzelne Schalen genug erhalten, aber gute Dupletten sind immer eine wahre Seltenheit.

Es ist gar nicht zu leugnen, daß die beschriebenen drey Sattelmuscheln, nemlich die Durchsichtige, der große englische Sattel, und der kleine englische Sattel in verschiedenen wesentlichen Stücken übereinkommen. Alle drey haben einen flachen platten Bau, alle drey feine senkrechte Streifen, und alle drey zwey ribbenartige Erhöhungen statt des Schloßes. Sie sind gleichwohl nicht Abänderungen einer Art, vielmehr sind sie wieder durch einige beständige Charactere hinlänglich und deutlich von einander unterschieden Denn

1) Die Durchsichtige hat eine runde Form, und beyde Schalen sind weiß.

2) Beym großen englischen Sattel sind beyde Schalen wie bronzirt und kupferfarbig, keine Schale ist weiß, und sie hat viele Krümmungen und Beugungen; auch eine fast dreyseitige Form.

3) Der kleine englische Sattel hat zwar auch eine dreyeckige Form, aber nur eine Schale ist wie bronzirt, und kupferfarben, die andre hingegen ist weiß, ihr fehlen die Krümmungen und Beugungen, auch wird sie nicht so groß wie die vorhergehende.

Bohrmuscheln, die Falte, Anomia plicatella Linn. eine Versteinerung.

— — — die Feile unter den Anomien. Siehe oben die abgesagte.

— — — das Felsenduplett, oder

— — — das Fensterduplett, oder

— — — der Fensterladen, das Fensterduplett, das Felsenduplett, der Sattel, die weiße Zwiebelschale. s) Diejenigen, welche unsre Anomie mit dem Namen des englischen oder pohlnischen Sat-

s) Lister Hist. Conchyl. tab. 204. fig. 38. ohne Beschreibung. Bonanni Recreat. Class. II. fig. 56. p. 105. Cama. Bonanni Mus. Kircher. Class. II. fig. 55. p. 444. Gualtieri Ind. Testar. tab. 97. fig. B. mala. Concha subrotunda, una valva perforata, cujus multiplices sunt varietates. Argenville Conchyl tab. 19. fig. C. S. 232. 236. die grüne Zwiebelschale. Der englische oder pohlnische Sattel. (falso.) Lange Method. p. 78. Concha valvis aequalibus — Cama dicta. von Born Ind. Mus. Caes. Vind. P. I. p. 102. Anomia ephippium. Die Klebauster. von Born Mus. Caes. Vind. Testac. p. 117. Gronov Zoophyl. p. 278.

Sattels belegen, welchen Namen andre lieber andern von mir vorher beschriebenen Conchylien geben, haben wenigstens die Benennung des Linné vor sich; und diejenigen, die sie mit dem Namen der Zwiebelschale belegen, sahen auf die Aehnlichkeit dieser Anomie mit der rothen und gelben Zwiebelschale (Anomia cepa und electrica Linn.); das durchbohrte Loch



---

278. n. 1198. *Mus.* Gronov. p. 100. n. 958. Engelsche of Poolsche Zadel. *Mus.* Leers. p. 109. n. 1072. witte Kleef-Oester. Pelure d'Oignon. Mus. Koening. p. 51. n. 611. Kämmerer Conchyl in Rudolst. S. 226 n. 3. Chemnitz Conchylienk. Th. VIII. S 81. tab. 76. fig. 692. 693. die weiße Zwiebelschale, der Sattel. Anomia Ephippium, testa submargaritacea, parasitica, diaphana, alba, valvula altera planiuscula, perforata, foramine ovato, cohaerens cum altera gibbosa et convexa in cicatricula lineari ope ligamenti coriacei. Chemnitz führet noch folgende Schriften an: Davila Catal. Tom. I. p. 281. n. 585. Ginanni Opere posth. tom. 2. tab. 27. fig. 172. p. 37. lit. c. Pennant British Zool. Vol. IV. p. 109. Anomia Ephippium. Da Costa British Conchol. tab. 11. fig. 3. p. 165. Anomia tunica Cepae. Onion Peel. Argenville neuste Ausg. tab. 41. fig. B.

Linné Syst. Nat. ed. X. p. 701. sp. 185. ed. XII. p. 1150. sp. 218. *Anomia Ephippium*, testa suborbiculata rugoso-plicata: planiore perforata. Habitat in M. Mediterraneo et Americano. Testa alba, magnitudine volae, intus argentea nitidissima; utraque valvula saepe plicis quinque longitudinalibus, nec ad cardinem concurrentibus. Planior testa magno foramine. Müller Linnäisch. Natursf. Th. VI. S. 319. tab. 12. fig. 3. die Klebauster. Linné Natursf des Thierr. Th. II. S. 492. tab. 38. fig. C. Meine Einleit. Th. III. S. 383.

Deutsch: der Fensterladen, das Fensterduplett, das Felsenduplett, der Sattel, der englische oder pohlnische Sattel, die weiße oder grüne Zwiebelschale, die Klebauster. Lat. *Anomia Ephippium.* Franz. Pelure d'oignon. Holländ. Engelsche of Poolsche Zadel. Witte Kleef-Oester, Vensterdoublet. Engl. Onion-Peel, The perforated Pearl Oyster.

der einen Schale gab die nähere Veranlassung, sie den Fensterladen zu nennen, so wie die Klebauster, um ihrer Gewohnheit und Art willen, wie sie sich auf fremde Körper zu setzen pflegt.

Nach Linné hat der Fensterladen einen abgerundeten Bau, runzlicht gefaltene Schalen, unter denen die flächere durchbohrt ist. Ferner sagt Linné, daß diese Anomie weiß gefärbt sey, die Größe einer flachen Hand, inwendig eine glänzende Silberfarbe, und öfters auf beyden Schalen fünf senkrechte Falten habe, die sich aber am Schloße nicht vereinigen; die flächere Schale endlich sey mit einem großen Loche versehen. Dieses Loch ist allemal oval, bald größer, bald kleiner, und durch dasselbe strecket das Thier einen steinharten, schaligen, meist triangelförmigen Theil heraus, mit dem es sich an andern Körpern befestiget, und den man nicht selten noch auf Conchylien antrifft, und der sich so fest angesetzt hat, daß ihn keine Gewalt abreißen kann. Sogar auf dieser Muschel selbst findet man diesen Theil, zum Beweise, daß sich nicht selten mehrere Schalen dieser Art über einander setzen. Diese flache, platte, durchbohrte Schale ist also die untere, die obere hingegen ist gewölbt, und immer liebt diese Anomie eine runde Form, die indeß mehr oder weniger regelmäßig rund ist. Die Schale ist immer zart, doch manchmal stärker, manchmal schwächer, wobey es nicht allemal auf die Größe ankommt, auch ist diese Schale etwas schilfrich, manchmal die Länge herab gefalten, wo man denn gemeiniglich fünf Falten zählt, manchmal auch ganz ohne Falten. Gemeiniglich, und in den mehresten Fällen ist die Farbe des Fensterladens weiß, doch besitze ich eine schöne, 2 Zoll lange, 2$\frac{1}{4}$ Zoll breite, mit tausend kleinen Würmern besetzte Duplette, wo die Farbe röthlich, und die gewölbte Oberschale länger

ger als die platte Unterschale ist. Argenville giebt die Farbe grün an, wären seine Beyspiele so gefärbt gewesen, so war ihnen diese Farbe gewiß nicht natürlich.

Gualtieri giebt mehrere Abänderungen von dieser Anomie an. Alia enim est concava; sagt er, alia minime profunda; alia diversimode sinuosa; alia ad amussim fere rotundatur; extrinsecus etiam in multis tuberculorum quorundam non laevia vestigia tam bene dispersa, ut quandoque brassicam cucullatam vel crispum Intubum diceres. Intus cum argenteo quodam splendore aliquando virescit, aliquando rubet, vel flavescit. Nonnullae auripigmento cum nitore illustrantur: multae margaritarum albedinem purpurissa velata ostendunt: multae aeris rubiginem, flavedinem vitream multae, et cupream rubedinem sub sandracca pellucida latitantem. Wahrscheinlich sahe Gualtieri Anomiam cepam und electricam für Abänderungen des Fensterladens an, wie aus der Anzeige der verschiedenen Farben nicht undeutlich ist.

Noch bemerke ich, daß man unter dem stumpfen Wirbel der gewölbten Schale eine cicatriculam linearem, eine linienförmige Grube antrift, daran die Unterschale durch Hülfe eines lederartigen Bandes fest sitzt. Bonanni macht diese Muschel sehr irrig zur Chame, so wie es auch grundfalsch ist, daß die Oefnung der Unterschale dazu vorhanden sey, daß das Thier Feuchtigkeiten an sich ziehen könne; sie ist vielmehr dazu da, daß sich das Thier mit einem fremden Körper vereinigen könne, wie ich oben gezeigt habe. Die Franzosen und Herr Meuschen machen aus dieser Muschel eine Auster, Gualtieri macht sie zu einem eigenen Geschlechte, und nach Linné, der auf die Oefnung der platten Schale sahe, ists eine Anomie. Sie wohnet in den Ost- und Westindischen Meeren, besonders auch in der mittländischen See, nach Pennant und Da Costa findet man sie auch in dem englischen Meere. Sie ist gerade nicht selten, aber auch in guten Dupletten nicht gemein.

Bohrmuscheln, die Fischschuppe. t) Daß so wenige Schriftsteller dieser Anomie gedenken, da sie doch unter die gemeinsten Muscheln gehört, die man an den Stranden der Ost- und Nordsee auf Krebsen, Krabben, Humern, Schnecken, Muscheln, Seepflanzen, Seegewächsen und Seeschwämmen in unzählbarer Menge antrifft; kommt lediglich von ihrer kleinen Form und unansehnlichen Gestalt her. Dem Linné war es daher vorbehalten, unter den so vielen Entdekkungen auch diese zu machen. Er sagt daher in seinen Westgothländischen Reisen: „Anomia squamula testa orbiculata altero margine gibba **wieder ein neues Thier**, entdeckte ich auf den Humerschalen. Es schien als wenn diese kleine Schale eine valvula conchae wäre, ich fand aber bey genauerer Untersuchung, daß ich mich geirrt hatte. Ich glaube nicht, daß ein Naturkundiger, der selbige in einem Kabinet zu sehen bekäme,

t) Chemnitz Conchylienk. Th. VIII. S. 86. tab. 76. fig. 696. die Fischschuppe. Anomia squamula testa subrotunda alba fragilissima, squamulis piscium simillima, altera valvula plana perforata affixa, altera convexa. Angl. Scale. Linné Faun. Suec. p. 521. n. 2151. Pennant British Zool. tom. 4. n. 71. p. 109. Anomia squamula. Da Costa British Conchol. p. 167. n. XI. Anomia squamula. Linné Westgothländ. Reisen. S. 171. deutsch S. 199.

Linné Syst. Nat. ed. X. p. 701. sp. 188. ed. XII. p. 1151. sp. 221. *Anomia Squamula*, testa orbiculata integerrima, plana, margine altero gibbo laevi. Habitat in Oceano Suecico super Cancros, Fucos. Müller Linnäisch. Natursyst Th. VI. S. 320. die Schuppe. Linné Natursyst. des Thierr. Th. II. S. 492. Meine Einleit. Th. III. S. 387.

bekäme, sie für etwas anders als für die Hälfte einer Concha halten würde. Diese Schale war so groß als eine Fischschuppe, und bedeckte ein kleines gelbes Thierchen, welches lebte und sich rührte." Im System erläutert er diese dunkeln Worte dadurch, daß er eingestehet, er habe diese Conchylie für eine Patelle angesehen. Freylich bleibt die untere Schale auf Humern und andern Seekörpern zuweilen unvermerkt kleben, und so wurde Linne bey seiner Untersuchung, die vielleicht auch nicht mit der nöthigen Aufmerksamkeit geschahe, hintergangen.

Im System hat er diesen Fehler dadurch verbessert, daß er die Fischschuppe unter die Muscheln setzt, aber immer noch unvollkommen genug beschreibt. Er legt ihr einen runden Bau bey, sagt, daß ihr Rand durch nichts unterbrochen werde, daß die Schale flach gebaut, und der eine Rand aufgeworfen und glatt ist. Die eigentliche oder natürliche Form der Fischschuppe ist rund, mehr oder weniger, nachdem es der Körper nothwendig machte, auf dem die Anomie saß. Eigentlich sind beyde Schalen flach, doch ist diejenige, die oben durchbohrt ist, ganz platt, und gemeiniglich noch viel zarter als die entgegengesetzte Schale, die doch in etwas gewölbt ist. Ihre kleine Wirbelspitze kehrt sich bald zur rechten, bald zur linken Hand, vieleicht von den Umständen genöthiget, die sie bey ihrem Bau und Wachsthum vorfand. Einige sind daher auch ziemlich stark gewölbt. Die Oefnung der flachen, oft eingedrückten Unterschale ist für so kleine Muscheln als diese sind, groß genug; doch habe ich auch drey Dupletten gefunden, die keine durchbohrte Schale haben. Dergleichen Beyspiele hat Linné wahrscheinlich vor sich gehabt, weil er der durchbohrten Schale mit keiner Silbe gedenkt.

Bohr-

Bohrmuscheln, die große Fischschuppe. u) Sie hat eine längliche Form, und ist beym äußern Rande wie abgerundet. Die eine Schale, damit diese Anomie auf fremden Körpern fest zu sitzen pflegt, ist flach, glatt, zart, papierdünne, zerbrechlich, und hat auf der durchbohrten Stelle eine weite, eyförmige Oefnung. Die andre Schale ist gleichfalls ziemlich flach, kaum merklich erhoben, jedoch ist sie etwas dicker und stärker. Auf ihrer Oberfläche siehet man zarte längliche Streifen, welche vom Wirbel wie Strahlen ausgehen; sie ist also von der vorherbeschriebenen Fischschuppe hinlänglich unterschieden, so wie sie auch ungleich größer wird. Sie ist eine Zierde des großen Spenglerischen Kabinets in Kopenhagen, und wurde in Norwegen im Meer bey Drontheim gefunden.

— — — die Furche, Anomia lacunosa Linn. ist eine Versteinerung.

— — — die gebogene Anomie. x) Sie ist würklich sattelförmig gebogen, und diese Einbeugung befindet sich gerade in der Mitte der Muschel. Von dieser Einbeugung an, bis zum äußern Rande, liegen beyde Schalen so genau auf einander, daß sie der Bewohner für sich nicht nützen kann. Ueberhaupt ist die ganze Oberschale flach. Die Unterschale hat nach

u) Chemnitz Conchylienk. Th. VIII. S. 87. tab. 77. fig. 697. die große Fischschuppe. Squama magna, testa oblonga, altera valvula plana, tenui, perforata, foramine ovato; altera'i subconvexa subtilissime longitudinaliter striata, margine rotundato. Meine Einleit. Th. III. S 407. 408. n. 2.

x) Meine Einleit. Th. III. S. 418. 419. tab. 9. fig. 11. die gebogene Anomie.

nach dem Wirbel zu eine starke Wölbung, und ganz nahe am Wirbel ein grosses zirkelrundes Loch. Beyde Schalen sind sehr dünne und schilfrig, und, den gewölbten Theil der Unterschale ausgenommen, welcher silberfarbig ist, rauchfärbig gefärbt. Inwendig ist die Muschel silberfarbig und glänzend. Statt des Schlosses siehet man am Ende des Lochs, und in der Gegenschale gerade unter dem Wirbel, einen kleinen ausgeschweiften Absatz, oder eine Hervorragung, die genau auf einander passet, und wahrscheinlich von aussen durch ein lederartiges Band befestiget wird, und nun beyde Schalen zusammen hält. Diese Beschaffenheit des Schlosses beweiset deutlich genug, daß diese Anomie von der Anomia squamula Linn. hinlänglich und wesentlich unterschieden sey. Sie ist aus Norwegen, und saß an einer Madrepora prolifera.

Bohrmuscheln, die gefaltete Anomie, Anomia plicatella Linn. ist eine Versteinerung.

— — — die gefurchte Anomie, Anomia lacunosa Linn. ist auch eine Versteinerung.

— — — die geköpfte Anomie. y) An einem Corallzweige des mittländischen Meeres, woran sich einige Schalen von der unter den natürlichen Conchylien so seltenen Todtenkopfsmuschel (Anomia craniolaris Linn.) festgesetzt hatten, fand der Herr Pastor

y) Gualtieri Ind Testar. tab. 96. fig. C. Terebratula parva una verticis parte depressiore, et truncata: altera vero elatiore, et acuminata striata striis crassioribus subalbida. Chemnitz Conchylienk. Th VIII. S. 96. tab. 78. fig. 705. lit. a. b. c. d. die geköpfte Anomie. Anomia decollata, testa semicirculari, longitudinaliter striis crassioribus striata, intus costata, vertice perforato, quasi abraso, seu abscisso et decollato. Meine Einleit. Th. III. S. 410. n. 9.

Pastor Chemnitz über zwanzig Stück von der geköpften Anomie, welche sich durch eine aus ihrem offnen Wirbel hervorragende Sehne, wie durch einen Saugrüssel fest gesogen und angehängt hatten. Sie gehört also unter die eigentlichen Bohrmuscheln. Sie scheint bey ihrem Schloße wie geköpft zu seyn, und darum gab ihr Herr Chemnitz den Namen der geköpften. Sie bildet einen halben Cirkel. Die eine Schale ist beynah flach, die andre ein wenig gewölbter; längliche dicke Streifen gehen vom Wirbel herab. Innerlich siehet man bey einigen, es giebt also zwey Abänderungen dieser Muschel, an der innern Wand von der flachern Schale drey hervortretende Ribben, und bey andern siehet man noch mehrere solcher Ribben. Die nur wenig gewölbte Oberschale wird innerlich durch senkrechte Streifen rauh gemacht, und in der Mitte erhebet sich eine Ribbe, wie eine Scheidewand. Also ist die innre Gestalt dieser kleinen Anomie ungleich wunderbarer als die äußere.

Bohrmuscheln, die gestreifte Anomie, Anomia striatula Linn. ist wieder eine Versteinerung.

— — — die gestreifte Anomie vom Vorgebirge der guten Hofnung. z) Sie führt den Namen von ihrem Vaterlande. Sie hat keinen Schnabel, aber beym Wirbel und Schloße eine so weite

z) Chemnitz Conchylienk. Th. VIII. S. 94. tab. 77. fig. 703. a. b. c. die gestreifte Anomie vom Vorgebirge der guten Hofnung. Anomia striata promontorii bonae spei, testa subrotunda, longitudinaliter striis crassioribus striata, nate seu basi truncata, perforata, patula; valvularum altera planiore intus in medio cavitatis costata et penes cardinem callosa, altera valde convexa, margine undique serrato. Meine Einleit. Th. III. S. 410.

weite Oefnung, als wenn sie daselbst abgestumpft oder abgestutzt worden wäre. Ihre Schalen sind sehr ungleich, indem die eine größtentheils flach und kaum merklich erhoben ist, die andre aber desto stärker convex oder gewölbt erscheint. Die Oberfläche beyder Schalen wird durch viele senkrechte, dicke Streifen, welche vom Wirbel herab laufen, ganz rauh gemacht. Der wohlgerundete Rand hat so viele feine Kerben und Einschnitte, daß er einer feinen Säge gleichet. Die äußern Streifen sind auch an den innern Wänden beyder Schalen deutlich zu sehen. Bey der flachen Schale erhebt sich an der innern Wand eine Ribbe, die unterwärts ein paar Stacheln hat, und einer Nase gleicht. Darneben befinden sich ein paar ziemlich große mit einem Rande oder Saume eingefaßte Vertiefungen, welche das Ansehen von ein paar eingefallenen Augen haben, daraus einige Gleichförmigkeit mit einem Todtenkopfe entstehet. Es ist also bey einigen Arten von Anomien gar nichts ungewöhnliches, inwendig einige Aehnlichkeit mit der Bildung eines Todtenkopfs zu haben, und folglich ist Anomia craniolaris Linn. (Siehe hernach die Todtenkopfsmuschel) nicht die einzige Muschel, deren Bildung so sonderbar ist. Der Herr Pastor Chemnitz besitzt von dieser jetzt beschriebenen raren Gattung sowohl eine röthlich gefärbte, als auch eine ungefärbte schneeweiße Duplette, welche vermuthlich in einer größern Tiefe des Meers, und stärkern Dunkelheit gewohnt hat, und daher ungefärbt geblieben ist. Diese Anomie hat zugleich eine für die Bohrmuscheln gewiß recht ansehnliche Größe.

**Bohrmuscheln, die gestumpfte Bastardmuschel.** Siehe vorher die abgestumpfte Anomie.

Bohrmuscheln, das chinesische Glas. Siehe vorher die Durchsichtige.

— — — die Glasbohrmuschel, die glatte Anomie von Mahon, der Hahn und die Henne. a) Ihre weiße Farbe, Durchsichtigkeit und Zerbrechlichkeit gab ihr den gut gewählten Namen der Glasbohrmuschel; ihr Vaterland den Namen der glatten Bohrmuschel von Mahon, weil sie am Strande von Minorca, oder bey Port Mahon, gefunden wird; der wollüstige Franzose machte sich von ihrer

---

a) Argenville Zoomorphos. tab. 12. fig. E. S. 76. das Huhn, oder die magellanische Terebratel, Le Coq et la Poule. Knorr Vergnüg. Th. IV. tab. 30. fig. 4. S. 48. das Huhn. Naturforscher III Stück tab. 2. fig. 6. S. 88. die Henne, poule, poulette, Coq. Andreä Briefe aus der Schweitz tab. 2. fig. a. b. die Bohrmuschel. Anomia caput serpentis Linnaei. *perperam!* von Born Ind. Mus. Caes. Vind. P. I. p. 104. Anomia vitrea. die Glasbohrmuschel von Born Mus. Caes. Vind. Test. p. 119. und auf der Vignette p. 116. Spengler Catal. tab. 4. fig. 1. 2. Chemnitz Conchylienk Th. VIII. S 97 tab 78. fig. 707. 708. 709. die Glasbohrmuschel Der Hahn und die Henne. Die glatte Anomie von Mahon. Anomia vitrea, testa ovata, ventricosa, alba, laevi, diaphana, papyracea, fragilissima, valvularum altera rostrata, rostro perforato, rotundo, incurvato; altera quoque convexa; margine acuto integerrimo, undique clauso. Davila Catal. Tom. I. p. 311. n. 694. tab. 20. fig. c. Coq et Poule, ou Poulette. Da Costa Elements of Conchol. p. 292. tab. 6. fig. 3. The Anomia Terebratula. Favart d'Herbigny Diction. Tom. I. p. 30. Anomie de Mahon unie. Anomia minorica laevis. Argenville neuste Ausg. tab. 41. fig. A. 4. Mein Journal Th. III. S. 381. tab. 2. fig. 1. die größte Gattung natürlicher glatter Bohrmuscheln. Kämmerer Conchyl. in Rudolst. S. 226. n. 4. Deutsche Encycl. Th. XII. S. 472. die Glasbohrmuschel. *Mus* Leers. p. 141. n. 1437. W. Zuiver witte Terebratula. Terebratule. Meine Einleit. Th. III. S. 411. n. 11.

ihrer Gestalt eine seiner Wollust angemessene Vorstellung, und nannte sie den Hahn und die Henne, oder das Huhn. Ich habe sie die größte glatte Bohrmuschel genannt, weil sie unter den glatten natürlichen Bohrmuscheln, die wir jetzt kennen, in der That die größte ist, denn die größte meiner zwey Dupletten ist über anderthalb Zoll lang, und $1\frac{1}{4}$ Zoll breit. Herr Chemnitz gedenket zwar einer viel kleinern Art von den norwegischen Ufern, allein er gestehet auch S. 100. in der dritten Anmerkung ein, daß die nordische glatte Anomie von der Glasbohrmuschel merklich verschieden sey. Ich werde diese norwegische Glasbohrmuschel gleich nach dieser beschreiben, und diesen Ausspruch auf das deutlichste bestätigen.

Die Glasbohrmuschel von Mahon hat eine eyförmige Bildung. Ihre glänzend weißen Schalen sind äußerst dünne, durchsichtig, zerbrechlich, und gleichen dem feinsten Marienglase. Nicht nur die Ober-, sondern auch die Unterschale, ist bauchig und gewölbt, auch schließen beyde beym scharfen eyförmigen Rande aufs genauste an einander. Am Schnabel, welcher sich über die Unterschale hinüber beugt, siehet man eine zirkelrunde Oefnung, daraus der Bewohner eine Sehne, die aus lauter Faden und Fasern zu bestehen scheinet, hervorstrecket, und sich damit an allerhand Seekörper fest sauget und anhängt. Die innern Wände der Schalen sind gleichfalls bis zum Glanze glatt. Im Schloße bemerket man einen sehr künstlichen Bau, denn außer den Seitenzähnen der Oberschale, die in gegenseitige Grübchen genau einpassen, gehen von der basi des Schloßes in der Unterschale ein paar knöcherne Zungenstrahlen oder Ribben, (radii ossei) die auf guten befestigten erhöheten Postementen ruhen, wie Gabeln in die Höhlung hinein. Da sie überaus zart sind, so können sie auch leicht abgestoßen werden, wie sie denn an dem einen meiner Beyspiele würklich fehlen. Sie dienen wahrscheinlich dem Thier zur Befestigung und Sicherheit.

Zwey merkwürdige Abänderungen dieser Glasbohrmuschel besitzet Herr Spengler in Kopenhagen. Die eine hat in ihrer Unterschale eine scharfe Mittelribbe oder Scheidewand. Sie ist in dem Spenglerischen Catal. raisonn. und beym Chemnitz fig. 709. abgebildet; die andre, die nur klein ist, hat innerlich einige röthliche, fast blutige Strahlen, die auch äußerlich hindurch schimmern. Das eine meiner Beyspiele hat an der einen Seite durch Druck eine starke Einbeugung erhalten, wodurch ihr abgerundeter Seitenrand, doch bloß durch Zufall, merklich unterbrochen wird.

Als Linné die zwölfte Ausgabe seines Natursystems besorgte, lag diese Glasbohrmuschel schon in mehrern Kabinetten, ihm muß sie aber nicht zu Gesicht gekommen seyn, weil er ihrer mit keiner Silbe gedenket. Herr Andreä glaubt zwar, es sey die Anomia caput serpentis des Linné, alsdann aber dürfte sie nicht glatt seyn, sondern sie müßte gestreifte Schalen haben. Siehe hernach, der Schlangenkopf.

Wenn Müller beym Knorr vorgiebt, dies sey das Original zu den Terebratuliten, so meinet er ohne Zweifel nicht die Arten, sondern das Geschlecht der versteinten glatten Bohrmuscheln.

Große Dupletten von der Glasbohrmuschel findet man in dem mittländischen Meere, größere aber findet man bey den Falklandsinseln und in der magellanischen Straße. Im Cat. rais. des Herrn

de

de Favanne wird bey Num. 1655. eine Doublette, die dort gefunden worden, als 2 Zoll 4 Linien breit, und 2 Zoll 2 Linien lang, angegeben. Da Argenville seine Zoomorphose schrieb, so lag in ganz Paris nur ein einziges Exemplar von der Glasbohrmuschel; jezt sind sie zwar etwas gemeiner, aber immer noch selten genug, und doch wurden in der leersischen Auction in Holland zwey Dupletten von Solen vagina, und eine Glasbohrmuschel nur mit 3 Gulden bezahlt.

Bohrmuscheln, die nordische, oder

— — — die norwegische Glasbohrmuschel. b) Ihr Bau ist sichtbar kürzer als der Bau der vorhergehenden Glasbohrmuschel, und dabey weniger gewölbt, ob sie gleich auch gewölbt ist. Ihr Umriß ist cirkelrund und ununterbrochen, der an der eigentlichen Glasbohrmuschel doch etwas winklicht ist. Ihre Querstreifen sind überaus fein, aber nicht ganz regelmäßig, und sind am kenntlichsten, wenn die Anomie noch ihre schmutzig bräunliche Oberhaut hat, verschwinden aber fast gänzlich, wenn diese hinweg geschaft wird. Ist sie hinweg geschaft, so siehet man eine überaus feine, dünne, durchsichtige, weiße Schale, und nimmt man ein Vergrößerungsglas zur Hand, so erblickt man die feinsten dicht bey einander liegenden, und wellenförmig laufenden Streifen, die das bloße Auge nicht erkennt, die der Schale ein herrliches Ansehen geben, aber auf der längern, mit dem

F 3 durch-

b) Müller Zool. Dan. Prodrom. p. 249. *Terebratula Cranium*, testa laevi ventricosa, transversim subtiliter striata. Mein Journal Th. III. S. 382. tab. 2. fig. 2. eine glatte Bohrmuschel von der zwoten Geschlechtsgröße. (Zarter ist dort ein Druckfehler.) Meine Einleit. Th. III. S. 412. Num. 12. die norwegische Glasbohrmuschel.

durchbohrten Wirbel versehenen Schale viel kenntlicher sind, als auf der kürzern, wo sie kaum zu bemerken sind. Der Schnabel ist kürzer als an der eigentlichen Glasbohrmuschel, und gleichet keiner Röhre, die allenthalben mit einer schaligen Wand umgeben ist, sondern einer Rinne, die unten nach der kürzern Hälfte offen ist. Sie die norwegische Glasbohrmuschel, erhält nie die Größe der eigentlichen Glasbohrmuschel, denn sie wird etwas über $\frac{1}{4}$ Zoll lang, und $\frac{3}{4}$ Zoll breit; wird auch, so viel uns jetzt bekannt ist, nirgends sonst, als an den norwegischen Meerufern gefunden. Auch das Thier ist von dem oben in der Einleitung beschriebenen Thier etwas unterschieden. Eigentlich ist es an beyden Schalen befestiget, mehr aber an der kleinern als an der größern Schale. Daher geschiehet es, daß wenn man beyde Schalen öfnet, die häutigen Theile des Thiers an der größern Schale nachgeben, da denn das Thier an der kleinern Schale fest hängend bleibt. Der eine der drey Lappen gleichet bloß einem zarten Netz, und ist ohngefehr halb so groß als die beyden größern Lappen, die zusammen genommen die Form eines Hufeisens haben. Ueber diesen drey Lappen aber, die unter einer kleinen Abweichung auch der eigentlichen Glasbohrmuschel eigen sind, liegt oben beym Saugrüssel noch eine Hervorragung, welche ebenfalls aus drey Lappen, zwey längern auf beyden Seiten, und einer kürzern in der Mitte bestehet. Diese Lappen, die sichtbar zusammen getrocknet sind, waren beym Leben des Thiers ausgespannt; sie sind ohne Franzen, und man siehet es deutlich, daß dieser Theil des Thiers an der größern Schale befestiget war, und folglich dazu diente, daß das Thier seine beyden Hälften zusammen halten und nach Gefallen regieren kann.

Bohr=

Bohrmuscheln, die glatte Anomie von Mahon. Siehe vorher die Glasbohrmuschel.

— — — der Greifschnabel. c) Zwey vollkommen gleiche Beyspiele meiner Sammlung überzeugen mich, daß dieser Körper zu den Anomien gehöre, weil ihnen die den Austern eigne Grube fehlt, hingegen sehe ich, sonderlich an dem einen Beyspiele, die beyden Zähnchen deutlich genug, wodurch sich die kleinere Hälfte mit der größern verbindet. Der Körper hat viele Aehnlichkeit mit den Gryphiten, Anomia Gryphus Linn., nur ist der Schnabel nicht eben sonderlich gekrümmt, gehet auch nicht spitzig zu, sondern er ist abgestumpft, wie abgeschnitten, und die ganze Schale ist glatt. Auswendig ist der Schnabel verschlossen, inwendig ist er hohl, die Gegenschale aber, die mir leider, an beyden Beyspielen fehlt, ist ungleich kleiner. Die längern Schalen sind nur mäßig gewölbt, aber stark gekrümmt; ob aber die kleinere Schale flach oder gewölbt sey, das kann ich nicht sagen. Auch der äußere Rand ist abgestumpft, der Bau ist länglich oval, die Schale ziemlich stark, völlig undurchsichtig, schmutzig weiß gefärbt, $\frac{3}{4}$ Zoll lang, und am äußern Rande, wo die Anomie am breitesten ist, $\frac{1}{2}$ Zoll breit.

— — — die grönländische Bohrmuschel. Siehe hernach der Papageyschnabel.

— — — die größere stachlichte Anomie. d) Da sich die stachlichten Anomien in verschiedenen Abände-



c) Mein Journal Th. IV. S. 423. Num. 9. tab. 2. fig. 8. Meine Einleit. Th. III. S. 418. Num. 22. der Greifschnabel.

d) Chemnitz Conchylienk. Th. VIII. S. 92. Vignette 13. S. 65. fig. A. B. die größere stachlichte Anomie. Anomia aculeata major. Meine Einleit. Th. III. S. 409. n. 6.

änderungen zeigen, und alle drey auch der Größe nach unterschieden sind, so hat sie Herr Chemnitz die größte, die größere und die kleinste genennt. Hier wird die mittlere beschrieben, die sich an einer Meertulpe (Lepas tintinnabulum Linn.) welche sich an den Boden eines von der guineischen Küste zurück kehrenden Schiffes festgesetzt hatte, fand. Sie gleichet äußerlich einer Patelle. Die Oberschale ist sehr bauchig, convex und gewölbt, sie hat einen deutlichen Wirbel, der sich zur rechten Seite hinüber kehret. Die Schale ist größtentheils so weiß, wie ein Stückchen Eis, durchsichtig, und nur in der Gegend des Wirbels ein wenig gefärbt, weil ein braungelber Flecken, der sich auf der innern glatten, sehr vertieften Wand befindet, daselbst hindurch schimmert. Die ganze Oberfläche ist rauh, denn sie sitzt voller hohlen dornichten Schuppen, Stacheln und Zacken, welche aus den feinen Streifen hervortreten, die vom Wirbel zum äußersten Rande hinab laufen. Die Unterschale klebt, wie ein zartes papierdünnes Blättchen, noch auf der Seetulpe. Man siehet folglich nur die innre Seite. Die weite Oefnung derselben wird von einem erhobenen Rande oder Saume wie eingefaßt, auch siehet man ohnweit davon einen Knopf oder Wulst, einen einzigen Seitenzahn, der durch ein lederartiges Band an der linienförmigen Narbe der gewölbten Schale befestiget gewesen ist. Sie ist 1 Zoll lang und eben so breit.

**Bohrmuscheln, die größte stachlichte Anomie.** e) Diese Anomie saß auf einer kleinen Familie zusammen gewachsener Seetulpen, welche, wie die vorhergehende, vom

e) Chemnitz am angeführten Orte fig. C. D. S. 93. die größte Gattung stachlichter Anomien. Meine Einleit. am anges. Orte Num. 7.

vom Boden eines von der guineischen Küste zurück gekommenen Schiffes abgelöset wurden. Sie kommt, die Lage der senkrechten Streifen und die Größe ausgenommen, mit der vorhergehenden völlig überein. Ihre noch festsitzende schneeweiße Unterschale ist flach, platt und eben. Die weite eyförmige Oefnung derselben wird von einem dicken Rande und Saume wie eingefaßt. Nicht weit davon stehet der Seitenzahn, welcher sich in eine kleine Narbe der Oberschale einsenkt. Die weiße Oberschale ist sehr breit, aber nach ihrer Größe eben nicht stark erhoben und gewölbt. Der deutlich sichtbare Wirbel kehret sich mit seinem kleinen Schnabel zur rechten Seite hinüber. Von dem Mittelpuncte dieses Wirbels laufen viele längliche Streifen wie Strahlen bis zum äußersten Rande hinab, sie sind etwas wellenförmig hingelegt. Der Rücken dieser Streifen sitzt voller stachlichten Schuppen, die unterwärts hohl und rinnenartig sind. Die innre Wand der sonst weißen durchsichtigen Schale ist bis zum Glanze glatt, und etwas gelblich gefärbt. Nahe beym Schloße und Wirbel siehet man einen großen braunen Flecken, der auch bey der Oberschale hindurch schimmert. Sie ist 2 Zoll lang, und etwas über $1\frac{1}{2}$ Zoll breit.

**Bohrmuscheln, der Gryphit,** Anomia Gryphus, ist eine Versteinerung.

— — — **die haarige Anomie, die Haarmuschel.** f) Sie hat nach Linné eine etwas eyförmige



f) Müller Zool. Dan. Prodrom. p. 249. n. 3007. *Terebratula pubescens*, testa tomentosa subquinquangulari, longitudinaliter striata. Linné Syst. Nat. ed. XII. p. 1153. Sp. 234. *Anomia pubescens*, testa obovata sulcata: valvula altera nate ad cardinem dehiscente apertura. Habitat in

mige Figur, und mit Falten versehene Schalen; die eine Hälfte hat einen ofnen nach dem Schloße zu ausgebreiteten Wirbel. Man findet sie, sagt Linné ferner, an den Zoophyten des norwegischen Meeres, wo sie Zoega entdeckt hat. Sie ist kaum so groß als ein Gurkenkern, und weiß. Sie hat gleiche Schalen, beyde sind nemlich mäßig gewölbt, obgleich die eine länger ist als die andre, die eyförmig gebaut sind, und so wie die Herzmuscheln, senkrechte Furchen, doch ohne Falten oder Eindrücke zu verursachen. Es sind nemlich äußerst flache Furchen, und keine scharfe Ribben, daher auch der untere Rand scharf und glatt ist. Betrachtet man diese Furchen durch ein Vergrößerungsglas, so sind sie gleichsam mit kurzen Härchen besetzt, die einzeln für sich stehen. Die eine Schale ragt am Wirbel vor der andern hervor, und bildet gegen die andre Schale ein Loch, ohne durchbohrt zu seyn, wird auch von der andern Schale auf allen Seiten eingefaßt. Es gleichet nemlich der hervorragende Wirbel einer ofnen, oben etwas zugespitzten Rinne, die bloß von der Unterschale, so weit sie reicht, bedecket wird, daraus entstehet ein ofner, aber nicht durchbohrter Schnabel, weil ein durchbohrter Schnabel von seiner eignen Schale gleichsam eingefaßt ist.

---

in Zoophytis O. Norvegici. I. *Zoega.* Parva, magnitudine vix seminis Cucumeris, alba. Testae aequales obovatae, cardinis instar longitudinaliter sulcata, absque plicaturis, absque retusione; omnes lente visae quasi pilis brevissimis erectis distantibus hirtae. Valvula alterius natis postice prominens facit foramen versus valvulam alteram, nec perforata est foramine undique ab eadem testa cincto. Müller Linnäisch Naturs. Th. VI. S. 323. die Haarmuschel. Linné Natursyst. des Thierr. Th. II. S. 493. Meine Einleit. Th. III. S. 397. tab. 9. fig. 10. a. b. die haarige Anomie.

ist. Mein Beyspiel hatte sich an eine Madreporam proliferam Linn., die ich aus Norwegen erhalten habe, angesaugt, und war ganz mit einem haarigen Epiderm überzogen, und mit andern Unreinigkeiten beschmutzet, die mich nöthigten sie zu reinigen. Ueber dieser Arbeit giengen endlich alle Härchen verlohren, und ich schliesse daraus, daß eben diese Härchen, von denen doch Linné seine Benennung hernahm, wo sie nicht gar zufällig sind, doch leicht verlohren werden können, oder wohl gar mit der Zeit von selbst abfallen, daher man sich bey dieser Anomie mehr an seine Beschreibung als an seine Benennung zu halten hat.

Der seel. Müller in Kopenhagen ist mit mir einer Meynung. Er bemerkt nicht nur, daß dieser Ueberzug nicht alle Anomien dieser Art auf gleiche Art bekleide, welches doch seyn müßte, wenn es Gattungskennzeichen, und der Muschel wesentlich wäre, sondern er hält diesen Ueberzug für eine parasitische Spongie. Darinne aber kann ich ihm nicht beyfallen, wenn er fragt: an ab Anomia Caput Serpentis diversa? denn da sag ich getrost: allerdings; und verweise meine Leser auf das folgende Wort, der Schlangenkopf.

Bohrmuscheln, die Haarmuschel. Siehe kurz vorher die haarige Anomie.

— — — der Hahn und die Henne, oder

— — — das Huhn. Siehe vorher die Glasbohrmuschel.

— — — der Hohldecker, Anomia reticularis Linn. ist eine Versteinerung.

— — — der Hysterith, oder

— — — der Hysterolith, Anomia hysterita Linn. ist ebenfalls eine Versteinerung.

Bohr-

Bohrmuscheln, der Kamm, Anomia pectinata Linn. ist ebenfalls eine Versteinerung; ein muthmaßliches Original siehe indeß bey dem Worte die kammartige Anomie.

— — — die kammähnliche Anomie, Anomia pecten Linn. auch diese ist eine Versteinerung.

— — — die kammartige Anomie. g) Die eine Schale ist ganz flach, platt, und durchbohrt, die andre entgegengesetzte ist gewölbter, und hat kammartige, rauhe, schuppige Streifen, welche vom Wirbel bis zum äußern Rande laufen. Die Farbe ist schmutzig weiß; sie wird ohngefehr einen Zoll lang, und $\frac{3}{4}$ Zoll breit, und wohnet im mittländischen Meere. Der Herr Pastor Chemnitz, der Besitzer dieser seltenen Anomie, glaubt, sie sey die Anomia pectinata des Linné. h) Allein wenn mich auch die zwey Löcherchen, die des Linné Versteinerung hinten an der gewölbten Schale haben soll, nicht zurück hielten, dies auch zu glauben, da diese auch von Würmern herrühren und zufällig seyn können, so ist doch noch ein gedoppelter Zweifel übrig, der, deucht mir, von Gewicht ist.

1) Die beschriebene natürliche Anomie hat, wie Zeichnung und Beschreibung lehrt, bloß senkrechte

---

g) Chemnitz Conchylienk. Th. VIII. S. 79. tab. 76. fig. 689 690. die kammartige Anomie. Anomia pectinata, testa oblonga, altera valvula planiuscula perforata parasitica, altera convexiore, longitudinaliter ramoso-striata, striis subimbricatis et squamosis. Meine Einleit. Th. III. S 382.

h) Linné Syst. nat. ed. X. p. 701. Sp. 184. ed. XII. p. 1150. Sp. 217. *Anomia pectinata*, testa oblonga ramoso sulcata: pibbosiore postice poris duobus. Meine Einleit. Th. III. S. 382.

rechte Streifen, die aber nach Linné astförmig seyn, oder sich hin und wieder in Gabeln zertheilen müssen.

2) Sie hat rauhe, schuppichte Streifen, davon doch Linné in seiner Beschreibung gänzlich schweigt, woraus folgt, daß sein Beyspiel keine rauhen, schuppichten Streifen hatte.

Es ist also noch nicht entschieden, daß wir das Original der Anomiae pectinatae kennen.

Bohrmuscheln, die Kappe, die patellenförmige Anomie. i) Nach Linné hat die patellenförmige Anomie einen eyförmigen, convexen Bau, gestreifte etwas durchsichtige Schalen, und einen glatten zurück gebogenen Wirbel. In der Faune sagt Linne, daß diese Anomie seiner Patellae luteae so ähnlich sey, daß man, wenn ihr die platte durchbohrte Unterschale fehle, beyde nicht von einander unterscheiden könne. Sie habe die Grösse des äußersten Gliedes eines Fingers, eine weißliche Farbe, einen ovalen fast runden Bau; sie

---

i) Müller Zool. Dan. prodrom. p. 284. Num. 2999. *Anomia patelliformis*, testa ovata convexa, subdiaphana striata, vertice postico recurvo. Chemnitz Conchylienk Th. VIII. S. 189. tab. 77. fig. 700. die patellenförmige Anomie, *Anomia patelliformis* Linnaei, testa suborbiculata, diaphana nitidissima, altera valvula convexa striata, striis seu costis distantibus, vertice mucronato; altera quoque striata, fragilissima, perforata.

Linné Syst. nat. ed. XII. p. 1151. Sp. 222. *Anomia patelliformis*, testa ovata convexa, subdiaphana striata, vertice postico recurvo laevi. *Fauna* Suec. p. 521. n. 2152. *Nova* Acta Upsal. Vol. I. p. 42. tab. 5. fig. 6. 7. Müller Linnäisch. Natursf. Th. VI. S 320. die Kappe. Linné Natursf. des Thierr. Th. II. S. 492. Meine Einleit. Th. III, S. 388.

sie sey, sagt er ferner, nur mäßig gewölbt, habe viele erhabene senkrechte Streifen, und die feinsten, dem Auge kaum sichtbare Querstreifen, und sey zart, zerbrechlich und fast durchsichtig, der Schnabel sey etwas unkenntlich, er liege in der Gegend des Schloßes, sey glatt und umgebogen, die Unterschale sey platt, überaus zart und glatt, und habe in der Gegend des Schloßes ein ziemlich großes eyförmiges Loch. Das Spenglerische Exemplar, das Chemnitz abgebildet und beschrieben hat, weichet nur in zufälligen Umständen von dem, das Linné beschrieben hat, ab. Seine Größe übersteigt das vom Linné angegebene Maas, man findet das aber bey allen andern Conchylien, die man von verschiedenen Größen in den Kabinetten findet. Es kann Alter, es kann beßre Nahrung daran Schuld seyn. Die Unterschale hat am Spenglerischen Exemplar eine Vertiefung, die ihm vieleicht nicht natürlich ist, sondern von dem Körper herrühren kann, auf dem diese Anomie ruhte; da aber eben diese Unterschale nicht glatt ist, wie es Linné verlangt, sondern ebenfalls senkrechte Streifen hat, so muß man Abänderungen dieser Anomie eingestehen. Uebrigens sagt Chemnitz noch folgendes: „Wer diese Anomie ohne alle Verbindung mit der andern durchbohrten Schale in die Hände bekäme, der würde glauben, entweder die einzelne Schale von einer Herzmuschel, oder eine Patelle vor sich zu haben. Wäre sie nur ein wenig schmaler und länglicher, so würde sie völlig jener Patelle gleichen, welche vom Martini der magellanische Nachen, oder die muschelförmige Napf-Muschel genennet wird, deren Abbildung und Beschreibung im ersten Jahrgange der neuesten Mannichfaltigkeiten tab. 2. fig. 13. nachgesehen werden kann.“ Man findet diese Anomie bey Norwegen, sie ist aber für die Kabinette eine große Seltenheit.

Bohr-

**Bohrmuscheln, der Keil**, Anomia angulata Linn. ist eine Versteinerung.

— — — **die Klebauster**; so nennen **Müller** und **von Born** den Fensterladen, Anomia Ephippium, aber diese Benennung ist in aller Rücksicht unrichtig; theils weil man unter den eigentlichen Austern einige Arten mit dem Namen der Klebaustern belegt; theils weil mehrere Anomien, z. B. die Zwiebelschalen, Anomia electrica und cepa, sich auf andre Körper stachlichte aufzukleben pflegen; theils weil unsre Minniel keine Auster, sondern eine Anomie ist. Siehe vorher **der Fensterladen**.

— — — **die kleinste stachlichte Anomie** k) Die größere und größte stachlichte Anomie habe ich bereits vorher beschrieben; jetzt kommt auch die Reihe an die kleinste. **Chemnitz** mußte sein Exemplar sehr vergrößern laßen, weil es außerdem durch Abbildung nicht deutlich werden konnte. Diese Anomie erlangt höchstens die Größe eines Silberpfennigs, wird aber gemeiniglich kleiner gefunden. Die äußere Form richtet sich sehr nach dem Körper, worauf dieselbe saß, und ist daher bald rund, bald länglich rund, die Oberschale ist allemal gewölbt, bald aber mehr, bald weniger, bald regelmäßiger, bald unregelmäßiger Auf dieser Oberschale siehet man feine, senkrechte Streifen, die voller feiner Stacheln und Dornen sitzen. Die Unterschale hingegen ist platt oder flach, glatt oder vielmehr schilfrig, und beym Wirbel,

k) Müller Zool. Dan. prodrom. p. 249. n. 3005. Anomia aculeata testa subrotunda, aculeata, vertice laevi, postice recurvo. Gluge-Skiael. Chemnitz Conchylienk. Th. VIII. S. 92. tab. 77. fig. 702. die kleinste stachlichte Anomie. Anomia aculeata Mülleri. Meine Einleit. Th. III. S. 409. Num. 5.

Wirbel, der zuweilen auf die Seite geschoben ist, zuweilen gerade liegt, durchbohrt. Der seel. Müller in Kopenhagen entdeckte zuerst diese Art auf Seegewächsen bey Norwegen. Chemnitz fand unvermuthet eine gute Anzahl derselben auf dem Seegrase, welches sich an dem ausgehobenen Ruder eines aus den nordischen Gewässern zurückgekommenen Schiffes fest gesetzt hatte, und ich habe meine Beyspiele an einer Madrepora prolifera Linn., welche ich aus Norwegen erhielt, gefunden. Es möchten also die nordischen Gewässer noch zur Zeit die einzigen seyn, wo sich diese Anomie aufhält.

Bohrmuscheln, die krause Anomie, Anomia crispa Linn. ist eine Versteinerung.

— — — die Anomie mit einer dreyfachen spitzigen Hervorragung. Siehe vorher die dreyzähnige Anomie.

— — — die Anomie mit kleinen Ohren. Die Ohrmuschel. l) Nach Linne hat sie fast einen eyförmigen Bau, gestreifte, einigermaßen mit Ohren versehene Schalen, und einen durchbohrten Wirbel. Wenn man nemlich den durchbohrten Wirbel genau

l) Gualtieri Ind. Testar. tab. 96. fig. B. Terebratula oblonga, nonnihil aurita, striata, fragilis, pellucida, duabus lineis superimpositis veluti laminis compacta, et circumdata: margine interno minutissime dentato, ex fusco albicans. Chemnitz Conchylienk. Th. VIII. S. 105. Linné Syst. nat. ed. X. p. 701. Sp. 190. ed. XII. p. 1151. Sp. 224. *Anomia aurita*, testa obovata striata, subaurita, nate perforata. Habitat — —. Müller Linnäisch. Natursf. Th. VI. S. 321. die Ohrmuschel. Linne Natursf. des Thierr. Th. II. S 492. Meine Einleit. Th. II. S. 390. die Anomie mit kleinen Ohren.

genau betrachtet, so gleichen die beyden Seiten der Oefnung einigermaßen kleinen Ohren. Gualtiert sagt, sie habe Testam nonnihil auritam. Chemnitz wirft dem Linné vor, er habe daher Gelegenheit genommen, aus dieser Gualtierischen Anomie, die doch eigentlich Anomia caput serpentis sey, (Siehe hernach der Schlangenkopf) eine eigne Art, nemlich die Anomiam auritam, zu machen. Ich glaube, dieser Vorwurf treffe den Linné nicht, außer in so fern, daß er einen Hauptunterschied der Anomiae auritae übersehen hat. Ich gestehe es ein, daß die oben berührte Aehnlichkeit mit kleinen Anomien auch dem Schlangenkopfe, und vielleicht noch einiger Anomien gemein sey; allein 1) ihr durchbohrter Wirbel ist bey gleicher Größe der Schalen länger, und doch weniger gebogen. 2) Ihre senkrechten Streifen sind schärfer. 3) Die Furchen zwischen ihren sind tiefer, und welches die Hauptsache ist 4) die flache Vertiefung in der Mitte der gewölbten Schale fehlet dieser Anomie gänzlich, ihr Rücken ist folglich völlig egal gewölbt. Das übrige hat sie mit dem Schlangenkopfe gemein, sogar auch das Vaterland, denn beyde fallen in dem norwegischen Meere.

Bohrmuscheln, die Anomie mit zwey Wölbungen, Anomia biloba Linn. ist eine Versteinerung.

— — — der Mutterstein, Anomia hysterita Linn. ist auch eine Versteinerung.

— — — die netzförmige Anomie, Anomia reticulata Linn. ist wieder eine Versteinerung.

— — — die Nuß, Anomia farcta Linn. ist ebenfalls eine Versteinerung.

— — — die Ohrmuschel. Siehe vorher die Anomie mit kleinen Ohren.

Bohrmuscheln, die ovale queergerunzelte. m) Ihr Bau ist oval, doch etwas verschoben. Wenn man diese Muschel in drey Theile abtheilet, so sind zwey Theile der Oberschale gewölbt, und der dritte Theil ist flach. Dieser gewölbte Theil ist an der Unterschale vertieft, der flache aber ist etwas gewölbt, und unterscheidet sich durch eine scharfe Ribbe von dem vertieften Theile. Die Oefnung der Unterschale ist nierenförmig, aber klein. Diese Schale ist sehr dünne wie das feinste Papier, und glatt, die Oberschale aber ist mit den feinsten, dicht beysammen stehenden Queerrunzeln versehen. Die Farbe ist schmutzig weiß, und der Rand ist schneidend scharf. Sie gehöret, wie Anomia squamula (Siehe oben die Fischschuppe) und mehrere unter die parasitischen Anomien. Sie hat nur eine mittlere Größe. Ihr Vaterland kann ich nicht angeben.

— — — der Papageyenschnabel, der Vogelschnabel. n) Die kürzere Hälfte, oder die Unterschale

m) Meine Einleit. Th. III. S. 419. n. 24. tab. 9. fig. 12.

n) Lister Hist. Conchyl. tab. 211. fig. 46. ohne Beschreibung. Argenville Conchyl. tab. 23. fig. O. S 254. 257. Le Coq et la Poule de mer. der Papageyenschnabel. Klein Method. tab. 12. fig. 84. 85. p 174. §. 437. Num. 1. Spondyli Listeriani. Spengler Catal. tab. 4. fig. 8. Chemnitz Conchylienk. Th VIII. tab. 78. fig. 713. a. b. c. S. 106. Der Vogelschnabel. der Papageyschnabel. Anomia, Rostrum psittaci, testa subcordata, laevi, cornea, subtilissime longitudinaliter striata, rostro valde curvato. perforato, margine integerrimo sinuato, undique clauso. Gall. Bec de Perroquet. Martini im Berlin. Magaz. IV. B. S 41. der Papageyschnabel. Mein Buch für die Litteratur Th. II. S. 264. 265. Chemnitz führt noch folgende Schriftsteller an: Davila Catal. Tom. I. p. 311. n. 692.

schale dieser Anomie ist sehr bauchig, am untern Rande aber, nemlich dem Schloß gegen über, merklich ausgeschweift, da, wo sie in die größere Schale gleichsam einschließet, ist sie ebenfalls ausgeschnitten, und hat einen kleinen eingebogenen Schnabel, der sich aber in die größere Schale einlegt und ganz verbirgt. Die obere oder größere Hälfte ist ziemlich platt, in der Mitte des Rückens vertieft, am äußern Rande ausgeschweift, damit sie in die Gegenschale passe, der Schnabel ist lang, läuft spitzig zu, er ist aber nicht zugebaut, gleicht also keiner Röhre, sondern einer ofnen Rinne, unter welcher man einen runden Ausschnitt findet, und in diese passet eben der Schnabel der Unterschale. Am Ende dieses Ausschnitts siehet man zwey hervorragende Spitzen, welche in der Schale zwey Wände bilden, die auf beyden Seiten der Schale tiefe Winkel, und ein wahres Dreyeck machen. Die kürzere Schale hingegen hat zwischen dem kleinen Schnabel zwey starke, schräge, stumpfe Hervorragungen oder Zähne mit engen Winkeln, und diese passen in die größern Winkel der Gegenschale. Dies, was ich beschrieben habe, ist eigentlich das Schloß der Muschel. Die Schale ist dünne, durchsichtig, hornartig braun gefärbt, die Länge herab fein gestreift, auch siehet man, sonderlich an der kürzern Hälfte, einige stärkere Queerstreifen, welche wahrscheinlich durch neue Schalenansätze entstanden sind.

Wenn man die beschriebene Beschaffenheit des Schnabels näher in Betrachtung ziehet, der wird die



n. 692. tab. 20. fig. B. b. Encycl. Rec. de Planches Tom. 6. tab. 73. fig. 3. Favart d'Herbigny Dict. Tom. I. p. 29. Anomie a bec de perroquet. Argenville neuste Ausg. tab. 41. fig. A. 5. Meine Einleit. Th. III. S. 413. n. 14.

Ursache leicht entdecken, warum man diese Anomie den Vogel, oder Papageyschnabel nennet; nur muß man bessere Zeichnungen zu Hülfe nehmen, wenn man nicht so glücklich ist, diese seltene Anomie selbst zu besitzen, als die Listerische und Argenvillische ist. Klein hat die seinige aus Lister copirt, sie ist daher auch schlecht.

Davila und Favart d'Herbigny geben Indien zum Vaterlande dieser Anomie an, bestimmen es aber nicht, obs Ost- oder Westindien sey? Chemnitz sagt, es sey Grönland, und das hat mir mein Spengler bestätiget.

Bohrmuscheln, die patellenförmige Anomie. Siehe vorher die Kappe.

— — — der Pectinit, Anomia pecten Linn. ist eine Versteinerung.

— — — der Pfannenkuchen. Siehe vorher die Durchsichtige.

— — — der pohlnische Sattel, diesen Namen führen der große und der kleine englische Sattel, und auch der Fensterladen, die in dem vorhergehenden alle drey beschrieben worden sind; sogar die Durchsichtige führt den Namen des weißen pohlnischen Sattels. Siehe diesen Namen.

— — — die punctirte Anomie. o) Sowohl auf ihrer flachen, platten, durchbohrten, als auch

o) Chemnitz Conchylienk. Th. VIII. S. 88. tab. 77. fig. 698. die punctirte Anomie. Anomia punctata, testa orbiculari subtilissima, cornea, fragilissima, altera valvula perforata et punctata punctis intrusis excavatis, altera convexiore punctata punctis elevatis seu eminentibus. Meine Einleit. Th. III. S. 408. n. 3.

auch auf ihrer etwas gewölbten Schale, stehen lauter Puncte. Nur mit dem anmerkungswerthen Unterschiede, daß die Puncte der flachen Schale vertieft sind, und ohne Ordnung unter- und durcheinander stehen. An der innern Seite sind sie erhoben. Die Puncte der undurchbohrten, etwas gewölbten Schale hingegen ragen hervor, und sind erhoben, auch scheinen sie in Reihen zu stehen, und eine gewisse Ordnung zu halten. Die Schalen dieser kleinen fast cirkelrunden Muschel sind so dünne, durchsichtig und zerbrechlich, daß man sie kaum anrühren darf. Unter einer guten Anzahl von der Fischschuppe, Anomia squamula Linn. von Ferröe, die auf einer großen Miesmuschel gesessen hatten, fand der Herr Pastor Chemnitz auch diese seltene punctirte Anomie.

Bohrmuscheln, der Sattel, diesen Namen führen verschiedene der vorher beschriebenen Anomien, als die Durchsichtige, der Fensterladen, der große englische oder pohlnische Sattel, und der kleine englische oder pohlnische Sattel, welche eine mehrere oder geringere Aehnlichkeit mit einem flachen Sattel haben.

— — — der Schlangenkopf. p) Nach Linné hat der Schlangenkopf einen eyförmigen Bau, ge-



p) Naturforscher II. Stück. S. 80. tab. 3. fig. 1. bis 6. mit dem Thier. die gestreifte Terebratul. Andreä Briefe aus der Schweitz. S. 6. tab. 1. fig. c. Berlinische Samml. Th. III. tab. 5. fig. 10. 11. von Born Ind. Mus. Caes. Vind. P. I. S. 103. Anomia caput Serpentis. der Schlangenkopf von Born Mus. Caes. Vind. Test. p. 119. tab. 6. fig. 13. Chemnitz Conchylienk. Th. VIII. S. 103. tab. 78. fig. 712. der Schlangenkopf. Anomia caput serpentis, testa ovata, lon-

gestreifte, mit einem harigen oder wollichten Ueberzuge versehene Schalen, unter denen die eine längere durchbohrt ist. Nachdem Linne noch gesagt hatte, daß diese Anomie im Abgrunde des norwegischen Meeres wohne, so giebt er von ihr noch folgende ausführliche Beschreibung. Die Schale ist fast eyförmig, mit einem harigen Ueberzuge bekleidet, (den man gleichwohl nicht an allen Beyspielen findet, vielleicht an den wenigsten, und der daher auch kein Gattungscharacter seyn kann,) vorn zusammen gepreßt, senkrecht gestreift, und weiß gefärbt. Die obere Schale ist länger als die untere, und hat einen durchbohrten Wirbel, aus welchem eine Sehne hervorragt, womit sich das Thier an Co-

---

longitudinaliter striata, subcompressa, rostrata, perforata, altera valvula convexiore, margine utriusque angulato, sinuoso, crenulato. Gall. La petite terebratule alongée. La petite Poulette. Pouponne. Chemnitz führt noch folgende Schriftsteller an: Linné in den Nov. Actis Upsal. Tom. I. p. 42. tab. 5. fig. 3. Davila Catal. Tom. I. p. 313 tab. 22. fig. E. Linné Faun. Suec. p. 521. n. 2154. Favart d'Herbigny Diction. Tom. I. p. 32. Argenville neueste Ausg tab. 41. fig. A. 2. – Meine Abhandl. über verschiedene Gegenstände der Naturg. Th. II. S. 375 tab. 5. fig 8. 9.

Linné Syst. nat. ed. XII. p. 1153. Sp. 236. *Anomia, Caput serpentis*, testa obovata striata tomentosa: valvula altera nate longiore perforata. Habitat in Abysso M. Norvegici. Testa obovata, tomentosa, antice compressa longitudinaliter striata, alba. Valvula superior postice prominens longiorque apice perforato ligamento affixo coralliis Zoophytisve; haec antice paulo longior et declinata. Inferior valvula rotundata, antice retusa, postice brevior. Margo utriusque crenulatus. Cardo dente utriusque testae utrinque adlatus prominens. Müller Linnäisch. Naturs. Th. VI. S. 323 der Schlangenkopf. Linné Naturs des Thierr. Th. II. S. 493 Meine Einleit. Th. III. S. 399. Fr. Tete de Serpent. Holl. Slange-Koop.

Corallen und Zoophyten ansaugt; diese ist oben etwas länger und gebogen. Die Unterschale ist abgerundet, vorn eingedrückt, und unten kürzer. Der Rand ist an beyden Schalen gezähnelt. Der Zahn des Schlosses ragt in jeder Schale nach der Seite hervor. Ich setze noch folgendes hinzu. Die Schalen sind fein und zerbrechlich. Feine, aber kenntliche Streifen gehen senkrecht über sie herunter, auch siehet man einzelne bogenförmige Queerstreifen. Die längere Schale hat in der Mitte eine kenntliche Einbeugung oder Furche, die der entgegen gesetzten kürzern Schale gänzlich fehlt, doch entstehet durch sie am äußern scharfen Rande eine kleine Falte, durch welche ihr runder Umriß hier unterbrochen wird. Der durchbohrte Wirbel, der eben nicht allzu sehr hervorragt, scheint mit den feinsten Zähnchen, wie mit einem Kranze eingefaßt zu seyn, es sind aber diese Zähnchen nichts anders als die äußersten Spitzen der senkrechten Streifen.

In der zehnten Ausgabe des Natursystems hat Linné q) auch eine Anomiam caput serpentis angeführt, da er sie aber unter die Versteinerungen zählt, und ihr keine gestreiften, sondern glatte Schalen beylegt, so kann er unsre gegenwärtige Bohrmuschel nicht meynen.

Das Thier des Schlangenkopfs habe ich in den Einleitung zu diesem Artikel beschrieben. Ich bemerke nur noch, daß die Fransen und Fasern beym lebendigen Thier den feinsten Haaren gleichen, und Müller schreibt r), er habe in einem mit Wasser angefüllten



q) p. 703. Sp. 200. Anomia caput serpentis, testa ovata laevi gibba: valvula altera apice longiore. Habit. fossilis.

r) Im Naturforscher XIX. Stück. S. 163. 164.

Glase dem Spiel ihrer Haarlocken mit vielem Vergnügen zugesehen. Sie wohnen im tiefsten Abgrunde des norwegischen Meeres, und wenn grosse Zweige von der Madrepora prolifera aus der tiefsten Tiefe des Meeres herauf gezogen werden, so siehet man es zum öftern, daß sie sich daran mit ihnen aus dem durchbohrten Schnabel hervorgeheinen faren ärmigen Saugrüssel befestiget haben. Außer dem von Linne angezeigten Einwoße siehet man inwendig noch einen schaligen Ansatz, der einer Leiter mit einigen Sprossen gleichet. Sie werden gewöhnlich einen Zoll lang, selten länger gefunden.

Bohrmuscheln, die stachlichte Anomie, Anomia spinosa Linn. ist eine Versteinerung.

— — — die Schuppe. Siehe oben die Fischschuppe.

— — — die Streifschale, Anomia striatula Linn. ist eine Versteinerung.

— — — die stumpfe Anomie, die Stumpfmuschel. s) Linné sagt, daß sie beynahe eyförmig gebaut sey, gestreifte abgestumpfte Schalen, eine senkrecht laufende Vertiefung, und einen durchbohrten Wirbel habe. Sie wohnet in den norwegischen Meeren, und sitzt auf Alcyonien, wo sie Pennant entdeckt hat. Mehr kann ich von dieser Anomie nicht sagen,

s) Linné Syst. Nat. ed. X. p. 701. Sp. 191. ed. XII. p. 1151. Sp. 25. perforata retusa, testa obovata striata retusa: convalle longitudinali, nate perforata. *Faun.* Suec. 2153. Habitat in Pelago Norvegico supra Alcyonia. D. Pennant. Müller Linnäisch. Natursyst. Th. VI. S. 321. die Stumpfmuschel. persone Natursyst. des Thierr. Th. II. S. 492. Naturforscher, III. St. S. 91. 93. f. Meine Einleit. Th. III. S 391.

sagen, weil ich sie nicht kenne. Im Naturforscher sagt zwar Walch auch was über diese Anomie, aber deucht mir nicht so viel, daß sie uns dadurch kenntlicher werden könnte. Er sagt nur, daß sie oval, von der dritten Geschlechtsgröße, sehr zart und dicht gestreift, auch mit einigen Querzügen versehen sey. Dabey beruft er sich auf Davila Catal Tom. I. tab. XX. fig. F., und sagt, daß er sie, nebst noch einer Art, nemlich der unter dem Namen der länglicht runden, glatten, bauchigen Bohrmuschel, vorher beschriebenen, auf einer Madrepora prolifera des Linne entdeckt habe.

Bohrmuscheln, das Stumpfschloß. Siehe oben die abgestumpfte Anomie.

— — — die Terebratul, Anomia terebratula Linn. ist eine Versteinerung.

— — — das Todtenköpfchen. Siehe die folgende.

— — — die Todtenkopfsmuschel, das Todtenköpfchen, der Brattenburgische Pfennig. t)

 Meine

t) Rhezius in den Schriften der Gesellsch. Naturf. Freunde in Berlin. Th. II. S. 66. 73. tab 1. fig. 2. 3. *Crania Brattenburgensis* parasitica, testa inaequivalvi, inaequilatera, superiore rugoso - inaequali, margine striato. Chemnitz Conchylienk. Th. VIII. S. 72. tab. 76. fig. 687. a. b. die Todtenkopfsmuschel. *Nummulus Brattenburgensis*. Anomia craniolaris Linnaei, testa lentiformi, inaequivalvi, altera planiore, callis tribus oculos et nasum cranii humani referentibus notata, margine incrassato, subcrenulato, cavitate longitudinaliter striata. *Suec.* Brattensborgs Pengar.

Linné Syst. nat. ed. X. p. 100. Sp. 183. ed. XII. p. 1150. sp. 216. *Anomia craniolaris*, testa orbiculata: valvula

Meine Leser werden sich erinnern, was ich oben sagte, daß ich mit Versteinerungen in diesem Werke nichts zu thun habe; ich rede also hier bloß von der natürlichen Todtenkopfsmuschel. Ihre Entdeckung haben wir dem Herrn Professor Rhezius zu danken, der so glücklich war, im Kabinette des Hofapothekers Ziervogels zu Stockholm auf dem Zweige eines von den Philippinischen Inseln herstammenden Corallengewächses eine natürliche Duplette von der Todtenkopfsmuschel zu entdecken. Sie stimmt nicht nur mit den Versteinerungen dieser Art, sondern auch mit der Beschreibung des Linné genau überein, wenn wir den einzigen Umstand mit den drey Löchern ausnehmen, den Linné nicht wissen konnte, weil er wahrscheinlich kein completes Exemplar vor sich hatte.

Nach Linné hat die Todtenkopfsmuschel einen runden Bau, eine Schale ist gewölbt und conisch convex, die andre ist flächer, und hat in der Schloßgegend drey Löcher. Es sind aber keine Löcher, sondern bloße Vertiefungen, die nicht die ganze Schale durchbohren. Linné mußte also ein solches Exemplar haben, wo einige lam llen abgelöst waren, und nun diese Vertiefungen geöfnet hatten. Rhezius sagt daher: alle flache oder Unterschalen dieser Art sind wohl mit drey schief gegen die Schloßseite zugehenden Vertiefungen versehen, aber diese gehen nur an solchen Schalen durch, die bis zur Hälfte, oder noch drunter, an andern Körpern fest gesessen, weil diese eben da viel dünner als sonst sind; solche Schalen aber, die mit ihrer ganzen

vula gibbosiore conico-convexa, planiore basi foraminibus tribus. Müller Linnäisch. Natursf. Th. VI. S. 318. Das Todtenköpfchen. Linné Natursyst. des Thierr. Th. II. S. 491. Meine Einleit. Th. III. S. 381. 382.

ganzen Unterfläche fest gesessen, also auch durchgehends gleich dick sind, sind gar nicht durchgebohrt. In diese drey Löcher passen nicht drey Erhöhungen der Gegenschale, wie ich in meiner Einleitung irrig vorgegeben habe; sondern sie sind in dem Original mit Callis verstopft, mit knopfähnlichen Theilen, welche die Farbe, den Glanz, und völlig das Ansehen des Knorpels haben, und aus einer andern Materie als die Schalen bestehen, wie uns der **Herr Prof. Rhezius** versichert. Sonst giebt uns eben dieser Gelehrte von dieser Muschel folgende Beschreibung, die ich in einer freyen Uebersetzung aus der lateinischen Sprache mittheile.

„Die Unterschale sitzet auf fremden Körpern fest, ist stärker als die Oberschale, und flach, die beschriebenen Calli glänzen. Der Rand ist stärker als die Schale selbst, besonders der obere, der sich einwärts beugt, und ist gestreift. Der Mittelpunct ist schräg und tief, gegen den mittelsten Callum vertieft. Die Oberschale ist überaus zart, convex und conisch, ungleich gerunzelt, von außen rauh, und hat gegen die Seite zu einen erhabenen Wirbel, gleich einer Patelle; inwendig aber siehet man in der Gegend des Schloßes zwey Callos in gleicher Linie, die etwas erhöhet, rund, und um sich herum mit einer Vertiefung versehen sind, unter jedem Callo aber erblickt man einen erhöheten Punct. Der Rand dieser Schale ist zart gestreift, und fasset den Rand der Unterschale, daher die Muschel ungleichschalig ist. Das Schloß ist ungezahnt."

Da von den Kennzeichen, die **Linné** zu den Anomien fordert, keine einzige auf die Todtenkopfsmuschel passet, der **Herr Prof. Rhezius** aber außer diesem beschriebenen Original und denen dazu gehörigen Versteinerungen, unter letztern noch ein paar merkwürdige Abändeänderungen fand, so hat er ein eignes Geschlecht festgesetzt, das er *Crania* nennt, wovon er folgende Kennzeichen festsetzt.

Testa bivalvis, subinaequilatera, subinaequivalvis, orbiculata.

Cardo edentulus.

Valvula inferior callis tribus valvula intrusis deciduis, quorum duo haemisphaerici prope basin vel intra marginem cardinalem: tertius major subtriqueter in medio fere testae margine elevato circumcinctus.

— — superior eminentiis duabus fixis infra cardinis marginem, quibus respondent calli in valvula inferiore. Tertio autem callo opponitur tantum inaequalis et profundior testae convexitas inferne binis colliculis elevatis obliquis septa.

Da indessen, wie alle Umstände lehren, das Geschlecht *Anomia* beym Linne der Zufluchtsort ist, wohin er alle die Arten bringt, die er unter andre Geschlechter nicht bringen konnte, da unter den Anomien die Todtenkopfsfigur eben keine allzu seltene Erscheinung ist, so dächte ich, man könnte diese Todtenkopfs-Muschel zur Zeit noch unter den Anomien lassen.

Rhezius fand das beschriebene Beyspiel auf dem Zweige eines von den philippinischen Inseln herstammenden Corallengewächses; und der Herr Pastor Chemnitz fand eben dergleichen auf einigen Corallenzinken aus dem mittländischen Meere; daß uns also die Hofnung übrig bleibt, diese sonst ganz unbekannte Anomie häufiger zu sehen und vieleicht selbst zu besitzen.

Bohr-

Bohrmuscheln, die Todtenkopfsmuschel mit durchbohrtem Wirbel. u) Von dieser höchst seltenen Muschel liegt in der Conchyliensammlung des Herrn Kunstverwalter Spenglers in Kopenhagen eine ganze Groupe, daran sieben Dupletten beysammen sitzen, die sich an einander festgehängt haben. Sie hat nach Linné alle Eigenschaften einer Anomie, niemand wird ihr also auch diesen Namen streitig machen, den man der vorhergehenden Todtenkopfsmuschel streitig zu machen gesucht hat. Die eine Schale ist ganz flach, und nur beym äußern Rande gegen die Mitte desselben ein wenig wie eingedrückt und eingebogen. An ihrer innern Wand siehet man das deutliche Bild eines Todtenkopfs, nemlich tief eingefallene Augen und Nasenlöcher, die in der Mitte gleichsam eine knöcherne Scheidewand haben, auch bemerkt man auf dieser innern Wand solche erhobene Puncte, dergleichen die mehresten versteinten Todtenkopfsmuscheln haben. Die Oberschale hat beym Wirbel eine weite Oefnung, daraus eine lederartige Sehne hervorgeht, welche der lebendige Bewohner nach Gefallen ausdehnen und verlängern, wie auch zusammenziehen und sich damit festhängen kann. Beyde Schalen sind weißlich, durchsichtig und hornartig. Die Oberschale ist von außen merklich gewölbt, an der innern Wand aber vertieft und glatt, ohne erhöhete Puncte. Nur beym Schloße siehet man ein paar Seitenzähne und Furchen, dahinein

u) Chemnitz Conchylienk. Th. VIII. S. 78 tab. 76. fig. 688. α. β. Eine nahe Verwandtin der Todtenkopfsmuschel mit durchbohrten Wirbel. Cognata Anomiae craniolaris basi perforata, testa albida subcordata, subglabrata inaequivalvi, altera planiore (quae intus cranium hominis repraesentat) altera convexiore, margine interiori subtilissime et acutissime denticulato. Meine Einleit. Th. III. S. 407. Num. 1.

ein sich die knöchernen Strahlen (radii ossei) der Gegenschale wie hinein schieben lassen. Den eigentlichen Wohnort dieser Seltenheit weiß Herr Chemnitz nicht anzugeben.

Bohrmuscheln, der Transparant. Siehe oben die Durchsichtige.

— — — der Vogelschnabel. Siehe oben der Papageyschnabel.

— — — die wellenförmig gestreifte Anomie. x) Die Dupletten, die Herr Chemnitz von dieser Anomie besitzt, sind theils in den nordischen Meerufern, theils im mittländischen Meere gefunden worden. Die eine Schale, welche ehedem fest gesessen hat, ist flach, sehr dünne, glatt, zerbrechlich, mit einer weiten eyförmigen Oefnung. Auf der andern stärkern gewölbten Schale siehet man viele feine bogenförmige Queerstreifen, welche von dickern, länglichten, schlangenförmigen, wellichten, gebogenen Streifen, die vom kleinen erhobenen Wirbelpuncte, wie aus einem Mittelpuncte auslaufen, durchcreuzet werden. Einige dieser Muscheln haben eine röthliche Farbenmischung, und an der innern Wand der gewölbten Schale bemerkt man die Eindrücke der länglichten Streifen, wie denn auch der Rand als eingeschnitten und gekerbt erscheint. Herr Chemnitz glaubt, daß sie mit der Anomia patelliformi des Linné (Siehe

x) Chemnitz Conchylienk. Th. VIII. S. 88. tab. 77. fig. 699. die wellenförmig gestreifte Anomie. Anomia undulatim striata, testa suborbiculata, altera valvula plana, tenui, perforata, altera convexa, subtilissime et densissime transversaliter, undulatim longitudinaliter striis eminentioribus distantibus striata, margine crenulato. Meine Einleit. Th. III. S. 408. Num. 4.

(Siehe vorher die Kappe) nahe verwandt sey, und er würde sie für eine Varietät derselben erklären, wenn sie nicht senkrechte wellenförmige Streifen hätte.

Bohrmuscheln, die winklichte Anomie, Anomia angulata Linn. ist eine Versteinerung.

— — — die Zwiebelschale, die violetröthliche Zwiebelschale. y) Was mag wohl die Ursache seyn, daß so wenige Schriftsteller einer in einzelnen Schalen so gemeinen Conchylie gedenken? Gewiß bloß der Eigensinn, keine einzelnen Schalen in seine Sammlung aufzunehmen, denn in wahren Dupletten ist diese violetröthliche Zwiebelschale die größte Seltenheit. Also wars wohl kein Wunder, daß Lister, Gualtieri, Seba, Gronov, daß sogar die Herausgeber des Argenville von dieser Conchylie kein Beyspiel auftreiben konnten,

y) Knorr Vergnüg. Th VI. S 18. tab. 9. fig. 5. die violette Bernsteinauster. Holl. Paarsche Beernsteen Oester. Franz Huitre electrique. Murray Fund. testaceol. p. 42. tab. 2. fig. 13. *Anomia cepa.* von Born Ind. Mus. Caes. Vind. P. I. p. 102. Anomia cepa. die Zwiebelschale. von Born Mus. Caes. Vind. Testac. p. 117. Chemnitz Conchylienk. Th. VIII. S. 85. tab. 76. fig. 694. 695. die violetröthliche Zwiebelschale. *Cuticula cepae.* Anomia Cepa Linnaei, testa inaequali, violacea pellucida, altera alba plana perforata, altera convexa intus et extus ex violaceo colorata. *Gall.* Pelure d'oignon. Verzeichn. der Gräfl. Reuß. Plauisch. Naturaliens. S. 251. Verzeichn. der Naturaliens. Hrn. Harrer Regensburg 1787. S. 178. Num. 832.

Linné Syst. Nat. ed. X. p. 701. Sp. 186. ed. XII. p. 1151. Sp. 219. *Anomia Cepa*, testa obovata inaequali violacea: superiore convexa, inferiore perforata. Habitat in M. Mediterraneo. Magnitudo nucis Iuglandis, sed altera testa plana. Müller Linnäisch. Natursyst. Th. VI. S. 319. die Zwiebelschale Linné Natursyst. des Thierr. Th. II. S. 492. Meine Einleit. Th. III. S. 354.

konnten, um es, wo nicht zu besitzen, doch wenigstens abzubilden.

Nach Linné hat die Zwiebelschale einen einigermaßen eyförmigen Bau, ungleiche Schalen, die violettröthlich gefärbt sind, davon die obere convex, die untere aber durchbohrt ist. Wenn ihr Linné noch die Größe einer welschen Nuß beylegt, und sagt, daß die eine Schale platt sey, so ist das erste von den gewöhnlichen Beyspielen zu verstehen, indem diese Art von Zwiebelschalen wohl zweymal größer werden kann. Ueberhaupt sind die drey Anomien Ephippium, (Siehe der Fensterladen) Electrica, (Siehe die Bernstein-Anomie,) und unsre *Cepa* sich sehr nahe verwandt. Daher findet man es auch, daß die Schriftsteller alle drey unter dem Namen der Zwiebelschalen zusammen fassen, weil sie in der That durch nichts sonst, als durch das Farbenkleid unterschieden sind. Linne selbst hat sie bloß durch die Farbe von einander getrennt, und die weiße Ephippium, die gelbe Electricam, und die röthliche Cepam genennt.

Unsre gegenwärtige Anomie verdient den Namen der Zwiebelschale nicht sowohl um der dünnen Schale willen, denn diese ist allen dreyen eigen, als vielmehr um der Farbe willen, die der Farbe einer Zwiebelschale sehr gut entspricht. Ihr Bau ist äußerst verschieden, und nimmt fast alle Gestalten an, obgleich die eyförmige, die auch Linné angiebt, die gewöhnlichste zu seyn scheinet. Da diese Anomie, wie viele andre, unter die parasitischen gehöret, so ist sie freylich genöthiget, ihren Bau nach dem Körper einzurichten, auf dem sie sich festgesetzt hat. Ich besitze eine Duplette, deren gewölbte Oberschale ziemlich regelmäßige, kammzinkenähnliche Streifen hat, und deren flache Unterschale merklich eingedrückt ist. Diese Unterschale hat

noch

noch das Eigne an sich, daß ihr die sonst allen Beyspielen eigne Oefnung gänzlich fehlt, weil sie sich auf ein Stückchen Holz aufleimte, und dadurch den Zweck dieser Oefnung auch ohne Oefnung erreichte. An einer andern Duplette ist die Oberschale außerordentlich flach, und sitzt voller Runzeln. Andre Beyspiele sind auf mancherley Art geformt, dergestalt, daß man wohl schwerlich zwey völlig gleiche Beyspiele finden möchte. Die Unterschale ist allemal flach, manchmal einwärts gebogen, manchmal nicht, nachdem es derjenige Körper nothwendig machte, auf dem sie saß. Sie ist allemal weiß, und in den gewöhnlichsten Fällen mit einem großen, bald ovalen, bald runden Loche versehen; inwendig hat diese Schale, so unansehnlich auch sie von außen seyn mag, allemal die schönste vielfarbige Perlmutter. Die gewölbte Oberschale ist röthlich, mehr oder weniger bläulich, und da diese Farbe durch die dünne, durchsichtige Schale hindurch schimmert, so hat sie inwendig zwar Glanz, aber kein Perlmutter. An manchen Beyspielen bemerkt man auch einen kleinen übergebogenen Schnabel, und in dieser Gegend ist bey allen eine kenntliche Narbe, auf welche das lederartige Band der Unterschale, das auf einer kenntlichen vertieften Hervorragung sitzt, eingreift. Diese geringe Verbindung beyder Schalen, und der Umstand, daß die Unterschale auf fremden Körpern aufsitzt, machen es begreiflich, daß beyde Schalen leicht aus einander fallen, daß man an Stranden äußerst selten Dupletten erwarten kann, und daß man die Oberschale viel häufiger findet, als die Unterschale. Diese Anomie, die andre zu den Austern zählen, wird an den Ufern des mittländischen Meeres, und bey den westindischen und afrikanischen Stranden, größtentheils nur in einzelnen Schalen gefunden.

Bohrmuscheln, die gelbe Zwiebelschale. Siehe die Bernsteinanomie.

— — — die grüne Zwiebelschale Argene. Siehe oben der Fensterladen.

— — — die violetröthliche Zwiebelschale. Siehe kurz vorher die Zwiebelschale.

— — — die weiße Zwiebelschale. Siehe oben der Fensterladen.

(S.)

Bohrmuschel, versteinte, Anomiten, Terebratuliten, versteinte, Helmintholithi anomitae L. Unter diesem Namen verstehen Schröter, Gmelin, und überhaupt die mehresten Lithologen die Terebratula Linn., weil sie am Schnabel durchbohret sind. Hacquet und andere belegen die Pholaden mit der Benennung, weil sie sich in die Kalkfelsenwände der Meerufer einbohren. Hier von den versteinten und in Stein eingeschlossenen Terebratuliten. Von den Pholaden unter diesem Wort.

Die Bohrmuscheln, Bastarte, oder Terebratuliten sind eine sehr gemeine Versteinerung. Man findet sie selten groß, meistens aber beyde Schalen zusammen, bisweilen als bloße Steinkerne. Z. B. ist der weiße Kalkstein, von welchem man in Wien bauet, voll davon; bey Jena, Weimar u. s. sind sie im grauen, bey Göttingen im blaulichen Kalkstein, in dem Herzogthum Jülich und Bergen, in der Schweitz, im Elsas, in den Niederlanden, in Italien, in Piemont, und überhaupt in Teutschland und Italien an vielen Orten, in Schweden u. s. f., auch in Indien. Außer Kalkstein findet man sie bisweilen mit Kies oder verkießt.

liegt. Die Arten und Abarten dieser Versteinerung sind, wie eine eigene Abhandlung des Hrn. Schröters zeigt, (Berlin. Samml. 2 B. S. 480-514.) sehr zahlreich. Hier wäre ihre Anführung wohl ohne Nutzen. (Ge.)

**Bohrmuschelsteine**, heissen theils die wirklich versteinten Terebratuliten, theils der Kalkstein, welcher dieselben häufig enthält.

(Ge.)

**Bohrwurm**, (Conchyl.) der Schifsbohrwurm. z) In der zehenten Ausgabe seines Natursystems hatte

H 2 der

z) Sellius Historia naturalis teredinis seu Xylophagi marini. Trajecti ad Rhenum 1733. 353 Seiten in groß Quart, 2 Kupfertafeln. Historisch und physikalische Beschreibung einer Art höchst schädlicher Seewürmer, welche bis anhero durch Ruinirung derer Dämme und Durchbohrung derer Schiffe in den vereinigten Niederlanden, ungemeinen Schaden verursachet. Von *Puteneo*. Leipzig 1733. 88 Seiten und eine Kupfertafel in Octav. Rumph Amboin. Raritätenk. Holländ. p. 125. tab. 41. fig. F. G. Solen lignorum. Boorworm. Mal. Cappang, Utor. Amboin Ahet. Deutsch. S. 107. die Holzpfeiffe, der Bohrwurm. Chemnitz Zusätze zum Rumph S. XCVIII. Bohrer, Bohrwürmer. Lange Method. p. 5. Gen. 3. Tubulus radiciformis vulgaris. Klein de tubulis Gen. 3. Sp. 1. ed. nov. p. 17. 18. Solen lignorum Rumphianus. Leßer Testaceotheol. §. 40. r. Tubulus radiciformis. erste Ausg. S. 112. neue Ausg. §. 40. t. S. 144. Hanov Seltenh. der Nat. Th. III, S. 182. Neuer Schaupl der Nat. Th. IV. S. 71. Holzbohrer. Adanson Hist. du Seneg. p. 264. tab. 19. fig. 1. *Taret*. Hebenstreit Mus. Richter. p. 295. der Holzwurm. Martini Conchylienk. Th. I. S. 46. nur beiläufig. *Mus.* Gronov. p 93. Teredo, Scheeps-Boorworms-Kooker. Gronov Zoophyl. p. 258. n. 1083. Xylophagus. Deutsche Encyclop. IV. B. S. 220. Bohrwurm.

Linné

der Herr von Linné a) dem Schifsbohrwurme unter den Schalthieren noch keinen Platz eingeräumt, sondern er stund unter den Intestinis, und hatte also, wie die unten angezeigten Geschlechtskennzeichen lehren, ganz andre Kennzeichen seines Geschlechtes, als in der zwölften Ausgabe. Gleichwohl legte der Ritter demselben schon damals eine Schale bey, indem er ihm das Gattungskennzeichen gab: er sey ein Bohrwurm, der sich im Holze aufhalte, und eine auf mancherley Art gekrümmte Schale habe. Der Ritter gestund also ein, daß er eine Schale habe, und daß er also von dem Teredine lapidaria getrennt werden müsse. Dies that auch der Ritter in der zwölften

---

Linné Syst. Nat. ed. X. p. 651. Gen. 251. Sp. 2. *Teredo navalis* s. Teredo intra lignum testa flexuosa; stehet unter den Intestinis. ed. XII. p. 1267. Genus 3,4. Sp. 807. *Teredo navalis.* Habitat intra lignum navium et palorum marinorum, calamitas navium ex Indiis in Europam propagata. *Faun.* Svec. 1329. Teredo intra lignum testa flexuosa. Müller Linnäisch. Natursyst. Th. VI. S. 631. tab. 19. fig. 4. (Das Thier) der Schifsbohrwurm Linné Natursyst. des Thierr. Th. II. S 582. 583. Meine Einleit. Th II. S. 571 572. Müller Prodrom. Zool. Dan. p. 251. n. 3034. *Pholas Teredo.*

Deutsch. der Bohrwurm, der Schifsbohrwurm, der Bohrer, der Holzbohrer, der Pfalwurm, der Köcherwurm, der Holzfresser. Lat. *Teredo navalis* Linn. Teredo. Xylophagus marinus. Xylophagus. Solen lignorum. Tubulus radiciformis. Pholas Teredo. Franz Taret. Holländ. Zeehout - Worm, Paalworm, Boorworm, Scheeps - Boorworms - Koker. Kokerworm. Mal. Cappang, Utor, Amboin. Ahet.

a) Ed. X. p. 651. Corpus filiforme. Maxillae oris 2. hemisphaericae. Praeputium intra maxillas rotundum, ciliatum. Sipho intra praeputium. Tentacula ad os plerumque, 8. ed. XII. p. 571. Animal terebella: Maxillae duae calcareae, hemisphaericae, antice excisae, subtus ungulatae. Testa teres, flexuosa, lignum penetrans.

ten Ausgabe, setzte das Geschlecht, das er Teredo nannte, zwischen Serpula und Sabella, und *Teredo navalis* war die einzige Art, der er keine besondere Gattungskennzeichen gab, sondern es bey den allgemeinen bewenden ließ; das Thier sey eine Terebelle, es habe zwey kalkartige hemisphärische Kinnladen, die oben ausgeschnitten, unten aber winklicht wären; die Schale, die nemlich das Thier bewohnt, sey rund, gebogen, und durchdringe das Holz. Unter den Serpulis des Linne kommen mehrere vor, welche, wie der Bohrwurm eine runde und auf mancherley Weise gebogene Schale haben, denen man auch die größte Aehnlichkeit mit demselben nicht absprechen kann. Allein dem Bohrwurm gehörte der Vorzug, ein eignes Geschlecht zu bestimmen, weil er wegen der zwey Schalen, womit das Thier, gleich den Pholaden Thieren bewafnet ist, und die Linné unrichtig Kinnladen nennet, von den Wurmgehäusen gänzlich abweicht, und sich dadurch dem Geschlecht der Pholaden nähert. Die einzige Art, die Linné angiebt, ist nach seiner Zeit mit noch einer, der sogenannten Herkuleskeule bereichert worden, die ich hernach ebenfalls beschreiben werde.

Unser Martini gedenkt des Bohrwurms nur beyläufig unter seinen schaligen Wurmgehäusen. Er sagt, daß er die Rumphische Sandpfeife zugleich mit dem Bohr- oder Pfahlwurm in der dritten Classe seines Systems beschrieben, und folglich mit den vielschaligen Muscheln, nemlich den Pholaden, Entenmuscheln, Fußzeen und Meereicheln in eine Classe gesetzt haben würde, wenn man diese Röhre allemal in den Kabinetten vollständig anträfe. Ob der Bohrwurm indessen, der Beschaffenheit seiner Schale wegen, die allemal nur aus einem einzigen Stück bestehet, und einen röhrenförmigen Bau hat, in dieser Classe seinen richtigen Platz würde gefunden haben, daran zweifle ich um so viel mehr, da der Herr Pastor Chemnitz, der nach Martinis Tode diese Classe der vielschaligen Conchylien ausarbeitete, des Bohrwurms mit keiner Silbe gedenkt.

Rumph hat eine eigne Classe, die er Solen, Pfeifen oder Schienenmuscheln nennt, und da steht unser Bohrwurm mit den Elephantenzähnchen in einer Classe, uud fast eben so verfahren Klein, Lange und Leßer, die ihn unter die Meerröhren setzen. Die mehresten Conchyliologen, Lister, Seba, Dargenville, Gualtieri und mehrere gedenken des Bohrwurms gar nicht, weil man nur selten unverletzte Exemplare, und diese doch nur in Holz eingeschlossen antrifft.

Die äußere Schale, womit das Thier bekleidet ist, gleichet einer Wurmröhre gar sehr. Es ist eine weiße dünne Schale, die allerley Gestalten an sich nimmt, nachdem nemlich der Wurm in dem Holze fortarbeitet, und arbeiten kann, daher diese Schalen allerdings auf mancherley Art gekrümmt erscheinen. Der Kopf derselben, oder da, wo der Kopf des Thiers sitzt, ist allemal stärker als die Endspitze, folglich hat die Röhre den Bau eines spitzigen Kegels. Ihre länge ist verschieden. Einige Schriftsteller reden von 14 Zoll, ja von zwey Schuh, doch findet man sie gemeiniglich kürzer, von 3 oder 4 Zoll und drunter. Meine Beyspiele, die ich besitze, sind in Schifsholz eingebohrt, haben aber alle den größten Theil ihrer Schale verlohren. Das aber sehe ich doch, daß die Schale von außen kalkicht weiß, dünne, aber undurchsichtig, sehr zerbrechlich und ohne Glanz sey. Diese Schale hat der Bewohner so fest an das Holz angeleimt, daß man, wenn

wenn man das Holz spaltet, kaum ein unverletztes Exemplar erwarten kann, daher auch dergleichen in den Kabinetten so große Seltenheiten sind. Wenn also das Thier in dem Holze fortarbeitet, kann es seine Schale nicht nach sich ziehen, es muß folglich neue Schalenansätze anbauen. Inwendig sind die Schalen weiß und glänzend wie Porcellan, nur einzelne Beyspiele haben eine gelbliche Ocherfarbe, und dann wenig Glanz. Nur selten findet man den Bohrwurm von der Stärke eines kleinen Mannsfingers, die mehresten gleichen einer starken Gänsespuhle, und werden nicht selten ungleich dünner gefunden. Von außen ist die Schale glatt, außer daß man hin und wieder einige Queerringe siehet, die wahrscheinlich neue Schalenansätze sind.

Das merkwürdigste an dieser Conchylie ist das Thier. Es bestehet aus einer schleimigen, zähen Materie, die viel weicher als ein Regenwurm ist, und daher außer dem Wasser leicht verfault. D. Maßuet b) setzte drey solche Würmer in eben das Wasser, wo sie vorher gelebt hatten, und fand zwey davon am dritten Tage wie zerschmolzen oder zergangen. Der Kopf ist allezeit dicker und größer als der übrige Leib. Der Hals ist sehr dünne, der Leib viel dicker, nach dem Schwanze zu aber nimmt er ab, und wird nach und nach schmäler. An dem Kopfe liegen zwey lanzettenförmige mit einem Stiel versehene Schalen, welche den Fühlhörnern mancher Papilionen gleichen, inwendig aber sind zwey sichelförmige, kleine aber scharfe Schalen befestiget, und dieser vielschalige Theil ist an das



b) Historisch und physikalische Beschreibung einer Art höchst schädlicher Seewürmer u. s. w. S. 45. 51. 65. f. Deutsche Encycl. l. c.

das Fleisch des Thiers angewachsen. Ich glaube, daß diese Werkzeuge dem Thier nicht nur dazu dienen, daß es seine Wohnung offen halten, und sein leben erhalten und schützen kann, sondern daß dieses auch die Werkzeuge sind, mit welchen der Bohrwurm die greulichsten Verwüstungen anzurichten vermögend ist. Der Schwanz des Thiers ist ebenfalls mit zwey kleinen Schalen bekleidet, deren eigentliche Bestimmung ich aber nicht weiß. So viel erhellet indessen aus der gegebenen Beschreibung, das dies Thier keine Terebella sey, wie Linne vorgiebt. Dies Thier hat einen salzigen Geruch, wie die Austern, eine grüne in die Asche sich ziehende Farbe, mit etlichen schwärzlichen Streifen besetzt, die sich gegen den Schwanz ziehen. Die Haut ist an einigen Orten ganz runzlich, und macht zuweilen große Hügel, welche vom Halse bis dahin reichen, wo der leib schmäler wird. Das Thier nährt sich wahrscheinlich von der Substanz des Holzes, in welchem es wohnt, wenigstens hat man den Magen mehrmalen mit Holzmehle angefüllt gefunden. Der Schlund zum Magen ist kurz, der Magen selbst doppelt und länglich, und die Gedärme, die unmittelbar auf den Magen folgen, machen erst öftere Umdrehungen, dann schwingen sie sich wieder oberwärts bis ans Genicke, drehen sich allda wieder, und laufen längst dem Rückgrad hinunter bis zum Ausgange. Das Herz, so unter dem Magen liegt, ist von einer rundlichen Figur, doppelt länglich, in Gestalt zweyer kleiner, neben einander liegender Säulen, welches sichtlich sich erweitert und zusammenzieht, und durch solche Bewegung, vermittelst seiner Pulsadern, ein helles, durchsichtiges Blut forttreibt, welches zum nöthigen Gebrauch durch den ganzen Körper seinen Umlauf nimmt, und durch Blutadern wieder zum Herzen zurück gehet. Auch liegen häufig andre Deüßchen längst

längst dem Bauche, welche für die leber und andre Eingeweyde, die zur Absonderung und Besserung des Nahrungssaftes und dergleichen dienen, angenommen werden können. Die Eyerstöcke sind doppelt und länglich, sie liegen unter dem Magen, der Eyergang zieht sich gegen das Ende des Gedärmes, wodurch endlich das Thier ins Meer laichen kann. Die Eyer selbst sind rund, durchsichtig und mit einem leimichten Schleim umgeben, und schwimmen auf dem Wasser, bis sie durch die Wellen an Pfähle oder Schiffe geworfen werden, wo sie ankleben und ausbrüten. Sobald das Thierchen ausgekrochen ist, bohrt es sich in das Holz, wo es wohnt, und sich nährt, daher siehet man, daß solche vom Bohrwurm durchrittene Breter von außen ganz kleine, kaum merkliche löcherchen, von innen aber solche greuliche Verwüstungen haben. Ob indeß dieß Thier unter die Hermaphroditen gehört, das sich, ohne von einem andern Thier befruchtet zu werden, fortpflanzen kann, wie Vallisnieri glaubt? das kann ich nicht entscheiden, ob mirs gleich sehr wahrscheinlich ist.

Ihre Wohnung ist Holz. Rumph sagt: sie wachsen in verfaultem Holze, sowohl an Schiffen als auch an Bäumen, die in der See herum schwimmen, besonders an dem Mangi-Mangiholz, worinn sie sich dergestalt fortpflanzen, daß man ganze Bäume inwendig mit diesen Röhren, die mit allerhand Bogen wunderlich durcheinander laufen, angefüllt findet. Die meisten Röhren aber sind ledig, weil das Thier darinne verfault, sobald es seine Schalen nicht weiter fortbauen kann. Diese Röhrwürmer sind für die Schiffe, die aus indischen Holz gemacht sind, eine schädliche Pest, denn sie bohren solche dergestalt durch, daß sie sinken, besonders wenn man sie nicht fleißig mit Kalch, oder einem gewissen Oel statt des Theers beschmiert.

Doch nicht bloß solchen Schiffen, die aus indianischen Holze gebaut sind, sondern einem jeden Schiffe, besonders die nach Ostindien oder China gehen, ist der Bohrwurm gefährlich. Daher müssen auch die dänischen dahin gehenden Schiffe behaudert werden, c) d. i., sie werden mit einer Haut von Tannenbretern, da sonst alles Eichenholz ist, unten umher, vom Kiel an bis zur Hälfte des Schiffs hinauf, ja noch weiter versehen. Zwischen dem Schiff und diesen Bretern werden Kühhaare so dick eingestopft, als man einen Stuhl auszupolstern pflegt. Wenn alsdann der Bohrwurm mit seinem nassen Kopfe weiter als durch das Tannenbret eindringen will, so bleibt er in den Kühhaaren hängen, verwickelt sich, und wird durch die angetroffenen Hindernisse abgehalten, weiter zu gehen. Er kehrt also in seine ehemalige Wohnung zurück. Diese Behauderung kostet bey jedem Schiffe einige tausend Thaler, und muß gleichwohl nach drey Jahren wiederhohlt werden.

Es ist bekannt genug, welchen Schaden dieser Bohrwurm im Jahr 1730. und folgenden in Holland an den Pfählen der Seedämme anrichtete, die er in kurzer Zeit ganz durchwühlte, wodurch die Seedämme in Gefahr kamen, einzustürzen und Holland überschwemmt zu werden. Man mußte daher diese Pfähle mit neuen vertauschen, und noch eine Vormauer mit unbeschreiblichen Kosten führen. Damit man sich davon

c) Siehe die Beschäftig Naturforschender Freunde Th. I. S. 426. f. Th. II. S. 559.

von nur einigen Begriff machen kann, so zeichne ich aus dem verkappten *Putoneo* S. 18. 19. folgende vorläufige Berechnung aus, von der ich gleichwohl glaube, daß sie bey der Ausführung des Baues nicht zugereicht habe. „Das Uebel hatte an dem Norder Damm an N. 19. angefangen, und sich N. 66. geendiget, welches 47. N. macht, eine jede von 50 Ruthen, welches eine länge von 2350 Ruthen ausmacht. An dem mittäglichen Damm fängt es an von N. 1, und reicht bis N. 36., welches eine länge von 1300 Ruthen, zusammen 4150 Ruthen beträgt. Wenn man nun die Werke der Pfähle, welche sich nach der länge des Damms erstrecken, rechnet, dazu noch setzet die *Sterketsels* oder *Traver*sen, um das Meer abzuhalten, so wird deren länge zum wenigsten so groß seyn, daß, wenn man die allbereits specificirte dazu nimmt, solche wohl 5000 Ruthen ausmachen, indem die Pfähle doppelt rangirt, und dazwischen mit Balken und Steinen wohl versehen sind.“

„Nimmt man nun vollends die Werke, so man *Krebbingen* nennet, und welche so lang als der Norder Damm von N. 19, bis zu N. 62 sind, dazu, imgleichen die ruinirten Obertheile, welche, ob man sie wohl abandoniret, dennoch an vielen Orten sehr nützlich, indem sie mit Balken und Steinen wohl ausgefüttert sind, so wird man befinden, daß alles, was beschädiget, und davon die Balken ganz und gar verdorben, zum wenigsten 8000 Ruthen austrägt. Wenn man nun für jede Ruthe einen Raam (es ist dies ein gewisses Maas) der Balken, auf 60 fl. rechnet, so beträgt die Summa 480000 fl.“

„Die Werke von Pfählen, welche beynahe halb ruinirt, haben, eine Ruthe in die andre gerechnet,

280 fl. gekostet, welches mit 400 Ruthen multiplicirt, so die Hälfte der länge, so beträgt es 1000000."

„Zu welchen noch die Steine zu rechnen, welche, ob sie gleich nicht ruinirt, so sind sie doch in Ermangelung der Pfähle und Balken dergestalt in den Sand gesunken, daß sie zu nichts nütze sind. Rechnet man nun, daß jede Ruthe 3 läste oder Fuder, und jede last 10 fl., macht 30 fl., so kosten 4000 Ruthen 120000 fl.

Summa 1600000 fl."

Um sich die Größe der Verheerung, die dieser Bohrwurm anrichten kann, vorzustellen, darf man nur ein Stück Schifsbret sehen, das er durchritten hat, oder dem nachdenken, was uns Hanov davon erzählt. Er hat nemlich angemerket, d) wie sich ein Loch nahe bey dem andern befindet, so daß oft kaum ein dünnes Blättchen, selten ein Spähnchen von geringer Dicke, wie ein Papier, zwischen ihnen bleibe, wie die großen und geraden Höhlen von andern kleinen durchkreuzt würden, und nur hie und da ein geringer Zusammenhang des durchlöcherten Holzes wahr zu nehmen sey, und die innre und äußre Fläche der Bohlen von den Würmern verschont bliebe, gerade als wenn sie die Fläche zu ihrer Decke und Sicherheit fast unangetastet ließen, damit sie inwendig desto ungestöhrter dergleichen Zerstöhrungen vornehmen könnten. Es ist auch besonders, daß in der Folge nichts von Holzmehle, welches andre Holzwürmer zurück lassen, anzutreffen ist, wodurch die obige Muthmaßung, daß dies Holzmehl die Nahrung des Bohrwurms ist, bestätiget wird.

Man

d) Neuer Schaupl. der Natur. Th. IV. S. 72.

Man hat daher auch auf Mittel gegen diesen Feind gedacht. e) Rumph schlug in den bereits angeführten Worten Kalk oder Oehl vor. Andre sagen, man müsse das Holz sengen, mit Theer bestreichen, und mit gestoßenem Glase, Haaren, Hammerschlag und Giftwasser bestreuen, oder sich vorzüglich der Aloe bedienen. Ich übergehe andre Vorschläge, weil sie dadurch alle unkräftig erkannt worden sind, weil man noch immer das oben gedachte **Behaudern der Schiffe** vornehmen muß.

Daß man diesen fürchterlichen Feind schon lange kenne, ist aus dem **Plinius** f) klar, ders zwar nur als Tradition nachschreibt, was er von ihm wußte: „der Lerchenbaum und überhaupt jeder Baum, sagt er, den wilden und zahmen Oelbaum ausgenommen, soll dem Wurmfraß unterworfen seyn, (obnoxiam Teredini tradunt) wenn er an Seeschiffen verbaut wird.“ Wärs indessen, woran ich aber sehr zweifle, mit dem wilden und zahmen Oelbaum gegründet, daß er dem Wurmfraße nicht unterworfen sey, so wäre dieses unter allen das ohnfehlbarste Mittel gegen diesen Feind.

Noch eine einzige Stelle aus dem **Dampier** in seiner Reise um die Welt P. I. Cap. VIII., die es beweiset, daß der Bohrwurm die größten Bäume nicht schont. Er sagt: „Nachdem wir von der Insel **Cave** aus, Süd-Süd-Ostwärts geschifft, kamen wir zu einem sehr heftigen Strom, der uns entgegen war, und

e) Rumph amboin. Raritätenk. deutsch. S 107. Neuer Schaupl. d., Nat. Th. IV. S 72. *Putoneus* historisch physikal. Nachricht u. s. w. S. 72. f. Sellius Hist. nat. tered. p. 303. f.

f) Hist. nat. Lib. 16. Cap. 40. beym Müller 79. S. 74. Großens Uebers. IV. B. S. 383. Denso 1 Band. S. 671.

und den man nicht außer einigen Oertern gewahr wurde, allwo wir eine grosse Menge Bäume und Klötzer schwimmen sahen. Wir hatten eben nicht viel Holz auf dem Schiffe, daher ließ ich die Pieße ins Wasser, daß sie etwas von dem schwimmenden Holze hohlen sollte; sie kam auch in kurzen wieder, und brachte einen großen Baum geschleppt, den wir kaum mit vieler Mühe mit allen unsern Seilen in das Schiff ziehen konnten. Ich ließ kleine Scheite zum Verbrennen daraus machen, da wir denn befunden, daß solche **durch und durch von den Würmern zerfressen waren.** Ja es waren noch einige lebendige darinnen, so dicke als eine Gänsefeder, und länger als ein Daumen, mit einem in eine sehr zarte Schale eingeschlossenen Kopfe." Was aber **Dampier** anderswo, und beym *Putoneo* S. 30. sagt, daß er nicht glaube, daß sich der Bohrwurm in den Bretern erzeuge, sondern, daß es das Meer thue, und nun hinzusetzt, er habe ihrer millionenweise, sonderlich in der Bucht Panaman im Meere schwimmen sehen, welches auch die Capitains **David Schorn**, und die meisten vom Schifsvolke gesehen hätten; so zweifle ich an der Richtigkeit dieser Beobachtung, und glaube, daß der Bohrwurm außer dem Holze nicht leben und bestehen kann.

Was **Rumph** von dem medicinischen Gebrauche des Bohrwurms vorgiebt, kann man am angeführten Orte bey ihm selbst nachlesen.

Ich habe schon oben gesagt, daß wir noch einen schalichten Körper haben, der zum Linnäischen Geschlecht Teredo gehört, und das ist die sogenannte **Herkuleskeule**, g) und dieser könnte man den lateinischen

g) Walch. im Naturforscher X. Stück S. 83. f. tab. 1. fig. 9. 10.

nischen Namen *Teredo clava* geben. Diese ist wenigstens in Deutschland erst in den neuern Zeiten bekannt geworden, und verdient es aus meinen Quellen, und nach den Beyspielen meiner eignen Sammlung ausführlicher beschrieben zu werden.

Die Herkuleskeule ist ein schalicher Körper, der der Schale der Conchylien, besonders der sogenannten See- und Wurmröhren ganz ähnlich ist. Auf der einen Seite ist er rund kolbicht und ohne alle Oefnung, nimmt alsdann allmählich ab, ist dabey etwas weniges gekrümmt und gebogen, und endiget sich in eine stumpfe Spitze, die in der Mitte ein Loch hat, das zur innern Höhlung führt, inwendig ist die Schale glatt, von aussen aber etwas rauh. Die gewöhnliche Gestalt dieses Gehäuses gleichet einer am dickern Ende gebogenen Keule, und daher gab ihm Walch, der in Deutschland die erste Beschreibung davon gegeben hat, und daher auch das Recht hatte, diesem Körper einen Namen zu geben, den Namen der Herkuleskeule. Allein da diese Thiere in einer Frucht h) haufenweise beysammen wohnen, und sich gemeiniglich dicht an und in einander gedrängt haben, so nehmen sie

9. 10. die Herkuleskeule. Spengler im Naturforscher XIII. Stück S 53. f. tab. 1. fig. 1. bis 11. tab. 2. fig. 12. 13. 14. mit den innern schaligten Theilen des Thiers, und der Frucht, worinne es wohnt Kämmerer Conchylien in Rudolstadt. S. 5. Davila Catalog. Tom. I. p. 399. Tuyau quintivalve, fermé et bombé par un bout. Meine Einleit. Th. II. S. 574 tab. 6. fig. 20.

h) Der Baum, der diese Frucht trägt, ist das *Granatum littoreum* des Rumph, und wird vom Hrn. D. König im XX. Stück des Naturforschers S. 1. f. *Xylocarpus granatum* genennt, und zur ersten Ordnung der VIII. Classe des Linnäischen Systems gerechnet.

sie auch, wie leicht zu erachten, verschiedene Gestalten an, daher einige einer geraden Keule gleichen, andre aber eine andre Form haben. Einzeln werden sie nie gefunden, doch kommen einzelne Beyspiele vor, die sich nicht genau genug an ihre Nachbarn befestiget haben, an denen man also auch von außen keine Spur findet, daß sie an einen andern Körper angesessen hätten. Wenn sie gut erhalten sind, so haben sie von außen eine bräunliche Farbe, ohngefehr wie Rindsleder, unter welcher hin und wieder etwas weiß hindurchschimmert. Wenn sie in einer weißen Farbe erscheinen, so sind sie gewiß ausgebleicht. Inwendig ist die Schale weiß, etwas röthlich, von außen und innen ohne Glanz, auch von außen und innen glatt, außer am Ausgang der Schale, wo sie inwendig feine Queerstreifen hat. Ihre größte Stärke kann einen halben Zoll, und ihre höchste Länge etwas mehr als zwey Zoll betragen. Daß sich bey diesem Gebäude einzelne Schalen über einander gelegt haben, siehet man an verletzten Exemplaren mehr als zu deutlich.

Herr Kämmerer hat diese Conchylie, wie auch Walch gethan hat, unter den Wurmröhren aufgestellt, weil in dem martinischen Systeme der Bohrwurm keine eigne Stelle hat, und die Conchylien bloß nach dem Gehäuse ohne Rücksicht auf den Bewohner geordnet sind, die Herkuleskeule aber wegen der kleinern Schalen, die mit dem Gehäuse in keiner Verbindung stehen, eben so wenig unter die vielschaligen Conchylien gesetzt werden kann, als die mit einem Deckel versehenen Schnecken unter die zweyschaligen.

Herr Spengler hingegen behauptet mit mir, daß die Thiere, welche diese Schalen bewohnen, zu dem Geschlecht der Pfahlwürmer gehören, und nur eine Nebenart des Teredinis navalis ausmachen. Hier ist

ist sein Beweiß: „sie sind, wie diese, mit zwey halbrund gebogenen Schalen, die alle Eigenschaften der vielschaligten Pholadenmuscheln haben, an dem untern und dicken Ende, welches sowohl zum Bohren, als zum Ansaugen bestimmt ist, bewafnet. An dem vordern und schmalen Theil sind zwey zungen oder lanzettenförmige, mit einem Stiel versehene Plättchens durch einen Muskel an die Haut des Thiers befestiget, welche vermuthlich dazu dienen, die kleine Oefnung der Wurmröhre zu schliessen oder offen zu halten, wenn das Thier es für nöthig findet, seine mit zwey Oefnungen versehene rüsselförmige Röhre entweder auszustrecken oder einzuziehen. Der Leib des Thiers ist ebenfalls, und zwar nach seinen Haupttheilen, dem Pfahlwurm immer ähnlich genug, aber seine gebogene und eingezogene Lage, und die ungleiche Weite der zugespitzten Röhre, in die er eingeschlossen ist, giebt ihm, außer seiner Kürze, eine ganz eigne Gestalt. Das seltenste an dem ganzen Thier ist der inwendig an dem Wirbel beyder Schalen in einer gegen das Innre der Muschel schiefen Richtung halbrund ausgebogene Zahn, den Herr Spengler auf der ersten Kupfertafel Fig. 1. 2. 4. e e e hat abbilden lassen. Die Figur dieses Zahns ist ganz besonders. An seinem Ursprung und gegen das vordere Ende ist derselbe ganz dünn, abgerundet und schmal, endlich wird er breit, und erhält genau die Gestalt des Eisens in einem Aderlaßschnepper. Die Länge dieses Zahns ist beynahe die Hälfte der ganzen Muschel. Man siehet wohl, daß diese beyden Zähne eigentlich nichts zum Gelenk der Muschel beytragen können, sondern sie dienen hauptsächlich dazu, die Schalen an das Thier mehr befestigen zu helfen. Da sich bey allen vielschalichten Pholaden, und sonst bey keinem einzigen andern Muschelgeschlechte, ein solcher ausgebogener Zahn befindet, so kann derselbe als ein unwandelbares Kennzeichen für dieses Geschlecht füglich angenommen werden, ohne noch besonders auf andre Nebenumstände, deren gleichwohl noch viele vorhanden sind, Bedacht zu nehmen, folglich gehört der Pfalwurm mit seinen Abänderungen, nach aller Billigkeit zum Geschlecht der **Pholaden**, wohin ihm auch die neusten Methodisten, ein **Adanson**, **Davila**, **Martini** und **Etatsrath Müller**, in ihren Schriften seinen Platz angewiesen haben, der ihm mit allen Recht zukommt.

Herr **Kämmerer** fragt: wozu dienen dem Bewohner die beyden Schalen unten am Leibe, da er mit ihnen in das Gehäuß eingeschlossen ist; und wie vergrößert sich diese besondre Art von Wurmröhre? i) und sagt: die Beantwortung dieser Fragen beruhet auf der Entscheidung einer andern: ob nemlich die Herkuleskeule schon im jugendlichen Alter an dem erweiterten Theile verschlossen sey, oder ob sie daselbst so lange offen bleibe, bis sie das Ende ihres Wachsthums erreicht hat? Ich würde geneigter seyn, das letzte anzunehmen, wenn ich nicht wahrnähme, daß in der vor mir liegenden Masse dieser keulenförmigen Röhren, die kleinern sowohl als die größern eine verschlossene Kolbe haben. Irre ich mich also nicht, wenn ich die erstern auch für weniger erwachsen halte, so ist wohl sicher zu vermuthen, daß der Bewohner sein Gehäuse von Zeit zu Zeit an der Kolbe öfne, und hierbey eine doppelte Absicht habe, einmal, die Röhre

i) Herr Kämmerer leugnet über den Wachsthum der Conchylienschalen das Vaskular-System, und glaubt, daß sich die Schalen bloß durch äußere Ansetzung neuer Theile vergrößern. Ohne diese Anmerkung dürfte manches in seiner Erzählung unverständlich werden.

Röhre selbst durch einen neuen Ansatz zu vergrößern, sodann auch, sich tiefer in die gemeinschaftliche Höhle einzugraben, und zu Erlangung dieses Endzwecks mögen jene muschelförmige Schalen das Instrument abgeben. Fände der andre Fall statt, und wäre die Kolbe während des Wachsthums immer offen, nun so würden diese Schalen bloß, wie beym Taret, zur Vergrößerung der Höhle dienen, in welche sodann der Wurm und seine schalige Röhre sich unverhindert verlängern könnten. Daß nun aber dieses Wachsthum der Röhre auf eine sehr einfache Art vor sich gehe, so daß die äußere Haut des Thieres nur einen Saft absondern darf, der sich um den Körper des Thiers anlegt und verhärtet, dieses wird um so wahrscheinlicher, da diese Wurmgehäuse nicht, wie andre Conchylien, aus verschiedenen Rinden zusammengesetzt sind, k) ihre Schale weniger fein gebildet ist, und die ganze Regelmäßigkeit derselben bloß in der dem Körper des Thiers ähnlichen Form besteht.

Man findet diese Herkuleskeule auf Tranquebar. Zwar ziehet man aus der See einzelne oder auch mehrere von diesen Röhren, ohne einige Umhüllung heraus, es werden auch dergleichen von derselben an den Strand geworfen, und diese sind durch das Anstoßen und Fortwälzen der Wellen von ihrer übrigen Gesellschaft losgerissen worden; allein eigentlich wohnet diese Wurmröhre in einer Frucht. Es ist die Frucht eines eigentlichen Baumes, die gleich den Cocusnüssen in einer faserichten und bastartigen Haut oder Rinde bestehet, und einen harten Kern, der die völlige



k) An meinen Beyspielen kann ich das Gegentheil augenscheinlich darthun, wie ich auch vorher bemerkt habe.

Gestalt und Größe einer wilden Kastanie hat, in ihrer Mitte verschließet. Die auswendige Gestalt dieser Frucht ist bey allen bestimmt und einerley, und dieses dient schon zu einem starken Beweise, daß diese Umhüllungen eine wahre Frucht seyn müssen. Denn wären dieselben schwammartiger Natur und nur zufällig um die Wurmröhren gewickelt worden, so fände die bestimmte Figur keine Statt. Herr Spengler, der uns dies erzählt, und auch die Frucht ausführlich beschreibt, muthmaßete, daß dies die Frucht eines Landbaumes sey, der an den Stranden der See wachsen müsse. Wenn nun diese Früchte durch irgend einen Zufall in die See geworfen würden, oder sonst hinein fielen, so bediene sich das Thier derselben, sich einzunisten und da zu wohnen. Diese Muthmaßung des Herrn Spengler bestätiget nun die durch den Herrn D. König gemachte Entdeckung des Baums, den er, wie ich vorher in einer Anmerkung anzeigte, Xylocarpus nannte. Von seiner Frucht oder Nüssen sagt er uns, in Rücksicht auf die Herkuleskeule, folgendes: „Was eigentlich die im Meer herumtreibenden Nüsse anbetrifft, so findet man diese zwar auch bey Trankenbar, nie aber so schön mit den Bewohnern angefüllt, als diejenigen sind, welche man häufig an den Ufern ausgeworfen findet, wenn man um die Landspitze von dieser Küste, in dem zeylanischen Meerbusen, hauptsächlich bey den Einflüssen des Meers ins Land, bey Sapptare, Raddikare, und so weiter in den Busen hinein kommt. Daselbst ist das Meer viel stiller, und diese Thiere sind also viel weniger beunruhiget, gedeihen deßhalben viel besser, und die Nüsse [illegible] auch keine weitere Reise gemacht, als nur allein, [illegible] sie durch den Südostwind, ohngefehr von den Gegenden von Kalpetti, oder von den Eyländern von Tutte Karin hieher und auf das Land getrie-

getrieben worden. Hingegen die hier bey Trankenbar anzutreffen sind, haben mehrerer Wahrscheinlichkeit nach, die Ostküste, als z. B. Margi Taneßerim, Jung-Zeylon und diese Gegenden zu ihrem Vaterlande gehabt, von da sie in dem Monat December bis in den August des folgenden Jahres hieher getrieben werden können. Eigentlich aber werden sie durch die großen Fluthen, welche von den heftigen Regengüssen entstehen, aus ihrem tief moderigen Geburtsorte ausgeschwemmt, und hernach im Meere durch die Ströme und den Wind weiter fortgeführt. Der Baum dieser Nuß wächst an vielen Orten Indiens, wo kleine Aerme von dem Meere ins Land hineingehen, wo der Boden sehr modericht ist, oder wo ein solcher Boden sich am Meeresufer, das von Eyländern und ins Meer laufenden Landspitzen bedeckt ist, sammlen kann."

(S.)

**Boicininga**, der brasilianische Name der Klapperschlange. Siehe Klapperschlange.

**Bointo, Bonito.** Siehe Kabeljau.

**Bojobi**, Boa canina, Hundsschlange. Siehe Riesenschlangen.

Bois a canon; so nennen die Franzosen in Amerika den Trompetenbaum (Cecropia).

Bois à flêche dard, bedeutet bey den Franzosen in Amerika die Possira.

Bois à granées feuilles, heißt bey den Franzosen in Amerika die großblätterichte Seetraube.

Bois Boco, so nennen die Einwohner von Caux die Bocoa.

Bois braceler, bedeutet bey den Franzosen in Amerika die armbandförmige Jacquinie.

Bois cabrit, so heißt bey den Franzosen in Martinique die Aegiphyla, welche Herr von Jacquin als ein eigenes Geschlecht beschrieben hat.

Bois cabrit bâtard bedeutet bey den Franzosen in Amerika den Sebestenbaum.

Bois cotelet, so nennen die Franzosen in Amerika das Geigenholz.

Bois couleuvre, bedeutet bey den Franzosen in Amerika den Schlangenwegdorn.

Bois de cedre, bedeutet bey den Franzosen in Gujana die Aniba.

Bois de chypre, so nennen die Franzosen in Amerika die Brustbeeren von Jamaika.

Bois de fer, so nennen die Franzosen in Gujana eine Art der Robinie mit sehr hartem Holze.

Bois de ferole, bedeutet bey den Franzosen in Gujana die Ferolie.

Bois de Golette, so nennen die Franzosen in Gujana die Tapura, eine Art der Manabra.

Bois de l'encens, bedeutet bey den Franzosen in Gujana die Zeica.

Bois de lettres, so heißt bey den Franzosen in Gujana die Piratinera.

Bois de rose, bedeutet bey den Franzosen in Gujana die Licaria.

Bois de couilles, so nennen die Franzosen in Amerika die doldenförmige Marcgravie.

Bois d'Inde, so heißt bey den Franzosen in Amerika der Nelkenmyrtenbaum.

Bois laiteux, bedeutet bey den Franzosen in Amerika die Tabernämontane.

Bois Mabovia, bedeutet bey den Franzosen in Amerika die amerikanische Morisonie.

Bois macaque, so heißt bey den Franzosen in Gujana die Tococa.

Bois marguerite, so nennen die Franzosen in Gujana die Brustbeeren mit vier Staubfäden.

Bois perdrix, so heißt bey den Franzosen in Amerika die Heisterie.

Bois portugais, so nennen die Negern in Gujana die Tampoa.

Bois puant, bedeutet bey den Franzosen in Gujana die Birigara.

Bois rouge, bedeutet bey den Franzosen in Gujana die Houmiri.

Bois sabre, so nennen die Franzosen in Gujana die Eperica.

Bois satiné, bedeutet bey den Franzosen in Gujana die Feralie.

Bois tan, so nennen die Franzosen in Amerika die höchste Malpighie.

(Gm.)

Boisalz, Boysalz. Siehe Meersalz.

Boitiapo, Coluber fuscus. S. Nattern.

Bokkameel. Siehe Bockkameel.

Boksauge. S. Augenstein, Boksauge, im IV. Th. S. 94.

Bolarthon. S. Bolus.

Bolchen, Stockfische mit großen Bäuchen. Siehe Kabeljau, Gadus Morrhua.

Bolina, die indianische. Der gefleckte Mohr. Die Schwarzader im braunen Felde, 1) Papilio Bolina. Nigro-venosus des Hrn. Götze. Ein Tagvogel aus dem Geschlechte der geschmückten aber ungeäugeten Nymphen. (Pap. Nymph. Phal.) Hr. Götze hatte ihn anfänglich zu den bunten Rundflügeln (Pap. Dan. Fest.) gezählt. Die Grundfarbe der Flügel ist oben schwarz, auf jedem Vorderflügel finden sich 2 länglichte, und auf jedem Hinterflügel ein runder weißer Fleck, der am Rande nach Art des Changeants (Pap. Iris) blau schillert. Auf der untern Seite ist die Grundfarbe aller Flügel röthlich braun, auf den vordern finden sich die beyden weißen länglichten Flecken ebenfalls, auf den hintern aber eine weiße, breite, an den Seiten mit einem schwarzen Flecken bezeichnete Binde, der äußere Rand ist mit weißen bogichten Flecken und Punkten bezeichnet. Er kommt aus Indien. (Gr.)

Bolle, das männliche Rind. Siehe Ochse.

Bollen-

---

1) *Linn.* Syst. nat. Tom. I. P. 2. p. 781. n. 188. Müllers Uebersetz. V. Th. 1 B. S. 614. n. 188. Onomat. hist. nat. P. 6. p. 38. *Fabricii* Syst. Ent. p. 507. n. 269. *Drury* illust. of nat. hist. Vol. I. p. 26. t. 14. f. 1. 2. *Cramer* Pap. exot. VI. p. 102. t. 65. f. E. F. *Sebae* Thes. IV. t. 25. f. 15. 16. p. 31. *Goetze* Ent. Beitr. III. Th. I. B. p. 224. n. 93. p. 330. n. 188.

**Bollenbeißer, Bärenbeißer.** Siehe Hunde.

**Bologneser Hund,** Canis meliteus. Siehe Hunde.

**Bologneser Spath.** S. Bononischer Spath.

**Bologneser Stein.** S. Bononischer Spath.

**Bolus, Bolarthon, Eisenthon, Fetthon, Siegelerde,** Argilla Bolus Linn. et Wall. Schwed. Bolus. Engl. Bole. Franz. Terre bolaire. Es ist eine feine, feste, fette, im Munde gleichsam zerschmelzende, stark an die Zunge klebende Thonart verschiedener Farben, deren unterscheidenstes Kennzeichen ein ziemlicher Eisenhalt ist, daher sie auch im Feuer verglaset. Erhärtet bricht er gewöhnlich muschlig. Die Grade seiner Erhärtung sind sehr verschieden, von erdigen Thon, bis nahe zum Jaspiß und Eisenerz. Den Eisenhalt zeigt er theils schon durch seine Farben, mehr noch im Glühen durch die entstehende rothe oder schwarze Farbe, durch das Verschlacken, durch Königswasser, Blutlauge, u. s. f. Thon ohne Eisen ist kein Bolus, eben so ist Thon, der mit Säuren brauset, kalkschüssiger Thon oder Mergel, nicht Bolus.

Vor diesem schrieb man den feinern Bolusarten herzstärkende, gifttreibende und andre Kräfte zu. Ein Ort, dessen Bolus in dieser Art in Ruf kam, schlemte und formirte ihn als kleine Kuchen, die, damit kein Betrug vorgehen möchte, mit einem Stämpel oder Siegel bezeichnet wurden. So entstanden schlesische, böhmische, persische, türkische, und überhaupt eine Mannigfaltigkeit Siegelerden, die aber nach und nach als nicht bloß unnütze, sondern schädliche innerliche Arzeneyen so ziemlich aus dem Gebrauch gekommen sind.

Mehrentheils nutzt man die Bolusarten jetzo nur als gute Thonarten, zu verschiedenen Töpferwaaren, besonders zu dem braunen Jaspisporzellain, welches sich schleifen läßt, und in New Kastle und auch in Sachsen von den Porzellainmanufacturen gemacht wird, auch weil er als Masse feine Abdrücke annimmt und behält, zu mancherley Dosen, Pfeifenköpfen u. s. f., zum Beschlagen chemischer Gefäße, beym Treiben der Mineralsäuren, theils auch als Anstrichfarben u. s. f.

Bolus ist zwar keine ganz gemeine, aber in Ländern mit Thonflötzen, besonders mit Vulkanen, eine ziemlich häufige Thonart, in und mit andern Thonarten. Die verschiedenen Grade der Verhärtung von loser Erde bis zum Jaspiß und zu den harten Eisenthonerten, verschaffen ihm oft andere Namen, mit einer Kruste des Bolus. Außer Eisen hält er selten andere Metalle, doch bey Schemniz in Ungarn Schwefelkies, bey Kapnik in Siebenbürgen gediegen Silber ꝛc. Auf der Insul Elba im toskanischen Meer findet man oft in einer Eisenstuffe den Bolus von Thon zu Eisenerz, in andern vom Bolus zu Jaspiß in allen Stuffen erhärtet.

Die Abarten des Bolus werden gewöhnlich nach den Farben unterschieden, als:

**Bolus, blaulicher,** Bolus caerulea L.

Blaugrauen Bolus gräbt man in Schlesien bey Tarnowitz und Kostuchna, bey Pappenheim, in Italien an vielen Orten, in Schweden in Westmannland, wo einiger bis 40 in 100 Eisen hält, u. s. f.

— — **brauner,** in Sachsen bey Schneeberg und Schwarzburg, im Würtenbergschen bey Sulz, auf der

der Insul Elba, in Arabien, woher er ehedem als Terra sigillata arabica kam.

**Bolus, gelber. Bergbutter,** Bolus flava L. et Wall. Axungia Solis. Er ist von strohgelb bis bräunlich gelb. Man findet ihn in Sachsen, Schlesien, wo der bey Strigau die strigauische Siegelerde, welche schon in der Mitte des 16ten Jahrhunderts in großen Ruf war, gab; in Ungarn bey Neusohl, in Frankreich bey Blois, in Italien bey Vulkanen, in Schweden in Westmannland und Nerike u. s. f. Im Feuer wird er erst roth, dann braun, endlich schwarz.

— — **grauer,** Bolus cinerea L. et Wall. Axungia Lunae. In Schwaben bey Memmingen, in Schlesien bey Lignitz und Goldbach, wo er gesiegelt wird, in Schweden bey Grenze, auf der Insul Maltha, wo er Siegelerde ist.

— — **grüner und grünlicher. Grüne Erde.** Bolus viridis L. Argilla mineralis viridis Wall. **Franz.** Terre verde. Sie ist heller und dunkler, oft von frischer, reiner Farbe, und hat eine gute Anstrichfarbe. Im Glühen wird sie braun und denn vom Magnet gezogen, vom Kupfer aber zeigt sie keine Spur. Sie zeigt auch gar keine Kalkerde, daher man sie zwar nicht immer durchs Auge, aber durch leichte Proben vom **Berggrün,** s. d. Wort und **Kupferocher,** und von der grünen Kreide, s. **Kreide, grüne,** unterscheidet.

Man hat ihn in Schlesien bey Kosemiz, Grache und Krumhügel, in Schweden bey Grenze, Norberke, in Westmanland, in Frankreich, in Italien bey Verona, in Rußland bey Olonezt und Kasan an der Wolga u. f.

— — **rother, röthlicher, braunrother.** Bolus rubra W. et L. Bolus armena. Der röthliche ist theils

theils nur fleischfarben, theils gelbroth, wie der so genannte armenische, theils dunkelroth, wie der gemeine rothe Bolus der Apotheker, theils braunroth wie der Röthel. Diesen theilen einige Mineralogen zum Bolus, andere zum verhö theils Eisenocher, also zu Eisenerzen. Er ist meistentheils am meisten; der weiche nehmlich ist zwar harte, doch weniger bindend als Bolus, der harte kommt oft Blutstein nahe. S. Röthel.

Man gräbt rothen Bolus, blassen und dunkeln im Würtenbergschen und bey Nürnberg an mehr Orten; in Sachsen, eben so in Böhmen, auch in der Schweitz, in Italien an mehr Orten, auf Maltha, in Frankreich bey Blois, in England in Kumberland, in Ungarn, in Schweden, in Sibirien in Daurien. Der armenische Bolus, nehmlich der von der Farbe des armenischen, wird schon lange nicht mehr aus der Türkey genommen, da man ihn an viel nähern Orten nicht sparsam findet.

Spanien hat eine Siegelerde, die Buccartische genennt wird, und dem amerikanischen Bolus ganz ähnlich ist. Sie wird als Küchelchen gesiegelt, und fast wider alle Krankheiten gebraucht. Man macht auch Krüge von derselben, die den Getränken, die darinn stehen, Heilkräfte mittheilen sollen.

**Bolus, schwarzer und schwärzlicher,** Bolus nigra W. et L. Den man in Schieferbrüchen bey Oberhast und Meyringen in der Schweitz findet, hatte die Farbe meistens vom Bergharz, und ist also unrein.

Nach Hrn. Gmelin ist die schwarze so genannte Sommererde in den schweitzerischen Krystallgruben ein schwarzer Bolus, wenigstens ist es ein feiner, weich an-

anzufühlender Thon. In demselben wachsen die Krystallen.

**Bolus, weißer. Bergtalg.** Bolus alba Wall. et Linn. Er ist bald schmutzig, bald sehr weiß, gewöhnlich fetter als der weiße Pfeifenthon; sein unterscheidend Merkmahl aber ist, daß er von einem Eisenhalt im Glühen braun werden muß, dagegen der gemeine weiße Thon von Eisen frey ist. An vielen Orten zählte man den weißen Bolus zu den gesiegelten Erden. Die gewöhnliche Verkäufliche ist geschlemmt, und als zylinderförmige Stücke gebildet. Man hat weißen Bolus, z. B. in Sachsen bey Schneeberg, in Mähren, Böhmen, in Schlesien bey Strigau, wo man ihn siegelte, in der Schweiz, in Kärnthen und Siebenbürgen, in Italien, auf Maltha, wo er Siegelerde ist, in Armenien, wo er auch gesiegelt wird.

Einen weißen wie Asbest streifigen Bolus nennet man in Italien Calamita bianca. Ferb.

(Ge)

**Bom,** m) der Name einer großen Schlange, welche eine Art von Geschrey macht, wodurch man von ihrer Annäherung Nachricht erhält, wiewohl sie nichts schädliches hat. (P.)

**Bomuchel, Dorsch.** Siehe Kabeljau.

**Bonasia. Die Sienalemische gelbe Krummbinde.** Papilio Bonasia. n) Ein Tagvogel aus dem Geschlechte der Langflügel. (Pap. Heliconii) Der Leib schwarz, an den Seiten des Bauchs gelb punktirt. Die

m) Allgem. Reis. zu W. u. zu L. 16 Th. S. 274.

n) *Fabricii* Syst. Ent. p 464. n. 96. *Goetze* Entom. Beitr. III. Th. I. B. p. 111. n. 13.

Die Vorderflügel länglich braungelb, eine krumme gelbe Binde gehet durch alle Flügel, und an den Spitzen befindet sich noch ein gelber Strich, unten sind sie einfarbig. Die Hinterflügel oben ebenfalls braungelb, in der Mitte mit einer breiten gelben Binde, einige kurze Striche am Hinterrande, unten mit weißen Flecken und vielen weißen Randflecken, auch schwarzen Punkten bestreut.

(Gr.)

**Bonasus.** Siehe unter Ochse.

**Bonduc.** Siehe Schusserbaum.

**Bonetfisch.** o) Dieser Fisch gehört unter die Makrellen, und erhält seinen deutschen Namen von dem spanischen p) Bonito, Bonitto, Bonitos, nicht aber aus dem französischen, wie Statius Müller vorgibt. Er hält sich am häufigsten unter den Wendecirkeln auf, woselbst er den Ostindienfahrern allemahl vorkommt, so wie rings um Madera, um das grüne Vorgebürge, die canarischen Inseln, und um die Küste von Guinea. Brünnich hat ihn auch um Marseille angetroffen, daselbst er unter dem Namen Pelamede bekannt ist. Nach dem Herrn Archiater von Linné mache er sich durch sieben kleine, unten an dem Schwanze

---

o) *Scomb r Pelamis*, pinnulis inferioribus septem, corpore lineis utrinque quatuor nigris. *Linn.* Syst. Nat. ed. nov. *Gmel.* T. I. P. III. n. 2. p. 13,0. Der Bonetfisch Müll. N. S. 4 Th. p. 259. n. 2. Osbecks Reise nach China, p. 67. Löflings Reise n. d. span Länd. p. 102? *Brünnich* ichthyol. massil. n. 85. p. 68. *Salvian.* aqu. an. hist. fig. 38. p. 123. Allgem. Reisen 3. Wass. u 3. Land rc. 4 Band. p. 179. 279. 511. 579. Portlocks u. Dixons Reise um die Welt rc. p. 33.

p) Von dem spanischen Worte *bonito*, schön.

Schwanze sitzende Flossen, und durch einen auf beyden Seiten mit vier schwarzen Streifen gezeichneten Körper kennbar. Nach Brünnichs Beschreibung ist der Körper dieses Fisches verlängert, nicht aber eigentlich zusammengedrückt. Der Kopf ist spitzig. Der Mund zieht sich nicht zurück. Die Kinnladen haben spitzige Zähne. Eine gleichbreite Queerritze befindet sich von jedem Auge, und von diesen die Nasenöfnung in einer Entfernung von anderthalb Zollen. Die Brustflossen sind klein, dreyeckicht. Die Bauchflossen liegen feste an der Bauchhöhle. Die auf dem Rücken befindliche Furche wird völlig von der stachlichten Vorderflosse eingenommen. Die Hinterflosse besteht aus funfzehn Strahlen, von welchen die beyden letztern sehr zusammengesetzt und gleichsam büschelförmig sind. Eben so sind auch die übrigen Bastardflossen beschaffen, von welchen man acht oberhalb und sieben unterhalb des Schwanzes zählt. An den Afterflossen stehen auch die letzten Strahlen büschelförmig bey einander. Die Schwanzflosse ist mondförmig, und gleichfalls an ihren mittlern Strahlen büschelförmig. Der Schwanz selbst ist an den Seiten kielförmig. Von Farbe ist dieser Fisch silber-, und am Rücken schwarzblau mit einigem Silberglanze. Oberhalb der Seitenlinie zeigen sich fünf bis sechs dunkelfarbige schwarze Streifen, die gegen den Schwanz zu schief laufen, und von welchen die hintern an Größe stufenweise abnehmen. Die Ringe der Augen sind silberfarbig. Seine Größe beträgt anderthalb Schuh. Osbeck, der ihn, wie es scheint, indeß doch in seinem mehr eigenthümlichen Vaterlande angetroffen hat, theilt uns, wo nicht eine genauere, doch um ihn völlig kennbar zu machen, etwas weitläufigere Beschreibung mit, die ich, weil ihn der um diese Geschöpfe so verdienstvolle Herr D. Bloch

noch

noch nicht angeführt hat, und es uns übrigens an zuverläßigen Nachrichten über diesen Fisch mangelt, hier mit anzufügen für nothwendig halte. — Die Rückenfloßfeder hat funfzehn oder vierzehn, die Brustfloßfedern sieben, und die Afterfloßfeder vierzehn Strahlen. Die Schwanzfloßfeder ist groß, zweyspaltig, und hat sechs und zwanzig Strahlen. Der Kopf ist zusammengedrückt. Der Leib ist an den Seiten mehr erhoben als platt. Der Bauch fällt weniger ins Runde als der Rücken. Das Maul ist groß, oder vielmehr der Rachen sehr weit. Die untere Kinnbacke ist die längste. Der Vorkopf läuft spitzig zu. Die Augen sind mittlerer Größe, sitzen an den Seiten des Kopfs, und sind rundlicht, schief silberglänzend. Die Kieferdecken bestehen aus zween ganzen Scheiden. Die Deckhaut (Membrana branchiostega) ist sechsstrahlicht, bedeckt, die obersten Strahlen sind sehr lang, und die untersten sehr kurz. Die Zähne sitzen in den Kinnladen in einer Reihe; sie sind zugespitzt und sehr zahlreich. Die Zunge ist keilförmig, an den Seiten mit einer erhobenen Haut. Die Seitenlinie ist gebogen, sie nähert sich nach dem Kopfe dem Rücken mehr, und ist auch daselbst weit dicker. Die Schuppen sind sehr klein, und stehen ganz einzeln. Die Farbe des Bauchs ist bis an die Seitenlinie silberfarben, an jeder Seite laufen der Länge nach vier schwärzlichte Linien. Der Rücken ist bläulicht und wenig erhoben. Die Seitenanhänge des Schwanzes sind dünne. Die erste Rückenfloßfeder vom Kopfe bis zur zweyten Floßfeder hat funfzehn harte von einander entfernte Strahlen, von denen sich die zehn hintersten nach dem Tode des Fisches gemeiniglich in eine Rückenfurche legen. Die zwote Rückenfloßfeder besteht aus zehn bis vierzehn weichen Strahlen, welche an den Seiten mit knorp-

lichten

lichten, kaum zu unterscheidenden Blättchen bedeckt sind. Die Brustfloßfedern haben einen elliptisch-oval-lanzettförmigen Umriß; sie sitzen mitten an den Seiten, und haben acht und zwanzig an der Spitze getheilte Strahlen, davon die untersten die kürzesten sind. Die Bauchfloßfedern sind lang, mit sieben ästigen Strahlen, die am Grunde fest zusammen gewachsen sind; die innern sind die kürzesten. Die Afterfloßfeder sitzet dem Schwanze ein wenig näher als die Rückenfloßfeder, mit welcher sie von einerley Größe und Beschaffenheit ist, und hat vierzehn kaum von einander zu unterscheidende Strahlen. Die Bauch- und Afterfloßfedern sind, so wie die folgenden kleinen weichern, an den Seiten mit einer knorplichten Haut umgeben. Unterhalb der beyden Rückenfloßfedern sind noch acht, und unten vom After zum Schwanze sieben kleine Floßfedern mit verschiedenen kleinen Strahlen. Der Schwanz ist gabelförmig, sehr ausgebreitet, aus sechs und zwanzig Strahlen zusammengesetzt. Die Bauch- und Brustfloßfedern stehen dem Anfange der Rückenfloßfeder gerade gegen über, und haben mit den ersten Strahlen der ersten Rückenfloßfeder beynahe eine Länge. Die Schwimmblase sitzet am Rückgrad und ist lang. Das Herz ist tetraedrisch. Der Bauch länglicht rund. In und nach dem Tode zittert der Fisch sehr. Die Länge desselben ist kaum zwey Fuß. q) Ich habe viele derselben untersuchen können, und in allen gefunden, daß die erste Rückenfloßfeder das beste Unterscheidungsmerkmahl ist.

Löfling.

q) Nach Statius Müller werde er gemeiniglich drey bis vier Schuhe lang. A. a. O.

Löfling gedenkt unsers Bonetfisches, ohne denselben weitläufig zu beschreiben, und berichtet nur, denselben mit der Albikore gefangen zu haben. Auch er bemerkt, (was vor kurzem einer unsrer vorzüglichsten Naturforscher, Herr Prof. Forster in Halle anzumerken vor gut fand,) daß die Bonite, oder unsre Bonetmakrele samt der Albikore vom Artedi (syn. p. 49. n. 2, in der löflingischen Reise ist es ein Druckfehler, wenn es 94 statt 49 steht) mit dem Thunfisch (Scomber Thynnus L.) sey verwechselt worden, welchen Vorwurf man auch dem seel. Linné machen muß, der dieses Synonym bey dem Thunfisch ungetrennt anführte. Indeß verwechselt doch Löfling bald darauf wieder die Albikore mit der Bonite.

Der Bonetfisch wird gegessen, wiewohl er sehr trockenes Fleisch hat, das nach andern doch schmackhaft und

---

r) P. 33. heißt es im Texte: den 24sten theilte man unter die Schifsleute Weinessig aus. Vorzüglich diente er auch zu Bereitung der Fische, deren sehr viele gefangen wurden; z. B. Boniten, Albikoren, Goldkarpfen 2c. Von diesen (sagt H. P. Forster in der Note; Fischen ist noch etwas zu erinnern. Die Boniten und Albikoren gehören beyde zum Makrelengeschlecht Die Bonitmakrele ist Linnés Scomber Pelamis. Allein die Albikore ist ebenfalls eine Makrelenart, die aber vom Ritter Linné mit dem Thunfisch verwechselt wird. Die Bonite hat auf der Seite schwarze Streifen längs dem Bauche, die der Albikore fehlen. Die Bonite ist rund, und hat kleine Brustflossen. Die Albikore hingegen hat zusammengedrückte glatte Seiten und lange Brustflossen. Der Thunfisch ist aber ein großer Fisch, und sein halbmondförmiger schmaler, aber sehr gewölbter großer Schwanz zeichnet ihn von den beyden vorigen aus. Die Albikore sollte also Scomber albicans heißen, und eine neue Art ausmachen. u. s. w. Portlock u. Dixons Reise um die Welt 2c. Berlin 1790. p. 33.

und nahrhaft ist, nach andern aber, s) schädlich zu essen seyn soll, weil man plötzlich davon sterbe. Man fängt ihn mit Harpunen oder mit Hamen, nicht selten aber nach Osbecks Erzählung auch auf folgende Art: man stecket einen kleinen, von Bley oder Zinn gegossenen Fisch auf einer grossen Angel, daran setzet man die Spitzen von zwo Federn gegen einander über; damit er einem fliegenden Fisch noch ähnlicher werde, bringt man auch statt der Schwanzfloßfedern ein paar Federn an. An dem Kopfe des nachgeahmten fliegenden Fisches befestiget man die Schnüre. Der Fischer fährt alsdann mittelst einer Angelruthe entweder von dem Bogspriete, oder einem andern Orte des Schiffes mit dem Fische über dem Wasser hin und her, bis der Bonet anbeißt. — Auch sucht man sie noch auf eine andre Art, wenn man weiße Lappen an eine gekrümmte Angel hängt, zu täuschen; sie springen dann wohl zehn bis zwölf Schuh hoch über das Wasser herum, und glauben fliegende Fische zu haschen, deren geschworne Feinde sie sind, uud die ihren Nachstellungen durch den Flug zu entgehen suchen. Sie schwimmen gern um die Schiffe herum, und sind bey übeln Wetter am leichtesten zu fangen. An Ufern halten sie sich selten auf. — Der Bonetfisch und der Schwerdtfisch sind die beyden Arten von Fischen, die von den Schwarzen verehrt werden, vor welchen sie auch so viel Ehrfurcht haben, daß sie selbige nie vorsetzlich fangen.

Auch mehrere von dem eigentlichen Bonetfisch ganz verschiedene Fische werden Bonite genennt, wie aus



s) Allgem. Reisen. 4 Th. p. 579. Wahrscheinlich ist aber dieser Bonitto ein anderer, von dem unsrigen verschiedener Fisch.

aus dem angeführten erhellet; und Klein (Miss. V. §. 9. n. 9.) hat daher vollkommen recht, wenn er in die Aeusserung ausbricht: quot autores, tot figuras variantes habemus piscium, qui vocantur *Boniti*.

(P.)

Bonifaciuspfennige, Nummi sancti Bonifacii, werden in Thüringen und einigen Kabinetten kleine, platte, runde Bilsteine, theils Arten von Trochiten genannt, die nach dem Aberglauben des gemeinen Mannes ehedem Goldmünzen waren. Als im 8ten Jahrhundert nehmlich der Apostel der Thüringer von den Friesen erschlagen ward, und viele Christen wieder Heiden wurden, mußten sie sichs gefallen lassen, daß ihr Geld Stein ward.

(Ge.)

Bonitto, wird in Merolla Reise nach Brasilien, ein so großer Fisch als der Laternenfisch genannt. Er ist schön gelb und grau. Wenn man ihn ißt, soll man plötzlich davon sterben, daher die Fischer ihn wegwerfen. Allg. Reis. IV. 579. Schaupl. d. Nat. I. 908. (O.)

Bonni, in Egypten führt Richter bloß unter den Fischen dem Nahmen nach an. (O.)

Bononiersperling. So nennt Halle einen Vogel, der nach Aldrovand von gelblicher Farbe ist, und lange braune Flecken, besonders auf dem Rücken hat. Der Schnabel ist roth, der Regenbogen gelb. Der Schwanz und Flügel schwärzlich, die Enden der Schwungfedern weiß, die Schenkel gelbroth. Halle, 381. a. (O.)

Bononischer Gipsspath. Siehe das Folgende.

Bononischer Spath, Bologneser Spath, Bononischer und Bologneser Stein, leuchtender oder phosphoreszirender Stein, Gypsum spathosum semipellucidum Wall. Muria phosphorea L. Lapis bononiensis. Phosphorus mineralis. Lapis luciferus bononiensis. Spongia solis. Marmor metallicum Cronst. Franz. Pierre de Bologne. Ital. Liteosphoro. Ruß. Bolonskoi Schpat. Ob zwar alle diese Namen dem bononischen Spath gegeben werden, so bezeichnen doch auch einige zugleich andre Steinarten, Flußspath, Schwerspath u. a. Die Namen mit Bononien oder Bologne sind die sichersten; der beste wäre bononischer Gipsspath.

Er ist eine Art des schweren Gipsspathes, welchen man in mehr oder weniger gerundeten, länglichen, auch unförmigen, bisweilen zerbrochenen Stücken, von Größe einer Haselnuß bis eines Enteneyes, als Geschiebe an und in Gipsbergen in Italien, im Toskanischen, besonders bey Bologna im Berge Paterno, in den Thälern Voncheglia, Pradelbino und mehr Orten der Gegend; außer dem Toskanischen aber bisher nur noch in der Schweitz zwischen Meerlingen und Brintz sehr sparsam findet, daher er selbst in Bologna pfundweise verkauft wird. Sie liegen meistens auf und an der Oberfläche als Geschiebe, und werden vom Regen hervor gewaschen.

Der bononische Gipsspath ist weiß, gräulich, grau, auch gelblich, in dünnen Stücken durchscheinend, schwer, so daß er sich zum Wasser wie 4500 zu 1000 verhält; weicher als verwandte Spathe; im

Bruche meist, besonders gegen die Oberfläche etwas blättrig, in der Mitte wie aus dem Mittelpunkt strahlig oder fadenhaft, nicht selten feinkörnig oder erdigt. Der reine, besonders von Metallen freye, wird vom Sonnenschein im Finstern schwächer oder stärker leuchtend. Diese merkwürdige Eigenschaft bemerkte der bolognesische Schuster Vinzenio Cascariolo, der sein Wesen mit der Alchemie hatte, 1604 zuerst. Dadurch ward er ein Gegenstand der Naturforscher und Scheidekünstler, des Grafen Marsigli, der ihn in den Commeut. Bononiens. 1711 beschrieb, Menzels (Act Nat. Cur.) Lemery's (Mem. de Paris) u. m. a.; in neuerer Zeit Potts u. a., besonders Marggrafs, der ihn genau untersuchte, (D. Ch. Schrift. II. 113. 135.) u. a. m.

In mäßiger Kalzination zerspringt er, und wird mürber, in stärkerer brennet er zu Gips; nach dem Kalziniren äussert er einen widrigen Schwefelgeruch. In der trocknen Destillation giebt er ein wenig Wasser. Ueberhaupt beweiset er sich als ein Gipsspath. Seine wesentliche Bestandtheile sind Kalkerde mit Vitriolsäure gesätigt, denen aber öfter fremde Dinge, Eisen, andere Erden, Kies eingemischt sind, wovon es kömmt, daß er die Eigenschaft des Leuchtens in so ungleichen Maas, und wenn er Eisen enthält, gar nicht besitzt, ja sie sogar durch das Zerpulvern in metallenen Mörseln verliert. Nach Bergmann enthielten 100 Theile Bononischer Leuchtspath 84 Kalk- und andere Erde, 13 Vitriolsäure, 3 Wasser, und einiger auch 1 bis 2 Eisen. Einiger sammlet nicht mehr Licht, als daß man es in völliger Finsterniß nur kaum bemerkt; der stärkste leuchtet wie glühende Kohlen röthlich, weiß, blaulich, gelb. Die Kunst hat gefunden, daß man sein Leuchten sehr verstärken könne.

Die

Die vorzüglichsten Bemerkungen in Absicht des Leuchtens sind:

Wenn man den bononischen Leuchtspath nur 2 Minuten in Sonnenschein, oder auch nur an Tageslicht legt, so leuchtet er gleich hernach etwan 4 Min.; liegt er 4 Min. am Tage oder der Sonne, so leuchtet er 18 Min., denn aber hat er alles Licht zerstreut, doch sammlet er es so oft wieder, als man ihn an den Tag oder die Sonne legt. Es ist hierbey und bey allem Lichtsammlen erforderlich, daß er in ofner Luft liege. Unter einer Glasglocke, in zwölffach Pappier gewickelt, in dichten oder undurchsichtigen Gefäßen, und überhaupt eingeschlossen, sammlet er im Verhältniß des mehrern Ausschlusses der freyen Luft und des Tageslichts weniger, theils gar kein Licht. Sonnenschein und Tageslicht ohne Sonnenschein würken gleich. In der Demmerungszeit kann er wenig Licht sammlen. Der Mondschein macht ihn nach einigen wenig, nach andern gar nicht leuchtend. Schließt man ihn, aus dem Sonnenschein oder Tageslicht genommen, in ein festes, kleines Gefäß, etwan zwischen Baumwolle, und legt ihn, ohne sein Licht zerstreuen zu lassen, abermahl an die Sonne oder den Tag, so leuchtet er hernach, gleichsam als mit Licht mehr gesätigt, weit stärker. So wie er nun an ofner Luft Licht sammlet, zeigt ers, zerstreuet es auch nur an ofner Luft, sowohl am Tage als im Finstern; sein Licht verzehrt sich nach und nach völlig. Es bleibt aber, wenn man ihn wider die Luft schützt, etwan in weiten hermetisch verschlossenen Glasröhren, oder in engen dichten Kapseln in Baumwolle, oder worin es sey, festgewickelt, Monathe, ja bey den starken wohlbewahrten bis 3 Jahre. In großen und undichten Kapseln zerstreuet er sein Licht nach und nach, sammlet aber neues, so bald man ihn an ofnen Tag oder in Sonnenschein bringt; und so kann dieses immerfort währen.

Auch bey künstlicher Wärme, Licht und Hitze sammlet er Licht, und zeigt es im Finstern. Er wird, freylich nur schwach, aber sehr sichtbar leuchtend, wenn man ihn von Lichtern oder Lampen bescheinen läßt. Das geschieht auch, wenn man ihn bloß auf einen warmen Ofen legt. Stärker leuchtend wird er durch eine halbstündige Kalzination in Kohlen. Beym Sammlen, Behalten und Mittheilen des gesammleten künstlichen Lichts ist in Absicht der Luft alles wie beym Sonnenlicht. Vom Kalziniren in einem verschlossenen Tiegel wird er nicht leuchtend; dieses zu erhalten, muß das Glühen in ofnen Kohlenfeuer geschehen. Die stärksten leuchtenden Spathe theilen ihr Licht den lichtleeren eben so wenig, als der Mond mit; sie scheinen das Licht unmittelbar, und wie aus der ersten Hand zu verlangen.

**Lemery** lehrte schon das Leuchten des bononischen Gipsspathes durch Kunst zu verstärken; **Marggraf** aber hat den Prozeß sehr erleichtert und verbessert. Nach ihm glühet man reine bologneser Steine von etwas blättrigen Gefüge in einem erdenen Tiegel und zerreibt sie denn in einer Glasschale, (nicht in einem Metallmörser) (S. vorh.) Das Mehl macht man mit Tragakantschleim aus 1 Th. Tragakant und 7 Th. warmen Wasser zu einer Masse, und aus dieser Scheiben, Sterne oder andere Bilder, die nicht dicker als ein Messerrücken seyn dürfen, und trocknet sie erst gelinde und denn stark. In einem Windofen bedeckt man eine Schicht glühender Kohlen mit einer Schicht kalter von Walnußgröße, legt die Figuren darauf, und überschüttet sie mit ähnlichen kalten Kohlen reichlich. Sie erhitzen dadurch allmählig, glühen denn, und

und bleiben nach verzehrten Kohlen auf dem Rost buntfleckig nach. Nach Säuberung von Asche hebt man sie in einer Kapsel zwischen Baumwolle auf, welches sogleich, und ehe sie ihr Licht zerstreuen, geschehen muß. Zerpulvert man alle, macht sie von neuen mit Tragakant zur Masse, und glühet sie eben so, so leuchten sie nachher viel stärker, so daß man bey einigen lesen kann. Beym zeigen nimmt man eine nach der andern heraus, und bey guter Verwahrung kann man sich auf 2 bis 3 Jahre versehen. Die lichtleeren sammlet man und glühet sie, so wie sie sind, wieder, da sie denn so gut wie von erster Kalzination leuchten. (**Marggr.** Ch. Schr.)

Auch einige andere **reine** Gips-, besonders schwere Spathe leuchten bey ähnlicher Behandlung wie der Bologneser. **Menzel** brachte schon den Federgips auf eine der Markgrafschen ähnliche Art zum leuchten; (Act. Nat. Cur. V.) und **Marggraf** zeigte, daß bey einer ähnlichen Behandlung auch der Selenit lichtmagnet sey; u. s. f. nur leuchten sie schwächer. **Marggraf** ist auch hierinn weiter und so weit gegangen, daß er leuchtenden Gipsspath selbst machte. Er lößte Kalksteine in Salpeter- oder Salzsäure auf, füllete sie mit Vitriolsäure, süßte den gefallenen Gips aus, machte aus demselben mit Tragakant eine Masse, kurz, er verfuhr völlig wie mit dem Bologneserspath, und erhielt eben solche Lichtmagneten.

In der Erklärung dieser Erscheinungen stimmen die Naturforscher nicht sehr überein. Die Vitriolsäure des Spathes macht mit dem Brennlichen der Kohlen eine Art Schwefel; die freye Kalkerde mag wohl viele Licht- und Feuertheile aufnehmen, und sie denn wieder an die Luft zerstreuen.

Ohne die Aufmerksamkeit des chemischen Schusters würde man vom bononischen Stein keinen andern Gebrauch als vom Selenit wissen. Daß er die Petuntse, deren sich die Chineser zum Porzellain bedienen sollen, sey, dünkt mehrern unwahrscheinlich.

Außer dem bononischen Gipsspath haben mehrere Steinarten die Eigenschaft des leuchtens. M. S. die Wörter **Flußspath, Leuchtstein,** auch **Blende.**

(Ge.)

**Bontie,** Bontia. Eine Gattung Bäume von den antillischen Inseln, nach einem um die Kenntniß der indischen Gewächse sehr verdienten Manne genannt. Ihre Blumen haben einen in fünf Stücke getheilten Kelch, vier Staubfäden, wovon zween länger als die übrigen sind, und einen Staubweg. Ihre Krone ist in zwo Lippen getheilt, wovon die untere umgerollt, und wieder in zwey Stücke getheilt ist; ihre Beeren sind eyrund mit einer schiefen Spitze, und enthalten nur einen gefalteten Samen. Man kennt bisher nur eine Art.

— — **daphneartige, wilde Olive aus Barbados,** Bontia daphnoides. Sie ist auf den antillischen Inseln zu Hause, wächst daselbst sehr geschwind, behält beständig grünes Laub, und taugt da sehr gut zu Hecken; ihre Blätter stehen abwechselnd bald auf dieser, denn auf der andern Seite der Zweige, und sind schmal, ganz wenig gekerbt, und etwas glänzend; ihre Blumen sitzen jede auf einem eigenen Stiele. In Europa muß sie immer im Glashause seyn, und kann entweder aus abgeschnittenen Zweigen, oder aus Samen gezogen werden; die erstere setzt man im Sommer in Töpfe, die mit leichter, fetter Erde angefüllt sind, und in ein mäßig warmes Mistbeet gegraben werden, begießt

begießt sie nachher, und erhält sie, bis sie Wurzeln haben, im Schatten, den letztern säet man zu Anfang des Frühlings in ein Mistbeet, setzt die Pflanzen, wenn sie aufgegangen sind, jede in einen besondern kleinen Topf, der mit leichter Erde angefüllt ist, und in ein mäßig warmes Lohbeet gegraben wird, begießt sie fleißig, hält sie, bis sie Wurzeln gefaßt haben, im Schatten, läßt sie bey warmem Wetter genug Luft geniessen, ohne sie an die freye Luft zu setzen, begießt sie auch dabey öfters, und stellt sie im Winter in ein Glashaus, wo sie denn mäßige Wärme und weniges Wasser haben müssen. a) (Gm.)

Boope, Baops. Ist nach Chomel ein Fisch von der Größe des spanischen Thunfisches, sein Fett wie Speck beschaffen, und er wird, wie die Meerbutten, zerschnitten und eingesalzen. N. Schaupl. I. 509. Hiernach scheinet dieser Fisch zu den Makrelen, wegen Aehnlichkeit des Namens aber zu dem Boops oder Meerbrachsen zu gehören. (O.)

Boot (Conchyl.) Schifsboot. Unser seel. Martini hat uns im zweyten Bande dieses Naturlexikons S. 407. bey dem Namen Ammonshörner, auf den Artikel Posthörner; im dritten Bande hingegen, S. 180. bey dem Namen Argonauten, auf Papier-Nautilus und Schifsboote verwiesen; zum Beweise, daß er die Worte nicht im Linnäischen Sinn unter Nau-

a) Bontia. Linné sp. pl. 2. S. 890. n. 1. Bontia arborescens, thymelaeae facie. Plumier gen. S. 32. Bontia foliis alternis, pedunculis unifloris. Linné syst. veget. ed 14. S. 579. n. 1. Bontia laureolae facie. Dillen. hort. elth. 57. t. 49. f. 57. Olea sylvestris barbadensis, folio angusto pingui, leviter crenato. *Rai* dendr. 47.

Nautilus fassen, sondern die Boote von den Ammonshörnern trennen werde. Das that er auch in seiner Conchyliologie, und legt mir dadurch die Pflicht auf, von den Booten in einem eignen Artikel zu handeln. Da man aber die Boote in dickschalige und dünnschalige, oder in Boote mit Kammer und ohne Zwischenkammer abtheilet, so will ich dieser Abtheilung hier folgen.

## I. Dickschaalige Boote oder vielkammerige Schifsboote.

Der dickschalige sowohl, als der dünne sogenannte Papiernautilus sind von jeher den Naturforschern bekannt gewesen, sogar den ältesten unter ihnen, welches sich aus dem Plinius, u) Aelian, v) und Aristoteles x) leicht erweisen läßt. Plinius, wenn er an dem ersten Orte von dem Nautilus, den er auch den Pompilus nennt, sagt, daß er, wenn er auf der Meeresfläche seegeln wolle, zuvor alles Wasser durch eine Röhre ablaufen lasse; so meynt er unsern dickschaaligen Nautilus, dessen Art zu schiffen er genau beschreibt. Eben dies erzählt Aelian fast wörtlich, und meynet also eben diesen dickschaaligen Nautilus. Am andern Orte gedenket Plinius aus dem Mucian, daß es eine wie ein Boot gekehlte Muschel mit gebogenen Hinter=

u) Plinius Hist. nat. Lib. IX. Cap. 29. 30. nach Müller 47. 49 S. 274 275. nach Großens Uebersetzung im dritten Bande S. 44. 47.

v) Aelian de natura animalium. Lib. IX. Cap. 34. nach Herrn Schneiders Ausg. S. 294 und in der beygefügten Uebersetzung S. 122. Herr Schneider glaubt, Aelian meine den Papiernautilus.

x) Hist. animal. Lib. IV. Cap. 2. Martini Conchylienk. Th. I. S. 201. Anm. d.

Hinter- und gespitzten Vordertheile gebe, in die sich ein der Sepia ähnliches Thier setze, um sich auf eine eigne Art zu vergnügen. Er meynet hier zuverläßig den Papiernautilus, weil in diesem das Thier frey sitzt, welches beym dickschaligen Boot mit seiner Schale verbunden ist. Auf diesen gedoppelten Umstand zielt auch Aristoteles, wenn er der einen Art eine geribbte Schaale beylegt, an welcher das Thier nicht befestiget ist, von der andern aber sagt, daß das Thier an der Schaale fest sitze, und nie ganz aus derselben herauskomme; zum Beweise, daß er beyde Hauptarten genau genug gekannt habe. Wenn also der dickschalige Nautilus unter die Conchylien gehört, die von jeher den Naturforschern bekannt waren, so darf man sich über die Menge von Namen y) gar nicht wundern, welche er in verschiedenen Sprachen er-

y) Er heißt bey den Deutschen der Schiffkuttel, Fahrkuttel, das Schifchen, Schifsboot das dickschaalige Boot, das Schifferchen, die Perlschnecke, das Perlenmutterhorn, die Perlenmutterschnecke die Porcellanschnecke, der Papageyenschnabel, die Papedaschnecke. Bey den Lateinern, *Nautilus pompilius* Linn. Nauta, Nautilus, Nauticus, Nauplius, Ovum polypi, Polypus testaceus, Pompilius, Concha margaritifera, Cochlea margaritifera, Navicula, Cochlea indica, Porcellana gallis, Nautili carina tabulata Fauconerii, Murrhinus nautilus. Bey den Franzosen, Le gros Nautile, Le Voilier, Nautile à cloisons, Coquille de Porcellaine, grosse Coquille de Nacre de perles, Nautile fort. Bey den Holländern, Parl-Slakken, Parlemoer-hoorns, Koquille, Coquilie, Papedo-hoorn, Schippers. Bey den Engländern, Thick Sail-Shell; Great Chambered Sailor. Bey den Griechen, Ναυτιλος, Ναυτικος, ᾠὸν πολυποδος, Ναυτης, Θαλάμης πουκταποδιον Bey den Amboinensern Kika Lapia, Krang Modang. Bey den Indianern Chancha, und bey den Malejern, Bia Papeda, Bia Cojin, Krang Mordang. Martini l. c. S. 204. f.

erhalten hat. Es war dies zugleich Beweiß von der Achtung, die man dieser Conchylie von jeher erzeigte, die um ihres treflichen innern Perlmutterglanzes willen nur schlechthin die Conchylie hieß, ein Name, den sie indeß nicht ganz verdient, weil wir mehrere Conchylien haben, die eben so farbenreich sind als der Nautilus, und ihn zum Theil wohl gar noch übertreffen.

Unser dickschaliges Boot hat solche wesentliche Kennzeichen an sich, daß man es leicht von den dünnschaligen Booten, und von andern Conchylien unterscheiden kann. Nach dem System unsers **Martini** z) bestimmter, in dem zweyten Abschnitte der zweyten Ordnung, die zweyte Gattung des zweyten Geschlechtes, er nennet sie flache in sich selbst oder um sich selbst gewundene, dickschalige, mit Zwischenkammern versehene Schalen, und giebt ihm folgende wesentliche Kennzeichen: „die Figur der dickschaligen und vielkammerigen Schifsboote ist rund und gewölbt. Die rohe Schale bestehet gleichsam aus drey über einander liegenden Rinden. Die äußerste sieht erdfarbig grau aus, sie ist ungleich, schmutzig, und hat hin und wieder feine Risse. Wenn man diese mit einiger Mühe und Vorsicht abgenommen, so erscheint eine glatte weißliche Rinde, die am Kiel und an den Seitenwänden mit gelben, orangenfarbigen oder rothbraunen Flammen geziert, am eingerollten Hintertheil aber stahlfarbig oder schwarz, und unterwärts silberfarbig ist. Unter dieser liegt die feine, perlenmutterartige Rinde, von welcher die vorige nur mit großer Mühe abgeschliffen werden kann. Die innre Fläche

z) Conchylienk. Th. I. S. 229. 230. Dessen systematische Tabelle, auf der andern Seite, oben. Dessen Verzeichniß, Berlin 1773. S. 88.

Fläche des Horns ist perlmutterartig, glänzend, und bey veränderten Lagen so vielfarbig wiederscheinend als der schönste Opal. Die Windungen, die den hintern Theil des Schifchens ausmachen, sind zwischen den Seitenwänden (an den mehresten Beyspielen) ganz verborgen, in sich selbst gerollt, inwendig aber alle in regelmäßige Kammern abgetheilt, die vermittelst eines engen Canals, den man die Nervenröhre, oder den Luft- und Wasserkanal nennet, eine genaue Gemeinschaft mit einander haben. Der Rücken oder der Kiel ist rund und glatt, er macht mit den Seitenwänden ein unterbrochenes Ganzes aus, hat also keine hervortretenden Zacken, dergleichen man an den dünnschaligen Booten findet.

Den innern Bau dieses vielkammerigen Gehäuses kann man am besten an aufgeschnittenen Beyspielen a) kennen lernen. Die Beschreibung unsers Martini ist so genau und vollständig, daß ich kaum einen Gedanken hinzu zu setzen weiß. Aber abkürzen will ich seine Erzählung.

Der Eingang zur hohlen Nervenröhre (Sipho, Siphunculus) welche durch alle Windungen bis zur End-

a) Dergleichen aufgeschnittene Beyspiele haben abgebildet: Aldrovand de Testac. Lib. III. Cap. IV. fig. 5. 6. Jonston de exsanguib. tab. 10. fig. 3. Bonanni Recreat. und Mus. Kircher. Class. I. fig. 2. Hook posthum. Works. p. 306. tab. 2. fig. 1. Rumph amboin Raritätenk. tab. 17. fig. B. Breyn de polythal. tab. 1. Gualtieri Ind. Testar. tab. 17. b. und Tab. 18. Gere monatl. Belust. tab. 1. fig. 2. Leßer Testaceotheol. fig. 12. Knorr Deliciae tab. B. I. fig. 1. Knorr Vergnüg. Th. I. fig. ar Chemnitz Beytr. zur Testaceotheol. Martini Conchylienk. Th. I. S. 226 und tab. 19. fig. 165. von Martini Mus. Caes. Vind. Test. p. 142. fig. a. Lochner Mus. Besler. tab. 19. fig. 5.

Endspitze mit gleichmäßigen Absätzen fortgehet, und unter allen eine genaue Gemeinschaft unterhält, ist das erste, was man nahe am eingerollten Schnabel erblickt. Diese Nervenröhre liegt im Mittelpuncte der Schnecke, und hier behauptet **Breyn**, b) daß die ganze Nervenröhre mit der übrigen Schale von gleicher Substanz, aber fein und zerbrechlich sey. **Gualtieri** aber behauptet, daß sie aus zweyerley Substanz, aus einer schaligen und knorplichen bestehe. Wo nemlich in jeder Kammer ein schaliger Ringel aufhört, da folgt ein knorplicher Fortsatz des Thiers, wahrscheinlich der Verletzung dieses Kanals dadurch vorzubeugen. Die Kammern oder Zwischenkammern, (Thalami, Les cloisons) werden durch die Scheidewände (Sepimenta, Diaphragmata) die nach der innern Seite eingedrückt, oder auswendig concav, nach jener aber convex und glatt sind, gebildet. Solcher Kammern zählet **Bonanni** mehr als dreyßig, **Breyn** vierzig, und **Schynroet** beym **Rumph** funfzig; ich kann aber an meinem Beyspiele, das doch 7 Zoll im Durchschnitt hält, und also nicht klein ist, nicht mehr als höchstens sieben und zwanzig Concamerationen zählen, die nach dem Mittelpuncte zu immer enger und kleiner werden. Sie sind, wie die Mündung, perlenmutterartig, und ein solches durchschnittenes Boot ist eine große Pracht. Wahrscheinlich richtet sich die Anzahl der Kammern nach der Größe und dem Alter, vieleicht auch nach den Bedürfnissen, der Nahrung und der Gesundheit des Thiers; welches, wie leicht zu begreifen, in dem vordern leeren Theile der Schale wohnt, durch einen fleischichten Theil aber, der durch den Sipho hindurch geht, mit der ganzen Schale verbunden ist, also daß dieses

b) De polythalam. p. 15. §. 34.

dieses Thier außer seiner Schale nicht gedacht werden kann. Ueber den Nutzen der Nervenröhre und der Kammern haben die Gelehrten nicht einerley Meynung. Bonanni c) widerlegt diejenigen gründlich, welche glaubten, daß sich der Bewohner bisweilen zu seiner Sicherheit durch diesen engen Kanal bis in die engsten Kammern zurück ziehe, was doch schlechterdings unmöglich ist. Breyn d) legt diesem Kanal einen gedoppelten Zweck bey. Der eine sey, einen weichen Fortsatz, oder den Schwanz des Bewohners, wodurch er an seiner Schale befestiget wird, bis in die letzte Kammer zu begleiten: der andre, durch eben diesen Kanal Luft und Wasser aus einer Kammer in die andre zu leiten und wieder heraus zu lassen. Das letzte hat schon Hook behauptet. Ein Ungenannter e) hat dies bezweifelt. Er glaubt die biegsame und elastische Nervenröhre sey, nach den Bedürfnissen des Bewohners, einer willkührlichen Zusammenziehung in einen engern Kanal, und einer eben so nöthigen Ausdehnung fähig; vieleicht habe sie bey diesem Thier eben den Nutzen und Mechanismus, als bey den Fischen die Schwimmblasen. Denn vermittelst einer solchen Zusammenziehung und Ausdehnung des weichen Theils der Nervenröhre kann die Luft auf einmal in allen Kammern gleichförmig vertheilt und nach Gutbefinden des Bewohners bald eingelassen und wieder ausgepumpt werden. Das Thier mag nun aus dem Wasser in die Höhe steigen, oder wieder auf den Grund sinken

c) Recreat. p. 89. Mus. Kircher. p. 435.

d) De polythal. p. 16. §. 35. Hook philosoph. experiments and observations p. 306.

e) Gentlemans Magazin for Jan. 1752. Conf. Comment. Lips. Vol. I. p. 504. f.

sinken wollen, so kann es durch Hülfe dieses Sipho die Schwere der Schale vermehren oder vermindern, wie es will.

Breyn f) beweiset das Eindringen des Wassers durch die angeschossenen Saltzkrystallen, die er bey durchschnittenen Schalen an den Wänden der Kammern entdeckte. Der erwähnte Ungenannte meynt aber, daß man in diesem Falle nothwendig auch andre Unreinigkeiten der See in den geöfneten Kammern entdecken müsse, die aber noch Niemand gefunden habe. Auch Gualtieri behauptet dieses, und Martini vermuthet, daß dergleichen Salzkrystallen nur in den Kammern solcher Schalen gefunden würden, die schon lange leer gelegen haben, und daher mit salzigen Seewasser erfüllt waren. Sonst entdeckte Gualtieri an einer durchschnittenen Schale am innern Winkel jeder Scheidewand die Spur einer Oefnung, welche nach vorne zu hohl, gegen den Mittelpunct aber convex, und selbst für bewafnete Augen nirgends offen war, ob es gleich einem Loche sehr ähnlich sahe. Die Bestimmung dieser kleinen undurchbohrten Höhlungen ist ihm indessen ganz unbekannt. Sonst hat noch der obige Ungenannte angemerkt, daß man kaum zwey durchschnittene Boote antreffen würde, die sich in Rücksicht auf die innern Abtheilungen völlig gleich wären.

Das

f) De polythal. p. 12. §. 21. Die Beobachtung des Breyn beweiset doch wenigstens die Möglichkeit, die man auch an denn wenn Beyspielen findet. Denn wo könnte eine fremde Materie zwischen die Zwischenkammern kommen, und sie ammernn, wenn es nicht durch Hülfe dieses Kanals geschähe.

Das Thier, welches das dickschalige Boot bewohnt, hat Rumph schlecht genug abgebildet, eine bessere Abbildung zwar versprochen, aber nie geliefert. Seine Beschreibung ist indessen ausführlich und gut. Dieser Kuttelfisch, den er mit mehrern seiner Vorgänger für einen Vielfuß hält, hat eine Form, die sich nach der Figur der Schale richtet, welche er aber, wenn er sich zusammen ziehet, nicht ganz ausfüllt. Der etwas ausgehöhlte Hintertheil des Körpers stehet der Windung gerade gegen über, der obere Theil, der beym kriechenden Seilfisch den untern ausmacht, ist flach und etwas höckerig, knorplicht, gerunzelt, röthlich oder hellbraun, mit einigen schwarzen Flecken bezeichnet. Der untere nach dem Kiel gerichtete Theil, der beym Fortkriechen des Thiers oben zu stehen kommt, ist ebenfalls knorplich, doch etwas weicher als der obere, und mit sehr vielen Warzen besetzt. Zwischen beyden siehet man am vordersten Theil einen Klumpen mit unzähligen Füßchen, die mit unterschiedenen Lappen an einander gesetzt sind, und auf beyden Seiten den Mund bedecken. Jeder Lappen gleicht der Hand eines Kindes. Der äußere und größte vertheilt sich in 20 Füßchen; jedes ist ½ Finger lang, einen Strohhalm dick, rund, glatt, vorne etwas breit, wie ein flacher Riemen. Der zweyte und dritte Lappen liegen gerade unter dem äußersten. Sie sind jeder in 6 Finger abgetheilt, und unter ihnen kommen, bis nach dem Mund hin, noch kleinere mit kürzern Fingern zum

L 2 Vor=

g) Rumph amboin. Raritätenk. Tab. XVII. fig. B. und nachgestochen in Argenville Zoomorphose tab. 2. fig. 1. und Martini Conchylienk. Th. I. Vignette 9. S. 222 Die Beschreibung des Thiers, die Argenville S 22 und Martini S. 223. wiederhohlen, stehet in der holländischen Ausgabe des Rumphs S. 60. und in der deutschen, S. 6.

Vorschein. Alle diese Finger kann das Thier nach Gutbefinden ausstrecken und einziehen. Sie dienen ihm statt der Füße, um darauf fortzukriechen; und statt der Hände oder Fänger, um damit den Raub zu ergreifen und zum Munde zu bringen. Der Mund ist wie der Schnabel des sogenannten Cakeduvogels, oder wie an der sogenannten Seekatze, am obern Theil groß und krumm, an den Seiten aber ein wenig gekerbt. Der untere Theil ist klein, und liegt in dem obern verborgen. Der ganze Mund ist beinhart, schwarz und bläulich wie Indigo. Hinterwärts umgiebt ihn ein weißer, ziemlich harter, fleischiger Ring, worunter noch ein ander Fell liegt, das beynahe den ganzen Schnabel bedeckt. Eben dieser Schnabel liegt noch überdies unter einem gewissen Schleim, auch unter den beschriebenen Füßen und Fängern so tief verborgen, daß man nicht ehe etwas davon sehen kann, bis man sie von einander ziehet. Unter dem Schnabel hat das Thier, wie andre Seekatzen, eine halbrunde zusammengerollte Pfeife, die aus einem weißen Fleische bestehet. In dieser liegt etwas verborgen, das einer Zunge ähnlich siehet. Man bemerkt aber keine deutliche Oefnung, die in den Leib geht, ob es gleich eben der Kanal ist, wodurch die Seekatzen ihr schwarzes Blut auswerfen. Die Augen stehen an der Seite, doch etwas mehr nach dem Kiel hin gerichtet. Sie haben die Größe eines Nabels ohne merkliche Augäpfel. Man entdeckt an deren Stelle ein Loch, und inwendig sind sie mit einem schwarzbraunen Blut angefüllt. Vom hintersten Theil des Leibes, welcher gegen die erste Scheidewand des Gehäuses anliegt, geht eine Ader oder Schwanz durch alle Oefnungen der Nervenröhre, oder durch ihre schalichten Ringe bis an den Mittelpunct der vielkammerichten Gewinde. Hier ist die einzige Stelle, wo dieses Thier an seiner Schale festsitzt.

sitzt. Wenn man es heraus ziehen will, so leistet es nur einen geringen Widerstand.

Die Schifferkunst des dickschaligen Boots beschreibt (Heve h) also: „Bey guten Wetter schiffen diese Schnecken in starker Gesellschaft gleichsam flottenweise auf der See umher, da sie in ihren Schiffen, deren Kiel im Wasser geht, auf den Rücken liegen, den Kopf in die Höhe gerichtet haben, mit zween Füßen, eine dazwischen gewachsene Haut, die ihnen zum Seegel dient, ausspannen, und mit ihren etwas platten Vorderfüßen rudern. Wenn sie den Kopf, ihren Segel und die Ruder einziehen, und mit ihren vorerwähnten Lappen sich schließen, schöpfen sie Wasser, wenden sich um, und gehen nach dem Grunde, da sie auf dem Bauche kriechen, und ihr Gehäuse auf dem Rücken tragen. Wenn sie wieder in die Höhe gehen wollen, entlasten sie ihre Kammern vom Wasser, und bringen Luft hinein, da denn der Kiel zuerst über dem Wasser zum Vorschein kommt, bis sie sich wenden und ihre Fahrt anstellen."

Die mehreste Zeit bringen sie indessen auf dem Grunde des Meeres zu, und gerathen daselbst bisweilen in die Fischkörbe, wodurch sie gefangen und heraufgezogen werden. Da sie in ihrer Schale nur eine geringe Befestigung und auch keinen Deckel haben, so werden sie den Krabben, Seehunden und Krokodillen leicht zum Raube. Ihr Fleisch ist härter und schwerer zu verdauen, als am dünnschaligen Kuttelfisch, doch wird es bey den Indianern zur Speise gebraucht.



h) Monatliche Belustig. S. 10. verglichen mit Plüche Schauplatz der Nat. Th. III. S. 267.

Ich wende mich nun zur Beschreibung der hieher gehörigen Beyspiele.

**Boot, das dickschalige, das dickschalige braunroth geflammte Schifsboot mit Kammern.** i) Nach

i) Plinius, Aelian und Aristoteles locis supra allegatis. Bellonius aquatil. Cochlea margaritifera. Rondeletius Testac. p. 97. Aldrovand de Testac. Lib. 3. Cap. 3. p. 87. Jonston de exsang. p. 30. tab. 10. fig. 3. 4. Nautilus. Gesner nomencl. p. 251. Lister Hist. Conchyl. tab. 550. fig. 3. Nautilus magnus, fasciatus ipsa puppe nigra. Bonanni Recreat. Class. I. fig. 1. p. 88. Nautilus. Bonanni Mus. Kircher. p. 435. Class. I. fig. 1. Rumph amboin. Raritätenk. tab. 17. fig. A. Holländ p. 59. Nautilus major sive crassus. Bia papeda. Deutsch S. 6. 10 der große oder dicke Schifskuttel. Coquilie. Chemnitz Zusätze zum Rumph S. XXXI. der Nautilus. Das Schifboot. Die Schifkuttel. Die Perlmutter oder Perlschnecke (a colore non foetu perlato.) Valentyn Abhandl S. 3 Papedoschnecke. Papedo Hoorn, Parlemoer Hoorn. Gualtieri Ind. Testar. tab. XVII. fig. A. Nautilus major etc. Argenville Conchyl. tab. 5. fig. E. S 157 160 Schifkuttel von der großen Art. Nautilus maximus. Charleton Exercitationes. Pisces. p. 59. Nautilus. Besler Gazophyl. tab. 23. Concha margaritifera. Lochner Mus. Besler. p. 71. tab. 19. Nautilus Indicus crudus. Breyn de polythal. p. 14. Nautilus. Hebenstreit Mus. Richter. p. 297. der dickschälige *Nautilus*. Klein Method. tab. 1. fig. 1. 2. p. 2. §. 6. n. 1. Nautilus laevis major crassus. Leßer Testaceotheol. fig. XI. §. 43. a. erste Ausg. S. 123 zweyte Ausg. S 156. der andre Schifkuttel Nautilus alter Aldrov. Geve monatl Belust. tab 1. fig. 1. 2. S. 1. der große Schifkuttel Knorr Deliciae tab. B. fig. 1. Th I. S. 34. Knorr Vergnügt. Th I. tab 1. fig. 1. 2. erste Ausg. S. 1. neue Ausg. S 35 der Perlenmutter Nautilus. Martini Conchylienk. Th I S 241. tab. 18. fig. 164. das dickschalige braunroth geflammte Schifboot. Plüche Schaupl. der Nat Th III. S 267. C. D. Nautilus. *Mus* Gottwaldt. tab. 40. fig. 271. aa. S. 50. das dickschalige Schifsboot. Der

Nach Linné bestehet dieses dickschalige Boot aus einer in sich selbst gewundenen Schale, hat eine herzförmige Mundöfnung, und etwas gedrückte an einander schliessende glatte Windungen. An den gewöhnlichsten Arten dieses Bootes wird man bloß die erste Windung



---

Der große Nautilus. von Born Ind. Mus. Caes. Vind. P. I. p. 121. der (das) dicke Schifboot. von Born Mus. Caes. Vind. Test. p 142. auf der Vignette und p. 143. Gronov Zoophyl. Fasc. III. p. 281. n. 1217. *Mus Gronovianum* p. 103. p. 986. Schipper zonder Navelgat. Meine Abhandl. vom innern Bau. S. 1. 2. *Onomat.* Hist. nat. Tom. V. p. 565. f Neuer Schaupl. der Nat. Th. VI. S 75 der Perlenmutternautilus. Davila Catal. Tom. I. p. 107. n. 75. 76. Le grand Nautile des Indes. *Mus Oudaan* p. 9. n. 63. Nautile nacré. Geperlamaerde Nautilus. *Mus Leers.* p. 10. n. 69. 70. Nautile épais ou nacré. Mus. *van der Mied* p. 5. n. 79. Nautilussen met swarte staarten. *Mus. Diskoek.* p. 3. n 4. *Mus Koening.* p. 6. n. 47. 48. grand Nautille à flammes brunes. *Mus. Anonymi* p. 234 n. 42. *Mus Geversian* p. 252. n. 134-139. Nautille Chambrée. Martini Verzeichn. 1773. p. 51. n. 5. das dickschalige braungeflammte Schifsboot. Nautilus major crassus. Nautile epais à flammes brunes. Kämmerer Conchyl. in Rudolstadt S 31. n. 2. Schipper, grand Nautile flambé. Verzeichn. der Gräfl. Reuß. Plauisch. Naturaliens. S. 37. n. 203.

Linné Syst. nat. ed. X. p. 709. Sp. 233. *Nautilus Pompilius* testae apertura cordata, anfractibus contiguis obtusis laevibus. ed. XII. p. 1161. Sp. 273. *Nautilus Pompilius*, testa spirali, apertura cordata, anfractibus contiguis obtusis. *Mus Reginae* Vlr. p. 549. n. 149. Testa maxima, subrotunda, compressa, anfractibus contiguis, involutis, alba, fasciis transversis testaceis, undatis. Latus in minoribus umbilicatum, in majoribus exoletum. Dissepimenta plurima, interna, transversa, foramine pertusa. Müller Linnäisches Natursys Th. VI. S. 353. der Perlenmutter Nautilus. Linné Natursyst. des Thierr. Th II. S. 502. Meine Einleit. Th. I. S 7. 8. 9.

Anm Die in der vierten Anmerkung zu dieser Abhandlung mitgetheilten Namen dieses dickschaligen Bootes wiederhohle ich nicht.

von aussen gewahr, die übrigen sind in sich selbst eingerollt, und von aussen ganz unsichtbar. Man siehet auch keinen Nabel oder irgend eine Spur davon. Die Schale ist ziemlich stark, gewölbt, und doch dabey etwas gedrückt. Nach der Mündung zu ist die Farbe weiß, doch etwas unansehnlich, hinten aber mit braunen oder braunrothen Flammen geschmückt. Martini versichert, man müsse erst eine rohe erdfarbig graue Rinde mit Mühe und Geschicklichkeit abnehmen, ehe diese glatte Schale zum Vorschein komme, worauf queer über den runden Rücken die breiten Flammen an beyden Seitenwänden in die Höhe steigen. Am Rücken fangen sie bogenförmig und breit an, werden aber hernach immer etwas schmäler, je näher sie dem Rande der Mundöfnung kommen. Zuweilen laufen 2 bis 4 braune Bogen in eine gemeinschaftliche Flamme zusammen, und bilden dadurch unterwärts große netzförmige weiße Maschen oder Flecken, die der Schale zu einer wahren Zierde gereichen. Bey jungen Schalen sind diese Flammen am ganzen Gehäuse überall sichtbar, je älter aber und grösser die Schale wird, desto mehr verlieren sie sich nach dem Rand der Mündung zu. Man findet daher viel Boote, deren weites Vordertheil ganz weiß aussiehet, und die nur am schmalen Hintertheile und am Kiele geflammt sind. Die Mundöfnung ist herzförmig, weit, und hat einen großen leeren Raum für den Bewohner. Sie ist mit dem schönsten Perlmutter, das die mannichfaltigen Farben des Regenbogens spielt, versehen. Der innre Rand der Mundöfnung ist mit einer schwarzen Einfassung geziert, und eben eine solche oft kohlschwarze Farbe hat der hintere Theil, der in die Schale hinein gehet. Fehlt diese schwarze Einfassung, so ists entweder Beweis einer jungen unausgewachsenen Schale, oder einer verletzten Mundöfnung, der man mit der

Feile

Feile nachgeholfen hat. Noch bemerke ich, daß von außen über die Schale feine gebogene Queerstreifen laufen, die vielleicht neue Ansätze der Schale sind.

Den innern Bau des dickschaligen Boots habe ich folgendergestalt befunden und beschrieben. Die Concamerationen, von denen ich oben weitläuftiger gehandelt habe, vereinigen sich in einem gemeinschaftlichen Mittelpuncte, der auf beyden äußern Seiten verwachsen, inwendig aber hohl ist, und daher eine zwar kurze, aber hohle und gerade Spindel bildet. Die Kammern, deren Anzahl, wie ich oben bemerkt habe, verschieden angegeben wird, nehmen nur ganz unmerklich in ihrer Stärke ab. Sie sind im Mittelpuncte stark gewölbt, auf beyden Seiten aber, sonderlich auf derjenigen, die der Spindel am näheſten liegt, eingebogen und gekrümmt. Der Sipho liegt im Mittelpuncte, und hat an der ersten Kammer die Stärke einer Rabenspule, verjüngt sich aber nach und nach, bis ohngefehr zur Stärke einer feinen Stricknadel. Man kann es kaum erklären, daß dieser Sipho an versteinten Beyspielen von gleicher Größe, wohl drey- und mehrmal stärker, auch knotig seyn kann, da er an den natürlichen Beyspielen, so viel man ihrer bis jetzo aufgeschnitten hat, gerade erscheint, und höchstens einer in einander gesteckten Tute gleicht. Die ganze Conchylie hat inwendig den schönsten Perlmutterglanz. Eben so schön und farbenreich erscheint dies Boot von außen, wenn man die rothbraun geflammte Rinde behutsam abzieht. k) Nur Anfängern in der Conchyliologie darf ich es sagen, daß man aus dergleichen abgezo-



k) Wie ihn so z. B. Knorr in den Deliciis naturae selectis tab. B. fig. 2. und in den Vergnügen Th. IV. tab. 22. fig. 2. abgebildet haben.

gezogenen Beyspielen keine eignen Arten machen darf; aber eine Zierde sind sie für gute Sammlungen.

Da die mehresten Namen, die unser dickschaliges Boot führt, von einem Schiffe hergenommen sind, so findet unser Martini den Vergleich dieser kostbaren großen Schnecke, und zwischen einem Schifchen der Natur vollkommen gemäß. Man kann an ihr mit leichter Mühe alle Haupttheile eines gewöhnlichen Fahrzeuges unterscheiden. Ihr eingerollter Schnabel, oder die hervorragende verborgene Windung stellet das Hintertheil des Schiffes, (puppis) die weite herz oder eyförmige Mündung, den Vordertheil oder das Boot, und die erste Scheidewand, das Verdeck, oder vielmehr den Boden eines Schiffes ganz natürlich vor. Die im Hintertheil befindlichen verborgenen Abtheilungen sind die verschlossenen Vorrathskammern, und die kleine Oefnung der Nervenröhre an dem concaven Boden oder Schifsraum vertreten gleichsam das gemeinschaftliche Schlüsselloch zu allen hintereinander liegenden und in der Größe verhältnißweise abnehmenden Kammern.

Die natürliche Schönheit der dickschaligen Schifboote, sagt Martini l) und besonders der innern Perlmutterschale, hat den Künstlern Anlaß gegeben, allerley kostbare Gefäße, Trinkgeschirre in Silber oder Gold eingefaßt, löffel und andre Figuren daraus zu verfertigen, oder wenn an großen Stücken die bunt geflammte Oberhaut zum Theil verdorben oder abgerieben wär, solche vollends abzuschleifen. Dergleichen Schalen heißen entblößte Schifsboote, Nautili crassi decorticati, Nautiles chambrés depouillés; und unter diesen schätzt man diejenigen am höchsten, welche von

l) In seinem Conchylienk. Th. I. S. 212.

von indianischen oder europäischen Künstlern mit allerley geschnittenen oder eingeätzten Figuren, historischen Zeichnungen, Blumenwerk und andern Bildnissen gezieret sind. m) In der Leersischen Auction in Holland wurde ein dergleichen von Belkin gravirter Nautilus mit 50, und ein andrer mit 23 Gulden bezahlt, zum Beweise, in welcher Achtung dergleichen Arbeiten stehen.

So erscheint demnach unser dickschaliges Boot durch Natur und Kunst in verschiedenen Gestalten, soll man darum verschiedene Namen machen? Du Tertre nennet eine Conchylie *Burgeau*, n) der wegen seiner schwarzen Züge, die den schwarzen Kanten oder Spitzen eines ungarischen Franenzimmers ähnlich sehen, die ungarische Wittbe, wegen der mit frischem und glänzend hellem grau vermischten Silberfarbe der Papagey, und wegen der daraus geschnittenen und sehr hochgeschätzten Perlenmutterstücke *Burgaudine* genennt wird, ist nichts anders als unser Boot, wenn es groß und noch mit dem Oberkleid umgeben ist, dunkelgraue, fast schwarze Züge hat, die nach der Reinigung des

m) Abbildungen und Nachrichtrn von solchen entblößten Schifsbooten geben: Aldrovand de testac. Lib. 3. Cap. 4. fig. 4. Valentini Mus. Mus. Vol. I. tab 1. fig. 3. Vol. II. tab 35. c. 43. Besler Gazophyl. tab. 22. Lochner Mus. Besler. tab. 19. Seba Thesaur. Tom. III. tab. 84. fig. 1. 2. 3. *Mus Gottwaldt*. tab. 41. fig. 276. Hebenstreit Mus. Richter. p. 297. *Mus. Oudaan*. p. 8. n. 53. 61. Nautilles artistement gravés. *Mus. Leers*. p. 151. n. 1414. 1415. Nautiles sculptés. *Mus. Geversen*. p. 254. n. 142. 143. Nautille chambrée artistement sculptée. Linné sagt am angef. Orte: Testa pulchre pictura decorticata elaborata, praeparata ad pocula aquae potatorum orientalium.

n) Geve monatl. Belust. S. 4. Martini l. c. S. 244.

des Horns brandgelblich ausfallen, und mit dem Alter desselben eine innere höhere braunrothe Farbe annehmen.

Man findet dieses dickschalige Boot in den indianischen und afrikanischen Meeren. Sie erlangen eine Größe von 6 Zoll im Durchschnitt und drüber, und werden gern mit einigen Ducaten bezahlt. In der leersischen Auction wurde ein durchschnittenes Exemplar mit 10 fl. 10 Stüber bezahlt. Man vermißt es gleichwohl in den wenigsten Sammlungen.

Boot, das ganz kleine, weiße ungenabelte. Siehe hernach Sporn, der weiße ungenabelte.

— — das ganz kleine, weiße ungenabelte mit gezackten Rande. Siehe hernach Sporn, der weiße mit gezackten Rande.

— — das große genabelte mit sichtbaren Windungen, o) das genabelte dickschalige Schifsboot. Von dieser äußerst seltenen Conchylie kenne ich weiter kein Beyspiel, außer den in der Anmerkung angeführten, doch weiß ich, daß es mein Spengler in Kopenhagen ebenfalls besitzt. Auch haben wir außer der Argenvillischen noch keine weitere Beschreibung, denn was im Knorr steht, ist ein Müllerisches Geschwätze,

o) Lister Hist. Conchyl. tab. 551. fig. 3. a. ohne Beschreibung. Knorr Vergnüg. Th. IV. tab. 22. fig. 1. 2. S. 36. 37. die Ammonsschnecke, welche die erste Nebenart nach dem rechten Nautilo ist. Argenville Conchyl. neuste Ausgabe Tom. I. p. 726. tab. 7. fig. D. 3. grand Nautile ombiliqué. Kämmerer Conchylien in Rudolstadt. S. 31. das genabelte dickschalige Schifsboot. *Museum Geversian* p. 252. n. 141. Nautilus pompilius umbilico aperto. Nautile chambrée, à oeil ouvert. 2. Specim.

schwätze, das vieleicht die neue Ausgabe dieses vierten Theils verbessern wird. Herr Kämmerer sagt uns nur, daß sich die äußerst seltene Conchylie dem Ammonshorne nahe, indem ein Theil ihrer innern Windungen von aussen sichtbar ist, und an beyden Seiten einen weiten Nabel bildet. Das ist auch das Einzige, was dieses Boot mit dem Ammonshorne gemein hat, es wird aber um deßwillen noch kein Ammonshorn, da es, wie ich im Naturforscher p) angemerkt habe, auch Versteinerungen dieser Art giebt, an denen man auch einige der folgenden Windungen siehet. Ich habe sie daher ammonitenähnliche Nautiliten genennet. Diesen Umstand hinweg gerechnet, hat dieses Boot mit dem vorherbeschriebenen dickschaligen Boote alles gemein, und wenn es die Kostbarkeit dieser Conchylie erlaubte, sie aufzuschneiden, so würde dies der innre Bau noch mehr bestätigen. Man gesteht dies selbst im Knorr ein, daß alles nach der Bauart der Schifskuttel abgefaßt sey; allein der Mund stehe nicht so weit aus als am *Naurilo*. Wenn man indessen bedenkt, daß das im Knorr abgebildete Beyspiel, das ich gleichwohl habe müssen nachzeichnen lassen, weil das Listerische nicht illuminirt, auch in Rücksicht auf den Nabel und die sichtbaren Windungen nicht deutlich genug abgebildet ist; bloß abgezogen ist, so kann man sich leicht hinzu gedenken, daß man hier zugleich der beschädigten Mundöfnung nachgeholfen hat. Beym Lister steht die Mundöfnung weit genug, und eben so weit als am gewöhnlichen Schifskuttel vor, man sieht auch am Vordertheil der Schale die bogenförmigen Queerstreifen oder Runzeln, am Hintertheil aber die braunrothen Flammen,

p) Naturforscher I. Stück. S. 143. 144.

men, kurz, man siehet das natürlichste dickschalige Schifsboot, nur daß es sichtbare Windungen hat, und auf beyden Seiten genabelt ist. Dieser einzige Umstand scheint mir indessen noch nicht hinzureichen, dieses genabelte dickschalige Boot zu einer eignen Art zu machen, sondern ich halte beyde nur für Abänderungen einer Art. Vieleicht nur gar Anomalie —! ! wenn sich die Seitenwände der Mundöfnung aus irgend einer Ursache etwas einwärts senken, so werden die Windungen entblößt, die außerdem überdeckt würden. Ich kenne ähnliche Anomalien an verschiedenen Schnecken, gestehe aber gern ein, daß das genabelte dickschalige Boot eine seltene und kostbare Conchylie bleibe.

**Boot, das junge genabelte, das kleine genabelte Perlmutterhorn. Mart.** q) Das Gewinde der jungen

q) Lister Hist. Conchyl. tab. 550. fig. 1. Nautilus umbilicatus minor atque auriculatus dorso latiore et minus compresso. Gualtieri Ind. Testar. tab. 17. fig B. Nautilus minor et insigniter umbilicatus. Rumph Amboin. Raritätenk. holländ p. 61. deutsch. S 8. Valentyn Abhandl S. 3. 140 tab. 1. fig. 4. een kleene Papedo-hoorn of dikschaalige Gloritahoorn. Argenville Conchyl tab. 5. fig. D. F. p. 158. 160. das kleine genabelte Perlmutterhorn. Nautile umbiliqué. Breyn de polythal. tab. 2. fig. 2. p. 18. Nautilus junior. Seba [illegible] Mus. Richter. p. 269. der kleine *Nautilus*. Nautilus umbilicatus minor. Klein Method. p. 2. §. 6. n. 2. Lesser Testaceotheol. §. 43. b. erste Ausg. S. 124. neue Ausg. S 157. der genabelte Schiffkuttel Nautilus umbilicatus. Neue monatl. Bel. S. 5. tab. 2. fig. 3. Knorr Vergn. Th I. tab. 2. fig. 3. erste Ausg. S. 3 zweyte Ausg. S. 40. der durchbohrte Nautilus Mus. Gottwaldr. tab. 10. fig. 271. b. das kleine oder junge genabelte Schifsboot. Martini Conchylienk. Th I. S. 245. 246. tab. 19. fig. 166. 167. das junge genabelte Schifsboot mit Kammern.

Das

jungen Schale, sagt Herr Kämmerer, ist mit einem engen Loche durchbohrt, welches kaum eine feine Nadel durchläßt, an den beyden äußern Seiten sich mit dem Wachsthume der Conchylie etwas erweitert, und nach Vollendung desselben mit Schalenmasse verdeckt wird. Dieses, und daß beyde Schalen nur dem Alter nach verschieden sind, bestätiget sich, wenn man sie zerschneidet. In der alten Schale findet sich das von außen verwachsene Loch mitten im Gewinde wieder, in der jungen zählt man weniger Windungen, und zugleich weniger Kammern, wie sich erwarten läßt, wenn sie würklich die junge Schale seyn soll; ja man wird sogar zwischen beyden die Zahl der Windungen und Kammern, ihre zunehmende Größe, und die Größe der Schalen selbst im Verhältnisse finden.

Um dies zu bestätigen, setze ich meine Beobachtungen über den innern Bau dieses **kleinen genabelten Bootes** bey, und bitte meine Leser, den oben beschriebenen innern Bau des dickschaligen Boots zu vergleichen. Der Mittelpunct ist ganz hohl, auch von außen, aber nicht rund, sondern oben abgerundet und unten zugespitzt. Zehn Zwischenkammern machen an meinem Beyspiele, das $1\frac{1}{4}$ Zoll im Durchschnitte hält, das

Das kleine genabelte Perlmutterhorn. Meine Abhandl. über den innern Bau S. 2. das genabelte Schifsboot mit Kammern. Davila Catal. P. I. p. 107. Nautile chambré et umbiliqué. p. 117. Petit Nautile. *Mus. Oudaan.* p. 9 n. 63. Petit Nautile. Klyne geperlamoerde Nautilus. *Mus.* Geversian. p. 252. n. 136. Nautilus Pompilius minor. Nautile chambrée petite. Kämmerer Conchyl. in Rudolst. S. 31. (wo zugleich Argenville neuste Ausg. Th. I. p. 725. tab. 7. fig. D. 1. und der Name petit Nautile ombiliquée angeführt wird.) die junge Schale des dickschaligen Schifsboots. **Linné I. supr. alleg.** Nautilus Pompilius.

das ganze innre Gebäude aus, und diese haben fast durchgehends eine Stärke, und selbst die äußre Schale ist sehr schwach. Der Sipho ist nicht stärker als die feinste Stricknadel. Die hintern Windungen haben feine Queerstreifen, und in diesen verliert sich der Perlmutterglanz, der diese Schnecke schmückt, fast gänzlich.

In der That sollte dies kleine Boot nur kein Nabelloch und eine ansehnlichere Größe haben, und man würde unter diesem kleinen, und dem vorher beschriebenen großen Boote weiter keinen Unterschied finden. Ich nehme daher einen ehedem gehegten Gedanken gern zurück, daß dieses kleine Schifsboot vielleicht eine eigne Art seyn könne. Bau und Zeichnung sind sich an beyden ganz gleich, wenn man nur die Jugend vom Alter gehörig unterscheidet. Zwar giebt Rumph in der deutschen Ausgabe S. 8. vor: „daß die jungen Schifsboote, die noch nicht größer als ein Zweygroschen Stück, auswärts und inwendig einen schönen Perlenmutterglanz haben, und daß die rauhe Schale erst mit der Zeit, vornehmlich zuerst vom Vordertheil des Bodens an, darüber wachse;" allein Breyn widerspricht dem, und beruft sich auf kleine Beyspiele, die schon ihre Zeichnung haben, glaubt auch nicht ohne Grund, daß dergleichen Beyspiele, die ihre Farbenzeichnung nicht mehr haben, im Sande abgescheuert, oder durch das Scheidewasser abgezogen sind. Mein Beyspiel wenigstens hat seine Zeichnung, ob sie gleich matt und unvollständig ist, und Martini hat viele Beyspiele ganz kleiner und doch vollständig gezeichneter genabelter Schifsboote gesehen. Um sich selbst davon überzeugen zu können, habe ich das Beyspiel aus Knorr nachzeichnen lassen, welches mit der frischesten Farbenzeichnung prangt. Im Geve wird die Rumphische Meynung auch behauptet, und zugleich versi-

chert,

chert, daß das junge genabelte Boot zuerst am Kelche und dann an der Krümmung bunte Flammen ansetze, überhaupt aber gelblicher oder heller von Farbe sey, als die ältern sind. Ohne deswegen die Folge einzuräumen, gestehe ich ein, daß sich alles gerade so an meinem kleinen Beyspiele befindet, wie es Geve angiebt; der hintere Theil, wo die Windungen sind, hat auch nicht eine Spur von einer Flamme, und selbst die Einrollung ist so schwach schwarz gefärbt, daß es scheint, als wenn sie blos angelaufen sey. Auch bestätiget mein Beyspiel, die schon vor mir von dem Herrn D. Feldmann gemachte Anmerkung, daß man an den kleinsten Exemplaren feine gitterförmige Streifen bemerkt.

Noch zeichne ich aus Martini folgende Anmerkung aus: „Dû Tertre beschreibt in seiner Hist. des Antilles, Trait. IV. Chap. II. §. 5. p. 240. einen Schiffkuttel von den antillischen Inseln, eines Thalers groß, der sehr flach, in der Mündung nur eines Daumens breit, ganz dünnschalig, perlmutterfarbig, und dabey durchsichtig grün seyn soll. Leßer nennt ihn §. 43. a. p. 157. (der neuern Ausgabe) eine andre Art eines Schiffskuttels ꝛc. und giebt Fig. XIII. eine Abbildung davon mit der Einsiedlerkrabbe. Vieleicht ist dieses eben ein solcher Nautilus crassus, wovon die kleinen, wenn sie erst aus dem Wasser kommen, gar leicht bis auf die Perlmutterschale zu reinigen, und am eingerollten Schnabel nicht so dunkelfarbig, sondern grünlich grau perlenmutterartig, auch dünner als andre, und daher durchscheinend sind."

**Boot, das kleine genabelte.** Siehe vorher das junge genabelte. Zwar hat Martini an dem in der vorigen Anmerkung angeführten Orte beyde, nemlich das vorher beschriebene, und das gegenwärtige getrennt, aber wahrscheinlich gar nicht darum, als wenn er beyde für zwey besondre Arten ausgeben möchte, sondern weil es ihm auffiel, daß weder Rumph noch Argenville eines Nabellochs bey diesen kleinen Booten gedenken. Allein nicht zu gedenken, daß beyde Schriftsteller sich mehr als einer conchyliologischen Vergehung schuldig gemacht haben, so kans ja wohl möglich seyn, daß vielleicht an manchen jungen Beyspielen der Nabel früher verwächst, als an andern, welches leicht möglich ist, wenn sich der Rand der Mundöfnung etwas mehr als sonst ausbreitet; oder der kleine Nabel kann auch wohl durch fest angelegte Unreinigkeiten verdeckt worden seyn. Ich habe keinen hinlänglichen Grund gefunden beyde Beyspiele zu trennen.

**Boot, das krause** r). Nach Linné hat dieses kleine Boot eine gewundene Schale, deren Mundöfnung sich der herzförmigen Figur nähert, und dessen genau an-

r) Gualtieri Ind. Testar. tab, 19. fig. A. D. Nautilus minimus costa acutissima marginata, umbilico utrinque prominente, a centro ad circumferentiam striatus striis sinuosis inflexis, minutissime granulatus, ex fusco fulvido colore splendens. Plancus de conch. min. notis 1760. tab. I. fig. 2. D. E. F. Ledermüller mikroscop. Augenbel. tab. 8. fig. b. Ginanni Adr. tab. 14. fig. 112. Martini Conchyliens. Th. I. S. 250 tab. 20. fig. 172. 173. 174. Linné Syst. nat. ed X p. 709. Sp. [illegible]6. Nautilus crispus, testae apertura semicordata etc. ed. XII. p. 1162 sp. 275. Nautilus crispus, testa spirali, apertura semicordata, anfractibus contiguis, geniculis crenatis. Habitat in M. Mediterraneo minutus. Müller Linnäisch Naturs. Th. VI. S. 356 der Körnernautilus. Linn. Kennz. des Thierr. Th. II. S. 403. Neue Einleit. Linn. S. 10. das punctirte und mit Reifen umlegte Ammonshorn.

aneinander stoßenden Windungen mit gekerbten Schalenansätzen versehen sind. Die Windungen laufen wie beym Nautilus in die Mundöfnung hinein, und sind also von Außen nicht sichtbar. Gualtieri, der uns mit vergrößerten Abbildungen beschenkt hat, setzt noch hinzu, daß der Rücken dieses Boots scharf und gesäumt sey, daß es auf beyden Seiten einen hervortretenden Nabel habe, daß die Schale gestreift sey, daß die Streifen gebogen und mit den feinsten Körnchen besetzt sind; daraus entstund der Linnäische Name. Aufgeschnittene Beyspiele lehren, daß die Zwischenkammern nicht ganz halbmondförmig, sondern im Mittelpuncte etwas gebogen sind, und daß der Sipho im Mittelpuncte der Schale liege. Diese Conchylie ist äußerst klein, und muß mit dem Vergrößerungsglase in der Hand gesucht und beschrieben werden. Sie liegt in dem Muschelsande von Arimini, wird aber in demselben gerade nicht allzu häufig gefunden.

Boot, das mitten durchgeschnittene mit ofnen Kammern. So nennt Martini s) ein durchgeschnittenes Beyspiel vom dickschaligen Boot (Nautilus Pompilius Linn.) wovon und dessen innerm Bau ich schon oben ausführlich geredet habe.

— — der weiße ungenabelte Sporn t). Ferner



s) Martini Conchylienk. Th. I. S. 227. tab. 19. fig. 165. und Vignette 10. S. 226.

t) Gualtieri Ind. Testar. tab 19. fig. B. Nautilus minimus non umbilicatus in dorso lineis, seu sulcis inaequali intervallo signatis candidus. Plancus de Conch. min. not. tab. 1. fig. 4. Ledermüller mikroscop Augenbel. tab. 8. fig. D. Martini Conchylienk. Th. I. S. 248. tab. 19. fig.

Boot, der weiße Sporn mit gezacktem Rande u). Linné führet beyde Abänderungen in den angegebenen Zeichnungen an, bezeichnet aber in seiner Beschreibung nur die eine. Nach seiner Angabe ist die Schale des Sporns in sich selbst gewunden, der Rand der Mundöfnung ist ununterbrochen, und umschreibt also durchgängig eine gerade Linie, die Windungen schließen aneinander, und durch den Ansatz neuer Schale entstehen einige scharfe Hervorragungen. Sie sind gleichwohl nicht an allen Beyspielen zu bemerken. Aus dem Grunde beruft sich Linné auch zuerst auf Fig. C. des Gualtieri, wo diese Hervorragungen, die dem Linné auch die Veranlassung gaben, diese kleine Conchylie den Sporn zu nennen, sichtbar sind, die man bey Fig. B. nicht entdeckt. In der That findet man auch diese gedornten Sporen viel seltener, als die ungedornten; einen andern Umstand hingegen hat Linné übersehen, den man in dem Verzeichniß der Reußplauischen Naturaliensammlung zu Köstritz S. 38. angezogen findet. Daselbst werden zwey Ab-

fig. 168. 170. Verzeichn. der Reuß Plauischen Naturaliens. S. 38. n. 206. 207. Linné Syst. nat. ed. X. p. 709. Sp. 235. *Nautilus Calcar*, testae apertura lineari etc. ed. XII. p. 1162. Spec. 274. *Nautilus Calcar*, testa spirali, apertura lineari anfractibus contiguis, geniculis elevatis. Habitat in M. Adriatico, minutus. Müller Linnäisch. Natursyst. Th. VI. S. 326. der Sporn. Linné Natursyst. des Thierr. Th. II. S 503. Meine Einleit. Th. I. S. 9. 10. der Sporn.

u) Gualtieri Ind. Testar tab. 19. fig. C. Nautilus minimus non umbilicatus, costa acutissime marginata, margine tenuissimo quatuor angulis acutis veluti in mucronem emissis diviso, lineis seu sulcis inaequali intervallo signatus, candidus. Plancus de conch. min. not. 1760. tab. 1. fig. XI. Q. R. Linné ll. cc. *Nautilus Calcar.* Müller. Linné. Schröter. ll. cc.

Abänderungen dieses Sporns also auseinander gesetzt, daß der eine: der runde, glatte, regelmäßig gestreifte Nautilus, der andre aber: der runde, genabelte, einzeln gestreifte Nautilus genennt wird. Mehrere Beyspiele, die ich so eben vor mir liegend habe, würden noch zu manchen Unterabtheilungen die Veranlassung geben können, wenn dergleichen äußerst kleine Conchylien, die man nur durch Hülfe des Vergrößerungsglases aus mancherley Muschelsänden mühsam heraus suchen muß, nicht den größern allerdings nachstehen müßten. Man findet diesen Sporn nach Linné im adriatischen Meere, aber auch in dem Muschelsande zu Arimini.

## II. Dünnschalige Boote ohne Zwischenkammern.

Das sind die den Sammlern so schätzbaren, in der That aber kostbare Conchylien, welche unter einer Menge andrer Namen, x) unter den beyden Hauptnamen,



x) Sie heißen im Deutschen: Argonauten, dünnschalige Schifsboote, feine oder zarte Schifsboote, Papierschifsboote, gestreifte dünne Schifsboote, holländische Hauben, Kammertuchshauben, geribbte Galeeren, Papiernautilusse, Seenymphen, leere Schifskuttel. Im Lateinischen Argonautae, Nautilus, Nauplius, Pompilius, Carina Nautili, Pseudonautilus, Domuncula Polypi, Ovum Polypi, Cymbium, Nautes, Nautilus tenuis et legitimus, Nautilus polyposus, Monothalamius vacuus, Carina tenuis. Im Französischen Nautile de papier, Nautile papyrace, Coesse de Cambray. Im Holländischen Zeilers, Doekehuiven, Huisjes, Fyne Schippertjes, Papiere Nautiliessen. Im Englischen Paper Sailor. Im Italiänischen Moscarolo, Polpo moscardino. Im Griechischen Πομπίλος. In Amboina Kika Wawutia; und bey den Malejern Roema Gorita.

namen, der Argonauten und der Papiernautilusse bekannt genug sind, die aber einer ausführlichen Beschreibung, bey der ich vorzüglich dem Martini folge, würdig sind. Die zarten Galeeren, sagt unser Martini, y) haben eine glänzende, durchsichtige, und so feine Schale, als dünnes Pergament oder starkes Papier, daher sie auch den Namen der Papiernautilusse führen. Ihre Zerbrechlichkeit ist eine der bekanntesten Ursachen ihrer Seltenheit in deutschen Sammlungen. Von außen ist diese dünne Schale mit glatten oder knotigen Ribben, und am Rücken mit scharfen Zacken besetzt, die gemeiniglich rauchfarbig, oder dunkler als die übrige Schale und inwendig hohl sind. Eben diese dünnere Schale, und der Mangel der innren Zwischenkammern unterscheiden diese dünnen Boote von den vorherbeschriebenen dickschaligen. Die gewöhnliche Farbe der Galeeren ist weißlich, gelblich, grau oder rauchfärbig, und nur selten spielt sie bey einigen in ein wässriges Grün. Die Größe der einzeln Abänderungen und ihr Kaufpreiß sind verschieden, welches sich in der Folge wird näher bestimmen lassen. Die Haupttheile dieser dünnen Boote sind:

1) **Der Kiel**, oder der bald breitere, bald schmälere Rücken, der auf beyden Seiten durch hervorstehende hohle Zacken oder Zähne umgränzt, und gemeiniglich rauchfarbig ist.

2) **Die zwey hohen Seitenwände**, an welchen man äußerlich theils geschlängelte, theils gabelförmige, bald glatte, bald knotige Ribben erblickt, die sich am Kiele in dunkele oder schwärzliche Zacken

y) Conchylienk. Th. I. S. 200. f.

Zacken verlieren. Inwendig sind allenthalben Furchen oder Vertiefungen, wo man von außen Ribben, Knoten oder Zacken beobachtet.

3) Der eingerollte schmale Hintertheil, oder, wie es Geve nennt, die Krolle, neben welcher die Seitenwände einen glatten, oftmals gelbbraun oder röthlich gefärbten Wulst haben, der sich halbmondförmig in die Höhe krümmt, und auf beyden Seiten sich entweder in eine scharfe, zuweilen auch stumpfere Ecke, oder in einen ohrenförmigen Anhang endiget. Bey den meisten rollt sich der Hintertheil zwischen beyden Seitenwänden in sich selbst, ohne sichtbare Windung; bey wenigen, höchst seltenen Arten, die vor der Krolle noch ein plattes Verdeck und eine kurze Mündung haben, ragt derselbe wie ein kleines Widderhorn über das Verdeck hervor.

4) Der Schifsraum, oder die Mündung des Horns, welche ziemlich enge und schmal, aber sehr tief und ohne alle Abtheilungen ist, daher die ganze Schale einem einfachen tiefen Kahn mit engen Boden und schmal eingerolltem Hintertheile gleicht.

Wenn indessen das dünnschalige Boot gleich innwendig hohl ist, so hat doch die wohlthätige Natur dafür gesorgt, daß es ihm, trotz der Zartheit und Zerbrechlichkeit seiner Schale, doch nicht an hinlänglicher Festigkeit fehle. z) Die in die Mundöfnung eingerollte Windung macht keine völlige Windung aus, sondern sie ist gleichsam im Mittelpuncte wie abgeschnitten. Der auf beyden Seiten dieser eingerollten



z) Meine Abhandl. vom innern Bau S. 2, Num. 3.

Windung befindliche ausgeschweifte Saum, der im Verhältniß der dünnen Schale überaus stark ist, gehet durch die Schnecke hindurch, und die eingerollte Windung ist an diesen Saum angelegt, und an demselben gleichsam befestiget; hinter demselben aber findet man eine Vertiefung, dadurch die Schale Festigkeit und Dauer bekommt, die sie außerdem schwerlich haben könnte, und selbst dem Bewohner dienet dieser merkwürdige innre Bau dazu, daß er sich befestigen, und seine Behausung regieren kann, gesetzt auch, daß das Thier, wie die Schriftsteller fast durchgängig vorgeben, frey und ohne an der Schale befestiget zu seyn, darinne wohnet.

Die Indianer schätzen diese Schnecke sehr hoch, sagt Rumph, a) und sie halten es für ein gutes Zeichen, wenn sie dieselbe finden, daher sie auch von ihnen unter ihren Schätzen aufbewahret wird. Wenn sie nun Festtage oder öffentliche Feyerlichkeiten halten, und ihren sogenannten runden Tanz, den sie Lego Lego nennen, anstellen, so kommen ihre Weiber und zeigen solche Schnecken, und die Vortänzerinn hält sie mit der rechten Hand in die Höhe. Indessen ist es ihnen gleichgültig, wenn selbige gleich etwas gelblich oder schmutzig aussehen, oder wohl gar durchlöchert sind. Will man daher diese Schnecken ganz und ohne Fehler haben, so muß man sie für Geld und gute Worte bald von ihnen zu erholten suchen. Wenn indessen Rumph diese Schnecke sehr selten nennt, und gleichwohl ihren höchsten Werth bis auf einige und zwanzig holländische Gulden setzt, so muß man sich billig wundern, daß in der Leersischen Auction ein

a) Amboin. Raritätenk. Holländ. S. 64. Deutsch S. 13.

ein breitkieliger Rißbrey-Nautilus mit 43, und ein andrer mit 34 holländischen Gülden bezahlt werden konnte.

Das Thier, welches diese Schale bewohnet, man mag es nun außer der Schale betrachten, oder wie es auf der See seine Schifferkunst beweiset, b) sich vorstellen, hat allemahl sehr viel Merkwürdiges an sich. Ehe ich einen Auszug aus den von Martini gesammleten Nachrichten mittheile, bemerke ich, daß die unten angeführten Zeichnungen wenigstens größtentheils Nachstiche von der Rumphischen Abbildung sind, über die sich gleichwohl ein kleiner Zwist erhoben hat. c) Im geschriebenen, aber nie gedruckten Texte zu dem *Museo Gottwaldtiano* wird vorgegeben, daß die Rumphische Abbildung aus dem Gottwaldt entlehnet sey. Wenn man aber bedenkt, daß Schynvoet S. 17. der deutschen, und S. 67. der holländischen Ausgabe des Rumphs sagt: daß er von dem verstorbenen Herrn Volckerz eine Abzeichnung von dem Bewohner des dünnen Boots, wie er sich als Seegler darstellt, erhalten habe, und daß es eben diejenige sey, die in diesem Werke von ihm sey mitgetheilt worden; so wird man den Ungrund dieses Vorgebens leicht einsehen.



b) Zeichnungen geben davon: Aldrovand de Testac. Lib. 3. Cap. 3. p. 88. fig. 1. Jonston de exsang. tab. 10. fig. 1. 2. Lister Hist. Conchyl. tab. 557. fig. 7.* Rumph Amboin. Raritätenk. tab. 18. fig. 1. Valentini Muf. Museor. Tom. I. tab. 1. fig. 2. Argenville Zoomorphos. tab. 2. fig. 2. 3. *Ephemer.* Nat. Curios. Dec. II. Ann. VII. p. 8. *Mus. Gottwaldt.* tab. 40. fig. 274. Martini Conchylienk. Th. I. Vign. 7. S. 215. Vignette 8. fig. 1. S. 221.

c) Siehe meine neue Litteratur, dritter Band S. 463.

Nun zur Sache. Der Bewohner des dünnen Bootes heißt bey einigen der Kuttelfisch, der Schifferpolype, der Pilote, bey andern der achtfüßige Polypus, und nach Athenäi Bericht wurde er von den alten Fischern ἱερὸς ἰχθὺς, der heilige Fisch genennet. Die meisten Alten setzten ihn unter das Polypengeschlecht, der Ritter von Linné aber zählet ihn zu den Black- oder Kuttelfischen, und unterscheidet ihn von andern Arten durch den Namen Sepia octopodia. Der Kopf dieses Thiers ist ziemlich dicke, mit zwey großen hellen durchsichtigen Augen besetzt, und mit einem schwarzen Schnabel, wie die Cacaduschnabel, versehen. Am kurzen Leibe hangen acht Füße oder Bärte, deren Fleisch ganz weich ist. Nahe am Leibe sind sie am breitesten, und durch eine ganz zarte Haut, wie Zähne der Enten oder Gänse mit einander verbunden. Je weiter sie vom Körper abstehen, desto schmäler und spitziger laufen sie zusammen. Sie sind silberfarbig, an den Seiten mit Saugwarzen besetzt, platt wie Ruder, und zum Schwimmen dienlich. Die sechs vordersten Füße sind kurz, weiß und voller Warzen; die zwey hintersten aber die längsten. Unter diesen Bärten entdeckt man am Bauche eine weite Röhre, wodurch der Kuttelfisch das Wasser auspumpet, wenn er sich aus der Tiefe erheben will. Auf der Fläche des Unterleibes und des Rückens, welche mit einander einem Sacke ähnlich sind, findet man dunkelbraune Sternchen und Flecken. Das Thier sitzt in seinem Gehäuse gar nicht fest, es kann daher sehr leicht aus demselben heraus geschleudert, und wenn es ans Ufer geworfen wird, von den Krähen und andern Raubvögeln ohne Widerstand herausgezogen werden. Die Schale schwimmt daher nicht selten ledig auf dem Wasser. Ob indeß das Thier außer der Schale für sich selbst leben kann, ist gleichwohl noch nicht entschieden.

den. Gewiß ist es, daß Rumph einen ganz frisch aus der Schale herausgezogenen Kuttelfisch im frischesten Seewasser nicht lebendig erhalten konnte. In ihrem Leibe fand er Eyer, die aus weißen oder röthlichen Körnern bestehen, in einem Klumpen zusammen hängen, und deren jedes oben ein schwarzes Pünktchen wie ein Auge hat. D'Argenville versichert, daß diese Eyer eßbar und wohlschmeckend sind.

Das merkwürdigste an diesen Thieren ist ihre Geschicklichkeit in der Schifferkunst, die schon den Alten d) bekannt war. Auf dem Boden der See kriecht der Kuttelfisch auf der Mündung, und beym Aufsteigen aus dem Wasser kommt er mit dem Kiel der Schale zuerst in die Höhe. Hierauf kehrt er das Kiel schnell nach unten, pumpt eiligst das Wasser aus, um leichter zu schwimmen, breitet hernach seine 6 Vorderfüße wie eine Rose über das Wasser, und bedient sich der längern Hinterfüße zu Steuerrudern, und lenkt sein Boot auf solche Art nach seinem eignen Gefallen. Obgleich Rumph an den vordersten Bärten kein solch dünnes Häutchen wahrgenommen, als die Schriftsteller den Polypen des mittländischen Meeres beylegen; so hat er doch gesehen, daß eben diese Bärte in einem am Kopf befestigten häutigen Sacke liegen, welchen der Kuttelfisch mit den vordersten Armen ein wenig wie ein Seegel ausspannt. Er hält aber diese Haut zum Seegeln nicht für zureichend, sondern glaubt, daß dieser natürliche Schiffer vornemlich vermittelst der Höhlung seines Bootes fortseegle, dessen

d) Z. B. Aristoteles Hist. animal. Lib. 4. Cap. I. Plinius Hist. nat. Lib. 9. Cap. 29. Oppianus, Rondeletius de piscib. Lib. 17. Cap. 9. Jonston de exsangu. Lib. 3. Cap. I. Aldrovand de Testac. Lib. 3. Cap. 3. und mehrere.

dessen Vordertheil er in die Höhe hebt, und den Wind hineinblasen läßt. Um dieses zu bewerkstelligen, verbirgt er die größte Last seines Körpers im Hintertheil des Bootes, und streckt alsdann nur seine beyden Ruder aus, um das Schifchen zu regieren. Bey stillem Winde hingegen breitet er alle seine Blätter aus, läßt den Vordertheil des Schifs wieder sinken, und rudert ohne Seegel weiter auf dem Wasser herum. Zuweilen ergreift er mit seinem Arm allerhand im Meer schwimmende Spähne, und rudert sich damit weiter fort. Man hat auch wohl gesehen, daß die Kuttelfische sich von unten mit ihren Bärten an einem großen Baumblatte angehängt, und unter dessen Bedeckung hin und wieder geseegelt sind. Wenn ein Sturm entsteht, oder das Thier einige Nachstellungen befürchtet, zieht es geschwinde alle Bärte ein, drückt den Vordertheil der Schale nieder, daß er Wasser schöpft, und sinkt sogleich unter. Es ist diesen Thieren überhaupt sehr schwer bey zu kommen, daß es die Fischer für ein großes Glück ansehen, einen solchen Fang gethan zu haben. Sie bedienen sich der List, ihre Verfolger durch beständiges hin und wieder schiffen so lange zu täuschen, bis sie Wasser schöpfen und untertauchen können. Bey einer Windstille nach einem großen Ungewitter, erreichen die Fischer zuweilen ihre Absicht, wenn sie ganz stille gegen den Wind auf sie zurudern, und die Schnecke mit großer Geschwindigkeit unterschöpfen. Wie Athenäus aus dem Clearch berichtet, so ist es vor Zeiten sehr scharf verboten gewesen, die Fahrkuttel als heilige Fische lebendig zu fangen. Sie sind zwar eßbar und wohlschmeckend, weil sie aber nur einzeln zum Vorschein kommen, und schwer zu fangen sind, so können sie nicht einmal von den Indianern als eine gewöhnliche Kost betrachtet werden.

Ich eile nun zur Beschreibung der hieher gehörigen Arten und Abänderungen, die ich nun auch hier, die äußere Form eines Lexikons beyzubehalten, alphabetischer Folge.

**Boote, dünnschalige, die breitkielige dünne Galeere** e). Da ich hier des Papiernautilus in seinen Arten

e) Lister Hist. Conchyl. tab. 554. fig. 5. a. Nautilus striis paucioribus distinctus non auritus. Im Martini wird die Listerische Beschreibung also angegeben: Nautilus tenuis carina lata. Rumph Amboin Raritätenk. tab. XVIII, fig. B. Holländ. p. 64. Nautilus minor. De Kleene Nautilus. Deutsch S 12. der kleine Nautilus. Chemnitz Zusätze S XXXII. das dünne Schifboot. Der papierne Nautilus mit breiten Rücken Gualtieri Ind. Testar. tab. 12. fig. C. Cymbium striatum striis rotundis, raris et crassioribus, spina satis lata, bullata et serrata, fragilissimum, pellucidum, subalbido colore splendens. Argenville Conchyl tab. 5. fig. B. S 158. 160. Nautilus spina lata sulcata, et in utroque latere serrata. Hebenstreit Mus Richter. S 297. der kleine braune *Nautilus* mit wenigen abgetheilten Streifen. Klein Method. p. 3. § 7. n. 5. 6. Nautilus sulcatus sulcis raris vel rarioribus etc. Lesser Testaceotheol. §. 41. B. b. erste Ausg. S. 117. neue Ausg. S. 150 die Seenymphe. Seba Thesaur. Tom. III. p. 176. tab. 84. fig. 9. bis 12. Nautili papyracei minores. Knorr Vergn. Th I. tab. 2. fig. 2. erste Ausg S. 3. Doek heuiv. neue Ausg. S. 40. der breitkielige Papiernautilus. Le Petit Batelier. Breedkielde Papiere-Nautilus. Geve monatl. Belust tab. 2. fig. 6. 7. S. 14. 16. das Schifferchen, der ächte breitkielige Nautilus. Martini Conchylienk. Th I. S. 235. tab. 17. fig. 158. 159. die breitkielige dünne Galeere mit einzelnen glatten Ribben. Gersaint cat. rais. 1736. p. 96. n. 137. Davila Catal. Tom. I. p. 109. Nautile papyracé sans tubercules à cárene large. Kämmerer Conchyl. in Rudolstadt. S 29. B. der sich auf Argenville neuste Ausg. Tom. I. p. 711. tab. 7. fig. A. 6. beruft. von Born Ind. Mus. Caes. Vind. P. I. p. 120. β. von Born Mus. Caes. Vind. Test. p. 140. β. Gronov Zoophyl. p. 281. n. 1215. *Mus.*

Arten das erstemahl gedenke, so wird es mir erlaubt seyn, folgende allgemeine Beschreibung vorauszusetzen, weil ich dann nur bey den folgenden Abänderungen die Kennzeichen angeben darf, die eine von der andern unterscheiden. Linné giebt von seinem Argonauta Argo das einzige Unterscheidungszeichen an, daß der Kiel oder der Rücken auf beyden Seiten mit Zacken versehen ist, die sich der Ritter als Zähne gedachte. Dieser Rücken ist allemal der schmälste Theil der Conchylie, ob er gleich an einigen Beyspielen breiter, an andern schmäler ist, so wie er auch gemeiniglich eine in das Braune fallende Farbe hat, die aber nur den hintern Theil der Schale einnimmt. Das Uebrige der Schale ist weiß, und fällt zuweilen in das Gelbe. Man siehet eine einzige eingerollte Windung. Die Seitenwände sind in der Mitte am höhesten, nach der Mündung zu am weitesten, und haben geschlängelte, bald glatte, bald knotige, bald einfache, bald gabelförmige Streifen oder Ribben, die bald enger beyeinander, bald weiter voneinander stehen. Die Größe ist bey verschiednen Abänderungen verschieden.

Die

---

*Mus. Oudaan.* p. 8. n. 49. Nautile papyracé à large carène. Breedkielde papiere Nautilus. *Mus. Leers.* p. 10. n. 66. 67. *Mus. Koening.* p. 6. no. 45. 46. *Mus. Gevers.* p. 252. n. 129.

Linné Syst. nat. ed. X. p. 708. ed XII. p. 1161. Sp. 271. *Argonauta argo*, carina subdentata. Habitat in Pelago, M. Indico, Mediterraneo. Majorem inter et Minorem ex multis Speciminibus limites non attingo. *Mus. Reginae Ludov.* Ulr. p. 548. Testa maxima, fragilissima, pellucida: anfractus compressi undulato plicati, carinati serie duplici aculeorum brevissimorum. Apertura cordato oblonga, basi circulari excisa. Variat basi obtusa et acuta. Müller Linnäisch. Natursyst. Th. VI. S. 348. der Papiernautilus. Linné Natursyst. des Thierr. Th. II. S. 501. Meine Einleit. Th. I. S. 4.

Die gegenwärtige breitkielige Galeere gehöret unter diejenigen, die nur zu einer mittleren Größe steigen, und vielfältig klein vorkommen. Außer dem breiten Kiele, der diese Galeere von andern unterscheidet, siehet man auch an ihr weitläuftige, erhabene, und oben runde Ribben, die sich an beyden Seiten in dicke, ziemlich lange und stumpfe Zacken endigen, die einander nicht gerade gegenüber stehen. Inwendig sind diese Ribben und Zacken, wie an allen übrigen Abänderungen, hohl. Ihre Seiten sind nicht so stark auswärts gebogen, sondern stehen etwas gerader in die Höhe, und sind oben gemeiniglich mehr abgerundet. Das heißt, nach Lister: die Galeere hat keine Ohren. Die Farbe der Seenymphen ist weißlich, an den Zacken rauchfarbig. Bey einigen fällt sie aus dem Weißen ins Blaßgelbe, oder in das blaßröthlich wiederscheinende, bey andern ins Bräunliche. Wahrscheinlich ist auch das Gänseev des du Tertre, welches durchsichtig violblau, und oben mit einem fleischfarbigen Bande bezeichnet seyn soll, nichts anders als eine seltene Abänderung unsrer breitkieligen Galeere, wie Martini nicht ohne Grund glaubt. Die Krümmungen der Seitenwände sind nicht gesäumt. Die ganze Schale ist so dünne wie ein Blatt, ungemein zerbrechlich, und selbst im indianischen Weltmeere, als ihrem eigentlichen Vaterlande, nur selten anzutreffen. Gleichwohl wurden zwey Exemplare in der Leersischen Auction in Holland für 9 Gulden und ein andres kleineres für 8 Gulden bezahlt, wahrscheinlich, weil ihre Seltenheit verkannt wurde.

Da überhaupt alle Galeeren eine überaus dünne Schale haben; so muß ich hier eine Anmerkung des Herrn Kämmerers wiederholen f), die mir bey der Ein-

f) Conchylien in Rudolstadt. S. 30.

Einleitung über die dünnen Boote entgangen ist. „Ich nehme hier Gelegenheit, sagt er, der Meynung einiger Conchyliologen zu erwähnen, daß die Conchylien in der See wohl weich seyn möchten g), weil sich sonst eine so zarte Schale, wie der Papiernautilus hat, in der ungestümen See nicht erhalten würde, ohne zu zerbrechen. Diese Meynung scheint für die Hypothese, daß die Conchylien durch Ausdehnung wachsen, sehr vortheilhaft zu seyn, und man hat sie in dieser Absicht um so lieber angenommen. Allein sie gründet sich nicht auf die geringste Erfahrung, auch nicht auf Analogie, denn man weiß ja, daß unsre Flußconchylien keine weiche Schale haben. Sie widerspricht sich vielmehr von selbst; denn wenn zarte Schalen, die hart sind, leicht zerbrechen können, um so leichter können sie, wenn sie weich sind, zerreißen, ihre Substanz müßte denn zäh, wie Gummi elasticum, seyn. Auch würde man an den Conchylien viele Unregelmässigkeiten wahrnehmen, als Spuren, die sich von den Stößen eindrückten, welchen sie in der ungestümen See ausgesetzt wären. Und warum sollte denn die Natur ein weiches, unvermögendes Thier nicht lieber mit einer harten Schale bedecken? Die Besorgniß, daß diese, wenn sie dünn ist, leicht zerbrechen möchte, muß ganz verschwinden, wenn man nur einigermaßen die weise Einrichtung kennt, welche die Natur allenthalben zu Erhaltung ihrer Geschöpfe getroffen hat, und die sogleich aus dem Bau der Conchylien in die Augen fällt. Waß für Regeln der Baukunst sind nicht beobachtet, um diesen Gehäusen Dauerhaftigkeit zu geben, wozu insbesondere die Wölbungen dienen. Auf der andern Seite ist auch die Gefahr, welcher

g) Siehe meine Abhandlung über den innern Bau. S. 162. f.

cher die Seeconchylien ausgesetzt sind, bey weitem so groß nicht. Der Sturm kann auf dem Meer sehr wüten, ohne gewisse Tiefen zu beunruhigen. Das Thier aber, das die Geschicklichkeit hat, ein Segel zu spannen, und sein Haus zu einem Schiffe zu gebrauchen, wird gewiß auch die Vorsicht zu beobachten wissen, bey stürmischer Witterung in jenen sichern Häfen zu bleiben.

Boote, dünnschalige, die gläserne verdeckte Galeere h). Noch kennt man von dieser sonderbaren Galeere dies einzige im Argenville abgebildete Beyspiel, dessen Original sich in dem Lionetischen Kabinet zu Haag befindet. Die Feinheit und Durchsichtigkeit der Schale gab ihr den Namen, den sie führt. Die Farbe ist ganz weiß und gestrahlt, die Figur aber ist ganz besonders. Die Schale ist ganz schmal, kegelförmig, mit einem eingerollten Wirbel, der nebst der Reihe kurzer Zähne am ganzen Rücken, dieser Galeere beynahe das Ansehen einer mit Falbeln besetzten Dragonermütze ertheilet. Als Galeere betrachtet zeichnet sich diese Schale durch folgende eigenthümliche Merkmale aus. 1) Durch den rund gewölbten und in der Mitte nur mit einer einzigen Reihe von Zähnen besetzten Kiel. 2) Durch das lange, schmale und gewölbte Verdeck. 3) Durch ein sehr schmales, hervorragendes und spitzig eingerolltes Hintertheil; und 4) durch die Regelmäßigkeit der Ribbe, welche in gleicher

h) Argenville Zoomorph. tab. 10. fig. B. S. 70. der gläserne Nautilus, Nautile vitré. Martini Conchylienk. Th. I. S. 236. tab. 18. fig. 163. der weiße gläserne Nautilus von besonderer Figur. Meine Einleit. Th. I. S. 8. n. 1. die gläserne verdeckte Galeere.

cher Entfernung die ganze Schale, wie die Reife ein Faß umgeben. Einige Aehnlichkeit mit den Argonauten, besonders mit Argonauta Cymbium Linn. (Siehe hernach die kleine gestreifte Galeere) kann man dieser Conchylie nicht absprechen; allein sie hat auch so viel Eignes, daß sie billig eine eigne Art bestimmt.

Boote, dünnschalige, die kleine gestreifte Galeere i). Hin und wieder nahm auch Linne kleine und ganz kleine Conchylien in sein System auf, und zur letztern Art gehört die gegenwärtige. Sie hat, wie Linné sagt, einen gerunzelten Rücken, aber keine Zähne oder Stacheln. Eben solche Runzeln oder Falten laufen über die ganze Schale hinweg, welche durch feine in die länge herablaufende Streifen durchschnitten werden. Die feine zarte Schale ist platt gedrückt, und sie hat mehrentheils nur die Größe eines Sandkorns, daher man sie nur durch ein bewafnetes Auge betrachten kann. **Gualtieri** und **Martini** haben sie stark vergrößert abgebildet, und nun erst kann man ihren wundervollen Bau erkennen. Nach der Angabe des **Gualtieri** hat sie bald einen scharfen, bald einen gesäumten Mündungssaum, und eine weißlich graue Farbe.

---

i) Gualtieri Ind. Testar. tab. 12. fig. D. Cymbium minimum complanatum, angustum etc. Martini Conchylienk. Th. I. S. 238. tab. 18. fig. 161. 162. die ganz kleine gestreifte und gefaltete Galeere mit langem Verdeck Linne Syst. nat. ed. X. p. 709. Sp. 232. ed. XII. p. 1161. Sp. 27[illegible] *Argonauta Cymbium*, carina rugosa mutica. Habitat in M. Mediterraneo, minutus. Magnitudo vix minimae arenulae, oculo armato lustranda. Müller Lin. [illegible] Natursyst. Th. VI. S. 350. der Kahn. Linne Natursf. des Thiere. Th. II. S. 501. Meine Einleit. Th. I. S. 5. der dünne oder feine Kahn.

Farbe. Man findet sie im Mittländischen Meere, aber ihre so gar geringe Größe ist vielleicht schuld daran, daß man sie in den Sammlungen so selten antrifft.

**Boote, dünnschalige, die kleine gewafnete Galeere** k). In keinem andern Schriftsteller, sagt Martini, als im Seba, wird dieser seltenen kleinen Galeere Erwähnung gethan. Sie hat für andern ihres Geschlechts weiter nichts merkwürdiges voraus, als den langen, runden, und wurmförmig gebogenen Haken, welchen man an der einen Seite der Schale, da erblickt, wo an andern Booten die Ohren sind. Ihre Ribben und Zähne sind in der Sebaischen Figur so flüchtig angedeutet, daß man offenbar merken kann, sie sey bloß um dieses Hakens willen, der dieser Galeere mit Recht den Namen der gewafneten ertheilet, gezeichnet worden. Sie hat nur eine mittlere Größe, und ist sehr selten.

— — — — — **die kleinste Galeere aus Rimini**. Sie ist eine Entdeckung des Herrn Kunstverwalter Spenglers in Kopenhagen, und von ihm in dem ersten Bande der neuen Sammlung der königl. Gesellschaft der Wissenschaften in Kopenhagen S. 365. ff beschrieben, und in der dazu gehörigen Kupfertafel Fig. 2. a. b. c. abgebildet worden. Sie gehört unter das kleine Gut, ist nicht viel größer als die kurz vorher beschriebene kleine gestreifte Galeere, Argonauta Cymbium Linn. von der sie aber durch-



k) Seba Thesaur. Tom. III. p. 176. tab. 84. fig. 8. Martini Conchylienk Th. I. S. 238. Vignette. 8. S. 221. p. 2. die kleine seltsame gewafnete Galeere mit breitem Stiel. Linné l. c. *Argonauta Argo*. Siehe oben.

durchgängig unterschieden ist. Sie hat keine Einrollung, sondern endiget sich in eine stumpfe stark abgerollte Spitze, die einigermaßen hakenförmig ist. Der Kiel hat abgerundete Zähne, ohngefähr vier oder sechs, die Seitenwände aber haben starke, glatte, abgerundete Ribben, die von schwachen Querstreifen durchkreuzt werden. Ob diese Wände flach oder gewölbt sind? läßt sich aus der Zeichnung, die ich bloß beurtheilen kann, nicht bestimmen. Diese so kleine als merkwürdige Galeere ist im Muschelsande aus Arimini gefunden worden.

**Boote, dünnschalige, die zarte schmalkielige Galeere**, l). Die gegenwärtige Galeere, sagt Martini, gehört

l) Aristoteles Hist. animal. Lib. IV. Cap. 1. Ναυτιλος, Ναυτικος. Bellonius de aquat. p. 3?0. Nautilus, Rondeletius de piscib. p. 517. Polypi testacei prima species. Gesner nomencl. p. 192. Aldrovand de testac. Lib. III. Cap. 3. p. 87. Nautili primum genus. Calceolarius Mus. Veron. p. 36. Nautilus Latinorum. Laurentius Mus. Reg Dan. P. I. Sect. IV. n. 19. Pseudo Nautilus. Valentini Mus. Mus. Tom. II. p. 183. tab. 35. Carina Nautili. it. Tom. I. Ostindische Sendschr. p. 57. Tab. 1. fig. 1. *Ephem. Nat. Curios.* Dec. II. Ann. IV. Obs. 109. p. 210. fig. 33. Carina Nautili elegantissima. (*Citantib. Dom. Martini*)

Jonston de exsanguib. p. 39. tab. 10. fig. 7. Testa Nautili fragilis. Lister Hist. Conchyl. tab. 556. fig. 7. Nautilus maximus dense striatus auritus. Bonanni Recreat. et Mus. Kircher. Class. I. fig. 13. Nautilus sive Nauplius. Ital. Polpo Moscardino, aut Moscarolo. Rumph Amboin. Raritätenk. tab. 18. fig. A. Holländ. p. 63 67. de eigentlyke Nautilus. de groote Nautilus. Schippertje. Doekehuyf. Roema gorita. Deutsch S. 11. 17. das Schifferchen, die Kammertuchshaube. Chemnitz Zusätz S. XXXII. der dünne papierne Nautilus. Das Schifchen. Die holländische Haube. Valentyn

gehört zu denjenigen, die in ihrem Wachsthum bis zur Größe eines holländischen Huthes zunehmen.

M 3 Wegen

---

lentyn Abhandl. S. 3. Roema Gorita. Gualtieri Ind. Testar. tab. 11. fig. A. B. Cymbium maximum striatum striis crassis, rotundis et raris, aliquando dichotomis spina acuta serrata, cujus testa est valde subtilis-pellucida fragilis, et lacteo candore imbuta. it. tab. 12. fig. A. Cymbium tenue, spina acuta et serrata, striatum candidum. Argenville Conchyl. tab. 5. fig. A. S. 157. 160. Nautilus papyraceus depressus et tenuis. Nautile papyracé applati. Argenville Zoomorph. S. 23 tab. 2. fig. 2. der Papiernautilus. *Mus Gottwaldt.* tab. 40. fig. 273. S. 51. Seba Thesaur. Tom. III. p. 176. tab. 84. fig. 5. 6. 7. Hebenstreit Mus. Richter. p. 297. Domuncula Polypi. Klein Method. p. 3. §. 7. n. 1. 2. 3. tab. 1. fig. 3. wo Klein nach seiner Gewohnheit aus den 3 Abbildungen des Rumphs, Lister und Bonanni drey verschiedene Abänderungen macht. Gerson Cat. rais. p. 91. n. 122. Nautile de Papier. Geve monatl Belust p. 11. tab. 2. fig. 4. 5. Nautilus papyraceus. Olearius Gottorf. Kunstk. p. 60. tab. 32. fig. 4. Nautilus. Lochner Mus. Besler. p. 70. tab. 19 Nautilus. Lesser Testaceotheol. §. 41. B. a et Fig. VI. erste Ausg. S. 116 zweyte Ausg. S 149 das Schifchen, oder der dünne und gestreifte Schifkuttel. Knorr Vergnüg. Th I. tab. 2. fig. 1. erste Ausg. S. 2. neue Ausg. S 38. der Papiernautilus Martini Conchylienk. Th I. S. 231. tab. 17. fig. 157. die zarte, schmal kielige Galeere mit vielen, zum Theil gabelförmigen Streifen. Plüche Schaupl. der Nat. Th III. S. 267. lit. C. Gronov Zoophyl. p. 281. n. 1216. von Born Ind. Mus. Caes. Vind. p. 119. Argonauta Argo, testae rugis bifurcatis. von Born Mus. Caes. Vind. Test. p. 140. und auf der Vignette p. 139. Davila Catal. Tom. I. p. 108. n. 82. 83. 84. Nautile papyracé. *Mus. Oudaan.* p. 7. 8. n. 44. bis 48. Le grand Nautile papyracé. Smalkielde Papiere Nautilus of Doeke huiv. *Mus Leers.* p. 9. n. 59. bis 64. *Mus. Koening.* p. 6. n. 41. bis 44. *Mus. Gevers.* p. 250. n. 122. 123. 124 Nautille papyracée. Verzeichn. der Gräfl. Reuß- Plauisch. Natural. Samml. S. 36. n. 196. 197. 198. Linné l. c. *Argonauta argo.* *Mus. Regin.*

Wegen der Feinheit ihrer Schale, und der schmalen rundgebogenen Figur derselben, hat man sie mit einem alten holländischen Frauenzimmer-Aufsatz verglichen, und ihr den Namen einer holländischen oder Kammertuchshaube beygelegt. Sie hat einen ganz schmalen und schwarzbraun gezackten Kiel. Die Streifen an den Seitenwänden laufen wellenförmig, und haben gegen den Rücken oder den Rand der Mündung oft kurze Nebenzweige, oder eine gabelförmige Figur, woran man sie leicht von den andern Abänderungen unterscheiden kann. Die ganze Schale siehet entweder hornfarbig und durchsichtig aus, und schimmert zuweilen ins Grünliche; oder sie ist milchfarbig, zuweilen strohfarbig, zuweilen ganz weiß. Wenn die schmutzige Rinde, die sich im Meere an die Schale setzt, behutsam abgenommen wird, so haben diese Galeeren durchgängig einen matten Glanz. Sie fallen in dem indianischen und mittländischen Meere. Aus der Menge der Schriftsteller, die dieser Conchylie gedacht haben, sollte man schließen, daß sie sehr gemein seyn müsse. Allein es ist dem nicht also, denn diese Galeeren wurden in der Leersischen Auction in Holland, nach der Beschaffenheit ihrer Schönheit und Größe von 3 bis zu 27 Gulden bezahlt. Ihr Vorzug gründet sich vornemlich auf ihre Größe und die unschadhafte Vollständigkeit der Zacken und der Mundöfnung.

**Boote, dünnschalige, der Reißbrey-Nautilus** m). Auch diese Galeere hat ihre sichre Unterscheidungszeichen.

---

*Regin.* Lud. Ulr. l. c. Müller l. c. Meine Einleit. l. c. und tab. 1. fig. 1.

m) Rumph Amboin Raritätenk. tab. 18. fig. 1. 4. Holländ. S. 67. Deutsch S. 17. Chemnitz Zusätze zum Rumph.

chen. Der breite Kiel, oder der Rücken ist auf beyden Seiten mit langen stumpfen Zacken besetzt. Diese Zacken oder Zähne stehen aber nicht, wie sonst gewöhnlich, einander gerade gegenüber, sondern so, daß auf der einen Seite allemahl ein Zahn da zu sehen ist, wo sich auf der andern Seite der bogenförmige Zwischenraum zweyer Zähne befindet. Was aber diesen **Reißbrey-Nautilus** vorzüglich kenntlich macht, das sind **die breiten wellenförmig laufenden Ribben, die alle mit Knoten besetzt sind.** An einigen Beyspielen erscheinen diese Knoten kleiner



Rumph. S. XXXIII. eine feinere Sorte des papiernen Nautilus. Valentyn Abhandl. S. 3. der corallenartige Papiernautilus. Kraal-Gorita. Gualtieri Ind. Testar. tab. 12. fig. B. Cymbium profunde striatum, striis latis et bullatis; spina lata et serrata, candidum. Klein Method. p. 3. §. 7. n. 4. Nautilus sulcatus verrucosus in striis rectis et elatis, carinae angulis profunde serratis. Seba Thesaur. Tom. III. p. 176. tab. 84. fig. 4. Rystenbryhoorn. Knorr Vergnüg. Th. VI. tab. 31. S. 61 62. Reißbrey-Nautilus Holl. Rystenbry Nautilus. Franz. Nautile à bouillon de Ris. Martini Conchylienk. Th I. S. 230. tab. 17. fig. 156. der knotigt gestreifte Pappier Nautilus Reißbrey-Nautilus *Mus. Gottwaldt.* tab. 40. fig. 274. S 51. Nautile papyracé à tubercules. Davila Catal Tom. I. p. 109. n 88 Nautile à stries chargées de grains de Ris. Neuer Schaupl. der Nat. Th. VI S. 81. c. *Mus. Oudaan.* p 8. n 51. breedkielde Rystenbrei Nautilus. *Mus Leers* p. 9 n. 52. bis 58. Nautille papirace à tubercules. *Mus. Koening.* p. 6. n. 39. 40. *Mus. Anonymi* 1773. p. 234. n. 37. *Mus Geversi* p. 252. n. 133. Argonauta Oryzata. Nautille papiracée en grains de Ris Verzeichn. der Gräfl. Reußplauischen Naturalienf. S. 36. Num. 200. der knotigt gestreifte Pappiernautilus. Kämmerer Conchyl. in Rudolst. S. 29. 30. wo zugleich D'argenville neuste Ausg. Tom. I. p. 714. tab 7. fig. A 9. Nautile a grains de ris, angeführt wird. Linné l. c. *Argonauta Argo.*

und häufiger, an andern größer und einzelner. An einigen Beyspielen sind sie so häufig anzutreffen, daß die Schriftsteller eine Aehnlichkeit zwischen einem Reißbrey und der Oberfläche dieser Galeeren zu finden geglaubt haben. Wahrscheinlich verglich Valentyn diese Knoten mit den Corallen, vieleicht mit Corall namätzen, und nannte diese Galeere den Corall Nautilus. Gualtieri nennet sein Beyspiel weiß, das Sebaische hingegen ist gelblich, wie Pergament, und fällt an seinem eingerollten Hintertheile ins helle rothbraune. Ich habe oben angemerkt, daß an einigen Beyspielen die Knoten der Ribben kleiner und häufiger, an andern aber sparsamer und größer sind. Martini hat Lust, die ersten Reißbrey Nautilusse, die andern aber mit Valentyn Corallen-Nautilusse zu nennen. Man findet diese knotigen Galeeren am Vorgebürge der guten Hofnung und im mittländischen Meere, aber sie sind so selten, daß sie in der Leersischen Auction bis zu 43 Gulden bezahlt wurden.

**Boote, dünnschalige, der geöhrte Reißbrey-Nautilus.** n) Er unterscheidet sich von dem vorhergehenden, und überhaupt von allen Papiernautilussen, 1) durch die Weite und den ausgebogenen Rand seiner Mün-

n) Lister Hist. Conchyl. tab. 555. fig. 6. Nautilus minor auritus, magnis et eminentibus striis donatus. Klein Method. p 4. § 7. n. 7 Nautilus auritus et diductus. Argenville Conchyl tab. 5. fig. C. S. 157. 160. Nautilus auritus et latiore carina. Davila Catal. Tom. I. p. 108. n. 85. 86. Nautile des Indes papyrace à tubercules et à oreilles. Martini Conchylienk Th. I. S. 237. tab 18. fig 150. die doppelt gestreifte knotige Galeere mit Ohren. Der geöhrte Reißbrey Nautilus. Indiaansche ongemeene Rystenbrei-Nautilus met Ooren. Linné l. c. *Argonauta argo*.

Mündung. 2) Durch die ohrenförmigen Fortsätze, welche man neben dem eingerollten Ende an beyden Seiten als hohle Rinnen gewahr wird. 3) Durch die Verschiedenheit der Zähne, die am schmalen Hintertheil nur kleine stumpfe Knoten vorstellen, am Vordertheil aber immer größer, länger, und so scharf werden, als die Zähne einer großen Säge. 4) Durch die doppelten Streifen, welche hin und wieder mit Knötchen besetzt sind, und noch von andern cirkelförmigen Streifen durchkreuzt werden. Argenville sagt, daß in den Durchkreuzungspuncten der senkrechten mit den Querstreifen, Knötchen entstünden. Die inwendigen Vertiefungen der hohlen Zacken, die an dem breiten Kiel auf beyden Seiten in abwechselnder Ordnung stehen, und die Furchen von den äußern Ribben sind hier nicht zu verkennen. Der kleine Listerische geöhrte Nautilus hat in Ansehung der einzelnen Ribben etwas mit der obigen breitkieligen dünnen Galeere, die Ohren aber mit dem jetzt beschriebenen geöhrten Reißbrey Nautilus gemein, und dürfte doch wohl für eine eigne Art gelten können. Dieser geöhrte Nautilus ist sehr selten.

**Boote, dünnschalige, das sichtbar gewundene dünne Boot.** o) Nach seiner Materie, Farbe und Durchsichtigkeit ist dieser kleine Papiernautilus dem schon bekannten Papiernautilus gleich, sagt Herr Spengler, in der Gestalt aber ist er sehr von ihnen unterschieden. Seine Windungen gehen in einer Spirallinie herum, sind aber nicht in einander gerollt, wie alle



---

o) Beschäftig. der Gesellsch. Naturf. Freunde in Berl. Th. II. S. 458. f. tab. 13. fig. 3. 4. 5. das antike Trinkhorn. Meine Einleit. Th. I. S. 6. n. 2. der Papiernautilus mit sichtbaren Windungen.

alle die andern Nautili zu seyn pflegen, sondern gänzlich sichtbar, und außen vor dem Rande der Mündung. Diese macht ihrer Figur nach ein längliches Viereck aus. Vorn ist sie etwas breiter, wo sie gerade in die Höhe steigt, hinten aber am schmalern Ende beugt sie sich, gleich einer Lippe, über die andern Windungen, die sie gleichwohl nicht berührt, weil sie sämmtlich in einer abgemessenen Entfernung zierlich von einander abstehen, und sich zuletzt etwas mehr nach der einen Seitenfläche hindrehen, wo das Innerste des Wirbels hervorkömmt, auf der andern Seite hingegen in einer Vertiefung liegt. Der sonderbarste Theil dieses Nautilus ist der Rücken. Anstatt daß man bey den andern Papier-Nautilis den flachen Rücken an beyden Seiten mit Knoten oder Stacheln eingefaßt findet, ist dieser hingegen flach und ausgebogen, breit, und mit vier aufgehobenen glatten Reifen, die zwischen sich weite und in die queergestreifte Hohlkehlen bilden, gezieret. Dieser gereifte Rücken fängt sich gleich an der Mündung an, wo er sehr breit ist, läuft in seiner Spirallinie über alle Windungen verjüngt herum, und fasset die gewölbten glänzenden Seitenwände der Schnecke durch einen erhobenen Rand an jeder Seite auf das schönste ein. Diese gedachten Seitenwände sind durch alle Windungen herum mit zarten gebogenen Linien, der Breite nach, fein gestreift. Dies kleine Boot ist 5 Linien breit, und vier Linien hoch. Herr Spengler erhielt es vom Vorgebürge der guten Hofnung, und nennt es das antike Trinkhorn, weil sich die alten deutschen und nordischen Völker gern solcher Trinkgefäße bedienten, die aus den Hörnern verschiedener Thiere zubereitet waren, die sie dann mit messingenen und vergoldeten Zierrathen von außen zu schmücken pflegten, und dadurch der Gestalt dieser kleinen Schnecke ziemlich nahe kamen.

III.

## III. Unächte Boote.

Man hat noch ein Paar Conchylien, die den Namen der Boote führen, ob sie gleich mit den vorherbeschriebenen dicken und dünnschaligen Booten nicht die geringste Aehnlichkeit haben, die ich aber, um des Namens willen, hier zugleich beschreiben muß. Nemlich das Boot der Holothurier oder der Quallen, und 2) das kleine Boot.

Das Boot der Holothurien oder der Quallen, das Qualleboötchen, p) hat Argenville und Mar-

p) Fab. Columna de purpura. p. 19. 20. Cochlea Ianthina. Major de Testaceis tab. VII und dessen Dictionarium unter dem Worte Glans. Lister Hist. Conchyl. tab. 572. fig 24. Cochlea marina Ianthina Fab. Col. Rumph Amboin. Raritätenk tab. 20. fig 2. Holländ. p. 68. Carina Holothuriorum. Qualle Bootjes. Deutsch. S. 19. das Schifchen oder Boot der Holothurier. Chemnitz Zusätze S XXXVII. Qualle Bootjes. Der blaue Nautilus. Valentyn Abhandl. S 4 Gualtieri Ind. Testar. tab. 64. fig. O. Cochlea marina terrestriformis, minutissime et densissime striata, apice ad oris initium parum elato, janthina. Brown Iamaica, 399. tab. 39. fig. 2. Cochlea purpurea tenuis ore ampliore. Argenville Conchyl. tab. 6. fig. S. S. 162 165. Cochlea lunaris janthina. Die Violette. Argenville neuste Ausg. Tom. II. p. 44. tab. 64. fig. K. 1. Le Limaçon violet. Knorr Vergnüg. Th. II. tab. 30. fig. 2. 3. erste Ausg. S. 55. der blaue Nautilus, Qualle-Bootgen, das Boot der Quallen. Sie wird unter die Schwimmschnecken gezählt. neue Ausg. S. 238. Helix janthina. Limaçon papiracé en couleur de violette. Het Kwallebootje. Chemnitz fortges. Conchylienk. Th. V. S. 57. der blaue Kräusel. Martini Verzeichn. 1773. S. 125. n. 291. violette und weiße zarte Mondschnecken. von Born Ind. Mus. Caes. Vind. P. I. p. 392. f. Helix janthina. Die blaue Schnirkelschnecke. von Born Mus. Caes. Vind. Test. p. 382. Forskaels Descr.

Martini unter die Mondschnecken, Müller im Knorr unter die Schwimmschnecken, Chemnitz und Kämmerer unter die Kräusel, und Linné unter seine *Helices* gesetzt. Jeder dieser Schriftsteller kann hierzu seine Gründe haben, und ist es bey irgend einer Conchylie möglich, sie aus einem ganz verschiedenen, und vieleicht entgegen gesetzten Gesichtspuncte zu betrachten, so ist es bey der gegenwärtigen, die viel eignes an ihrem Bau hat. Nur betrachte man sie ja nicht nach den angeführten Zeichnungen, denn keine derselben entspricht der Natur vollkommen. Man nehme lieber das Original zu Hülfe; wem das aber mangeln sollte, dem will ich mit einer genauen Beschreibung zu Hülfe kommen.

Nach Linné ist die Schale des blauen Kräusels einigermaßen genabelt, etwas rund aber stumpf gebaut,

Descr. animal. p. 127. n. 75. tab. 40. fig. C. Helix janthina. Neuer Schaupl. der Nat. Th. VI. S 753. Kämmerer Conchyl. in Rudolst. S. 166. n. 28. der blaue dünnschalige Kräusel mit stumpfer Spitze. Meine Abhandl. vom innern Bau S. 62. tab. 5. fig. 1.

Linné Syst. Nat. ed. X. p. 772. Sp. 602. ed. XII. p. 1246. Sp. 689. *Helix janthina.* testa subimperforata, subrotunda, obtusa, diaphana, fragilissima, apertura postice dilatata, labro emarginato. Habitat in Europa, Asia, Africa, in M. Mediterraneo frequentior, etiam pelagica. Animalculum vivum madet sanie violacea, manus attrectantis inficiente. *Mus. Reg. Lud.* Ulr. p. 670. n. 375. Testa pellucida fragilissima, violacea 4. anfractuum, laeviuscula, glabra, transversim striata: striis medio reflexis. Spira convexa, elevata, anfractibus rotundatis. Apertura superne latior; Labio interiore replicato ut umbilicus angustissimus appareat; L. exteriore recto emarginato s. retuso. Pollice in angulum extenditur. Umbilicus nullus. Müller Linnäisch. Natursl Th. VI. S. 574 565. Quallenboot. Linné Natursl. des Thierr. Th. II. S. 565. Meine Einleit. Th. II. S. 155.

gebaut, und durchsichtig. Die Mundöfnung ist unten verlängert, und der Mündungssaum ist ausgeschnitten. Die erste Windung ist unten durch einen stumpfen Rand unterbrochen, und dieser gleichsam abgeschnittene Theil ist am stärksten blau gefärbt, und mit feinen Queerstrichen bezeichnet. Die obern drey Windungen sind gewölbt, aber stumpf, und die ganze Schnecke hat einen kräuselförmigen Bau. Die Schale ist überaus dünne, und zerbrechlich. Die Mundöfnung wird durch den Rand der ersten Windung einigermaßen dreyeckig, unten ist sie verlängert, oder sie ragt ein wenig hervor, und die Spindellefze liegt am Bauche, wie ein zartes dünnes Blättchen, welches an größern und ältern Beyspielen den Nabel fast ganz überdeckt, an jüngern und kleinern Beyspielen aber, dergleichen Linne mag vor sich gehabt haben, denselben einigermaßen offen läßt. Die ganze Schale ist blau, doch oben und unten am stärksten gefärbt. Man findet diese Schnecke von der Höhe und Breite eines Zolls, und sie wohnet in den europäischen, asiatischen, afrikanischen und mittländischen Meeren, in Ost- und Westindien, nach Valentyn in der Gegend von Manipa und Bonoa; auch auf Tranquebar und im rothen Meere ist sie zu finden.

Den innern Bau dieser Schnecke habe ich folgendermaßen gefunden und beschrieben. Den ganzen Bau der Spindel des Qualleboortchen siehet man schon von außen in der Mundöfnung an der sogenannten Spindellefze, sie ist nemlich dünne, übergeschlagen und geschlängelt. Auf diese Art drehet sie sich durch alle Windungen schlangenförmig hindurch, und weil auf diese Art die Spindel in der dritten Windung fast ganz an die Wand zur rechten Hand zu liegen

gen kam, so scheint es beym ersten Blicke, als wenn diese Windung ganz ohne Spindel wäre. Mein aufgeschnittenes Beyspiel hat nur drey Windungen, wenn wir das letzte eingedrückte Knöpfchen nicht zu einer besondern Windung machen wollen. Der ha b verdeckte Nabel dieser Schnecke, den man von außen siehet, beweiset, daß die Spindel, so zart und gedreht sie auch immer ist, inwendig gleichwohl hohl seyn müsse. Die aufgeschnittenen Windungen haben eine ovale Gestalt, doch sind sie, weil die Schnecke an ihrer ersten Windung einen etwas scharfen Rand hat, mit einem scharfen Winkel versehen, und diese Winkel machen es eben, daß die ganze Schnecke in einer etwas verschobenen Gestalt erscheinet. So dünne auch diese Schneckenschale ist, so stimmt doch die äussere Farbe mit der innern nicht ganz überein. Unten zwar am Ende der ersten Windung ist die Schnecke von außen und von innen blau, so wie das Uebrige der ersten Windung von außen und von innen weiß, und nur blau angelaufen ist; die zweyte Windung aber ist äußerlich blau, von innen aber fast ganz weiß. Die Spindel hingegen ist durchgängig violetblau gefärbt. Nach dem Spindelbau hat Linné alles für sich, daß er diese Schnecke unter seine *Helices* setzte.

Die beste und genauste Beschreibung vom Thier, das diese Conchylie bewohnt, giebt uns Forskiål q) in

q) Animal massa membranacea pellucida gaudet, qua adjuvante natat, constante bullulis vacuis inaequalibus, convexa ovata adhaerent pallio animalis. Dum extendit partem corporis anteriorem simul monstrat tentacula utrinque duo (caput enim praeditum est tentaculis quatuor recurvatis) incurvata, subulata. Color obscure viola-

in den unten angeführten Worten. Rumph sagt uns davon folgendes: das Thier ist nicht aus dem Geschlecht der Schnecken, sondern eine Art von Seewürmern (Quallen), die wie ein Glied eines Fingers in die Höhe stehen, wenn sie in der See herum schwimmen. Dieser Wurm oder Qualle ist helle, wie ein Krystall mit einem blauen Glanz, und besteht aus lauter Schleim, der nur mit einer Haut umgeben ist, und wenn man sie nur einen Tag bey sich hat, so verschwindet oder vergehet das Thier. Wenn das Thier auf der See erscheinet, so kommt es gleichsam heerweise. Das Boot liegt mit der Mündung in die Höhe, und die Qualle steht darinn wie ein Pfeiler aufgerichtet; und eine solche Floer, die oft aus tausend Schiffchen bestehet, hält sich immer beysammen. Nimmt man sie aus der See heraus, und setzt sie in eine

violaceus antrorsum et magis exterius. Omnia animalcula in eadem linea transverse sita. Prope ad marginem exteriorem testae proboscis crassa saepe incurva, mamal autem ventricosa, dum gravidum est animal et penn anserinae diametrum superat; albida violaceis puncti. basi rugosa. In ejus medio duo labia majora rufescentia, oblita pilis in lineis transversis. Inter haec duo alia sunt labia versus tentacula dimidio minora, albida glabra, rima intermedio violacea. Ianthina in vasculo aqua marina pleno viva servata, altero mane mortua, e labiis proboscidis extrusit membrum globosum apice umbilicatum, hyalinum, venis longitudinalibus violaceis. In fundo vitri parvae arenulae videbantur piniceae, quae microscopio inspectae, cochleae erant, matrem testa simulantes, non colore; corpore quoque dispari; nam ad aperturam duo vela transversa, subrotunda pilis tremulis ciliata, quibus pulli hi remigabant, quique sine dubio soboles erant majoris conchae, quum aqua aliis hospitibus non mixta fuerat. Quid? quod in multis aliis vitris postea vidi Ianthinas demittere tales conchulas matrem circumnatantes. Matricem in proboscide esse putaverim, quum alia non apparuerunt ejus vestigia.

eine Schüssel mit Wasser, so bleiben die Quallen noch wohl einen ganzen Tag aufgerichtet stehen, und geben einen schönen spielenden Glanz von sich, als ob ihre Schale mit Edelsteinen angefüllt wäre. Man spührte aber wenig leben bey ihnen, und sie vertrockneten allmählig und langsam, so daß man ihre Figur noch nach vier Tagen erkennen konnte. Columna versichert, was auch Linné zum Theil wiederhohlt, daß das Thier einen rothblauen Saft so häufig von sich gebe, daß man sich damit die Hände färbt, wenn man die Conchylie auffängt. Ritzt man das Thier oben mit einer Nadel, so fallen einige Tropfen von einer angenehmen rothbfallen. Farbe heraus, die alles färben, wohin sie nur fallen. Fallen sie auf Papier oder Leinewand, so entstehen daraus Flecken, die zuweilen in das Ritz iche stielen, und sich so stark einfressen, daß mann kaum herauswaschen kann. Ob indessen diese davon auch halte? ob sie es also verdiene, mit ihr Versuch davon anstellen? davon sagt uns Columna wenn. Eben darum, weil die Quallebootchen, wenn da aus dem Abgrunde hervorsteigen, zu Tausenden erscheinen, sind sie in allen Sammlungen gemein.

Das kleine Boot r), da es eine Patelle mit ofnem Wirbel ist, dürfte vieleicht auf den Namen eines

r) Lister Hist. Conchyl. tab. 528. fig. 4. Patella laeviter striata, intus viridis, extra ex fusco rufescens. Afric. Gualtieri Ind. Testar. tab. 9. fig. P? Q. R. S. T. Patella vertice perforato, striata, aliquando rugosa, vel ex plumbeo, vel subnigro radiata, una linea aliquando duabus circumdata. Argenville Conchyl. tab. 2. fig. C. S. 146. 148. Klein Method. p. 115. §. 283. n. 6. Patella integra laeviter striata, intus viridis etc. List. Hebenstreit Mus. Richter. p. 293. die gestreifte, inwendig grüne, von außen

eines Bootes weniger gegründeten Anspruch machen, als auf die Benennung eines gestrahlten Trichters, welche sie von andern erhalten hat. Nach Linné hat dies kleine Boot eine eyförmige mit runzlichten Streifen versehene braun gefärbte Schale, und eine längliche Oefnung des Wirbels. Die Beschreibung, die Linné im Museo von dieser Patelle giebt, geht in manchen Stücken von der gegebenen ab, und das beweiset, daß man selbst nach Linné verschiedene Abänderungen annehmen dürfe. Die Schale, sagt er, hat die Größe eines Zolls, ist weiß oder blutroth gefärbt, und hat viele dicht beysammen stehende knotige Streifen. Der Wirbel ist durchbohrt. Der Umriß ist oval, etwas, aber kaum merklich winklicht. Inwendig

---

ßen braunrothe Schüsselmuschel. Adanson Hist. du Seneg. p. 35. tab. 2. fig. 6. *Dasan.* Martini Conchylienk. Th. I. S. 133. tab. 11. fig. 91. 92. die fahle, dunkelviolet gestrahlte Napfschnecke mit ofnem Wirbel. Davila Catal. Tom. I. p. 88. n. 39. le Canot. von Born Ind. Mus. Caes. Vind. P. I. p. 447. Patella nimbosa. Das Strahlgitter. von Born Mus. Caes. Vind. Testac. p. 429. *Mus. Gronov.* p. 134. n. 1434. Gestraald Tregtertje. Gronov Zoophyl. p. 348. n. 1638. *Mus. Leers.* p. 6. n. 32. Geribde Bonet en Topschildje, Bonnets.

Linné Syst. Nat. ed. X. p. 785. Sp. 684. ed. XII. p. 1262. Sp. 781. *Patella nimbosa*, testa ovata striata rugosa fusca, vertice oblongo perforata. Habitat in M. Europae australis, Americae. *Mus. Regin. Ludov.* Ulr. p. 696. n. 425. Testa magnitudine pollicis alba aut sanguinea: costis numerosis, confertis nodosis. Vertex perforatus. Margo ovalis, parum angulatus, at vix manifeste. Cavitas glabra alba. (Anm. Hier bezieht sich Linné auf Gualtieri tab. 9. fig. N. welche Figur er im System richtiger bey Patella graeca anführte.) Müller Linnäisch. Natursyst. Th VI. S. 616. die Strahlpatelle Linne Natursyst. des Thierr. Th. II. S. 578. Meine Einleit. Th. II. S. 439.

wendig ist sie glatt und weiß. Die Figur der Patelle ist eyförmig, an dem einen Ende ist sie etwas schmäler, als an dem andern, und an beyden Seiten ein wenig flach gedrückt. Der durchbohrte Wirbel hat fast die Form eines Schlüssellochs. Auf dem Rücken herunter laufen eine Menge feiner Streifen, die bald schuppicht, bald knotigt sind, doch muß man sich die Knoten als zugewachsene Schuppen, und also flach gedenken. Außer diesen Streifen siehet man noch einige Ringe, die den Rücken umgeben. Der Rand ist von außen glatt, von innen aber fein gekerbt. Der Farbe nach giebt Linne drey Abänderungen an, braune, rothe und weiße. Martini hingegen hat ein Beyspiel hieher gerechnet, das auf fahlen Grunde dunkel violette Strahlen hat. Sie sind breit, und laufen vom weißen Wirbel über den zart gestreiften Rücken herab. Folglich gehet das von Martini beschriebene Beyspiel von dem Linnäischen merklich genug ab. Gronov versichert, daß diese Patelle in Rücksicht auf ihre Farbe, dem Bau und der Zahl der Streifen nach auf mancherley Art verschieden sey, und wenn man die Citaten des Linné unter sich vergleicht, so muß man auch mancherley Abänderungen annehmen.

Die eine, die Martini s) angiebt, ist die gelbe cyprische Napfschnecke mit ofnem Wirbel, die Leßer

s) Bonanni Recreat. p. 90 Class. I. fig. 3. Bonanni Mus. Kirch. p. 4.6. Class. I. fig. 3 Concha Patella dicta. Klein Method. p. 114. §. 28?. n. 2. Patella integra striata cypria. striis crassis, strigibus profundis; basi elliptica, extus lutea, intus alba. Tournefort Voyag. Tom. I. p. 94. Lepas oblonga, vertice perforato. Petiver Gazoph. Vol. I. Cat. 484. Tab. 3. fig. 11. Patella Capensis compressa. Leßer Testaceotheol. §. 63. n. p. sf. und Fig. 84. erste Ausg.

Leßer an unterschiedenen Orten auf einerley Art beschreibt, außer daß er sich in Ansehung der Farbe widerspricht, die erst auswendig weiß, hernach aber gelb angegeben wird. Diese Ungewißheit hat einen Druckfehler im Bonanni zum Grunde, den Klein richtig verbessert hat. Der Unterschied dieser cyprischen von der vorhergehenden blaugestrahlten Napfschnecke des Martini zeigt sich hauptsächlich darinne, daß diese tiefer gestreift, am Rande mehr ausgezackt, auf der äußern Fläche gelblich, inwendig aber weiß ist, und anstatt der länglichen eine runde Oefnung im Wirbel hat. Schwerlich dürfte diese zur *Patella nimbosa* des Linné gehören, die eine längliche Oefnung des Wirbels haben muß.

Die Figur des ofnen Wirbels bestimmt, wie Martini glaubt, noch eine neue Abänderung dieser Art von Napfschnecken, welche der Herr von Argenville tab. 2. fig. E. vorgestellt hat. Wenn nemlich die längliche Oefnung des Wirbels an beyden Seiten rund, und in der Mitte stark zusammen gedrückt ist, so entstehet daraus gleichsam an jedem Ende ein besonders rundes loch, und folglich eine gedoppelte scheinbare Oefnung. Argenville nennt diese Art Lepas à deux trous reunis, qui forment un ovale allongé. Patella oblonga biforis.

Das kleine Boot kann die Größe eines Zolls zuweilen übersteigen, wird nach Lister in Africa, nach



Ausg. S. 325 332. neue Ausg. S 373 379. die cyprische Schüsselmuschel Martini Conchylienk Th. I. S 134. die gelbe cyprische Napfschnecke mit ofnem Wirbel. Lepas oblonga lutea, profunde striata, verticis foramine rotundo margine inaequali, Cypria;

nach Linné in den mittägigen Gegenden des mittländischen Meeres, und nach Adanson auf Senegal gefunden, und scheinet nicht gemein zu seyn.

Boot der Quallen. Siehe vorher Boot der Holothurien.

(S.)

Bootshaken. (Conchyl.) Da man den eigentlichen Bootshaken, den ich gleich beschreiben werde, auch die Teufelsklaue zu nennen pflegt, so muß ich zuförderst die ganz ungegründete Nachricht des seel. Prof. Müller r) wiederholen: „Wenn die Schnecke zerstreute Stacheln hat, die, wie an dieser, (er meynet die eigentliche Teufelsklaue, Strombus chiragra Linn.) hinten und vorn als Klauen von großen Vögeln krumm austreten, so nennet man sie die Teufelsklaue, und von diesen Stacheln sind insgemein sechse vorhanden. Stehen hingegen die Stacheln nicht krumm, sondern mehr sprißenförmig hervor, so daß der unten lang heraus gehende Stachel nur am Ende eine Krümmung hat, so nennet man sie eigentlich den Bootshaken." Nach dieser Meynung wäre die gefleckte Krabbe, Strombus lambis Linn. der eigentliche Bootshake, was auch S. 37. von Herrn Müller behauptet wird, aber ohne hinlänglichen Grund. So viel ist indessen richtig, daß wenigstens eine den Krabben verwandte Art, die wir hernach unter dem Namen des Bootshaken mit orangenfarbiger Mündung beschreiben werden, den Namen des Bootshaken führt. Alle diese Schnecken zählet Müller, ebenfalls gegen den Redegebrauch der Neuern, unter die Stachelschnecken, da sie eigentlich unter die Flügelschnecken, und nach

r) In seinem ersten Texte zu Knorr Vergnügen S. 36.

nach Linné unter Strombus gehören. Doch wir gehen nun zur Beschreibung der Bootshaken über.

Bootshaken, der eigentliche Bootshaken, die Teufelsklaue u). Rumph glaubt, daß unser Bootshaken



u) Lister Hist. Conchyl. tab. 870. fig. 24. Buccinum bilingue, maculatum, striatum, maxime ex toto ore, senis digitis insignitum. Rumph amboin. Raritätenk. tab. 35. fig. A. Holländisch p. 109. Harpago, Bootshaak, of Duivelsklauw. Deutsch S. 84 Harpago, der Bootshaake. auch Teufelsklaue. Chemnitz Zusätze zum Rumph S. LXXXI. die Teufelsklaue. Die große Krabbe. Der Bootshake. Die Fünffinger Krabbe. (und hat ihrer doch sechse.) Valentyn Abhandl. p. 23. der Bootshaake. Das Männchen. Petiver Aquat. Amboin. tab. 14. fig. 3. pag. 3. Male Devills Claw. Gualtieri Ind. Test. tab. 35. fig. B. Aporrais, ex utroque latere insigniter ungulata, seu senis appendicibus canaliculatis decorata, striata, tuberosa, ex albido et fusco maculata, intus rosea. Leßer Testaceotheol. fig. LXXXI. §. 61. aaa. erste Ausg. S 316. zweyte Ausg S. 364. der Bootshaake oder die Teufelsklaue. Hebenstreit Mus. Richter. p. 318. das Flügelhorn mit fünf, meistentheils mit sechs Zacken. Besler Gazoph. tab. 21. Conchylium aculeatum lapidi Porphyrio haud dissimile. Lochner Mus. Besler. tab. 21. fig. 6. p. 74. Murex ex appendicibus quinque - a Graecis Pentedactylus dictus. Klein Method. p. 98. §. 253. n. 1. Harpago Mas. — Het Manneken. Seba Thesaur. Tom. III. tab. 8?. fig. 1. 6. 7 9. 10. 12. 14. pag. 174. Harpagones-Ungues Diaboli. Ongles de diables. Argenville Conchyl Deutsch S. 205. Murex Harpago mas. der Hacke oder das Männlein der Spinne. Knorr Deliciae tab. B. II. fig. 1. Th. I. S. 39. der Bootshaake. Knorr Vergnügen Th. I. tab. 27. fig. 1. erster Text S. 36. zweyter Text S. 112. dritter Text. S. Mus Gottwaldt. tab. 20. fig. 141. b. pag. 31. der Bootshaake, die Teufelsklaue. Martini Conchylienk. Th III. S. 148. 154. tab. 86. fig. 853. 854. tab. 87. fig. 856. 857. von Born Ind. Mus. Caes. p. 267. die Bootshacke. von Born Mus. Caes. Vind.

haken diejenige Schnecke sey, die Plinius unter seinen Pendactylis oder Fünffinger-Schnecken meyne, weil

Vind. Test. p. 271. id. nom. Onomat. Hist. Nat. Tom. VII. p. 333. 334. Gronov Zoophyl. p. 310. n. 1392.

Linné Syst. Nat. ed. X. Sp. 423. p. 742. *Strombus Chiragra* testae labro pentaductylo etc. ed. XII. p. 1207. Sp. 491. Strombus Chiragra, testae labro hexadactylo, digitis curvis, cauda recurvata. Linné Mus. Reg. Lud. Ulr. p. 615. Testa anfractibus [illegible] inſequentium ovata, gibba, cincta cingulis aliquot, quorum primum altius et magis nodosum. Spira margine acuto, incumbens et adnata labio. Labium exiens in ſpinas ſex, arcuatas, quaſi in totidem ſinus; ante teſtam lobus cum ſinu a Labio formatus. Spina ſecunda ante ſpiram prominens; prima ad dextram magis reflexa; caudalis itidem ad dextram flexa. Aperturae faux rubra, ſtriata labiis albidis. Lobus, antice in fauce, retuſus cum ſinu excipiente. Color M. Ranae, albidus griſeo-undulatus. Müller Linnäisch. Natursyst. Th VI. S. 476 der Bootshake Linne Natursyst. des Thierreichs Th. II. S. 537 Meine Einleit Th I. S. 419. Deutsche Encyclop Th IV. S 243. n. 1.

(Aldrovand de Teſtac. p. 88. Purpura pentadactylos Bellonii. Jußieu ad Barrell. p. 132. Ic. T. 1327. fig. 8. Aporrhais pentadactylos etc. Davila Catal. p. 188. n. 335. Rocher des Indes-nommé en france *Araignée mâle* et en Hollande *Griff du Diable*)

Muſ. Chaiſ. p. 40. n. 613. *Volmakte Mannetjes-Duifels-Klauw. Crochet ou Araignée mâle.* Muſ. van der Mied. p. 18. n. 399. *Bootsmanns-haak.* Muſ. van Dishoek p. 15. n. 323. *Crochet de Mate ot.* Muſ. Oudaan. p. 44. n. 484. 486. *Araignée achevée.* it. n. 489. *Crochet a bouche unie et aurore.* Muſ. Leerſ. p. 53. n. 506. 507. 508. Muſ. Koening. p. 27. n. 331. Muſ. Anon. p. 256. n. 318. Muſ. Geverſ. p. 340. n. 869, bis 87[illegible]. *Aile Grife du Diable.* Kämmerer Conchyl. in Rudolstadt. S. 99. n. 17. die sechsfingerige Alate. Verzeichn der Reuß-Plauisch. Naturalienſ. S. 103. n. 589.

Deutsch, der Bootshaken; die Teufelsklaue; die grosse Krabbe; die Funffinger-Krabbe; die sechsfingerige Alate. Lat. *Strombus Chiragra. Linn. Harpogo Mas.* Franz. *Araignée mâle. Griffe du Diable. Crochet de Matelot.*

weil sie vielleicht im mittländischen Meere nicht mehr als fünf Zacken, oder Finger haben. Das letztere ist zwar falsch, allein die Griechen haben diese Schnecke wahrscheinlich unter dem angeführten Namen verstanden, und die folgenden Schriftsteller haben es allgemein behauptet. Die Abbildungen im Beßler und Lochner haben auch wirklich nur fünf Finger, und ich selbst besitze ein unausgewachsenes Beyspiel, wo die Natur ihren Zuschnitt nur auf fünf Finger gemacht hat; daß es also entschieden zu seyn scheinet, daß man vom Bootshaken seltene Beyspiele mit fünf Fingern habe. Diese fünf Finger ließ ihr Linné noch in der zehnten Ausgabe seines Systems, im Museo aber und in der zwölften Ausgabe, gab er ihr den sechsten Finger, so wie sie gewöhnlich zu erscheinen pflegt. Diese Schnecke führt den Namen des Bootshaken, weil ihre krumme Finger jenen Haken gleichen, womit man sich in den kleinen Schifsbooten am Lande fest zu halten pflegt: und weil die ganze Gestalt ihres Baues etwas Auffallendes hat, so fiel die geschäftige Einbildungskraft auf die Klauen, womit die Alten den Teufel abzumahlen pflegten, und sie mußte nun die Teufelsklaue heißen, und zwar das Männchen, weil ein noch nicht völlig ausgewachsenes Beyspiel mit kürzern und nicht völlig verschlossenen Fingern, das Weibchen heißt. Siehe hernach Bootshaken, das Weibchen.

Da Beyspiele mit fünf Fingern gewiß die größte Seltenheit sind, so kann man es zu einem ziemlich sichern Kennzeichen für diese Schnecke annehmen, daß sie sechs Finger habe. Von ihnen sind die drey obersten



---

*lot.* Holländ. *Boots-haak. Boot-Manns-haak. Duivels-Klauw. Vyf Vinger Krabb.* Engl. *Male Devies Claw.*

sten fast allemal die längsten, ob sie gleich unter sich selbst eine verschiedene Länge haben; die beyden untersten haben gemeiniglich die merklichste Krümmung, sie sind weit auseinander, einer nach der rechten, der andre nach der linken Hand gebogen, und machen allein den Bootshaken kenntlich genug. Inwendig sind diese Finger bald ganz verschlossen, bald noch ein wenig offen, wobey es nicht auf die Größe, wohl aber, wie ich glaube, auf das Alter ankommt; denn die Größe hängt von den verschiedenen Meeren ab, wo die Schnecke wohnt, und von der bessern oder schlechtern Nahrung, die sie genießet. Sicherer möchte man das Alter dieser Schnecke nach der Stärke ihrer Schale abmessen, die an kleineren Beyspielen oft stärker und plumper ist, als an größern.

Der Rücken des Bootshaken ist mit Queerstreifen und mit drey oder vier starken mit Knoten besetzten Ribben belegt, unter denen die oberste die stärkste ist, die auch ganz natürlich die größten Knoten hat. Bald hinter dieser Knotenreihe, gehen nun die sieben bis acht Windungen des Wirbels an, die eine gedrungene, aber sich in eine scharfe Spitze endigende Pyramide bilden. Da über jede Windung des Wirbels eine merklich abgeschärfte Ribbe läuft, die sich weit nach unten hin angelegt hat, so sind dadurch die obern Windungen stark ausgekehlt, die doch unter sich so genau zusammen hängen, daß sie nur durch eine feine Linie voneinander getrennt werden.

Die Mündungslefze raget auch ohne die Finger weit hervor, ist aber in sich gebogen, und die Lefze ist stärker oder schwächer, nachdem die Schale älter oder jünger ist, an manchen Beyspielen vorzüglich stark, und der ganze Flügel ist fleischroth gefärbt, der an jüngern

jüngern Beyspielen oft weiß ist. Die rothbraunen Zähne der Mundöfnung und der Spindel machen auf diesem Grunde ein ganz artiges Schauspiel. Die Mundöfnung selbst ist weder groß, noch weit, da sie oben und unten sehr verbaut und verwachsen ist. Die Spindellefze ist stark, und tritt nach unten zu merklich hervor. Eine seltene Abänderung mit violetblauer Mundöfnung kommt vorzüglich aus **Mauritien**, und ihrer werde ich hernach mit ein paar Worten gedenken. Die untere Rinne ist sehr kurz, vorzüglich darum, weil aus ihr der zur linken Hand gebogene Finger entstehet, so wie der zur rechten aus der Mündungslefze erzeugt wird. Die äußere Zeichnung bestehet aus rothbraunen, mehrentheils zarten Flecken, und Schlangenlinien; und die Schale selbst gelangt zu einer ansehnlichen Größe. Man findet die schönsten Beyspiele dieser Art an den bandaischen Inseln, wo sie in eine starke faserige Haut, oder Epiderm, eingewickelt sind, das sich mühsam wegarbeiten läßt. Auch auf **Bonoa** und **Manippa** findet man viele derselben, die aber gemeiniglich so stark mit Seeschlamm, Seetoph und dergleichen bewachsen sind, daß sie sich kaum davon reinigen lassen; der auch nicht selten sich in die Schale so stark eingefressen hat, daß sie für die Sammlungen dadurch ganz unbrauchbar wird. Daher sind auch gut gereinigte und gut erhaltene Beyspiele bis zu 13 Gulden in holländischen Auctionen bezahlet worden.

Ueber die Deckel der Flügelschnecken überhaupt, und unsers Boothakens insonderheit, herrschet in den Schriften der Conchylienbeschreiber ein großes und fast allgemeines Stillschweigen. Nur Adanson hat in seiner Geschichte von Senegal etwas darüber gesagt; da er aber unsern Bootshaken daselbst nicht

 fand,

fand, so will ich aus seinen Nachrichten nicht einmal einen Auszug geben. Eben so wenig wissen wir von seinem Bewohner. Das wenige, das wir davon wissen, hat uns Rumph in folgenden Worten gesagt: „Der vorderste Lappen des Thiers, welchen man in der Mündung liegen siehet, ist weich, dünne, grünlich und weißbunt, und giebt in alle Zacken gewisse Fortsätze ab. In Banda und den südöstlichen Inseln wird das Thier sehr zur Speise gesucht, da man denn die Schale umgekehrt auf Kohlen legt, und die Schnecke also bratet, hernach aber die Schale in Stücken schlägt."

**Bootshaken, der halbausgewachsene** x). Unser verewigter Martini hat diesen unausgewachsenen Boots-

x) Lister Hist. Conchyl. tab. 875. fig. 31. Buccinum bilingue tenue, sulcatum, muricatum, columella et labro interno leviter striato. Rumph Amboin. Raritätenk. tab. 37. fig. 1. Holländ p. 112. *Wyfge van de Podegra-Kreeft.* Deutsch S. 88. Chemnitz Zusätze zum Rumph S. LXXXVII. das Weibchen von der Podagraschnecke oder vom Scorpion. Bonanni Recreat. Class. III. fig. 314. 315. p. 157. Bonanni Mus. Kircher. Class. III. fig. 317. 318. p. 470. Gualtieri Ind. Test tab. 35. fig. A. Aporrhais ex uno tantum latere insigniter crispata, striata, tuberosa, ex albido et fulvido variegata. Hebenstreit Mus. Richter p. 319. die gefleckte Krabbe ohne Stacheln, mit gefaltenen Flügeln. Klein Method. p. 99. §. 255. n. 7. Heptadactylus foemina. Het Wyfje van de Podagra Kreeft. Deutsche Encycl. Th. IV. S. 244. n. 3. Martini Conchylienk. Th. III. S. 145 tab. 85. fig. 851. 852. der halb ausgewachsene Bootshaaken mit ofnen Fingern. Das sechsfingerige Krabbenweibchen. Harpago digitis apertis. (Martini führet noch folgende mir fehlende Schriftsteller an: Jußieu ad Barrel. tab. 1327. fig. 9. Aporrhais pentadactylos. p. 132. Plüsche Schaupl. der Nat. Th. III. p. 269. tab. 2. fig. 6. Davila Catal. p. 188. n. 334. *L'Araig ée femelle.*)

Linné

Bootshaken, von dem Weibchen desselben, das er tab. 92. fig. 895. 896. abbildet, und S. 183. beschreibt, getrennt, gesteht aber: „daß der ganze Bau dieser Schnecken in allen Stücken mit dem Bau des vorher beschriebenen Bootshaken übereinkomme, außer daß die stark gekrümmten, und schmal zusammen gerollten Haken der vollständigen sechsfingerigen Krabbe hier dünne, breit, kürzer und völlig, in Form einer weißen Rinne offen sind.“ Ich glaube, die Schriftsteller legen diese Schalen, wenn der Bau ihrer Finger fast vollendet ist, wie davon ein paar Abbildungen im Seba tab. 82. fig. 7. 9. vorkommen, schon unter die eigentlichen Bootshaken; wenn aber die Finger kürzer, gleichwohl aber kenntlich sind, wie die in der Anmerkung aus Rumph und Martini angeführten Beyspiele, schon mit unter die Weibchen des Bootshaken. Wenigstens läßt dies die Beschreibung Rumphs sehr gut zu. „Das Weibchen hat stumpfere Zacken, die mehr gespalten sind, oder wie eine Rinne offen stehen, auch ist die Schale dünner und stark gesprenkelt.“ Wie indessen Schynvoet aus dieser aus Rumph angeführten, oder vielmehr in den Rumph eingetragenen Abbildung einen Podagrakrebs (Strombus Scorpius Linn.) machen konnte, da die

---

Linné Syst. Nat. ll. cc. *Strombus chiragra.* Mus. Chais. p. 49. n. 617. *Onvollmakte Wyfjes Bootshaaken. Crochet ou Araignée femelle.* Mus. van der Mied. p. 17. n. 383. 384. *Half voll wasse Duifels Klauwen.* Mus. van Dishoek. p. 16. n. 340. *Griffe du Diable imparfaite.* Mus. Oudaan. p. 44. n. 483. *Araignée imparfaite.* Mus. Leers. p. 55. n. 533. *Crochet de Matelot à moitié fini.* Mus. Koening. p. 27. n. 332. Mus. Anon. p. 256. n. 319. Mus. Gevers. p. 340. n. 874. *Aile Grife du Diable imparfaite.* Kämmerer Conchyl. in Rudolstadt. S. 99. die sechsfingere Alate mit unausgewachsenen Fingern.

die zwey untersten Finger schon so deutlich vorhanden sind? das ist kaum zu erklären.

**Bootshaken, das Weibchen.** y) Bey diesen Weibchen lassen sich schon gemeiniglich die deutlichsten Spuren aller sieben Finger gleichsam in ihrer ersten Ausbildung erkennen; und unser verewigter **Martini** hat Recht, wenn er sich die Stufen der Vollkommenheit bey diesem Bootshaken so vorstellt, daß man erst ganz unvollkommene Stümpfchens, die wir gleich näher beschreiben wollen, hernach die sogenannten **Weibchen ohne Rinnen**, von denen eigentlich jetzt die Rede ist, alsdann die **halbvollkommenen mit ofnen Rinnen**, deren wir kurz vorher gedacht haben, und endlich die **lang und krumm gehakten Teufelsklauen**, die der

y) Rumph Amboin. Raritätenk tab. 35. fig. B. Holländ. p. 109. *Het Wyfje van de Bootshaak of Duivelsklauw.* Deutsch p. 84. Chemnitz Zusätze zum Rumph S LXXXII. das Weib von der großen Krabbe Petiver Aquat. Amb. 14. fig. 1. p. 3. *Female Devills-Claw* Argenville Conchyl. S. 205 Murex Harpago foemina. das Weib der Spinne oder Krabbe. Klein Method. p. 99. §. 252. n. 2. *Harpago femina.* *Het Wyfken* Leßer Testaceotheol. §. 61. bbb. das Weibchen von Bootshaaken erste Ausg. S. 317. zweyte Ausg. S 365. Seba Thesaur. Tom. III. p. 170. tab. 73. fig 19. Astacus femina. Cancre de mer femelle. Davila Catal. p. 189. n. 334. Araignée femelle ou Griffe du Diable de l'age moyen. **Martini** Conchylienk. Th. III. S. 183. tab 92. fig. 895. 896. das Weibchen vom Bootshaken oder von der Teufelsklaue. Cochlis digitata imperfecta, Harpago femina dicta. Deutsche Encyclop. Th IV. p 244. n. 2.

Linn. ll. cc. *Strombus Chiragra.* Muf. Chaif. p. 49. n. 613. Wyfjes Boots-haak. Araignée femelle. Muf. van der Mied. p. 17. n. 386. Onvolwaffe Duivels Klauw. Muf. van Dishoek. p 16. n. 341. Griffe du Diable imparfaite. Muf. Koening. p. 27. n. 331. Muf. Anon. p. 256. n. 320. Muf. Geverf. l. c.

der erste Gegenstand dieses Artikels waren, mit einander vergleicht. Die Weibchen befinden sich nach dieser Vergleichung im zweyten Grade ihres Wachsthums. Außerdem, daß man an diesen Weibchens, wenn sie anders gut erhalten sind, ein frisches lebhaftes Farbenkleid, mehrentheils rothbraune, senkrecht laufende Wellenlinien auf einem weißen Grunde, antrifft, so vermisset man innwendig alle Zähne und Unebenheiten, vielmehr ist die ganze Schale weiß und glatt; auf dem Rücken aber siehet man die knotigen Wulste und die Querstreifen deutlich und vollkommen genug.

**Bootshaken, das Stümpfchen.** z) Die jugendlichen Schalen, welche man für noch ganz unvollkommene

z) Lister Hist Conch. tab. 883. fig 6. Buccinum ampullaceum undatim depictum columella ima crocea. Rumph Amboin. Raritätenk. tab. 35. fig. C. Holländisch p. 109. Stompje-onvolmaakte Harpago. Deutsch p. 84. Chemnitz Zusätze zum Rumph p. LXXXII. Harpago tertius. das Stompchen. Petiver Aquat amb. tab. 14. fig. 2. p. 3. Short Devills Claw. (Petiver Gazoph. tab 74. fig. 1. Cat 579. Marbled Iamaica Murex with Knotty Twirls.) Gualtieri Ind. Test. tab. . 6. fig. B. Cochlea longa pyriformis vulgaris, gradatim mucronata, costa lata subrotunda, papillis eleganter coronata, albida, fulvis notulis dense virgulata. Hebenstreit Mus. Richter. p. 318. das bunte gerippte Flügel-Horn, beynahe ohne Zacken. Alata variegata, labro tenui, nec digitato, sulcata. Klein Method. p. 72. §. 191. n. 1. Trochonicus striatus Conus toroides. Stompje. it. ib. n. 3. Trochoconus striatus ampullaceus, undatim depictus. Lesser Testaceoth. §. 61. ccc. die dritte Art des Boots-Hacken erste Ausg. S. 317. zweyte Ausg. S. 365. Regenfuß Th. II. tab. 6. fig. 52. Seba Thesaur. Tom. III. tab. 62. fig. 34. p. 163. tab. 83. fig. 1. 2. p. 174. Stompjes Davila Catal. p. 189. n. 334. Griffe du Diable du premier âge. Martini Conchyl.

mene Bootshaken erkennen muß, haben in Ansehung ihres Körpers und ihrer Farben, die vollkommenste Aehnlichkeit mit dem Körper eines männlichen oder weiblichen Bootshakens, sagt unser Martini; eben so viele ausgekehlte Windungen, eben so aufgetriebene Queerwulste mit Buckeln und Streifen auf den Furchen, ein eben so schön gelbbraun oder braunroth gefärbtes und schlängelnd bemahltes Oberkleid, nur noch keine Spur vom Flügel, und noch keinen Ansatz von Kanälen, Haken oder Fingern. Bloß darinne sind sie von einander unterschieden, daß ihre Queerwulste, nach vorne zu, nicht von einerley Höhe, auch nicht allemal mit so starken, inwendig hohlen Buckeln besetzt sind. An einigen kleinen Stücken fehlen diese Buckeln gänzlich, ob man gleich die Wulste und alle Queerstreifen der Zwischenräume daran wahrnimmt. Die Schönheit solcher Stümpfchen des Bootshakens bestehet sowohl in ihrer unverloschenen geschlängelten Zeichnung, als besonders in der Vollständigkeit ihrer sauber gefleckten Pyramide, und in den sichtbaren Wulsten, welche auf dem Rücken liegen.

Lister hat ein Beyspiel dieses Stümpfchens abgebildet, wo die Spindel nach Innen zu braun gefärbt

chyl. Th. III. p. 184. tab. 92. fig. 897. 898. 900. 901. das jugendliche Stümpfchen des Bootshaken oder der Teufelsklaue. Alata digitata Ungula Diaboli s. Harpago dicta. Deutsche Encycl. Th. IV. S. 243.

Linné Syst. Nat. ll. cc. *Strombus Chiragra.* Meine Einleit. Th. I. S. 419. Mus. van der Mied p 18. n 387. 389. Duivels Klauw Stompen. Mus. van Dishoek. p. 16. n. 338. 339. Mus. Oudaan. p. 44. n. 483. 487 Onvolmaakte Duivels Klauw. Mus. Leers. p. 55. n. 526. Mus. Anon. p. 256. n. 321. Crochet de matelot femelle. Kämmerer Conchyl. in Rudolstadt. S 99. die junge Schale des sechsfingerigen Alate ohne Finger.

färbt ist, eine Erscheinung, die man sonst an der gefleckten Krabbe (Strombus lambis) findet. Ich besitze ein gleiches Exemplar, und ein andres, dessen Spindel blau ist. Ich vermuthe, das sind junge Schalen von dem blaumündigen, oder von dem mauritanischen Bootshaken, von dem ich gleich reden werde. Denn daß dergleichen Beyspiele nicht zu den gefleckten Krabben gehören, davon kann sich jeder, der nur einige conchyliologische Kenntnisse hat, sogleich durch den Augenschein überzeugen.

**Bootshaken, der mauritanische, oder der violetmündige Bootshaken** a). Dieser violetmündige Bootshaken kommt sowohl in ganz als auch halbausgewachsenen Beyspielen in Mauritien vor, und hat ganz den Bau des nun fast in allen Wachsthums-Größen beschriebenen Bootshaken. Nur die Farbe der Mundöfnung unterscheidet ihn von dem gewöhnlichen Bootshaken. Der Schlund, oder das Innre der Mundöfnung, ist wie an andern weiß, die Lefzen aber an den beyden Seiten sind überall mit langen, weißen, erhabenen Streifen oder Zähnen, zwischen denselben aber mit einem aus dem Feuerrothen ins schwärzlich violet spielenden Zahnfleische, völlig wie bey der Podagraschnecke, Strombus Scorpius Linn. versehen, was dieser Spielart zu besonderer Zierde gereicht. Es scheinet, als wenn diese Abänderung nicht

a) Martini Conchylienk. Th. III. S 154. vergl. mit S. 147. tab 87. fig. 856. 857. der violetmündige seltene Bootshaken aus Mauritien. Ungula Diaboli ore violaceo albo striato, rarior. Lister Hist Con hyl tab. 870 fig. 24. Buccinum bilingue maculatum, striatum, maximè ex toto ore, senis digitis insignitum. Davila Catal p. 189. n. 336. Araignée mâle. tout l'interieur de l'âile chargé de stries onduleuses blanches et de cannelures brunes. *Linn.* Syst. Nat. XII. cc. *Strombus chiragra.*

nicht die Grösse eines Bootshaken erreiche, aber ungleich seltner ist sie.

Bootshaken mit orangefärbiger Mündung, der Skorpion ohne Knoten b). Die in der Note angeführten Namen der Schriftsteller beweisen, daß die mehresten derselben unsern seltenen Bootshaken mit dem Skorpion oder der Podagraschnecke (Strombus Scorpius Linn.) vergleichen, wo ich doch, ich mag den Rücken, oder die Finger, oder die Mundöfnung betrachten, fast gar keine Aehnlichkeit finden kann. Mehrere Aehnlichkeit, besonders des Rückens und der Mundöfnung findet sich unter unsrer Flügelschnecke und den Krabben (Strombus Lambis Linn.) und ich würde, wenn es nöthig wäre, alle Conchylien in den Linne zu drängen, gar kein Bedenken tragen, sie unter Strombus Lambis zu setzen. Es ist aber entschieden, daß dieser orangemündige Bootshaken eine eigne Art

---

b) Knorr Vergn. Th V. tab. 4. fig. 3. p. 9. der Skorpion. Holländische Ausg. S. 37. Scorpioen. Davila Catalogue Tom. I. p. 191. n. 343. Rocher des Indes nommé le *Scorpion orangé.* von Favanne Catal. raif. p. 132. n. 619. Rocher rare dit le *Scorpion orangé,* ou le *Scorpion von Goutteux.* Favart d'Herbigny Diction. Tom. III p. 302. *Scorpion orangé heptadactyle.* Murex alatus heptadactylus - intus colore aureo vel croceo lucide nebulatus. Chemnitz fortges. Conchylienk Th. X. S. 224 f. tab. 158. fig. 1508. 1509. der Scorpion ohne Knoten, oder der Bootshaken mit orangefarbichter Mündung. Strombus Scorpio, testa alata, labro heptadactylo, digitis curvatis glabris clausis, primo et ultimo longissimis, dorso gibboso cingulis tribus nodosis, fauce aurantia, lucide fusca, laevi. Meine Einleit. Th. I. S. 469. n. 59. Mus. Geverf. p 342 n. 889. Alata securiolata ore rufescente glabro. Crochet de Matelot à bouche rougeatre pelé. — Der Skorpion mit langer Nase und orangefarbiger Mündung. Holländisch Scorpioen met orangekleurig roode Mond-opening.

Art bestimmt, die Linné gewiß nicht gekannt hat. Sie führt zwar den Namen des Bootshakens, wegen ihrer krummen Finger, aber mit dem vorher beschriebenen Bootshaken wird man sie gewiß nicht verwechseln, wenn man überlegt, daß unser gegenwärtiger Bootshaken nicht sechs, sondern sieben Finger hat, daß unten nicht zwey Finger gegen einander stehen, sondern ein einziger einen langen gekrümmten Schwanz macht, und daß die Mundöfnung ungezahnt und orangegelb gefärbt ist. Dieser gekrümmte Schwanz ist an manchen Beyspielen länger, an andern kürzer, an dem Meinigen ist er fast drey Zolle lang, und also noch etwas länger, als die ganze Schnecke, wenn ich den obersten Finger ausnehme. Dieser obere Finger ist, den Schwanz ausgenommen, gemeiniglich länger, als die übrigen sechs, und die obern drey sind länger, als die untern drey, und manche sind gestreckt, die mehresten aber gekrümmt, dünne, spitzig und unten nicht völlig geschlossen. Ueber die Oberfläche des Rückens laufen drey knotige Wulste, unter denen der oberste der stärkste ist, und viele feinere und stärkere Queerstreifen, die feinsten, welche aber schräg laufen, sind unten an der Nase. Fast könnte man sie mit Runzeln vergleichen. Diese Oberfläche hat auf weißbläulichem Grunde gemeiniglich gelbliche und braunröthliche Flecken, mein Beyspiel aber ist einfärbig röthlichcarmoisin, das ein wenig in das Bläuliche spielt; an den Seiten und in den Winkeln der Finger zieht sich ein brauner Strich herunter. Der Kegel, oder vielmehr pyramidenförmige Wirbel hat nicht Windungen, die sich in eine scharfe Spitze endigen, die bisweilen, wie an meinem Exemplare, frey stehet, bisweilen aber auch von dem obersten Zacken oder Finger überdeckt wird. Am Anfange jeder Windung liegt eine fein gekerbte Ribbe, die aber von der vierten

Windung an unkenntlich wird. Die Mündungslefze oder Flügel tritt weit hervor, ist da, wo die Finger hervortreten, dünne und in sich gekrümmt, in der Mitte aber stark und dicke, und hat unten beym Schwanze eine gedoppelte Auskehlung, oder zwey Lobos, und zwischen ihnen liegt ein breiter ausgezackter Lappen. Die Mundöfnung ist an beyden Lefzen glatt, und orangenfärbig, welches nach innen dunkler schwärzlich oder dunkelbraun wird. Die Spindellefze liegt gleich einer Wulst eben nicht weit über dem Bauche, und hat oben einen Zahn, neben demselben aber eine rinnenartige Furche, die sich bis in die Spalte des obersten Fingers ziehet. Ein Umstand, der aber dieser Schnecke nicht allein eigen ist, denn man findet ihn auch an andern Flügelschnecken, z. B. an Strombus lambis, Scorpius u. d. g. Die gegenwärtige Schnecke soll den Namen des Scorpions von ihrem langen gekrümmten Schwanze erhalten haben. Sie kommt aus Ostindien, und ist sehr selten.

**Bootshaken, die vierte Art des Bootshakens.** Harpago quartus beym Rumph, ist eigentlich das Stümpfchen von der gefleckten Krabbe (Strombus Lambis Linn.) und soll mit jener zugleich beschrieben werden. Siehe Krabbe, die gefleckte. Vorläufig lese man darüber unsers verewigten Martini Conchylienkabinet Th. III. S. 176. nach.

— — — der violetmündige. Siehe vorher der mauritanische.

— — — der vollständige, ist der völlig ausgewachsene Bootshaken, den ich zuerst in dieser Abhandlung beschrieben habe.

— — — das Weibchen des Bootshaken ist vorher, nemlich in der dritten Nummer beschrieben, weil

weil ich die Stufenfolge desselben, so wie er in verschiedenen Wachsthumsgrößen, und im verschiedenen Alter erscheint, beschreiben wollte.

(S.)

**Bora** ist nach Kämpfer ein japanischer Fisch, der dem Lachse gleichet, ein wohlschmeckendes Fleisch hat, und von den Ausländern Songaatsfisch genannt wird, weil er im Songaate, oder erstem japanischen Monate, gefangen wird. Berl. Samml. *X.* 170.

(O.)

**Boramez, Barometz, Scythische Lamm,** *Agnus scythicus, Agnus tartaricus,* nannten die Alten eine sogenannte Schaafpflanze, die in der Tartarey gewachsen, und einem Lamm ähnlich sey. Linné hat diesen Namen auf ein Farrenkraut, *Polypodium Baromez,* angewandt.

(O.)

**Boras, Borak,** S. Borax.

*Borassus.* S. Weinpalme.

**Borax,** in den mehresten europäischen Sprachen. Boras, Borrat, Bura, ruß. Tinkar, Attinkar, Tinkal. Borax aller Mineralogen. Borax Tinkal Linn. Chrysocolla. Auricolla der Alten. Diese in der technischen Chemie allgemein gebräuchliche und sehr bekannte Salzsubstanz erhalten wir immer schon gereinigt, oder, wie man es bey derselben nennet, rafinirt, gewöhnlich aus Holland, selten von andern Orten. Der natürliche Borax ist dagegen theils noch sehr unbekannt, theils ist die Kenntniß von demselben ungewiß. Auch das Rafiniren desselben betreiben die Holländer, wegen mancher geheimen Handgriffe,

griffe, und wegen der Schwierigkeit für andere Nationen, rohen Borax häufig und wohlfeil zu erhalten, als Monopol. Man rafinirt zwar seit einiger Zeit auch in Frankreich Borax, derselbe verliert aber, nach dem Zeugniß französischer Chemisten, gegen den holländischen an Ansehen nicht nur, welches oft ins Grünliche fällt, sondern auch in einigen Fällen im Gebrauch.

Der verkäufliche, geläuterte, oder rafinirte Borax ist eine Salzsubstanz in Wasserklare, unregelmäßige säulenförmige, theils 6, theils 8seitige harte Krystallen, mit schiefen und ungleich gebildeten Ecken angeschossen. Die Krystallen sind gewöhnlich einzeln, und wiegen von ein paar Gran bis über 1 Quentl. An trockner, besonders warmer Luft verwittert ihre Oberfläche zu zarten weißen Mehl. Ihre Auflösung erfordert ein 16 bis 18 fach Gewicht kalt, und nur etwas weniger heiß Wasser. Die Solution schmeckt laugenhaft, nicht scharf, und schießt in mehrförmigen, von den ersten Krystallen sehr verschiedenen Krystallen an. Sie brauset weder mit Alkali noch Säuren, wird aber mit Violensaft grün, und fället, einem alkalischen Salze gleich, alle sauren, metallischen und erdigten Auflösungen.

In mäßiger Hitze schwillet der Borax Alaun gleich sehr auf, und bleibt als ein weißer, trockner Schaum nach, der wegen verlohrnen Krystallisationswassers nur $\frac{6}{10}$, oder wenig über die Hälfte wiegt. Dieser so genannte gebrannte Borax löset sich im Wasser leicht auf, und schießt wieder an. In etwas stärkerer Hitze schmelzt er zu weißen, klaren Glase, welches sich ebenfalls in Wasser wieder auflöset und anschießt. So wie der Borax selbst leicht verglaset, verglaset und verschlackt er auch die mehresten Erden,

Erze,

Erze u. d. gl., daher er als ein bequemer Fluß den Metallarbeitern beym Schmelzen und Löthen, und den Chemisten beym Probieren und Versuchen unentbehrlich ist. Reiner, gesätigter Borax giebt mit Schwefel keine Leber, oft aber ist er nicht ganz gesätigt. In der Destillation für sich giebt er ein fettig oder seifenhaft Phlegma. Mit konzentrirten Säuren übergossen, giebt er in verschlossener Hitze weiße, zarte, schuppige Salzblumen, welches **Homberg** bey der Behandlung des Borax mit Vitriolsäure zuerst fand, und den Sublimat, der ein Grundtheil des Borax ist, **Sedativ-Salz**, (Sal. Sedativum Homb.) nannte, welche Benennung geblieben ist. Der Rest von diesem Versuche gab wahres Glaubersalz; woraus folgt, daß der zwote Grundtheil des Borax mineralisch Alkali seyn müsse. **Baron** und andere Chemisten fanden nachher, daß es zur Scheidung des Sedativsalzes der Sublimation nicht bedürfe, sondern daß sich durch jede Uebersetzung der Boraxsolution mit jeder, also auch der vegetabilischen Säure das Sedativsalz in ähnlichen Schuppen niederschlage. Sonst hielten einige Chemisten den Borax, wegen einiger Eigenschaften für eine Art Laugensalz, andere, z. B. **Brandt, Wallerius** für ein seifenhaft Salz, noch andere für ein Mittelsalz, nun aber war es entschieden, daß wahrer, reiner Borax immer aus mineralischen Laugensalz, Sedativsalz und Krystallisationswasser bestehe. 100 Th. Borax enthalten etwan 16 Th. mineralisch Alkali, und 34 Th. Sedativsalz, auch 47 Th. Krystallisationswasser, doch ist das Verhältniß der eigentlichen beyden Grundtheile nicht immer gleich, und das Alkali bald mehr, bald weniger mit dem Sedativsalz gesätigt; auch in dem besagten Verhältniß ist es nicht ganz gesätigt, daher der Borax noch einige alkalische Würkungen zeigt.

So gewiß jeder Borax aus den angeführten Bestandtheilen besteht, und so viel auch Homberg, Lemery, Neumann, Pott, Brandt, Baron, Cadet, Model und mehr Chemisten in demselben gearbeitet haben, so ist doch der Grundtheil des Borax, den man Sedativsalz und jetzt auch Boraxsäure nennet, noch immer Räthsel der Scheidekünstler, daher er immer noch zu den Substanzen gehört, deren Untersuchung noch gar nicht vollendet ist. Hieraus erkennet man, was von den Erfindungen, Borax aus verschiedenen Salzen zusammen zu setzen, zu halten sey.

Der hohe Preiß und starke Gebrauch veranlassen bisweilen Verfälschungen des Borax. Einige mischen aufgelößten Alaun zur Boraxauflösung, und lassen es durcheinander kristallisiren. Dieser verfälschte Borax schaumt im Schmelzen wie reiner auf, ist aber in seiner Würkung auffallend schwächer, und auch am stiptischen Geschmack zu erkennen. Die Verlängerung des Borax mit blosen mineralischen Alkali, das leicht und unkenntlich in seine Krystallisation geht, ist schwerer zu erkennen, aber auch, wenn man nicht gerade die Ausscheidung des Sedativsalzes zur Absicht hat, wenig schädlich.

Vom Rafiniren des Borax, S. Borax, natürlicher.

Die Nutzung des raffinirten Borax ist mehr wichtig als mannigfaltig. In der Medicin wird der Borax jetzt weniger als sonst, als ein treibendes, und dessen Sedativsalz als ein linderndes Mittel gebraucht. Die Feuerwerker wenden ihn in Verbindung mit Säuren und Weingeist zu grünen Feuer an. Am meisten gebrauchen ihn die Metallarbeiter beym Schmelzen und Reinigen des Metalls als einen, deren Unreinigkeiten leicht verschlackenden Fluß; auch

zum

zum Löthen. Den Probierern ist er als Fluß und auch, weil Boraxglaß durch verschiedene Farben verschiedene Metallspuhren anzeigt, und eben so den Chemisten zu Schmelzversuchen als Fluß gewissermaßen unentbehrlich. Vorzüglich ist er bey Blasröhrproben nöthig, da er nicht, wie alkalisch Salz, in die Kohle geht, sondern den zu schmelzenden Proben außer der Verglasung, wieder die äußere Luft, das ofne Feuer und die Luft des Bläsers in sich selbst Schutz giebt.

(Ge.)

**Boraxerde, Boraxmutter,** Terra Boracis Brünn. Lapis Boracis. Die Muttererde des Borax soll nach Brünnich grau und mergelartig, und nach Waller auch oft steinigt und gleichsam fettig, und an Borax so reich seyn, daß der Borax auf derselben auswittert, und in ihren Klüften anschießt. Man hat solche Erde in Ostindien, im Reiche des großen Moguls, in den Königreichen Golkonde, Visapur, im Tibethischen, in Persien, und überall, wo roher Borax zu Hause ist. S. Borax, natürlicher. Aus der lockern oder versteinten Erde zieht man den Borax theils mit gemeinen Wasser, theils schwängern sich Pfützen mit Borax, deren milchtrübes, oft grünliches Wasser zu rohen Borax oder Tinkal eingesotten wird.

(Ge.)

**Borax, natürlicher, roher Borax, Tinkal,** Borax Tinkal Wall. Borax nudus L. Borax nativus Brünn. Die natürliche und chemische Geschichte des rohen oder ungeläuterten Borax, der Oerter und Lagerstätte, Gewinnung und Zubereitung, ist wegen Mangel an genauen und sichern Nachrichten von Naturforschern und Kennern noch immer in großer Ungewißheit. Die hie und da in Reisen und andern Büchern zerstreueten,

 theils

theils sehr verstümmelten, und oft von einander sehr abweichenden Erzählungen kommen jedoch in dem folgenden so ziemlich überein.

Man erhält rohen Borax überhaupt aus Ostindien, dem Reiche des großen Moguls, Indostan, Tibet, den Königreichen Golkonda, Visapur, aus Japan, China, Persien, bey Tranquebar, wo ihn der Schlamm einiger Seen giebt, Demachy Laborant. II. 89. Man hat ihn auch in spätern Zeiten in einigen europäischen Bergwerken in Sachsen gefunden zu haben geglaubt, irrete aber wohl. Vor diesem kam er über Alexandrien nach Venedig, daher er auch bey alten arabischen Schriftstellern Nitrum alexandrinum genannt wird. Jetziger Zeit erhalten die Holländer den mehresten aus Indostan von der Handelsstadt Patton, auch aus Bengalen, der meistens in gelbliche kleine Krystallen angeschossen ist.

Er ist im Aeußern sehr verschieden. Der alexandrinische gleicht einer erdigten Masse voller kleinen Krystallen, und hieß deßwegen in Venedig Pasta di Borace. Man hatte auch einen grünen Borax, der selten mehr kömmt, doch fällt noch jetzt einiger roher ins grünliche, der in französischen Rafinereyen selbst nach der Reinigung einen grünen Schein behält. Der nach Holland kömmt ist grau, bläulich, grünlich, auch röthlich, meistens erdig, voller eingestreueter Krystallen, bisweilen als mehr oder weniger krystallisirte Salzklumpen, in welchen die größesten Krystallen oft den Krystallen des rafinirten gleichen, mit mancherley fremden Erd- und Steinbrocken, immer fettig, bisweilen schmierig, von süßlichen Geschmack und scharfen Nachgeschmack Der natürliche Borax, welchen Hr. Grell aus China unter dem Namen Poun-xa mit der Nachricht

richt erhielt, daß er im Königreich Tibet, etwan 2 Ellen tief, gegraben werde, und den Hr. Engeström untersuchte, (Schwed. Abhandl. für 1772.) war nicht fettig oder schmierig, theils in kleinen Krystallkörnern, theils waren sie von Größe der Bohnen, theils der Wallnüsse, alle in unordentlichen Krystallen mit verwitterter Oberfläche; die mehresten waren prismatisch. Bey der Auflösung blieb eine graue, zarte Erde nach, die sich nach völliger Auslaugung als ein Kalkmergel bewies. Die Solution gab wahren Borax, der mit Schwefel keine Leber machte, mit Vitriolsäure Sedativ- und Glaubersalz darstellte, u. s. f. Ein anderer Tinkal bestand aus kleinen Krystallen mit grauer Erde, ein dritter aus kleinen Krystallen mit einer röthlichen, seifenhaften Fettigkeit.

Die Gewinnung und Zubereitung des rohen oder natürlichen Borax wird sehr verschieden erzählt, und wird wohl auch nicht überall gleich seyn. Ein Theil wird in seiner Muttererde und Schlammpfützen krystallinisch gefunden und blos gesammlet. Die venedische Boraxmassen aus Alexandrien sollen an Ort und Stelle von trüben, reichhaltigen Boraxwasser aus Gold-, Silber- und Kupfergruben eingekocht und zur Krystallisation gebracht werden. Den Schlamm dieser Wässer sollen sie mit Thierfett mischen, und ihn denn mit dem eingekochten Salze Schicht um Schicht in Erdgruben bringen. Nach einigen Monathen sey die Masse verkäuflich, und werde in Fässern über Alexandrien nach Venedig geschickt. **Krünitz** Encyklop. VI. Art. **Borax**.

In Persien laugt man ihn nach einer Nachricht, die **Bomare** (Mineral.) 1754. aus Ispahan erhielt, aus boraxhaltiger Erde und Steinen. S. **Boraxerde**.

Die Lauge und auch das Wasser aus Boraxpfützen, s. Boraxwasser, wird durch Einkochen recht stark gemacht, und in einen Thongraben geschöpft, in welchem, in etwan 3 Monathen, der Tinkal oder rohe Borax in unreinen, klebrigen, grünlichen Krystallen anschießt. Diese werden wieder in Wasser aufgelößt, und schießen abermahl in 2 Monath in grünlichen, grauen und weißlichen Krystallen an, die Kaufmannsguth für Europa sind. Nach Gmelin (Linne Mineralsyst. II. 100.) mengen die Holländer beym Empfange unter 150 Pf. Tinkal 7 Pf. Oel, und eben so viel Buttermilch, und senden ihn in Schläuchen von Thierhäuten nach Holland ab.

Der rohe Borax oder Tinkal aus Holland ist daher immer fettig, bisweilen fast schmierig, hart, schwer, meistens bläulich oder gelblich, in verschiedenen Krystallformen, meistens in 8, auch 6eckig abgestumpften Pyramiden.

Das äußere des Tinkals oder rohen Borax, und besonders die ihm stets begleitende Fettigkeit, machte die Naturforscher ungewiß, ob er, in Absicht des Sedativsalzes, oder Produkt der Natur oder der Kunst sey. Beyde Meinungen hatten manches vor sich, und verschiedene Chemisten suchten das Sedativsalz, und welches denn leicht wäre, Borax durch mancherley Versuche mit Salzen, Erden und Fetten zu machen. Baumé (Experimentalchemie) redet von einem Versuche, da er weißen Thon mit Thierfett 18 Monath in einer Erdgrube aufbewahrte, sehr zuverläßig, man werde das Sedativsalz durch Auslaugen erhalten. Nachahmungen anderer gaben aber kein Sedativsalz; auch ist es, seit Höfers Entdeckung dieses Salzes an toskanischen Quellen, außer aller Ungewißheit, daß dasselbe

dasselbe wenigstens bisweilen ein bloßes Produkt der Natur sey. S. a. Boraxsäure.

Die Kunst, rohen Borax zu läutern oder zu raffiniren, ist der allgemeinen Verfahrunzsart nach, jetzo kein Geheimniß mehr: die Handgriffe aber, es auf die leichteste, und in Absicht der Zeit, des Abgangs ꝛc. vortheilhafteste Art im Großen zu thun, behalten sich die Fabrikanten dieser Rafinaderien vor. Ueberhaupt löset man den rohen Borax mit vielen Wasser auf, seihet die Auflösung durch, und prüft ihren Halt an Borax, und besonders an Sedativsalz, denn oft ist dessen im rohen Borax viel zu viel. In solchem Falle setzt man dem rohen Borax gleiches, größeres oder geringeres Gewicht, gereinigt Sodasalz zu, und bringt alles durch Abrauchen in Krystallen. Diese trocknet und glühet man etwas, löset sie wieder mit reichlichem Wasser auf, und läßt sie, großer Krystallen wegen, langsam anschießen. Will sich die Lauge nicht recht reinigen, so kläret man sie auch wohl mit etwas gebrannten Kalk, der sie einigermaßen kaustisch und zur nähern leichtern Verbindung des mineralischen Alkali mit dem Sedativsalze geschickter macht.

Aus der ungleichen Sätigung des mineralischen Alkali, welches im rohen Borax selten unzulänglich, meistens zureichend, und bisweilen übersätigt ist, und dem die Rafinaderien mit mehr oder weniger Genauigkeit helfen, siehet man, daß der verkäufliche rafinirte Borax merklich verschieden seyn könne; mehrentheils ist er nicht völlig mit Sedativsalz gesätigt, wovon er so oft die Würkungen des mineralischen Alkali zeigt.

(Ge.)

**Boraxhaltig Natron**, Borax alcalinus Brünn. Borax Borech Wall. Türk. Burach. Arab. Bora. Pers. Borech, xech, Baurak. Man hat es in Arabien und verschiedenen Orten des türkschen Gebietes, im Persien, auch im Tranquebar.

Es besteht in Salzklumpen, mit Sande ꝛc. verunreinigt, von kalzinirtem Ansehen, und giebt durch Auslauaung rhomboische Kristallen, die aus mineralischem laugensalz, mit wenig Sedativsalz verbunden, bestehen. Es scheint natürlich, könnte aber wohl auch durch Mischung des dortigen häufigen Natrons mit etwas wahren rohen Borax gemacht seyn und für rohen Borax paßiren sollen. Baron.

(Ge.)

Boraxmutter, siehe Boraxerde.

Boraxsäure, Hombergsches Sedativ, oder Narkotisches Salz, Acidum Boracis Bergm. et Brünn. Es ist so wie das mineralische Alkali ein Grundtheil des Borax, welches mittelst starker Mineral= und Pflanzensäure durch Destillation, da es sich sublimirt oder die bloße Uebersetzung der Boraxsolution mit einer Säure niederschlägt, und im Borax ohngefähr $\frac{1}{3}$ seines Gewichtes ausmacht. S. vorher Borax.

Es erscheint in kleinen weißen Schuppen oder Blättchen, löset sich in Wasser und Weingeist schwer auf, und macht die Flamme des Weingeistes grün. Im Feuer verglaset es, und das Glas ist im Wasser auflöslich. Destillirt man es mit Salpeter oder Kochsalz, so treibt es deren Säuren aus. Mit mineralischem Alkali macht es wieder Borax. Es sätigt laugensalze, ohne mit denselben zu brausen. Blaue Pflanzensäfte entfärbt es nicht, aber lackmußtinctur macht es röthlich. Alkalische Solutionen fällen nichts aus demselben. — Diese und mehr besondere Eigenschaften

ten dieses Salzes haben es den Chemisten zum Problem gemacht, dessen Auflösung bisher keinem glücken wollen. Es scheint ein Mittelsalz zu seyn, es ist aber kein erdiges, auch kein metallisches, und wäre es ein neutrales, so ist die Erforschung seiner Säure und seines Alkali wieder Räthsel. Der Ritter Bergmann zählte es wegen einiger angeführten Eigenschaften zu den Säuren; als solche hat sie auch Brünnig (Mineral.) aufgestellt, bis es andere vielleicht wieder wegsetzen. —

Man fand es vorher bloß allein im Borax, oder vielmehr es machte das mineralische Alkali zu Borax, und da man den rohen Borax immer fettig und gleichsam seiffenhaft fand, schien einigen Naturforschern wahrscheinlich, daß es eine Erzeugung künstlicher Veranstaltungen seyn möchte. Allein, schon die unvollkommnen Nachrichten vom rohen Borax (S. **Borax natürlicher**), und die fehlgeschlagenen Nachahmungen sind dawider, und seitdem Höfer im Toskanischen an dem vulkanischen Berge Monte Rotundo heiße Quellen und Pfützen, mit Sedativsalz geschwängert, entdeckt hat, fällt die Vermuthung von künstlicher Erzeugung des Sedativsalzes oder der Boraxsäure völlig hin, so interessant auch die Erfindung wäre, da wir uns durch dieselbe von Sode oder Kochsalz, so viel Borax wir wollten, sehr wohlfeil verschaffen könnten. S. a. Sedativsalz und Mineralwässer. (Ge.)

**Borax, venedischer**, Borax veneta. Der erste geläuterte oder rafinirte, den Metallkünstlern brauchbare Borax kam aus Venedig, wovon man ihn venedischen nannte, und diese Benennung ist geblieben, ob man gleich den Borax jetzt gewöhnlich von Amsterdam erhält. (Ge.)

**Boraxwasser.** Wässer, in welchen sich natürlicher Borax aufgelöst befindet, sind in Tibet, Tranquebar und überhaupt in Indien, wo man Borax antrift, gar nicht selten. Bey Tibet ist der Schlamm des Sees Nekbat reich an Borax, also muß es auch das Wasser selbst seyn. Nach dem Marquis von Beauveau sind etwan 40 Meilen von Tranquebar, wo er sich 1769 aufhielt, einige Seen, deren Thonschlamm man am Ufer trocknen läßt, und denn den krystallisirten Borax aussondert. Nachher wird auch der Schlamm ausgelaugt. Die Boraxwässer werden theils für sich versotten, theils dienen sie zum Auslaugen der Boraxerden und Steine. Toskana hat Sedativsalzquellen. S. Boraxsäure. Vielleicht sind die indischen Boraxseen und Teiche natröse Wasser, wie viele in Rußland und Sibirien, die aber unter ihren Quellen auch den toskanischen ähnliche Sedativsalzquellen haben mögen. (Ge)

**Borbonie,** Borbonia. Eine afrikanische Gattung Stauden mit einfachen Blättern, deren Blumen einen mit scharfen Spitzen oder Stacheln versehenen Kelch, eine schmetterlingsförmige Krone, zehen Staubfäden, deren Träger ganz in eine Scheide zusammengewachsen sind, und einen Staubweg mit ausgeschnittener Narbe haben, und eine in eine steife Spitze sich verlierende Narbe hinterlassen. Man kann sie entweder im Herbstmonat aus den Schößlingen, oder aus Samen ziehen; die ersteren kommen entweder unmittelbar oder sehr nahe an der Wurzel hervor, treiben aber erst in zwey Jahren Wurzeln; man schlizt den Knoten, der in die Erde kommt, aufwärts, wie bey den Nelken, und schneidet die Rinde der Zweige unten am Grunde ab: den Samen säet man, sobald man ihn bekommt, in Töpfe, die mit leichter leimiger Erde angefüllt sind,

und,

und, wenn dieses im Herbst geschieht, nicht stark begossen, und in ein altes Lohbett unter ein Gerähme, wenn es aber im Frühling geschieht, in ein Mistbett gegraben werden, setzt die Pflanzen, wenn sie stark genug sind, jede in einen eigenen kleinen Topf, der mit dergleichen Erde angefüllt ist, und in ein gemäßigtes Mistbett gegraben wird, erhält sie, bis sie frische Wurzeln haben, in Schatten, erfrischt sie gehörig mit Wasser, gewöhnt sie nach und nach an die Luft, bringt sie im Brachmonat, doch an einem bedeckten Orte, darein, und im Herbst in die Winterung an einen Ort, wo sie auch Luft und Sonne genießen, und den Winter über nur sparsam begossen werden müssen. Man kennt sieben Arten:

**Borbonie, dreynervige**, Borbonia trinervia. Sie kommt aus Ethiopien; ihre Blätter haben drey Nerven und einen ganz glatten Rand, und sind lanzenförmig, steif, dicht beysammen, scharf zugespitzt, schmal und klein; ihre Blumen sind ziemlich groß, und haben eine gelbe Krone. c)

**— — — filzige**, Borbonia tomentosa. Auch diese Art ist in Ethiopien zu Hause: ihre Blätter sind ohne Ansätze, rauch, und wie ein umgekehrtes Ey, und ausgehölt, wie ein Löffel; ihre Blumen stehen in Köpfgen oder Dolden beysammen, und haben eine gelbe glatte Krone, und einen rauchen Fruchtknoten d).

Bor-

c) Borbonia foliis lanceolatis acuminatis trinerviis. Linné hort. Cliffort. S. 494 Borbonia foliis lanceolatis trinerviis integerrimis. Linné sp pl 2 S 994. n. 2 syst veget. ed. 14. S. 643 n 3. Frutex aethiopicus rusci angusto et minore folio. Plucken almag. 158 t 297 f. 4.

d) Borbonia foliis obovatis villosis Linné sp. pl. 2. S. 994. n. 5 Genista africana tomentosa folio cochleariformi, flore luteo, Seba Mus. 1. S. 38. t. 24. f. 1.

Borbonie, gekerbte, Borbonia crenata. Auch diese Art wächst in Ethiopien: ihre Blätter haben die Gestalt eines Herzens und viele netzförmig in einander laufende Adern; sie sind glatt und am Rande fein gezackt, umfassen den Stengel, und endigen sich in eine steife Spitze; ihre Blumen hängen an Kämmen e).

— — — geglättete, Borbonia laevigata. Sie ist am Vorgebirge der guten Hofnung zu Hause. Ihre Aeste sind rundlicht und nach oben zu etwas rauch; an ihnen sitzen die Blätter ohne eigene Stiele abwechselnd auf dieser, dann wieder auf der andern Seite; sie sind glatt und lanzenförmig, haben keine Adern, und verlieren sich in eine steife Spitze; ihre Blumen sitzen am Gipfel der Aeste auf ganz kurzen Stielen zu vier in Dolden beysammen, welche eine aufrechte harige und aus vier eyrunden vertieften Blättchen bestehende Hülle haben; ihr Kelch hat die Gestalt einer Glocke, ist harig, kürzer als die gelbe Krone, und in fünf spitzige Abschnitte gespalten; ihr Fruchtknoten ist zotig f).

— — — herzförmige, Borbonia cordata. Sie ist in Ethiopien zu Hause, und blüht im Erndte- und Herbstmonat. Ihr Stamm ist zart, und hat eine weiße Rinde; ihre Blätter haben viele Adern; einen ganz glatten Rand, und die Gestalt eines Herzens; sie umfassen den Stamm, und verlieren sich in eine scharfe Spitze; ihre Blumen stehen an Kämmen am Gipfel

---

e) Borbonia foliis cordatis multinerviis denticulatis. Linné spec. pl. 2. S. 994. n. 6. syst. veget. p. 643. n. 6 Frutex aethiopicus leguminosus, foliis rusci majoribus in ambitu spinulis fimbriatis. Pluckn. alm. 159. Planta leguminosa aethiopica foliis rusci. Breyn cent. 69. tab. 28.

f) Borbonia foliis lanceolatis enerviis glabris, involucris calycibusque hirtis. Linné syst. veget. ed. 14. S. 643. n. 2.

Gipfel der Zweige, und sind größer als bey der lanzenförmigen; ihr Kelch ist zotig, und in fünf stachlichte, ziemlich gleiche Abschnitte gespalten; ihre Krone ist gelb, und von außen ganz filzig g).

**Borbonie, lanzenförmige,** Borbonia lanceolata. Sie ist in Ethiopien zu Hause, und blüht im Erndte- und Herbstmonat. Ihr Stamm ist zart, glatt und ästig, und wächst in ihrem Vaterlande gegen zwölf, in Europa nicht selten über fünf Schuhe hoch; ihre Blätter haben einen ganz glatten Rand, und viele Adern; sie sind schmal, lang, und wie eine Lanzette scharf zugespitzt; ihre Blumen sitzen in den Winkeln der Blätter am Gipfel der Aeste in kleinen Trauben beysammen, und haben eine gelbe Krone h).

**— — — mit Heideblättern,** Borbonia ericifolia. Sie wächst auf dem Vorgebürge der guten Hofnung wild. Ihre Blätter sind schmal, von ziemlich gleicher Breite, doch etwas spitzig und auf der untern Fläche

g) Borbonia foliis cordatis acuminatis integerrimis multinerviis. *Royen* Lugdb. 372. Borbonia foliis cordatis multinerviis. Linné sp. pl. 2. S. 994. n. 4. syst. veget. ed. 14. S. 643. n. 5. Genista africana frutescens, rusci foliis nervosis, flore luteo. Seba mus. 1. S. 38. t. 24 f. 3. Planta leguminosa aethiopica, foliis rusci. Breyn cent. t. 28.

h) Borbonia foliis lanceolatis multinerviis integerrimis. Linné sp. pl. 2 S. 994. n. 3. syst. veget. ed. 14. S. 643. n. 4. Genista africana frutescens, rusci nervosi foliis. Tournef. inst 644 Frutex aethiopicus, foliis rusci, floribus papilionaceis sericea lanugine fusca villosis Pluckn. alm. 159 t. 297. n. 3. Sparteum africanum frutescens rusci folio caulem amplexante. Commelin hort. amst. 2. S. 195. t. 98.

Fläche rauch; ihre Blumen sind klein, haben eine gelbe Krone, und stehen am Ende der Zweige in Köpfgen beysammen i). (Gm.)

Bordestrapp oder

Bordestreppe, die Vortreppe, franz. Bordesse, holländisch Bordes Trappen. Dieser Name ist von den Schriftstellern so verschieden gebraucht oder vielmehr gemißbraucht worden, daß wir, alle Verwirrung zu vermeiden, verschiedene von den Schriftstellern werden benennen müssen, die sich dieses Namens bedient haben. Wir bezeichnen folgende.

1) Die Bastart Bordestrapp, die Bastart-Vortreppe. Siehe hernach die schmale, und die zweyte Bastart-Bordestreppe.

2) Die Bordestrapp oder Vortreppe des Knorr k). Herr Chemnitz nennt diese Abbildung, die Martini nachzeichnen ließ, eine unförmliche Figur und eine Mißgeburt, welche eine Bordestrappe seyn solle. Es ist wohl nicht zu leugnen, daß die Abbildung im Knorr dem Zeichner und Mahler verunglückt ist, und daß also die Copie des Martini nicht besser gerathen konnte,

---

i) Borbonia foliis sublinearibus acutis subtus villosis, capitulis terminalibus. Linné sp. pl 2 S 993. n 1 syst. veget ed. 14 S. 642. n 1 Genista africana, ericae folio, floribus parvis luteis in capitula congestis Raj suppl 105.

k) Knorr Vergnügen Th VI. tab. fig 7. Deutsch S 33. die gelbe Bordes oder Freytreppe Holland. Geele Bordes Trappen. Franz Bordesse jaune. Holländischer Text. S 85. Geele Bordes-Trappen. Chemnitz syst. Conchylienk. Th. IV. S 26. tab. 122. fig 1130. aus dem Knorr copirt. Meine Einleit. Th. I. S. 363. n. 27.

konnte, weil dem seel. Martini das Original dazu fehlte: es ist auch gewiß, daß diese Schnecke Bordestrappe genennt wird; aber ich glaube es doch nicht, daß man darunter die wahre Bordestrappe gemeynt habe. Eigentlich ist der Müllerische Text eine bloße Uebersetzung des Houttuynischen holländischen Textes; Herr Houttuyn aber sagt über diese Abbildung, deren Original in seiner Sammlung liegt, folgendes: „Wir haben in diesem Werke die eigentlich sogenannte Bordes Trappe in dem dritten Theile tab. 7. fig. 2. l), die Bastart Bordestrapp aber im zweyten Theile tab. 24. desgleichen auch im fünften Theile m) abgebildet gesehen. Die erstern sind weiß, die letztern gelb von Farbe. Zu den letztern gehört die in der siebenten Figur abgebildete Schnecke, nur daß sie hochgelb oder orangefarbig ist, was sie nicht wenig schmückt; auch ist sie lange nicht so gemein, als die andern. Die Mundöfnung hat eine milchweiße Farbe." Das sagt Herr Houttuyn, und giebt also diese Schnecke nicht nur für eine Bastart-Vortreppe, sondern auch für den *Murex cutaceus* des Linné aus. Was ihm bey seinem Beyspiele auffiel, das war die Orangefarbe, und die milchweiße Mundöfnung; was er aber übersahe, und das zwar

 die

l) Es ist dies die von uns sogenannte ächte Bordestrappe des Martini, die wir im sechsten Bande dieses Naturlexikons S. 266. f beschrieben haben.

m) Die im dritten Theile ist die so genannte schmale Vortreppe (Murex cutaceus Linn.) die wir hernach beschreiben wollen; die Abbildung aber im fünften Theile tab. 3. fig. 5. ist Murex dolarium, die wir in dieser Abhandlung zuletzt beschreiben wollen.

die Hauptsache, das war der Mangel der Queerribben auf der ersten Windung, die sich erst mit der zweyten anfangen. Daß man aber Beyspiele dieser Art hat, beweisen zwey Beyspiele meiner Sammlung, die ich anderswo n) beschrieben habe. Das eine hat nach der Mündung zu einen neuen Schalenansatz, der wohl anderthalb Zolle betragen kann. Gleich mit diesem neuen Schalenansatze hören die der Hautschnecke eigne starken Queerriben gänzlich auf, nur oben nach der zweyten Windung zu, zeigt sich eine einzige, obgleich ziemlich unvollkommne; hingegen erblickt man eine Menge sehr feiner Queerstreifen, die dicht nebeneinander liegen, welche durch eben so feine, die länge herab laufende Streifen durchkreuzt werden, wodurch aber die Schale mehr gerunzelt als gegittert erscheint. Die senkrecht herablaufende, ein wenig unkenntlich knotige Ribben, sind beynahe deutlicher, als sie sonst bey Murex cutaceus zu seyn pflegen. Die Mündungslefze ist noch ungesäumt, etwas zurück geschlagen und gefalten, und die Spindellefze hat den Nabel fast ganz überdeckt. Die Farbe ist Orange, nur heller, als an dem im Knorr abgebildeten Beyspiele, dem es übrigens völlig gleich ist. Bey dem andern Beyspiele hat die erste Windung überhaupt flache Queerribben, und von den senkrechten Ribben siehet man nur hin und wieder eine dunkle Spur. Die Schale hat zwey neue Ansätze, beyde sind, wie auch an dem vorhergehenden, genau an die alte Schale angefügt, aber mit jedem neuen Ansatze werden die Ribben und die Streifen immer unmerklicher,

n) In meiner neuen Litteratur Th. I. S. 446. f.

cher, daß endlich die Schale beynahe ganz glatt erscheint. Die Mündungslefze ist schneidend scharf, und ganz ohne Saum, zum Beweise, daß die Schale noch nicht ausgewachsen ist. Die Farbe ist wie bey dem vorigen Exemplar. Solche Beyspiele sind für Kenner gar nicht gleichgültig. Nicht zu gedenken, daß hierdurch die gekränkte Ehre der Knorrischen Zeichnung und Herrn Houttuyns gerechtfertiget werden konnte; so entstehen daraus noch zwey Vortheile:

a) lassen sie uns einen Blick in die geheimen Werkstätte der Natur thun, besonders bey der schweren Lehre über den Wachsthum der Schneckenschalen.

b) verhindern sie, daß man nicht neue Arten und Abänderungen annimmt, wo keine sind.

3) **Die Bordestrapp, oder die Vortreppe des Martini.** Sie ist im sechsten Bande dieses Naturlexikons S. 266. unter dem Namen der ächten Vortreppe des Martini beschrieben, wozu ich nur das einzige thue, daß ich in dem Kabinet des Herrn Geheimen Cammerrath von Brockenburg in Rudolstadt Beyspiele gesehen habe, die auf der ersten Windung nur eine, und andre, die nicht mehr als zwey Ribben hatten.

4) **Die gelbe Bordestrapp.** Siehe vorher N. 2. die Vortreppe des Knorr.

5) **Die schmale Bordestrapp, oder Vortreppe, die Bastart-Vortreppe, die Hautschnecke** o).

 Wenn

o) Lister Hist Conchyl. tab. 942. fig. 38. Buccinum rostratum labro duplicato, striis latis et eminentibus distinctum sinuosum.

Wenn unser verewigter Martini unsre schmale Vortreppe unter die dünnschaligen Tonnen bringt, so

---

sinuosum. Seba Thesaur. Tom. III. tab. 49. fig. 63. 64. 71. 72. 73. p. 140. Cylindri obtusi. Sabots courts, it. tab. 52. fig. 10. 11. p. 145. Buccinum tuberosum. Cornet a bossettes. Knorr Vergnügen Th. II. tab. 24. fig. 5. erster Text S. 45. die tiefgefurchte und hochgeribbte Sturmhaube Zweyter Text S 214. Murex dolarium Linn. Die unächte Vortreppe Regenfuß II. Th. tab. 8. fig. 17 Mus. Gottwaldt. tab. 27. fig. 187. b. S. 38. das Weinfaß mit hohen knotigen Reifen Murex cutaceus Linn. Martini Conchyl Th III. S 408 tab. 118. fig. 1085. bis 1058. das Weinfaß mit hohen knotigen Reifen. Das knotige geribbte Weinfaß Cochlis volutata tenuis in costis elatis nodosa, profunde sulcata, umbilicata, labro exteriore plicato-dentato, clavicula brevi contabulata. Dolium nodosum contabulatum. Chemnitz fortges. Conchylienk Th X. tab 162. fig. 1559. 1560. p. 266. die größte und längste Art gestreckter Hautschnecken Gueule de Chien. von Born Ind. Mus. Caes. P. I. p. 297. die Hautschnecke. Belg. Vel-Hoorn. Gall. Degrés bordés. von Born Mus. Caes. Vind. Testac. p. 299. Gronov Zooph. p. 318. n. 1449. Murex testa ecaudata, subovata, longitudinaliter plicata, plicis compressis subnodosis sulco divisis: anfractibus supra planis. (wird im Register irrig zu Murex dolarium gemacht.

Linné Syst Nat. XII. p. 1217. Sp. 532. Murex cutaceus, testa varice solitaria, nodis angulata subrugosa, apertura dentata, columella perforata. Testa alba, magnitudine nucis juglandis. Ventre sutura unica labro opposita, dorso levissime striata et tribus nodis antice angulata. Labrum intus scrobiculato-canaliculatum et subdentatum. Cauda productiuscula. Columella in medio perforata. Ventre subtus rugis striatis notatus. Müller Linnäisch. Natursyst. Th. VI. S. 503. die Hautschnecke Linne Natursf. des Thierr. Th II. S. 545. id. nom. Meine Einleit. Th. I. S. 495. die Bastartvortreppe die Hautschnecke · Meine Abhandl über den innern Bau. S. 36 tab. 5. fig. 5. das Weinfaß mit hohen knotigen Reifen.

Martini

so sahe er auf die mehresten Beyspiele dieser Art, denn bey einigen, besonders unter den gestreckten Abänderungen ist die Schale zu einer solchen Benennung viel zu stark. Bey vielen ist nicht einmal der Bau kuglich genug, sie unter die Tonnen zu setzen. Linné fand daher einen sichrern Weg zur Benennung derselben, da er sie um des harigen Ueberzugs willen, mit der sie aus der See kommt, die Hautschnecke nannte, so wie sie zuverläßig unter seine Murices gehört. Wenn man diese Schnecke auf ihren Schwanz stellt, und ihr daher eine senkrechte Stellung giebt, so drückt sie auch das Bild einer Vortreppe sehr gut aus.

Sie hat nach Linné einen einzigen senkrechten Wulst, einen durch Knoten winklichten Bau, eine einigermaßen gerunzelte Schale, eine gezahnte Mundöfnung und eine durchbohrte Spindel. Noch sagt Linné,



Martini Verzeichn. S. 112 die knotigt geribbte Tonne. Die Vortreppe. Smalle Bordes-Trappen. Degrés bordés étroites Galea costis altioribus tuberculosis circumdata. Mus. Leers p. 48. n. 449. Mus. Koening p. 21. n. 258. Bastert Bordes-Trapjes. Faux Cabestans ou Perrons à étages. Mus. Anon. p. 250. n. 247. 249. Perrons à côtes, ou à tubercules. Kämmerer Conchyl. in Rudolstadt S. 134. n. 41. das genabelte, mit hohen knotigen Ribben umgebene Kinkhorn. Bastert Bordes-Trapje.

Deutsch. Die schmale Bordestrapp oder Vortreppe. Die Bastart Vortreppe. Die unächte Vortreppe. Das Weinfaß mit hohen knotigen Reifen. Das knotigt geribbte Weinfaß Die Hautschnecke Lat. *Murex cutaceus Linn.* Franz *Degrés bordés étroites. Faux Cabestans ou Perrons à étages. Perrons à côtes, ou à tubercules.* Holl. *Bastert Bordes-Trapje. Vellhoorn.*

„daß ihre Farbe weiß sey, und daß sie die Größe einer wälschen Nuß habe. Am Bauche habe sie eine einzige Wulst, der Mündungslippe gegenüber, auf dem Rücken sey sie sehr fein gestreift, und habe oben drey Knoten, wodurch sie winklicht werde; die Mündungslefze habe Einschnitte, wodurch da, wo sich die innre Lippe von dem übrigen Theile der Schale trennt, gewisse Vertiefungen entstehen, (nur muß man völlig ausgewachsene Beyspiele bey der Hand haben, wo nemlich der Lippensaum ausgewachsen ist.) Der Schwanz ragt nur ein wenig hervor, die Spindel ist durchbohrt, und unten hat die Schale gestreifte Runzeln."

Man muß überhaupt zwey Hauptabänderungen dieser Hautschnecke annehmen. Bey der einen bestehet der Zopf nur aus drey Windungen, die oben platt sind. Diese erwächset nie zu einer ansehnlichen Größe; sie hat nie einen senkrechten Winkel, aber kenntliche Queerribben, und die Knoten der Ribben haben eine solche Stellung, daß es scheint, als habe sie senkrechte Ribben, die gestreift sind, so wie die Furchen Queerstreifen haben, die ganze Schale aber gerunzelt ist. Von dieser habe ich den innern Bau beschrieben, den ich folgender Gestalt fand." Die Spindel liegt im Mittelpuncte der Schale in gerader Richtung, unten am Schwanze ist diese Spindel zwar nur leicht gebogen, allein da diese Einbeugung die Hälfte des Fortschritts einnimmt, so wird sie dadurch merklicher. Sonst ist die Spindel ganz glatt, außer daß die gedachte beugung derselben einen kleinen, fast unmerklichen Wulst hervorbringt. Die ganze Schnecke hat

hat vier Windungen. Die aufgeschnittenen Windungen sind herzförmig, aber verschoben denn die rechte Seite ist merklich über die link erhöhet. Die breiten Ribben der ersten Windung sind auch inwendig sichtbar und bräunlich gefärbt, die dazwischen liegenden Furchen aber sind anfänglich weiß, werden aber nach der zweyten Windung zu dunkelbraun. Von der zweyten Windung an ist die Schale inwendig ganz glatt und mit braunen Fäden umlegt. Diese Fäden liegen da, wo von außen Ribben sind. Die Spindel ist weiß, außer daß sich in derselben einzelne braune Flecke sehen lassen." Die äußere Farbe ist bräunlich, und mein größtes Beyspiel ist ohngefähr 2 Zolle lang.

Die andre Abänderung wird ungleich grösser, ihr Zopf ist gestreckter und oben zugespitzt, die Schale ist stärker, oft stark und völlig undurchsichtig, sie hat auf der ersten und zweyten, oft auch auf der dritten Windung einen senkrechten Wulst, mit unkenntlichen Ribben, und eine hellere braune Farbe. Ein solches Beyspiel, aber ein kleines und ausgebleichtes hatte Linné bey seiner Beschreibung vor Augen. Daß übrigens manchen der Lippensaum darum fehlt, weil sie noch nicht ausgewachsen sind, daß an diesen der Schwanz etwas länger und spitziger ausfällt als sonst, daß endlich der Lippensaum bey manchen hohl, bey andern verwachsen ist, das macht keine Abänderungen aus, weil es von der verschiedenen Wachsthumsgröße, und folglich vom Alter der Schale abhängt.

Zwey Beyspiele, deren erste Windung weder Ribben noch Knoten hat, habe ich vorher unter dem Namen der Bordestrapp des Knorr beschrieben.

Im höchsten Alter pflegt sich diese Hautschnecke sehr zu verändern. Wenn es nicht der offenbare Augenschein bewiese und außer Zweifel setzte, sagt Chemnitz, so sollte man es kaum glauben, daß diese Gattung im höhern Alter beym gänzlich vollendeten Wachsthum ihres schalichten Wohnhauses, eine solche gänzlich veränderte Form und Bildung annehmen, und sich, da sie in ihrer Kindheit und Jugend mit knotenvollen Querribben umgeben gewesen, nun im Alter dergleichen nur noch als Ueberbleibsel der Kindheit auf den letzten obersten Stockwerken beybehalten, aber auf den untersten größten Stockwerken bloß mit einer fest geebneten, zartgestreiften Oberfläche und einigen Knoten behelfen, und zuletzt bey der Mündung mit einer fast geflügelten Lippe endigen werde. Die erste Windung ist bey dieser länger, größer und gewölbter, wie alle übrige zusammen genommen. Die starke vierkigte Mündungslippe hat auf ihrer Außenseite solche Knoten, welche den knotigen Pfoten einer Löwenklaue gleichen. An der innern Seite sitzet sie voller tiefer Furchen und Zähne. Auf der Spindellippe erblickt man obermärts einen dicken Wulst, welcher einem Zahne gleichet. Hinter dieser Lippe findet man einen tiefen Nabel. Am Bauche dieser Schnecke, der Mündungslippe gegen über, siehet man eine einige mit Knoten besetzte Klammer oder länglichte Leiste, die vermuthlich vormahls die Mündungslippe gewesen. Die innern Wände sind weiß. Sie ist vier Zolle, zwey Linien lang, zwey Zoll, vier Linien breit, hat sechs

sechs Windungen, und kommt von der guineischen Küste, wo man sie auch kleiner, mit fünf Stockwerken findet."

Man findet überhaupt die Hautschnecke bey der Küste der Barbarey, auf der Küste von Koromandel, und in Westindien auf der Küste Guinea. Vormals war sie seltener als jetzt.

6) **Die wahre Bordestrappe.** Sie ist im sechsten Bande dieses Naturlexikons S. 269. unter dem Namen der **eigentlichen wahren Vortreppe** beschrieben. In dem Muſ. Geverſ. p. 288. 289 n. 448. stehet davon folgende Anmerkung. *Turbo Turris (Sabot Tour ou Cadran.)* umbilicatus, umbilico rotundo aperto, ore trigono anfractibus ſeptem. Linn. o. *Leers* Muſ. tab. 1. fig. b. *Pallas* ſpicil. X. p. 33. tab. 3. f. 7. 8. v. d. Mied. Muſ. n. 156. ſub nomine *Bordes Trap*, ubi hujus rariſſimae conchae ampla deſcriptio. Singulare illud ac admirandum objectum nullis in aliis Muſaeis adhuc repertum niſi; *Hagae* in eo Dom. a Secretis *Lyonetio*; inque eo, defuncti Praeſidis v. d. *Mieden*; inde perventum ad *Ducem a Portland, Londini*; ut et in eo Comitis defuncti a *Waſſenaar Obdam*; quamvis in ejus Catalogo deſideratur; *Bataviae* apud defunctum Dom. *I. van Oord*. ſub particulari nomine: *de Kroon der Alikruiken*: ultimo autem extat exemplar *Hafniae* apud *Dom. Direct. Spenglerum*.

7) **Das Weinfaß mit hohen knotigen Reifen.** Siehe vorher Num. 5. die schmale Bordestrapp.

8) Die

8) Die zweyte Bastart-Bordestrapp. p) Ich nenne sie die zweyte, um sie dadurch von der Num. 5. beschriebenen Hautschnecke zu unterscheiden, die auch die Bastartvortreppe heißt. Sie hat nach Linne einen ofnen Schwanz, einen eyförmigen Bau, und auf den Windungen einige erhabene platte Gürtel. Noch sagt Linné, sie habe die Größe einer Welschennuß, sey hornartig, eyförmig, und auf beyden Seiten mehr verengert. Ihre Gürtel sind sehr erhaben und platt, es sind ihrer viele, die zwischen sich feine Querstreifen haben; zwey derselben gehen auf die folgenden Windungen über. Die Mundöfnung ist eyförmig, und oben gewissermaßen in einem

p) Bonanni Recreat. Class. III. fig. 347. p. 163. Purpura ex Lusitano littore. Bonanni Mus. Kircher. Cl. III. fig. 347. p. 472. Seba Thesaur. Tom. III. tab. 49. fig. 74. p. 140. Knorr Vergn. Th. V. tab. 3. fig. 5. Deutsch S. 8. die schmale Vortreppe. *Smalle bordes Trappen. Degrez bordés etroites.* Holländisch p. 37. Smalle Bordes Trappen. (Man hält sie aber für die Hautschnecke.) Linné Syst. Nat. ed. XII. p. 1223. Sp. 564. Murex Dolarium, testa patulo caudata, ovata, anfractibus cingulis aliquot elevatis obtusis. Testa juglandis magnitudine, cornea ovata, utrinque magis attenuata. Cingula maxime elevata, obtusa, plura ventrem cingunt, inter quae testa substriata est, et 2 cingunt Spiram anfractus. Apertura ovata, antice subtransversa, excavata ad marginem exteriorem secundum cingula. Postice attenuata in canalem vix manifestum, vixque emarginatum Columella perforata. Müller Linnäisch Natursyst. Th VI. S. 518. die Stiege. Linné Natursf. des Thierr. Th II. S. 548. Meine Einleit Th. I. S 529 die Steige, die Vortreppe, die Bastartvortreppe mit verlängerter Nase. von Born Ind. Mus. Caes. P. I. p. 320. die Vortreppe. von Born Mus. Caes. Vind. Test. p. 318. Mus. Gevers. p. 320. n. 716. Rocher Dolaire, ou Faux Escallier. Mus. Gronov.

einem gleichen Abstande mit den Windungen; sie ist aber am äußern Rande, so wie die Ribben laufen, ausgeschnitten, unten gehet sie in einen verlängerten Kanal aus, der kaum offen ist, und einen kaum merklichen Einschnitt hat. Die Spindel ist durchbohrt. Das sagt Linné von einer Conchylie, von der die neuern Schriftsteller fast durchgängig schweigen, die, wie der Augenschein lehret, mit der N. 5. beschriebenen Hautschnecke eine große Aehnlichkeit hat, von der sie vielleicht bloß der verlängerte Schwanz unterscheidet. Sonst sind die obern Windungen wenig erhöhet, der Schwanz ist manchmal länger, manchmal kürzer, sie kann, wie die vom Linné angeführte Zeichnung aus Bonanni lehret, größer noch als eine Wälschenuß werden, die Mundöfnung hat so viele Einschnitte als Ribben sind, und manche Beyspiele, z. B. das im Knorr, haben auf weißlichen Grunde braune Ribben. Ihren Wohnort kann ich nicht angeben; Linné sagt das Allgemeine, daß sie im Ocean wohne, und daß er sie von einem Joh. Heinr. Ferber erhalten habe. Aller Wahrscheinlichkeit nach ist sie sehr selten. (S.)

**Boreasphaläne, die westindische.** Phalaena Boreas. p) Ein Nachtvogel aus dem Geschlechte der Atlosse oder Spiegelträger (Phalaenae Attaci) Die Flügel sind gelbröthlich; die vordern sichelförmig mit 2 weißen Augen auf jedem; die hintern sind mit langen Schwänzen versehen. (Gr.)

Borg,

q) Cramer Pap. Exot. VI. p. 110. t. 70. f. B. Goetze Entom. Beitr. III. Th. 2. B. p. 275. n. 18.

**Borg, Borkschwein**, ein verschnittener Eber. Siehe Schwein.

**Born**, nennet man an einigen Orten jede sprudelnde Wasserquelle, gewöhnlicher aber eingefaßte, nicht tiefe Wasserquellen. Tiefliegende Quellen, welche eine tiefe eingefaßte Grube erfordern, werden meistens Brunnen benamet. S. a. Brunnen.

(Ge.)

**Bornholmische Diamanten** Brünn. Werden die Bergkristallen von gedoppelten Prismen, ohne daß eine Säule zwischen den Spitzen ist, genennet, welche man auf der dänischen Ostseeinsel Bornholm, in den Klüften und Höhlen der dortigen Kiesel, und vorzüglich in hohlen Kalksteinkugeln, als innere Bekleidung derselben findet. Sie sind nur klein, aber wasserklar, und hart, daher man sie zu Ringsteinen, Handknöpfen u. d. gl. schneidet. ,S. a. Bergkristall und Diamanten, unächte, auch im Naturlex. I. 189.

(Ge.)

**Borragen, Boretsch**, Borago. Eine Gattung geruchloser Kräuter, die größtentheils Sommergewächse, und wenigstens ursprünglich in wärmern Ländern außerhalb Europa zu Hause sind. Ihre Blätter sind rauch; ihre Blumen haben fünf Staubfäden, nebst einem Staubwege, einen Kelch, der um den Fruchtknoten herum geht, und eine radförmige Krone, die aus einem zusammenhängenden Stücke besteht, und deren Schlund mit strahlenförmigen Spitzen geschlossen ist, und hinterlassen vier Samen, welche übrigens ganz entblößt im Kelche liegen. Man kennt sechs Arten.

— — — **afrikanische**, Borago africana. Sie wächst in Ethiopien wild, und ist ganz mit steifen

Borsten

Borsten bekleidet; ihre Blätter sind eyrund, und sitzen auf eigenen Stielen einander gerade gegenüber, zunächst bey den Blumen abwechselnd, bald auf dieser, dann auf der andern Seite; ihre Blumen sitzen an den äussersten Zweigen und in den Winkeln der obersten Blätter immer mehrere an einem harigen Stiele; sie sind klein, hängen über, und haben eine blaue Krone, die in der Mitte auf gelbem Grunde fünf purpurrothe Punkte hat. Man kann sie aus dem Samen ziehen, den man im März auf ein Mistbett säet, die Pflanzen, wenn sie aufgegangen und stark genug sind, einzeln in kleine Töpfe setzt, die mit leichter Erde angefüllt sind, und in ein frisches Mistbett gegraben werden, und ihnen bey warmem Wetter viele Luft giebt r).

**Borragen, egyptische,** Borago verrucosa. **Forskål** fand sie bey Kahira in Egypten, als eine eigene Art, ob sie gleich von der afrikanischen kaum verschieden zu seyn scheint. Ihre Blätter sind mit Warzen besetzt, die sich in steife stechende Borsten verlieren.

— — — **gemeine, Borragen, gemeiner Borretsch, Bueretsch,** Borago officinalis. Er wächst nun in verschiedenen Gegenden Europens wild, blüht im May- und Brachmonat, ist saftreich und kühlend, und enthält wahren Salpeter. Ihre Blätter stehen alle abwechselnd, bald an dieser, dann wieder an jener

r) Borago foliis oppositis petiolatis ovatis, pedunculis multifloris. Linne syst. veget. ed. 14. S. 188. n. 3. Borago foliis ramificationum oppositis petiolatis, calycinis foliolis ovatis acutis erectis. Linné sp. pl. S. 197. n. 3. Cynoglossoides africana verrucosa et hispida. Isnard Abhandl. d. Paris 1718. S 325. t. 11. Cynoglossum boraginis folio et facie aethiopicum. Pluckn. alm. 34.

ner Seite; ihre Blumen sitzen mehrere auf einem Stiele am Gipfel des Stammes und der Aeste; sie haben einen offen stehenden Kelch, und gewöhnlich eine blaue, zuweilen eine weisse, seltener eine rothe oder bunte Blume. Man kann sie aus Samen ziehen, den man entweder selbst ausfallen läßt, oder im Frühling, oder noch besser im Herbst auf ein freyes Stück Land säet, wo die Pflanzen bleiben sollen; sind diese etwas erstarkt, so muß das Land umgraben, das Unkraut ausgerottet, und die Pflanzen so verdünnt werden, daß sie bis zehen Zoll weit auseinander stehen. Noch Boerhaave empfehl sie sehr in Entzündungs-Krankheiten, und Lieutaud in hitzigen Brust-Krankheiten; den Blumen, die auch den Bienen willkommen sind, hat ihre liebliche Farbe den Ruhm eines herzstärkenden Mittels erworben; man genießt sie und die Blätter als Salat, diese auch, wenn sie jünger sind, wie Spinat zubereitet. s)

**Borragen, indische,** Borago indica. Sie ist in Indien zu Hause, ihre Stengel sind rauh, und werden selten über einen Schuh hoch; die Blätter, die an den Zweigen sitzen, umfassen diese, und sitzen einander gerade gegen über; ihre Blumen stehen jede auf einem besondern Stiele, in den Winkeln der Blätter, und an dem Gipfel der Stengel, und haben eine blaßrothe Krone, an ihrem Kelche stehen die Blätchen aufrecht, und sind spitzig wie ein Pfeil. Man kann sie, wie die afrikanische, aus Samen ziehen. t)

Bor-

---

s) Borago calycibus patentibus. *Royen* Lugdb. 403. Borago foliis omnibus alternis, calycibus patentibus. Linné sp. pl. 1. p. 197. n. 1. syst. veget ed. 14. S. 188. n. 1. Buglossum latifolium, Borago. C. Bauhin pin. S 256.

t) Anchusae de generis facie indiae orientalis herba quadrica-

**Borragen, morgenländische,** Borago orientalis. Sie wächst bey Konstantinopel wild, und hält mehrere Jahre aus. Ihre Wurzel ist dick und fleischig; ihre Blätter länglicht, und von der Gestalt eines Herzens; ihr Stengel wächst nicht über zween Schuhe hoch, trägt an jedem Gelenke ein einzelnes Blatt ohne Stiel, und breitet sich in viel kleine Stiele aus, welche an ihrer Spitze eine lockere Blumenähre tragen; ihre Blumen haben eine blaßblaue Krone, deren Röhre länger ist, als der Kelch. Man kann sie auch durch die Wurzeln fortpflanzen, die man aber in einen trockenen Boden und in eine warme Lage setzen muß. u)

**Borragen, zeylonische,** Borago zeylanica. Sie ist in Indien zu Hause; ihr Stengel ist mit Borsten besetzt, und theilt sich in mehrere Aeste; auch die Blätter sind mit Borsten besetzt, lanzenförmig und ohne eigene Stiele, am Stengel sitzen sie einander gerade gegen über, an den Zweigen aber abwechselnd, einmal auf dieser, denn wieder auf der andern Seite, auch sind sie da häufiger, kleiner und spitziger; ihre Blumen sitzen in den Winkeln der Blätter, jede auf einem eigenen fadendünnen und haarigen Stiele, der länger als

---

dricapsularis. Pluckn. alm. 30. t. 76. f. 3. Borago calycinis foliis sagittatis erectis. Royen Lugdb. 403. Borago foliis ramificationum oppositis amplexicaulibus, calycinis foliolis sagittatis. Linné sp. pl. 1 S. 197. n. 2. syst. veg. ed. 14. S. 188. n. 2. Cynoglossoides folio caulem amplexante. Isnard Abhandl v. Paris 1718 S. 325. t. 10.

u) Borago calycibus tubo corollae brevioribus, foliis cordatis. Linné sp. pl. 2. S 197. n. 4. syst. veget. ed. 14. S. 188. n. 5. Borago constantinopolitana, flore reflexo caeruleo, calyce vesicario. Tournef. coroll. inst. n. 6, S. 6.

als das Blatt ist; ihr Kelch ist aufrecht, harig, etwas grau, ohne Ansätze, und so lang als die Krone; ihre Samen sind ganz glatt. v)

**Borstenfeder.** x) Ist eine wahre Seefeder, (Pennatula) die nach des Herrn Collegienrath Pallas Definition einfach ist, und eine viereckigte Spindel hat, an deren einen Seite nun die Polypen sitzen. Nach eben desselben Beschreibung beträgt die Länge dieses Seegewächses mehrere Schuhe. Die Spindel oder der Kiel, der nicht dicker als eine Gänsefeder in ihrer Mitte ist, ist von gleicher Breite und vierseitig. Nur eine Seite ist mit Polypen, oder wie sich Linné ausdrückt, mit Blümchen (flosculis) besetzt. Die vierseitige und aus dem aschgrauen weiße Spindel, hat eine dem Fischbein ähnliche Biegsamkeit. Sie ist gerade, von gleicher Breite, hat aber unten ein stumpfes Ende. Pallas sahe ein beynahe zweyschuhiges Exemplar, das seiner Bedeckung beraubt, und an seinem

---

v) Anchusa buglossoides, lithospermi semine. Pluckn. mant. 13. t 331. f. 4. Borago foliis rameis alternis sessilibus pedunculis unifloris, calycibus inauribus Linné syst. veget. ed. 14. S 188. n. 4. Borago zeylanica, foliis ramificationum oppositis, florum alternis oblongis, pedunculis terminalibus unifloris, calycibus protuberantibus. Burm. ind. 41. t. 14. f. 2.

x) *Pennatula antennina*, stirpe subtetragona setiformi hinc pinnata, flosculis confertis. *Linn.* Syst. Nat. T. II. n. 7. p. 1323. Müll. Linn. Natursyst. 6 Th. 2 B n. 7. p. 900. *Pennatula quadrangularis*, simplex, rachi quadrangulari, altero latere polypifera. Pallas Charak. d. Thierpflanzen. 2 Th n. 8. p. 209. Penna piscis pavonis piscatorum. *Bohadsch.* mar. p. 112. tab. 9. f. 4. 5. *Ellis* Philosoph. transact. Vol. 53. p. 431. tab. 20. f. 8. O. *Fabr.* faun. groenland. p. 349. — Dieses letztere Citat ist aus Pallas elench. Zooph., es scheint aber irrig zu seyn, weil O Fabrizius in seinem a. W. dieser Seefeder nicht gedacht hat.

nem einen Ende, wo es ein wenig dünner zu werden schien, abgebrochen war. Man trifft sie im mittelländischen Meer an. Müller hat eine solche Seefeder abgebildet, die etwas gegen drey Schuh lang war. Auswendig war solche mit einer gelben, dünnen Haut überzogen. Der polypenartigen Ansätze zählte man an dreyen Seiten über dreyzehnhundert. Sie stunden reihenweise in schiefen Linien, und wo sie sich loßmachten, konnte man doch die Merkmahle in der lederartigen Haut bemerken. Bohadsch hat die Polypen dieser Art in seinem angeführten Werke beschrieben.

(P.)

Borstenflosse. y) Der alte Thrissa, oder besser Thrizza, war ein Fisch, den wir gegenwärtig unter dem Namen Alse, Alsem, Als, Alose, Else und Mayfisch z) kennen. Herr Archiater von Linné bezeichnet nun mit dieser Benennung die gegenwärtige unter die Gattung der Heringe gehörige Art, nach dessen, so wie nach Herrn Broussonets Bestimmung, sich selbige durch die aus acht und zwanzig Strahlen bestehende Afterflosse, und durch die Rückenflosse, deren letzter Strahl borstenartig und länger als die übrigen in dieser Flosse ist, auszeichnet. Das Vaterland der Thrissa ist das große Weltmeer, und vorzüglich daselbst, wo es Jamaika, Carolina, die beyden Indien, China und Japan umgiebt. Der Kopf ist von Schup=



y) *Clupea Thrissa*, pinna ani radiis 28, dorsalis radii postremo setaceo longo. *Linn.* Syst. Nat. T. I. n. 6. p. 524. ed. *nov. Gmel.* T. I. P. III. n. 6. p. 1406. die Borstenflosse. Müller Linn. Natursy. 4 Th p. 374. Amoen. acad. T. IV. (im Syst. Nat. sowohl alter als neuer Ausgabe ist es ein Druckfehler, wenn statt 4-5 steht) p. 251. Osbecks Reise n China. p. 257. *Broussonet*. Ichthyol. P. I. tab. 10.

z) Clupea Alosa L.

Schuppen entblößt, unterwärts gekrümmt, kielförmig. Der Rache ist mittelmäßig, einigermaßen eyförmig. Die Augen stehen seitwärts, sind kreißrund, von mäßiger Größe, mit einer doppelten Nikhaut und einem silberfarbigen Ringe versehen. Die untere Kinnlade ist kaum kürzer als die obere. Die Lippen sind hautförmig und braunlicht. Eigentliche Zähne fehlen. Die Zunge ist lanzettförmig länglicht, stumpf, auf der Spitze lose, und der Basis knorplicht. Der Gaum ist ziemlich flach und runzlicht gestreift. Der Schlund ist runzlicht, glatt. Die Kiemenöfnung ist ansehnlich und bognig. Die Kiemendeckel sind silberglänzend. Eine Seitenlinie ist kaum merklich. Der After liegt unter der Hälfte des Bauches. Die Flossen sind durchgehends graulicht, und nur die Rükken- und Schwanzflossen sind auf ihrer Spitze einigermaßen braunlicht. Nach Herrn Archiater von Linnes Bemerkung besteht die Rückenflosse aus sechszehen, die Brustflosse aus eben so vielen, die Bauchflosse aus neun, die Afterflosse aus vier und dreißig, und die Schwanzflosse aus fünf und zwanzig Strahlen. Nach Herrn Broussonet ist die Kiemenhaut fünf-, die Rückenflosse zwanzig-, die Brustflosse sechszehn-, die Bauchflosse acht-, die Afterflosse zwey, vier, auch fünf und zwanzig-, und die Schwanzflosse acht und zwanzig strahlicht. Die Länge dieses Fisches hat uns Herr Broussonet angegeben, nach dessen Bemerkung sich selbige nie unter einen londner Schuh erstreckt. Zur Laichzeit begiebt er sich an die Ufer des Meeres, lebt und hält sich daselbst unter dem Auswurf des Meeres, so wie unter den Wurzeln des Manglesbaums. a) Er scheint sich

a) Rhizophora Mangle L.

sich daselbst auch von kleinen Schaalthieren und dem Laich der Fische zu nähren. Seine Farbe ist an seinen Seiten silbern, oberwärts blaulicht grau, und mit besondern reihenweise stehenden braunlichten Tüpfeln gleichsam übersäet. Der Kopf ist seitwärts, so wie der Bauch vorwärts grasgrün. Sein Fleisch ist überaus schmackhaft; man hält ihn, nach Brownes Erwähmung auf den Caribäen für einen der vorzüglichsten eßbaren Fische; indeß fehlt dennoch die Bemerkung nicht, daß er nicht selten giftige Eigenschaften verräth. (P.)

Borstengras. Siehe Nardengras.

Borstenrinde, Eschara ciliata et hispida. Siehe Corallrinde.

Boschasente, Anas Boschas. Siehe unter Ente.

Boschmensch, Holl. Simia Satyrus. Ourang-Outang. Siehe Affen, Th. I. S. 552.

Boschratte. Siehe Buschratte. Beutelthiere.

Bosischer Baum, Goldruthenbaum, Goldruthenstaude, ist eine Gattung Bäume, und hat ihren Namen vom berühmten Bosischen Geschlecht zu Leipzig, das sich theils durch Schriften, theils durch einen reichen botanischen Garten, um die Kräuterkunde verdient gemacht hat. Ihre Blumen haben keine Krone, einen aus fünf Blättchen bestehenden Kelch, fünf Staubfäden und einen Staubweg mit zween Griffeln, und hinterlassen jede eine Beere mit einem Samen. Man kennt bis jetzt nur eine Art.

— — — — kanarischer, Bosea Yervamora. Er ist auf den kanarischen, und einigen den Engländern zugehörigen amerikanischen Inseln zu Hause. Sein Stamm ist stark und oft so dick als ein mittelmäßiger Mannsschenkel, treibt ohne gewisse Ordnung Aeste, und diese im Sommer starke Schossen, die daher alle Frühling beschnitten werden müssen; er behält sein Laub bis in den Frühling, wo er neues bekommt, läßt sich durch abgeschnittene Zweige vermehren, und muß den Winter über im Glashause seyn. b)

(Gm.)

**Botanik.** S. Kräuterkunde.

**Botryllus.** c) Dieß ist der Seegork des Schlossers' aus welchem der ehemalige Professor der Naturgeschichte zu Petersburg, Herr Jos. Gärtner, eine eigene Gattung der Pflanzenthiere unter diesem Namen errichtet, und worüber Herr Collegienrath Pallas a. a. O. uns folgende Nachrichten mitgetheilt. — Das Schlosserische Alcyonium scheint wirklich, nach Herrn P. Gärtner sehr vollständiger Beschreibung, ein neues Geschlecht zu erfordern, dessen Bau überaus wunderbar und zusammengesetzt scheint. Die Nahrungs-

---

b) Arbuscula baccifera canariensis, syringae caeruleae foliis. Pluckn. alm 42. Bosea. Linné sp. pl. 1. p. 326. n. 5. syst. veget. ed. 14. S 265. n. 1. Frutex peregrinus horto bosiano Yervamora dictus. *Walt.* hort. 24. t. 20. Tilia forte arbor racemosa, folio longiore subtus albicante nervis purpureis insignito, flore pentapetalo purpureo Sloane jam. 135. hist. 2. S. 19. t. 158. f. 3.

c) Alcyonium *Schlosseri* subrotundum stuposum, stellis radio pertusis. *Linn* Syst. Nat. n. 6. p. 1294. der Fleischkork. Müller Linn. N S. 6 Th. 2 B. n. 6. p. 782. *Schloss.* act. angl. T. 49. p 451. tab. 14. *Borlace* Cornub. 254. tab. 25. f. 1. 2. *Pall.* Zooph. 208. Pallas Thierpflanzen 2 Th. p. 188. Tab. 18. f. 62. A. B. Dessen Naturgesch. merkwürdiger Thiere, zehnte Sammlung. p. 52. Tab. IV.

rungsorganen dieses Pflanzenthiers, welches sich um allerley Seetange, wie eine dicke fleischigte Rinde ausbreitet, sind nicht, wie an den gewöhnlichen Alcyonien, polypen- oder blumenförmig, und einzeln, sondern aus mehrern kleinen Bälgen, (als so viel Mägen) in einen gemeinschaftlichen Mittelpunkt vereinigt. Diese wunderbare Beschaffenheit, welche Herr P. Gärtner an dem noch lebenden Pflanzenthier weit schöner beobachtet und vorgestellt hat, als wir selbige aus D. Schlossers Beschreibung und im Weingeist aufbewahrten Proben, begreifen konnten, wird durch nichts so schön erläutert und bestätigt, als durch ein wunderbares in Phipps Reise nach dem Nordpole (S. 106. Tab. VII. fig. 3. deutsch. Uebersetz.) unter dem neuen Geschlechtsnamen Synoicum beschriebenes und daselbst abgebildetes Seeprodukt, dessen auf einer gemeinschaftlichen Ausbreitung aufwachsende Organen, jedes aus sechs bis neun mit einander in einen Cylinder vereinigten Körperchen, deren jedes sich den Seebeuteln (Ascidiae) vergleicht, zusammengesetzt sind. Beym Schlosserischen Alcyonio sind ähnliche Theile, die, (gleich den Seebeuteln) zwo Oefnungen haben, in einem Stern zusammengestoßen; bey der nächsten von H. Gärtner neubeschriebenen Gattung (Botryllus conglomeratus) stehen mehrere solche Theilchen um einen gemeinschaftlichen Kelch versammelt; und in der dritten Gattung (Distomus mamillaris), die unser Freund zu den Seebeuteln gezählt hat, stehn gleichsam lauter einzelne Seebeutelchen in eine gemeinschaftliche Rinde zusammengewachsen. Und diese macht denn so den Uebergang von den Seebeuteln (Ascidiae) zu den Pflanzenthieren, wie das von Herrn Ellis (Philos. Trans. Vol. 57. Part. I. p. 431. tab. 19.) beschriebene sprossende Blumenthier ein Vereinigungsglied zwischen den Blumenthieren (Actiniae) und den Alcyonien und

Sertularien auszumachen scheint. Gewiß nirgends sind mehr Wunder zu entdecken übrig, als in dem unermeßlichen Raum der Meere, die den größten Theil unsers Erdbodens bedecken, und aus keinen Beobachtungen kann die Philosophie der Naturkunde, und die Physiologie der vollkommenern Thiere, welche davon ein Theil ist, mehr Erläuterungen und neue Aussichten in das innere der Naturwerke erwarten, als von denen in der See, an frischen Seegewürmen und Pflanzenthieren noch anzustellenden.

Vermuthlich wird man nach und nach noch mehrere Gattungen entdecken, die sich unter dies neue Geschlecht, dessen Namen ganz schicklich der Gärtnerische Botryllus verbleiben kann, bringen lassen. Borlace hat einige ähnliche gestirnte Rinden in seiner Cornwallischen Topographie abgebildet, die mir vorzüglich hieher zu gehören scheinen. Vielleicht entdeckt man auch noch Gattungen, welche die Verwandschaftskette zwischen den Seebeuteln und unsern Botryllis oder Traubenthieren (wie man sie nennen könnte,) vollkommener machen; da auch ohnehin einige Seebeutel, wie oben schon berührt worden ist, durch die Art, wie sie sich an einander festsetzen und ihre Jungen an sich tragen, ja schon durch ihren unbeweglichen Stand und oft wurzelähnliche Befestigung, einige Aehnlichkeit mit den Pflanzenthieren verrathen, so wie sie hingegen auf der andern Seite mit den zweyschaaligen Muscheln, durch die zwar schaalichten, aber kiefenlosen Pholaden, verknüpft sind.

**Botryllus, gelbgestirnter.** d) Herr D. Schlosser ließ einmahl beym Cap Lezard ohnweit Falmouth, durch

---

d) Botryllus stellatus *Gaertner*. Alcyonium *Schlosseri* l. l. cc.

durch gemiethete Fischer nach dem kleinen englischen Corall oder des Ray Corallium nostras suchen, statt dessen zogen die Fischer zuerst eine fleischigte Substanz aus, welche um den runden Stamm eines andern Seegewächses saß. Sie war hart, über einen Zoll dick, hellbraun oder aschgrau, und auf der ganzen Oberfläche mit goldgelben glänzenden Sternchen besetzt, und eben diese Art hat obige Benennung erhalten, und wird nun also beschrieben: Dieß thierische Wesen besteht aus einer nicht gar dicken, halb durchsichtigen, wie Gallert aussehenden, aber mehr wie gekochtes Eyweiß harten Rinde, die sich in der See um allerley Körper, am liebsten um Seewirre (Fucus) anlegt und selbige überzieht. Ihre Farbe schießt neben der Durchsichtigkeit bald ins bräunliche, bald ins grauweiße.

Die Organen stehen auf der Oberfläche ganz flach und gleichsam in die Substanz eingesenkt, und bestehn aus kolbenförmigen, gelblichen Bläßchen, die um ein Grübchen, welches mit einem Rand eingefaßt ist, einen Stern oder eine Blume bilden. Jedes dieser Bläßchen hat eine Furche nach der länge, und zwo Mündungen, die eine achtmal gekerbte auswärts am kolbigten Theil, die andere, sehr kleine am innern, spitz zulaufenden Ende, gegen das Grübchen. Erstere stellt die Mundöfnung, und letztere den After vor. Solcher Bläßchen stehen drey, fünf und mehrere, zuweilen 16 bis 20, um ein Grübchen in unregelmäßige Sterne beysammen, welche über die ganze Rinde gleichförmig zerstreut sind.

Der Rand der Grübchen, um welche diese Theile stehen, kann sich beträchtlich ausdehnen, und hat inwendig so viele kleine Oefnungen, als Bläßchen denselben stehen. Um denselben nehmen sich auf der Fläche, über den Bläßchen, welche ganz in der Substanz versteckt liegen, eben so viel durch die Furche getheilte Strahlen von weißer oder gelber Farbe aus, die bis an die äußern Oefnungen der Bläßchen reichen, und, so lange Leben in der Masse ist, einen gold- oder silberhaften Glanz zeigen. Diese Strahlen sind bald wie länglichte Blumenblätter gestaltet, bald ganz linienförmig schmal. Nach Ersterbung der Masse verschwindet ihre schöne Farbe, und man sieht nur zu beyden Seiten der Furche, die auf jeden Bläßchen hinläuft, zwo Reihen feiner Queerrunzeln.

Die Farbe der Bläßchen scheinet bald braun-, bald ochergelb durch, und zeigt röthliche Fleckchen oder Punkte. Zwischen den alten Sternen, und am Rande der ganzen Kruste sieht man hin und wieder neue Sternchen hervorbrechen, deren Bläßchen zuerst fast kugelrund, darnach eyrund, und endlich länglich kolbenförmig werden.

Wenn man eines der Bläßchen an der äußern Mündung reitzt, so zieht dieses sich allein zusammen, ohne daß die übrigen Bläßchen etwas zu empfinden scheinen. Reitzt man aber das mittlere Grübchen eines Sterns oder dessen Rand, so ziehen sich alle Mündungen der Bläßchen auf einmal zusammen. Wenn man die Kruste in filtrirtes Seewasser legt, und also hungern läßt, (welches das beste Mittel ist, die Organen eines Pflanzenthiers ganz zum Vorschein zu bringen,) so erhebt sich der Rand eines jeden Grübchens zu einem umgekehrten Trichter, welcher aus einem zarten durchsichtigen Häutchen besteht, und womit die Organen vermuthlich einen stärkern Wirbel im Wasser zu erwecken und die Nahrung heftiger an sich

zu

zu ziehn suchen. Wenn dagegen die Bläßchen sich ihres Unraths zu entledigen haben, so schwindet dieser Rand bis in die Fläche der Kruste ein, und dann schnellen die Bläßchen der kleinen Unrathsklümpchen mit solcher Gewalt von sich, daß selbige über den entgegengesetzten Rand des Grübchens wegfliegen.

Die erste Figur stellt dreyerley Abänderungen dieses Pflanzenthiers in dreyen Krusten, auf einem Stück des sägeblätterichten Seetangs (Fucus serratus) vor. a Ist die Spielart mit länglicht schmalen, b mit breiten, und c mit ganz linienförmig schmalen Strahlen. Fig. 2. ist ein vergrößerter Stern der ersten Spielart, wo α das Mittelgrübchen mit ihrem eingezogenen Rand β, welcher, (wie fig. 3. γ anweist,) in einen Trichter ausgedehnt werden kann; δ die äußern achtkerbigen Mündungen, und ε die innern Afteröffnungen andeutet. Fig. 3. ist ein Stern, welcher den Rand des Mittelgrübchens trichterförmig ausgedehnt hat. Fig. 4. drückt einen vergrößerten Stern der Spielart b in der ersten Figur aus, und Fig. 5. einen der Spielart c.

Botryllus, hindbeerförmiger. e) Es sind kleine, gallerthaftige, zitzenförmige erhobene Körperchen, mit einem hohlen Grübchen in der Mitten, die sich an allerley Seepflanzen ansetzen, und keine ausgebreitete Rinde bilden. Das mittlere Höhlchen ist wie ein umgekehrter Trichter gestaltet, der aus einem weißen Häutchen besteht, und sich zusammenziehn kann. Die äußere Fläche dieses Trichters ist ganz mit eyförmigen, weißen und glatten Bläßchen besetzt, die mit ihrem stumpfen Ende auswärts gekehrt sind, und sich da jede mit

e) Botryllus conglomeratus *Gaertner.*

mit einer weiten Mündung öfnen; das spitzere Ende sitzt am Trichter, und durchbohrt denselben mit einer ganz feinen Afteröfnung. — In der gallerthaften Substanz sind zerstreute, weiße Eyerchen sichtbar.

Man findet diese kleinen Körper nur selten am sägeblätterigten und knotigen Seetang (F. serratus und nodosus.) Fig. 6. stellt ein Paar auf Blasen des letztern Tanges, bey aa vor; A ist die vergrößerte Abbildung eines solchen Körpers.

**Botryllus, fleischfarbiger, mit einfachen Organen** f). Diese Gattung bildet ziemlich dicke und zähe, fleischfarbige oder oraniengelbliche Rinden, welche den Stiel der Seepalme (Fucus palmatus) oft ganz überziehn. Die Oberfläche dieser Rinden ist mit eyrunden, flacherhabenen, gelbrothen Warzen besetzt, deren jede zwey hochrothe, am Rande wie in sechs Zähne gekerbte Mündungen hat, und an und vor sich ein kleines Beutelthier (Ascidia) vorstellen würde, wenn es nicht mit vielen andern einen Theil der gemeinschaftlichen vegetirenden Rinde ausmachte.

So häufig man auch diese Substanz in der Cornwallischen See findet, pflegt sie sich doch nie an andere Seepflanzen, als die obgedachte Seepalme anzusetzen. Fig. 7. stellt eine solche um ein Stück Stengel der Seepalme angewachsene Rinde in natürlicher Größe vor; A ist eine einzelne Warze, mit ihren zwey sternförmigen Mündungen, um mehrerer Deutlichkeit wegen, vergrößert. (P.)

**Botte.** Siehe Butte.

*Bouis*, bedeutet bey den Franzosen eine Art des Stern-Apfels. (Gm.)

*Boulet de canon*, so nennen die Franzosen in Gujana die Couroupita. (Gm.)

Bour-

f) Botryllus variolosus. Distomus variolosus *Gaertner*.

Bourboner, Müll. Muscicapa bourbonensis. S. Fliegenfänger und Loxia bourbonensis. S. Kernbeißer.

*Bourboulanche*, so heißt im Delphinat eine weiße Art Weintrauben. (Gm.)

Bouteille (Conchyl.) so nannte der seel. Prof. Kniephof in Erfurt (in den Originalzeichnungen, die er sich von dem jetzigen Cammerregistrator und Aufseher des Naturalienkabinets in Bayreuth, Wunder hatte nach der Natur mahlen laßen, die sich jetzo in der Bibliothek der Römisch-Kayserlichen Akademie der Naturforscher befinden, und wovon man Nachricht findet in den neuen Mannigfaltigkeiten Th. IV. S. 414. f., in meinem Journal für die Liebhaber des Steinreichs und der Conchyliologie Th. IV. S. 461. f. Th. VI. S. 530. f., und in unsers Martini neuen syst. Conchylienk. Th. IV. Vorrede S. III. IV.) den braungestreiften Bauerjungen, den wir im sechsten Bande dieses Naturl. S. 322. f. beschrieben haben. Er glaubte unter dieser Conchylie und einer Bouteille eine Aehnlichkeit gefunden zu haben. (S.)

Bovist. S. Staubschwamm.

Boycupeganga. Eine noch nicht ausführlich genug bestimmte Schlange, die zu Folge der kurzen Nachricht, die in den Allg. Reis. z. W. u. z. L. 16 B. S. 274. enthalten ist, sehr groß ist, und deren Flecken, womit der Rücken derselben gezeichnet ist, urtheilen lassen, daß sie eine der giftigsten sey.

Boysalz. Siehe Meersalz.

Boytiopúa. Eine runde und ziemlich lange Schlange, die einzig und allein von Fröschen lebt. Sie soll sehr gemein seyn, weil die Wilden die Seiten der unfruchtbaren Weiber damit reiben, um sie fruchtbar zu machen. Allg. Reis. 16 B. S. 274. Zuverläßigere Nachrichten fehlen noch bisher. (P.)

Braa

Braacher. Klein nennet sein funfzehntes Geschlecht der Vögel, Sichler; von diesen macht er zwey Abtheilungen, und rechnet zu der ersten die oben genannten Baumläufer; die zwote nennet er Braacher, und rechnet dazu verschiedne Gattungen. Man sehe dieselben unter Brachvogel, Bienenfraß und Wiedehopf. (O.)

*Brabejum*, s. Scepterbaum.

*Brabyla*, s. Pflaumen, damascener.

Brachhennl. Kram. Charadrius apricarius. S. Brachvögel. Regenpfeifer.

*Brachiatus*, s. Stamm, armförmiger.

Brachlerche, Alauda campestris. S. unter Lerche.

Brachschnepfe, Scolopax arquata. S. unter Schnepfe.

Brachsen, Cyprinus Brama L. s. Karpfen.

Brachsenkraut, s. Wasserpfriemen.

Brachsme g). Diese Fischgattung steht, nach der Linneischen Classification, unter der dritten Ordnung derjenigen Fische, deren Bauchflossen gerade unter

---

g) *Sparus. Linn.* Syst. Nat. ed. XII. gen. 165. T. I. p. 467. *ejusd.* edit. *Gmel.* T. I. P. III. p. 1270. Mus. Adolph. Frid. T. II. Prodr. p. 72. *Artedi* Syn. p. 57. Gen. XXVIII. Seebrachsmen. Müller Linn. Nat. Syst. 4 Th. p. 176. Scopoli Introd. in hist. nat. n. 301. p. 457. *Gronov* mus. ichth. T. I. p. 37. Cynaedus. Zooph. T. I. p. 60. *Forskaehl.* descr. anim. p. 30. *Gouan.* hist. pisc. gen. 13. p. 103. 135. *Brünnich* ichth. mass. p. 36. *Pennant* british Zool. T. III. p. 240. *Klein* Miss. V. §. 7. 29. 31. 33. Eberhard Vers. eines neuen Entw d. Thiergesch. p. 159. Leske Anfangsgr. d Naturg. p. 418. Blumenbach Handb. d. N. G. 16. p. 293. *Willughby* Cap. V. p. 307. etc. *Rondelet* p. 115. etc. *Salvian.* p. 175. etc. *Gesner* pisc. 110. 112.

unter den Brustflossen sitzen. (*Thoracici*) Sie macht sich durch folgende allgemeine Merkmale kennbar: Der Körper ist zusammengedrückt, ziemlich dicke, am Rücken einigermaßen bognicht, überaus glatt, und mit rundlichten, etwas gefranzten, gestreiften Schuppen bedeckt. Die Seitenlinie ist ununterbrochen, bognicht, und läuft mit dem Rücken parallel. Der Kopf ist zusammengedrückt und dicke, das Hinterhaupt und die Riemendeckel haben Schuppen, die Stirne, die Gegend zwischen den Augen und der Rüssel aber keine. Die Riemenhaut, die von den Riemendeckeln bedeckt wird, hat fünf bis sechs Strahlen. Sieben Flossen finden sich an jeder Art dieser Gattung vor.

Nach Linnés Bestimmung unterscheidet sie sich durch sehr starke Schneidzähne, durch ziemlich stumpfe, gedrängt aneinander stehende Backenzähne, und durch gedoppelte Lippen: durch eine fünfstrahlichte Riemenhaut: schuppichte Riemendeckel: einem zusammengedrückten Körper: eine hinterwärts gekrümmte Seitenlinie, und durch rundlichte Brustflossen.

Gouan, Brünnich, Forskål, so wie Gronov (im Mus. ichth.) scheinen wenig wider diese Linneische Bestimmung einzuwenden, indessen bemerkt doch Gouan, daß die Brustflossen nicht nach Linnés Angabe rundlicht, sondern zugespitzt seyn, worinn ihm auch Brünnich beypflichtet: ferner seyen die Lippen dieser Fische nicht gedoppelt, sondern einfach, welches auch Leske bestätigt.

Ueberhaupt ist es sehr schwer diese Gattung so zu charakterisiren, um sie von allen bekannten durch deut-

deutliche, leicht in die Sinne fallende, beständige Merkmale auszuzeichnen. Denn ihre Verwandschaft mit den Lippfischen, und die große Aehnlichkeit der Arten dieser beyden Gattungen untereinander, ist so wenig in Abrede zu stellen, als die natürliche Nachbarschaft dieser mit den Umberfischen und Barschen zu bestreiten. Es mußte daher dieser Umstand nothwendig zur Folge haben, daß einige Ichthyologen eine Trennung dieser Arten wagten, und solche in mehrere Gattungen vertheilten, in der Absicht die Vermengung jener zu vermeiden, und deren Bestimmung eher zu fixiren. Diesem ohngeachtet wird das Unternehmen derselben gegenwärtig kein Gegenstand für mich seyn können, dasselbe bis an seine Grenzen oder Beschränkungen zu verfolgen, so wenig als die vom Linné gewählten Unterabtheilungen dieser Gattung zu beurtheilen.

Die ältesten Naturforscher und Ichthyologen, wie Aristoteles, Athenäus, Oppianus, Geßner, Jonston, Bellon, Aldrovand, Rondelet und Salvianus kannten schon sehr viele Arten dieser Gattung, und gedachten ihrer unter den Namen Sparus, Sargus, Pagrus, Boops, Cantharus, Melanurus Erythrinus &c. und beschrieben sie, weil ihnen das Licht des Systems fehlte, bald als besondre Gattungen, bald als einzelne Arten.

Klein versuchte beynahe aus eben so viel Arten dieser Gattung, als zu seinen Zeiten bekannt war, eben so viel einzelne Gattungen zu bilden: man weiß es aber schon, mit wie wenigem Glücke er sein Unternehmen ausführte, und wie selten ihm dasselbe, bey Rangirung der Arten unter selbige günstig war. Seine oft sehr guten Zeichnungen sind weit seltner zu entbehren,

ren, als die Erläuterungen, womit er selbige begleitete.

Gronov beschrieb in seinem Zoophyl. mehrere Arten dieser Gattung, ließ aber solche nicht nach Linnes Methode, die er tadelt, beysammen, sondern nannte sie unter Sparus, Cynaedus, Coracinus, Perca und Erythrinus.

Unter denjenigen ichthyologischen Autoren, die sich theils durch genaue systematische Beschreibungen, theils auch durch getreue Abbildungen um die Gattung der Brachsmen verdient gemacht haben, zeichnen sich besonders Linné im Mus. Frid. Reg. I. und dessen T. II. prodr. Brünnich in der histor. pisc. massil. Forskål in der descript. animal. Haselquist, Gronov im Mus. ichthyol. und Zoophyl. Pennant in d. brit. Zool. Willughby und Klein aus. Die wichtigsten Aufschlüsse über diese Fischgattung, die genauesten Bestimmungen derer Arten, und die fürtrefflichsten Zeichnungen derselben ist man nur von einem Bloch und Broussonet zu erwarten berechtigt. Es ist zu beklagen, daß keiner dieser berühmten Naturforscher eines dieser Fische in seinen Werken gedacht hat.

Man trift diese Fische nicht nur in dem großen Weltmeere, in dem indischen Meere, unter den Wendezirkeln, am Vorgebürge der guten Hoffnung, um Japan, Chili, Nordamerika, im arabischen Meere, sondern auch in den Gewässern des südlichen Europa, die meisten aber im adriatischen, mittländischen und toskanischen Meere an. In unsern deutschen Flüssen und Ströhmen hat man meines Wissens noch keinen angetroffen. In den nordischen Gewässern trift man sie selten oder gar nicht an. Daß die deutschen Benennungen, unter welchen man ihrer in deutschen Werken gedenkt, bisher noch immer so schwankend und unbestimmt waren, rührt offenbar daher, weil in Deutschland diese Fische unbekannt sind, sie eben deswegen noch keinen eigentlichen deutschen Nationalnamen erhalten konnten. Der Name Meerbrachsen, Seebrachsen, sind bloß von dem holländischen Zeebraasemen hergenommen und mit einer Art von Willkühr bald von diesem, bald von jenem gebraucht worden. Eben so willkührlich bediente man sich der Namen Brasse, Braßmen, Brachseme, Brachsinen, um sie zu bezeichnen. Ich habe den letztern, und wie ich glaube, einfachern, nicht ohne Grund gewählt. Im Französischen werden sie Brame de Mer, im Italienischen Sparo (wenn gleich im toskanischen, genuesischen, sardinischen, so wie um Marseille rc. jede daselbst befindliche Art unter einem eigenen Provinzialnamen bekannt ist,) und im Englischen Giltedhead, (welche letztere Benennung wohl mit mehrerm Rechte der ersten Art dieser Gattung zukommt,) genennt.

Die meisten Arten dieser Gattung haben viel äusserlichen Schmuck von der Natur erhalten. Linné benutzte diesen Umstand bey Errichtung seiner Unterabtheilungen dieser Gattung, und theilte sie ein, je nachdem ihre Farben oder Zeichnungen es zu heischen schienen, in:

* Brachsinen, die mit einem schwarzen Flecken gezeichnet sind.
** — — — die von Farbe roth sind.
*** — — — die gestreift sind.
**** — — — die bunt sind.

Bey Beschreibung der sämtlichen Arten dieser Gattung, die wohl so viel als irgend eine es verdiente, nicht zerstückt zu werden, und bey der es hauptsächlich, um um sie ganz kennen zu lernen, darauf ankommt, alle ihre Arten beysammen zu haben, habe ich mich der 13ten Ausgabe des linneischen Natursystems nach der Ausgabe des berühmten Herrn Hofrath Gmelins zum Führer bedient.

## * Brachsmen, die mit einem schwarzen Flecken gezeichnet sind.

**Brachsme, Gold=** (Sparus Aurata h). Man darf diesen Fisch, zufolge seines ihn empfehlenden Beynamens nicht mit dem **Goldfisch** (Coryphaena Hippuris) und **Goldkarpfen** (Cyprinus auratus) vermengen. Es ist noch zweifelhaft, ob er der mondförmigen goldfarbigen Streife wegen, die zwischen seinen Augen liegt, fast von allen ältern Autoren Auratus, oder zu Ehren des **Sergius Orata**, der als Entdecker schmackhafter Gerichte auch ihn nicht übersah, diesen



h) Sparus lunula aurea inter oculos. *Linn.* Syst. Nat. ed. XIII. n. 1. p. 1270. Muf. Adolph. Frid. T. II. Prodr. p. 72. *Artedi* Gen. Pisc. n. 1. p. 35. Syn. n. 14. p. 63. *Hasselquist* Resa, p. 337. Deutsch Uebersetz. p. 383. Goldbrachseme. Müller Linn. N S 4 Th. p. 177. tab. 6. f. 3. *Brünnich* ichth mass. n. 50. p. 36. *Pennant* Zool brit. T. III. n. 112. p 240. *Gronov* mus. ichthyol. T. I n. 90. p. 38. Cynaedus cauda lunulata: dentibus aequalibus acutis: maxilla inferiore longiore: capite acutiusculo. *Ejusd.* Zooph. T. I. n. 2:0. p. 63. *Ejusd.* Act. Helv. T. IV. n. 149. p. 263. Synagris IV. *Klein* Miss. V. §. 31. n. 4. Cetti Naturg. v. Sardinien. 3 Th p. 122. Leske Anfangsgr. d. Naturgesch. n. 1 p. 419. Blumenbach Handb. d. N. G. 1. p. 293. *Willughby* p. 307. tab V f. *Salvian.* f. 62. p. 175. *Ginanni* Istor. civ. e natur. delle pinete Ravennati n. 6. p. 381. Aurata omnium auctorum. *Rai.* syn. pisc. p. 131. n. 1. Aurata. *Rondel* p. 115. *Gesner* pisc. 110. 112. La Dorade. *Bellon.* 186. Aurata Plinii. lib. IX. c. 16. Chrysophrys. *Ovid.* Halieut. III. *χρυσοφρυς.* *Oppian.* halieut. I. 169.

diesen Beynamen führt. Der Engelländer Gilt-Head bezeichnet bestimmter den Ort, wo man etwas goldfarbiges an diesem Fische zu sehen hat. Gleichwohl scheinen die venetianischen Benennung Ora, die Marseillische Aurado, so wie die spanische Dorado, ihn zu einem ganz übergüldeten Fische zu machen, wobey die Holländer mit ihrem Goud-Brassem einstimmen. Wir Deutsche folgen, wie gewöhnlich, auch bey den Benennungen der Naturalien den uns vorgreifenden Nationen, und sprechen Goldbraßem willig nach. Indessen ist der auch im Deutschen recipirte Name Dorado nicht ungewöhnlich, unter welchem man diesen Fisch in mehrern deutschen oder ins Deutsche übersetzten Reisebeschreibungen antrift, wenn man sich schon hüten muß, solchen nicht mit eben genannten von ihm sehr verschiedenen Fischarten zu verwechseln. Es giebt Exemplare, an deren Körper wirklich das Goldfarbige prädominirt: nimmt man noch hinzu, daß die besagte bognichte oder mondförmige, zwischen den Augen liegende Streife wirklich goldfarbig ist, so ist auch der Griechen Chrysophys für diesen Fisch gebogen. Nach Hasselquist werde er von den heutigen Griechen Sippuris genannt. Ich müßte mich aber sehr irren, wenn dieses nicht Hippuris heißen müßte; wahrscheinlich der Aehnlichkeit der gedachten Goldfarbe wegen, mit der Hippuris der alten, oder unsrer Coryphaena Hippuris, eines gleichmäßig wahren Dorado, eines Goldfisches.

Das Vaterland des Goldbraßem ist das große Weltmeer zwischen Europa und Amerika, so zwischen Afrika und Amerika, das mittländische und adriatische Meer, und die Küsten von Japan. Seltener kommt er, nach Statius Müller, oder vielmehr nach Houttuyn an der Küste von Holland vor, desto öfter am

Vor=

Vorgebürge der guten Hoffnung, wo ihn Kolbe als einen Fisch von gutem Geschmack, mit einem weiß=lichtrothen Fleisch angetroffen. Er streicht im Früh=jahre in großen Schaaren an den Küsten und Mün=dungen der Flüsse, auch schläft er zu gesetzter Zeit, was man bey andern Fischen nicht so bemerkt.

Der Körper ist länglicht=eyrund, zusammen=gedrückt. Der Kopf abhängs, die Stirne nackend, der Rache groß. Die Vorderzähne sind ziemlich spitzig, stark, hinter welchen noch mehrere kleine Zähne sitzen. Der Ring um die Augen ist silberfarbig. Die Kiemendeckel sind schuppicht und ungetheilt. Vor jedem Auge befinden sich zwey Löcher, eines hin=ter dem andern, und von welchen die vordern einan=der mehr genähert sind, oberhalb welchen und zwischen den Augen die goldfarbige mondförmige Streife liegt. Die Kiemenhaut ist nach Hasselquist fünf= nach Brünnich sechs= und nach Gronov fünfstrahlicht. Die Rückenflosse, oder vielmehr dessen stachlichter Theil, liegt in einer Vertiefung auf dem Rücken, und ist nach Brünnich $\frac{11}{25}$, nach Linné $\frac{11}{24}$, nach Gro=nov $\frac{12}{23}$, und nach Hasselquist $\frac{11}{24}$, mit welcher letz=tern auch Pennants Bemerkung einstimmt. Die Membrane, welche die stachlichten Strahlen verbin=det, ist schwärzlicht. Die Brustflossen sind nach Linné 15, nach Gronov, so wie nach Hassel=quists und Brünnichs Beobachtung, 16strahlicht. Der vierte Strahl in selbigen ist ein Drittheil so lang, als der ganze Körper. Die Bauchflossen sind nach Linné sechsstrahlicht, worin ihm die meisten Autoren, die diesen Fisch beschrieben haben, beystimmen. Die Afterflosse ist bräunlicht, nach Linné $\frac{3}{15}$, nach Gro=nov $\frac{[illegible]}{12}$, und nach Hasselquist $\frac{3}{24}$. Die Schwanz=flosse ist gabelförmig getheilt, bleich, nur am äußern

Rande schwarz, und bald 17, bald 20, auch 22strahlicht. Die Seitenlinie ist etwas bognicht, und läuft, wie bey den meisten Arten dieser Gattung, mit dem Rücken parallel. Die Hauptfarbe dieses Fisches ist weiß silberartig, mit zahlreichen, fast unmerklichen, braunen, länglichten Streifen, die seitwärts an dem Körper des Fisches liegen, untermengt. Ein blutfärbig, brauner großer Flecken liegt zwischen dem hintern Kiemendeckel an den Brustflossen. Ausserdem ist der ganze Körper ohne alle Flecken, wiewohl Linné an seinem Exemplare einen schwarzen Flecken an der Schwanzflosse bemerkte. Der Kopf ist seitwärts silberfarbig glänzend. Die Größe ist in verschiedenen Exemplaren verschieden, bald anderthalb, auch zwo Spannen, bald auch eine Elle.

Cetti in seiner Naturgeschichte von Sardinien a. a. O. äussert sich mit folgenden über unsern Goldbrachsmen: „Nächstdem daß man die Goldbrachsme in den Teichen fängt, wohnt sie auch im Meere; und obgleich die Teichgoldbrachsmen zur Herbstzeit ungemein wohlschmeckend sind, besonders die aus dem Caligo bey Algher, so sind dennoch die aus dem Meere von Ylesias am berühmtesten. In dieser Meeresgegend gelangen sie außer der Schmackhaftigkeit des Fleisches zu einer Schwere von zwanzig Pfunden; eine Größe, welche mir bey diesem Fische nicht die gemeine zu seyn schien; denn ich hatte bey Aldrovandi gelesen, daß die größten Goldbrachsmen kaum ein Gewicht von zehen Pfunden erreichten: ad denas libras, cum maxime adolevit (*aurata*) vix pervenit. (de pisc. Lib. I. Cap. 15.) Bey derjenigen Goldbrachsme, welche Linné bey seiner Beschreibung vor Augen hatte, war am Schwanze ein schwarzer Fleck, in meo exemplari macula nigra ad caudam; ich weiß mir dieses

nicht

nicht zu erklären. In Sardinien sowohl, als in andern Theilen des mittländischen Meeres hat dieser Fisch am Schwanze keinen Flecken; wohl aber an einem andern Orte, nemlich an den Kiemendeckeln. Auch ist dieser Fleck nicht ganz, sondern nur an einer Seite, am Rande schwarz, das übrige ist roth. In ganz Sardinien giebt man der Goldbrachsme den Namen Canina, Algues, ausgenommen, wo sie Orada heißt."

Brachsme, Ringel= (Sparus annularis. i) Dieser ist der Sparus der ältern Ichthyologen, führt auch noch heut zu Tag in Rom und Venedig den Namen Sparo. In und um Marseille wird er nach Brünnich Cante genennt. Er ist im adriatischen, so wie im toskanischen Meere zu Hause, und macht sich durch einen nahe an der Schwanzflosse befindlichen schwarzen ringelförmigen Flecken kennbar. Der Körper ist zusammengedrückt, einfärbig, gelblicht silberfarb, mit verschiedenen, der Länge nach laufenden gelben Binden, und mit fünf breiten dunkelfärbigen Queerstreifen gezeichnet; die Schneidezähne sind nach Artedis Bemerkung besonders breit, spitzig, die Backenzähne aber stumpf. Der Augenring ist weiß. Die Kiemenhaut ist 6 strahlicht. Die Rückenflosse $\frac{11}{24}$, die Brustflossen 14, die Bauchflossen $\frac{1}{6}$, die Afterflosse $\frac{3}{14}$, und die Schwanzflosse 17strahlicht. Er wird nie so groß als der Goldbrachsme, gewöhnlich ist er nur eine Spanne lang, wird aber im Geschmack mit jenem gleich gut gehalten.



i) Sparus ocello nigro subcaudali, corpore flavescente. *Linn* Syst. Nat. 2. p. 1270. *Artedi* Gen. Pisc. 37. Syn. 57. der Schwarzringel. Müller Linn. N. S. 4 Th. n. 2. p. 180. *Brünnich* ichth. mass. n. 51. p. 37. Sargus II. *Klein* Miss. V. §. 33. n. 2. *Willughb.* p. 308. Tab. V. 2. Sparus. *Salvian.* f. 63. p. 177. Sparus omnium autorum. *Rondel.* p. 118. Cetti Naturgesch. v. Sardinien 3 Th. p. 85.

Brachsime, schwarzbandirter, (Sparus Sargus. k) Dieser führt in Italien, und an den Gegenden des mittländischen und toskanischen Meeres, woselbst er gefangen wird, die Namen Sar und Sargo, die aus dem lateinischen Sargus entstanden sind, unter welchem er fast durchgehends bey den ältern Ichthyologen beschrieben angetroffen wird. Der Körper dieses Brachsime ist eyrund, zusammengedrückt und silberfarbig. Eine schwarze Queerbinde läuft an dem Rücken vor der Flosse herab, so wie noch eine andere am Schwanze vor dem Ende der Rücken- und Afterflosse. Dieser Umstand ist es auch, der diesem Fisch den gegenwärtigen deutschen Beynamen zuwege gebracht, wenn derselbe schon nach Kleins Erinnerung nicht mit der angemessensten Deutlichkeit an der Figur des Salviani, so wie an der Willughbyschen, die nur bloße Copie von jenen ist, zu bemerken ist. Das ocellum subcaudale ist denn doch noch, wenn schon nicht deutlich genug, an erwähnten Zeichnungen wahrzunehmen. Die Kiemenhaut ist sechsstrahlicht, die Rückenflosse nach Linné $\frac{12}{26}$, nach Gronov $\frac{11}{24}$, und nach Brünnich $\frac{11}{27}$, die Brustflossen nach Linné, Gronov und Brünnich 16, die Bauchflossen nach Linné und Gronov 6, nach Brünnich $\frac{1}{6}$, die Afterflosse nach Linné $\frac{5}{16}$, nach Gronov $\frac{3}{14}$, und nach Brünnich $\frac{3}{18}$

k) Sparus ocello subcaudali, corpore fasciis nigris. *Linn.* Syst. Nat. n. 3. p. 1270. Mus. Ad. Fr. T. II. prodr. n. 2. p. 173. *Artedi* gen. 37. syn. 58. der Bandirte. Müll. Linn. Nat. 4 Th. n. 3. p. 180. Sargus I. *Klein* Miss. 5. §. 33. n. 1. Cynaedus corpore ovato lato: cauda bifurcata, dentibus aequalibus obtusis. *Gronov* Zooph. T. I. n. 219. p. 63. *Brünnich* ichth. mass. n. 52. p. 38. Blumenbach Handb. d. N. G. n. 2. p. 294. Sargus. *Willugb.* p. 309. Tab. V. f. 4. *Salvian* fig. 64. p. 179. 180. *Rondel.* Lib. 5. Cap. 5. *Rai* syn. pisc. p. 130. n. 6.

$\frac{3}{18}$, die Schwanzflosse 17. Die Flossen sind fast durchgehends weiß. Die Länge dieses Fisches ist nach Gronovs Ausmessung 4 Zoll und 1 Linie. Willughby's Exemplar war fünf Zolle lang.

„Den Sargus, sagt Cetti, nennen die Sarden mit einer kleinen Veränderung des Wortes Sarago; um die Felsen in der See findet er sich häufig. Linné setzt diesen Fisch unter die Gattung Sparus, bey welcher er die fünf Strahlen in der Kiemenhaut als ein allgemeines unterscheidendes Kennzeichen der ganzen Gattung angiebt. Ich habe verschiedene Sargen untersucht, und, wenn ich nicht irre, von den gedachten Strahlen in der Kiemenhaut sechs bemerkt. Auch glaube ich bey dem Dentex eben so viel dieser Strahlen gefunden zu haben, welcher ebenfalls zu der Gattung des linnäischen Sparus gehört. Auch sonst habe ich bey andern Gattungen von Fischen ähnliche Abweichungen von den bey Linné angegebenen Zahlen angetroffen. Ich rede von meiner abweichenden Beobachtung bloß zweifelhaft; das Ansehen solcher Männer wie Linné, scheint so zu sagen nicht mehr zu gestatten.“ —

Die Männchen sollen zur Begattungszeit sehr hitzig seyn, und, wie Saugthiere oder Vögel, um ihre Geliebte kämpfen.

**Brachsime, schwarzgeschwänzter,** (Sparus Melanurus. 1) Hinter der Rücken- und Afterflosse liegt auf dem



1) Sparus ocello nigro caudae, corpore lineis longitudinalibus. *Linn.* Syst. Nat. n. 4. p. 1271. *Arted.* gen. 37. Syn. 58. der Schwarzschwanz. Müll. Linn. N. S. 4 Th. n 4. p. 180. Synagris XIII. *Klein* Miss. 5. §. 31. n 13. *Willughb.* p. 310. Tab. V. f. 2. Salv. fig. 65. p. 180. *Brünnich* ichth. mass. n. 55. p 41. *Rondel.* p. 126. Cetti Naturgesch. v. Sard. 3 Th. p. 125.

dem Schwanze dieses Fisches zu beyden Seiten ein schwarzes Auge, und in demselben zugleich der Grund des griechischen und deutschen Beynamens für denselben. Er ist im toskanischen und mittländischen Meere zu Hause, und wird in Rom Occhiata, um Marseille aber Blade, Ziblado und Oblado genennt. Sein Körper ist länglicht und zusammengedrückt, silberfarbig und mit unzähligen kleinen schwarzen Punkten gesprengt. Am Rücken ist er jedoch blaulicht schwarz. Die vier vordern Schneidezähne der obern Kinnlade sind abgestumpft fingerartig; die untern sind klein, spitzig und zahlreich. Die Kiemenhaut ist 6, die Rückenflosse $\frac{11}{25}$, die Brustflossen 15, die Bauchflossen $\frac{1}{6}$, die Afterflossen $\frac{3}{17}$, und die Schwanzflosse 17. Nach Salviani Meinung habe er der Gestalt nach viel ähnliches mit der Goldbrachsme, wäre auch der Größe nach derselben gleich, wenn man schon weiß, daß er nicht einmahl spannenlang ist. Müller versichert es jedoch, daß er einen halben Schuh lang, und ein Pfund schwer werde.

**Brachsime, rothflossichter.** (Sparus Smaris. m) Die rothe Brust und Schwanzflosse geben Anleitung diesen Brachsmen den rothflossichten, oder nach Müller die Rothflosse zu nennen. Er ist im mittländischen und adriatischen Meere zu Hause. Nach Salviani und Rondelet soll er um Marseille unter dem Namen Gerres oder Gerro bekannt seyn, welche aber

m) Sparus ocello nigro laterali, pinnis pectoralibus, caudaque rubris. *Linn* Syst. Nat. n. 5. p. 1271. *Artedi* gen. 36. syn. 62. die Rothflosse. Müll. Linn. N. S. 4 Th. n. 5. p. 181. *Brünnich* pisc. mass. n. 54. p. 40. Maenas I. *Klein* Miss. V. §. 29. n. 1. *Willughby* p. 319. *Rondel.* p. 140. *Rai* syn. p. 136.

aber Herrn Brünnich unbekannt geblieben sind. Nach diesem sehr genauen Ichthyologen werde er daselbst Pataqué genannt. Auch soll er in dem Venetianischen Gebiete Giroli oder Gerruli genennt werden. Er ist der Smaris der Autoren, der Cerrus des ältern Plinius, und die Mäna candida des C. Geßners. Der eyrunde zusammengedrückte Körper ist silberfarbig, oberwärts aber pomeranzenfärbig schattirt. Eine breite schwarze Queerbinde liegt seitwärts auf dem Schwanze hinter der Rücken- und Afterflosse. Der Augenring ist milchweiß silberfarbig. Die Kiemenhaut ist 6, die Rückenflosse $\frac{11}{25}$, die Brustflossen 14, die Bauchflossen $\frac{1}{6}$, und die Schwanzflosse 17. Es wird dieser Fisch eine Spanne und drunter lang.

Nach den neuesten und zuverläßigsten Nachrichten, die uns Cetti a. a. O. von diesem Fische gibt, wird der unter den in Menge in dem adriatischen Meere wohnenden Fischen Zerto, oder wie ihn andere nennen, Gerre, oder wenn man lieber will, der Smaris, vor allen andern am meisten gefangen. Ein augenscheinlicher Beweiß davon ist der geringe Preis, um den man ihn verkauft, ob er gleich einer der schmackhaftesten Fische ist, den man haben kann, welcher der Sardelle und Sprotte nicht nachsteht, und den man in Sardinien in seiner ganzen Vollkommenheit erhält. Die Sarden essen ihn ausserordentlich gern, und so bald es kund wird, daß der Fischhändler in dem oder jenem Korbe den Giaretto, wie sie ihn nennen, hat, laufen die Käufer haufenweis zu. Von diesem wohlschmeckenden Fische wird bisweilen das Pfund zu zween Denari verkauft, und der gewöhnliche Preis ist allemahl nach Verhältniß sehr geringe. Zu Sassari und Algher ist die Taxe von einem Pfund ein Soldo, welches eben so viel ist, als der sechste Theil von einem Paolo; die

Ursache

dieses geringen Preises ist die grosse Menge, in der der Giaretto gefangen wird. Indessen ist er nicht überall gleich häufig; die mitternächtlichen Küsten haben darin den Vorzug, und zu Portolande ist vielleicht die reichste Gierettifischerey,

Der Fisch bleibt das ganze Jahr hier, und kann zu jeder Jahreszeit gefangen werden. Doch sind die Monate Oktober, bis zu Ende des Februar, die eigentliche Zeit, wo sie am zahlreichsten und am besten sind; im Merz werden ihrer zwar auch noch nicht weniger, aber sie schmecken nicht mehr so gut.

**Brachsme, Purgir-**, (Sparus Maena. n) Rondelet und Willughby haben, so wie mehrere Ichthyologen, vor ihnen, bemerken wollen, daß dieser Fisch eines sehr merkwürdigen Farbenwechsels unterworfen sey. Er soll im Winter weißlicht, und im Sommer mit langen blauen Streifen gezeichnet seyn. Vielleicht liegt hier ein Grund, warum derselbe Maena genennt wird. Aber wahrscheinlich wird er dieser Benennung zu Folge im venetianischen Gebiete noch Menelo, im Kirchenstaate Menola, um Marseille Mendolo, und nach Brünnich daselbst Mundoure genennt. Noch einer andern Eigenschaft wegen verdient er bemerkt zu werden. Er soll sich als ein abführendes Mittel bey denen, die ihn essen, bewähren, weswegen er von den Engländern Cackerel genennt wird. The Cackerel (a cacando) because it is laxative to the Eater, and purgeth the belly. *Char-*

n) Sparus ocello fusco laterali, corpore variegato. *Linn.* Syst. Nat. n. 6. p. 1271. *Artedi* gen. 36. syn. 61. der Laxierfisch. Müll. Linn. N. S. 4 Th. n. 6. p. 181. Maenas. I. *Klein* Miss. V. §. 29. n. 1. Tab. VIII. f. 4. *Brünnich* Ichth. mass. n. 56. p. 42. *Willugb.* p. 318. Tab. V. f. 4. *Rondel.* p. 138.

*Charleton*. Die Gestalt dieses Fisches hat mit einem Barsche viele Aehnlichkeit, nur ist er etwas flacher und breiter, und unterscheidet sich von den andern am meisten durch die Beschaffenheit seines Mundes. Denn es stehen nicht nur in der untern Kinnlade vier größere Zähne als bey den andern, sondern es ist auch der Mund sehr groß, wenn er offen stehet, weil sich die untere Lippe gewaltig dehnen und verlängern kann, dahingegen sehr klein, wenn er geschlossen ist, denn alsdann ziehet sich die untere Lippe wieder ein, und verbirgt sich in ein Grübchen des obern Kiefers. Die Anzahl der Flossenstrahlen kommt am nächsten mit derjenigen überein, die man an dem Goldbrachsmen angetreffen hat. Der Ort des Aufenthalts ist wohl mehrentheils das mittländische Meer, denn er ist in Italien nach Willughby's Erzählung so häufig, daß man ihn weder wiegt noch zählt, sondern ihn in Haufen nach dem Augenscheine, invitato etiam emtore, um ein geringes Geld verkauft, ohnerachtet er sehr schmackhaft ist; ja man muß wegen der großen Menge seine Zuflucht zum Einsalzen nehmen, da er denn Halee, und an der adriatischen Küste Sclave genennt wird.

**Brachsme, Stein-** (Sparus saxatilis. o) Dieses Brachsme haben bisher nur Linné und Gronov gedacht. Ersterer beschreibt ihn in dem angeführten Muf. Frid. R. also: der Körper ist länglicht, die Flossen haben keine Schuppen; eine Seitenlinie zeigt sich fast gar nicht; an der Basis des Schwanzes befindet sich eine braune augförmige Zeichnung; die Kiemendeckel sind glatt,

o) Sparus ocello subcaudali, corpore candicante. *Linn.* Syst. Nat. n. 7. p. 1271. Sciaena saxatilis, ocello ad basin caudae. Muf. Frid. Reg. I. p. 65. Tab. 31. Fig. 1. *Gronov.* muf. ichth. 2. n. 185. tab. 6. f. 3.

glatt, wenn schon schuppicht. Ueberaus kleine rauhe Zähne sitzen in den Kinnladen, keine aber auf der Zunge. Die Kiemenhaut ist vierstrahlicht. Die Rükkenflosse besteht aus 33 Strahlen, und erstreckt sich vom Kopf bis zum Schwanz, die 19 vordern Strahlen sind daran kurz und stachlicht. Die Brustflossen haben 16, die Bauchflossen 6, von welchen nur die erstere stachlicht, die Afterflosse hat 12, wovon die drey ersten kürzer und stachlicht sind, und die rundlichte Schwanzflosse 16 Strahlen. Nach Gronov ist die Rückenflosse $\frac{17}{32}$, die Brustflossen 17, die Bauchflossen $\frac{1}{6}$, die Afterflosse $\frac{3}{12}$, und die Schwanzflosse 17. Das Vaterland dieses Fisches ist Surinam.

**Brachsme, rothköpfichte,** (Sparus Orphus p). Statius Müller läßt diesen Fisch geradezu einen rothen Kopf haben, wenn schon Linné denselben nur rufescens nennt, und Artedi sagt: caput pene rubrum. Doch läßt sich dieser Umstand ungleich leichter berichtigen, als die Frage entscheidend beantworten, ob dieser Fisch der Orphus oder Orpheus der Alten sey, oder nicht sey? So viel ist wenigstens gewiß, daß die ältern Ichthyologen selbst darüber ungewiß waren; wie man denn einen Orpheus Bellonii und Orpheus Rondeletii antrift. Ich wage nicht zu entscheiden, ob der Anthias quartus des Rondelet, wie Klein will, zu einem oder dem andern Orpheus-Fisch gehöre. So viel scheint dennoch aus dem, was wir von diesem Fische wissen, zu erhellen, daß der Orpheus Rondeletii und Orpheus graecorum wenigstens der Art nach ver-

p) Sparus ocello subcaudali, capite rufescente, cauda integra. *Linn* Syst. Nat. n. 8. p. 1272 *Arted* gen. pisc, 37. syn. 6.. ein Rothkopf.. Müll. Linn. N. S. 429. n. 8. p. 183. *Willughb.* p. 315. Tab. V. 1. f. 8.

verschiedene Fische seyn möchten, welches auch Artedi nicht in Abrede zu stellen scheint. Der Unsrige ist wahrscheinlich der Orpheus des Rondelets und Bellons, nach welchem er zwanzig Pfund schwer seyn soll. Nach eben dessen Beschreibung (aus Willughby) ist der Körper zusammengedrückt Der Mund klein. Die Schuppen sitzen sehr fest am Körper, so daß man solche kaum los machen kann. Die Flossen sind buntfarbig. Die Rückenflosse hat zehen stachlichte Strahlen, die Bauchflossen stumpfe. Auf dem Rücken ist er von Farbe schwärzlicht, am Bauche aber weiß. Der Kopf ist einigermaßen röthlich. Der Fleck an dem Schwanze ist schwarz. Er nährt sich wie der Salpa und Sparus von Kräutern, und gehört mit unter die sehr schmackhaften Fische.

Brachsme mit der Stachelschnautze (Sparus Puntazzo q). Cetti ist bisher noch der einzige, der uns in seiner Naturgeschichte von Sardinien über diesen seitdem unbekannten Fisch einige Auskunft gegeben. Er sagt: Ein anderer Fisch, welcher dem Sargus an Gestalt, Farbe und Größe sehr ähnlich ist, wird nicht häufig gefangen. Ich habe ihn von Fischern zu Genua Puntazzo nennen gehört. Er gehört zu der Gattung Sparus, ich finde ihn aber beym Linne nicht. Seine Schnautze ist stachlicht (puntuto), die Schwanzflosse ist halbmondförmig, und an der ausgehölten Seite ganz schwarz.

— — — silberfarbiger, (Sparus argentatus r). Das Vaterland dieses Brachsme ist das japanische Meer.

---

q) Sparus ore cuspidato, pinna caudali semilunari a latere concavo tota nigra. Linn. Syst. Nat. n. 27. p. 1272. Cetti Naturgesch. v. Sard 3 Th. p. 124.

r) Sparus macula pone branchias nigra. *Linn.* Syst. Nat. n. 28. p. 1272. *Houttuyn.* Act. Haarlem. XX. 2. p. 319. n. 7.

Meer. Er ist einen halben Schuh lang, dicker und schmäler als der Goldbrachsme, und ganz mit silberfarbigen Schuppen bedeckt. Hinter den Kiemenöfnungen befindet sich ein schwarzer Fleck. Vor den Augen stehen die zwey Nasenlöcher. Die Rückenflosse ist $\frac{9}{35}$, die Brustflossen 16, die Bauchflossen $\frac{1}{6}$, die Afterflosse $\frac{1}{9}$, und die Schwanzflosse 18strahlicht.

Brachsme, gezeichnete, (Sparus notatus s). Auch dieser ist mit dem vorigen im Meere um Japan zu Hause. Er hat viel ähnliches mit der Stein-Brachsme, der Kopf ist aber zusammengedrückt, und mit fast fingerlangen silbernen Schuppen bedeckt. Die Rückenflosse ist zweytheilig und $\frac{1}{5}\frac{1}{1}\frac{1}{4}$, die Brustflossen 10, die Bauchflossen $\frac{1}{8}$, die Afterflosse $\frac{1}{8}$, und die Schwanzflosse 14strahlicht. Die Kiemendeckel und der Schwanz sind schwarzgefleckt.

## * * Brachsmen, die roth sind.

— — — gezähnter, (Sparus Hurta t). Nach Linnés Beschreibung ist der Körper dieses Fisches breit und zusammengedrückt, die Seitenlinie mäßig gekrümmt, die Kiemenhaut fünfstrahlicht, die Flossen liegen in einer besondern Vertiefung, die Rückenflosse ist

---

s) Sparus pinna dorsali bipartita, operculis caudaque nigro maculatis. *Linn.* Syst. Nat. n. 29. p. 1272. *Houttuyn* Act. Haarlem. XX. 2. p. 320. n 8.

t) Sparus cauda bifida, corpore fasciis transversis rubris, dentibus laniariis exsertis. *Linn.* Syst. Nat n. 9. p. 1272. Mus Ad. Frid. T. II. Prodr. p. 73. Cetti Naturgesch v. Sardin. 3 Th. p. 129. Ob der Cynaedus dentibus anticis conicis validissimis, cauda bifurcata. *Gronov* Zooph. T. I. n. 213. p. 60. hieher gehöre, ist zweifelhaft, zumahl Gronov hier Linné nicht mit Bestimmtheit anführt. — Des Stat. Müllers Vorgeben ist also irrig.

ist $\frac{11}{23}$, die Brustflossen 16, die Bauchflossen 6, die Afterflosse $\frac{3}{9}$, und die Schwanzflosse 17strahlicht. Es bewohnt dieser Brachsme das mittländische Meer. Linné wirft bey demselben die bedenkliche Frage auf — so wie ich sie nemlich verstehe — ob dieser Brachsme vielleicht nicht eben derselbe seyn möchte, der in der Folge unter dem Namen Dentex wird beschrieben werden? Meiner Meinung nach könnte hiebey folgende Bemerkung aus Cettis Naturgesch. in Sardinien, einen beträchtlichen Aufschluß gewähren, besonders wenn solche in der Folge, durch ähnliche an diesen Fischen in diesen Gegenden fortgesetzte Beobachtungen, würde unterstützt werden. Er sagt: Für einen Dentex gilt hier ein anderer Fisch, und wird von Unkundigen für einen solchen gehalten, der es doch nicht ist. Inzwischen ist es gut, daß dieser Irrthum aus dem Wege geräumet werde, nicht nur der Wahrheit zu liebe, sondern auch, daß nicht oft ein mittelmäßiger Fisch für einen der besten verkauft werde. Der wahre Dentex und dieser Pseudodentex sind in Ansehung der Gestalt, der röthlichen Farbe und der Größe, einander sehr ähnlich, und daher kommt es, daß sie leicht mit einander verwechselt werden. Man kann sie durch folgende Abweichungen unterscheiden. Der Pseudo-Denter hat erstlich an den Kiemendeckeln einen großen gelben Flecken, und alsdann sind seine Zähne von den Zähnen der wahren Zahnbrasse sehr verschieden. Bey dieser bemerkt man, außer einer ungewöhnlichen Menge halbkugelförmiger Zähne, vorn in beyden Kinnladen vier große Schneidzähne. So viel Pseudo-Dentices ich auch untersucht habe, fand ich allemal nur einige größere scharfe Zähne, welche unregelmäßig hie und da in den Kinnladen sich befanden. Wer auf diese Merkmale Acht hat, wird den Irrthum leicht vermeiden, und den wahren Dentex von der Bufala unterscheischeiden können: mit diesem Namen Bufala habe ich in Genua den falschen Denter, von dem ich rede, nennen gehört. Es ist nicht wahrscheinlich, daß dieser Fisch eben derjenige sey, welchen die alten Griechen Συναγρὶς nannten, denn die Synagris war dem Synodon, unter welchem der wahre Dentex zu verstehen ist, so ähnlich, daß Theodorus Gaza in seiner Uebersetzung der Thiergeschichte des Aristoteles beyde Namen durch das einzige Dentex übersetzte. Aber welche Stelle wird dieser Fisch bey Linné erhalten? Wenn der Dentex mit Recht unter der Gattung Sparus steht, so gehört auch die Bufala dahin; sie hat sechs Strahlen in der Kiemendecke, wie ich bey dem Zahnbrassen bemerkt habe; sie hat einen plattgedrückten Körper, und starke Zähne. Linne scheint sie unter der Hurta zu verstehen. Diese Art stimmt wirklich mit dem Pseudodentex oder der Bubala genug überein, selbst in Ansehung der Strahlen in den verschiedenen Flossen; und Linné läßt stillschweigend vermuthen, daß seine Hurta dem Dentex ziemlich ähnlich sey; denn er fragt, ob nicht etwa diese Hurta und der Dentex eine und eben dieselbe Art seyn: An Dentex?

**Brachsime, rothe,** Sparus Erythrinus u). Dieser Fisch wird im venetianischen Alboro oder Aboro, im genuesischen Pagro, um Marseille Pageau, in Rom Frangolino oder Fragolino, im sardinischen Pagello,

u) Sparus cauda subintegra, corpore rubro. *Linn.* Syst. Nat. n. 10. p. 1272. *Loefl.* It. p. 149. Uebersetz. *Arted.* gen. 36. syn. 59. die Rothschuppe. Müll. Linn. N. S. 4 Th. n. 10. p. 184. *Brünnich* ichth. mass. n. 58. p. 43. Cetti Naturges. v. Sard. 3 Th. p. 128. Synagris XIV. *Klein* Miss. V. §. 31. n. 14. Erythrinus. *Rondel.* p. 144. *Willughb.* p. 311. Tab. V. f. 6. Erythrinus sive Rubellio. *Salvian.* fig. 37. p. 239.

gello, in Spanien und Frankreich Pagel oder Pageur, und im holländischen Roode Braalem genannt. Man bemerkt, ohne mein Erinnern, daß die meisten Namen, unter welchen dieser Fisch in seinem Vaterlande bekannt ist, auf die prädominirende Farben desselben hinzielen, welche in der folgenden Beschreibung genauer angezeigt werden soll. Der Körper ist eyrundlänglicht, und zusammengedrückt, der Kopf abhängs, der Mund groß; die vordern Zähne sind spitzig, hinter welchen ungleich mehrere kleinere sitzen: die Backenzähne sind kuglicht, und stehen in zweyfachen Reihen; die Augen sind groß, ihr Ring ist hellgelb, und auswärts silberfarbig; die Stirne, welche nackend ist, hat auf beyden Seiten zwey löcher, die auf der Nase vor den Augen einer hinter dem andern sitzen; die Nase und die Gegend unter den Augen ist rubinfarbig; die Kiemenhaut ist sechsstrahlicht, die Rückenflosse nach Linné $\frac{11}{22}$, nach Brünnich $\frac{12}{23}$, nach Löfling $\frac{11}{24}$, die Brustflossen nach Brünnich 15, nach Linné 16, nach Löfling 17, die Bauchflossen nach Linné und Löfling 6, nach Brünnich $\frac{1}{6}$, die Afterflosse nach Linné $\frac{3}{13}$, nach Löfling und Brünnich $\frac{3}{12}$, die Schwanzflosse nach Linné 18, nach Löfling und Brünnich 17strahlicht. Die Farbe dieses Fisches ist hell silberartig, mit einem mäßigen Rubinglanz tingirt, die nach der verschiedenen Richtung am lebendigen verschiedene Farbenmischungen hervorbringt, dessen Seiten überdieß noch mit sehr kleinen blatterartigen blauen Punkten gesprengt sind. Ein blutrother Fleck, der an andern Exemplaren schwärzlich ist, liegt in der Gegend der Kiemendeckel, und noch ein rother befindet sich an dem hintern Winkel der Rückenflosse. Der ganze Fisch wird nicht selten anderthalb Spanne und drüber lang. Er gehört unter die eßbaren, wenn schon öfters unter die giftigen Fische. Auch das amerikanische, japanische und stille Meer sind seine Heimathe. — Ich bin nicht überzeugt, ob der Cynaedus cauda bifurcata: dentibus aequalibus, acutis: capite subobtuso: pinnis pectoralibus longiusculis *Gronov.* Zooph. T. I. n. 215. p. 61. hieher gehöre.

**Brachsime, betrügerische,** (Sparus insidiator x). Unter denjenigen Fischen, die von dem weisen Schöpfer mit einem besondern Kunsttrieb begabt sind, eine Beute sich zu verschaffen, die sie außerdem nicht erhalten würden, zeichnet sich außer dem rüsselköpfigen Klippfisch (Chaedoton rostratus) und einem andern in den Philosoph. Transact. beschriebenen, der nun zu beschreibende vorzüglich aus. Jene wissen auf ein vier bis sechs Schuh von ihnen entferntes Insekt einen Tropfen Wasser mit einer solchen Heftigkeit, daß es ihnen nie fehl schlägt, zu schießen, selbiges dadurch ins Wasser zu werfen, um es darauf zu verschlingen. Da dieses ein angenehmes Schauspiel ist, so hält man auf mehrern ostindischen Inseln diese Fische in großen Gefäßen, um sich an ihrer Jagd zu ergötzen — Der unsrige kann, wie die Libellenlarven in unsern süßen Wässern, seine Fänge oder Zähne weit aus dem Kopfe hervorschießen, und so in einiger Entfernung seinen Raub, vielleicht auch über dem Wasser, erschnappen. Man findet zwar bey mehrern Fischen eine solche Einrichtung, vermöge deren sich der Mund überhaupt mehr oder weniger verlängert, wenn ihn der

---

x) Sparus ruber, ad latera flavescens, cauda subforcipata. *Linn.* Syst. Nat. n. 30 p. 1273. *Pall.* spicil. Zool. fasc. VIII. p. 41. tab. 5. f. 1. *Grootsmael.* *Valentin* ind. 3. p. 384. n. 122. *Groote Bedrieger.* *Ruysch* theatr. anat. 1. p. 3. t. 2. n. 6. *Trompeur.* *Renard.* poiss. 1. f. 42. n. 209. 210. 2. fol. 4. n. 13. et fol. 17. n. 15. *Filou.*

der Fisch öfnet, kein einziger aber, unter allen bekannten Fischen, kann nach Willkühr einen so langen röhrenförmigen Rüssel ausschießen und wieder einziehen, wie der gegenwärtige Brachsme. Er führt wegen dieser sonderbaren Eigenschaft, sich seiner Beute zu bemächtigen, die Namen der große Betrüger, der rothe Betrüger, das Großmaul. Die indischen Gewässer sind sein Vaterland. Seine Länge beträgt zehn Zoll, und seine Breite 2 Zoll 8 Linien. Er hat die Gestalt unsrer gemeinen Karpfen, ist ziemlich breit, dick, und mit großen Schuppen bedeckt. Der Kopf ist ohne Stacheln, ganz mit großen Schuppen, wie der Körper bedeckt; die Augen liegen seitwärts, der bewegliche Rüssel stellt eine von den Seiten etwas zusammengedrückte Röhre vor, die länger als der Kopf selbst ist, und am Ende zweyspaltige Kinnladen hat, deren vorderer Knochenrand entblößt und stumpf gezähnt ist. Zwey größere, gerade und kegelförmige Zahnspitzen stehen in der Mitte einer jeden Kinnlade. Eine starke Haut umgiebt die Röhre. Die Kiemendeckel sind rund und schuppicht, die Kiemenhaut fünfstrahlicht, die Brustflossen haben eilf Strahlen; die gleich darunter stehende Bauchflossen sechs, die Rückenflosse ist $\frac{9}{18}$, so wie die Afterflosse $\frac{3}{11}$, die Schwanzflosse hat eilf ziemlich von einander stehende Strahlen, die in der Mitte von ziemlich gleicher Länge sind, nur die äußern bilden verlängerte Spitzen. Die Farbe schien an demjenigen Fische, nach welchem diese Beschreibung gemacht worden, auf dem Rücken röthlich, an den Seiten gelblicht gewesen zu seyn, und alle Schuppen hatten eine grünliche Einfassung, die auch an der zierlich getrockneten und gefirnißten Haut sehr wohl erhalten war. Die Rücken- und Afterflosse hatten einige grüne Streifen, die übrigen waren einfärbig gelblicht.

In den mannigfaltigen Sammlungen ostindischer Fischgemählde, welche **Pallas** bey verschiedenen Liebhabern in Holland sahe, war dieser Fisch stets roth abgebildet und mit dem Namen des **rothen Betrügers** bemerkt. In einer Sammlung fand **Pallas** gemeldet, daß der lebendige Fisch stets hellroth sey, wenn er aber abgestanden, braun werde. Eine andere Sammlung meldet, daß er oft bis zur Größe einer Karpfe erwachse, und sonderlich auf Sumatra bey der Insel Nassau häufig gefunden werde, wo man ihn gekocht oder auf andere Art bereitet zur Speise gebraucht.

**Brachsme, sacktragende,** Sparus Pagrus y). Unter den ältern Ichthyologen ist dieser fast durchgehends unter dem Namen Pagrus oder Phagrus bekannt, welche theils die Gefräßigkeit desselben, theils dessen harte Zähne, weil er sich von Austern nähren solle, anzeigen. Um Ancona wird er **Arboretto**, im dalmatischen Gebiete **Arbun**, in Genua und Sardinien **Pagro**, in Frankreich **Pagre** und in England **Sea bream** genennt. Er ist im mittländischen und adriatischen Meere zu Hause. Seine Länge ist nach **Brünnich** drey Zoll, nach **Pennant** aber so groß, wie die Gold-Brachsme. Der Körper desselben ist eyrund-länglicht. Der merkwürdige Umstand an demselben, daß die Haut an der Basis der Rücken- und Afterflossen sich in eine sackförmige Aushölung erweitert, und solche gleichsam darein

y) Sparus rubescens, cute ad radicem pinnarum dorsi et ani in sinum producta. *Linn* Syst. Nat. n. 11. p. 1273. *Arted.* gen. 36. syn. 64. die Sackflosse. Müll. Linn. N. S. 4 Th. n. 11. p. 184. *Brünnich* ichth. mass. n. 6. p. 94. *Pennant* Zool. brit. T. III. n. 113. p. 242. Cetti Naturgesch. von Sard 3 Th. p. 128. *Willughb.* p. 312. *Rondel.* p. 142. *Rai* syn. 131.

darein hüllt, veranlaßte die deutsche Benennung für denselben, und rechtfertigt auch einigermaßen den vom Stat. Müller gewählten, so wie der Holländer Zak-Brasem. Von Farbe ist er silbern und durch hellrothe breite Streifen bunt. Die Stirn ist flach, auf welcher vor den Augen eine halbmondförmige blaue Zeichnung liegt. Der Augenring ist goldgelb, und obwärts mit einer kurzen unterbrochenen Queerbinde gezeichnet. Die Flossen sind durchgehends bleich. Die Rückenflosse ist $\frac{12}{22}$, die Brustflossen 14, die Bauchflossen $\frac{1}{6}$, die Afterflosse $\frac{3}{12}$, und die Schwanzflosse 17 strahlicht. Willughby bemerkte an diesem Fische, den er über Nacht in seinem Schlafzimmer lebend erhielte, um ihn bey Tage zu zergliedern, daß er im Finstern wie eine glühende Kohle, oder wie ein glühendes Eisen geleuchtet habe. Eben dieser Schriftsteller erwähnt, daß dieser Fisch nicht selten zehen Pfund schwer werde.

Brachsine, stacheltragende, (Sparus spinifer. z) Diesen entdeckte Forskähl in tiefen Morästen im rothen Meere. Er kommt äußerst selten an das Ufer, ist eyrund, anderthalb Spannen lang, und silbern röthlicht. Der Rücken ist dunkelfärbig gestreift. Die Schuppen sind breit, glatträndig und fast unmerklich gestreift. Der Kopf ist abhängs, der Nacken convex, nackend und punktirt; die Augen liegen entfernt von einander, ihr Ring ist silberfarbig; die Lippen sind überaus stumpf; der Schneidezähne sind in jeder Kinnlade vier, und kegelförmig; die zahlreichen Backenzähne sind halb kugelrund. Die Kiemendeckel sind schuppicht und glatträndig; die stachlichten Strahlen an der Rücken- und After-



z) Sparus spinis dorsalibus recumbentibus, mediis 5. filiformibus longioribus. *Linn* Syst. Nat. n. 31. p. 1273. *Forskaehl* Faun. arab. n. 23. p. 32.

Afterflosse legen sich in eine Vertiefung. Die Seitenlinie ist zwar gekrümmt, doch läuft sie nicht mit der Rückenschärfe parallel. Die Schwanzflosse ist bleich, am hintern Rande aber roth. Die Kiemenhaut ist 6, die Rückenflosse $\frac{25}{75}$, die Brustflossen 16, die Bauchflossen $\frac{1}{6}$, die Afterflosse $\frac{3}{12}$, und die Schwanzflosse 16strahlicht. Er gehört mit unter die schmackhaftesten Fische.

**Brachsine, klappaugige,** (Sparus palpebratus. a) Herr D. Boddaert hat diesen Fisch sowohl in der Sammlung des verewigten Gaubius, als auch in seiner eignen untersucht, und an beyden die sonderbaren Augenklappen gefunden, die ihn von allen andern Fischen unterscheiden. Er ist nicht größer a's ihn die Figur vorstellt, hat fast die Gestalt eines Barsches, doch stumpfer vom Kopf, wie mehrere seines Geschlechtes. Sein Kopf ist schwärzlicht, der übrige Körper aber braun. Das Auge ist ochergelb; die länglichte bleichgelbe Klappe, welche vor demselben angewachsen, übrigens aber frey ist, und sich aufheben läßt, bedeckt auf jeder Seite in der natürlichen lage einen Theil der Augen, und beschützt sie, vielleicht weil der Fisch zwischen Corallenspitzen oder in Steinritzen, oder im Schlammgrunde seine Nahrung zu suchen bestimmt ist. Die äußersten Blätter eines jeden Kiefendeckels sind mit zween Stacheln versehen. Das Stirnblatt ist gefurcht. Die Seitenlinie des Körpers ist erhoben, fängt am Kopf mit fünf nach der Reihe stehenden Wärzchen an, und läuft übrigens dem Rücken mehrentheils parallel. Die Schwanzflosse hat zwanzig Strahlen, und ist

a) Sparus spadiceus, oculis ochraceis valvula libera flavescente munitis. *Linn.* Syst. Nat. n. 32. p. 1274. Pallas N. nord. Beyträge 2 Th. p. 55. n. 1. Tab. 4. f. 1. 2.

ist getheilt, die Rückenflosse hat überhaupt zwey und zwanzig Strahlen, wovon die vordersten stachlicht sind. Die Brustflossen sind jede aus sechszehn, die Bauchflossen aus sechs, und die Afterflosse aus sechszehn Strahlen zusammengesetzt. Der Aufenthalt dieser kleinen Fischart ist in der See um Amboina.

### * * * Brachsmen, die gestreift sind.

**Brachsine, großaugichte,** (Sparus Boops. b) Dieses ist der Boops primus des Rondelet, und der Box prima des Bellon; Benennungen, wie man sieht, die offenbar auf die ungewöhnliche Größe der Augen, welche diesen Fisch besonders auszeichnen, zielen. Darum wird er auch noch heut zu Tage von den Sarden la Boga, von den Venetianern, Römern und Marseillern Bogo oder Bogue genennt. Eigentlich waren es Aristoteles und Oppian, die zuerst dieser besagten Eigenschaft wegen, diesem Fische den Namen Box gaben, den nachher auch Plinius der ältere nachschrieb. Die Engländer nennen ihn Oxe-eyed Cakerell, die Holländer Groot-Oog. Der Körper ist länglicht zusammengedrückt; die Zähne in der obern Kinnlade sind stumpf sägenartig, die untern spitzig; der Mund ist klein, der Ring desselben braunlicht goldfarbig; der Körper hat eine Silberweiße, die jedoch am Rücken, oberhalb der Seitenlinie, braunlichter ist, unter welcher vier länglichte, gerade Bänder hinlaufen, die vor dem



b) Sparus lineis longitudinalibus obscuris inferioribus quatuor aureis argenteisque. *Linn.* Syst. Nat. n. 12. p. 1274. *Artedi* gen. 36. syn. 61. das Großauge. Müll. Linn. N. S. 4 Th. n. 12. p. 185. *Brünnich* ichth. mass. n. 59. p. 44. Cetti Naturgesch. v. Sard. 3 Th. p. 126. *Synagris* VII. *Klein* Miss. V. §. 31. n. 7. *Willughb.* p. 317. *Rai* syn. p. 135. *Rondel.* p. 136.

dem Schwanze verschwinden. Die Kiemenhaut ist 6, die Rückenflosse 29strahlicht, ganz ohne einen stachlichten, und liegt größtentheils in einer besondern Vertiefung. Die Brustflossen sind 9, die Bauchflossen $\frac{1}{6}$, die Afterflosse 19, und die Schwanzflosse 17strahlicht. Nach **Willughby** wäre dieser Fisch etwas über eine Spanne, nach **Rondelet** einen Schuh lang von welcher Größe ihn ersterer doch nie sahe, nach **Brünnich** aber fast einen Schuh lang. Er hält sich in dem mittländischen, adriatischen und toskanischen Meere auf.

„Ein andrer Fisch, sagt **Cetti** a. a. O., welcher mit dem Smaris in Ansehung der Güte und Menge um den Vorzug streitet, ist das gold und silbergestreifte Großauge. Er wird auch in den Wintermonaten gefangen, und wohnt, so wie der Smaris an den mitternächtlichen Küsten häufiger, als an den südlichen. Ich habe Fische dieser Art gesehen, welche sechs Unzen hielten, das gewöhnlichste Gewicht indessen beträgt vier Unzen. **Linné** setzt diesen Fisch zu der Gattung des Sparus, dessen Arten alle einen plattgedrückten Körper haben, corpus compressum. Indessen ist das Großauge ganz voll und rund."

**Brachsime, ringaugichte,** (Sparus Cantharus. c) Bey Belegung dieses Fisches mit dem Namen Cantharus, liegt eine Vergleichung zum Grunde, mit einer den ältern Naturforschern schon bekannten Käferart gleiches Na-

c) Sparus cauda immaculata, corpore lineis longitudinalibus luteis *Linn.* Syst. Nat. n. 13. p. 1274. *Arted.* gen. 36. syn 58 das Ringauge. **Müll.** Linn. N. S. n. 13. p. 186. Cetti Naturgesch v. Sard. 3 Th. p. 127. Synagris II. *Klein* Miss. 5. §. 31. n. 2. *Brünnich* ichth. mass. n. 7. p. 95 *Willughb* p. 309. Tab. V. 1. f. 2. *Rondel* p. 120. *Rai* synops. p. 130.

Namens. Es ist aber doch zweifelhaft, ob man diesem Fische deswegen also benennte, weil er mit jenem glänzende Farben gemein hat, oder weil er sich wie jener, an unreinen Orten aufzuhalten pflegt. Sein Vaterland ist das toskanische und mittländische Meer. Sein Körper ist eyrund länglicht, silberartig, und durch mehr als zwanzig braune, der länge nach hinlaufende breite Streifen bunt. Der Augeuring ist silberfarbig; die Kinnladen sind gleichförmig; die Zähne stehen in beyden Kinnladen in mehrern Reihen, die in der obern zehen spitzigen sind größer als die übrigen. Die Kiemenhaut ist 6, die Rückenflosse ist $\frac{11}{24}$, die Brustflossen 14, die Bauchflossen $\frac{1}{6}$, die Afterflosse $\frac{3}{14}$, und die Schwanzflosse 17strahlicht. In Italien ist er gegenwärtig unter dem Namen Cantaro bekannt.

**Brachsine, borstenflossichte**, (Sparus Chromis d). Der murmelnde Ton, den, wie einige vorgeben, dieser Fisch, wenn er gefangen wird, hören läßt, hat ihr den Namen Chromis zuwege gebracht. Die Engelländer sollen ihn deswegen auch Grunter nennen. Nicht so leicht läßt es sich aber erklären, warum er in Sicilien Monachelle, in Toskana, Marseille und Genua Castagnole, und in Holland Monnikie heißt. Müller nennt ihn deswegen die Borstenflosse, weil der zweyte Strahl der Bauchflosse in einen langen borstenähnlichen Faden ausgehet. Er ist im mittländischen Meere zu Hause, und wird nur drey Zolle lang. Der Körper ist eyrund, zusammengedrückt, braun,

---

d) Sparus cauda bifida, radio ventralium secundo setaceo. *Linn* Syst. Nat. n. 14. p. 1274. *Artedi* Gen. 37. syn. 62. die Borstenflosse. Müller Linn. N. S. n. 14. p. 186. *Brünnich* ichth. mass. n. 60. p. 45. Cetti Naturg. v. Sard. 3 Th. p. 127. *Willughby* p. 330. Tab. X. 5. fig. 6. Chromis. *Rondelet* p. 152. *Rai* syn. p. 141.

braun, und 7 bis 8mal nicht sehr merklich gelb gestreift. An der Basis der Brustflossen liegt ein schwarzer Fleck, die Seitenlinie ist erhaben, und endigt sich vor dem Ende der Rückenflosse, die Kiemenhaut ist 6, die Rückenflosse $\frac{15}{24}$, die Brustflossen 17, die Bauchflossen $\frac{1}{5}$, die Afterflosse $\frac{2}{12}$, und die Schwanzflosse 15strahlicht.

Brachsime, goldgestreifte, (Sparus Salpa e). Wegen der zehen oder eilf goldgelben Streife, die sich an der Seite dieses Fisches vorfinden, wird derselbe von den ältern Griechen Chrysopleuros, von den Engelländern Goldlin, von den Holländern Goudstreep, und von den Franzosen Virgadelle genennt. Zu Genua ist er unter dem Namen Sarpa, und in Marseille unter dem Namen Saupa bekannt. Den Namen Salpa oder σαλπη führte er schon beym Aristoteles, von dem ihn nachgehends alle folgenden Autoren adoptirt haben. Der Körper ist eyrund zusammengedrückt, der Mund klein, die Zähne stehen in einer Reihe und sind klein, die obern sind stumpf, der Augenring ist goldfarbig. An den Brustflossen ist die Basis mit einem schwarzen Flecken gezeichnet, der Strahl der Bauchflossen ist fast gar nicht stachlicht, die stachlichten Strahlen der Rückenflosse liegen in einer eigenen Vertiefung. Die Farbe des Fisches ist glänzend silberartig;

e) Sparus cauda bifida, lineis fulvis longitudinalibus utrinque undecim *Linn.* Syst. Nat. n. 15. p. 1275. Muf. Ad. Frid. T. II. Prodr. p. 74. *Arted.* Gen. 38. syn. 60. der Goldstrich Müll. Linn. N S. n. 15. p. 165. *Brünnich* ichth. mass. n. 61. p. 46. Synagris VI. *Klein* Miss. V. §. 31. n. 6. *Ginnani* Istoria civile e naturali delle Pinete Ravennati p. 182. n 7. Cetti Naturgesch v. Sardin. 3 Th. p. 128. *Willughby* p. 316. Tab. V. 7. Salpa. *Salvian.* f. 36. p. 120. *Rondelet* p. 154. *Rai* synops. p. 134.

berartig: zehen, oder nach **Linné** eilf goldgelbe gerade Streife liegen der Länge nach an beyden Seiten auf demselben, und erstrecken sich von dem Kopf bis zum Schwanze hin. Die Seitenlinie läuft mit der Rückenschärfe parallel, und hat die Farbe dieser Streife, geht aber nicht mit diesen parallel. Er ist eine Spanne und drüber lang; die Kiemenhaut ist 6, die Rückenflosse nach **Linné** $\frac{11}{28}$, so wie nach **Brünnich**, die Brustflossen nach beyden 16, die Bauchflossen nach Linne 6, nach Brünnich $\frac{1}{6}$, die Afterflosse nach Linné $\frac{3}{17}$, nach **Brünnich** $\frac{3}{18}$, und die Schwanzflosse nach beyden 17strahlicht. Er ist im mittländischen Meere zu Hause, nur entspricht seine Schönheit nicht, wie uns Willughby versichert, und auch Cetti mit folgenden bezeugt, seinem guten Geschmack. — Hieher ist, sagt derselbe, endlich auch der zahlreiche, schöne, aber gering geachtete Goldstrich zu rechnen. Ich sage gering geachtet; in der Gegend der balearischen Inseln und in Aegypten mag dieser Fisch wohl nicht ganz schlecht seyn, weil es **Plinius** im achtzehnten Kapitel seines neunten Buches versichert; im sardischen Meer aber ist sein Fleisch, wie es an allen andern Orten ist, und zu allen Zeiten war, unschmackhaft, zäh, und unwürdig in einem dermaßen schönen gelben Kleide einherzuschwimmen.

**Brachsme, arabische,** (Sparus Sarpa. f) Man trift diesen Fisch in morästigen mit Kräutern und Corallen bewachsenen Stellen am arabischen Meerufer an, woselbst ihn auch **Forskål** entdeckt hat. Er ist breit, und an

f) Sparus ovato-oblongus argenteus, vittis obsoletis plurimis, linea aurea utrinque iuxta pinnas ventrales flavas. *Linn.* Syst. Nat. n. 33. p. 1275. *Forskaehl* Faun. arab. n. 21. p. 31.

an beyden Seiten mit siebzehen bräunlichten, der länge nach laufenden, fast unmerklichen Bändern bunt. Die Schuppen sind breit, und am Rande eben. Der Scheitel ist braun, polirt, nackend, und einigermaßen convex. Die Schneidzähne sind kegelförmig, und einander genähert; die zahlreichen Backenzähne sind halb kugelrund; die Kiemendeckel sind ungetheilt; die Seitenlinie liegt dem Rücken näher, ist auch weniger gekrümmt als bey den verwandten Arten; die Brustflossen sind lanzettförmig, weißlicht, und anderthalbmahl länger als die Bauchflossen, welche letztere, so wie die Afterflosse, gelb sind. Dieser und der Rückenflosse stachlichte Strahlen liegen in einer besondern Vertiefung. Der Schwanz ist gerade und gestreckt, dessen Flosse zweyspaltig, grau-bräunlicht und unterwärts gelb ist. Die Kiemenhaut ist 6, die Rückenflosse $\frac{11}{25}$, die Brustflossen 15, die Bauchflossen $\frac{1}{6}$, die Afterflosse $\frac{3}{14}$, und die Schwanzflosse 17strahlicht. Er gehört mit unter die schmackhaftesten Fische.

**Brachsme, goldgestriemte,** Sparus Synagris g). Alle Fische dieser Art, sagt Catesby, so ich zu Gesichte bekommen, waren nicht über einen Schuh lang; sondern hatten insgemein die Größe gegenwärtiger Figur. Sein großes Auge hatte einen breiten rothen Ring; der ganze Körper war mit purpurfarbenen Schuppen bedeckt, die am Rücken am dunkelsten, am Leibe heller, und von der Nase an, bis an den Schwanz mit gelben Streifen durchzogen waren. Auf

g) Sparus cauda bifida rubra, corpore purpurescente, lineis utrinque 7 aureis. *Linn.* Syst. Nat. n. 16. p. 1275. die Purpurbrachsme. Müll. Linn. N. S. 4 Th. n. 16. p. 187. Salpa purpurascens variegata. *Catesby* Carol. 2. p. 17. t. 17.

Auf dem Rücken stund eine lange, stachlichte, gelbe Flosse, und an jeder Seite der Ohren eine purpurfarbene. Am Vordertheil des Leibes war eine einzelne, und eine andere hinter dem After, beyde von gelber Farbe. Der Schwanz war roth und gespalten. Jonston nennt diese Fischart auf der XIX. Tabelle Fig. 6. Goldstein. Frischlin im Nomencl. p. 151. Goldstriemer.

Brachsme, rautenförmige, (Sparus rhomboides. h) Dieser Fisch ist, nach Catesby's Beschreibung, etwas platt und hochrückig, sein Auge ist glänzendgelb, der Mund so ziemlich weit und voll sehr kleiner scharfer Zähne, der ganze Körper war mit dunkelgrauen und gelben Schuppen wechselsweise, vom Kopf bis an den Schwanz besetzt. Er hatte fünf Flossen, eine die vom obersten Theil des Rückens fast bis an den Schwanz gehet, und am vordern Theil mit scharfen, spitzigen Gräten versehen, am hintern aber dünner und biegsamer ist. Zwo Flossen sind hinter den Kiemendeckeln, eine ist unter dem Bauch, und eine hinter dem After, mit einem großen spitzigen Stachel bewaffnet. Alle Flossen waren, wie der getheilte Schwanz, gelb. In Böhmen hält man ihn für einen schmackhaften Fisch.

Durch die Aushölung auf dem Rücken erhält dieser Fisch einige Verwandschaft mit den Umbrafischen. In Amerika nennt man ihn Saltwater Bream. Nach

h) Sparus cauda integra, dorso canaliculato, corpore luteo lineato. *Linn.* Syst. Nat. n. 17. p. 1275. Sparus striis longitudinalibus varius. *Brown* iam. 446. Perca marina rhomboidalis fasciata. *Catesb* Carol. 2. p. 4. tab. 4. der Gelbflosser. Mull. Linn. N. S. 4 Th. n. 17. n. 187.

Nach Gardens Bemerkung sind die Zähne stumpf. Zwischen der Basis der Brustflossen und Rückenflosse liegt ein schwarzer Fleck. Nach Linne ist die Kiemenhaut 6, die Rückenflosse $\frac{2}{23}$, die Brustflossen 16, die Bauchflossen $\frac{1}{6}$, die Afterflosse $\frac{3}{15}$, und die Schwanzflosse 20strahlicht.

**Brachsme, breite,** (Sparus latus. i) Dieser Brachsme ist im japanischen Meere zu Hause, drey Zolle lang, und anderthalb Zolle breit. Die Rückenflosse ist $\frac{12}{21}$, die Brustflossen 12, die Bauchflossen $\frac{1}{6}$, die Afterflosse $\frac{3}{11}$, und die Schwanzflosse 18strahlicht.

— — — **japanische,** (Sparus virgatus. k) Wohnt in dem an Japan anströhmenden Meere, ist der goldgestreiften Brachsme sehr ähnlich, und vier und einen halben Zoll lang. Der Kopf ist stumpf, die Rückenflosse ist $\frac{8}{18}$, die Brustflossen 12, die Bauchflossen 6, die Afterflosse $\frac{2}{10}$, und die Schwanzflosse 22strahlicht.

— — — **Haffara,** (Sparus Haffara. l) Diesen entdeckte **Forskål** an den morastigen Seeufern in dem arabischen Meere in großer Menge. Er ist nur spannenlang, dem S. Mormyrus sehr ähnlich, übrigens aber ein schmackhafter Fisch. Auf beyden Seiten liegen vierzehn Streife, die Schneidzähne sind in beyden Kinnladen stark, stumpf und auseinander entfernt, in

---

i) Sparus flavicans, capite argenteo, squamis longitudinalibus imbricatis. *Linn.* Syst. Nat. n. 34. p. 1276. *Houtt.* Act. Haarlem. XX. 2. n. 10. p. 322.

k) Sparus cauda bifurca, corpore depresso oblongo squamis virgato. *Linn.* Syst. Nat. n. 35. p. 1276. *Houttuyn.* Act. Haarlem. XX. 2. n. 11. p. 323.

l) Sparus argenteus, lineis longitudinalibus obsoletis ex fusco flavescentibus, cauda bifida. *Linn* Syst. Nat. n. 36. p. 1276. *Forsk.* Faun. arab. n. 25. p. 33.

in dem Schlunde befinden sich viele halbkugelrunde Höckergen. Die Rückenflosse ist $\frac{11}{24}$, die Brustflossen 15, die Bauchflossen $\frac{1}{6}$, die Afterflosse $\frac{3}{13}$, und die Schwanzflosse 18strahlicht.

Brachsime, Berda, (Sparus Berda. m) Auch diesen hat Forskähl häufig in den Sümpfen des rothen Meeres angetroffen, woselbst er sich von dem Laub der Sceura*) nährt. Er ist eyrund, unterwärts weiß, und mit breiten, rundlichten, am Rande ebenen Schuppen bedeckt. Der Scheitel ist nackend, convex und abhängs; der Augenring ist weiß; die Kiemendeckel sind ungetheilt; die Seitenlinie ist dem Rücken genähert; die Flossen sind braun, die Brustflossen sind durchsichtig, lanzettförmig; die Schwanzflosse zweylappig. Die Kiemenhaut ist 6, die Rückenflossen $\frac{12}{23}$, die Brustflossen 14, die Bauchflossen $\frac{1}{6}$, die Afterflosse $\frac{3}{13}$, und die Schwanzflosse 16strahlicht. Er gehört mit unter die schmackhaftesten Fische.

— — — chilische, (Sparus chilensis. n) Ist in dem Meere um Chili zu Hause, eyrund, zusammengedrückt, sechs Schuh lang, und mit großen rautenförmigen, perlfärbigen, weißgefleckten Schuppen bedeckt. Der Kopf ist klein, abhängs, und ziemlich eben. Die Augen stehen hoch und seitwärts, ihr Ring ist

m) Sparus ex cinereo albidus, squamis lateralibus singulis fascia media, transversa fusca, spinis dorsalibus recumbentibus. *Linn.* Syst. Nat. n. 37. p. 1276. *Forsk.* Faun. arab. n. 24. p. 32.

*) Sceura marina. *Forsk.* Fl. aegypt. arab. p. 37.

n) Sparus cauda bifida, lineis utrinque transversis fuscis. *Linn.* Syst. Nat. n. 38. p. 1277. *Molin.* hist. nat Chil. p. 197.

silberfarbig; die Kinnladen sind einigermaßen gleichförmig; die Schneidzähne sind kegelförmig; die Bakkenzähne stumpf; die Zunge glatt; der Kiemendeckel besteht aus einer doppelten Lamelle; die Seitenlinie ist einwärts gekrümmt, fast unmerklich, und läuft mit dem Rücken parallel; der After liegt in der Mitte. Die Kiemenhaut ist 6, die Rückenflosse ist $\frac{11}{28}$, die Brustflossen 17, die Bauchflossen $\frac{1}{6}$, und die Afterflosse ist $\frac{2}{14}$. Auch dieser gehört mit unter die schmackhaften Fische.

## * * * * Brachsimen, die bunt sind.

Brachsime, goldaugichte, (Sparus chrysops. o) Rondelet beschreibt seine Goldbrassen im 5 B. 2 Cap., und giebt ihm diesen Namen von den gelben Flecken, die er zwischen den Augen hat; ob nun aber gleich diese Flecken an dem unsrigen mangeln, so kann er doch zu diesem Geschlechte, um der Aehnlichkeit willen, gerechnet werden, und wegen der gelben Ringe seiner Augen verdient er auch diesen goldnen Namen. Rondelet beschreibt seinen Goldbrassen mit silbernen Augen; hingegen sind sie am unsrigen goldfarb, und dieses macht zwischen beyden den Hauptunterschied. Diese Fische sind insgemein zwölf bis sechszehn Zolle lang, die Augen sehr groß, die Ringe in den Augen glänzend goldfarb; der Kopf ist mit blauen Streifen und Zeichnungen geschmückt; der übrige Körper ist bläulicht; der Rücken ist braun; der Bauch heller. Am Ende

o) Sparus cauda lunata, dorso canaliculato, oculorum iridibus aureis. *Linn.* Syst. Nat. n. 18. p. 1277. das Goldauge. Müll. Linn. N. S. 4 Th. n. 18. p. 188. Aurata bahamensis. *Catesb.* Car. 2. p. 16. tab. 16. Synagris V. *Klein* Miss. V. §. 36. 5.

Ende des obern Kiefers stehet ein einzelner Zahn; und im untern sind zwey von gleicher Größe, viele kleinere aber am Gaumen. Den größten Theil des Rükkens nimmt eine große stachlichte Flosse ein. Hinter den Kiemen stehen zwo lange Flossen, eine unter dem Bauch, und eine andere zwischen dem After und dem Schwanz, welcher gespalten war. Die Kiemenhaut ist 6, die Rückenflosse $\frac{13}{24}$, die Brustflossen 17, die Bauchflossen 6, die Afterflosse $\frac{3}{10}$, die Schwanzflosse 19. Es ist dieser Fisch gut zu essen, und hält sich in Menge in den bahamischen Inseln auf.

**Brachsme, silberaugichte,** (Sparus argyrops. p) Dieser Fisch ist, so wie der vorhergehende, in Carolina und Jamaika zu Hause, und demselben in vielen Stücken ähnlich. Di Rückenflosse ist $\frac{12}{28}$, davon die drey ersten Schalen in eine lange Borste auslaufen, die Brustflossen 17, die Bauchflossen 6, die Afterflosse 15, und die Schwanzflosse 20strahlicht.

**— — — Zahn-** (Sparus Dentex. q) Nach Artedis Meinung ist dieser Brachsme freylich der Dentex oder



p) Sparus cauda lunata, dorso canaliculato, oculorum iridibus argenteis. *Linn.* Syst. Nat. n. 19. p. 1277. das Silberauge Müll Linn N S. 4 Th. n. 19. p. 189 Sparus iride argentea, dentibus anterioribus conicis. *Brown* Jam 447. Zanthurus indicus. *Willughb.* ichth append. tab. 3.

q) Sparus cauda bifida, corpore variegato, dentibus quatuor majoribus. *Linn* Syst. Nat. n 20. p. 1278. *Arted.* Gen. 36. Syn. 60. der Zahnbrachseme Müll Linn. N. S. 4 Th. n. 20. p. 189. Cetti Naturgesch. v. Sard. 3 Th. p. 128. Cynaedus cauda lunata, dente secundo antico utriusque maxillae maximo. *Gronov* Zooph. T. I. n. 214. Synagris I. *Klein* miss. V. §. 31. n. 1. *Brünnich* ichth. mass. n. 62. p. 46. *Salvian.* fig. 31. p. 110. Dentex Salviani. *Willughb* ichth. Tab. V. f. 3. Açara Aya brasiliensibus Eiusd. Tab. X. 7. fig. 6? Dentex sive Synodon. *Rai* syn. n. 7. p. 132. Synagris. *Rondel.* p. 150.

oder Dentalis und Synodon der Autoren, so wie der Synagris des Belons. Indessen vermuthete Linné dieß auch bey dem oben beschriebenen Sparus Hurta. Es ist aber wahrscheinlich, daß dieß der gegenwärtige eher als jener seyn dürfte. Dieser Dentex ist nicht nur im mittländischen, adriatischen und toskanischen Meere, sondern auch am Vorgebürge der guten Hoffnung, woselbst er von den daselbst sich aufhaltenden Holländern Goudvisch genennt wird, so wie an der östlichen Küste von Südamerika, zu Hause. Um Marseille gehört er unter die daselbst schon seltenen Fische, und wird daselbst Dente oder Dentate, so wie in Sardinien Dentice genennt. In Engeland führt er den Namen Sea-rough oder Ruft, und in Holland Tand braasem. Der Körper ist länglicht eyrund und zusammengedrückt; der Kopf ist spitzig; die in beyden Kinnladen vier deutlichen von den übrigen entfernt sitzenden Schneidezähne sind spitzig, die übrigen beyden seitwärts sich befindenden sind kürzer; der Augenring ist goldgelb; der ganze Fisch ist silberfarbig und nur äußerst schwach gelb mit eingemengt; zwo dunkelfärbige Queerbinden liegen an den Seiten; der Kopf ist oberhalb gold-grünlicht, und so wie Seiten, doch größtentheils gegen den Rücken zu, mit vielen blauen blätterichten Tüpfen besprengt. Die Kiemenhaut ist 6strahlicht; die Rückenflosse nach Artedi 90, (wenn keine Verwirrung hier statt findet) nach Gronov $\frac{12}{22}$, und nach Brünnich $\frac{11}{22}$, die Brustflossen nach Brünnich 16, nach Gronov 15, die Bauchflossen nach beyden 6, die Afterflosse nach Gronov $\frac{3}{11}$, nach Brünnich $\frac{3}{12}$, und die Schwanzflosse nach Gronov 15, und nach Brünnich 17. Nach Gronov, so wie nach Brünnich ist er einen Schuh lang, soll aber doch nicht selten drey bis vier, auch gar zehen Pfunde schwer werden.

Brachsme, dornichte, (Sparus Spinus. r) Diesem, die südamerikanischen und indischen Gewässer bewohnenden Fische hat Linné wegen des rückwärts gekrümmten Stachels in der Rückenflosse den Beynamen Spinus gegeben. An demjenigen Exemplare, das sich in Königs Adolph Friedrichs Museum vorfand, zweifelt indeß doch Linné, ob dies sein eigentlicher S. Spinus seyn möchte. Mit mehr Zuverläßigkeit kann ich daher Osbecks Beschreibung folgen. Dieser glich, sagt der gelehrte Reisende, einem getrockneten Fische, den wir in Canton zur Rückreise einkauften. Die Rükkenflosse reicht vom Kopf bis zum Schwanze, und hat 24 Strahlen, von welchen die 13 vordersten stachlicht und die kürzesten sind. Die Brustflossen sind 15strahlicht; die Bauchflossen 5, von welchen die beyden äussersten stehen; die Afterflosse geht von der Mitte des Fisches bis zum Schwanz, und hat 15 Strahlen davon die 7 ersten stachlicht sind; die Schwanzflosse ist getheilt und 18strahlicht. Die Seiten sind, den Bauch ausgenommen, grau, und durch geschweifte blaue Streifen bunt. Der Bauch ist weiß. Die Länge des Körpers beträgt eine Spanne.

— — — gestrahlte, (Sparus radiatus. s) Dieser in Carolina einheimische Fisch wird daselbst Puddingfish genennt. Linné führt bey diesem Catesby's Abbildung und Beschreibung nur zweifelhaft an. Der



r) Sparus cauda bifida, spina dorsali recumbente. *Linn.* Syst. Nat. n. 21. p. 1278. Mus. Ad. Frid. R. T. II. Prodr. p. 74? Osbecks Reise nach China, p. 357. der Dornbrachsme. Müll. Linn. N. S. 4 Th. n. 21. p 190.

s) Sparus cauda integra, linea laterali stigmatibus trifidis bifidis. *Linn.* Syst. Nat. n. 22. p. 1278. das Strahlauge. Müll. Linn. N. S. 4 Th. n. 22. p. 191. Turdus oculo radiato. *Catesby* Car. 2. p. 12. t. 12. f. 1.

Körper ist auf dem Rücken grün, an den Seiten purpurroth, und am Bauche roth; der Kopf ist blau, und gelb und grün gestreift; die Augenwimpern sind reihenweise punktirt; die obere Lippe läßt sich ausdehnen; die Zähne sind kegelförmig; die beyden vordern sind grösser als die übrigen; die Pupille ist schwarz, und hat einen gold- blau- und röthlichen Ring. die Kiemendeckel haben zwo purpurpurrothe und gelbe Flecken; die Seitenlinie besteht aus einer Reihe gleichbreiter, dreyspaltiger und astartig zweyspaltig sich endigender Schuppen; der Schwanz ist abgerundet. Die Kiemenhaut ist 6, die Rückenflosse $\frac{11}{22}$, die Brustflossen 12, die Bauchflossen 6, die Afterflosse $\frac{3}{10}$, und die Schwanzflosse 17strahlicht.

Brachsime, virginische, (Sparus virginicus. t) In dem nordamerikanischen Meere ist dieser schöne Brachsime zu Hause, dessen Rückenflosse $\frac{11}{27}$, Brustflossen 18, Bauchflossen $\frac{1}{8}$, Afterflosse $\frac{11}{13}$, und die Schwanzflosse 18strahlicht ist. Der Kiemendeckel ist einigermaßen sägenartig gezähnt. Die nach der Länge hinlaufende blaue Streifen gehen mit einander parallel. Der Schwanz ist getheilt und stumpf.

— — — murmelnder, (Sparus Mormyrus. u) Dieser ist der Mormyrus und Mormylus der alten Au-

t) Sparus cauda bifida, fasciis duabus nigris transversis, lineis caeruleis plurimis. *Linn.* Syst. Nat. n. 23. p. 1278. der virginische Meerbrachseme. Müll. Linn. N. S. 4 Th. n. 23. p. 191.

u) Sparus cauda bifida, fasciis argenteis nigrisque plurimis. *Linn.* Syst. Nat. n. 24. p. 1279. *Arted.* gen. 37. syn. 62. *Hasselquist* resa etc. p. 335. Deutsch. Uebersetz. S. 381. der Murmelbrachsem. Müll. Linn. N. S. 4 Th. n. 24.

Autoren, deren Benennung, womit sie diesen Fisch bezeichneten, wahrscheinlich sich auf die Sage gründet, daß dieser Fisch in der Nähe der Oberfläche des Wassers, gleich dem S. Chromis, ein murmelndes Getöse mache. Die Namen Mormo, Mormillo und Mormiro, unter welchen er in Marseille, Genua, Venedig, Sardinien ꝛc. bekannt ist, lassen sich leichte von dem Stammworte herleiten. Er ist oft nur eine Spanne lang. Nach Gronov ist er 6 Zoll lang. Willughby sahe einen in Genua, der noch nicht einen Schuh lang war, und dieser hatte eilf bis zwölf schwarze Ringe um den Körper, die auf einem grünlich blauen Grunde lagen. Hasselquist, der im smirnischen Seehafen diesen Fisch antraf, beobachtete an demselben eilf schwarze Bänder auf einem silberfarbigen Grunde. Nach Brünnich laufen auf dem länglichten silberfarbigen Körper, hinter dem glänzendern Kopfe an vierzehen braune Bänder in die Queere, die am Rücken entstehen, und sich unten an dem Bauche wieder verlieren. Die obere Kinnlade geht, nach eben dieses Schriftstellers Bericht, über die untere etwas hervor, welches auch Artedi zugiebt, nur Seba, der das Gegentheil behauptet, widerspricht. Der Mund hat sehr viele Zähne. Gronov, der diesen Brachsme unter die Barsche setzt, bemerkte an dem Kiemendeckel zween Stacheln, die aber Hasselquist nicht in der Maaße wahrzunehmen scheint. Die Rü-

 ckenflosse

n. 24. p. 192. Perca dorso monopterygio, capite laevi, operculisque diacanthis squamosis. *Gronov* Zooph. T. I. n. 295. *Synagris* XVI. *Klein* Miss. V. §. 31. n. 16. *Brünnich* ichth. mass. n. 64. p. 48. et. n. 9. p. 96. Cetti Naturgesch. v. Sardinien 3 Th. p. 127. Perca maxilla inferiore longiore. *Seb.* mus. T. III. t. 27. f. 14. Mormyrus. *Salvian.* fig. 66. p. 183. *egregia.* *Willughb.* p. 329. Tab. X. 6. f. 2.

ckenflosse ist nach Artedi 23, nach Hasselquist $\frac{11}{24}$, und nach Gronov $\frac{10}{3}$; die Brustflossen sind nach Artedi 14, nach Hasselquist 15, und nach Gronov 13; die Bauchflossen nach Artedi 6, nach Hasselquist und Gronov $\frac{1}{6}$; die Afterflosse nach Artedi 13, nach Hasselquist $\frac{3}{13}$, so wie nach Gronov $\frac{3}{10}$, und die Schwanzflosse nach Hasselquist 18, und nach Gronov 9, nicht aber, wie bey Linné steht, 3strahlicht.

**Brachsime, netzartige,** (Sparus capistratus. x) Dieser bewohnt die amerikanischen Gewässer, hat der äusserlichen Gestalt nach viel ähnliches mit der Heiligbutte (Pleuroneꝺt. Hippogloss. L.), und ist von länglichter Figur. Die Schuppen liegen lose dachziegelartig übereinander, und sind mit einer weißen winkelhakenartigen Figur gezeichnet, welches dem ganzen Fische ein netzartiges Ansehen giebt. Ich möchte nicht mit Stat. Müller sagen: vermuthlich geht eine Binde bis ans Maul. Die vordern Zähne sind sehr ansehnlich, in der obern Kinnlade befinden sich zween, in der untern vier. Die Rückenflosse ist $\frac{9}{20}$, und fast so lang als der Rücken selbst, die Brustflossen sind 12, die Bauchflossen $\frac{1}{6}$, die Afterflosse $\frac{1}{10}$, und die Schwanzflosse 14strahlicht.

**— — — galiläische,** (Sparus galilaeus. y) Hasselquist entdeckte diesen Fisch in dem See Genezareth in

x) Sparus cauda integra, corpore albo reticulato. *Linn.* Syst. Nat. n. 25. p. 1279. der Zügelbrachsem. Müll. Linn. N. S. 4 Th. n. 25. p. 193.

y) Sparus cauda integra, corpore supra virescente, subtus albo. *Linn.* Syst. Nat. n. 26. p. 1279. der galiläische Meer-

in Galiläa. Linné ist daher geneigt zu vermuthen, daß er derjenige wäre, welcher den reichen Fischzug, der im fünften Kapitel des Evangelisten Lucas beschrieben steht, veranlaßte. Der Körper ist samt dem Kopf, welcher sehr abhängs ist, zusammengedrückt, der Rüssel ist kurz, die obere Kinnlade länger, die Mundöfnung klein, die Zähngen sitzen gedrängt in den Kinnladen aneinander, der Gaumen und die Zunge ist glatt, die Nasenlöcher sind klein, kreisrund, und liegen nahe an dem Scheitel zwischen den Augen und dem Rüssel, die Augen selbst liegen mitten auf dem Kopfe nahe am Scheitel, sind groß und hervorstehend. Die Pupille ist schwarz, der Ring goldgelb, und oben und unten schwarz gerändet, die Kiemendeckel sind schuppicht, die Kiemenhaut ist 5, die Rückenflosse nimmt fast den ganzen Rücken ein, und ist $\frac{17}{31}$, die Brustflossen sind 11, die Bauchflossen 7, die Afterflosse $\frac{3}{15}$, und die Schwanzflosse 20strahlicht. Der After befindet sich unter der Mitte des Körpers, die Seitenlinie ist nahe an dem Rücken gerade, der Kopf, Rücken und die Afterflosse sind grün, die Bauchseiten silberfarbig, der Bauch und die Flossen bleich. Die Länge beträgt eine Spanne und zween Zoll, und die Dicke eine halbe Spanne.

**Brachsme, braunlichte,** (Sparus fuscescens. z) Dieser ist in dem japanischen Meere zu Hause, ziemlich breit, und vier Zoll lang. Die Rückenflosse ist

 $\frac{13}{24}$.

---

Meerbrachseme. Müller Linn. N. S. 4 Th. n. 26. p. 196. *Hasselquist* resa etc. n. 76. p. 343. Deutsche Uebersetz. n. 76. p. 389.

z) Sparus fuscescens, spamis aureis, macula nigra ad pinnas pectorales.. *Linn.* Syst. Nat. n. 39. potius quam n. 29. p. 1279. *Houttuyn* Act. Haarlem. XX. 2. p. 324.

$\frac{13}{24}$, die Brustflossen 16, die Bauchflossen $\frac{1}{6}$, die Afterflosse $\frac{3}{12}$.

(P.)

Brachvogel, Scolopax arquata. S. unter Schnepfe.

— — — Unter diesem Namen versteht man gewöhnlich den sogenannten Regenpfeifer, Charadrius, apricarius, pluvialis *L.* gregarius *Pall.* u. a. Indessen nennt Müller eine andere Gattung, nähmlich Tantalus, also. S. Numenier.

(O.)

— — — Turdus viscivorus. S. unter Krametsvogel.

— — — nennt Kramer Hirundo Praticola. S. unter Schwalbe.

*Brachysiphonios*, s. Schlüsselblume.

Brack, Braque, eine Art Jagdhunde. S. unter Hund.

*Bractea*, s. Deckblatt.

Braden, Brächen, Cyprinus Brama *L.* S. Karpfen.

*Bradlea*, s. Glycine.

Brätling, Clupea Sprattus. *L.* S. Breitling.

Bräunelchen, s. Braunelle.

Bräunen. Werden die ocherhaften, oder gleichsam verwitterten Erze brauner Farbe genennet. Man hat Eisenbräune, Kupferbräune, Silberbräune.

S.

S. d. Art. Sie sind selten, aber reich. Von den Braunerzen unterscheiden sie sich bloß durch das losere Gefüge oder die größere Zerstöhrung.

(Ge.)

Bräunling, der amerikanische, Papilio fuscescens. a) Ein Vogel aus dem Geschlechte der bunten Rundflügel (Pap. Dan. Festivi.) Er hat braungelbe Flügel mit hellgelben und weißen Flecken.

— — — der amerikanische von St. Christoph Papilio fusco-nigricans. b) Ein Tagvogel von dem Geschlechte der bunten Rundflügel (Pap. Dan. Festivi), mit runden aus dem gelben ins schwärzliche fallenden Flügeln, unten findet sich auf jedem Vorderflügel ein weißlicher Punkt.

— — — amerikanischer des Seba, Papilio fuscus. c) Dieser Tagvogel gehört zu den weißen Rundflügeln (Pap. Dan. Candidi.) Er ist dunkelschwarz, mit einem weißgrünen scheibenartigen Flecken.

— — — amerikanischer weißgefleckter, Papilio fuscus albo-maculatus. d) Ein Tagvogel aus den bunten Rundflügeln (Pap. Dan. Festivi), gelbbraun

---

a) *Seba* Thes. IV. t. 38. f. 1. 2. *Goetze* Ent. Beitr. III. Th. I. B. p. 225. n. 98.

b) *Drury* illust. of. nat. hist. I. p. 37. t. 19. fig. 5. 6. *Goetze* Entom. Beitr. III. Th. I. B. p. 212.

c) *Sebae* Thes. T. IV. t. 7. f. 13. 14. *Goetze* Entom. Beitr. III. Th. I. B. p. 182. n. 77.

d) *Seba* Thes. IV. t. 8. f. 13. 14. *Goetze* Ent. Beitr. III. Th. I. B. p. 222. n. 79.

braun mit weißen Flecken. Diesem kommt noch der folgende ziemlich nahe.

**Bräunling, amerikanischer weißgemakelter**, Papilio fuscus albido maculatus Pap.) Wenigstens ist die Beschreibung desselben in Götzens Entomologischen Beyträgen fast ganz einerley.

— — — **chinesischer**, Papilio Coronis. f) Ein Tagvogel aus den weißen Rundflügeln (Pap. Dan. Candidi), mit gezähnelten gelbbraunen, weißgestreiften Flügeln, das Männchen ist unten grün geadert.

— — — **guineischer, mit weißen Flecken**, Papilio fuscus albo-maculatus. g) Ein Tagvogel aus dem Geschlechte der bunten Rundflügel (Pap. Dan. Festivi), gelbbraun mit vielen weißen Flecken.

— — — Phalaena spadiceata. h) Ein Nachtvogel aus dem Geschlechte der Spanner (Phal. Geometrae), gelblichgrau, mit 2 rothen Queerbinden; die Unterflügel sind dunkelgrün.

Bräun-

---

e) *Seba* Thes. IV. t. 11. f. 15-17. *Goetze* Ent. Beitr. III. Th. I. B. p. 222. n. 81.

f) *Cramer* Pap. Exot. IV. p. 69. t. 44. fig. B. C. *Goetze* Ent. Beitr. III. Th. I. B. p. 174. n. 42.

g) *Seba* Thes. IV. t. 45. f. 1. 2. *Goetze* Entom. Beitr. III. Th. I. B. p. 225. n. 102.

h) Berlinisch. Magaz. IV. B. S. 612. n. 87. *Goetze* Ent. Beitr. III. Th. 3. B. p. 383. n. 73.

Bräunling, Phalaena obfuscata. i) Ein Nachtvogel aus demselben Geschlechte der Spanner, braunschwarz, alle 4 Flügel haben einen weißen Saum und einen gelben Fleck.

— — — aus Surinam, Phalaena brunnea. k) Die Flügel dieses ebenfalls unter die Spanner gehörigen Nachtvogels, sind purpurfarben ins Schwarze fallend, und haben dunkelschwarze Queerstreifen.

— — — Phalaena Fuscana. l) Ein Nachtvogel aus dem Geschlechte der Wickler (Phal. Tortrices), er hat ungefleckte dunkelgelbe Flügel, man findet ihn in den Wäldern.

— — — Phalaena Thunbergiana m), der Thunbergswickler. Ein Nachtvogel aus eben diesem Geschlechte. Die Oberflügel sind röthlich grau mit dunkleren Sprenkeln, vorne stehet ein großer aschgrauer, runder Fleck, mit einem halb rothen, halb braunen Kern, und hinten mit einer breiten braunen Einfassung. Die Unterflügel sind dunkelbraun, nur die Ein-

i) *Scopoli* Entom. Carn. p. 232. n. 582. *Goetze* Entom. Beitr. III. Th. 3. B. p. 412. n. 257.

k) *Cramer* Pap. Exot. III. p. 171. t. 187. fig. G. *Goetze* Ent. Beitr. III. Th. 3. B. p. 434. n. 380.

l) *Fabricii* Syst. Ent. p. 648. n. 13. Spec. Ins. II. p. 279. n. 17. *Linn.* Faun. Suec. ed. 2. p. 345. n. 1321. Clerk Phal. t. 2. f. 1. *Goetze* Ent. Beitr. III. Th. 3. B. p. 25. n. 6.

m) *Cramer* Pap. Exot. IV. p. 192. t. 284. fig. H. Herbst Insekten 7 B. 3 St. S. 129. n. 57. Taf. XLVI. E. oder 310. fig. 5.

Einlenkung und die Franzen des Aussenrandes sind mit den Oberflügeln gleichfarbig. Er kommt aus Ostindien. (Gr.)

**Brakes Wasser.** Wird das in den Mündungen der Flüsse mit Seewasser vermischte Flußwasser, und überhaupt jedes mit einiger, doch nur geringen Kochsalzigkeit versehenes und davon unangenehm schmeckendes, zu manchem häuslichen Gebrauch unbrauchbares Wasser genennet. Das südliche Rußland und Sibirien hat eine Menge braker Landseen; man nennet sie zur Unterscheidung mit salzigen und Salzseen gesalzene, die über $\frac{1}{2}$ Quentl. Salz im Pfunde Wasser halten, heißen schon salzige Seen. (Ge.)

**Bram**, s. Pfriemen, besemartige.

*Brami*, eine indische Gattung Pflanzen, mit zween langen und zween kurzen Staubfäden, und einem zweyschaligen trocknen Samengehäuse, mit kugelrunden Samen. Ihre Blätter stehen einander gerade gegen über, und tragen in ihren Winkeln einzelne Blumen, mit einem aus fünf Blättchen bestehenden Kelche, einer mittelmäßigen Röhre, fünf Abschnitten an der Krone, und einer kugelrunden Narbe. (Gm.)

*Branca ursina*, S. Bärenklau.

*Brancione*, eine Spielart der Anemone mit gefüllter karminrother weißgeaderter Blume. (Gm.)

**Brand.** Unter dieser Benennung wird öfters auch derjenige Zufall verstanden, den man im gemeinen Leben mit den Namen: **Brandschaden, Verbrennung, Brand-**

Brandwunden, Brennen, Verbrennen (Adustio, Ambusta, Ambustio, Combusta, Combustio, Fr. Brulure) auszudrücken pflegt, und der eine gewöhnliche Folge von dem Berühren eines heissen Körpers ist, oder eines, dessen Grad von Hitze den des menschlichen Körpers übersteigt, und dessen nächste Wirkung Entzündung mit allen ihren Folgen ist. Indessen hängt der Grad derselben von dem Grade der Hitze des verbrennenden Körpers, von der Dauer der Berührung desselben, und von der Empfindlichkeit des verbrannten Theiles einzig ab. Hieraus läßt sich auch der Grad der Gefahr bey dem Verbrennen irgend eines Theiles des menschlichen Körpers bestimmen. Bey dem geringsten Grade vom Verbrennen, wird bloß der verletzte Theil roth und brennend schmerzhaft. Ist der Grad heftiger, so macht sich das Oberhäutchen (Epidermis) von dem Häutchen (Curicula) los, und erhebt sich in Gestalt einer oder mehrerer Blasen, welche eine helle oder gelbe Feuchtigkeit enthalten; oder es wird die Haut (Cutis) mit allen unterliegenden Theilen dermaßen zerstört, daß sich eine Rinde oder Schorf auf dem angegriffenen Theile zeiget; oder es gehet die Verletzung so tief, daß die verbrannte Stelle ganz unempfindlich und getödtet, das ist mit dem kalten Brande behaftet ist. — Man versteht aber im mehr gewöhnlichem Falle unter dem Namen

Brand, denjenigen Zufall, bey dem ein Theil des lebendigen Körpers alle Bewegung, Empfindung, und natürliche Wärme verliert, und eine braune, dunkelblaue, oder schwarze Farbe annimmt — und belègt ihn ausschlüßlich mit dem Namen des kalten Brandes (Sphacelus), unter welchem die Aerzte das complette Absterben, irgend eines Gliedes oder Theiles des menschlichen Körpers, sich denken. So lange aber

aber noch einige Empfindung, Bewegung und Wärme in demselben übrig ist, nennt man diese Krankheit den heissen Brand (Gangraena), und versteht ein incomplettes Absterben des mit dem heissen Brande behafteten Theiles darunter. Der Unterschied zwischen dem heissen und kalten Brande beruht nur auf dem verschiedenen Grade desselben. Dieser ist bloß der Uebergang einer örtlichen Krankheit in jenen. Indessen geht dennoch der heisse Brand nicht immer in den kalten über, auch geht nicht immer der heisse Brand vor dem kalten her, diesem ohngeachtet bedienen sich verschiedene Schriftsteller beyderley Benennungen als gleichbedeutend. Man kennt bey weitem noch nicht alle Ursachen des kalten Brandes genau, und eben deswegen ist die Heilung desselben oft sehr schwer, ja unmöglich. Die pathologische Eintheilung in den trockenen (sicca) und nassen (humida) ist ungemein brauchbar. Auch ist der Brand nicht mit der Fäulniß (Putredo) zu verwechseln, denn letztere ist Folge dieser Krankheit, und nicht die Krankheit selbst. Trockner Brand entspringt aus Mangel des Nahrungssaftes, welcher einem leidenden Theile zugeführet werden sollte, feuchter hat seinen Grund in einer Anhäufung verdorbner Säfte an irgend einem Theile. Daher wird er die Folge von 1) heftigen Entzündungen, 2) Zuschnürung eines Theiles und seiner Gefäße, 3) Einsaugen und localverbreitungen eingedrungener schädlicher Feuchtigkeiten, 4) Quetschungen, Erosionen und Betäubungen, von Giften sowohl, als von Erschütterungen bey äußern Verletzungen, 5) Bissen giftiger Thiere, 6) Erfrieren, 7) Brennen (Ambustio), und 8) einer in den Säften angefangenen Fäulniß, die zu den festen Theilen fortgeht. Die plötzliche Versetzung einer schädlichen giftigen Materie auf die Nerven verursacht das, was man einen Ner-

ven-

venbrand (Gangraena nervosa) nennt. Wenn der Kreislauf langsamer wird, wie solches bey alten Leuten durch die Verknöcherung der Enden der Schlagadern z. B. geschiehet, so entstehet gleichfalls der Brand daraus: man nennt diesen Gangraena senilis. Van Swieten starb daran, wie man aus seiner Lebensgeschichte weiß. — Die Prognosis des kalten Brandes ist meistentheils traurig. Denn wenn der heisse Brand in den kalten übergehet, nehmen die Kräfte des Kranken immer mehr ab, entweder delirirt er, oder wenn er auch bey sich ist, so ist er doch nicht fähig, sich mit Deutlichkeit auszudrücken, sein Puls wird schwach, und wie **Gaubius** (de praesag. ex pulf. Lib. II. c. 9.) uns sagt, wurmförmig, es machen unordentliche Schauer, der Urin wird dicke, schwarz stinkend, der Stuhlgang flüßig, schwarzem Urin ähnlich, fetticht, und riecht leichenhaft, und Convulsionen nebst kalten Schweißen machen dem Leiden des Kranken ein Ende. Hülfe ist da keine, es sey denn, daß der kalte Brand minder edlere Theile befalle, und sich die Absonderung des abgestorbnen vom gesunden durch Hülfe der Künste bewirken lasse, oder die Natur selbst sich noch fähig findet, dieß wohlthätige Geschäft zu übernehmen. Wo also mit der Amputation nichts auszurichten ist, und die Natur selbst der Bemühung, todtes und lebendiges zu scheiden, unterliegt, wird wenig oder nichts auszurichten seyn. — Doch schon zu viel für ein naturhistorisches Lexikon! — und eben darum müssen wir alles über diesen Gegenstand noch zu erwähnende, in so ferne es an das Gebiete des Arztes und Wundarztes grenzt, und eigentlich mehr medicinischer Competenz ist, um so mehr den Lesern dieses Werkes in dahin einschlagenden Schriften aufzusuchen überlassen, jemehr es außer dem diesem Werke gesteckten Ziele liegt. Man lese über die Artikel Verbrennung, Brand, Herrn Hofr. Richters Chirurgie (2te Aufl.) 1 Band S. 68, 110. und anderer med. chir. Schriftsteller Werke nach.

Brand, eine Krankheit der Pferde. In so ferne unter dem Brand bey Pferden eine Krankheit verstanden wird, die eine Folge einer Localkrankheit ist, so ist auch hierbey alles dasjenige anwendbar, was kurz vorher von dem Brande am menschlichen Körper gesagt worden ist. Die Beurtheilung und Heilung dieses Uebels lehrt die Vieharzneykunst.

— — eine Krankheit des Rind- Schaf- und Schweineviehs, ist nicht selten epidemisch und ansteckend. Gedachtes Vieh bekommt böse Mäuler und Hälse, mit vielen Blasen, darüber gar bald der Rachen und Schlund roh, und zum Genuß allen nur etwas harten Futters unbrauchbar wird. Die Erkennung und Heilung dieser Krankheiten lehren außer unserm verdienstvollen Herrn D. Krünitz (S. dessen ökonom. Encyklopädie 6ter Th. S. 403. 405. u. f.) auch die von ihm daselbst angeführten veterinarischen Schriftsteller.

— — eine Baumkrankheit, welche den Stamm innwendig um das Mark herum schwarz und anbrüchig macht, von aussen aber die Rinde am Holze verzehret, daß sie von unten bis oben ganz schwarz aussieht, auch der Baum am Gipfel gelb und welk wird.

Einige suchen den Grund dieser Krankheit in der überflüssigen Feuchtigkeit des Baumes, welche in Entzündung des Safts zwischen Holz und Rinde ersticket, sodann die Rinde erhebt, dürre und brandig macht, so daß letztere davon hin und her bersten muß, und

und der Stamm von der Sonne ganz ausgedorret und schwarz gebrannt wird. Und dieses geschiehet am meisten, wenn die Bäume an einem feuchten Ort stehen, und der Sommer sehr feucht ist.

Andere leiten den Brand daher, wenn der Baum bey dem Versetzen entweder aus Unbedachtsamkeit, oder aus Unverstand, anders gesetzt wird, als er vorher gestanden; nemlich, wenn die Morgenseite nicht wieder gegen Morgen, sondern etwa gegen Mittag, oder Abend, oder Mitternacht zu stehen kommt; da denn die Mittagssonne diejenige Seite des Baumes, welche erst von derselben abgekehrt gestanden, und ihr nunmehro zugekehrt ist, dergestalt austrocknet, daß die Rinde vom Stamme abweichet, oder wohl gar spaltet, und der Baum schwarze Knöpfchen oder Türfelchen bekommt, darauf hernach kleine Würmer folgen, die den Baum so benagen, bis beides, sie und der Baum, gänzlich ersterben.

Der Brand wird den Bäumen auch öfters dadurch zugezogen, wenn die Gärtner einem Baum, beym Versetzen, die Wurzel beschneiden, und zwar entweder die kleinen Würzelchen, oder auch die große Wurzel, und diese Schnitte nicht mit Baumwachs verwahren. Indem die Wurzel samt dem Kern offen und frey ist, so tritt die Feuchtigkeit hinein, und verletzet das Mark, worauf sie brandig zu werden anfängt, welches nachher immer weiter um sich greift, und den ganzen Baum zu Grunde richtet.

Noch andere schreiben die Ursache des Brandes einem allzudürren und trockenen Boden, oder auch einem allzufesten Grunde, durch welchen die Wurzeln sich nicht durcharbeiten und hinlängliche Säfte zur Erhaltung des Baumes an sich nehmen können, zu.

Einige haben dafür gehalten, der Brand würde insgemein von einem Ostwinde verursachet, welcher eine große Menge von Insekten-Eyern aus entfernten Orten mit sich bringe, welche, da sie auf den Blättern und Blumen der Fruchtbäume hangen bleiben, deren Zusammenschrumpfen und Verderben befördern.

Nach Millers wiederhohlten Wahrnehmungen und Versuchen wird der Brand öfters durch einen anhaltenden trockenen Ostwind verursachet, welcher etliche Tage hintereinander, ohne dazwischen kommenden gelinden Regen oder Morgenthau, fortdauert, und die Ausdünstung der zarten Blüthen verhindert, so daß sich in kurzer Zeit ihre Farbe verändert, und sie verwelken und abfallen. Geschieht es nun, daß solches Wetter lange anhält, so werden die jungen Blätter gleichfalls dadurch beschädigt; denn die aus ihnen ausdunstende Materie wird dadurch verdicket und klebrig gemacht, so daß sie an der Oberfläche der Blätter feste hangen bleibt, und eine angenehme Nahrung für diejenigen kleinen Insekten wird, welche man allezeit auf den Blättern und zarten Zweigen der Fruchtbäume mit Beutemachen beschäftigt findet, wenn sich ein Brand einfindet. Diese Insekten aber sind keinesweges die erste Ursache dieses Brandes, wie sich einige einbilden, ob man wohl zugeben muß, daß, wenn diese Insekten eine ihnen so anständige Nahrung finden, sie sich außerordentlich vermehren, und eine Ursache eines noch größern Schadens werden.

Eine andere Ursache des Brandes im Frühling sind ferner die kalten scharfen Reife, auf welche öfters am am Tage ein heißer Sonnenschein folgt. Durch die Nachtkälte gefrieren die zarten Theile der Blüthen, und wenn hernach der heiße Sonnenschein auf die Wand trift, ehe die Feuchtigkeit an den Blüthen vertrocknet, (welche, da sie kleine Kügelchen macht, die Sonnenstrahlen sammlet) so entsteht dadurch eine versengende Hitze, welche die zarten Blumen und andere Theile der Pflanzen verbrennet.

Daß aber der Brand öfters nichts anders, als eine innere Schwäche und Krankheit der Bäume sey, erhellet daraus, wenn man betrachtet, wie es gar oft geschehe, daß Bäume, die an einer Wand und in einer Lage stehen, und einerley Nutzen, sowohl aus der Luft als von der Sonne haben können, bey denen auch alle übrige, ihrer Gesundheit zuträgliche Umstände einerley sind, doch gar öfters an Kraft und Stärke sehr unterschieden seyn. Eben so oft sieht man auch, daß schwache Bäume beständig vom Brand befallen werden, da die kräftigern, welche mit ihnen in einer Lage stehen, ganz wohl fortkommen. Dieses muß also größtentheils ihrer guten Beschaffenheit zugeschrieben werden. Die Schwachheit der Bäume aber muß entweder von einem Mangel genugsamer, und zur Erhaltung ihrer Kräfte nöthiger Nahrung, oder von der schlechten Beschaffenheit des Bodens, in welchem sie wachsen, oder auch von einer übeln Beschaffenheit des Stammes, von einer dem Auge oder Pfropfreise angebohrnen Krankheit, welche es von dem Mutterstamm an sich gezogen, oder auch von dem unrechten Verfahren beym Beschneiden, als welches lauter Ursachen der Krankheiten an Bäumen seyn können, von welchen ihnen schwerlich abzuhelfen ist, herkommen.

Es giebt noch eine andere Art des Brandes, vor welchen die Fruchtbäume sehr schwer zu verwahren sind, nemlich die scharfen kalten Morgen, welche öfters zu derjenigen Zeit einfallen, wenn die Bäume blühen, oder wenn die Früchte noch sehr jung sind, und welche verursachen, daß die Blüthen oder Früchte abfallen. Oefters wird auch durch dieselben den zarten Theilen der Schossen und Blätter großer Schade zugefüget.

Es giebt endlich noch eine Art des Brandes, welcher sich zuweilen später im Frühling, nemlich im April und May einstellt, und den Baumgärten und offenen Plantagen öfters sehr schädlich ist, wogegen wir kein Mittel wissen. Es wird selbiger der Feuerbrand genennet, welcher in wenig Stunden nicht nur die Früchte und Blätter verdirbt, sondern öfters auch Theile der Bäume, und manchmal ganze Bäume, zu Schanden richtet. Man hält dafür, daß selbiger von vielen durchsichtigen aufsteigenden Dünsten herkomme, welche bey den mancherley Gestalten, die sie haben können, zu Zeiten entweder oben oder unten, wie eine halbe Kugel oder Cylinder geformt sind, und dadurch verursachen, daß die Sonnenstrahlen dermaßen dichte zusammenfallen, daß sie die Pflanzen oder Bäume, nachdem sie mehr oder weniger gesammelt werden, versengen.

Die verschiedenen Heilmethoden, mit welchen man diesen verschiedenen hier erzählten Uebeln begegnen muß, sind von unserm Herrn D. Krünitz, (s. dessen ökonom. Encyklopäd. 6. Th. S. 371 u. f.) nach Angabe der ebendaselbst angeführten Schriftsteller, ausführlich angezeigt worden, aus welchem Grunde wir solche nicht wiederholen können.

Brand

Brand im Getreide. Es sind die Krankheiten, welchen unsere Getreidearten (Cerealia) ausgesetzt sind, allerdings verschiedener Art, und man kann sie diesemnach nur mit Ungebühr unter dem mehr speciellern Namen Brand vereinigen. Dem praktischen Landwirthe sollte es allerdings daran gelegen seyn, solche genau zu kennen, und sie richtig zu unterscheiden. Es ist die Frage: ob sich nicht, begleitet mit der genauen Erkenntniß aller dieser Uebel, alsdann erst das untrüglichere Mittel finden ließe, mit welchem man jedem derselben begegnen könne? Denn, die freylich nicht sehr subtile Eintheilung, in Spitzbrand und Staubbrand, reicht wohl nicht hin, sich ganz in Bekanntschaft mit den bisher bekannten Krankheiten unserer Getreidearten zu setzen. So genüglich solche der Landwirth auch finden mag, so wenig befriedigend wird sie für den Naturforscher seyn. Indessen hat eine auf nüchterne anhaltende Beobachtung und bewährte Erfahrung gestützte Angabe derselben immer noch ihre Schwierigkeiten, und der Ausspruch: daß folgende Eintheilung der Krankheiten der Getreidearten die richtigste und möglichst vollständige sey, scheint noch nicht zu seiner Reife gediehen zu seyn.

1) **Mutterkorn** n), Clavus. Ergot. Befällt ganz besonders den Rocken, weit minder den Weitzen, sitzt vorzüglich in dem Samen. Dieser wächset in ziemlich große Hörner, die auswärts braun-violet, innwärts aber weiß sind, aus. — Siehe **Mutterkorn**. o)



n) Hieher gehören auch die Namen: Hahnensporn, Zapfenkorn, Mutterzapfen, Afterkorn, Brandkorn.

o) Ebendaselbst wird von der ungegründeten Vermuthung, daß

2) Ruß p), Vredo. Fuligo. Charbon. Befällt am meisten die Gerste und den Hafer, weit seltener den Weitzen, zerstöhrt deren Blüthetheile, die zu einem braun-grünlichten Staube werden. S. Ruß.

3) Brand, Ustilago. Caries. Carbunculus. Sitzt in dem Weitzen und in dessen Körnern fast ausschlüßlich, und ist ansteckend. Die Samenhaut ist dann voll eines schwarzen stinkenden Staubes.

4) Gichtkorn, Abortus seminum. Rhachitis. Avortement ou Rachitisme. Grano Ghiottone. Eine dem Weitzen eigne Krankheit, die in demselben ihren Sitz hat, dessen Körner gestaltlos und ungleichförmig macht, die von außen grün, trocken aber braun sind. Statt des Mehles ist in den getrockneten ein weißes faserichtes, geleeartig brüchiges Wesen vorhanden: in weniger völlig reifen ist solches klebrig. Man beobachtet in diesen die kleinen Aelchen, die sich mittelst der Infusion in auch noch sehr lange trocken erhaltenen Körnern wieder sehen lassen. Der Halm hat ein sehr ausgezehrtes Ansehen, die Blätter drehen sich zusammen, und werden mißfärbig, die Körner gelangen nie zur Reife. Es stecken dergleichen ausgesäete Körner auch andere

daß dasselbe an dem, unter dem Namen Kriebelkrankheit bekannten epidemischen Uebel Ursache sey, das nöthige gesagt werden.

p) Delle malattie del Grano in Erba, trattato storico-phisico. *(Giuanni)* In Pesaro 1759. p. 23.

andere mit ihnen ausgesäete an. — S. Gicht-korn.

5) Rost, Rubigo. Rouille. Befällt fast alle genannte Getreidearten, doch immer am seltensten den Rocken, und erscheint unter der Gestalt eines bald mehr, bald minder rostfärbigen Staubes, auf den Blättern und Halmen hingestreut. q) S. Rost.

6) Eine dem türkischen Weitzen, wie es scheint, ausschlüßlich eigene Krankheit, von der uns Herr Imhof in einer besondern Schrift (Zeae Mayidis L. morbus. Argent. 1784.) Nachricht gegeben. r) — S. Mays.

Es mag indessen diese vorstehende Classifikation so lange (wie es mehrere seyn müssen) hinreichend seyn, die bisher bekannten kranken Getreidearten darunter zu stellen, bis künftige Bemühungen der Naturforscher, das Gebiete derselben entweder erweitern, oder



---

q) *Imhof* Zeae mayidis morbus etc. — Verum morbus *Mayidis* a *modo* recensitis insigniter differt, ut cum nullo *dictorum* morborum confundi debeat. *Ibid.* p. 3.

r) Wenn der würdige Verf. des Hausvaters (Leipz. 1 Th. S. 589) behauptet, der türkische Weizen sey, wie allen bekannt ist, vom Brande befreyet, so erlaube er uns, hier anzumerken, daß dies nur zur Hälfte richtig sey. Vom Brande (Vstilago) wohl! Aber nichts desto weniger ist er frey von einer ihm ganz eigenen Krankheit, die Herr Imhof, und vor ihm schon Tiller gekannt und beschrieben hat. Der Grund, den Herr Germershausen angiebt, daß der türkische Weizen deßwegen vom Brande befreyet sey, weil er eine planta dioica ist, ist von dem nemlichen Gehalte.

das schon gegenwärtige in schicklichere Grenzen zurückführen. Um die allgemeine Uebersicht der Krankheiten der Getreidearten, ohne lange auszuschweifen, zu erleichtern, stehet solche an der Spitze des folgenden, wenn es gleich gegenwärtig unthunlich ist, solches sämtlich vollständig an dieser Stelle mit allen ihren Ursachen, Folgen, und dagegen versuchten Gegenmitteln zu erwähnen. Nicht sowohl die Ordnung, an welche man sich, vorstehender Eintheilung zufolge, zu halten hat, will es, als vielmehr die Einrichtung dieses Werkes, daß hier nur der dritten Art, nach Anleitung der über diesen Gegenstand nachgelesenen Schriftsteller, gedacht wird.

Der Brand, von dem hier die Rede seyn kann, ist als diejenige Krankheit des Getreides anzusehen, wobey ganze Aehren, ja zuweilen alle Aehren, die aus einem Saatkorn auf verschiedenen Halmen stehen, sowohl wenn sie noch in Kappen sind, als auch wenn sie schon aus denselben hervorgekommen, schwarze, gleichsam ausgebrannte Körner enthalten, die zwar nicht von übertriebener Größe und sehr unförmlicher Gestalt sind, aber dennoch einen schwarzen Staub in sich schließen, und folglich gar nicht gebraucht werden können. Alle Gattungen der Feldfrüchte, welche ihr Korn in Aehren setzen, sonderlich: Weitzen, Gerste, Sommerrocken, Hafer und Hirse, sind demselben unterworfen; jedoch findet man dieses Uebel bey einigen häufiger, als bey andern; vornehmlich aber ist es der Weitzen, der dieser Krankheit leicht ausgesetzt ist, daher sie demselben eigenthümlich zugelegt worden. Man hat sich von jeher viele Mühe gegeben, die nächste Ursache dieses Brandes zu erforschen. Es ist sich daher nicht zu verwundern, wenn man auf mehrere fiel, deren Gültigkeit man bald mehr, bald weniger annahm,

nahm, indessen haben leider die meisten, die wir kennen, entweder das Gepräge grober Unwissenheit, oder, welches fast einerley seyn möchte, des Aberglaubens an sich. Das Klima; die natürliche Beschaffenheit des Bodens; der Dünger, besonders der im Herbst ausgeführt wird; gefallene Gifte; das unter die Saat kommende Brodmehl; das Säen des Weitzens oder der Gerste an dem Tage des Mondwechsels; der bey der Aussaat wehende Nordwind; das Schröpfen des Weitzens im Frühjahr früh im Thau; das Säen der Körner, welche in einer vom Brande verletzten Aehre gewachsen, ob sie gleich an sich selber rein und gut sind; das Säen des Weitzens am Montage oder Donnerstage; das Tragen des Saatweitzens in einem, mit einem aus sich selbst gedreheten Knoten zugeschürzten Sack, auf das Feld, gehören mit unter diejenigen Ursachen, welche den Brand sollten entstehen lassen, die, wenn sie schon zum Theil mit sich selbst im Widerspruche stehen, gleichwohl noch viele Vertheidiger finden. Zum guten Glücke sind die meisten der itzt gedachten vorgeblichen Ursachen, durch darüber ausdrücklich angestellte Versuche widerlegt worden. s)

Indessen haben sich in den neuern Zeiten verschiedene berühmte Männer hervorgethan, die sich der Eruirung der nächsten Ursache des Weitzenbrandes auf eine den physischen Grundsätzen gemäßere Art unterzogen haben. Der berühmte englische Landwirth Tull, welcher den Brand im Getreide von der allzugroßen Feuchtigkeit des Bodens herleiten will, verdient zuerst genannt zu werden. Seine Hypothese gründet

s) Leipz. ökon. Nachrichten 7tes St. 1749.

gründet sich auf folgenden Versuch: t) Er zog nämlich einige Getreidehalme auf einem Felde aus, und pflanzte sie an die beyden Fenster seines Zimmers in ein Gefäß voll Wassers, oder worinn wenigstens die Erde stark mit Wasser befeuchtet war. Dieses Getreide brachte Aehren hervor; allein die Körner waren insgesammt brandicht, obschon auf dem Felde, von welchem er seine Halme genommen hatte, kein Brandkorn gefunden ward. Eben dieser Schriftsteller sagt auch, daß das Getreide, welches auf einem in der See versunkenen Schiffe gewesen, von den Pächtern in den umliegenden Gegenden von Bristol, zur Saat gekauft worden, weil es zum Brodbacken nicht mehr dienlich gewesen wäre. Dieses in der See gelegne Sommergetreide hätte durchaus kein brandichtes Korn gebracht, da anderes daneben stehendes, wovon der Saamen in See oder Salzwasser nicht eingeweicht gewesen, vielen Brand gehabt hätte. Seit der Zeit pflegte man alles Getreide in See- oder Salzwasser, und wo dieses nicht, oder zu kostbar zu haben wäre, in Kalchwasser einzuweichen, welches allemal von erwünschtem Erfolg sey. —

Die Anmerkung, welche Herr Past. Germershausen u) hierbey macht, ist zu wichtig, um sie hier nicht anzufügen. Er sagt:

Aus einem einzigen besondern Falle folgert sich noch nichts gewisses, und Herr Tull hätte den Versuch mehrmals wiederholen, und abwarten sollen, ob die Folge jedesmal einerley wäre. Denn man siehet alle

t) Duhamel Abhandl. vom Ackerbau ꝛc. S. 139.

u) Der Hausvater 1 Th. S. 571. u. f.

alle Jahre bey uns, daß auf hohen Aeckern, die von Nässe sehr befreyt sind, eben so sehr, aber auf niedrigern Aeckern Brand sey. Hiebey ist man aber nicht in Abrede, daß eine Weitzenpflanze auf feuchtem Boden sehr zum Brande geneigt werde, besonders wenn Eisentheilchen in der Erde vorhanden sind. Bey dem einmaligen Versuche des Herrn Tulls hätte uns sollen gemeldet werden, ob das Erdreich auch mit genugsamen Nahrungstheilen zur Hervorbringung eines lebhaften Triebes versehen; ob die ans Fenster gestellten Pflanzen auch nicht des so gütigen Einflusses der Thaue, Winde und Sonnenstrahlen beraubt gewesen. Und wenn dieses alles seine Richtigkeit gehabt hätte; so wäre die Hauptfrage übrig geblieben, ob durch das öftere Begießen die Nahrungstheile der Pflanzen wohl nicht auf dem Grunde des Gefäßes, worinn sie standen, herabgezogen, und den Wurzeln entnommen habe; ingleichen ob das Gefäß auch nicht zu enge gewesen sey, dergestalt, daß die Wurzeln in der Nothwendigkeit gewesen, sich zu krümmen, und sich unter einander zu verwickeln? Aus beyderley Umständen haben die Pflanzen zur Abwendung des Brandes nicht stark genug treiben können. In Ansehung des erstern wird keiner Zweifel haben; in Ansehung des andern Umstandes belehrt uns Herr Medikus in seinen Beyträgen zur schönen Gartenkunst, nach vielen wohlgeprüften Erfahrungen, daß die in engen Töpfen oder Gefäßen aufgebrachten jungen Bäume wegen ihrer in Krümmungen unter einander verschlungenen Wurzeln zu wenig lebhaften Trieb zum Wachsen und Widerstande gegen die Winterfröste bey ihm gehabt haben, welches dann bey den Getreidepflanzen auch nicht anders seyn kann. In der Folge aber werde ich aus der Uebereinstimmung mehrerer Naturforscher und gelehrter Wirthe sowohl, als meinen eigenen

genen Erfahrungen darthun, daß der Mangel eines lebhaften Triebes hauptsächlich die Weitzenpflanze zum Brande geneigt mache. Jene Erfahrung des Herrn Tulls aber, daß Salz und Kalch Mittel wider den Brand seyen, haben unsere Vorfahren in Deutschland vor seiner und unserer Zeit bereits längst gewußt und gebraucht, nur mit dem Unterschiede, daß diese Mittel gegenwärtig von mehr allgemeinem Gebrauche geworden sind." —

Man muß bekennen, daß was dieser berühmte Oekonom jener Tullischen, aus einem einzelnen Versuche geschöpften, Hypothese entgegen stellet, allerdings sehr viel wahres und überdachtes hat. Diesem ohngeachtet wird es nicht überflüßig seyn, wenn man außerdem noch bemerket, daß in dem Ausziehen der Getreidehalme aus dem Felde, und in dem Pflanzen derselben in stark mit Wasser angefeuchteter Erde, und in dem Stellen der Gefäße an die beyden Fenster eines Zimmers, sehr vieles liege, welches den Beweiß, den Hr. Tull hieraus, um seine Meynung zu bestärken, zieht, in mehr als einer Hinsicht erschweren muß. Das häufigere Wasser, in dem nun die aus dem Felde gezogenen Halme standen, mag wohl an dem darauf gefolgten Brande nur Mitantheil gehabt haben, — das Ausheben aus dem Felde, und die veränderte Temperatur der Atmosphäre wahrscheinlich einen weit größern, der nun erst dem lebhaftern Triebe der Weizenpflanze im Wege gestanden. Wir würden auch, um den Tullischen Versuch zu beschrenken, nicht hiebey den weit ältern, nur vom Herrn Medikus auch wiederhohlten, aufgeboten haben. Es ist wahr, in enge Töpfe gepflanzte junge Bäume kommen aus den bekannten Ursachen nicht darinnen fort. Aber die Folge von diesem läßt sich doch nicht auf Gräser leiten.

Auf die von der Societät zu Bourdeaux über die Natur und Cur des Brandes vorgelegte Frage erhielt Herr Tillet x) im Jahr 1755. den Preiß. Es nimmt derselbe drey Grade des Brandes an, und versteht unter dem ersten das abortirte Korn, (Blé avorté) oder einen gekrümmten, geknüpften Halm, welchen er rhachitisch nennt, und daran eine unvollkommene Aehre und unvollkommene Körner. Unter dem zweyten Grade versteht er den Steinbrand, da in dem Korne eine fette, schwarze und stinkende Materie befindlich ist. Den dritten Grad macht der gemeine oder so genannte Staubbrand aus, da die Aehre ganz zerstört ist, und nur der Halm bleibt, an welchem die Körner fest sitzen, und welcher von den Hülsen nur einige weiße Fäden, und einen schwarzen Staub übrig behält. Die vornehmsten neuen Entdeckungen, die Herr Tillet von dem Brande gemacht hat, laufen auf folgende 5 Sätze hinaus: 1) der schwarze Staub des Steinbrandes, oder der vom 2ten Grade ist ansteckend, und die Ursache dieser Pest. 2) Die bloß angeschwärzten oder an der Spitze gefleckten Samenkörner zeugen wenige, und die ganz brandigen viel brandige Halme, wenn man sie aussäet. 3) Selbst der Mist vom brandigen Stroh ist ansteckend, und wo und auf was für eine Weise dieses Gift hinkommt, da entstehet dieser Brand. 4) Der gebärtete Weizen ist für den Steinbrand nicht sicher, wohl aber der türkische mit der dicken kolbichten Aehre. 5) Die Gerste ist dem dritten, nicht aber dem zweyten Grad des Brandes unterworfen. Auch der Hafer ist vom zweyten frey. — Diese Meinung des Herrn

x) Dissertation sur la cause qui corrompt les Grains de bled dans les epis. Bordeaux 1755. 4.

Herrn Tillets ist von dem seel. Herrn Prof. Schreber geprüft worden. y)

Herr J. A. Ritter zu Herzberg z) hält den Brand für eine ansteckende Krankheit, welche ihren Ursprung davon hat, wenn der Weizen zu frühzeitig abgemähet, und nicht tüchtig reif wird, und daß die Salzmittel das beste Gegengift seyn.

Herr Prof. Gleditsch a) liefert eine überaus gründliche physikalische Untersuchung des Brandes im Getreide, und die darinn erzählten Beobachtungen und Versuche machen höchst wahrscheinlich, daß der Brand des Getreides seinen Ursprung in dem durch Erhitzen, und eine unvollkommene Gährung und Stockung mehr oder weniger fehlerhaft gewordenen Saamen habe.

Auf die Vermuthung, daß der Brand im Getreide von Würmern (und Insekten) entstehe, sind zwar verschiedene Naturforscher gerathen, es hat sich aber zur Zeit keiner um diese Sache mehr bemühet, als der Herr Baron Otto von Münchhausen, welcher uns in seinem Hausvater an verschiedenen Orten b) Nachricht ertheilet. Wir wollen nur der Kürze halber anzeigen, was dieser gelehrte Hauswirth

y) Hannöv. nützl. Samml. v. J. 1757. — Desgleichen Dessen Samml. 14 Th. S. 363. u. f.

z) Hannöv. nützl. Samml. v. J. 1755. St. 96.

a) Dessen vermischte Abhandl. 1 Th. S. 105. u. f.

b) Hausvater 1 Th. S. 151. 329. 334. 2 Th. S. 751. 3 Th. S. 899. und Vorrede zum 2ten St. des ersten Theiles.

wirth vom Brande im Weizen angemerkt hat c). — „Der Brand," sagt derselbe, „ist so häufig, daß er den dritten oder vierten Theil der Aehren einnimmt, so, daß alle Körner darinnen, statt eines weißen Mehles, mit einem schwarzen Staube angefüllt sind. Eine genaue Untersuchung desselben unter dem Vergrößerungsglase, und einige hundert damit angestellte Versuche haben mich gelehret, daß dieser schwarze Staub aus lauter kleinen durchsichtigen, innwendig mit schwarzen Pünktchen versehenen Kügelchen bestehe, die nichts anders als die Eyer von einem unmerklichen kleinen Insekt sind, oder vielmehr der junge Wurm. Diese Eyer, wenn sie in der Feuchtigkeit, und in einem Grade der Wärme stehen, kommen aus, oder entwickeln sich in ein eyförmiges Thier, welches am Ende crepirt, und eine Menge Eyer zurückläßt. Wenn der Weizen gedroschen wird, geht ein großer Theil der mit dem Brande inficirten Körner entzwey, und es setzen sich viele von diesen Eyern in dem in der Spitze der Weizenkörner befindlichen Bart fest, werden also mit demselben ausgesäet, und kommen in der Erde aus; die ausgekommenen Thierchen schleichen sich an die Keime, wachsen mit dem Halme in die Höhe, vermehren sich, finden vornehmlich in den Saamenkörnern Nahrung, verzehren den noch feuchten Kern, und lassen am Ende die Eyer zurück. Um nun den Brand zu verhüten, ist das beste Mittel, daß man den Weizen aussäe, der von solchen Eyerchen nicht angegriffen ist. Kann man aber

c) 1 Th. S. 149.

aber keinen reinen Weizen haben, so muß man wenigstens die daran befindlichen Eyerchen zerstören und zum Ausbrüten untüchtig machen. Untersucht man dergleichen Staub, der ein Jahr alt ist, so sieht man deutlich, daß die Kügelchen innwendig trocken sind; mithin hat man sodann nicht zu befürchten, daß sie auskommen möchten, ohne ein weiteres Mittel nöthig zu haben, wenn nur der Weitzen gut getrocknet und recht trocken verwahret wird. Muß man aber in frischen Weitzen säen, so finde nichts diesen Thieren contrairer, als gemeines im Wasser aufgelöstes Kochsalz, wovon sie augenblicklich zerplatzen. Man weicht also den Saamen in eine von Kalk gemachte und mit Kochsalz vermischte Lauge. Auf diese Weise weiß ich seit zwanzig Jahren in meinem Weitzen von keinem Brande, da meinen nächsten Nachbarn zu Zeiten der dritte Theil von ihrer Erndte dadurch zu Grunde gerichtet wurde.* —

Der seel. Herr Archiater von Linné d) gab dieser Meynung nicht nur vollkommenen Beyfall, sondern theilte ihr durch seine hierüber angestellten Versuche ein desto stärkeres Gewicht mit. Diesem ohngeachtet können derselben verschiedene Einwendungen gemacht werden; wenigstens läßt sich hieraus kein bündiger Schluß auf die thierische Beschaffenheit des Brandes im Getreide machen. e)

Herr

d) Amoen. acad. T. VII. — Mundus invisibilis §. 3. 4.

e) v Rohr ökonom. Reliqu. 1 Zehend. S. 27 = 29. Wittenb. Wochenbl. v. J. 1769 32. St.

Herr Hofrath Beckmann f) äußert sich über die verschiedenen Meinungen, nach welchen man versuchte, sich die Entstehung des Brandes im Getreide zu erklären, sehr bündig; — Man hat eine Menge Meinungen über die Ursachen dieser Krankheiten, aber ich kenne keine, der ich, bey einer genauen Untersuchung, eine vorzügliche Wahrscheinlichkeit zugestehen könnte. Kennen wir doch von den Krankheiten derjenigen organischen Körper, unter denen die Menschen selbst die vornehmsten sind, nur selten die nächsten, und noch seltener die entferntsten Ursachen.

Wir beschließen diesen Artikel mit dem ebener Maßen hierüber sehr richtig gefällten Urtheil unsers Herrn D. Krünitz. g) Er sagt:

Ueberhaupt, wenn man alle und jede Ursachen, die von dem Brande angegeben werden, auch nur obenhin betrachtet, so muß es in die Augen fallen, daß nicht wenige darunter schlechterdings außer dem Gebiete menschlicher Gewalt liegen. Wider die wenigen andern, die sich innerhalb demselben befinden, sind aber so unzählich viele Mittel vorgeschlagen worden, daß man gleich zweifelhaft ist, zu welchem man greifen soll, als man bey der Untersuchung der Ursa-



f) Grundſ. d. deutsch. Landw. § 99. — Den Brand leitet H. v. Münchhausen von einer Art Infusionsthiere. — Aber durch sorgfältige Beobachtung habe ich gefunden, daß der Brand keine andere Thierchen zeigt, als die man in andern eingeweichten vegetabilischen Dingen, sogar im abgekochten Thee, und in Wasser, das über Kanaster gestanden, bemerkt.

g) Oekonom. Encyklopäd. 6 Th. S. 369.

chen verlegen ist, welche davon angenommen zu werden verdiene. Das betrübteste hiebey ist dieses, daß man in Gefahr stehet, die Mittel vergeblich anzuwenden, und, wie es scheint, so lange in Gefahr stehen wird, als man nicht die Ursachen und die eigentliche Beschaffenheit der Krankheit, welche man heben will, wissen wird. Um hierzu zu gelangen, ist wohl kein anderer Weg, als der Weg der Versuche. Diese müssen aber sowohl mit allen bisher angeblichen Ursachen des Brandes, als mit den dawider vorgeschlagenen Mitteln, angestellt, öfters wiederholt, und jede Erscheinung nebst ihrem Erfolg genau angemerkt werden. Vielleicht ließen sich alsdann, aus Vergleichung verschiedener Fälle, die wichtigen Grundsätze und Regeln absondern. Es würde aber sehr langsam von statten gehen, wenn ein einzelner Naturforscher dieses schwere Werk übernehmen wollte. Die Sache könnte indessen gar sehr erleichtert, und geschwinder, als man dem ersten Anschein nach glaubt, wenigstens größten Theils, zu Stande gebracht werden, wenn mehrere Naturforscher unter den Landwirthen sich zu Einer Absicht vereinten. Zuvörderst müssen die Ursachen sowohl, als die Mittel, welche einer sorgfältigen Prüfung werth erkannt würden, gemeinschaftlich bestimmt, die Regeln, nach welchen die Versuche angestellt wären, festgesetzt, und hiernächst die Arbeit selbst unter sie vertheilt werden. Wenn auch durch diese Bemühungen vor der Hand nur die Unrichtigkeit einiger angegebenen Ursachen, oder die Unzulänglich= einiger bisher vorgekehrten Mittel, außer Zweifel gesetzt würden: so könnte und würde auch dieses schon viele nützliche Folgen haben. Man kommt der Erkenntniß einer Wahrheit, deren Untersuchung mit vielen Schwierigkeiten verknüpft ist, immer um einige

nige Schritte näher, wenn man anfänglich auch nur die Scheingründe, womit sie, wie mit einer Wolke umgeben ist, wegnimmt. Mit der Zeit gelangt man, bey gleichem Fleiß, ohne Zweifel zum Ziele; und es würde der gegenwärtigen ökonomischen Periode bey der Nachwelt zu besonderm Ruhm gereichen, wenn in derselben, unter so vielen andern nützlichen Erfindungen, auch die Kenntniß einer Krankheit, und die sichersten Mittel dagegen gefunden würden, die einer der gemeinnützigsten Pflanzen tödlich ist, und wider welche man bereits seit Jahrtausenden vergebliche Hülfe gesucht hat.

Man hat geflissentlich die Anzeige der Gegenmittel, welche die verschiedenen ökonomischen Schriftsteller, zufolge ihrer verschiedenen Meinung über den Brand im Weitzen, anwendbar geglaubt haben, übergangen, indem sie mehr eigtnlicher ökonomischer Competenz sind. Man glaubte, sich nur mit, der mehr den Naturforscher interessirenden, Anzeige der bisher geglaubten Ursachen des Brandes im Getreide hier befassen zu dürfen.

(P.)

**Brand**, s. Kuhweitzen.

**Brandaris** (Conchyl.) ist der Name, womit verschiedene Schriftsteller das Brandhorn mit seinen Abänderungen bezeichnen. Siehe Brandhorn. Nur Linne gieng in diesem Falle, wie er in mehrern gethan hat, von dem Redegebrauch ab, denn sein Murex brandaris ist die so genannte Herkuleskeule. Siehe dieses Wort. (S.)

**Brandente**, Anas Penelops. S. unter Ente.

**Branderz, Kohlenerz**, Minera carbonaria Wall. Minera phlogistica Cronst. et Born. werden verkalkte oder vererzte Metalle genannt, deren Muttergestein ein milder Brandschiefer ist. Sie haben im äußern Ansehen mit Steinkohlen, Kohlenschiefer oder Erdharzen große Aehnlichkeit, und betragen sich auch im Feuer wenig anders, brennen mit dicken Bergölrauch und theils mit Flamme, und hinterlassen aschenhafte oder verschlackte Erde, die sich bey diesen Erzen durch den Metallgehalt auszeichnet. Einige dieser Metalle werden unter dem Brennen verflüchtigt und zerstreuet, z. B. Quecksilber und einiges Eisenerz, von welchem bisweilen nur eine Art Asche nachbleibt. — Man Eisen = Kupfer = Silber = Quecksilber = und Zinnober = Brand = und Kohlenerz. S. diese Wörter. (Ge.)

**Brandeule**, Strix stridula. S. unter Eule.

**Brandfink**, Fringilla flammea. S. unter Fink.

**Brandflecken, das Brandfleckchen**, (Conchyl.) Cypraea erosa Linn. Diese Porcellane hat unser unsterblicher Martini bereits im ersten Bande dieses Naturl. S. 520. f. beschrieben. Ich will seine angeführte Citaten theils berichtigen, theils ergänzen, und dann einige Anmerkungen hinzuthun. Die Abbildung aus Lister Hist. Conchyl. tab. 692. fig. 39. ist nicht Cypraea erosa, sondern Cypraea vitellus. Die Eyerdotter, die Salzkorallen. Siehe Eyerdotter. Hiezu muß gesetzt werden: Knorr Vergn. Th. VI. tab. 20. fig. 4. Deutsch S. 38. das Weiß-Auge.

Auge. Holl. Witt-Oogje. Franz. Blanc Pointillige. Holländisch p. 90. Wit-Oogje. von Born Ind. Mus. Caes P. I. pag. 175. das Weißauge. von Born Mus. Caes. Vind. Test. p. 189. Deutsche Encycl. Th. IV. p. 295. die Brandflecken. Gronov Zooph. p. 291. n. 1280. Müller linnäisch. Natursf. Th. VI. S. 400. das Weißauge. Linné Natursf. des Thierr. Th. II. S. 515. Meine Einleit. Th. I. S. 122. die Brandflecken. Martini Verzeichn. S. 70. n. 184. Brandfleckchen oder weiße Aeuglein. Brandvlekje. Mus. Gronov. p. 108. n. 1062. *Zaamen loopende Pokken.* Mus. Gevers. p. 408. n. 1404. *Porcelaine Ambre, à taches blanches.* Kämmerer Conchyl. in Rudolst. S. 48. n. 18. die große Frieselporcellane mit einem braunrothen Flecke auf jeder Seite.

Ihr Rücken ist bald fahl, bald gelblich, bald braun, bald grünlich, und auf dieser Grundfarbe siehet man unzählige höchst zarte weiße, mehrentheils cirkelrunde Punkte, die bald dichter an einander liegen, bald in einiger Entfernung stehen, zuweilen längliche weiße Striche, hin und wieder sind dunklere Flecken eingestreut. Auf der rechten Seite, nahe an dem Saume, siehet man eine schmale weißliche, etwas in das Grüne spielende Linie, die den ganzen Rücken hinunter läuft. Statt der Windungen erblickt man oben eine kleine, bald einfache, bald gedoppelte Vertiefung, welche Einige ein Nabelloch nennen. Der Rücken ist glänzend, die beyden Säume sind weiß, der breitere des Bauchs ist etwas gewölbt; der Saum des Mundes ist durch den Bau, und durch die Zähne uneben, und wäre dies nicht der Grund zur Linnäischen Benennung,

 nung,

nung, so wüste ich keinen sonst anzugeben, er wäre indessen immer weit hergehohlt. Der breite Fleck an beyden Seiten, von denen diese Porcellane den Namen der Brandflecken führt, sind bald rothbraun, bald bläulich, manchmal ist nur ein Saum gefleckt, manchmal siehet man statt des Flecks einen kleinen rothbraunen Punkt. Wahrscheinlich vergrößert sich dieser Fleck mit dem Alter der Schale; ob aber jungen Beyspielen das Zeichen dieses Flecks gänzlich fehle? und ob die weiße Frieselporcellane des Martini Th. I. S 393. tab. 30. fig 323. die junge unausgebildete Schale der Brandflecken sey? wie Kämmerer vorgiebt, das will ich zwar nicht untersuchen, aber ich zweifle daran.

Müller h) und von Born i) belegen mit dem Namen des Brandfleckens eine ganz andre Conchylie als die beschriebene, nemlich die *Cypraeam flaveolam* des Linne. k) In der zehenden Ausgabe des

h) Linnäisches Natursf. Th. VI. S. 400. der Brandfleck. Brandvlakje.

i) Index Mus. Caes. P. I. p. 176. Mus. Caes. Vind. Test. p. 190.

k) Linné Syst nat. ed. X. p. 724. Sp. 320. *Cypraea flaveola*, testa eroso-marginata fulva, albo punctata. ed. XII. p. 1179. testa deroso marginata flavescente albo punctata, lateribus punctis fuscis obsoletis subsparsis. Linné Mus. Lud. Ulr. p. 581 n. 209. Testa ovi passerini magnitudine, ovata lateribus dilatatis, subtus et lateribus lutea, disco hinc flavescente punctis albis; utraque extremitate albida; margo exterior supra parum crenatus. Postice obtusiuscula, utrinque depressa et parum crenata.

des Linnäischen Systems fehlt Cypraea erosa gänzlich, in der zwölften hat er erosam und flaveolam neben einander gesetzt, beyden auch solche Kennzeichen gegeben, daß man nicht anders als auf die Vermuthung fallen kann, beyde für bloße Spielarten zu halten, die weiter gar nichts unterscheidet, als daß die erste unten weiß ist, und auf beyden Seiten ein großes braunes Fleck hat; die andre aber ist unten braunroth oder rothgelb, und hat mehrere, doch etwas unkenntliche hin und her zerstreute Flecken. Etwas näher beschreibt der Ritter diese Porcellane in dem Museo; er legt ihr daselbst die Größe eines Sperlingseyes bey, und einen eyförmigen Bau; auf beyden Seiten ist sie ausgebreitet, und unten und an beyden Seiten braunroth gefärbt. Der gewölbte Rücken ist gelblich, und hat weiße Punkte oder Augen; die beyden Enden der Schale sind weißlich. Die äußere Lefze ist oben ein wenig gekerbt. Unten ist diese Porcellane flach, auf beyden Seiten platt und ein wenig gekerbt. Windungen sind nicht vorhanden, aber an ihrem Orte erblickt man einen kleinen Eindruck. Die Mundöfnung ist auf beyden Seiten gezahnt und auch braunroth gefärbt. Dir Zähne der rechten Lefze breiten



---

nata. Spira nulla; locus parum retusus. Rima utrinque dentata etiam lutea. Labii exterioris dentes, transversales fere per totum labium: interioris dentes transversi interne per totum, externe per dimidium baseos. Noscitur colore supra et subtus flavo. Müller Linnäisch. Natursf. l. c. der Brandfleck. Linné Natursf. des Thierr. Th. II. S. 515. Meine Einleit. Th. I. S. 123. von Born Ind. Mus. l. c. der Brandfleck. Testa derosa lutea nebulosa lateribus et basi fulvis. Die gelb und weiß neblichte Schale hat einen zernagten Rand und braunrothe Seiten.

ten sich fast die ganze Lefze hinüber; die der linken aber laufen zwar innwendig die ganze Spindel hinauf, von Außen aber nehmen sie nur die Hälfte der Basis oder des Bauchs ein. Man erkennt sie daran, daß sie unten und oben gelb ist, und man könnte nun noch hinzusetzen, daß sie unten auf dem braunrothen Grunde einzelne hin und hergestreute braune unkenntliche Flecken hat.

Ich gestehe es, über das wahre Original dieser Porcellane habe ich keine Gewißheit. Daß das vom Herrn von Born unter diesem Namen angeführte Beyspiel der Kayserlich Königlichen Sammlung in Wien hieher gehöre, daran zweifle ich, denn sie soll ja nach Linné nicht dorsum luteum fusco alboque nebulosum haben, sondern er soll flavescens albo punctatum seyn, und die einzelnen braunen Flecken sollen nicht auf dem Rücken, sondern an der Seite liegen; auch soll die rima selbst braunroth seyn. Die in unserm Martini Th. I. tab. 26. fig. 267. 268. abgebildete, und S. 352. beschriebene gelbbraun gefleckte birnförmige Porcellane mit weißlichen Banden und rothgelben Bauche, gehört eben so wenig hieher, ob es gleich der Herr von Born glaubt. Sie hat keine weißen Punkte, sondern unordentliche Flecken und Flammen; der Grund ist nicht gelblich, sondern gelbbraun; ihr Saum ist spiegelglatt, und davon, was Linné derosum nennt, ist keine Spur vorhanden, auch fehlen die braunen Flecken gänzlich. Wir müssen also noch eine Zeitlang Geduld haben, bis uns einmal das Original, das Linné vor Augen hatte, in die Hände fällt.

(S.)

Brandflügel, Phalaena dictaea. [1]) Ein Spinner. (Phal. Bombyx alis depressis dorso cristato.) Er ist von mittlerer Grösse, Körper und Fühlhörner sind ziegelfärbig. Die obern Flügel sind obenher gleichsam versengt, in der Mitte führen sie ein längliches weisses Feld, und neben dem Bruststücke einen weissen Punkt, nebst einem weissen Striche. Die Unterflügel sind weiß, und nur an der Spitze nach dem After zu ein wenig bräunlich. Die Barbarey wird als sein Vaterland angegeben, man findet ihn aber auch in Europa auf der schwarzen Pappel und weissen Birke. Die Wiener nennen ihn den Schwarzpappel-Spinner, und zählen die Raupe unter die Buckelraupen, und den Vogel unter die rückenzähnichte Spinner. (Gr.)

Brandfuchs, Canis Alopex. Siehe Fuchs. Hunde.

Brandfuchs, Schweißfuchs. S. Pferd.

Brandgans, Anas Tadorna, und Anas Bernicla, Ringelgans. Siehe unter Enten, Gans.

Brandgeyer, Falco aeruginosus. S. Falken und Fischgeyer.

Brandhering. S. Hering.

Brand-

---

[1]) *Linn.* Syst. nat. Tom. I. P. 2. p. 826. n. 60. Müllers Uebersetz. V. Th. 1. B. S. 672. n. 60. Wien. Schmetterl. S. 62. R. n. 1. *Fabricii* Syst. Ent. App. p. 831. 55. 56. *Goetze* Entom. Beitr. III. Th. 3. B. p. 16. n. 60.

Brandhirsch, Cervus Elaphus, Hippelaphus. S. unter Hirsch.

Brandholzbaum. S. Protea.

Brandhorn, (Conchyl.) Brandschnecke, Brandarisse. m) Wenn man die eigentlich schwarzen oder schwarzbraunen, oder rauchfärbigen Brandhörner ansiehet, so sollte man glauben, die Schnecke sey verbrannt, oder von Rauch angelaufen, zumal da bey ihnen ein weißer Grund noch hie und da durchschimmert, und das gab ihnen den Namen der Brandhörner. Man hat jedoch diesen Namen nach der Zeit weiter ausgedehnt, wie diese Abhandlung beweisen wird. Nach Linné n) ist das eigentliche Brandhorn Abänderung von Murex ramosus, und hat also drey Reihen krauser Blätter, Windungen, die mit der ersten genau zusammen hängen, nnd einen kurzen Schwanz. o) Auch beym Rumph macht es Abänderung, seines sogenannten Murex minor aus, er nennet es die kleine schwarze Stachelschnecke, und sagt, es heiße gemeiniglich Brandhorn oder Müncheisen, Maleiisch Bia papua, und sey nicht über einen

m) Franz. La Brulée ou Rotie. Pourpre Brulée. Holländ. Brandaris, Brandarishoorn. Martini Conchyl. Th. III. S. 294. Deutsche Encycl. Th. IV. S. 297. Knorr Vergnügen Th. II. tab. 7. fig. 4. 5. Zweyter Text S. 154. Meine Einleit. Th. I. S. 482. 483.

n) Syst. nat. ed. X. p. 747. Sp. 448. ed. XII. p. 1215. *Murex ramosus*, testa trifariam frondosa, spira contigua, cauda truncata.

o) Amboin. Raritätenkammer. Deutsch. S. 46.

nen kleinen Finger lang, habe aber drey Reihen mit schwarzen scharfen Zacken, wie denn auch die ganze Schnecke mehrentheils schwarz sey, als ob sie verbrannt wäre, doch sehe man noch die weisse Farbe dazwischen. **Müller** p), **von Born** q) **Meuschen** r) und andere nennen den Murex saxatilis des **Linné** das **Brandhorn**, und behaupten also, daß das Brandhorn der Murex saxatilis des **Linné** sey. So müßte es aber fünf Zackenreihen haben, da es ihrer nur drey hat. Denn gesetzt auch, daß man die zwischen den Blätterreihen liegenden senkrechten Wülste mit in Anschlag bringen wollte, so würden nicht fünf, sondern sechs Reihen heraus kommen. Es kommt auch hinzu, daß Murex ramosus eben sowohl als Murex saxatilis manche Abänderungen hat, die man nicht unter die **Brandhörner** zu zählen pflegt, und nicht zählen kann, obgleich die Schriftsteller, wie wir in der Folge dieser Abhandlung sehen werden, mit dem Namen Brandhorn ziemlich freygebig sind. Dieser Zweydeutigkeit haben andre dadurch vorgebeugt, daß sie den Murex saxatilis **das gedoppelte Brandhorn** genennet, und dadurch von dem eigentlichen **Brandhorne**, das zu Murex ramosus gehört, hinlänglich unterschieden haben. Ueberhaupt sind die Schriftsteller mit dem Namen **Brandhorn** so freygebig gewesen, daß man die einzelnen Beyspiele unter Murex ramosus, saxatilis und trunculus zusammen lesen muß. Darinne

p) Linnäisches Natursyst. Th. VI. S. 499.

q) Ind. Mus. Caes. Vind. P. I. p. 291. Mus. Caes. Vind. Test. p. 293.

r) Im zweyten Texte zu Knorr Vergnügen. S. 154.

Darinne kommen die eigentlichen Brandhörner mit allen Krausschnecken, oder mit den in denerungen des Murex ramosus überein, daß sie drey Reihen senkrecht liegender Blätter haben, zwischen welchen drey starke erhabene ziemlich lange Buckel liegen. Ihr Bau ist gestreckt, und was sie am kenntlichsten macht, sind ihre vorzüglich krausen Blätter, die in den gewöhnlichsten Fällen eine kohlschwarze, an andern Beyspielen aber eine schwarz-, oder castanienbraune Farbe haben, und von eben dieser Farbe sind die Queerstreifen, die gemeiniglich vorhanden sind, und die der Schnecke ein sehr schönes Ansehen geben. Sie fallen in verschiedenen Meeren und Meeres Gegenden, als auf Amboina, Banda und dergleichen sehr häufig.

Den Deckel s) von der kleinen Stachelschnecke oder von Murex minor, dahin, wie ich oben sagte, das Brandhorn gehört, beschreibt uns Rumph. Er sey kleiner und runder, jedoch etwas dicker, und an der äußern Seite rauher, als der Onyx septima, welches der Deckel von Buccinum persicum, dem Rudolphus ist; und werde nicht sonderlich geschätzt, sagt er.

Der

s) Rumph amboin. Raritätenk. Deutsch. S 50. n. VIII. Klein Method. p. 104. §. 27. n. 9. Mein Journal für die Liebhaber des Steinr. Th. V. S. 417. Num. 20. wo ich aber für Murex saxatilis, Murex ramosus zu setzen bitte. Freylich ist diese Beschreibung aus Rumph überaus kurz und unvollständig, wir müssen uns aber einstweilen damit behelfen, weil wir aus Schriftstellern noch keine bessere Beschreibung haben. Beym Rumph heißt er Onyx octava, weil er die Deckel, die er beschreibt, nach Zahlen anführt.

Der Unterschied, der sich unter den Brandhörnern in Rücksicht auf ihre Farben und andre Umstände zeigt, wird am deutlichsten werden, wenn wir nun die besondern Namen, die wir in Schriftstellern finden, alphabetisch durchgehen.

Brandhorn, das apfelblüthfarbige. t) Valentyn gedenket desselben, und nennt es wahrscheinlich darum ungezackt, weil dessen Blätterreihen entweder gar nicht, oder weniger kraus sind, als sie sonst an den Brandhörnern zu seyn pflegen. Vielleicht ist auch dies, und die ungewöhnliche Farbe das Einzige, was dieses von andern Brandhörnern unterscheidet.

— — — — das blasse oder das bleiche. u) Was Rumph den kleinen bleichen Murex nennt, und von dem Brandhorn ausdrücklich unterscheidet, das macht man im Knorr zu einem bleichen Brandhorn. Rumph sagt, daß sein kleiner bleicher Murex, bleichgelb oder schmutzig weiß sey, und an der Mündung eine breite Lefze habe, die in einen breiten Schwanz oder Schnabel ausgehe, und mit stumpfen Dor-

---

t) Valentyn Abhandl. tab. 1. fig 5. Deutsch S. 140 ein ungezacktes apfelblüthfarbiges Brandhorn. Appelbloezeme ongetakte Brandaris. Mus. Oudaan. p. 35. n. 268. Purper - hoorentje. Martini Conchyl. Th. III. S. 319.

u) Rumph amboin. Raritätenk. Holländ. p. 86. n. III. 4. de bleeke. Deutsch S. 46. die Bleiche. Knorr Vergnüg. Th. III. erster Text. S. 23. bey tab. 9. fig. 3. das bleiche Brandhorn. Zweyter Text. S. 278. das Hirschgeweyh. conf. Martini Conchyl. Th. III. S. 314. Deutsche Encycl. Th. IV. S. 297. n. 1.

Dornen oder Blättern besetzt sey. Das im Knorr abgebildete Beyspiel hat eine aschgraue Farbe mit etwas blassem Roth vermischt; und wird von unserm Martini mit guten Gründen von den Brandhörnern getrennt, und unter die Hirschgeweyhschnecken gezählt, welches man auch im neuen Texte zum Knorr gethan hat.

**Brandhorn, das bleiche.** Siehe vorher das blasse.

— — — — **das braunblättrige**, siehe unten das weiße braunblättrige.

— — — — **das braune.** x) Man erkennet dasselbe leicht an seiner Farbe, da dasselbe nie so schwarz auf seinen Wulsten und Blättern gezeichnet ist, als das eigentlich so genannte Brandhorn. Die Farbe ist braun, heller oder dunkler, zuweilen gelblich. Nach Martini soll der Unterschied dieses von dem schwarzen Brandhorn zuförderst in dem etwas gestrecktern Bau bestehen, der doch nicht entscheidend seyn dürfte, da oft Conchylien einer Art gestreckter oder gedrungener zu erscheinen pflegen; 2) in den kurzblättrichten und minder gekraußten Hauptwulsten, die oft so wenig gekraußt sind, daß man sie nur als Anlagen zu krausen Blättern betrachten kann; und 3) in

---

x Martini Conchylienk. Th. III. S. 320. f tab. 105. fig. 993. 994. das braune Brandhorn mit regelmäßigen Queerstreifen. Cochlis volutata muricata triplici laciniarum fuscarum ordine distincta, transversim costato-striata. De bruine Brandaris Gerson Catal. raison. p. 102. n. 178. *la Rotie.* Meine Einleit. Th. I S. 547. n. 15. Meine Abhandl. vom innern Bau. S. 32. n. 6.

in den regelmäßigen Queerstreifen, welche über den Rücken laufen. Da man dieses braune Brandhorn von einer ansehnlichen Größe findet, denn ich besitze zwey Beyspiele, die $3\frac{1}{2}$ Zoll lang sind, so ists nicht zu vermuthen, daß sich bey mehrerm Alter größere Blätter zeigen möchten, wie ich anderswo vermuthet habe.

Der innre Bau ist dem vom doppelten Brandhorn ganz gleich, und soll dort ausführlich beschrieben werden. Ueberhaupt siehe hernach **Brandhorn, das doppelte.**

**Brandhorn, das bunte.** y) Da dieses Brandhorn außer der schwarzbraunen Farbe der krausen Blätterreihen, und der hellbraunen Farbe zwischen denselben auch viel Weiß eingemischt hat, so hat es dadurch eine bunte Gestalt angenommen, und davon von Herrn Houttuyn, der es besitzt, seinen Namen erhalten, den wir nicht ganz billigen können. Dergleichen Beyspiele sind eben keine große Seltenheit, auch nicht allemal ein Werk der Natur, da man sich dergleichen Beyspiele selbst bereiten kann, wenn man die Schale einigemal mit Scheidewasser bestreicht, und in reinem Wasser wieder ablöscht. Unter die krausen Blätter haben sich an diesem Beyspiele mehrere

---

y) Knorr Vergnüg. Th. V. tab. 4. fig. 1. S. 9. das bunte Brandhorn, Bonte Brandaris, Brulée blanc et brun. Holländischer Text p. 37. Bonte Brandaris. Meine Einleitung Th. I. S. 596 n. 163. Linné II cc. *Murex ramosus.* Deutsche Encycl. Th. IV. S. 297. n. 4.

rere scharfe und spitzige Zacken eingemischt, was man nicht an allen Brandhörnern findet.

**Brandhorn, das doppelte, der Krauskohl.** z) Murex saxatilis fasset außer dem hier zu beschreibenden

z) Lister Hist. Conchyl. tab. 945. fig. 40. Buccinum recurvirostrum variegatum, labro duplicato, striatum, rugatum, muricatum. Rumph amboin. Raritätenk. tab. 26. fig. 2. Holländ. p. 86. *Het dubbelde Brandhoorn.* Deutsch. S. 47. das doppelte Brandhorn. Chemnitz Zusätze S. LII. das doppelte Brandhorn. Argenville Conchyl. tab. 16. fig. K. Deutsch S 213. die krause Laktuke. Das weiße doppelte Brandhorn La Chicorée. Klein Method. p. 101. §. 264. n. 2. d. e. Murex frondosus, *Brandaris duplex.* Hebenstreit Mus. Richt p. 316. Murex ramosus, albus, ramis fusco adumbratis. Das weiße Krullhorn mit bräunlichen Aesten. Seba Thesaur. Tom. III. tab. 77. fig. 5. 6. p. 172. Murices crispi. Knorr Vergnüg. Th III. tab. 9. fig. 2. erster Text. p. 23. das weiße Brandhorn. zweyter Text S. 277. Murex ramosus (es ist aber gewiß Murex saxatilis) das zackigte gebrannte Krullhorn. it. Th. VI. tab. 19. fig. 1. Deutsch. S. 35. die braunbunte Krausschnecke. Holl. Bruin bonte Krulhooren. Franz. Chicorée bandée en brun. Holländ. p. 87. Bruin bonte Krulhooren. und tab. 40. fig. 7. Deutsch. S 76 weiße gekraußte Schnecken. Holl. Witte Krulhoorentje. Franz. Chicorée blanche. Holländischer Text. S. 117. Witte Krulhoorentje. Regenfuß Th. I. tab. 1. fig 6. erster Text S. II. IV. Purpura foliata. der Krauskohl. zweyter Text S. III. V. id. nom. it. tab. 9. fig 26. erster Text. S. XXXVII XXXVIII. Purpura foliata. neuer Text. S. LX. Purpura ramosa. Th. II. tab. 4. fig. 31. Martini Conchyl. Th III. S. 328. tab. 107. fig. 1004. bis 1010. tab. 108. fig. 1011. 1012. das doppelte Brandhorn. Der Krauskohl. Die krause Laktuke Cochlis voluta, muricata, sexduplici laciniarum serie horrida, ex albido

den gedoppelten Brandhorn noch mancherley Abänderungen in sich, die ich hier nicht beschreiben kann, weil

 ich

bido rufescens laciniis ad nigredinem vergentibus, oris margine saepe rubente. Brandaris duplex vel variegatus vel fasciatus. (Martini führet noch folgende Schriftsteller an: Mus. Moscardo p. 214. fig. 3. Il Buccino striato. Gerson Cat. p. 71. n. 20. La Chicorée. Argenville franz. p. 253 La Laitue. Lange Method. p. 29. Endiviaefolia. Davila Catal. p. 199. n. 369. 370. 371. Rotie. Chicorée.) von Born Ind. Mus. Caes. P. I. p. 291. Murex saxatilis. Das Brandhorn. α. brunna, braun. β. nivea, frondibus nigris; schneeweiß, mit schwarzen Krausblättern. von Born Mus. Caes. Vind. Test. p. 293. Deutsche Encycl. Th. IV. S. 297. n. 5. das doppelte Brandhorn Gronov Zooph. p. 315. n. 1427. Murex testa quadrifariam frondosa etc.

Linné Syst. nat. ed. X. n. 747. Sp 450. ed. XII. p. 1215. Sp. 525. *Murex saxatilis*, testa quinquefariam frondosa spira contigua, cauda abbreviata. Linné Mus. Reg. Lud. p. 629. n. 297. Testa contigua, subovata rugosa, colore vario, angulis 4. s. 5. extus in frondes excrescentibus. Cauda curva apertura subovata. Varietas forte praecedentium duarum (nemlich Muricis Scorpionis und ramosi.) Murray Fund. testaceol. p. 39. tab. 1. fig. 26. *Murex saxatilis.* Müller Linnäisch Natursf Th VI. S. 499 das Brandhorn. Linné Natursf. des Thierr. Th. II. S 543. Meine Einleit. Th I. S. 484. das Brandhorn mit fünf Blattterreihen. Meine Abhandl. vom innern Bau S. 32. n. 5. das gedoppelte Brandhorn.

*Mus. Chais* p. 56. n. 717. Chicorée. Zwart getakte Pourperhooren. *Mus. van der Mied* p. 21. n. 460. Argynse Krull-hoorn. *Mus. Leers* p. 44. n. 402. 403 407. 409. Krullhorn. *Mus. Gronov.* p. 120. n. 1239. Brandaris. *Mus. Gevers.* p. 312. n. 643. f. Pourpre Brulée. Kämmerer Conchyl. in Rudolst.

ich mich so weit von meinem Zwecke entfernen würde. Ich bleibe also blos bey dem gegenwärtigen Brandhorne stehen, welches darum den Namen des doppelten führt, weil es fünf Blätterreihen hat, da ihrer das eigentliche oder einfache Brandhorn nur drey hat. Da die Blätter gemeiniglich kraus sind, so ist daher der Name des Kraußkohls, oder der krausen Laktuke entstanden. Nach Linné hat dieses Brandhorn fünf Blätterreihen, zusammenhängende Windungen und einen abgekürzten Schwanz. Wenn man mehrere Beyspiele vom einfachen und von dem gedoppelten Brandhorn zusammen nimmt, und überhaupt die Beyspiele, die nach Linné zu Murex ramosus und Murex saxatilis gehören, unter sich vergleicht, so wird es zuweilen schwer, die Gränzen unter beyden Arten zu finden, und man wird mit dem Herrn von Linné geneigt werden, beyde für bloße Abänderungen anzunehmen. Murex Scorpio, den Linné auch zur Abänderung machen möchte, ist indessen, wegen seiner wunderlichen Windungen eben so wenig hieher zu rechnen, obs gleich der Ritter sagt,

---

dolst. S. 104. n. 6. die Purpurschnecke mit fünfblättrigen Wulsten. Verzeichn der Gräfl Reußisch Naturaliens. S. 113. n. 645. 646. a. das Brandhorn. Der Krauskohl. Die Conchyl. in dem Kabinet des Fürst Bischoff zu Constanz. S. 132. das doppelte Brandhorn.

Deutsch: das Brandhorn, das doppelte Brandhorn, der Krauskohl, die krause Laktuke. Das Brandhorn mit fünf Blätterreihen. Lat. *Murex saxatilis.* Franz. *La Chicorée*, *Pourpre Brulée*, *La Laitue. Rotie.* Holländ. *dubbelde Brand-hoorn Zwart getakte Pourpei hooren. Krullhoorn.* Ital. *il Buccino striato.* Engl. *Endive Shell.* Dänisch. *Kruus-Sallat.*

sagt, weil er ihm eine Spiram capitatam beylegt, da jene Spiram contiguam haben.

Unterdessen haben alle diese Krauskohlarten, wie unser Martini sagt, ein gewisses eigenthümliches Kennzeichen, wodurch sie von allen andern Purpurschnecken abweichen. Man siehet nemlich am Halse, gleich da, wo der Bauch aufhöret, einige Reihen Stacheln von ganz besonderer länge. Sie sind schmal, einfach und schief seitwärts, nach der rechten Hand gebogen, und finden sich an keiner von den übrigen Arten der Purpurschnecken. Es ist ein Vergnügen zu sehen, wie, bey aufwärts gekehrter Mündung, sich fünf Röhren um das ziemlich weite Nabelloch, gleich den Orgelpfeifen herum drehen, deren jede vorher der Auslauf der Schale, oder die Rinne der Mündung gewesen ist. Man muß indessen völlig ausgewachsene Beyspiele bey der Hand haben, wenn man dieses alles so sehen will, wie wir angezeigt haben. Sonst sind die fünf Blätterreihen fast der einzige Hauptumstand, der das gedoppelte Brandhorn von dem einfachen unterscheidet, ich will daher auch die ausführliche Beschreibung des Baues und der wesentlichen Umstände bis zur Beschreibung des schwarzen Brandhorns aufschieben, jetzt aber einige andere Merkwürdigkeiten des gedoppelten Brandhorns anführen.

In den gewöhnlichen Fällen hat dasselbe fünf Reihen krauser Blätter. Gronov legt dem Beyspiele seiner Sammlung nur vier Reihen bey, und eben das sagt Linné im Museo; sie hätten vier bis fünf Reihen krauser Blätter. Es muß also Beyspiele der Art geben, die aber, so fern nicht vielleicht die

Rede von unausgewachsenen Beyspielen ist, denen die erste Blätterreihe an der Mundöfnung fehlt, eine große Seltenheit seyn dürften, weil ihrer so gar wenig Schriftsteller gedenken. Martini redet von Beyspielen, die sechs Blätterreihen haben, davon sein eignes Beyspiel nur $2\frac{1}{2}$ Zoll lang war, und daher unter die kleinen Beyspiele gehöret. Es kommt demohnerachtet nicht allemal auf die Länge dieser Schnecken an, wenn man von Größe oder Alter redet, da einige einen ungleich kürzern Bau, dabey aber auch eine größere Breite haben, als andre. Man hat also doppelte Brandhörner mit vier, mit fünf, und mit sechs Blätterreihen, unter denen die ersten und letzten die seltensten.

Der vorzüglichste Unterschied dieser doppelten Brandhörner betrifft außer der ungleichen Anzahl der Blätterreihen, und außer der verschiedenen Größe der krausen Blätter selbst, ihre Zeichnung, die wir, da sie so gar sehr abwechselt, nicht auszeichnen können, und daher nur bemerken, daß die Farbe an den mehresten heller oder dunkler braun, seltner ganz weiß ist, daß einige mit Bändern versehen sind, die andern mangeln, daß einige eine weiße, andre eine roth eingefaßte Mundöfnung haben, und so weiter. Nach der Beschaffenheit ihrer Schönheit und seltsamen Zeichnung werden sie auch in Holland verschieden, z. B. mit 6, 8, 12 und mehr Gulden bezahlt; und in der Leersischen Auction in Holland wurde een ongemeen zeldzaam wit gebandeerde onverheerlyk dubbeld lang getakte, en zeer fraaye bruin kleurige Krullhoorn. Onbekend mit 66 holländischen Gulden bezahlt.

Den

Den innern Bau habe ich folgendermaßen gefunden. Die Spindel liegt in dem Mittelpunkte der Schnecke, und ist, im Verhältniß mit der Größe der Conchylie betrachtet, vorzüglich stark. Am Fuße einer jeden Windung hat sie einen Einschnitt, der aber nicht sehr schräg läuft, und auch eben nicht tief ist. Von ihren sieben Windungen waren an meinem Beyspiel drey verwachsen. Die aufgeschnittenen Windungen haben ganz die Form eines Herzens. Innwendig ist die Conchylie milchweiß, und hat nur einen mittelmäßigen Glanz; die Spindel aber ist die drey ersten Windungen hindurch mit braunen Linien umwunden.

Man findet das gedoppelte Brandhorn vorzüglich schön auf den holländischen Colonien, sonst aber auch auf der Küste Guinea.

**Brandhorn, das graue.** a) Rumph sagt von demselben, daß es länglich, wie ein Buccinum oder Kinkhorn, über den Leib rauh, runzlich und grau sey, und daß es drey mit stumpfen Zacken besetzte Reihen habe. Die stumpfen Blätter, der etwas gestrecktere Bau, und besonders die grüne Farbe machen dasselbe kenntlich genug. Mein Beyspiel, an dem aschgrau und braun gemischt sind, hat drey Wulste, und würde also eigentlich zu Murex ramosus gehören.



a) Rumph amboin. Raritätenk. Holländ. p. 86. De grauwe Murex minor. Deutsch. S. 46. die graue kleine Stachelschnecke. Knorr Vergn. erster Text. Th. II. S. 20.

Brandhorn, das geknobbelte; der Hochschwanz. b) Im neuen Texte zum dritten Theil des Knorr hat man

b) Lister Hist Conchyl. tab. 947. fig. 42. Buccinum birostratum variegatum, grave, plicaturis et raris aculeis donatum. tab. 952 fig. 1. Buccinum brevirostrum nodosum. tab. 1010. fig. 71. d? Bonanni Recreat. Class. III. fig. 271. 272. 274. 277? p. 150. 151. *purpura carosa.* Purpura echinophora sive echinata. Bonanni Mus. Kircher. Class. III. fig 273. 274. 276. p. 467. Klein Method. tab 6. fig. 104. §. 245. n. 1. 2. 3. Cassis bicornis et echinophora. Gualtieri Ind. Test. tab. 31. fig. C. Cochlea canaliculata, extrorsum incurvata, vulgaris, densissime striata, costis plicatis, et tuberosis exasperata, obscure terrea, fasciis purpureis leviter depicta. Seba Thesaur. Tom. III. tab. 52. fig. 15. 16. p. 145. Leßer Testaceoth. §. 58. tt. uu. yy. erste Ausg. p. 262. 263. zwente Ausg. p. 304. 305. Knorr Vergnüg Th III. tab 9. fig. 1. erster Text. S. 22 der Hochschwanz Die Marmorschnecke. zweyter Text. S. 276. *Murex Truncalus.* das geknobbelte Brandhorn Der Hochschwanz. tab. 13. fig. 1. erster Text. S. 29. der gezackte Hochschwanz. zweyter Text. S 289. das knotige Brandhorn. Het geknobbelde Brandhooren. Th V. tab. 13. fig. 4. erster Text. S 27 die schwarzbandirte Purpurschnecke. Holländischer Text. S 45. Zwart gebande Purperhooren. tab 19. fig 6. p 31. Orange Purpurschnecke. Holländ. Text. p. 51. Oranje Purper-hooren. Mus. Gottwaldt. tab. 38. fig. 256. c. 258 259. a. bis 261. a. b. S. 49. *Murex trunculus.* der Hochschwanz. Martini Conchyl. Th III. S 338. f. tab. 109. fig. 1018. 1019. 1020 die gehörnte, fünf- bis siebenkantige Purpurschnecke mit Banden. Der Hochschwanz. Cochlis volutata muricata vel unicolor vel fasciata, cornuta, quinque vel septem costarum perpendicularium seriebus ornata Purpura cornuta mediterranea. (Martini führt noch folgende Schriftsteller an: Aldrovand Testac. Ed. Franc. tab. 5. fig. 9. 10. *Petiveriana* 1. n. 88.

man nicht nur den Hochschwanz, das geknobbelte Brandhorn genennet, sondern auch sogar hinzuge-

 setzt,

---

88. Argenville p. 254. Purpura crassa costata etc. Pourpre épaisse et à côtes etc. Davila Catal. p. 200. n. 373. Pourpres de la mediterranée.) von Born Ind. Mus. Caes. P. I. p. 286. Murex trunculus. das gehörnte Purpurhorn. von Born Mus. Caes. Vind. Test. p. 290. Gronov Zooph. p. 314. n. 1422. *Murex trunculus.*

Linné Syst. Nat. ed. X. p 747. Sp. 447. *Murex trunculus*, testa ovata spinis anterioribus majoribus cincta, caudabreviore truncata. ed XII. p. 1215. Sp. 522. *Murex trunculus*, testa ovata nodosa anterius spinis cincta, cauda breviore truncata perforata. Linné Mus Regin. Lud. p. 627. n. 294. Testa ovata striata, scabra, suturis sex longitudinalibus crenatis, adglutinatis, spinis subulatis, subfornicatis, saepius quinque in ventre, serie simplici. Color ex albo s. cinereo-fusco maculatus. s. fasciatus. Apertura ovata edentula. Labium interius adnatum. Cauda testae brevior, dehiscens subtus, ad latus postice perforata. Variat. albus cingulis nigris. Müller Linnäisch. Naturs. Th. VI. S. 496. Linné Naturs. des Thierr. Th. II. S. 542. der Hochschwanz. Meine Einleit. Th. II. S. 480 der Hochschwanz. Meine Abhandl. vom innern Bau. S. 33. 34. n. 10.

*Mus. Oudaan.* p. 35. n. 363. gebandeerde Pourperhoorns. *Mus. Leers.* p. 45. n. 417. geplooyde en geolyde Purper-hoorns. Chicorées plissées. *Mus. Anon.* p. 249. n. 241. geolyde Brandhoorens. Brulées à l'huile. *Mus. Gronov.* p. 120. n. 1235. 1236. 1237. getakte of geknobbelde of blaaderige Brandhooren. *Mus. Geversi.* p. 314. n. 661. bis 664. Pourpre Troncon. Martini Verzeichn. S. 66. n. 150. die gehörnte Purpurschnecke mit Banden. Pourpre cornuë à bandes. Gehoornde en gebandeerde Purper-hoorens.

Käm-

setzt, der Name des Hochschwanzes gehöre dieser Conchylie im eigentlichen Verstande. Es sey nun das wahr, oder wie es ist, nicht wahr, so ergreife ich doch diese Gelegenheit, hier den Hochschwanz zu beschreiben, weil er mit den Brandhörnern, von denen ich hier rede, in mancherley Betracht in Verbindung stehet.

Nach Martini Aussage macht es gar keine Mühe, diese Purpurschnecken von andern zu unterscheiden, weil sie weder so krause Blätter, als die doppelten Brandhörner, noch bloße Buckeln, wie die Corduanschnecken, die übrigens unser seel. Martini nicht genau genug kannte, auch übrigens noch ganz eigenthümliche Merkmale haben. Letztere bestehen vornehmlich in den langen, rinnenförmigen, halbverschlossenen Zacken am Fuße der ersten Windung, die aber doch an einigen auch sehr kurz und stumpf, und bey alten ganz verwachsen sind. Einige haben derselben mehr als andre, die sich in eben so viel knotige Wulste verwandeln, die sich unten in einen hohlen Schna-

Kämmerer Verzeichn. der Conchyl. in Rudolst. S. 106. n. 11. die Purpurschnecke mit 5 bis 6zackigen Wulsten. Verzeichn. der Natural. Samml. in Köstritz p. 115. n. 653. 654. 655. nom Mart. Die Conchylien in Constanz. S. 132. f. der gezackte Hochschwanz.

Deutsch: die gehörnte fünf bis siebenkantige Purpurschnecke mit Band n. Der Hochschwanz. Das knotige oder geknobbelte Brandhorn. Lat. *Murex Trunculus. Linn.* Franz. *Pourpre épaisse et à côtes. Pourpre de la mediterranée fascié. Brulée à l'huile. Pourpre Troncon.* Holländ. *Gebandeerde Purper - hooren. Geplooyde en geolyde Purper - hooren. Geknobbelde Brandhoorn. De Hoogstaart.*

Schnabel umbiegen, welcher das Ansehen eines breiten Horns hat, und hierdurch die Benennungen der gehörnten Purpurschnecke und des Hochschwanzes veranlaßt hat. Jeder Ansatz einer neuen Mündung vermehret auch die Anzahl dieser aneinander liegenden, schräg übergebogenen Schnäbel und blättriger Wulste, die etwas schief an der Schale hinauf steigen, und an einigen alten Schalen dichte verwachsen sind.

Nach Linné hat der Hochschwanz einen eyförmigen Bau, einen knotigen vorn mit Stacheln besetzten Rücken, und einen kürzern abgestumpften und durchbohrten Schwanz. Die Beschreibung des Ritters in der zehnten Ausgabe und in dem Museo paßte nicht auf alle hieher gehörige Beyspiele, daher er sich in der zwölften Ausgabe bestimmter ausdrückte. Am Ende der ersten Windung siehet man eine Reihe halb verschlossener Zacken. Es sind ihrer drey, auch wohl mehrere, von welchen eben so viele Wulste die Schale herablaufen, bis zur abgestumpften, breitgedrückten, auf die linke Seite gebogenen und etwas erhabenen Nase. Vor jedem dieser Wulste liegt eine Reihe Zacken, und eben so ausgezackt ist die Mundöfnung, zum Beweise, daß diese Zackenreihen ehemalige Mundöfnungen waren, die aber auch an mehrern, vieleicht jungen oder abgeriebenen Beyspielen unkenntlich sind. Ueber die Schale laufen viele feinere und stärkere Queerstreifen, die zuweilen scharf, mehrentheils aber rund oder flach sind, so sind auch die Zacken nicht allemahl hohl, sondern auch vielfältig verschlossen, sonderlich an ältern Beyspielen. Auch die obern Windungen haben solche Wulste, aber nicht allemahl Zacken, auch werden die

Queerstreifen feiner, die an manchen Beyspielen gänzlich zu fehlen scheinen, die Nase hingegen ist dadurch, daß sich die Ausgänge der Wulste hier vereinigen, der letzte Ausgang aber, der den Schwanz bildet, stark auf die Seite gebogen ist, überaus breit geworden, doch muß man hier größere und ausgewachsene Beyspiele bey der Hand haben. Der Mund ist mehr rund als eyförmig. Die Mündungslefze ist ausgezackt, die Spindellefze ist an manchen Beyspielen mit kurzen niedrigen Zähnen besetzt, die Nase gleichet einer breiten offnen Rinne, an deren Seite man einen erhöheten Wulst siehet, der einen ofnen Nabel zu bilden scheint, der aber oft, zumal an ältern Beyspielen ganz verwachsen ist. Ihre gewöhnliche Farbe ist weiß, entweder mit dichte über einander liegenden Queerstreifen überall, oder abwechselnd bandweise, oder auch mit roth- oder schwarzbraunen, oder orangefarbenen Bändern belegt. Es finden sich auch wohl gelbe, bandirte, ingleichen junge, völlig weiße, oder bräunliche, ganz braun gestreifte, und überall schmutzig blaue Stücken, welche letztere aber in einem bläulichen Thongrunde in der Erde gelegen haben, denen also diese Farbe nicht natürlich ist. Die schönsten sind braun mit weißen, oder weiß mit braunen Bändern, und werden gehörnte Purpurschnecken genennt. Das Innre der Mundöfnung ist an den braunschalichten hellviolet, an den andern weiß, an allen aber pflegen gegen das Licht gehalten, die Bänder und Streifen durchzuschimmern. Manche Schalen sind schwerer als andre.

Den innern Bau habe ich folgendergestalt gefunden. Die Spindel liegt in der Schnecke ganz grade, und nimmt in allen Fortschreitungen verhältnißmäßig ab. Der schräge Einschnitt am Fuße einer jeden

Windung ist lang und tief, aber nicht allzubreit. Die Spindel ist ganz glatt, an meinem Beyspiele bräunlich und weiß gefärbt. Von den 6 bis 7 Windungen, woraus die Schnecke bestehet, sind nur die vier ersten offen. Die aufgeschnittenen Windungen haben die Figur eines etwas verschobenen Herzens, wo die linke Seite die breiteste ist. Innwendig ist die Schale ganz glatt, und milchweiß gefärbt, doch schimmern die äußern braunen Bänder, ohne gegen das Licht gehalten zu werden, durch.

Eine Mittelgattung zwischen Murex trunculus, von dem hier die Rede ist, und Murex ramosus, dahin das schwarze oder braune Brandhorn gehört, habe ich anderswo c) beschrieben. Beyde Arten unterscheiden sich

1) **Durch ihren Bau.** Er ist bey Murex trunculus eyförmig, bey Murex ramosus aber entweder lang gedehnt, oder breit und stark gewölbt. So breit und stark gewölbt ist mein Murex aus dem rothen Meere, und in dieser Rücksicht gehört er zu Murex ramosus.

2) **Durch die drey wulstigen Reihen, die senkrecht auf den Windungen herunter laufen.** Diese sind bey Murex ramosus krausblättrig, oft langzackig, bey Murex trunculus aber nur knotig, und blos vorn stachlicht. Mein Beyspiel, ob es gleich nicht so blätterreich ist, als Murex ramosus sonst zu erscheinen pflegt, so

c) Meine neue Litteratur Th. IV. S. 296. f.

so hat es doch Blätter, und in dieser Rücksicht gehört es wieder zu Murex ramosus.

3) Durch die Beschaffenheit des Zopfs oder der obern Windungen. Bey Murex ramosus schließen diese genauer zusammen, sind weniger gewölbt, und bilden einen spitzig verlängerten Zopf; bey Murex trunculus sind sie gewölbter, setzen durch tiefe Furchen stark von einander ab, und bilden einen kürzern Zopf. Hier gehört mein Beyspiel zu Murex trunculus.

4) Durch die Beschaffenheit der Nase, oder wie's Linne nennt, des Schwanzes Dieser ist bey Murex ramosus länger und undurchbohrt, d. i. man siehet keine Spur eines Nabellochs. Bey Murex trunculus hingegen ist er kürzer, und hat bald ein größeres, bald ein kleineres Nabelloch. Hier gehört mein Beyspiel wieder zu Murex trunculus, obgleich die Oeffnung des Nabels nur gering ist.

Diese Purpurschnecke des rothen Meeres ist über 5 Zoll lang und 3 Zoll breit, folglich von einer ansehnlichen Größe, und für Murex trunculus allerdings sehr groß. Ihre Farbe ist weiß, und nur zwey l räunliche Striche liegen auf der Mitte der ersten Windung, ohngefähr $\frac{1}{4}$ Zoll weit aus einander. Sie ist mit vielen feinen Queerstreifen umlegt, doch folget auf drey feinere immer eine etwas stärkere. Die länge herunter laufen stärkere runzliche Streifen, und ich weiß es selbst nicht, soll ich die Schale gegittert nennen, oder soll ich sagen, die Queerstreifen sind mit Kerben und Knötchen versehen, denn beydes läßt sich gewis-

gewissermaßen behaupten. Die Mundöfnung, die mehr rund als oval ist, ist stark und tief ausgezackt, was man bey Murex trunculus vergebens sucht, und zugleich blättrich gefalten; daher es sich durch alle Umstände bestätiget, daß hier eine Zwischengattung zwischen Murex trunculus und ramosus sey. Der auf die Seite gedrückte Schwanz ist rinnenförmig offen, etwa einen viertel Zoll weit, aber ¾ Zoll tief. Zwischen jedem der drey blättrichknotigen Wulste liegt noch ein länglicher Knoten, der auch den Beyspielen des Muricis ramosi ähnlicher, als des Muricis trunculi ist.

Im Linnäischen System macht Murex trunculus die letzte Art derjenigen Classe aus, die er Murices spinosos cauda exserta nennt; Murex ramosus hingegen ist die erste Art der gleich folgenden Classe, die er frondosos suturis crispato-frondescentibus, cauda abbreviata, nennt. Mein beschriebenes Beyspiel ist also diejenige Art, die zwischen beyden inne steht, und wodurch also die Natur den geschicktesten Uebergang von einer Linnäischen Classe zur andern macht. In meinen Augen sind dergleichen Beyspiele von großer Bedeutung und von wahrem Werthe.

Unser nun beschriebener Hochschwanz hat die vorzügliche Ehre, unter allen Purpurschnecken diejenige zu seyn, die sich noch zur Zeit links gewunden d) gefunden hat, so wie das Beyspiel, das ich nun

d) Neue Mannigfaltigkeiten Th. IV. S. 406. tab. 1. fig. 4. 5. Chemnitz fortges. Conchylienk. Th. IX. Abschn.

nun aus Chemnitz beschreibe, und das Herr Spengler in Kopenhagen besitzt, das einzige Beyspiel ist, das man kennt. Herr Spengler hat es von dem nunmehrigen Bergrath Danz, für etwa 220 Thaler erkauft, der es vom seel. Prof. Leske gegen Naturalien von einem Werthe von einigen und siebenzig Thalern eingetauscht hat, wie mich Leske einst versicherte. Auf dieser links gewundenen Purpurschnecke, sagt Chemnitz, siehet man viele Reihen von Dornen, Knoten und Spitzen, wie auch von schalichten, merklich erhobenen Blättern, welche vom neuen Schalen-Anbau bey der Mündung scheinen entstanden zu seyn. Ueber die länglichten starken Falten und Vertiefungen, welche man auf ihren sieben Stockwerken erblickt, laufen viele fein gekörnte Streifen und Furchen hinüber, dadurch denn vollends alles ganz rauh und uneben gemacht wird. Dennoch herrschet im Bau dieser Purpurschnecke die bewundernswürdigste Symmetrie. Sie wird insonderheit durch die unter einander abwechselnden weißen und braunröthlichen Querbinden, wie durch breite Gürtel umwunden, und nicht wenig hierdurch gezieret und verschönert. Ihre inneren glatten Wände haben eine braunröthliche Farbe, doch schimmern auch die weißen Binden der Oberfläche deutlich hindurch. Bey der äußern Lippe sind manche Einkerbungen und Auskehlungen, welche von den äußern Querfurchen und Streifen herrühren. Die innere Lippe, oder die Spindel-

---

schn. I S. 64. tab. 105. fig. 897. 898. die linksgewundene Spenglerische Purpurschnecke. *Murex trunculus Linnaei perversus.* Murex, Purpura Spengleri, contrarius. Franz. La Pourpre grimace l'unique. La Culotte de Matelot. La Pourpre de Mahon.

bellefze ist glatt, und legt sich, wie ein dünnes Blech, um die etwas gebogene Spindelsäule herum. Die Mündung ist eyförmig, der Schwanz kurz und rinnenartig, und nimmt einen fast geraden Ausgang. Den Ort ihrer Herkunft weiß man nicht.

Der Hochschwanz wird vorzüglich in dem mittländischen Meere bey Port Mahon auf Minorca, aber auch auf Jamaika, in Westindien und auf den Antillen so zahlreich gefunden, daß er gewiß in keiner Sammlung fehlen wird.

Brandhorn, das große. So wird von Einigen das schwarze Brandhorn genannt, weil es gemeiniglich größer, als das braune Brandhorn wird. Es ist dies aber nicht allgemein, daher diese Benennung zwar auf einzelne Beyspiele, aber nicht auf das Ganze paßt. e)

— — — — das krause, gekrullde. Siehe hernach, das schwarze.

— — — — das knotige. Siehe vorher, das geknobbelte.

— — — — das leberfärbige. Dessen gedenket Valentyn f) und sagt, daß sie schwarz bandirt wären, und aus Westindien kämen. Wahrscheinlich unter=

e) Deutsche Encyklop. Th. IV. S. 297. f. n. 6.

f) Abhandl. S. 101. Martini Conchyl. Th. III. S. 320.

unterscheidet diese Beyspiele blos die Farbe von dem gewöhnlichen schwarzen Brandhorn, doch muß Valentyn dergleichen Beyspiele für selten halten, weil er sie unter die vorzüglichen Stücke zählt, die er im Jahr 1720 und 1724 in dem Kabinet des Herrn Albertus Seba sahe.

Brandhorn, das linke. Siehe bey Brandhorn, das geknobbelte. Der Hochschwanz.

— — — — mit drey Reihen Dornen. Siehe hernach das schwarze.

— — — — mit fünf Blätterreihen. Siehe vorher das doppelte.

— — — — das ostindische braune. Siehe vorher das braune. Es fallen indessen nicht alle braune Brandhörner, doch aber gewiß die schönsten, in Ostindien.

— — — — das punctirte. g) Valentyn nennt es den punctirten Brandaris, und sagt, diese Schnecke sey grau, und habe eine breite Lippe, er besitze davon drey Beyspiele, und finde nicht, daß ihrer Rumph Erwähnung thue. Ob Valentyn hier ein eigentliches Brandhorn meyne, welches nicht glaublich ist, weil er seine drey Beyspiele von dem eigentlichen Brandhorn des Rumphs unterscheidet; und ob diese Puncte erhöhet oder vertieft sind, und daher die Schale uneben

g) Valentyn Abhandl. S. 11. Deutsche Encykl. Th. IV. S. 298. n. 8. gestipte Brandaris.

eben und rauh machen, oder ob es bloße Farbenpuncte sind? das kann ich nicht sagen.

Brandhorn, das schwarze. h) Man giebt diesem Brandhorne den Namen des schwarzen, weil die

 krausen

h) Rumph amboin. Raritätenk. tab. 26. fig. C. Holländ. p. 86. *Brand-hoorentjes of Munk-yzers.* Maleitsch: Bia papua. Deutsch S. 46 das Brandhorn. Münch-eisen Chemnitz Zusätze zum Rumph S. L. das Brandhorn. Valentyn Abhandl. S. 11. die schwarze Brandschnecke, zwarte Brand-hoorn. it. tab. 5. fig. 42. S. 142. das schwarze Brandhorn (zwarte Brandaris.) Petiver Aquat. Amb. tab. 12. fig 2. pag. 3. *Small ragged Wheike.* Gualtieri Ind. Testar. tab. 37. fig. D. G. I. L. Purpura curvirostra, crassa, labio fimbriato, laminis in folia tenuissime laciniata, foliis Endiviae laciniatae et crispatae similia expansis, et effusis, atro-purpureo colore infecta. Argenville Conchyl. tab. 16. fig. H. S 212 216. das Brandhorn mit rothen Munde und drey Reihen von Blättern. Purpura horrida, labro carneo, tribus ordinibus ramorum. Hebenstreit Mus. Richter. p. 316. das Brandhorn mit drey Reyhen Dornen Klein Method. p. 101. §. 264. n. 2. a. Murex frondosus, *Brandaris niger.* Leßer Testaceoth. §. 59 o. erste Ausg. p. 285. zweyte Ausg. p. 330. das Brandhorn. Seba Thesaur. Tom. III. tab. 77. fig. 9. 10. p. 172. Brandaris. Knorr Vergnüg. Th. II. tab. 7. fig. 4. 5. erster Text. S 19. 20. das Brandhorn. zweyter Text. S. 154. das schwarze gezackte Brandhorn (es wird irrig zu *Murex saxatilis* gerechnet.) (Martini Conchyl. Th III. S. 317. tab. 105. fig. 990. 991. das schwarze Brandhorn. Cochlis volutata muricata triplici laciniarum nigrarum ordine horrida, transversim costata, labro plerumque roseo. *Purpura brandaris niger.* (Martini führt noch folgende Schriftsteller an: Valentyn Oost-Ind p. 522. De kleene Krullhoorns. Gerson Catal. p. 102. n. 178. La Brulée.

Davila

krausen Blätterreihen, und die Queerstreifen eine schwarze oder schwarzgraue Farbe haben. Das Brandhorn mit drey Reihen Blätter aber, weil es nur drey Blätterreihen hat, und sich dadurch von dem oben beschriebenen doppelten Brandhorne unterscheidet. Man könnte es daher auch das einfache Brandhorn nennen, so wie es auch das gewöhnliche ist, davon die Schriftsteller reden, wenn sie von Brandhörnern spre-

Davila Catal. p. 195. n. 255. Pourpre rameuse triangulaire; qu'on nomme Brulée.

Linné Syst. Nat. ed. X. p. 747. Sp. 448. ed. XII. p. 1215. Sp. 523. Var. Murex ramosus, testa trifariam frondosa, spira contigua cauda truncata. Siehe Krausschnecke. Meine Einleit. Th. I. S. 482. das Brandhorn. Deutsche Encykl. Th. IV. S. 298. das schwarze Brandhorn.

*Mus. Chais.* p. 55. n. 701. bis 706. *Mus. van der Mied.* p. 21. n. 461. bis 469. zwart gekrullde Purperhoorens. *Mus van Dishoek* p. 12. n. 234. bis 242. gekrullde Brandarissen. Brulées noires. *Mus. Oudaan.* p. 35. n. 365. 368. Brandarissen. *Mus. Leers.* p. 44 n. 394. bis 398. *Mus. Koening.* p. 20. n. 246 248. *Mus. Anonym.* p. 249. n. 236. Martini Verzeichn. S. 66. n. 140. Brandhorn. Brandaris. Kämmerer Conchyl. in Rudolst. S. 105. g. Verz. der Reuß-Plauisch. Natur. S. 113. n. 641. die Conchyl. des Fürsten Bisch. zu Constanz. S. 131. n. 8.

Deutsch: das Brandhorn, das schwarze Brandhorn. Die schwarze Brandschnecke. Das Münchseisen. Das Brandhorn mit drey Reihen Dornen. Lat. *Murex ramosus Linn var.* Franz. *La Brulée. Pourpre rameuse triangulaire. Brulées noires.* Holl. *Brandhoorntjes of Munkyzers. Brandarissen. Zwarte Brand-hoorn. zwart gekrullde Purper-hoorens, gekrullde Brandarissen.* Mal. *Bia papua.*

sprechen. Warum es das Müncheisen heisse? eine Benennung, die wir schon beym Rumph finden, ob es gleich dort nicht Munnik, sondern Munk heißt, das kann ich nicht sagen. Munnik heißt aber bey den Holländern nicht blos ein Mönch, sondern es bedeutet auch ein Instrument, oder eine Maschine, damit man das Bette zu wärmen pflegt, und es könnte auch daher die Benennung genommen seyn, die Herr Müller in seiner Uebersetzung des Rumphs aus Mißverstand in ein Müncheisen verwandelt hätte. Dergleichen Fehltritte hat Müller mehrere begangen. Dem sey aber, wie ihm wolle, so sind doch die krausen schwarzen Wulste in drey Reihen ein sehr gutes Unterscheidungszeichen für die Brandhörner. Sie haben einen mehr oder weniger gestreckten Bau, und sind mehrentheils nicht allzudickbäuchig, und ihre schwarzen krausen Blätter, welche auf Wulsten stehen, und die mehrentheils eben so gefärbten Queerstreifen, sind die Hauptcharaktere, wodurch man sie von allen Purpurschnecken unterscheiden kann. Gemeiniglich haben sie sieben hervortretende Windungen, die sich in eine scharfe Spitze endigen. Drey Wulste mit größern oder kleinern, höhern oder niedrigen, mehr oder weniger krausen Zacken, laufen auf dem Rücken herunter, und unter ihnen ist der erste an der Mundöfnung der krauseste; queer hindurch laufen feine aber kenntliche Streifen, die gemeiniglich die Farbe der blättrichten Wulste haben. Diese drey Blätterreihen geben außerdem der Conchylie eine dreyeckige Form, davon sie auch bey einigen Schriftstellern die dreyeckige Purpurschnecke heißt. Zwischen jedem Blätterwulste siehet man einen Buckel, der ohne Blätter ist, und bald einem bloßen Knoten gleicht, bald länglich, und zuweilen so lang, als die Windung selbst

 ist,

ist, und dann einer Ribbe ähnlich wird. Die krausen Wulste gehen zuweilen bis auf die dritte, seltner bis auf die vierte Windung fort, auf den folgenden Windungen aber findet man bloße mit Queerstreifen umlegte Ribben. Die Mundöfnung ist fast rund, und die Lefzen sind bald rosenroth, bald bräunlichgelb, bald weiß gefärbt. Die Mündungslefze ist ausgezackt, an manchen Beyspielen, so wie die Spindellefze, rosenroth, an manchen bräunlich, an manchen endlich weiß gefärbt. Wenn die Einfassung rosenroth ist, so ist die Spindellefze am lebhaftesten gefärbt. Der Schwanz ist nicht allzu lang, und innwendig nur ein wenig offen. Innwendig ist die Schnecke weiß, von außen aber liegen die gefärbten Queerstreifen bald auf gelblichem, bald auf weißem Grunde. Sie kommen indessen, sonderlich die größern, aus der See, mit einem Kalk überzogen, den man mühsam wegarbeiten muß. Sie fallen auf Amboina und auf Banda, wie auch auf den Inseln Tarkang Bessi's. Ihre höchste bekannte Länge ist gegen vier Zoll. Sie sind in den Kabinetten gar nicht selten, und in der Leersischen Auction wurden 8 ausgesuchte Beyspiele mit 12 Gulden 15 Stübern bezahlt, woraus gleichwohl folgt, daß sie gerade nicht unter die gemeinsten Conchylien gehören, und sie werden mehr oder weniger geschätzt, nachdem ihre Größe ansehnlich, ihre Farbe ungewöhnlich und rein, und alles an ihnen gut erhalten ist.

Einiger solcher vorzüglichen Beyspiele gedenket Martini aus der Feldmannischen Sammlung. Ein Exemplar von $3\frac{1}{2}$ Zoll ist überall schwarz, und mit rosenfarbigen Lippen geziert, wovon sich auch noch die Spuren am untern Theile des Randes, der dichte zusamsammenstehenden lappichten Wulste zeigen. Ein anderes von $2\frac{2}{3}$ Zollen ist auf dem Grunde schneeweiß mit schwarzbraunen Queerstreifen, die sich in den schwarzen Krausen verlieren. Die Krullen sind länger und stehen einzelner. Die äußere Lefze hat, statt einer Einfassung von Rosenfarbe, eine gekerbte Auskehlung an der innern Seite. Ein Beyspiel meiner Sammlung hat braune, wenig krause Wulste, und eine kohlschwarze Zwischenfarbe; auch die Mundöfnung ist braun, und von den Knoten zwischen den Wulsten siehet man kaum eine Spur. Man würde Abänderungen genug finden, wenn man viele Beyspiele unter sich vergleichen wollte.

Brandhorn, das schwarze räuchrige, ist das vorhergehende, und führt diesen Beysatz, den ihr Leßer giebt, mit Recht, weil es scheint, als wenn die Schale geräuchert wäre.

— — — — das Spenglerische linke, siehe oben, das geknobbelte. Der Hochschwanz, denn dieser hat sich auch link gefunden, und Herr Spengler besitzt dies einzige Exemplar.

— — — — das ungezackte. Man findet unter den Brandhörnern einzelne Beyspiele, die keine zackigt krausen Blätter haben, und die allerdings eine eigne Abänderung zu bestimmen scheinen. Eines schwarzen habe ich vorher gedacht, eines apfelblüthfarbigen habe ich oben aus Valentyn gedacht. Unter den braunen Brandhörnern, deren oben ebenfalls gedacht worden ist, kommen sie noch am häufigsten vor.

— — — — das ungezackte apfelblüthfarbige. Siehe oben das apfelblüthfarbige.

Brandhorn, das weiße, und

— — — — das weiße doppelte. i) Ich nehme beyde zusammen, weil die Schriftsteller, wenn sie den Namen des weißen Brandhorns gebrauchen, gemeiniglich solche Beyspiele meynen, die mehr als drey Blätterreihen haben. Weil ihr Grund, auf welchen ihre braunen oder schwarzen Blätterreihen liegen, weiß, oft innig weiß ist, so führen sie den Namen der weißen Brandhörner, und nach dieser Erklärung ist in der Benennung selbst kein Wiederspruch. Sollen sie indessen diesen Namen im eigentlichen Verstande verdienen, so muß ihr Grund ganz weiß seyn, und bloß die Blätterreihen müssen eine schwarze oder braune Farbe haben, doch sagt Schynvoet beym Rumph, daß

i) Rumph Amboin. Raritätenk. tab. 26. fig. 2. Holländ. p. 86. dubbelde Brandaris. Deutsch. S. 47. das doppelte Brandhorn. Chemnitz Zusätze S. 52. das doppelte Brandhorn. Gualtieri Ind. Testar. tab. 30. fig. C. Cochlea canaliculata, recta tenuior tuberosa, rugosa striata, umbilicata, labio externo fimbriato, terreo colore infecta. Argenville Conchyl. tab. 16. fig. F. S. 212. 216. das weiße Brandhorn. *La Roue.* Meine Einleit. Th. I. S. 582. n. 114. Knorr Vergn. Th. III. tab. 9. fig. 2. erster Text. S. 23. das weiße Brandhorn zweyter Text. S. 277. das zackigte gebrannte Krullhorn Regenfuß Th. I. tab. 1. das weiße Brandhorn. (vid. oben das doppelte.) Martini Conchyl. Th. III. S. 335. tab. 109. fig. 1016. das weiße doppelte braunblättrige Brandhorn. Cochlis voluta, muricata junior, alba, sex ordinibus foliorum obtusorum et fuscorum ornata. *Brandaris duplex foliis obtusis, junior. La double Roue. Kleen dubbelde Brandhoorn* Deutsche Encykl Th. IV. S. 298. n. 10. 11. das weiße gedoppelte Brandhorn. *Murex saxatilis* Linn.

daß einige Beyspiele auch schwarze oder braune Querstreifen hätten. Letztere können leicht durch Ausbleichen oder Abbeitzen entstehen. Wäre aber dies der Fall nicht, den der Kenner bald entscheiden kann, so gehören solche Beyspiele unter die seltenern und schönsten. Sie kommen in manchen Abänderungen vor, ob sie gleich die weiße Grundfarbe und die schwarzen oder braunen krausen Blätter unter sich gemein haben.

Einiges von ihnen habe ich bereits oben beym doppelten Brandhorn gesagt, jetzt will ich den Unterschied derselben an einigen Beyspielen erläutern.

Argenville sagt von seinem abgebildeten Beyspiele, daß es Blätter wie die krause Laktuke habe, deren Enden schwarz sind, der Grund aber sey weiß, daher es auch das weiße Brandhorn heiße. Das Oberkleid sey dünne, durchsichtig, und mit sechs Reihen von Blättern besetzt. Ich besitze ein diesem völlig ähnliches Beyspiel, nur daß dessen Blätter kürzer sind, und daß drey breite braune Bänder über die weiße Schale laufen. Die Schale ist äußerst dünne; ich glaube daher nicht zu irren, wenn ich dergleichen Beyspiele für jung und unausgewachsen halte, ich darf also auch behaupten, daß sich mit der Zeit die Blätter, die jetzt noch einfach stehen, vermehren, die Schale selbst aber stärker wird.

Ein vorzüglich schönes Beyspiel ist das im Regenfuß. Es hat nur fünf Blätterreihen von Rauchfarbe, einen kurzen gedrungenen breiten Bau, und ist auf dem weißen Leibe hin und wieder etwas röthlich schattirt, und mit ganz zarten Furchen durchpflüget. Die Nase ist sehr kurz, und, wer nicht gar zu sehr wieder die Meynung eingenommen ist, heißt es im Texte zu dieser Figur, daß die Schneckenschalen durch einen alljährlichen natürlichen oder künstlichen Ansatz an der Mündung ihre Vergrößerung erhalten, kann sich an allen Arten der krausblättrichten Purpurschnecken davon aufs deutlichste überführen. Er wird unten an jeder Reihe Blätter auf allen Windungen noch den feinen Lippenrand wahrnehmen, der an der äußersten Mündung allemal zu bemerken ist. Dieser Umstand macht es höchst wahrscheinlich, daß vormals auch diese Reihe Blätter zur Bewafnung der Mündung gedienet habe. Auch lassen sich die halb verbauten schiefen Nasen der vorhergehenden Mündungen noch sehr deutlich bemerken; und, wenn man annähme, daß alle Sommer ein neuer Ansatz vollbracht würde, so könnte man aus der Anzahl der verkleideten Mündungen das Alter des Thiers errathen, welches man bey vielen von mehr als 16 Jahren befinden würde. Obgleich diese krausen, stachlichten und scharfen Blätter diesen Schnecken einen besondern Zierrath ertheilen, so scheinen sie doch vielmehr zu des Thieres Beschützung gemacht zu seyn. Ja man sollte aus der Höhlung dieser Blätter fast schliessen, daß es mehr eine künstliche Arbeit des Einwohners, als eine bloße Verhärtung der ausgeschwitzten zähen Materie sey."

Von dem im Knorr abgebildeten weißen Brandhorne wird im ersten Texte gesagt, daß die Grundfarbe weiß sey, die krausen und zierlichen Zacken aber wären, besonders an ihren Spitzen schwarzbraun, als ob sie im Feuer wären angebrannt oder gesengt worden. Die Schale sey etwas über die Queere gerunzelt. und diese Runzeln giengen an der Mündung in Zacken aus. Es wären vier Zackenreihen, der Schwanz sey etwas

was gefalten, und trete ein wenig in die Höhe. Inwendig sey die Mündung schneeweiß.

Wir haben also weiße Brandhörner mit vier, fünf und sechs Zacken oder Blätterreihen, und wenn die von Gualtieri und Martini abgebildeten Beyspiele würklich junge Schalen wären, bey denen man die Blätter auf den jetzt noch nackenden Wulsten in der Folge ihrer Lebensjahre erwarten könnte, so würden dergleichen Beyspiele sieben Blätterreihen erhalten. Martini sagt: „dieses junge Brandhorn ist hier besonders deswegen abgebildet worden, damit Anfänger, weil es demselben an den gewöhnlichen Blättern fehlet, einerley Hörner in ihrer Jugend und in ihrem reifen Alter gehörig zu beurtheilen in den Stand gesetzt werden möchten. Der Grund ist weiß, der hohle Schnabel etwas zurück gebogen. Die Anzahl der Windungen erstreckt sich auf sieben, über welche sieben erhabene Wulste mit braunen Queerstreifen laufen. Die Mündung ist rund und weiß, die äußere Schalenfläche mit regelmäßigen erhabenen Streifen umgeben, das Vaterland ist Ostindien.

Noch theile ich aus der deutschen Encyklopädie die folgende Anmerkung mit. Die doppelten weißen Brandhörner unterscheiden sich von den schwarzen: 1) durch ihre mehrern krausen Wulste. 2) Durch ihre weniger gestreckte Form, die bey den mehresten rund und bauchig ist. 3) Durch ihre kurze Nase. Die krausen Blätter sind auch selten so schwarz als bey dem schwarzen Brandhorn.

Brandhorn, das westindische gestreckte. k) In der Geschlechtstafel der Purpurschnecken gedenket unser

k) Martini Conchyl. Th. III. S. 304. 321. westindische gestreckte Brandhörner. Brandaris infumata, elongata, Ind. occident.

ser Martini der westindischen gestreckten Brandhörner, die er unmittelbar auf das ostindische braune Brandhorn folgen läßt. An dem Orte aber, worauf er sich beziehet, redet er von Beyspielen des braunen Brandhorns mit regelmäßigen Querstreifen aus Ostindien, und ich bin also nicht vermögend, über diesen Gedanken mehr zu sagen, als dieses, daß überhaupt die mehresten braunen Brandhörner gestreckter sind als die schwarzen.

(S.)

**Brandkod.** l) Ist eine kleine Forellenart in Wester-Island, die gerne in kleinen Bächen gefunden wird: sie ist einen Zoll dick und fünf Zolle lang, und niedlich zu essen, ob sie gleich nicht dazu gebraucht wird. Sie wird von Kindern mit Angeln und Stecknadeln gefangen, und von den Fischern zum Köder für kleine Dörsche gebraucht. (P.)

**Brandmaus**, Mus agrarius. S. Maus.

**Brandmeise**, Kohlmeise, Parus maior. S. Meise.

**Brandmotte**, Phalaena Igneata. m) Ein Nachtvogel und Spinner (Phal. Geometra), aschgrau mit einer brandgelben Querbinde durch alle 4 Flügel. Die Raupe

---

l) Trutta longa fusca capite obtuso. Olaffen und Povelsen Reise durch Island 1 Th. p. 317.

m) Berl. Magaz. IV. B S. 612. n. 84. Naturforsch. XI. St S. 85. n. 84. Gleditsch Forstwissensch. II. p. 479. n. 58. *Goetze* Ent. Beitr. III. Th. III. B. p. 382. n. 70.

Raupe ist unbekannt, den Vogel findet man im Julius in den Wäldern an den Stämmen der Bäume ziemlich häufig. (Gr.)

Brandnadel, die braune. (Conchyl.) So wird in den Werken des Herrn von Born, Ind. Mus. Caes. Vind. P. I. p. 214. und Mus. Caes. Vind. Test. p. 226. die Voluta castra des Linné genannt, die bey andern Schriftstellern die braune Brandnadel heißt. Siehe Brandnadel, die braune. (S.)

Brandotter, s. unter Natter.

Brandrand, Phalaena Ustella. n) Ein Nachtvogel aus dem Geschlechte der Motten (Phal. Tineae). Die Oberflügel haben einen aschgrauen Unterrand. (Gr.)

Brandschiefer. Er gleicht im Ansehen einem Schiefer mehr als einer Steinkohle, und steht eigentlich zwischen beyden. Er ist sehr weich, bricht in geraden dünnen Scheiben oder Tafeln, fühlt sich etwas fettig an, und hat eine schwärzlichbraune oder braunschwarze Farbe.

Er bricht in ganzen Flötzen, z. B. in Ungarn bey Baclabanya, in Böhmen bey Kosore, in Schweden in Schonen bey Rätwick, in der Oberlausitz bey Wehrau u. s. f. meistens bey Steinkohlen. Zwischen glü-

n) *Linn.* Syst. nat. Tom. I. P. II. p. 890. n. 383. Müllers Nat. Syst. V. Th. 1 B. S. 743. n. 383. *Clerk* Phal. t. 3. f. 13. *Goetze* Entom. Beitr. III. Th. 4 B. p. 99. n. 383.

glühenden Kohlen brennet er mit schwacher Flamme, dabey er nach Schwefel riecht, und leichter, lichtgrau oder weiß nachbleibt.

Wahrscheinlich ist er ein bloßer Schieferthon mit Bergharz durchdrungen, bisweilen ist er Erzmutter für Merkurial- Eisen- Kupfer- und Silbererz. S. Branderz und **Eisen- Kupfer- Quecksilber- und Silberbranderz.**

Für mechanischen Gebrauch ist dieser Schiefer viel zu mürbe, und als Steinkohle zu arm an Fettigkeit, als daß er von erheblichen häuslichen Nutzen seyn könnte. (Ge.)

**Brandschnecke.** (Conchyl.) So heißt bey einigen Schriftstellern das **Brandhorn.** Siehe dieses Wort. (S.)

**Brandspanner,** Phalaena Ustulata. o) Ein Nachtvogel und Spanner (Phal. Geometra), mit borstenartigen Fühlhörnen, lichtgrauen Flügeln, welche mit 3 unterbrochenen weißen wellenförmigen Streifen bezeichnet sind, und einen schwarzen gewürfelten Rand haben. (Gr.)

**Brandspitze, die Harrismotte,** Phalaena Harisella. p) Ein Nachtvogel aus dem Geschlechte der Motten, die Flügel

---

o) *Mülleri* Zool. Dan. Prod. p. 127. n. 1487. *Goetze* Entom. Beitr. III. Th. 3. B. p. 424. n. 329.

p) *Linn.* Syst. nat. Tom. I. P. 2. p. 899. n. 449. Müllers Uebers. S. 756. n. 449. *Fabricii* Syst. Ent. p. 666. n. 63. Spec. Inf. II. p. 305. n. 88. *Mülleri* Faun. Friedr. p. 56. n. 502. Zool. Dan. Prodr. p. 137. n. 1593. *Goetze* Entom. Beitr. III. Th. 4. B. p. 123. n. 449.

Flügel sind gold- und silberglänzend, an der Spitze gleichsam äugig gebrannt. (Gr.)

**Brandung**, nennet man bey Meeren Stellen, an welchen sich die Wellen zerschlagen, oder durch Ueberstürzen mit Ungestüm zerstöret werden. Die Ursachen der Brandungen sind tiefe und steile Felsenufer, Klippen im Meer selbst, auch Untiefen von Sandbänken. — Wenn Stürme große und hohe Wellen machen, so stöhren Untiefen von Klippen, Sandbänken, Korallengrund ꝛc. ihr ebenes Fortwälzen, und weil im Verhältniß der Höhe der Wellen die Niedrigung zwischen zweyen desto tiefer, also die Sandbänke ꝛc. der Oberfläche desto näher ist, müssen die Wellen, die der Sturm gegen sie treibet, überstürzen und zerrüttet werden.

Schiffe, welche in solche Brandungen gerathen, sind außer der Wuth der zertrümmerten Wellen, auch wegen der vermehrten Untiefe über sonst seegelbarem Grunde unausbleiblich verlohren. An Klippen über der Wasserfläche und an jähen Felsenufern zerschmettern die von Stürmen gegen sie geworfenen Wellen, und alles, was sie bringen, welches grausenvolle und zugleich prächtige Anblicke gewähret.

(Ge.)

**Brandvogel**, Sterna nigra. S. unter Meerschwalben, Kirren, Sternen.

Ende der ersten Abtheilung des IX. Bandes.

# D. Friedr. Heinr. Wilh. Martini's
allgemeine
# Geschichte der Natur
in alphabetischer Ordnung;

fortgesetzt von einer Gesellschaft Gelehrten.

Mit vielen Kupfern.

IX. Bandes II. Abtheilung.



Berlin, 1790.
bey Joachim Pauli, Buchhändler.

# Allgemeine
# Geschichte der Natur,
## in alphabetischer Ordnung.
## IX. Bandes II. Abtheilung.

---



**B***rasiletto*, s. Cäsalpinie.

**Brasilianer**, hat man verschiedene Thiere aus Brasilien genannt. Man sehe sie unter Fasan, Finken, Hahn, Kardinal, Schwalben, u. s. w.

**Brasilianischer Amethyst**, s. Amethyst, B. II. S. 323.

**Brasilianischer Kahlrücken**, Gymnotus Carapo, S. unter Aal, surinamischer, Th. I. S. 32.

**Brasilianischer Topas**, s. Topas.

**Brasilianischer Turmalin**, s. Aschentrecker, Th. III. S. 332.

**Brasilienstaude**, Pseudobrasilium. Eine Gattung Stauden von S. Domingo, die auf einem Stamme nur männliche, auf dem andern nur weibliche Blumen trägt. Die letzteren, die man bisher allein kennt, haben einen bleibenden, in fünf spitzige Abschnitte getheilten, und von außen harigen Kelch, der etwas kürzer ist, als die Krone, und um den Fruchtknoten herum geht eine aus fünf lanzenförmigen Blättchen bestehende Krone, keinen Griffel, aber einen glatten und eyrunden Fruchtknoten, und eine in zween flache Lappen getheilte Narbe; sie hinterlassen weiche, markige, den Oliven ähnliche, nur etwas kleinere Früchte, die einen nicht weiter in Fächer getheilten Stein, und, wenn sie vollkommen reif sind, eine korallrothe Farbe, und einen säuerlichen Geschmack haben. Ihr Stamm wächst gerade, hat eine fein gerissene braungraulichte Rinde, und theilt sich an seinem Gipfel in mehrere Aeste, die abwechselnd, bald auf dieser, dann wieder auf der andern Seite entspringen, und an ihrer Spitze Blattrosen tragen; ihre Blätter sind bis anderthalb Schuhe lang, und gefiedert, und nehmen bey dem Trocknen eine schwärzliche Purpurfarbe an; ihre Blumen sind sehr klein und dunkelroth, und hängen an der Spitze der Zweige an ästigen Traubenkämmen. Man kennt nur zwo Arten.

**Brasilienstaude, glatte**, Pseudobrasilium glabrum. Sie wächst nur fünf bis sechs Schuhe hoch, hat ein blasses weißes Holz, ohne färbende Kraft und ganz glatte

glatte, nicht so große Blätter, die nur aus eilf bis dreyzehen Blättchen bestehen, von welchen die obersten länger und lanzenförmig sind. a)

**Brasilienstaude, zotige,** Pseudobrasilium hirsutum. Sie wächst auch in Jamaika und Guinea acht bis zehen Schuhe hoch, und hat einen Saft, der schwarz wird, und wegen seiner Schärfe auf jeden Theil des Leibes, auf welchen er fällt, einen beynahe unauslöschlichen Flecken zurückläßt; sein Stamm hat beynahe zween Zoll im Durchmesser, und ein Holz, das entweder schon für sich rothbraun ist, oder diese Farbe nach einiger Zeit an der Luft annimmt, und, wie Brasilienholz, nur mehr braun als roth färbt; ihre Blätter lassen, wenn man sie ganz frisch stampft, und in ein Stück Baumwolle drückt, eine grüne Farbe darin, die nachher in die violetblaue übergeht; sie bestehen aus funfzehen bis neunzehen eyrunden, doch etwas spitzigen Blättchen, die aber glänzend glatt, in ihrem Umfange so wie an ihren Stielen harig, unten aber blasser sind. b) (Gm.)

**Brassen,** Cyprinus Brama L. S. Karpfen.

*Brassica.* S. Kohl.

**Braßler,** Emberiza miliaria. S. Ammer.

**Bratfisch.** c) Es kommt dieser Fisch unter verschiedenen Benennungen vor. In der Mark heißt er Aland;

 in

a) *Plumier* bey de la Mark Memoir. de l'Acad. roy. des scienc. à Paris p. 1784. p. 346.

b) Pseudobrasilium hirsutum *Plumier* bey de la Mark Mem. de l'acad. roy. des scienc. à Paris p 1784. S. 345 Tariri arbor tinctoria, foliis alternis obscure violaceis. *Barrer* franc. equin. S. 106. Tariri gujanensis. *Aublet* pl. guj. suppl. p. 37. t. 390.

c) Cyprinus *Jeses*, pinna ani radiis 14, rostro rotundato. *Linn.* Syst. Nat. n, 20. p. 1430, ed. Gmel. der Bratfisch. Müll.

in Pommern und Preußen Göse, Jese; in Sachsen, so lange er noch klein ist, Dövel, Giebel, und wenn er groß ist, Dickkopf und Bratfisch; in Oesterreich bis zum Gewicht von anderthalb Pfund Gengling, in der Folge Bratfisch; in Ungarn Doerckafegi; in Frankreich Vilain und Meunier. Man erkennt ihn an dem starken Körper, dem dicken und abgestumpften Kopfe, und den vierzehn Strahlen in der Afterflosse. In der Brustflosse zählt man sechszehn, in der Bauchflosse neun, in der Schwanzflosse zwanzig, und in der Rükkenflosse eilf Strahlen. Die Stirn ist breit und schwärzlich, und die Nasenlöcher stehen höher als die Augen, welche letztere groß sind, einen bläulich schwarzen Stern haben, den ein gelber Ring umgiebt; der Kiemendeckel ist blau, und der Rücken von dieser nemlichen Farbe, die Seiten sind bläulicht, oberhalb der Linie ins gelbe, und unterhalb derselben ins silberfarbne spielend; die Schuppen dieses Fisches sind groß, und am untern Rande mit einer blauen Einfassung versehen; die Seitenlinie läuft in einer ziemlich geraden Richtung fort, und ist mit acht und funfzig gelbbraunen Punkten besetzt; die Rückenflosse ist bläulich, und steht eben so, wie beym vorhergehenden und folgenden Fische, in einem weiten Abstande vom Kopfe ab, als die Bauchflosse; die Schwanzflosse ist breit, nur wenig gabelförmig, grau, und mit einer blauen Einfassung; die After- Bauch- und Brustflossen sind von hellvioletter Farbe;

---

Müll. Linn. N. S. 4 Th. n. 20. p. 394. *Artedi* syn. 7. Bloch Fische Deutschl. 1 Th. p. 45. n. 6. Tab. 6. Cyprinus Dobula. *Leske* spec. ichth. n. 5. p. 34. Leuciscus XIII. *Klein* Miss. V. p. 63. n. 13. *Rondel.* pisc. 2. p. 190. *Gesn.* aqu. p. 182. *Aldrov.* pisc. p. 603. *Willughby* Ichth. p. 256. Tab. Q. 6. f. 3. *Marsil.* Danub. T. IV. p. 53. tab. 18. f. 1.

Farbe; über der Bauchflosse ist eine Mittelflosse zu sehen.

Der Bratfisch ist ein Strohmfisch, schwimmt schnell, und ist dadurch im Stande, den Nachstellungen des Hechtes und anderer Raubfische zu entgehen. Er hält sich da am liebsten auf, wo der Zug des Wassers am schnellsten ist, und man findet ihn daher häufig an Sandhügeln und Mühlen, wo er auch am leichtesten mit der Angel gefangen werden kann, wenn man sich der eingeweichten Erbsen zur Lockspeise bedienet.

Dieser Fisch wird kurz vor und nach Ostern, als zu seiner Laichzeit, häufig mit Garnsenken und Netzen gefangen. Er giebt seinen Laich im Merz und April von sich, und zwar auf die nemliche Art, wie die vorher beschriebenen Fische. Seine Laichzeit dauert gewöhnlich acht Tage; sobald der Fisch aber merkt, daß kalte Witterung einfallen werde, ist sie schon innerhalb drey Tagen geendet. Der Bratfisch wächst zu einer beträchtlichen Größe heran, denn man fängt zu Zeiten welche von 8 = 10 Pfunden. Sein Fleisch ist fett, mit Gräten durchflochten, und nimmt gekocht eine gelbe Farbe an. Er wird, wie der Karpfen, mit Bier gekocht, oder gebraten mit Essig und Oel, oder auch mit einer Brühe aus Senf, Cappern und Wein, verspeist; ferner giebt er, wenn er nicht zu groß ist, wie die Zärthen marinirt, eine wohlschmeckende Speise ab; jedoch ist dieser Fisch, wegen seines fetten und weichlichen Fleisches, nicht so leicht, als die vorhin beschriebenen Fische, zu verdauen. Er hat ein ziemlich zähes Leben, vermehrt sich stark, und wächst nur langsam, denn ein Jährling von dieser Fischart hat kaum drey Zoll Länge. Man findet ihn das ganze Jahr hindurch in der Oder, Spree, und den übrigen mit ihnen in Gemeinschaft stehenden Wassern. Der Bratfisch hat in jeder Kinnlade acht Zähne in zwo Reihen, davon die fünfe in den vordern groß, und die in der hintern klein sind. Bey einem dieser Fische, welchen Herr D. Bloch untersuchte, waren in der untern Kinnlade, statt gewöhnlichen Zähne, nur drey hervorragende Spitzen sichtbar; da nun die übrigen alle groß waren, so entstehet hieraus die wahrscheinliche Vermuthung, daß auch bey den Fischen das Wechseln der Zähne statt finde. Bey diesem Fische, welcher anderthalb Pfund schwer war, wog der Rogen funfzehn und ein Viertelloth, und es befanden sich darin 92720 Eyer, von der Größe des Mohnsaamens. Sein Rückgrad enthält vierzig Wirbelknochen und achtzehn Ribben auf jeder Seite. Der Darmkanal hat zwo Beugungen. In Ansehung der übrigen Eingeweide, so wie auch der Nahrungen, kommt er mit den vorherbeschriebenen Fischen überein.

Der Bratfisch wird oft mit dem Döbel (Cyprinus Dobula L.) verwechselt, von welchem er sich jedoch durch den ungleich dickern Kopf und die Stärke des Körpers unterscheidet, denn jener wird acht bis zehen Pfund schwer, und hat die Breite eines Karpfen: dahingegen dieser schmal ist, und nie über anderthalb Pfund wiegt. Außerdem hat der letztere kleine und runde, der Bratfisch aber breite und große Schuppen. Noch hat der Döbel eine grünliche, der Bratfisch aber eine bläuliche Farbe. Endlich unterscheidet auch die Anzahl der Strahlen in den Flossen diese beyden Fische von einander. (P.)

**Brathering.** S. Hering.

***Brathys***, eine amerikanische Gattung Stauden mit vielen dem Fruchtbehälter einverleibten Staubfäden und fünf Staubwegen in einer Blume. Ihr Kelch sowohl als ihre Krone besteht aus fünf lanzenförmigen Blättchen,

chen, jener geht um den Fruchtknoten herum, ist nur halb so lang als diese, und bleibt an der Frucht, welche ein eyrundes trockenes Samengehäus ohne weitere innere Abtheilung, mit sehr vielen rundlichten Samen ist; ihre Staubfäden sind haarzart, und so lang als der Kelch, und tragen zweyknotige Staubbeutel; ihr Fruchtknoten ist eyrund, und trägt fünf fadenförmige Griffel mit nadelknopfähnlichen Narben. Man kennt bisher nur eine Art: Brathys juniperina. Diese immer grüne Staude ist in Neu-Granada zu Hause, und in der Mitte zwischen der Heide und dem Wachholder, wächst aufrecht, und breitet sich in viele Aeste aus, welche an ihren Spitzen immer einige fest aufsitzende Blumen tragen; ihre Nadeln stehen ganz dicht beysammen, einander gerade gegen über, und sind ungefähr einen Zoll lang, spitzig und ohne Stacheln. d)

(Gm.)

**Bratrost** (Conchyl.) S. Bauerjunge, der batavische.

**Brattenburgische Pfennige, Todtenköpfchen,** Helmintholithus craniolaris L. Nummus brattenburgensis. Es sind versteinte flache Muschelschalen, von etwan ¾ Zoll im Durchmesser, welche sich durch drey Löchlein, die ihnen einige Aehnlichkeit mit dem Bilde eines Todtenkopfs geben, sehr auszeichnen.

Diese seltene Versteinerung, deren Original unbekannt ist, wird von einigen zu Ostraciten, von andern zu Chamiten u. s. f. gerechnet. Man findet sie

 immer

d) *Mutis* in supplemento plantarum systematis vegetabilium editionis decimae tertiae, edit. a. Car. a Linné. Brunsvig. 1781. 8. p. 43. 268.

immer los, nehmlich in keine Steine eingeschlossen, am meisten in Schonen in Balsberg, am Ufer bey Bäcaskez und Egeneberg, auch an der Eifel bey der Abtey Steinfeld.

Man muß sie mit den Korallenpfennigen oder Porpiten nicht verwechseln. Dieses sind kleine, flache Korallarten, und besonders an den fehlenden drey kleinen Löchern zu unterscheiden. S. Korallenpfennige. (Ge.)

Brattenburgischer Pfennig, (Conchyl.) in so fern von dem Original dieser unter dem angeführten Namen bekannten Versteinerung ist, die beym Linné Anomia craniolaris heißt. Siehe Bohrmuschel, die Todtenkopfsmuschel.

(S.)

*Bratus.* S. Wachholder.

Die Braunader, Phalaena fusco-venosa. e) Ein Nachtvogel aus den Spannern, (Phal. Geometrae) mit breiten aschgrauen Flügeln, welche einen dunkelgelben äußern Rand haben, und einen schwarzen Punkt in der Mitte der Flügel.

Das Braunauge, Phalaena Batis. f) Ein Nachtvogel aus dem Geschlechte der Eulen, ohne sichtbaren Saugrüssel

e) *Geoffroi* Ins. II. p. 144. n. 72. *Goetze* Entom. Beitr. III. Th. 3. B. p. 428. n. 345.

f) *Linn* Syst. nat. Tom. I. P. 2. p. 836. n. 97. Müllers Uebersetzung V Th. 1 B. S. 682. n. 97. Füeslins Verz. S. 37. n. 697. Berl. Magaz 3 B S. 204 n. 3. Wiener Schmetterl. p. 71. F. n. 7. Kleemanns Raupenkal. S. 118. n. 335. Roesels Ins. Bel. IV. S 181. t. 26. f. A. B. C. Gleditsch Forst-Wissensch. II. S. 836. n. 1. S. 1019. n. 4. *Onomat.* hist. nat. P. 6. p. 320. *Fabricii* Syst. Ent. p. 597. n. 28. *Goetze* Entom. Beitr. III. Th. 3. B. S. 94. n. 97.

rüssel (Phal. noctuae elingues). Die Raupe, welche die Wiener unter die Rindenraupen, (larvae corticinae) setzen, ist glatt, braun, höckericht, mit einem paar in die Höhe stehenden abgestumpften Zöpfen, und 5 vieleckigten Erhebungen auf den Rücken, man findet sie im August und September einzeln auf den Brombeer- und Himbeer-Sträuchern, der Vogel sitzt im Junius an den Stämmen und Zweigen der Bäume; er hat braune Oberflügel mit 5 weißen ins fleischfarbige übergehende Flecken. Die Unterflügel sind dunkelgrau, in der Mitten mit einer bogigten linie. Die Wiener nennen ihn den **Brombeervogel, Brombeereule, Brombeermotte,** andere den **Himbeervogel.** (Gr.)

**Braunband** (Conchyl.) S. Helix, der rauhe.

**Braunbeere.** S Johannisbeere, schwarze.

**Braunbinde,** Papilio fasciatus. g) Ein Tagvogel aus dem Geschlechte der Langflügel, (Pap. Heliconii) braungelb mit dunkelgelben Streifen und Rande.

— — — **amerikanische,** Papilio fusco-fasciatus. h) Ebenfalls ein Langflügel, fleischfarbig roth mit grauen Flecken und einer braungelben Binde.

— — — Phalaena fasciara. i) Ein Nachtvogel aus dem Geschlecht der Wiener. (Phal. Tortrices.) Die Vorderflügel sind dunkel aschgrau, in der Mitte eine dunkelgelbe Binde und Strich, und eben solche Flügelspitzen. Findet sich in England. (Gr.)

Braune

---

g) *Scopoli* ann. 5. hist. nat. p. 113. n. 118. *Goetze* Entom. Beitr. III. Th. I. B. p. 114. n. 21.

h) *Seba* Thes. IV. t. 27. f. 19. 20. *Goetze* Entom. Beitr. III. Th. I. B. p. 121. n. 61.

i) *Fabricii* Spec. Ins. II. p. 282. *Goetze* Entom. Beitr. III. Th. 4. B. p. 31. n. 35.

Braune Blende, braunrothe Blende. S. Blende, braune.

Brauner Blutstein. S. Blutstein, brauner.

Braunes Bleyerz. S. Bleyerz, braunes; Bleystein, brauner; auch Blende, braune.

Brauner Bleyocher. S. Bleyerz, braunes.

Brauner Bleyspath. S. Bleyspath, brauner.

Brauner Bleystein. S. Bleyerz, braunes. Bleystein, brauner.

Braunbogen, Phalaena Arcella k) Ein Nachtvogel aus dem Geschlechte der Motten, (Phal. Tineae). Die Flügel sind schneeweiß, und haben einen gemeinschaftlichen dunkelgelben Bogen und 2 Randflecken von gleicher Farbe. Man findet ihn in Deutschland.

(Gr.)

Brauner Bolus. S. Bolus, brauner.

Braunbrust, Alauda Calandra. S. unter Lerche.

Braun Eisenerz. Erhärtete Eisenbräune. S. Eisensumpferz.

Brauner Eisenocher. S. Eisenocher und Ocher.

Braunellchen. S. Braunelle.

Braunelle, Braunellerl, Brunelle, Motacilla modularis. S. unter Bachstelzen, Baumnachtigall, Th. IV. S. 17.

Braunerze, sind Erze brauner Farbe, verschiedener Metalle. Sie unterscheiden sich von den Bräunen durch mehrere, doch nicht beträchtliche Festigkeit, und be-

---

k) *Fabricii* Mantiss. p. 295. n. 29. 30. Species Ins. II. p. 296. n. 38. *Goetze* Entom. Beitr. III. Th. 4. B. p. 153. n. 213.

besonders durch die verenzenden Mineralien, besonders durch Schwefel. (Ge.)

Braune Farbe der Conchylien. (Conchyl.) Eine unter denen Conchylien überaus gemeine Farbe. Wir würden dieser Farbe nicht besonders gedenken, wo sich nicht die Schriftsteller der Benennung der braunen Farbe sehr oft bedienten, entweder Arten oder doch wenigstens Abänderungen zu bestimmen. Da es nur ein Beywort ist, so wäre es hier gar nicht der Ort die hierher gehörigen Beyspiele zu beschreiben, aber anzeigen will ich wenigstens die gewöhnlichsten: die braune Dattel, braune Harfe, braune Kätzchen, braune Mohrenbinde, braune Porcellane, braune stachlichte Casket, braune Trommelschraube, braune Maulwurf, braune Kinkhorn, braune Gienmuschel, braune Brandhorn, braune Eichenholztute, braune Flußmuschel, braunblättrichtes Brandhorn, braungeflammter Kräusel, braungeflecktes brütende Täubchen, braungeflecktes Fingerchen, braungefleckter Herzogsmantel, braungefleckte Napfschnecke, braungefleckte Schnabelschraube, braungefleckter Silbermund, braungefleckte Trommelschraube, braungefleckte Tute, braungefleckte Achattute, braungefleckte Gienmuschel, braungefleckte Keilmuschel, braungefleckte Mönche, braungefleckte Molle, braungefleckter Schöpfer, braungeflammtes Schifsboot, braungeribbter Kräusel, braungestrahlte Mütze, braungestrahlte Napfmuschel, braungestrahlte Venusmuschel, braungestreiftes Midasohr, braungestreifte Schraubenschnecke, braungewölkte Herzmuschel, braungewölkte Pyramide, braungewölkter Herzogsmantel, braungewölkte umwundene Spindel, braungezackte Trommelschraube, bräunlichgelbe Schraubenschnecke u. s. w. Daß dergleichen Benennungen, von der Farbe hergenommen, gute Unterscheidungszeichen sind,

die

die auch bisweilen eigene Arten bestimmen, z. B. das braune Brandhorn, wer weiß das nicht? oder daß auch die Farbe sehr oft nur ein zufälliger Umstand sey, das ist den Conchylienkennern ebenfalls bekannt. l)

(S.)

**Braunfisch**, Delphinus Phocaena Linn. Siehe Delphin.

**Braunfleck, der amerikanische**, Papilio fusco-maculosus. m) Ein Tagvogel und Langflügel (Pap. Heliconius.) Er hat schmale gelbe und braungefleckte Flügel.

— — — **Seitenrostfleck, der weißgraue Wickler mit Purpurflecken**, Phalaena Alstroemeriana. n) Ein Nachtvogel und Wickler (Phal. Tortrix). Die Flügel sind milchweiß, und führen gegen den Kopf, und in der Mitte der Oberflügel, einen bräunlich rostfarbigen Randfleck; am untern Rande sind sie blaugrau gesäumt. Die Raupe ist unbekannt.

**Braunflügel**, Papilio Patroclus. o) Ein Tagvogel aus dem Geschlechte der griechischen Ritter (Pap. Equites Achivi).

---

l) Deutsche Encycl. Th. IV. S. 320.

m) *Seba* Thes. IV. t. 18. f. 6. 7. *Goetze* Entom. Beitr. III. Th. I. B. p. 120. n. 54.

n) *Linn.* Syst. nat. Tom. I. P. II. p. 879. n. 314. Müllers Uebersetz. V. Th. 1 B. S. 729 n. 314. Wiener Schmetterl. S. 130. E. n. 18. Sulzers Geschichte der Ins. S. 162. t. 23. f. 5. *Clerk* Phal. t. 10. f. 1. *Fabricii* Syst. Ent. p. 653. n. 44. Spec. Ins. II. p. 286. n. 61. *Mülleri* Faun. Friedr. p. 53. n. 469. Zool. Dan. Prodr. p. 131. n. 1514. *Goetze* Entom. Beitr. III. Th. 4. B. p. 20. n. 314.

o) Müllers Nat. Syst. V. Th. 1 B. S. 573. n. 24. *Onomat. hist. nat.* P. 6. p. 120. *Linn.* Syst. nat. Tom. I. Pars 2. p. 749.

Achivi). Die Flügel haben doppelte Schwänze, sind braungrau von Farbe, mit einer schmalen weissen Binde besetzt, mit weissen Spitzen versehen und vielen blauen schwarzen Linien gleichsam bestäubt; er siehet der von Linné unrecht unter die Nachtvögel gesetzten Phal. Attac. Lunus sehr ähnlich.

**Braunflügel**, mit den beyden blauen Augen, s. Atlas-Schmetterling III. Th. 2 Abth. S. 481.
(Gr.)

**Braunfrett**, Viverra Narica und Vulpecula. S. unter Frett.

**Braunfuchs**. S. unter Fuchs.

**Braunfutter, der Schneeflügel**, Phalaena Gouana. p) Ein Nachtvogel aus dem Geschlechte der Wickler (Phal. Tortrices), Fabricius aber zählt ihn zu den Lichtmücken oder Zünslern (Phal. Pyralides.) Die Oberflügel sind oben schneeweiß, unten aber braun, das Vaterland ist Europa. (Gr.)

**Braungrauling, der surinamische**, Papilio cinereo-fuscus. q) Ein Tagvogel und Langflügel (Pap. Helico-

749. n. 24. *Fabricii* Syst. Entom. p. 450. n. 34. *Drury* illustr. of nat. hist. Tom. I. t. 7. f. 1. t. 8. f. 1. *Cramer* Exot. X. p. 19. t. 109. f. A. B. *Sebae* Thes. IV. t. 47. f. 13. 14. 16. 17. *Goetze* Entom. Beitr. III. Th. I. B. p. 49. 50. n. 24.

p) Müllers Nat. Syst. V. Th 1 B. S. 730. n. 318. *Linn.* Syst. nat. Tom. I. P. II. p. 879. n. 318. *Fabricii* Syst. Entom. p. 651. n. 35. Species Ins. II. p. 283. n. 46. *Goetze* Entom Beitr. III. Th. 4. B. p. 21. n. 318.

q) *Seba* Thes. IV. t. 29. f. 11. 12. *Goetze* Entom. Beitr. III. Th. I. B. p. 122. n. 68.

Heliconius), von Farbe aschgrau und dunkelgelb mit weißen Flecken. Man findet ihn in Surinam. (Gr.)

Braunhänfling, Fringilla cannabina. S. Hänfling, Fink.

Braunheil. S. Brunelle.

Braunkehlchen, Psittacus aeruginosus. S. unter Papagei, und Motacilla Rubetra, s. unter Bachstelze, Th. V. S. 36.

Braunkohlen, nennet man die gegrabenen Holzkohlen, oder das unter der Erde verkohlte, mit Bergharz durchdrungene Holz, in welchem das Holzgewebe noch unverkennlich ist, in welchem Zustande man es gewöhnlich von brauner Farbe findet. Man trift sie nur selten, aber gewöhnlich in ganzen Flötzen oder Lagern an. Z. B. in Sachsen bey Mehren unter einem Thonlager mit bergharziger Erde, bey Leipzig und an mehr Orten des thüringschen Kreises, bey Artern in einem ausgebreiteten Lager unter einer Schicht von Flußsand und weißen Thon, 10 bis 12 Fuß mächtig. Das Holz ist hier nicht überall völlig verkohlt, theils und meist wahre Kohle, theils leicht zerreiblich und zu bergharziger Erde zerfallen, welche die Lage der Bäume genau zu bemerken hinderlich ist. Einige kleine Klüfte hielten Schwefel. Ein Theil Holz war auch mehr oder weniger ganz verkiest, und der Kies gab mit Stahl Funken. Bey Sangerhausen (Charpent). u. a. m. O. (Ge.)

Braunkopf, Oriolus melanocephalus. S. unter Pirole. Larus ridibundus, S. Meven. und Psittacus accipitrinus, S. unter Papagei.

Braune

**Braune Kreide.** S. Umbraerde.

**Braunlinie, die brasilianische,** Phalaena Regulata. r) Ein Nachtvogel und Spannmesser (Phal. Geometr.), mit borstenartigen Fühlhörnern, eckichten aschgrauen Flügeln, davon die vordern einen dunkelgelben Reif haben.

— — — Phalaena Brunneata. s) Ein Spanner, mit borstenartigen Fühlhörnern und Spiralzunge, weiß mit einer doppelten wellenförmigen dunkelgelben Linie. (Gr.)

**Braunlippe.** (Conchyl.) Diesen Namen giebt Müller der Hure des Linné t). Wenn gleich die Vorder-Seite

---

r) *Fabricii* Syst. Ent. p. 629. n. 48. *Goetze* Entom Beitr. III. Th. 3. B. p. 415. n. 275.

s) *Geoffr.* Ins. I. p. 142. n. 67. *Goetze* Entom. Beitr. III. Th. 3. B. p. 427. n. 343.

t) Gualtieri Ind. Testar. tab. 76. fig. C. Chama aequilatera, laevis candidissima, fossula cordiformi satis conspicua. Argenville Conchyl. tab. 21. fig. F. S. 241 444. die weiße gestreifte Venusmuschel mit violettem Ovale. Eine chinesische Spielduplette. Gourgandine. Knorr Vergn. Th. VI. tab. 6. fig. 3. deutscher erster Text S 13 die Braunlippe. holländischer Text S. 69. *La Gourgandine*, dat is *de Ligtekooy, Brunlipp.* von Born Ind. Mus. Caes. Vind. P. I. p. 51. und Mus. Caes. Vind Test. p. 65. *Venus meretrix.* Die Braunlippe. Chemnitz fortges. Conchylienk. Th VI. tab. 33. fig. 347 bis 352. Die leichtfertige unkeusche Venus. Die Gassenhure. *Venus meretrix*, testa cordata, subcarinata triangulari, gibba, crassa, glabra, alba, antice obtusa, vulva ovata amethystea, ano haud distincto, margine integro, intus candida, limbo interno antico violaceo. Gronov Zooph. p. 269. n. 1147. *Venus meretrix.* Linné Syst. Nat. ed. X. p. 686. Sp. 102. ed. XII. p. 1132. Sp. 127. *Venus meretrix*, testa cordata glabra, vulva

Seite an vielen Beyspielen dieser Venus braun gefärbt ist, so giebt es doch auch Beyspiele wo sie aschfarbig, und noch andre wo sie amethystblau erscheint; folglich paßt der Name der Braunlippe nicht auf alle Beyspiele, und ist darum verwerflich. Die Franzosen, denen Linné nachfolgte, sahen wahrscheinlich auch auf die so so sonderbar gezeichnete Vorderseite, da sie dieselbe die Hure nannten, da man es leichtfertigen Weibsbildern gleichsam von außen ansehen kann, was sie

---

va fusca gibba, nymphis hiantibus. Linné Mus. Reg. Lud. Ulr. p 501. n. 60. Testa cordata, circumscriptione triangularis, gibba nitida glaberrima, antice planiusculo convexa, saepius gibba. Margo integetrimus. Nates recurvae. Rima oblonga, hians apice Labiis prominulis. Nymphae tumidae, conniventes apice hiantes, ut foramen inter apices earum et rimam pateat. Anus patentior. Cardinis dentes primores 2, laterales 2, maxime divaricati. Color flavus, griseus albo - maculatus. Magnitudo varia Labia saepius plumbei coloris. Müller Linnäisch. Natur. Th. VI. S 271 die Braunlippe. Linné Natursf. des Thierr. Th. II. S. 477. Meine Einleit. Th. III. S. 126 die Hure, die unkeusche Venus. Die Braunlippe. Mein Journal. Th III. tab 2. fig. 7. S. 395. doch muß Donax Scortum in Venus meretrix umgeändert werden.

(Davila Catal. T. I p. 363. n. 839. Conque de Venus des Indes, nommée Gourgandine. Hill. Hist. of Animal. tab. 9. The smooth egd truncated Chama. Fav d'Herbigny Dict. Vol II. p. 90. Chama cordiformis latere truncato. cit. Chemn.)

Deutsche Encycl. Th. IV. S. 323. die Braunlippe. *Mus Leers.* p. 132. n. 1269. bruyn kleurige Speel-Doublet. Came à jouer du lapon. *Mus. Koening.* p. 57. n. 723. Bruinkleurige Venus Doublett. *Mus. Gevers.* p. 44. n. 648 bis 650. Came Gourgandine.

Deutsch, die Braunlippe Die Hure, die Gassenhure, die leichtfertige unkeusche Venus. Lat. *Venus meretrix Linn.* Franz. *Gourgandine. Came Gourgandine.* Holl *Bruinlip. Ligtekooy. Bruinkleurige Venus Doublet.* Engl *the smooth egd truncated Chama.*

sie im Schilde führen. Diejenigen Schriftsteller, welche unsre Venus mit den Spieltaschen vergleichen, verwechseln wahrscheinlich zweyerley Muscheln miteinander, deren Bau unterschieden genug ist.

Nach Linné hat die Braunlippe einen herzförmigen Bau, eine glatte Schale, eine gewölbte braungefärbte Vorderseite, und ofne Nymphen. Die Vorderseite ist wie abgeschnitten, doch nach dem Mittelpuncte zu wieder erhöhet, und so kann sie Linné gewölbt nennen. Der Rand dieser abgeschnittenen Seite ist gleichwohl nicht scharf, und der ganze herzförmige Bau wird dadurch gewissermaßen dreyeckig. Die Schale ist stark, ziemlich stark gewölbt, glatt, oft spiegelglatt. Der Rand ist weder gezähnelt, noch gekerbt, sondern auch glatt, und von dem After siehet man keinen, wenigstens keinen deutlichen Eindruck. Die Wirbelschnäbel stoßen fast zusammen, und kehren sich ganz sanft nach der Hinterseite der Muschel. Das Schloß hat drey, auch vier Mittelzähne, und der Seitenzahn, und die zu ihm gehörige Grube der Gegenschale, sind in den mehresten Fällen fein gekerbt. Innwendig ist die Schale mehrentheils weiß, die Vorderseite ausgenommen, die an manchen Beyspielen einen bläulichen, an andern einen bräunlichen Rand hat. Die äußere Farbe ist sehr verschieden, doch macht sie die stark bald braun, bald blau, bald grau gefärbte Vorderseite, kenntlich genug. Das Uebrige der Schale ist an manchen Beyspielen ganz weiß, an andern braun mit und ohne Strahlen, bald anders gefärbt. Eine vorzüglich seltene Abänderung dieser Gourgandine hat Favanne de Montcervelle in der neusten Ausgabe des Dargenville tab. 47. fig. E. 1. abbilden lassen. Sie hat auf fein gereiftem weißen Grunde wellen- oder schlangenförmig gezeichnete Queerlinien. Die blaustreifige After-Venus des Herrn von Born u) ist nach dem gegründeten Ausspruche des Herrn Past. Chemnitz auch nichts weiter, als eine schöne Varietät. Die gegebene Beschreibung bestätiget dieses. „Die Schale ist schwer, dreyeckig und glatt, an beyden Seiten platt gedrückt. Die dicken lippen ragen hervor. Am Schlosse sind zween Mittelzähne, und beyderseits ein dicker Nebenzahn. Die Schale ist weiß mit breiten (blauen) Strahlen, die Seitenflächen von violetter Farbe."

Wenn Chemnitz verschiedene Varietäten dieser Venusmuschel beschreibt, so hängt er folgende Anmerkung an: „Diese Varietäten können uns zu einem Beweise und Zeugnisse dienen, daß Muscheln ein höchst verschiedenes Farbenkleid haben, und doch zu einer und ebenderselben Hauptgattung gehören können. Die Verschiedenheit des Wohnortes und Climatis, des gehabten bessern oder schlechtern Meergrundes, der gefundenen reichlichern oder sparsamern, gesünderen oder ungesünderen Nahrungsmittel, der Nähe oder Entfernung von solchen Meerbusen, darinnen sich Flüsse und Ströme süßer Wasser ins Meer ergießen, kann die große Verschiedenheit des Farbenkleides bey einerley Hauptgattung sehr leicht bewirken."

Diese Muscheln sind durchgängig selten, und werden in den ostindischen Meeren, vorzüglich bey Ceylon und bey den moluckischen und nicobarischen Eylanden, am liebsten da, wo sich Flüsse in das Meer ergießen, angetroffen. Sie vergraben sich tief

u) Mus. Caes. Vind. Test. p. 66. tab. 4. fig. 12. 13. Ind. Mus. Caes. Vind. P. I. p. 53. Venus paradoxa. die blaustreifige After-Venus.

tief in dem Sande, und müssen mühsam aufgegraben und hervorgesucht werden, wenn man ihrer theilhaftig werden will. Die Braunlippe kann zu einer ansehnlichen Größe gelangen, ob man sie gleich in den Sammlungen mehrentheils nur von einer mittleren Größe findet. In den Verzeichnissen der sonst grosen Conchyliensammlungen des Fürsten zu Schwarzburg Rudolstadt, des Fürsten Bischoffs zu Constanz, und des Grafen zu Röstritz habe ich diese Muschel vergebens gesucht, zum sichern Beweise ihrer Seltenheit; und doch wurden in der Leersischen Auction vier Beyspiele, und zwey andre Venusmuscheln, nur mit fünf Gulden bezahlt? (S.)

**Braunmalve.** S. Malvenvogel.

**Braun Merkurialerz.** S. Quecksilbererz, braunes.

**Braunmond, der afrikanische graue Queerstrich,** Papilio Belia. v) Ein Tagvogel aus den weißen Rundflügeln (Pap. Danai Candidi), oben weiß, auf den Vorderflügeln mit einem braunen Halbmond und brauner Spitze versehen; unten an den Vorderflügeln weiß, an den hintern oben ungefleckt, unten gelb und mit einigen greißgrauen Bändern besetzt. Er kommt aus der Barbarey.

— — — **die braunrothe süd-europäische Atlasphaläne,** Phalaena Rufa. x) Ein Nachtvogel

 aus

v) *Linn.* Syst. nat. Tom. I. P. II. p. 761. n. 84. Müllers Uebersetz. V. Th. 1 B. S. 589. n. 84. *Onomat.* hist. nat. P. 6. p. 36. *Goetze* Entom. Beitr. III. Th. I. B. p. 141. n. 84.

x) *Linn.* App. Syst. nat. ed. 12. p. 1068. n. 13. Müllers Suppl. B. S. 308. n. 17. d. *Goetze* Entom. Beitr. III. Th. II. B. S. 270. n. 1.

aus der Klasse der Atlasse oder Spiegelträger (Phal. Attaci.) Er hat weiße Flügel, davon die obern niedergebogen sind, neben der Brust findet sich ein gemeinschaftlicher brauner Fleck, der nach den Seiten herab einen rostfarbigen Schatten wirft. Am hintern Rande stehen 6 verloschene braune Mondflecken, die Hinterflügel sind ganz weiß, am hintern Rande bräunlich. Die Fühlhörner kammartig und samt den Füßen von brauner Farbe. Er hat die Größe einer Viehbreme und findet sich in dem südlichen Europa.

(Gr.)

**raunnacken**, Anas ferina. S. unter Ente.

**Braunnebel**, Papilio Polixenes. y) Ein Tagvogel aus den bunten Rundflügeln, (Pap. Danai Festivi.) Der Leib haarigt, schwarz, die Flügel oben sämmtlich ungefleckt, braungelb, unten die Vorderflügel eben so, die hintern aber braun und grau gewölbt, in der Mitten eine dunklere Binde. (Gr.)

**Braunpunkt**, Phalaena Comitata. z) Ein Nachtvogel und Spanner (Phal. Geometra.) Die Vorderflügel sind gelblich, haben 3 graue Bänder, und auf beyden Seiten einen braunen Punkt, nebst einer braunen Linie an der Spitze. Die Fühlhörner sind borstenförmig. Man findet ihn in Europa. **Müller** nennt ihn den **Gesellen**.

Braun=

y) *Fabricii* Syst. Ent. p. 484. n. 180. *Goetze* Entom. Beitr. III. Th. I B. S. 204. n. 10.

z) *Linn* Syst. nat. Tom I. P. II. p. 868. n. 247. Müllers Uebersetz. S. 715. n. 247. V. Th. 1 B. Wien. Schmetterl. p. 112. M. n. 3. der Chenopodiata sehr ähnlich p. 108. *Mülleri* Faun. Friedr. p. 50. n. 437. Zool. Dan. Prodr. p. 127. n. 1461. *Schaeff* Icon. t. 51. f. 10. *Fabricii* Syst. Ent. p. 632. n. 61. *Goetze* Entom. Beitr. III. Th. 3. B. p. 329. n. 247.

Braunpunkt, Phalaena Fuscella a) Ein Nachtvogel aus dem Geschlechte der Motten (Phal. Tineae.) Er hat graue, dunkelgelb punktirte Flügel, man trift ihn in bergichten Gegenden an. (Gr.)

Braun Quecksilbererz, braun Merkurialerz. S. Quecksilbererz, braunes, und Quecksilber Lebererz.

Braunrand, der amerikanische, Papilio Fusco-limbatus. b) Ein Tagvogel aus den weißen Kunstflügeln, (Pap. Danai Candidi) blaßgelb mit einem dunkelgelben Saum. Er kommt aus Amerika.

— — — der europäische, Phalaena Marginata c) Ein Nachtvogel aus dem Geschlechte der Eulen, (Phal. Noctuae) mit einer Kappe versehen, gelblichen dachförmigen Flügeln, rostfarbig gestreift, und nach hinten zu dunkelgelb, ins Braune fallend.

— — — Phalaena Marginata. d) Der Flicker. Das Kalbfell. Der Haselstaudenspanner. Phalaena



---

a) *Scop.* Entom. Carn. p. 245. n. 626. *Goetze* Entom. Beitr. III. Th. 4. B. p. 143. n. 163.

b) *Seba* Thes. IV. t. 36. f. 7. 8. *Goetze* Entom. Beitr. III. Th. I. B. p. 184. n 90.

c) *Fabricii* Syst. Entom. p. 610. n. 85. *Goetze* Entom. Beitr. III. Th. 3. B p. 224. n. 296.

d) *Linn* Syst nat. Tom. I. P. II. p. 870. n. 257. Müllers Uebersetz V. Th. 1 B. S. 717. n. 257. Fueslins Verz S. 40. n. 788. Berl. Magaz. IV. S. 524. n. 42. S. 625. O. Gleditsch Forstwissensch I. S. 570. n. 8. II. S. 751. n. 66. Wiener Schmetterl. S. 114 N. n. 10. Sulzers Kennz. t. 16. f. 96. Syst. nat. du Regne Anim. II. p. 154. n 51. Faun Suec. ed. 1 n. 860. Act. Upsal. 1736. p. 23. n. 37. *Mülleri* Faun. Friedr. p. 50. n. 441. Zool. Dan.

laena Hortulata Sulz. Phalaena staphylaeata Scopoli. Ein Nachtvogel und Spanner. (Phal. Geometra) Die Raupe findet sich auf den Haselstauden, und den Vogel trift man im Julius im Grase und an den Blättern der Bäume. Er ist weiß, und hat einen braunen, unterbrochenen, und gleichsam gefleckten Saum, weicht aber in der Beschaffenheit der Randflecken ungemein ab, indem einige fast ganz weiß mit wenigen Flecken, andere aber stark, auch wohl in der Mitte der Flügel gefleckt angetroffen werden. Eine Abänderung dieser Art stellet Sulzer am angeführten Orte unter dem unrichtigen Namen Ph. Hortulata vor.

(Gr.)

**Braunrand**, (Conchyl.) S. Patelle, die braungestrahlte.

**Braunreif**, Roraria. e) Ein Nachtvogel und Spanner, (Phal. Geometra) mit gelben braun bestäubten Flügeln; die Vorderflügel sind an der Spitze schwarz.

**Braunrippe**, Papilio Libythea. f) Ein Tagvogel aus den weißen Rundflügeln, (Pap. Danai candidi) die Flügel sind weiß, am äußern Rande und an den Spitzen braun, auf den Hinterflügeln finden sich 4 braune Randpunkte. Er kommt aus Ostindien.

(Gr.)

Braun-

Dan Prodr. p 128. n. 1471. *Fabricii* Syst. Ent. p. 633. n. 66. *Scop.* Entom. Carn. p. 221. n. 548. *Geoffroi* Ins. II. p. 139. n 60. *Goetze* Entom. Beitr. III. Th. 3. B. p. 337-339 n. 257.

e) *Fabricii* Mantiss. p. 285. n. 24. 25. *Goetze* Entom. Beitr. Tom III P. 3. p 420 n. 305.

f) *Fabricii* Syst Entom. p. 471. n. 120. *Goetze* Entom. Beitr. III. Th. I. B. p. 161. n. 5.

**Braunrücken**, Fringilla cerata. S. **Finken.**

**Braunsaum, der amerikanische**, Papilio Fimbriatus. g) Ein Tagvogel und Langflügel, (Pap. Heliconius) klein, gelb, dunkelbraun, ins röthliche fallend gesäumt.

— — — — — Papilio Fusco-Fimbriatus. h) Ein Tagvogel und weißer Rundflügel, (Pap. Danaus candidus) grünlich weiß und braun gesäumt.

**Braunsaum**, Phalaena Limbata. i) Ein Nachtvogel aus dem Geschlechte der Spanner (Phal. Geometrae) die Flügel sind gelb, braun gesäumt, und mit einem braunen Punkt versehen. Die Wiener zählen ihn den Lichtmücken oder Zünslern (Phal. Pyralides) bey, und nennen ihn den **Ginster Zünsler.**

**Braunschecke, die kleine amerikanische**, Papilio Festivus. k) Ein Tagvogel und Langflügler, (Pap. Heliconius.) Er ist klein, gelb, roth und braun gefleckt.

— — — Phalaena Fulminea. l) Ein Nachtvogel aus dem Geschlechte der Spinner, (Phal. Bombyces)

Ee 3 Die

g) *Seba* Thes. IV. t. 20. f. 9. 10. *Goetze* Entom. Beitr. III. Th I. B. p 121. n. 59.

h) *Seba* Thes. IV. t 19. f. 9. 10. *Goetze* Entom. Beitr. III. Th I. B. p. 182. n. 81.

i) *Linn.* Syst nat. Tom I. P. II. p. 873. n. 273. Müllers Nat. Syst. V. Th. 1 B. S. 720. n. 273. Wiener Schmetterl. S. 122. B. n 20 p. 121. Anmerk. * * * *Fabricii* Syst. Entom. p. 639. n. 102. *Goetze* Entom. Beitr. III. Th. 3. B. p. 349. n. 273.

k) *Sebae* Thes. IV. t. 20. f. 6. 7. *Goetze* Entom. Beitr. III. Th. I. B. p. 120. n. 56.

l) *Fabricii* Mantiss. p. 286. 106-7. B. Naturforscher 13 St. S. 29. t. 3. f. 6. a. b. *Goetze* Entom. Beitr. III. Th. 3. B. p. 55. n. 48.

Die Grundfarbe der Oberflügel ist braun, mit schmutzig weißen Flecken, deren einige sich in das rostfarbene ziehen, dicht besetzt. Die Unterflügel sind blaß aschgrau, und ziehen sich nach dem Rande zu etwas ins lichtbraune. Auf der untern Seite sind die Flügel einfärbig, der Rand der Flügel mit schwarzen Punkten eingefaßt, auf jedem Flügel in der Mitte ein kleiner schwarzer Fleck. Sie führt auch den Nahmen Phalaena Nebulosa. (Gr.)

Braunschnabel, Turdus indicus Müll. S. Krametsvogel.

Braun Silbererz. S. Silber-Lebererz.

Braunstein, Schwarzstein, Braunsteinarten, Kronst. u. a. Braunsteinerze, Bergm. u. a. Ferrum Magnesia Carth. Magnesia Wall. et al. Molybdaenum Magnesia Linn. Manganense et Magnesium Bergm. Magnesia nigra et vitrariorum. Magnesia Sideria. Franz. Manganaise. Magnesie. Engl. Manganese. Schw. Brunsten. Ruß. Marganez.

Die Braunsteinarten sind zwar bey Glasmachern und Töpfern schon einige hundert Jahre im Gebrauch, von den Mineralogen aber theils ganz übergangen, theils wegen der Schwierigkeit ihrer Untersuchung als ein eigen Mineral, theils als Arten sehr verschiedener Gattungen aufgestellt worden.

Sie sind unter sich im Aeußern merklich verschieden, erdigt, oder mehr und weniger hart oder steinartig, von erdigen, glasigen, theils etwas metallisch scheinenden glimmrigen, fadenhaften oder strahlichten Bruch, derb, schlackenhaft, unförmig, stalaktitisch, von Farbe weiß, gelb, roth, braun, schwarz, abschmutzend und

und fest u. s. f. Ueberhaupt sind viele Braunsteine nach dem Auge schwer zu kennen, daher man sie öfters der Prüfung mit dem Blaserohr unterwirft, von welchem alle das Boraxglas höher oder blasser violet färben.

Albertus Magnus und Cäsalpin nahmen den Braunstein zuerst in ihren Stammregistern auf; nach ihnen ward er von manchen, und selbst in neuer Zeit völlig übergangen. Henkel nannte ihn Zinnblende. Bromel und Wallerius setzten ihn unter die Eisenerze, Pott aber fand kein Eisen, nur Kalkerde und Brennliches im Braunstein. Einiger hatte auch Thonerde. Kronstedt hielt ihn für ein der Reduction unfähiges Nachbleibsel eines gleichsam getödteten Metalles, bisweilen mit 2 bis 3 in hundert Eisen und einer Zinnspur, und stellete ihn in seiner Mineralogie als eine eigene Steingattung auf. Woltersdorf, Cartheuser, Justi, Lehmann, Hill u. a. ließen ihn nach Wallerius ein arm Eisenerz seyn. Rinmann hielt ihn nach seinen Versuchen im Jahr 1756. (Schw. Abhandl. 1765.) für eine Steinart aus Kalk und Thonerde, mit viel Brennlichen, das Eisen aber schien ihm weniger wesentlich. Nach Westfeld gehört der Braunstein zu den Thonarten, in welchem der Thon Eisen und brennlich Wesen enthält. Nach Gerhard ist er auch eine alaunartige, eisenfarbige Steinart aus Alaunerde mit wenigen Eisen und brennlichen Theilen (Gerh. Beytr. I. 246.) Gmelin. (Mineral.) ist eben der Meynung. Der Ritter v. Linné vermuthete, daß Braunstein und Wasserbley Erze eines eigenen Metalles wären, welches man nur nicht auszuschmelzen wisse, und nannte den Braunstein Molybdaenum Magnesia.

Wallerius nahm in der Folge den Braunstein den Eisenerzen wieder, und stellte ihn in seiner neuen

Aus-

Ausgabe der Mineralogie (Systema Mineral. Vol. I. 1772.) als eine Gattung schmelzbarer Steine unter dem Namen Magnesium auf; die Grunderde sey kalkartig, durch viel brennliches gleichsam in eine Art chemischer leber verkehrt. Der Braunstein, den Marggraf untersuchte (Mem. de Berl. 1773), gab ihm Kalkerde mit einer Kupferspur; keine Thonerde, kein Eisen. Sage, der gern abgehende Meinungen hegt, hat ihn in seiner Mineralogie unter den Zinkerzen; der Zinkhalt komme bis 80 in 100, und sey mit Salzsäure vererzet; einige halten ihm auch bis 12 in 100 Bley, andere bis 13 in 100 Kobolt und bis 10 Eisen. Hagen fand im Braunstein bis 10 in 100 eisenartig Metall, und das übrige war meist Bittersalzerde (N. Act. Nat. Cur. VI). So fand es auch Wigleb (d. Chem.), und sagt: die Bittersalzerde sey im Braunstein mit einem metallischen Bestandtheil, der Eisen zu seyn scheine, so innig verbunden, daß es sehr schwer abzuscheiden. Die Thonerde, welche Westfeld, Wall, Gerhard angeben, fand er nicht. Scheele fand Kalk- und Bittersalzerde mit brennlichem Wesen im Braunstein wesentlich (Schwed. Abh. für 1774). Der scharfsinnige Ritter Bergmann hatte aus Gründen, die er anführte, (S. Braunsteinmetall) schon vorher ein besonder Metall im Braunstein vermuthet, und ihn für dessen Erz gehalten, es aber darzustellen gelang weder ihm noch Scheele. Aber mit den neuesten Arbeiten beyder Männer unbekannt, schmolz es Gahn in Fahlun um eben die Zeit aus. S. Braunsteinmetall. Seitdem haben es einige neuere Mineralogien (Brünnichs, Kirwans,) Gerhard schon unter den Halbmetallen, und die Braunsteinarten als dessen Erze aufgestellt.

Die Widerspenstigkeit der Braunsteinerze im Feuer, gegen Menstrua und bey der Scheidung ihrer Mi-

Mischung, hat zwar die Chemisten, besonders die schwedischen und deutschen, nur noch mehr gereizt, durch viele theils gewählte Versuche zur Kenntniß der Mischung und der wesentlichen Bestandtheile zu gelangen; es ist ihnen aber nur zum Theil gelungen; besonders weichen sie in den Folgerungen aus den Versuchen ab, woraus man sieht, daß an einer sichern und genauen Kenntniß dieses Minerals noch viel fehlt. Folgende Erfahrungen und Versuche können zur nähern Kenntniß derselben vorzüglich beytragen.

Braunstein hat und enthält viel brennliches Wesen. Dieses zeigt er in der Destillation mit der Vitriolsäure, die über Braunstein flüchtig übergeht; in der Detonation des Salpeters mit Braunstein, die zwar ohne Flamme geschieht, wobey aber nur das Alkali des Salpeters wegbleibt, welches den Braunstein zu einer Art grüner Leber gemacht hat, welche sich bis auf einen kleinen Rest im Wasser auflöset; diese Auflösung ist grau, und wird mit Wasser verdünnet grünlich, dann violenblau, hierauf hochroth. — Ein genaues Verfahren hiebey giebt **Bindtheims Chameleon**. (Crell Entdeck. V. 70.)

Aehnliche Erscheinungen erfolgen, wenn man den Braunstein mit feuerfesten Laugensalz schmelzt. Endlich fällt diese Auflösung schwarz nieder. Im Schmelzen reduciret Braunstein den Wismuthkalk.

Die eigenthümliche Schwere des reinen Braunsteins verhält sich zum Wasser von 3726 bis 4180 zu 1000.

Auch der eisenschüssigste Braunstein wird roh und auch nach dem Rösten vom Magnet nur wenig gezogen. Reinen Braunstein zieht der Magnet nicht, und schmelzt

schmelzt oder kalzinirt man Eisenerze mit Braunstein, so wird der Magnet unwirksam auf dieselben.

So wie der Braunstein viel Brennliches besitzt, hat er auch zu demselben eine starke anziehende Kraft, und läßt sich ohne dasselbe in Säuren nicht auflösen. Es benimmt dem Braunstein seine Farben, und macht sowohl dessen Auflösung in Säuren, als dessen glasartige Schmelzungen im Feuer wasserklar. Er ist desto ärmer am Brennlichen, je schwärzer er ist, und umgekehrt daran desto reicher, je mehr er sich der weissen Farbe nähert. Je schwärzer, desto begieriger nach Brennlichem. Wenn man daher Säuren über schwarzen Braunstein abzieht, beraubt er sie ihres Brennlichen, und dephlogistisiret sie; in eben dem Verhältniß phlogistiret er sich, und reicht das Brennliche zur Sättigung, so erscheint er weiß.

Auf gleiche Art wirkt er in Solutionen. Vitriolsäure löset ihn zu einem Theil kochend, mit rother, aber vergänglicher Farbe auf. Salpetersäure löset ebenfalls einen Theil auf: setzt man ihr aber etwas Zucker oder ander Brennliches zu, so solvirt sie ihn ganz. Salzsäure färbt sich anfänglich dunkelbraun, auch grünlich, wird aber in der Digestion wasserklar. Sie löset ihn ganz auf, und die Auflösung giebt rothe Kristallen. Königswasser löset ein gut Theil Braunstein auf, und entfärbt ihn. Die Säuren brausen mit dem reinen nicht, wohl aber mit dem kalkschüssigen. Daß er den Säuren das Brennliche entzogen habe, zeigt der weiße Niederschlag aus denselben mit festen Laugensalz. Auch der Rest wird entfärbt. Schmelzt man diese Niederschläge mit weißen Glasfritten, so färbt er sie amethystfarben, auch roth, und eben so das Glas des Borax. Glühet man den weißen

weißen Braunsteinkalk für sich im Feuer, so wird er, zum Beweise des wieder verlohrnen Brennbaren, schwarz.

Blutlauge fället die sauren Auflösungen des Braunsteins blau. Da sie die Auflösungen der Erden nicht niederschlägt, so schloß der Ritter Bergmann hieraus auf die metallische Natur des Braunsteins.

Im Glühen riechen sie nicht merklich, verlieren aber Kalkerden ähnlich, etwan 10 in 100. Sie werden durchs Glühen mürber oder härter, und nach dem Grade und der Dauer desselben weißer oder phlogistischer, oder auch dunkler oder entbrenntbart. Sätigt man die schwärzlichen oder entbrennbarten wieder mit Phlogiston, so werden sie von neuem weiß.

Für sich schmelzen sie in starkem Feuer zu schwarzer Glasschlacke.

Schmelzt man sie mit Fritten oder Glassätzen, so daß auf 1 Unze 2 bis 3 Gran Braunstein kömmt, so entzieht er dem Glase das Grünfärbende, und macht es weiß. Eigentlich würde er es gelblich machen, da er aber das Phlogiston, welches das Glas färbte, anzieht, so verschwindet mit der Glasfarbe auch die seinige. Nimmt man auf 1 Unze Glassalz 4 bis 6 Gran Braunstein, so erhält man amethystfarben, von noch mehr Braunstein roth, und von vielen schwarz Glas. Glasfitte mit gleichschwer Bleyglas giebt, mit Braunstein rothes Glas. Kronst.

Borax löset den Braunstein im Feuer aufwallend auf, und giebt hyazinthfarben Glas. Auch mit Harnsalz schaumt er auf, und giebt rothes, durchsichtiges Glas, welches an der Luft zerfällt.

Ein

Ein Theil roher Braunstein mit 12 Theilen Bley schmelzt und verschlackt leicht, wird aber so schneidend, daß der Scherben die Verglasung nicht aushält. Rinm.

Gerösteter Braunstein mit Eisenflüssen beschickt, giebt nach dem Blasen etlicher 20 Minuten ein paar Prozent König, der Wismuth ähnlicher als Eisen sieht, und roh nicht, doch aber nach starkem Glühen vom Magnet gezogen wird. Er schmolz vor dem Blaserohr weder für sich, noch mit Borax. Scheidewasser lösete ihn nicht auf. Rinm. S. a. Braunstein metall.

Ueberhaupt hat man vor Gahns Darstellung des Magnesiums im Braunstein gefunden:

1) Eine Grunderde, die einige thonigt, andere

2) kalkigt, oder auch die Kalkerde als beygemischt glaubten.

3) Häufig Brennliches, und eine große Neigung zum Brennlichen.

4) Luftsäure, als wesentlich, welche vereinigt eine Art metallischer Natur zuwege brachten.

5) Eisen, oder ein vermischtes Metall, von einigen für wesentlich, von andern für zufällig gehalten.

6) Bittersalzerde, die Wiegleb und Hagen wesentlich fanden.

7) Wasser.

8) Salzsäure nach Sage. Vererzungsmittel des ebenfalls

9) wesentlichen Zinkes. Auch fand er und Bindtheim

10)

10) in einigen Braunstein Bley, Sage, bis 9 in 100, so wie

11) Marggraf und Ilsemann in einigen Kupfer, und

12) nach Sage auch Kobolt; in einigen bis 13 in 100.

Braunstein im unvermischten Zustande, ist zwar kein gemein, aber auch kein häufig Erz. Er bricht in Gang- und auch in Flötzgebürgen, meistens aber nur in Nestern und Nieren in und mit andern, besonders mit Eisen- und unter diesen mit Blutsteinerzen; aber auch in Gang- und Bergarten, z. B. in Sachsen im Ganggebürge bey Schneeberg, in Quarz; im Schwarzwalde, bey Ilmenau mit Gipsspath im Ganggebürge, im Harz, im Würtembergschen bey Neuffen und Heimsen, bey Wetzlar und Osnabrück in Kalkstein und letten; in Schlesien im Flötz bey Goldberg; in Ungarn bey Felsobanya in Kalkspath und Quarz; in Italien im Venetianischen, Florentinischen und Piemontesischen, auf der Toskanischen Insul Elba; in Frankreich; in England in der Grafschaft Sommerset; in Schweden in Westmanland, Ostgothland und Dalekarlien, und an mehr Orten, deren einige noch weiterhin bey den Arten und Abarten genannt sind. Er ist aber eine sehr gemeine Bey- oder Einmischung der Eisenerze, vorzüglich der Stahlsteine, Blutsteine und Sumpferze, (Hielm in Abhandl. d. Schw. Akad.) so daß Rinmann, der größeste Eisenkenner, (d. Geschichte des Eisens II. 10 u. v. m. O.) Braunstein wegen der großen Anzüglichkeit zum brennenden Wesen, und wegen seiner häufigen Gegenwart in stahlartigen Erzen, im vielen Roh- und harten Stangeneisen, auch in den Schlacken für die wahr-

wahrscheinlichste Ursache des Stahlwerdens hält. Das Erz des vortreflichen steyermarkschen Stahles ist sehr braunsteinig.

Auch in den Aschen der Pflanzen fand ihn Hielm und Bergmann (Schw. Abhandl.) und Bindtheim vermuthet ihn ebenfalls und sehr wahrscheinlich in der Erde der Knochen, des Blutes, und überhaupt der Thonerde (Crell. N. Chem. Entdeck.)

Der sonstige Nutzen des Braunsteins war bloß technisch. Die Glasschmelzer machten ihre Glasflüsse durch zugesetzten Braunstein nach der Menge und Behandlung klar und krystallweiß, oder färbten sie mit demselben ametystfarben, violet, roth, schwarz. Den Emaille- und Fajanzemahlern und Töpfern gab er röthliche, rothe, braune und schwarze Farben, besonders den letztern schwarze Glasur. Seine nähere Kenntniß hat aber seine Nutzung sehr erweitert. Wenn Braunstein die Ursache des Stahlwerdens und der Härte des Eisens rc. ist, so wird man diese Arbeiten hinführo mit mehr Wahl durch dessen Zusatz oder Absonderung, mehr in seiner Gewalt haben können. Weiß Kupfer erhält man nach Rinmann (Gesch. d. Eisens II. 5) am weißesten und geschmeidigsten, wenn man Kupfer mit einem reinen Braunstein schmelzt. Nach der Menge des Braunsteins erhält man am Gewicht bis 15 auf 100 Zuwachs, wovon der Magnet nichts entdeckt, da doch 10 Th. Kupfer derselben kaum 4 in 100 Eisen verhelen können. Dieses Kupfer läßt das mit Eisen legirte weit hinter sich. In der physischen Chemie ist Braunstein bey den häufigen Untersuchungsarten zum Dephlogistisiren verschiedener Substanzen, besonders der Säuren, unentbehrlich. Selbst in der belustigenden Chemie ist die Selbstentzündung der Masse aus schwarzen Wad oder Braun-

Braunstein mit fetten Oelen eine auffallende und merkwürdige Erscheinung.

Die mehresten Mineralogen rechneten den **Wolfram** zu den Braunsteinarten; da aber derselbe das Erz eben des Metalles ist, welches **Bergmann** (d. Opusc. und in N. Schw. Abh.) im **Schwer-** oder **Tungstein** vorhersahe, und dieses vom Magnesium sehr verschiedene Metall von **Elhupar** und **Raspe** aus dem Wolfram würklich geschmolzen worden, so kann er bey den Braunsteinen oder dem Magnesium nicht bleiben. S. **Schwerstein** und **Wolfram**. **Bergmann** theilt die Braunsteinarten, oder vielmehr die Erze des Magnesiums ganz chemisch (Sciagr. R. Min.), und nach dem **Gerhard** (d. Mineral.) in **Kalkförmige**, (Magnesium calciforme, phlogisto simpliciter privato) und in **Luftsaure** (Magnesium acido aereo mineralisatum.) Leichter ist die Eintheilung anderer Mineralogen nach äußern Kennzeichen, Härte, Bruch oder Gefüge, und Farbe. Da das Nachschlagen ein Hauptzweck der Wörterbücher ist, so sollen hier die vorzüglichsten Arten und Abarten dieses besondern Minerals nach der Buchstabenfolge angeführet werden. Vorher ist noch anzumerken, daß das Metall dieser Erze, Magnesium nehmlich, bisher noch nirgends gediegen gefunden worden.

**Braunstein, brauner.** S. **Braunstein, schwarzer.**

— — — **derber, stahlderber Braunstein, stahlderb Magnesiumerz.** Es ist eine derbe, theils schlackenförmige, abschmutzende Abart des rußigen. S. **Braunstein, rußiger.** Man hat ihn z. B. in Schweden in Dalekarlien bey Ekiedberg und Lekſand, in Westgothland bey Hio, in Böhmen bey Platte u. s.

**Braunstein, drusiger,** drusig Magnesiumerz In zusammengesinterten kleinen Nieren, traubigen Blutstein ähnlich. Diese Abart des rußigen ist in Sachsen bey Schneeberg, in Dalekarlien bey Skiedberg u. s.

**Braunsteinerde, Braunsteinocher,** erdigt Magnesiumerz, Terra Magnesiae Wall. Ochra Magnesia Linn. Schwed. Brunstenjord. Sie ist, wenn auch nicht immer erdigt, doch sehr mürbe, von eisenschwarzer, rothbrauner und weißer Farbe. Die beyden ersten können für verwitterte rußige gehalten werden. Sie brausen nicht mit Säuren. Man hat die schwarze in Sachsen bey Schneeberg, in England u. s. f.; die braunrothe bey Goldberg im Fürstenthum Liegnitz, in den vitriolischen Schieferflötzen Gerh. im Ural u. f.

— — — — **weiße,** Terra Magnesiae calcarea alba Wall. Diese erdige Abart des weißen kalkigen Braunsteins, s. Braunstein, weißer, hat das Ansehen einer Kalkerde, brauset mit Säuren, und wird zum Theil in denselben aufgelößt. Im Glühen wird sie schwärzlich; Boraxglas färbt sie roth. Man hat sie in Upland Schwedens bey Dannemora.

**Braunsteinerze, Magnesiumerze.** S. Braunstein.

**Braunstein, fadenhafter.** S. Braunstein, strahliger.

— — — **gelber und gelblicher.** Magnesia calcarea flava Wall. Manganensis Minera flava Brünn. Gelb Magnesiumerz. Er gleicht theils verhärteten gelben Eisenocher, theils bräunlicher Zinkblende, von unordentlich würflichen, trocknen oder glänzenden Bruch. Im Glühen wird er rothbraun oder schwärzlich;

lich; im Schmelzen schaumt er fast wie Zeolith, und erstarret als graue, röhrige Schlacke. Mit Borax giebt er granatfarben Glas. Einiger ist sehr kalkschüssig, und brauset mit Säuren. Die gelbe Farbe hat er nach Kirwan vom reichen Eisenhalt. In Frankreich bey Lion, in Italien bey Piemont u. s. f.

**Braunstein, glimmerigschuppiger, glimmerig** oder **schuppig Magnesiumerz,** Magnesia micacea Gerh. Magn. squamosa Wall. Er hat den Namen von seinem Gefüge. Die Schuppen sind bey einigen ausgetieft und Eisenglimmer etwas ähnlich; einiger ist korkhaft weich. Von Farbe ist er rothbraun oder schwärzlich. Mit Borax giebt er granatfarben Glas. Nach Bindheim (Schrift. der Berl. Naturforsch. V. 451.) enthält er auch Eisen, Schwefel und Kieselerde. Man hat ihn im Fürstenthum Jauer Schlesiens, in glimmrigen Schiefer, im Ural mit Quarz u. s. f.

**— — — kalkschüssiger.** S. Braunstein, weißer.

**— — — kristallinischer, spathförmiger Braunstein Rinm. Würfliger Braunstein,** Magnesia tessulata Gerh. Hieher kann man allen Braunstein von bestimmter Bildung, also auch den drusigen (S. vorh.) rechnen. Der würflige ist theils regelmäßig, theils mehr oder weniger rhombisch, und oft auf andern Braunstein angeschossen. Man hat ihn in Schlesien bey Goldberg, in Sachsen bey Ilmenau, in Schweden, in England in Derbsshire und Exeter in Thon über Steinkolen u. f.

Der spathartige gleicht brauner Blende, theils unreinen Kalkspath, und hat auch dessen Härte. Er giebt eine lichtbraune Guhr, und wird weder vor, noch nach dem Glühen, vom Magnet gezogen. Im Glühen verliert er 15 von 100. Wie alle Braunsteine, färbt er das Glas desto dunkler, je mehr man ihn röstet. Rinm. Man hat ihn in schwedischen Eisengruben bey Klasperudde, in Böhmen, bey Hirschberg u. f.

**Braunsteinmetall, Braunsteinkönig**, Magnesium Bergm. Sciagr. R Min Mang ense. Brünn. Min. Gerh. Mineral. Der Braunstein hat, besonders seit der Mitte dieses Jahrhunderts, den Scheidekünstlern, vorzüglich den schwedischen und deutschen, viel zu schaffen gemacht. Sie fanden eine besondere, metallisch scheinende Verbindung, aber weder Feuer noch Menstrua wollten sie sicher trennen oder näher vereinigen, wovon ihre Schlußfolgrn sehr von einander abwichen. Einige fanden kein, andere zwar Metall von einer Spur bis 12 in 100, welches sie aber für übelgemischt Eisen hielten S. Braunstein. Kronstedt hielt den Braunstein für ein gleichsam getödtetes, nicht mehr reductionsfähiges metallisches Ueberbleibsel, bisweilen mit 2 bis 3 in 100 Eisen, und stellete es in seiner Mineralogie als eine besondere Gattung Erde auf. Rinmann, einer der ersten, die auch in Schweden Braunstein fanden, erhielt 1756 aus Dahlländischen Braunstein Metall, welches er für Eisen von besonderer Textur mit Brennlichen überladen, oder besonders modifizirt halten, und auch wegen einigen reinen Eisenhaltes, für Eisenerz nehmen konnte (Schwed. Abhandl. für 1766) Der Ritter Bergmann fand, wie einige vorherige Chemisten, das häufige Brennliche im Braunstein, und bemerkte, daß es sich nicht auf zufällig in demselben befindlichen Metalle bezöge, daß er dessen beraubt, und wieder mit demselben gesätigt werden könne, und schloß hieraus, aus der beträchtlichen eigenen Schwere, aus den Farben, die er den Gläsern mittheilt, und aus dem Umstande, daß dessen saure

Auflö-

Auflösungen durch Blutlauge, (die keine Erden niederschlägt), gefället werden, daß er metallischer Natur sey; aber weder ihm noch Scheele, der gleiche Ueberzeugung hatte, glückte die Darstellung des Metalles (Schwed. Abhandl. für 1774). Dieses war dem Hrn. Gahn in Fahlun aufbehalten, dem es um eben die Zeit, unbekannt mit Bergmanns und Scheels neuern Versuchen, gelang, aus Braunstein in starkem Feuer einen Metallkönig zu erhalten. Nach Gahns Verfahren erhielten ihn nun auch Bergmann, Scheele, Rinmann, Hielm u. a. aus jedem reinen Braunstein. Dieses von bisher bekannte verschiedene Halbmetall nannte der Ritter Bergmann anfänglich Manganense, und denn leichter Magnesium, ein Name, den er jetzt gewöhnlich führet. Scheidekünstler, denen Gahns Prozeß nur allgemein bekannt ward, sahen wegen der starken Hitze Tiegel, Handgriffe, ihre Nacharbeiten oft mißlingen, und bezweifelten noch immer ein eigen Braunsteinmetall, von welchem die schwedischen Chemisten selbst gestanden, daß es nicht wohl von allem Eisen befreyet werden könne.

Herr Ilsemann in Klausthal, dem die Gahnsche Entdeckung, aber nicht dessen Schmelzprozeß bekannt ward, beschickte 1 Loth zerpulverten Braunstein von Ihlefeld mit Flußspath und Leberkalk, von jedem $1\frac{1}{2}$ Quentl., Kohlenstaub 1 Quentl., und verkrachten Kochsalze 1 Loth, und hielt es in einer verklebten Tute $1\frac{1}{2}$ Stunde vor starken Gebläse. Er fand einen eisenfarbnen König, den mehrere wiederhohlte Versuche immer gaben. Bisweilen erhielt er auch neben diesem einen kupferfarbnen König, den auch die Reduction der Schlacke immer gab. Ueberhaupt gab ihm ein Cent. oder 110 Pf. dieses Braunsteins von beyden

Metallen nur $4\frac{1}{2}$ Pf. Das eisenfarbne war Braunsteinmetall mit Eisen, das rothe würklich, ziemlich dehnbares Kupfer (Crell N. Entdeck. IV. 24). Rinmann (Geschichte des Eisens II. 4 u. f.) hat nach mehrern Versuchen folgendes Verfahren zur Ausschmelzung des Magnesiums am sichersten gefunden: man zerpulvere und röste den Braunstein, mache aus demselben mit Leinöl einen Klos, lege ihn in einen mit Gestübe und Thon ausgefutterten hessischen Tiegel, bestreue ihn im Tiegel mit etwas Borax, und bedecke ihn dann ganz mit Gestübe von Birkenkohlen. Den Tiegel nur leicht zugedeckt, bringt man vors Gebläse, und bläßt stark, aber nicht lange, weil das Metall sonst schneidet. So erhält er von jedem guten Braunstein 20 bis 40 von 100 Magnesium, in kleinen Körnern, welches der Magnet nicht zieht. Hielms Verfahren, welches er gerade in der Absicht, das Magnesium sicher zu erhalten, bekannt gemacht hat (Neue Schwed. Abhandl. 6ter B.) ist wenig anders. Man mache 1 Loth zerpulverten Braunstein, dessen Rösten nicht eben erforderlich ist, mit $\frac{1}{2}$ Loth Talg zur Masse, und bringe sie in einem mit Kohlenstaub und Thon gefutterten bedeckten Tiegel vor das Gebläse. Wenn der Tiegel gut glühet, bläßt man eine Stunde, und bey beschwerten Blasebalge (der in seiner Werkstatt 2 Ellen 14 Zoll lang, und 26 Zoll breit war) etwas kürzere Zeit. Er fand denn immer einen Braunsteinkönig von etwan 25 Prozent, nicht in zerstreueten Körnchen, sondern in einem Korn.

Das **Magnesium** oder Braunsteinmetall hat alle allgemeine Eigenschaften eines Halbmetalles, und gleicht in Sprödigkeit, weißen Glanz, und im Bruch **Wismuth** mehr als Roheisen. Im ersten Ausschmelzen erhält man es nie rein. Die völlige Reinigung dessel-

desselben, besonders von Eisen, ist äußerst schwierig. Bergmann.

Die eigene Schwere desselben ist etwan 6.850. Bergm. Der Magnet zieht es nicht, und schmelzt man es mit Eisen zusammen, so wird auch dieses nicht vom Magnet gezogen.

Wohlgeschmolzen hält er sich an trockner Luft, oft aber verwittert er zu schwarzen Kalk, der mehr als das Metall wiegt.

Durch die Kalzination wird es zu schwarzen Kalk; setzt man das Glühen 12 Tage fort, so wird er grün. Man kann es mit Kupfer, Eisen, Gold, Silber und Zinn, auch wahrscheinlich mit den übrigen Metallen leicht zusammen schmelzen; mit Schwefel will es sich aber nicht verbinden. Für sich ist es schwerflüssiger als Roheisen, und nähert sich hierinn der Platina.

Wenn man Magnesiumerz oder Braunstein mit Kupfer in starker Hitze schmelzt, so geht das Metall ins Kupfer, vermehrt seine Schwere bis 15 auf 100, uud macht das Kupfer, mit Beybehaltung seiner Geschmeidigkeit weiß. Dieses Kupfer wird nicht vom Magnet gezogen, der doch schon vom Eisen 4 in 100 findet. Rinm.

Der Kalk des Magnesiums ist ohne Phlogiston schwärzlich, mit Phlogiston gesätigt weiß. Mit Borax geschmolzen, giebt er Hyazinthe, mit Harnsalz purpurfarben Glas.

Es lößt sich in Vitriolsäure wasserklar auf, und giebt einen weißen paralelepipedischen Vitriol. Auch in Salzsäure lößt es sich wasserklar auf, und giebt

Kristallen. Giefst man auf Magnesiumvitriol Salzsäure, so entzieht sie das Metall der Vitriolsäure, und giebt Kristallen, die kein Vitriol sind.

In Pflanzensäuren löst es sich leichter als Kupfer und Eisen auf.

Blutlauge fället die sauren Auflösungen nicht blau, sondern gelblich.

Es läßt sich durch keine Kunst in andere Metalle zerlegen, und eben so wenig durch Zusammensetzung anderer darstellen.

Mehrerer von Bergmann, Scheele u. a. angeführten Eigenschaften und Verhältnisse zu geschweigen, da das Angezeigte Beweise genug enthält, daß der Braunsteinkönig ein Metall, auch daß dieses Metall ein ganz eigenes, vom bisher bekannten sehr verschiedenes Metall sey.

**Braunsteinocher.** S. Braunsteinerde.

**Braunstein, Perigord**, Magnesia Lapis Petracorius Wall. Fr. Pierre de Perigord. Er ist vom Ansehen des gemeinen Trapp, derb, hart, giebt zum Theil mit Stahl Funken, und schmutzt wenig ab. Im frischen Bruch zeigt er sich kohlichtglänzend, gleichsam schlackenhaft. Durch Glühtn wird er röthlich und härter, und weder vor, noch nach demselben, vom Magnet gezogen. Er schmelzt schwer, und giebt mit Borax roth Glas. In Salpetersäure löset er sich ohne Brausen, aber nicht völlig auf. Wie der ihm sehr ähnliche piemontesische Braunstein ist er den Glasschmelzern, Emaillirern ꝛc. wegen der reinen Farben lieb. Man hat ihn in Frankreich in Gascogne und Dauphine in einigen Gruben häufig; auch in Eng-

England und in Italien in Piemont. Da er gesucht wird, und ihm einige Vulkanschlacken sehr gleichen, so betrügen einige französische Materialisten mit diesen Schlacken; der Betrug ist aber vor dem Lothröhr mit Borax leicht zu entdecken.

**Braunstein, piemontesischer.** Diese Benennung erhält theils der vorige Perigord, theils der derbe im Bruche feinstrahlige, feste, reine, rußige Braunstein aus Piemont. Er gleicht dem Perigord fast völlig.

— — — **rother und röthlicher.** Er ist theils mürbe, einem erhärteten Ocher ähnlich, theils von feinstrahligem Bruch und abschmutzend. Oft erscheint er als Sinter auf andern Braunstein oder Steinarten. Der Magnet zieht ihn weder vor, noch nach dem Rösten. Mit Borax giebt er granatfarben Glas. Man findet ihn, aber nirgends häufig, in Piemont, in England bey Exeter, auch in Ungarn bey Felsobanya. Rosenroth und sehr kalkschüssig ist er in Siebenbürgen in Nagyag.

— — — **rußiger, auch schwarzer Braunstein, Glasseife,** Magnesia fuliginosa Wall. Er ist schwarz oder schwärzlich, nicht hart, sehr abschmutzend, giebt eine schwärzliche Guhr, und gleicht im Bruch einer etwas metallischen Schlacke; einigen erkennet man auch im Bruche fadenhaft. Wasser verschluckt er mit Zischen. Einiger scheint gleichsam schwamm- oder zunderhaft. Der Magnet zieht ihn weder vor, noch nach dem Rösten, auch brauset er nicht mit Säuren. Mit Borax giebt er granatfarben Glas. Es ist die gemeinste Braunsteinart, zu welcher öfters einige der genannten Arten mitgerechnet werden. Man hat ihn in Sachsen bey Johanngeorgenstadt, in Thüringen bey Eibenstock, u. a. m. O.; in in Schweden in Westgothland, Dalekarlien u. s. in England und überhaupt mit vielen der vorigen.

Der schwarze Wad der Engländer ist eine dunkelbraune, sehr lose, gleichsam erdige Abart des rußigen in England. Nach Wedgewod enthalten 100 Th. Wad 43 Braunstein, 43 Eisen, 4 bis 5 Bley und 5 Glimmer Kirw.; nach Bergmann ist er ein kalkschüssig Braunsteinerz, welches in 100 Th. 12 Kieselerde und Schwererde und Bleyspath zusammen 6 enthält. Diese Braunsteinart ist wegen einer vor nicht langer Zeit bemerkten Selbstentzündung merkwürdig. Wenn man nehmlich zerpulverten schwarzen Wad $\frac{1}{2}$ Pfund in der Hitze von etwan 130 Gr. trocknet, und ihn nach dem Erkalten nach und nach mit 2 Unzen Leinöhl übergießt, so entstehen Klumpen, welche bald nachher warm werden, worauf eine Flamme ausbricht. Kirwan. Vielleicht erfolgt dieses auch mit unserm rußigen Braunstein.

Braunstein, säulenförmiger. S. Braunstein, tropfsteinförmiger.

— — — schuppiger. S. Braunstein, glimmrigschuppiger.

— — — schwarzer, schwarzblauer und brauner Braunstein. Der schwarzblaue gleicht einem Eisenerze, der braune einigem Sumpferz, der schwarze dem derbesten rußigen Braunstein, dessen härtere Abarten alle sind. Im Bruche sind sie derb, fadenhaft, auch glimmrig, einiger aber an der Oberfläche wie verwittert. Sie sind merklich eisenschüssig.

— — — spathförmiger. S. Braunstein, kristallisirter.

Braun=

Braunstein, stalaktitischer. S. Braunstein. tropfsteinförmiger.

— — — strahliger, haariger, auch fadenhafter Braunstein, Magnesia radiata et capillata Gerh. Magn. fuliginosa striata Wall. Er ist schwärzlich, und kann zum rußigen, abschmutzenden gerechnet werden. Die Strahlen sind in einigen groß, wie im Spießglanz, nur dunkler oder matter, theils fadenhaft oder haarig, aus einem Mittelpunkt, in paralleler, oder auch in bündelweiser Lage. Man hat ihn im Saalkreise in den Kalksteinbrüchen bey Lieskau und More, bey Ilmenau in Gipsspath, bey Eibenstock, im Harz bey Ihlefeld, in England bey Bath, wo ihn die Bristoller Töpfer holen, im Archipelag auf Scio, in Italien, Schweden, Norwegen u. m. O. mit dem gemeinen rußigen.

— — — tropfsteinförmiger, dem stalaktitischen Blutstein ähnlich. Hieher kann man auch Gerhards zylinder- oder säulenförmigen Braunstein von Goldberg in Schlesien zählen. Man hat tropfsteinförmigen in Sachsen bey Schneeberg, Schwarzenberg u. f., bey Blankenberg, in Böhmen bey Platte, in Schweden bey Skiedbey in Dalekarien u. s. f.

— — — weißer, kalkiger Braunstein, Magnesia calcarea Wall. Es ist mehr oder weniger weiß, nie sehr hart, spath- oder unförmig, bisweilen in kleinen strahligen Kugeln. Auch der Bruch der unförmigen Stücke ist strahligt. Mit Säuren brauset er frisch, und löset sich in denselben fast ganz auf. Aus dieser Solution fället Vitriolsäure Selenit. Der Niederschlag mit festen Laugensalz ist weiß, und wird im Glühen braun. Auch der rohe weiße Braunstein wird im im Glühen braun, und entbindet dem, wenn man ihn mit Salmiak reibt, Kalk gleich, dessen flüchtig Alkali. Man hat ihn in Norwegen in Kongsberg, in Ungarn bey Falsobania, in Frankreich, wo ihn Lapeiruse als Auswuchs auf Blutsteinerzen fand u. s. f.

Viele weiße Stahlsteine gehören wegen ihres reichen Braunsteinhaltes wohl auch hieher.

**Braunstein, würflicher,** Magnesia tessulata Gerh. Einiger Braunstein besteht ganz aus Würfeln mit geraden oder schiefen Flächen, meistens aber sitzen die Würfel auf andern Braunstein oder andern Mineralien. S. Braunstein, kristallinischer.

— — — **zelliger.** Von blätterigem, zelligem Gefüge, in Böhmen bey Platte. Aus kleinen Wärzchen, zellig, schwarz und mürbe, in England in Sommerset. (Ge.)

**Braunstreife,** Phalaena Fasciella. m) Ein Nachtvogel und Motte (Phal. Tinea) Die Flügel sind goldfarben, mit einer braunen Binde. Die Spitzen der Fühlhörner weiß. Man findet ihn in England.

**Braunstrich, der amerikanische gestreifte Schwärmer,** Sphinx Strigilis. n) Der Körper dieses Abendvogels mit glatten Flügelrande, (Sph. legitima) ist oben

m) *Fabricii* Syst. Entom. p. 670. n. 18. *Goetze* Entom. Beitr. III. Th. 4. B. p. 158. n. 240.

n) *Linn.* Mantiss. p. 538. *Fabricii* Syst. Entom. p. 539. n. 10. *Drury* illustr. of nat. hist. I. p. 62. t 28. f. 4. *Cramer* Pap. Exot. IX. t. 106. fig. B. Müllers Suppl. Band. S. 302. n. 48. *Goetze* Entom. Beitr. III. Th. 2. B. p. 204. n. 4.

oben aschgrau, unten braungelb. Das Bruststück hat an den Seiten einen braunen Flecken. Die Oberflügel braun gewölbt und etwas gefleckt. Die Hinterflügel an den Seiten mit dunklen abweichenden Queerstrichen besetzt. Er kommt aus Amerika.

**Braunwelle, der Wellenspanner, die Werftmotte, der Saalweidenspanner,** Phalaena Undulata. o) Ein Nachtvogel und Spanner (Phal. Geometra). Weislichgrau, mit vielen dicht aneinander liegenden wellenförmigen bräunlichen Queerlinien. Er findet sich im Junius und Julius in den Elsen-Gebüschen. Die Raupe ist unbekannt.

— — — **indianische,** Phalaena Undaria. p) Ebenfalls ein Nachtvogel und Spanner. Die Flügel sind gezähnelt, weiß, braun gewellet; die Fühlhörner kammförmig, an der Spitze aber borstenartig, kömmt aus Indien.

**Braunwickler,** Phal. Branderiana. q) Phal. Fuscana Ein Nachtvogel u. Blattwickler (Phal. Tortrix). Die Oberflügel

---

o) *Linn.* Syst. nat Tom. I. P. II. p. 867. n. 239. Müllers Uebersetz. V. Th. 1 B. S. 713. n. 239. Berl. Magazin IV. B. S. 512. n. 13. Gleditsch Forstwissensch II. S. 752. n. 70. Wien. Schmetterl. S. 109. K. n. 16. *Fabricii* Syst. Entom. p. 632. n. 59. *Mülleri* Zool. Dan. Prodr. p. 127. n. 1463. *Clerk* Phal. t 6. f. 3. *Goetze* Entom. Beitr. III. Th 3. B. p. 321. n. 239.

p) *Fabricii* Syst. Entom. p 623. n. 16. *Goetze* Entom. Beitr. III. Th 3. B. p. 413. n. 263.

q) *Linn.* Syst. nat. Tom. I. P. II. p. 877. n. 302 Müllers Uebersetz. V. Th. 1 B S. 727. n. 302. t. 22. f 14. Gleditsch Forst-Wissensch. II. S. 754. n. 76. *Fabricii* Syst. Ent. p. 648, n. 13. *Clerk* Phal. t. 4. f. 7. *Mulleri* Zool. Dan. Prodr. p. 130. n. 1504. *Goetze* Entom. Beitr. III. Th. 4. p. 15. n. 302.

flügel sind entweder ganz braun, oder auch ziegelfarbig braun, auch giebt es noch eine größere Art, die mehr ins aschgraue fällt. Die Unterflügel sind an den Seiten goldfarben. (Gr.)

**Braunwimper**, Perca palpebrosa. S. Barsch, Pärsching.

**Braunwolke, die indianische Elea**, Papilio Elea. r) Ein Tagvogel aus dem Geschlechte der Nymphen, mit eckigen Flügeln ohne Augen (Papil. Nymphales phalerati). Die Flügel sind an beyden Seiten braun gewölkt, die vordern haben eine gelbe, die hintern aber eine weiße Binde. Er kommt aus Indien. (Gr.)

**Braunwurz**, Scrophularia. Eine Gattung Gewächse, die größtentheils zu den Kräutern gehören, und in ihren Blumen einen in fünf Abschnitte gespaltenen Kelch, eine beinahe kugelrunde und rückwärts gelegte Krone, und vier Staubfäden, zween lange und zween kurze, haben, und in den zween Fächern ihres trockenen Samengehäuses viele Samen tragen. Man kennt neunzehen Arten.

— — — **altaische**, Scrophularia altaica. Sie wächst am altaischen Gebirge in Sibirien wild; ihre Blätter sind herzförmig und eyrund, und haben an ihrem Rande doppelte sägenartige Zähne, die nach der Grundlinie der Blätter zurücksehen; ihre Blumen hängen

r) *Linn.* Syst. nat. Tom. I. P. 2. p. 781. n. 183. Müllers Uebersetz. V. Th. 1 B. S. 324. n. 183. t. 19. f. 10 *Onomat.* hist. nat. P. 6. p. 65. *Fabricii* Syst. Entom. p. 513. n. 300. *Goetze* Entom. Beitr III. Th. 1. B. p. 324. n. 183.

hängen in zusammengesetzten Traubenkämmen, und haben keine Blätter zwischen sich. s)

Braunwurz. dreyblätterichte, Scrophularia trifoliata. Sie wächst in Afrika und Korsika wild, und dauret zwey Jahr aus. Ihre Blätter sind dick, schwarzgrün und glatt, die untern dreyfach oder gefiedert und stumpf, die obern einfach; in ihren Winkeln sitzen die Blumenstiele; jeder von ihnen trägt drey Blumen mit blaßgelber, mit roth gemischter Krone, ihr Samengehäus ist stark aufgedunsen. t)

— — — fremde, Scrophularia peregrina. Sie ist in Italien zu Hause, und ein Sommergewächs. Ihr Stengel ist schwarz-purpurroth und sechseckig; ihre Blätter sind herzförmig gestrichelt und glänzend, die obern stehen abwechselnd bald auf dieser, dann auf der andern Seite des Stengels; in ihren Winkeln stehen die Blumenstiele, jeder trägt zwo Blumen mit purpurrother Krone. u)

Braun-

s) *Murray* commentatt. Goetting. 1781. S. 35. Pl. 2.

t) Scrophularia foliis glabris inferioribus ternato pinnatis obtusis, superioribus simplicibus, pedunculis subtrifloris axillaribus. *Linn.* spec. plant. 2. p 865. n 8. syst. veget. ed. 14. S 560. n. 12. Scrophularia sambucifolia flore rubro luteo vario pulchro. *Pluckn.* alm p 338. t 313. f. 6. Scrophularia subrotundo crasso nigricante folio, flore luteo pallido, capsula turgida. *Bocc.* mus. 2 p 65. t 60.

u) Scrophularia foliis cordatis lineatis lucidis, pedunculis axillaribus bifloris caule sexangulari *Linn* syst. veget. ed. 14 p 561. n. 17. Scrophularia foliis cordatis, superioribus alternis pedunculis axillaribus bifloris. *Linn.* spec plant. 2. p 866. n. 12. Scrophularia peregrina. I. *Cramer* hort. 157. t. 43. Scrophularia urticae folio. C. *Bauh.* Pin. p 236.

Braunwurz, frühe, frühe amerikanische Braunwurzel mit gelber Blume, Scrophularia vernalis. Sie wächst in Oestreich, in der Schweiz und in Italien wild, und hält zwey Jahre aus. Ihre Blätter sitzen auf langen Stielen, und sind zart, weich, etwas zotig, herzförmig, und am Rande gezahnt, die obersten sind dreyfach; auch ihre Blumen, welche den Bienen vielen Stoff zu Honig geben, sitzen auf langen Stielen, welche entzweygespalten sind, und einzeln in den Winkeln der Blätter stehen, und haben eine gelbe glockenförmige Krone. x)

— — — grünblumige, Scrophularia viridiflora. Sie wächst in der Barbarey wild, und hat glatte unterbrochen gefiederte Blätter, deren Blättchen eyrundlänglicht, und am Rande wie eine Säge gezahnt sind, und am Gipfel eine sehr lange Blumentraube beynahe ohne Blätter haben. y)

— — — Hundsraute, Scrophularia canina. Sie ist in Languedok, Italien und der Schweiz zu Hause, und ein Sommergewächs. Ihr Stengel ist viereckig, und theilt sich in mehrere Aeste. Ihre Blätter haben eine schwarze Mittelribbe, und sind in runde, breite und sägenartig gezackte Queerstücke getheilt; ihre Blumenstiele bilden am Gipfel des Stengels und der Aeste einen nackenden Traubenkamm, sind entzweygespalten, und tragen eine Blume in dem Theilungs-

x) Lamium pannonicum 2 exoticum. *Cluſ* hiſt. 2. p. 38. Scrophularia flore luteo. C. *Bauh.* prodr. th. bot p. 112. t. 112. Scrophularia foliis cordatis, caulinis ternis pedunculis axillaribus ſolitariis bifidis. *Linn.* ſyſt. veget. ed. 14. p. 560 n. 11 Scophularia foliis cordatis, pedunculis axillaribus ſolitariis dichotomis. *Linn.* ſpec. plant. 2. p. 864 n. 7.

y) *Poiret* voyage en Barbarie 2. S. 194.

lungswinkel, die übrigen abwechselnd, bald an dieser, dann an jener Seite; die Abschnitte ihres Kelchs sind rundlicht, und glänzen am Rande, wie Silber; an ihrer Krone ist die Röhre weiß, oder schwarzroth, die obere Lippe schwarzroth, die untere vielmehr fuchsroth. z)

Braunwurz, knotige, Braunwurz, Fischwurz, Kropfwurz, Rankenwurz, Feigwarzenwurz, Sauwurz, Saukraut, Scrophularia nodosa. Sie wächst in ganz Europa an saftigen Orten wild, hält zwey Jahre aus, und wird von Schafen nicht angetastet. Ihre Wurzel ist knollig; ihr Stengel wird bis sechs Schuhe hoch, theilt sich in mehrere Aeste, und hat stumpfe Ecken, ohne alle Einfassung; ihre Blätter haben einen widrigen Geruch, einen bittern Geschmack, und drei starke Ribben, stehen paarweise, und sind länglicht herzförmig und am Rande seicht eingeschnitten; ihre Blumen stehen auf ästigen Stielen in langen lockeren Aehren am Gipfel des Stengels; die Abschnitte ihres Kelchs sind rundlicht, und haben einen weißen Rand, an ihrer Krone ist die obere Lippe purpurroth, die untere grün. Man hat die Wurzeln in Würmern bey Schweinen, sie sowohl als die Blätter innerlich und äußerlich bey Menschen in Wunden, Brüchen und in der Goldader, die Samen auch in Würmern gerühmt. a)



z) Ruta canina Lob. ic. 2. p. 55. Scrophularia foliis pinnatifidis, racemo terminali nudo; pedunculis bifidis. *Linn.* syst. veget. ed. 14. p. 560. n. 14. Scrophularia foliis pinnatis, racemo terminali nudo, pedunculis bifidis. *Linn.* spec. plant. 2. p. 865. n. 10. Scrophularia Ruta canina dicta. C. *Bauh.* Πιναξ. p. 236.

a) Scrophularia. I. *Camer.* epit. p. 866. Scrophularia foliis cordatis, racemo terminali. v. *Royen* hort. lugdb. p. 293.

**Braunwurz, leuchtende**, Scrophularia lucida. Sie ist in den Morgenländern, auch in Kandien und Neapel zu Hause, und hält mehrere Jahre aus. Ihr Stengel ist rundlicht, gerade und grün; ihre untern Blätter ganz glatt, ziemlich fleischig und zweyfach gefiedert; ihre Blumentraube aufrecht, steif und entzweygetheilt; ihre Blumen haben eine blasse Krone mit rother Oberlippe. b)

— — — **mariländische**, Scrophularia marilandica. Sie ist in Virginien und Mariland zu Hause, hält mehrere Jahre aus, und hat mit der knotigen viele Aehnlichkeit, auch ihr Stengel hat stumpfe Ecken, nur wächst er noch einmal so hoch; ihre Blätter sind herzförmig, spitzig, am Rande wie eine Säge gezackt, und an der Grundlinie geründet; sie stehen einander gerade gegenüber, und ihre Blattstiele sind zu beyden Seiten miteinander verbunden. Ihre Blumen hängen am Gipfel des Stengels an einem Kamme. c)

Braun-

p. 292. Scrophularia foliis cordatis trinervatis caule acutangulo. *Linn.* spec. plant. 2. p. 863. n. 2. Scrophularia foliis cordatis trinervatis, caule obtusangulo. *Linn* syst. veget. ed. 14 p. 560. n. 2. Scrophularia nodosa foetida. C. *Bauh.* Πιναξ. S. 235

b) Scrophularia foliis filicis modo laciniatis s. Ruta canina latifolia. C *Bauh* Πιναξ p. 236. Scrophularia foliis inferioribus bipinnatis glaberrimis racemis bipartitis. *Linn.* spec. pl. 2. p 865. n. 1. Scrophularia foliis inferioribus bipinnatis subcarnosis glaberrimis, racemis bipartitis. *Linn* syst. veget. ed. 14. p 561. n. 15. Scrophularia glauco folio in amplas lacinias diviso. *Tournef.* it. 1. p 84. t. 85. Scrophularia saxatilis lucida, laserpitii massiliensis folio *Boccon.* mus. 2. p. 166. t. 117.

c) Scrophularia foliis cordatis oppositis, racemo terminali. *Gronov.* flor. virg. S. 71. Scrophularia foliis cordatis serratis

**Braunwurz, mit Betonienblättern**, Scrophularia betonicifolia. Sie wächst in Portugall wild, aufrecht und zween Schuhe hoch, und hält mehrere Jahre aus. Ihr Stengel ist viereckig, etwas haarig, und zu unterst röthlicht; ihre Blätter sitzen auf eigenen Stielen einander gerade gegenüber, sind auf der untern Fläche auch etwas haarig, runzlicht, lang, und herzförmig, und haben am Rande scharfe, ungetheilte Zähne, die nach der Grundlinie zu tiefer eingeschnitten sind, und Stiele, die kürzer, als sie selbst sind; ihre Blumen stehen am Gipfel des Stengels in einer Rispe beysammen, und haben hochgelbe Staubbeutel und Kronen von einer traurigen Purpurfarbe, mit grünlichter Unterlippe. d)

**— — — mit Hollunderblättern**, Scrophularia sambucifolia. Sie wächst aufrecht in Portugall, Spanien und in den Morgenländern wild. Ihr Stengel hat von den Blattstielen, welche daran herunter laufen, vier Kanten; ihre Blätter sind herzförmig, runzlicht, auf der obern Fläche glatt, und unterbrochen gefiedert, und bestehen aus sieben ungleichen, an ihrem Rande sägenartig gezahnten Blättchen, von welchen das äußerste das größte ist; ihre Blumenstiele sitzen zu zweyen in den Winkeln der Blätter, sind sehr kurz und zweytheilig, und bilden nach dem Gipfel des



serratis acutis basi rotundatis, caule obtusangulo. *Linn.* spec. pl. 2. p. 865. n. 1. syst. veget. ed. 14. p. 559. n. 1. Scrophularia marilandica longo profunde serrato urticae folio. *Raj* suppl. 96.

d) Scrophularia aquatica montana mollior. *Barrelier* ic. 274. Scrophularia betonicae folio. *Tournef.* inst. 166. Scrophularia foliis cordatis oblongis dentatis, dentibus integerrimis. *Linn.* mant. pl. 1. p. 87. syst. veget. ed. 14. S. 560. n. 7.

Stengels hin einen Traubenkamm; ihre Blumen sind groß, und haben eine matt purpurrothe Blume mit grünlichter Unterlippe. e)

Braunwurz mittägige, Scrophularia meridionalis. Sie ist in Nordamerika zu Hause. Ihr Stengel ist weich und viereckig; ihre Aeste stehen einander gerade gegenüber; auch ihre Blätter sitzen auf eigenen Stielen einander gerade gegenüber, sind länger als diese, glatt, länglicht eyrund, und gleich sägenartig gezahnt; ihre Blumenstiele sind blattlos, tragen nur eine Blume, so groß, als bey der kurz vorhergehenden Art, und mit eirunder Krone, und bilden am Gipfel der Aeste einzelne Traubenkämme mit Deckblättern. f)

— — — morgenländische, Scrophularia orientalis. Sie ist in den Morgenländern zu Hause, und hält mehrere Jahre aus. Ihre Blätter gleichen den Hanfblättern, sind lanzenförmig und sägenartig gezahnt, und sitzen auf eigenen Stielen, am Stengel zu drey bis vier, an den Aesten zu zwey einander gerade gegenüber; ihre Blumen stehen auf zweytheiligen Stielen, welche zu drey bis vier Traubenkämme bilden. g)

Braun-

e) Scrophularia foliis difformibus, foliis axillaribus aggregatis. *Royen* hort. lugdb. p. 202. Scrophularia foliis interrupte pinnatis cordatis inaequalibus, racemo terminali, pedunculis axillaribus geminis dichotomis. *Linn.* spec. pl. 2. p. 865. n. 9. syst. veget. ed. 14. p. 560. n. 13. Scrophularia foliis laciniatis. C. *Bauhin* prodr. th. bot. p. 112. Scrophularia sambuci foliis, capsulis maximis. *Moris* hist. pl. 2 p. 483. f. 5. t. 8. f. 6. Scrophularia sambucifolia *Mill.* dict. t. 231.

f) Scrophularia foliis oblongo-ovatis serratis glabris, pedunculis unifloris. *Linn.* syst. veget. suppl. p. 280. ed. 14. p. 560. n. 8.

g) Scrophularia foliis lanceolatis serratis petiolatis, caulinis ternis, rameis oppositis. *Linn.* sp. pl. 2. p. 864. n. 6.

Braunwurz, portugiesische, Scrophularia Scorodonia. Sie hat einige Aehnlichkeit mit der knotigen, und wächst in Portugall und Persien wild. Ihr Stengel ist sehr haarig; ihre Blätter sind herzförmig, und haben am Rande gedoppelte, sägenartige, aber etwas stumpfe Zähne; ihre Blumen hängen an einem zusammengesetzten blattreichen Traubenkamm. h)

— — — scharlachrothe, Scrophularia coccinea. Sie wächst bey Veracrux wild; ihre Blätter sind eyrund, gleichen den Nesselblättern, und stehen zu vier, rings um den Stengel herum; ihre Blumen haben eine scharlachrothe Krone, und stehen in Wirteln beysammen, die sich in Aehren vereinigen. i)

— — — sinesische, Scrophularia sinensis. Sie ist in Sina zu Hause, und hat etwas haarige, eyrund länglichte, und sägenartig gezahnte Blätter. k)

— — — spanische, Scrophularia auriculata. Sie wächst in Spanien wild, und hat mit der knotigen ihre



6. syst. veget. ed 14. p. 560. n. 9. Scrophularia foliis lanceolato-linearibus acute serratis, inferne incisis, racemo composito. van *Royen* hort. lugdb. p. 294. Scrophularia orientalis, foliis cannabinis. *Tournef.* coroll. p. 9.

h) Scrophularia foliis cordatis duplicato-serratis, racemo composito. *Linn.* sp. pl. 2. p. 864. n. 5. Scrophularia foliis cordatis duplicato-serratis, racemo composito foliis interstincto. *Linn.* syst. veget. ed. 14. p. 560. n. 5. Scrophularia melissae folio. *Tournef.* inst. p. 166. Scrophularia scorodoniae folio. *Moris.* hist. pl. 2. p. 482. f. 5. t. 35. f. 6.

i) Scrophularia flore coccineo, foliis urticae quaternis caulem ambientibus. *Houston* mscript. Scrophularia foliis quaternis ovatis, floribus verticillatis spicatis. *Linn.* sp. pl. 2. p. 866. n. 14. syst. veget. ed. 14. p. 561. n. 16.

k) Scrophularia foliis ovato-oblongis serratis pubescentibus. *Linn.* mant. pl. 2. p. 250.

Stellung gemein. Ihr Stengel hat vier scharfe Kanten, ist ganz glatt, und treibt einige wenige Aeste, welche wie Arme ausgestreckt sind; ihre Blätter sitzen auf eigenen Stielen einander gerade gegen über, und an den kleinen Aesten ganz ohne Ansätze; sie sind herzförmig, länglicht; an beyden Enden stumpf, und auf der untern Fläche filzig, und haben an ihrem Rande gedoppelte sägenartige Zähne, und unten zu beyden Seiten zween kleine eyrunde Ansätze, die ohne eigenen Stiel sind; ihre Blumen haben eine traurige Purpurfarbe, und eine umgerollte, unangenehm dunkel grünlichte Unterlippe. l)

**Braunwurz, staudige,** Scrophularia frutescens. Sie wächst in Portugall wild, und hat einen holzigen Stengel. Ihre Blätter sind etwas fleischig, ohne Stiele, glatt, lanzenförmig, aber stumpf; am Rande gezahnt, und an der Spitze umgekrümmt; ihre Blumenstiele sind entzwey gespalten. m)

— — — **Wasserbraunwurz, große Wasserbraunwurz, falsche Wasserbetonie,** Scrophularia aqua-

---

l) Scrophularia aquatica septentrionalium. *Lob.* ic. 533. fig. Scrophularia foliis cordato-oblongis basi appendiculatis, racemis terminalibus. *Linn.* syst veget. ed. 14. p. 560 n. 4. Scrophularia foliis cordato-ovatis basi appendiculatis subtus tomentosis, racemis terminalibus. *Linn.* sp. pl. 2. p. 864. n. 4.

m) Scrophularia foliis lanceolatis obtusis serrato-dentatis, pedunculis bifidis. *Linn* sp. pl. 2. p. 866 n. 13. Scrophularia foliis subcarnosis sessilibus laevibus apice recurvis. *Linn.* mant. pl. 2. p. 418. syst. veget. ed. 14. p. 560. n. 10. Scrophularia lusitanica frutescens, verbenae foliis. *Tournef.* inst. p. 167. Scrophularia peregrina frutescens, foliis teucrii crassiusculis. *Herm.* lugdb. 545. t. 547.

aquatica. Sie wächst in England, Frankreich, Deutschland, und in der Schweitz auf feuchtem Boden wild, und hält zwey Jahre aus. Ihre Wurzel ist ziemlich lang, schwimmt oft im Wasser, und giebt unzählige lange Fasern von sich; ihr Stengel wird bis sechs Schuhe hoch, theilt sich in mehrere Aeste, und hat vier Ecken, welche mit Häuten eingefaßt sind; ihre Blätter sitzen auf eigenen Stielen, welche am Stengel herunter laufen, paarweise, verlieren sich nach und nach aus der ovalen in die Gestalt eines Herzens, sind übrigens stumpf, und an ihrem Rande seicht eingeschnitten, und haben unten einige Ansätze; ihre Blumen stehen auf ästigen Stielen in langen lockern Traubenkämmen am Gipfel des Stengels; die Abschnitte ihres Kelchs sind rundlicht und weiß gerandet; die obere Lippe ihrer Krone ist herzförmig und dunkelroth, die untere grün mit purpurroth gemischt. Die ältern Aerzte haben dieser Art eben dieselbige Kräfte zugeschrieben, wie der knotigen Braunwurz; einige versichern, ihre Blätter dienen sehr gut darzu, den unangenehmen Geschmack der Sennablätter erträglicher zu machen, ohne ihre Wirksamkeit, auch nur im geringsten zu schwächen. Auch aus ihren Blumen sammlen die Bienen Stoff zu Honig. n)

(Gm.)



n) Scrophularia aquatica major. C. *Bauhin.* Πιναξ. S. 235. Scrophularia aquatica major, caule fimbriato. *Loesel* fl. pruss. S. 248. t. 13. Scrophularia femina. I. *Camerar.* epit. S. 867. Scrophularia foliis cordatis petiolatis obtusis decurrentibus, caule membranis angulato, racemis terminalibus. *Linn.* spec. pl. 2. p. 864. n. 3. syst. veget. ed 14. p. 560. n. 3. Scrophularia foliis cordatis, petiolorum alis in caulem decurrentibus. *Guettard* stamp. 2. p. 201.

**Brauseerde.** S. Brausethon.

**Brausestein,** Schw. Gäsften. S. Zeolith.

**Brausethon, gährender Thon, Brauseerde,** Argilla fermentans Wall. et al. Argilla intumescens Linn. Cronst. Schw. Giäslera, auch Wesa. Trocken ist er leicht, wie schwammig, mürbe und mager, von röthlicher, gelbgräulicher, auch weißlicher Farbe. Beym Schlämmen findet man häufigen Staubsand in seiner Mischung; aber auch der abgeschlämmte Thon ist weder fett noch zähe. Von Salzen ist er ganz frey.

Seine Lagerstellen sind Thäler oder niedrige Flächen, Seeufer u. d. gl., gewöhnlich unter einer Decke irgend einer andern Erdart; selten liegt er tief, oft revierweise auf und neben andern Thon; z. B. im nordlichen Schweden in Dalekarlien, Norland, Upland ꝛc., in Norwegen an viel Orten, im schwedischen und russischen Finnlande, in Rußland in den Statthalterschaften Archangel, Newgorod und Wologda, sparsamer in Ungarn bey Schemnitz, in Böhmen bey Altzedlisch, Kathrinenberg u. s., in der Grafschaft Bendtheim, in der Schweitz an verschiedenen Orten.

Er besitzt die merkwürdige Eigenschaft, daß er nicht wie gewöhnliche Thonarten dem Wasser einen festen, undurchdringlichen Boden macht, sondern es schwammhaft einsaugt, von vielen aufweicht, und keine zähe Masse, sondern ein theilbarer Brey wird, es sehr an sich hält und nur langsam verdunstet. Durch das Tränken mit Wasser schwillet er sehr auf, und setzt oder senkt sich, so wie er nach und nach austrocknet. In seinen Lagerstätten geschieht dieses vorzüglich im Frühlinge und Herbste. Dringt der Frost in diesen Thonbrey, so hebt er sich noch mehr, und zugleich alles,

was

was die Rasendecke über ihm trägt; der Unterschied der Erhebung eines nassen Thonlagers, gegen dessen trocknen Zustand beträgt nach der Lage des Thons, der Menge des Wassers u. s. f. von einigen Zollen bis über 1 Fuß. Beym Schwellen hebt er Gebäude, Zäune, selbst ansehnliche Steine, die beym Sinken nicht wieder eindringen können, daher man auf solchen Stellen nicht bauen darf. Wo er am Tage liegt, welches selten ist, wird zuerst eine Rinde trocken, welche anfänglich auf dem Thonbrey unter derselben schwankt, auch bisweilen durchbricht, wobey nach der Mächtigkeit der Brausethonlage Menschen und Vieh in geringere und größere Gefahr gerathen, und wohl auch umkommen können, daher die Brausethonplätze in Norwegen Tellegräber genennet werden.

Der Brausethon ist auch nicht für sich ganz unfruchtbar, sondern er verdirbt auch die Gewächse des fruchtbaren Rasens über demselben, dadurch, daß er durch sein ungleich heben dieselben verrückt und theils die Wurzeln abreißt.

Einiger Brausethon ist mit vielem Kieselsande und Steinbrocken gemengt, und wird Steinbrausethon (Schwed. Stenwesa) genannt; er schwillt und sinkt langsamer als der reinere. Die Ursachen dieser Erscheinung scheinen in dem häufigen Staubsande, der die Thontheilchen an einer festen Verbindung hindert, und in der Lage seiner Betten vorzüglich gegründet, und sind einer nähern Untersuchung werth.

(Ge.)

**Braushahn**, Kampfhahn, Tringa pugnax. S. Brauskopf.

**Brauskopf**, Kampfhahn, Tringa pugnax. S. Strandläufer.

Brausschnepfe, Braushahn. S. unter Strandläufer.

Braut, Anas Sponsa. S. unter Ente.

Braut, das Wieskind, die Rotheicheneule, la Likenée rouge, Phalaena Sponsa. o) Dieser Nachtvogel, aus dem Geschlechte der Eulen, mit sichtbarem Saugrüssel und glattem Rücken, ohne Kamm, (Phal. Noctuae spirilingues dorso laeves absque crista), hat braungraue Oberflügel, mit einigen gelblichen Flecken in der Mitte; die Unterflügel sind dunkelroth mit 2 schwarzen Bändern, wovon das vorderste zweymal gebogen ist. Skopoli verwechselt sie mit der jungen Frau (Phalaena nupta). Die Raupe ist weißgrau, braungefleckt, mit fleischernen Spitzen und Warzen besetzt, man findet sie im Junius auf den Rotheichen. Die Puppe ist braun und mit einem blauen Staube, nach der Art reifer Pflaumen überzogen, und pflegt nach 18 Tagen auszukommen.

Brautjungfer, die Brautführerinn, die Spitzmotte, das gelbe Ordensband, Phalaena Paranympha, des Hufnagels Maturna. p) Dieser Nacht-

---

o) *Linn.* Syst. nat. Tom. I. P. 2. p. 841. n. 118. Müllers Uebersetzung V. Th. 1 B. S. 687. n. 118. Füeslins Verz. S. 37. n. 707. Maders Raupenk. S. 23. n. 47. Roesels Ins. Bel. IV. Th. S. 137. t. 19. Wien. Schmetterl S. 90. X. 2. n. 5. Leske Anfangsgr. der Nat. Gesch. I. S 461. n. 13. *Hollar* Ins. t. 8. f. 6. Naturforscher IX. St. S. 112. *Fabricii* Syst. Entom. p. 602. n. 51. *Geoffr.* Ins II. p. 150. n. 82. Biblioth. reg. Paris. p. 11. n. 1. 2. 3. *Lecke* nov Ins. spec. p. 35. n. 73. *Goetze* Entom. Beitr. III. Th. 3. B. p. 109. n. 118.

p) *Linn.* Syst. nat. Tom. I. P. 2. p. 842. n. 122. Müllers Uebersetz. V. Th. 1 B. S. 687. n. 122. Füeslins Verz. S. 37.

Nachtvogel gehöret zu demselbigen Geschlechte; die Oberflügel sind hellgrau, mit dunklern Zeichnungen, die zum Theil in auslaufenden Spitzen bestehen, die Unterflügel oranungelb, mit 2 schwarzen Binden. Die Raupe ist schlank, grau mit einem kleinen fleischernen Hörnchen auf dem achten Absatze, die Puppe braungrau, blau bestäubt. Man findet sie im May auf Pflaumen und Weißdornen, den Vogel aber im Julius an den Stämmen der Bäume, er gehört unter die seltenen in unsrer Gegend. (Gr.)

**Braxen**, Cyprinus Carauſſus Linn. Siehe **Karpfen**.

— — versteinte. Siehe **Ichthyolithen**.

**Breccien**. S. **Puddingsteine** und **Wurststeine**.

— — — vulkanische. S. **Puddingsteine, vulkanische**.

**Brechgraupen**, werden die in Gruben gewonnenen Zinngraupen, zum Unterschiede der in Seifen gefundenen, genennet. S. **Zinn** und **Zinngraupen**.

**Brechiten**, sind Versteinerungen gegliederter Korallen, bald von zylindrischer, bald von Kegelform, aber immer am Ende mit einem Hütchen. Man findet diese seltene Versteinerung in Frankreich und auch in Meklenburg. (Ge.)

Brech=

---

37. n. 710. Magaz. der Entom. II. S. 21. S. 270 t. 3. f. A. B. Berl Magaz. III. S. 406 n. 82. Naturforscher IX. St S. 136. n. 81. XIV. St S. 88. t. 4. f 8. 9. Roesels Ins. Bel. IV S. 132. t. 18. f. 1. 2. Wien. Schmetterl S. 91 X. n. 7 Gladbachs Schmetterl. S 70. §. 2. *Scopoli* Entom. Carn. p. 206. n. 510. *Fulminea.* *Fabricii* Syst. Entom. p. 602. n. 56. *Drury* illustr. of nat. hist I. p. 49. t. 23. f. 6. eine Varietät aus Neu York. *Goeze* Entom. Beitr. III. Th. 3. B. p. 117. n. 122.

**Brechnuß, purgirende, Cassava, Cassada,** Jatropha, ist eine Pflanzengattung, deren Blumen keinen Kelch, einige zehen abwechselnd kürzere und längere an ihrem untern Theile in eine Säule mit einander verwachsene Staubfäden, und eine trichterförmige aus einem zusammenhängenden Stück bestehende Krone, andere eine weit offen stehende, aus fünf Blättchen bestehende Krone, und einen Fruchtknoten mit drey entzweygespaltenen Griffeln haben, und ein trockenes Samengehäus mit drey Fächern und einem Samen in jedem dieser Fächer hinterlassen. Die meisten Arten sind in dem mittägigen Amerika und den nahe dabey liegenden Inseln zu Hause.

**Brechnuß, amerikanische,** Jatropha Janipha. Diese Staude kommt dem Manihot sehr nahe; ihre Blätter sind wie eine Hand ausgebreitet, und in Lappen mit glattem Rande getheilt, von welchen die mittleren zu beyden Seiten eine Aushölung haben. q)

— — — **brennende,** Jatropha urens. Sie wächst in Arabien, Brasilien und bey Veracrux auf sandigem Boden wild, und bis zween Schuhe hoch. Ihre Wurzel ist sehr dick und fleischig; ihr Stengel ist krautartig, kegelförmig, und auf allen Seiten mit stechenden und brennenden Dornen besetzt, und theilt sich in viele Aeste; ihre Blätter sind in fünf Lappen getheilt, die, wie eine Hand, ausgebreitet, an ihrem Rande gezahnt, und in ihren Winkeln, so wie an ihren Adern, mit brennenden Haken besetzt sind. Auch ihre Blumen

q) Iatropha carthagenensis. *Jacq* stirp. amer. pict. 125. t. 244. Iatropha foliis palmatis, lobis integerrimis; intermediis utrinque sinu lobatis. *Linn.* mant. pl. 1. p. 126. syst. veget. ed. 14. p. 865. n. 6.

men haben brennende Kelche und eine Krone, und stehen in Dolden am Gipfel der Aeste. Man kann sie sehr gut aus dem Samen ziehen, wenn man ihn im Frühling auf ein gutes Mistbett säet, die Pflanzen, wenn sie aufgegangen und stark genug sind, in kleine Töpfe versetzt, die mit leichter Erde gefüllt sind, und in ein frisches Bett von Gerberlohe gegraben werden, so lange sie nicht wieder eingewurzelt sind, im Schatten erhält, nachher wie andere zarte Pflanzen warmer Länder behandelt, insbesondere ihnen, nach Beschaffenheit der Witterung, täglich viele frische Luft giebt, sie beständig im Lohbett im Glashause erhält, und im Winter wenig begießt. r)

**Brechnuß, brennnesselartige**, Jatropha urticoides. Die Juden gebrauchen ihren Absud zum Abführen. s)

— — — **doldenförmige**, Jatropha umbellata. Sie wächst in den Wäldern von Surinam, ist gewürzhaft, dabey aber betäubend und von einem starken Geruch, der sich lange nicht verliert. Eingebohrne baden sich nach Fiebern in ihrem Absude. t)

— — — **fünflappige**, Jatropha quinquelobata. Diese Staude wächst bey Havana wild, und gerade, bis zwölf Schuhe hoch; sie treibt oben am Gipfel einige wenige Aeste, und kann, wie die brennende, gezogen werden;

---

r) Iatropha foliis palmatis dentatis aculeatis. *Linn.* sp. pl. 2. p. 1429. n. 6. syst. veget. ed 14. p. 865. n. 7. Ricinus lactescens fici foliis, spinulis mordaceis armatis. *Plukn.* almag. 320. t. 220. f. 3. Ricinus tithymaloides americanus lactescens et urens, floribus albis. *Commel*, hort. amst. 1. p. 19. t 10.

s) Rolander act. univ. Havnienſ. 1. p. 301.

t) Rolander act. univ. Havnienſ. 1. p. 290.

werden; ihre Blätter sind glatt, und in fünf scharf zugespitzte und scharf gezackte Lappen getheilt; ihre Blumen sind weißlicht grün, und stehen am Gipfel des Stengels in Dolden beysammen.

Brechnuß, krautartige, Jatropha herbacea. Sie ist bey Veracrux zu Hause, wächst ungefähr einen Schuh hoch, und ist durchaus dicht mit langen und brennenden Haaren besetzt. Ihr weicher Stengel theilt sich in zween bis drey Aeste ab, an deren Spitze die kleinen unrein weißen Blumen in Dolden sitzen; ihre Blätter sind in drey Lappen getheilt, und sitzen abwechselnd bald an dieser, dann wieder an jener Seite des Stengels auf langen Stielen. Man kann sie, wie die brennende, ziehen. u)

— — — Manihot, Iatropha Manihot, Cassava, Cassada. Diese Staude wächst in dem mittägigen Amerika und den dabey liegenden Eylanden wild, und daselbst bis sieben Schuhe hoch. Ihre Blätter sind glatt, und in sieben lanzenförmige Lappen getheilt, welche, wie eine flache Hand, ausgebreitet sind, und, den mittelsten ausgenommen, der zu beiden Seiten eine Aushöhlung hat, einen glatten Rand haben; sie sitzen abwechselnd bald auf dieser, denn auf jener Seite des Stengels auf langen Stielen; ihre Blumen haben keinen Kelch, und sitzen in Dolden beysammen. Man kann sie durch die Stengel fortpflanzen, die man der Länge nach in sieben bis acht Zolle lange Stücke zerschneidet und einsetzt. Ihre Wurzel ist bald bitter, bald

u) Iatropha aculeata, foliis trilobis, caule herbaceo. *Linn.* spec. pl. . p. 1430. n. 7. syst. veget. ed. 14. p. 865. n. 8. Iussieua herbacea spinosissima urens, foliis digitatis et laciniatis. *Amm.* herb. 256.

bald ohne Geschmack, bald süß, im letztern Falle hat sie einen stärkern und unangenehmern Geruch, und eine gröbere Rinde, wird später zeitig, und ist sehr dünn. Sie ist roh und gekocht ein äußerst starkes Gift, das vorzüglich auf die Nerven wirkt, so wie auch ihr Saft, wenn er noch nicht gegohren hat, oder über dem Feuer gekocht, und mit Pfeffer gewürzt wird; Vögeln und Würmern schadet sie nichts; auch Ziegen und Schweine suchen sie begierig auf; Oehl, Brechmittel und Laugensalze sind das beste Gegengift. Wäscht man die Wurzel, reinigt und schabt man sie, so giebt sie ein Mark, welches durch Pressen in einem leinenen Sack von seinem Safte befreyt, an der Sonne getrocknet, zu Mehl gemacht, und etlichemal in eine heiße Pfanne gethan, ein schmackhaftes gesundes Brod giebt, welches das gewöhnliche Nahrungsmittel der Einwohner ist, und durch Gährung ein starkes Getränk, Perenò. x)

Brechnuß, milde, Jatropha mitis. Sie hat einen unschädlichen Milchsaft; ihre Wurzel ist weich, mehlig und süß, und wird roh, geröstet und mit Butter gespeiset. y)

Brech-

x) Arbor succo venenato, radice esculenta. C. *Bauh. pin.* p. 512. Iatropha foliis palmatis, lobis lanceolatis integerrimis laevibus. *Linn.* sp. pl. 2. p. 1429. n. 5. syst. veget ed. 14. p. 865. n. 5. Iatropha foliis palmatis pentadactylis, radice-coccineo oblonga, carne sublactea. *Brown* jam. 349. Manihot indorum s. Yucca foliis cannabinis. *Plukn.* alm 241. t. 205. f. 1. Manihot Theveti, Yucca et Cassavi. I. *Bauh.* hist. pl. 2. p. 794. Ricinus minor, viticis obtuso folio, caule verrucoso, flore pentapetalo albido, ex cujus radice tuberosa succo venenato turgida, americani panem conficiunt. *Sloan.* hist. jam. 1. p. 130. t. 85.

y) Rolander act. univers. Havniens. 1. S. 301.

Brechnuß mit Baumwollenblättern, wilde Cassada, wilde Cassava, Bauchwehkraut. Diese weiche Staude wächst in dem mittägigen Amerika und den benachbarten Inseln wild, und bis vier Schuh hoch, und hält mehrere Jahre aus. Ihr Stengel hat eine purpurrothe Rinde, und an den Gelenken kleine Büschel Borsten, und theilt sich nach obenzu in zween bis drey Aeste; ihre Blätter sind in fünf unzertheilte und eyrunde, doch scharf zugespitzte Lappen getheilt, und sind mit drüsigen und ästigen Borsten besitzt; ihre kleine dunkelpurpurrothe Blumen sitzen auf zarten nackenden Stielen in kleinen Dolden, männliche und weibliche in einer Dolde beysammen, am Gipfel der Aeste. Man kann sie, wie die brennende, ziehen. Ihre Blätter sollen, wenn man sie mit etwas ungesalzener Butter und Milchrahm koche, den Leib offen erhalten, und das Blut reinigen; ihr Absud wird in ihrem Vaterlande besonders im Miserere gebraucht. z)

— — — mit glattem Rande an den Blättern, Jatropha integerrima. Diese aufrechte, schöne, ganz glatte Staude sah Hr. Bergr. Jacquin zu Havana in Gärten, sie wächst in diesen bis zehen Schuhe hoch, bildet eine schöne Krone, und ist voll von einem wässerichten und klebrichten Safte; ihre Blätter haben eine

z) Jatropha foliis quinquepartitis, lobis ovatis integris; setis glandulosis ramosis. *Linn.* sp. pl. 2. p. 1428. n. 1. syst. veget. ed. 14. p. 865. n. 1. Jatropha humilior, setis ramosis, foliis trilobis s. quinquelobis denticulatis. *Brown.* jam. 348. Ricinus americanus, folio staphisagriae. C. *Bauh.* Pinax. S. 432. 518. Ricinus americanus perennis, floribus purpureis, staphisagriae foliis. *Commel.* h. amst. 1. p. 17. t. 9. Ricinus indicus pilosus trifidus s. quinquefidus, flosculis atropurpureis. *Pluckn.* phyt. 56. f. 2. Ricinus minor, staphisagriae folio, flore pentapetalo purpureo. *Sloan.* hist. jam. 1. p. 129. t. 84.

eine schöne grüne Farbe, und einen beynahe zween Zolle langen Stiel; sie sind selbst beynahe drey Zolle lang, eyrund, nur scharf zugespitzt, und ohne Einschnitt am Rande; ihre Blumen sitzen an einer Art von Kämmen oder unächten Dolden beysammen; sie sind schön, aber ohne Geruch; ihr Kelch ist grün, wie eine Glocke gestaltet, und halb in fünf Abschnitte gespalten; ihre Krone ist scharlachroth, und hat einen Zoll im Durchmesser. a)

Brechnuß, mit spontonförmigen Blättern, Jatropha hastata. Auch diese Staude sah Hr. Bergr. v. Jacquin in den Gärten von Domingo, wohin sie aus Ostindien gekommen war. Ihre Blätter sind in drey ungetheilte und scharf zugespitzte Lappen getheilt, und kaum drey Zolle lang, haben einen schönen Glanz, und sitzen auf eigenen Stielen, an deren Anfang zwey Nebenblättchen sitzen; ihre Blumen sind scharlachroth und ohne Geruch. b)

— — — mit Sturmhutblättern, Jatropha aconitifolia. Dieser Baum wächst bey Veracrux wild und bis zwölf Schuhe hoch; sein Stamm ist dick, aber gebrechlich, hat eine graue Rinde, und theilt sich in viele Aeste, an deren Spitze die weißen Blumendolden sitzen; seine Blätter sind mit brennenden Haaren besetzt, und in Lappen getheilt, welche scharf zugespitzt und am Rande gezackt sind. Man kann sie, wie die brennende, in Gärten ziehen.

— — — mit Weinblättern, Jatropha vitifolia. Dieß Kraut wächst in Neuspanien wild und bis fünf



a) *Jacquin* histor. stirp. american. P. II. S. 256. T. CLXXXIII. f. 74.

b) *Jacquin* histor. stirp. americ. P. II. S. 256. T. CLXXXIII. f. 54.

Schuhe hoch, und ist vielleicht eine bloße Spielart der brennenden Brechnuß, und mit brennenden Stacheln besetzt. Ihre Wurzel ist dick aufgetrieben, und fleischig; ihr Stengel theilt sich in viele Aeste; ihre Blätter sitzen auf langen Stielen, und sind in fünf Lappen getheilt, welche wie eine Hand ausgebreitet, und am Rande gezackt sind; ihre Blumen sind reinweiß, sitzen auf langen nackenden Stielen, und bilden am Gipfel der Aeste Dolden.

Brechnuß, molukkische, Jatropha moluccana. Sie ist auf den molukkischen Eilanden und in Zeylon zu Hause. Ihr Stamm ist holzig; ihre Blätter sind eyrund, und haben einen ganz glatten Rand, einige kaum merkliche Zähne ausgenommen; ihre Samen sind schwarz. c)

— — — muskatnußähnliche, Jatropha myristica. Sie ist bitter; ihr Absud erregt in starken Gewichten Erbrechen, sonst stärkt er. d)

— — — schwarze, amerikanischer Brechnußbaum, amerikanischer Purgirnußbaum, schwarzer Purgirnußbaum, schwarze Purgirnuß, Purgirnuß, Jatropha Curcas. Dieser Baum wächst in den wärmern Theilen von Amerika wild, und bis vierzehen Schuhe hoch, und kann, wie die brennende Brechnuß, in den Gärten gezogen werden. Sein Stamm ist stark, und theilt sich in viele Aeste; seine Blätter, die zu Bädern und Bähungen gebraucht werden, sind eckig, sonst herzförmig, und scharf zugespitzt;

---

c) Jatropha foliis ovatis integerrimis subdentatis. *Linn.* sp. pl. 2. p. 1428. n. 2. syst. veget. ed. 14. p. 865. n. 2. Nux moluccana, folio instar ricini, semine nigro. *Herm.* fl. zeyl. S. 1. n. 4.

d) Rolander act. univ. Havniens. 1. S. 290.

spitzt; seine Blumen sind grasgrün, haben einen aus fünf Blättchen bestehenden Kelch, und hängen doldenweise am Gipfel der Aeste; seine Frucht enthält die glatte, schwarze Purgirnüsse, welche einen weißen, öhlichten, süßlicht, scharf und ekelhaft schmeckenden Kern, die Ficus infernalis einiger Aerzte haben; diese Kerne erregen übermäßiges Erbrechen und Stuhlgang, fressen auch wohl Magen und Gedärme an, und entzünden sie; sie werden daher heut zu Tage nicht leicht, als von Landkehrern und Marktschreyern in der Wassersucht gebraucht, obgleich die Alten sowohl die Kerne selbst, als das daraus zubereitete Extrakt, und die daraus verfertigte Pillen, die mit jenen gleiche Wirkung äußern, gebrauchten; nach einigen Nachrichten hängt diese gewaltsame Wirkung der Kerne von einem dünnen Häutchen ab, das in ihrer Mitte steckt, so daß sie, sobald dieser heraus ist, ohne Schaden genossen werden können. e)

Brechnuß, süße, Jatropha dulcis. Eine Art, deren Wurzel gekocht und geröstet, ganz unschuldig, süß und angenehm ist, ein schneeweißes Fleisch, und einen wohlschmeckenden Saft hat, und zu Gallerten gebraucht wird.

— — — vielspaltige, französische Purgirnuß, Jatropha multifida. Sie wächst ebenfalls im mittägigen Theile von Amerika wild, und bis zehen Schuhe hoch.



e) Jatropha assurgens, ficus folio, flore herbaceo. *Brown* jam. S. 348. Jatropha foliis cordatis angulatis. *Linn.* sp. pl. 2. p. 1429. n. 3. syst. veget. ed. 14. p. 865. n. 3. Mundubigaaca. *Marcgr.* bras. 97. Ricinus americanus major semine nigro. C. *Bauh.* Πιναξ. S. 432. Ricinus ficus folio, flore pentapetalo viridi, fructu laevi pendulo. *Sloan.* jam. 40.

hoch, und kann, wie die brennende Brechnuß, in Gärten gezogen werden. Ihr Stengel ist dick, und treibt viele graue Aeste; ihre Blätter sitzen auf starken Stielen an allen Seiten der Aeste, sind glatt, auf der obern Fläche hellgrün, auf der untern etwas bestäubt, und in neun bis zehen Lappen getheilt; unter ihnen sitzen vielspaltige Ansätze; ihre Blumen haben eine glänzende Scharlachfarbe, und sitzen auf langen Stielen in großen Dolden am Gipfel der Aeste. Das mit ihren Blättern gekochte Wasser erregt Durchfall und Erbrechen, und soll ein Gegengift des Manchinellenbaums seyn; ihre Samen haben eben dieselbige Kraft, wie die schwarzen Brechnüsse. *)

**Brechnußbaum, amerikanischer**, s. Brechnuß, schwarze.

***Brechos***, s. Feigbohne. (Gm.)

**Brechwurzel.** S. Lonicere. Psychotrie. Veilchen.

**Bredflab**, Lophius Piscatorius. S. Seeteufel, Meerfrosch.

**Bredling.** S. Breitling.

**Breinvogel**, nach Kramer, Alauda trivialis. S. unter Lerche.

Breis-

---

*) Avellana purgatrix. C. *Bauhin* Πιναξ S. 418. Jatropha assurgens, foliis digitatis, laciniis angustis pinnatifidis. *Brown* jam. 348. Jatropha foliis multipartitis laevibus, stipulis setaceis multifidis. *Linn.* sp. pl. 2. p. 1429. n. 4. syst. veget. ed 14. S 865. n. 4. Manihot folio tenuiter diviso. *Dill.* H. Elth. 217. t. 173. f. 213. Ricinoides americanus, tenuiter diviso folio. *Sloan.* jam. 40.

**Breisling**, Clupea Alosa. S. unter Hering.

**Breitader, die nordamerikanische**, Papilio Plexippus. f) Die Flügel sind braungelb und haben breite, erweiterte schwarze Adern, nebst einem schwarzen Rande mit weißen Punkten, auf den Vorderflügeln ist der schwarze Rand sehr breit, und führt einige große weiße Flecken. Er gehört zu dem Geschlechte der bunten Rundflügel unter den Tagvögeln. (Pap. Danai festivi) Nordamerika ist sein Vaterland.

(Gr.)

**Breitbacken.** g) Statius Müller nennt diese Schlange in ziemlich eigentlichen Verstande Breitbacken. Denn die Backen sind es, oder vielmehr die untere Kinnlade, die an beyden Seiten erweitert ist; auch der Schlund ist ungewöhnlich erweitert. Sie ist in dem südlichen Amerika und in Ostindien zu Hause. Der Kopf ist oben und unten flach, dreyeckigt, hinterwärts ausgedehnt, abwärts gedrückt, seitwärts zusammengedrückt, vorwärts mit Schilden bedeckt, von welchen drey, die zwischen den Augen liegen, am größten sind; hinterwärts liegen Schuppen auf demselben wie Dachziegel übereinander. Er ist weiß von Farbe, und ober-



f) *Linn.* Syst. nat. Tom. I. P. 2. p. 767. n. 117. Müllers Nat. Syst. V. Th. 1 B. S. 597. n. 117. t. 18. f. 7. *Onomat.* hist. nat. P. 6. p. 127. *Scop.* ann. V. hist. nat. p. 112. n. 115. *Fabricii* Syst. Entom. p. 481. n. 170. *Petiver* Mus. n. 527. *Raj* hist. Ins. p. 138. n. 3. *Sebae* Thes. IV. t. 6. f. 15. 16. t. 41. f. 9. 10. 13. 14. *Goetze* Entom. Beitr. III. Th. I. B. p. 190. n. 117.

g) Coluber buccatus, scutis abdominis 107, squamis caudae 72. *Linn.* Syst. Nat. n. 181. p. 1089. ed. *Gmel.* Mus. Ad Frid. R. T. I. p. 29. S. 19. f. 3. der Breitbacken. Müller Linn. N. S. 3 Th. n. 14. p. 161. *Laurent.* amph. p. 95. n. 209.

oberhalb den Nasenlöchern mit einem braunen Dreyeck gezeichnet. An den Augen läuft eine braune Streife herunter; auf dem Scheitel liegen zween Punkte von eben dieser Farbe; die Zähne sind unschädlich; der Schlund ist brocklicht und dicke; der Rumpf ist wie an der Ringelnatter (Coluber Natrix L.) auf dem Rücken braun, und mit dreyßig weißen, gleichbreiten Binden gezeichnet; der Bauch ist mit hundert und sieben Schilden, und der dünne ein viertel der ganzen Länge der Schlange lange Schwanz mit zwey und siebenzig Schuppen bedeckt.

(P.)

Das Breitband, der breitbandirte Spanner, das doppelte Band, der Johanniskrautspanner. Phalaena Plagiata. h) Ein Nachtvogel und Spanner. (Phal. Geometra) Die Grundfarbe der Flügel ist weißgrau mit einigen braunen Queerstreifen, die theils heller, theils dunkler sind. Die Raupe ist unbekannt, den Vogel findet man im August auf der Erde im Grase. Nach den Wienern gehört die Raupe unter die Runzelraupen, und hält sich auf dem Johanniskraute auf. (Gr.)

Breitbauch. i) Gronov, und nach diesem Herr D. Bloch haben für diesem kleinen Fische, den Linné unter

h) *Linn.* Syst. nat. P. 2. Tom. I. p. 869. n. 248. Müller Nat. Syst. V. Th. 1 B. S. 715. n. 248. Füeslins Verz. S. 40. n. 781. Berl. Magaz. IV. S. 522. n. 38. Wien. Schmetterl. S. 111. n. 4. *Schaeff.* Icon. t. 12. f. 1. 2. *Clerk* Phal. t. 6. f. 1. *Goetze* Entom. Beitr. III. Th. 3. B. p. 330. n. 248.

i) Clupea Sternicla, pinnis ventralibus nullis. *Linn.* Syst. Nat. ed. XII. n. 8. p. 524. Salmo Gasteropelecus. *Linn.* Syst.

unter den Heringen, und Pallas unter den Lachsen beschrieb, eine eigene Gattung errichtet, die sich durch einen bogenförmigen in eine Schneide sich endigenden Bauch, und durch zwo Flossen am Rücken hinlänglich kennbar macht. Gegenwärtig ist nur diese einzige darunter gehörige Art bekannt, welche Herr D. Bloch also beschreibet: die vier und dreyßig Strahlen in der Afterflosse sind ein Merkmahl für diesen Fisch. In der Kiemenhaut sind drey, in der Brustflosse neun, in der Bauchflosse zween, in der Schwanzflosse zwey und zwanzig, in der ersten Rückenflosse eilf, und in der zwoten zween Strahlen befindlich; der Kopf ist, so wie der Rumpf stark, von den Seiten zusammengedrückt, und von einer glänzenden Silberfarbe, durch welche ein Stahlblau durchspielt. Ersterer ist oben etwas breit, und mit zwo länglichten Furchen, welche durch eine Erhöhung getrennt werden, versehen; der Mund öfnet sich oberhalb, und die untere Kinnlade, welche in die Höhe steigt, und vor der obern hervorsteht, schließt an denselben, und diese ist allein beweglich; beyde aber sind mit einer dicht an einander stehenden Reihe spitziger Zähne versehen; die Mundöfnung ist eben so, wie die Schuppen gegen den kleinen Fisch, zu groß; die Zunge ist weiß, glatt und dick; die Augen sind groß, rundlicht, sitzen nahe an der Mundöfnung, haben einen schwarzen Stern in einem silbernen Ringe; zwischen der Oberlippe und den Augen nimmt man die Nasenlöcher wahr; die Kiemenöfnung ist weit, und



Syst. Nat. n. 48. p. 1389. ed. *Gmel.* Der Beilbauch. Müller Linn. N. S. 4 Th. n. 8. p. 375. Das Gärtnermesser. Bloch Fische Deutschl. 3 Th. p. 166. n. 1. t. 97. f. 3. *Pallas* Spicil. Zool. fasc. VIII. p. 50. tab. 3. 4. 5. Gasteropelecus. *Gronov* muf. T. II. p. 7. n. 155. *Ejusd.* Zooph. p. 135. n. 409. tab. 7. f. 5. *Koelreuter* Nov. Com. Petrop. T. VIII p. 405. tab. 14. fig. 4. 5.

der Kiemendeckel glatt; von der Kehle bis am After läuft ein schwarzer Knochen, der so dünn wie Papier, und wegen niner Schärfe und bogenförmigen Gestalt einem Hieb- oder Gärtnermesser gleichet, weswegen er auch bey Herrn D Bloch diesen Namen führt. Dieser Knochen ist sowohl wie der Rumpf mit Schuppen bedeckt, und dienet den Brustflossen zu einem festen Punkt. Die Seitenlinie ist nahe am Rücken, läuft mit demselben parallel, und der After ist in der Mitte des Körpers; die Brustflosse ist lang, hat die Gestalt einer Sichel; die Schwanzflosse ist gabelförmig, und sämmtliche Flossen haben eine graue Farbe.

Dieser Fisch kann unstreitig sehr schnell schwimmen, da er nur einen geringen Widerstand zu überwinden hat. Sein Vaterland ist Carolina und Surinam, und er gehört, wie man aus dem mit Zähnen besetzten Munde siehet, zu den fleischfressenden Fischen; da er aber nur klein ist, so muß er wohl nur von der höchst zarten Brut anderer Wasserbewohner leben, wenigstens sind diejenigen, die Herr D. Bloch besitzt, nicht größer als die auch von uns mitgetheilte Zeichnung.

Aus dieser Beschreibung erhellet, daß dieser Fisch mit keinem bisher bekannten genau übereinstimme. Gronov hat daher mit Recht eine eigene Gattung daraus gemacht; er versahe es aber darinn, daß er ihm die Bauchflossen absprach, der Kiemenhaut nur zween Strahlen gab, und die zwote Rückenflosse unbemerkt ließ. Dieses thut auch nach ihm Linné, der ihm zugleich unrichtig eine Stelle unter den Heringen anwieß. Linné beschreibt noch einen andern, diesem ähnlichen Fisch, (Clupea Sima L. n. 7.) der sich in der akademischen Sammlung zu Stockholm befindet, und

den

den Herr Prof. Pallas mit dem unsrigen nur für einerley hält; allein wenn nicht Schreib- oder Druckfehler vorausgesetzt werden, so ist der Unterschied der Strahlenanzahl zu groß, als daß sie einerley Fisch seyn könnten; denn so zählt Linné in der Kiemenhaut seines Krummschnabels sechs, und in der Afterflosse drey und funfzig Strahlen, da Herr D. Bloch hingegen bey sechs Stück von seinem Gärtnermesser, die er untersucht, in der Kiemenhaut nur drey, und in der Afterflosse vier und dreyßig Strahlen gefunden hat. Sollte indessen die Bemerkung des Herrn Collegienrath und Professor Pallas richtig seyn, daß beyde Fische nur eine Art ausmachen, so haben wir dem Linne die Entdeckung der Bauchflossen, im entgegengesetzten Falle aber, die Wahrnehmung derselben dem Herrn Prof. Pallas zu verdanken. Auch hat dieser genaue Beobachter die zwote Rückenflosse zuerst entdeckt, da er aber keine Strahlen darinn wahrgenommen hat, so erkläret er sie für eine Fettflosse, und bringt daher unsern Fisch ins Lachsgeschlecht. Da aber Herr D. Bloch zween Strahlen darinn bemerkt hat, so hält er ihn für keinen Lachs, und weil er sich wegen seiner Gestalt nicht leicht unter eine andere Gattung bringen läßt, so hat er ihm auch, wie schon erwähnet, nach Gronovs Vorgange, eine eigne gewidmet. Es sind indessen die Strahlen in der zwoten Rückenflosse, und die in den Bauchflossen so zart, daß sie sich nur durch ein Suchglas bemerken lassen, und haben daher so wohl letztere vom Gronov und Köhlreuter, als erstere von einem Pallas leicht übersehen werden können. Stat. Müller irret, wenn er sagt, daß unserm Fische die Zähne fehlen.

(P.)

Breitfisch, Stromateus Para L. S. Golddecke.

Breit-

Breitfisch. k) Die alten Autoren dachten sich unter Cordylae oder Scordylae theils die junge Brut der Thunfische, wie Aristoteles: cum enim Thunni in ponto pepererint, prodeunt ex ovo quas alii scordulas vocant: oder Plinius der ältere: Cordyla appellatur partus, qui foetas redeuntes in mare autumno comitatur; theils aber auch in Salz gelegtes Thunfischfleisch, welches unter ihre Salsamenta gehörte, und wovon beym Athenäus folgende Stelle vorkommt: inter non pinguia salsamenta, optima sunt Cybia et Horaea et omnia huius generis similia: inter pinguia, Thynnea et Cordyla, unter welcher Bedeutung auch mehrere Stellen beym Martial stehen. Cordyla war also bey den ältern Naturforschern

k) Scomber Cordyla, pinnulis decem, linea laterali loricata. *Linn.* Syst. Nat. T. I. n. 4. p. 1332. ed. *Gmel.* Der Breitfisch. Müll. Linn. N S. 4 Th. n. 4. p. 262. Tab. VII. f. 3. Scomber linea laterali curva tabellis osseis loricata, corpore lato tenui *Gronov* act. upf. 1750. p. 36. *Ejusd.* Zooph. n. 307. Mus. ichth. n. 82. Trachurus brasiliensis *Raj* synops. p. 93. n. 10. Guara tereba brasiliensium, et Coracovado minor. *Marcgr.* bras. l 4. c. 15. Guara tereba brasiliensibus. *Jonst.* ichth. p. 136. t. 35. f. 4 *Willugh* ichth p 291. t. S. 18. f. 1. Salkotoe. *Valent.* Ind. vet. et nov. vol. 3. p. 360. n. 45. f. 45? Groene Konings visch. ibid. p. 382. n. 105. f 105? Dondioe visch. ibid. p. 386 n. 121. f. 121. Saurus argenteus laminis branchiostegis utrinque macula nigra notatis, pinnis lutescentibus. *Brown* Jam. p. 452. n. 2. Scomber linea laterali aculeata; pinna ani ossiculorum viginti. *Seba* Thes. Vol. III. p 74 n. 3. tab. 27. f. 3.

l) In Aegypten nennt man indeß doch die Lacerta caudiverbera L. Cordylus, vielleicht nach einer daselbst einheimischen Makrelle, die auch daselbst Cordylus heißt. Linné entlehnte auch letztere Benennung für seine Lacerta Cordylus. S. Brennnessel.

schern kein besonderes Geschöpf, das diesen Namen führte. l) Linné hat diesen heut zu Tage müßig gehenden Namen, um diese gegenwärtige Makrelle deutlicher zu bezeichnen, adoptirt, die in Brasilien den Namen Guara tereba führt, und zu welcher Gronov den Salkotoe, den grünen Königsfisch und den Dondioe des Valentins, wenn schon nicht mit voller Ueberzeugung bringt. Sie gehört mit unter die eßbaren Fische, ist in den amerikanischen Gewässern zu Hause, und wird sieben bis acht Zolle lang. Die Seitenlinie läuft erst von den Kiemen bis zur Hälfte des Körpers gerade, von da aber in schiefer Richtung bis zum Schwanze, und diese letzte Hälfte ist mit rückwärts gerichteten Häkchen bewaffnet, an beyden Seiten aber mit kleinen dreyeckichten Schuppen belegt. Der Kopf ist stumpf; die Augenringe sind goldgelb; im Munde befinden sich sehr kleine Zähnchen. Der Schwanz ist gabelförmig, die Farbe am Rücken und in den Seiten bis zur oben beschriebnen linie grünlich blau, unterhalb der linie aber weißlich mit einem Goldglanze; die Bauchflossen sind weiß, doch alle übrige Flossen nebst dem Schwanze goldgelb. Die Zahl der Flossen betreffend, so sind in der ersten Rückenflosse sieben, in der andern neun, und dann folgen die zehen kleinen Bastardflossen. Die Brustflosse hat funfzehen, die Bauchflosse sechs, die Afterflosse zwey und vierzehn, die Schwanzflosse aber zwanzig Strahlen. Diejenige Makrelle aber, welche Seba a. a. O. vorgestellet hat, hatte in der Rückenflosse zwey und zwanzig, in der Brustflosse ein und zwanzig, und in der Afterflosse neunzehn bis zwanzig Strahlen, welche Abweichungen einen beträchtlichen Unterschied vermuthen lassen. Indessen darf man hier auf die Anzahl der Flossenstrahlen nicht alleine Rücksicht nehmen, zumal andere Merkmale hier in Betrachtung kommen, die mehr zu entscheiden

scheiden scheinen, wie denn die mit Häkchen bewaffnete Seitenlinie ein desto sichreres Kennzeichen abgiebt. (P.)

Breitflosser. m) Herr D. Bloch ist der erste, der uns mit diesem dem seel. Linné unbekannt gebliebenen Klippfisch zuerst genauer bekannt macht. Ich halte es für Pflicht, dessen genaue Beschreibung hier zu inseriren. Man unterscheidet diesen Fisch an seinem breiten Rücken und Afterflosse, und an dem schwarzen Band, das man beym Anfang der Schwanzflosse wahrnimmt. In der Kiemenhaut zählet man fünf, in der Brustflosse achtzehn, in der Bauchflosse sechs, in der Afterflosse drey und dreyßig, in der Schwanzflosse siebzehn, und in der Rückenflosse ein und vierzig Strahlen. Dieser Klippfisch ist sehr dünn, und eben so breit als lang, der Kopf ist schuppenlos, die Mundöfnung klein, die Lippen sind stark, und ohnweit den Augen sind nur zwo runde Oefnungen vorhanden. Die Augen haben einen schwarzen Stern und einen silberfarbnen ins gelbe spielenden Ring. Der Kiemendeckel besteht aus zwey Blättchen, die mit einer Silberhaut überzogen zu seyn scheinen; die Kiemenöffnung ist sehr weit, und die Kiemenhaut liegt zum Theil unter dem Deckel verborgen; der Rumpf ist mit sehr kleinen Schuppen bedeckt, nach dem Rücken zu grau, an den Seiten und am Bauche weißlicht; die Seitenlinie, welche oben an der Kiemenöffnung ihren Anfang nimmt, bildet einen Bogen, und verliert sich, wie gewöhnlich, in der Mitte der Schwanzflosse. Sämtliche

m) Chaetodon Vespertilio, pinna dorsali analique latis, fascia caudali nigra. *Linn.* Syst. Nat T. I. n. 32 p 1257. ed. *Gmel.* Bloch ausl. Fische rc. 3 Th. p. 67. n. 9. tab. 199. f. 2. *Will.* orn. app. p. 24. tab. O. 5?

liche Flossen haben viel zweigichte Strahlen, und eine graue Farbe, nur die Rücken- und Afterflosse sind, so weit sie von den Schuppen bedeckt werden, gelblicht. In den langen Bauchflossen ist der erste Strahl stachlicht; in der Afterflosse sind drey, und in der Rückenflosse fünf Stacheln von gleicher Beschaffenheit, beyde letzte Flossen sind ungemein breit und dick, von welchem Umstand obige Benennung entlehnt worden ist. Herr D. **Bloch** fand ihn unter der Sammlung von Fischen, die er aus Ostindien erhielt. Von den Deutschen wird dieser Fisch der **Breitflosser**, und von den Franzosen Bandouliere à larges nageoires genannt. In **Willughby** findet sich auf der Tafel O 5 ein Fisch abgezeichnet, der eben so breite Flossen, wie der unsrige hat. Ist die Zeichnung getreu, so gehört er in eine ganz andere Klasse, da die Bauchflossen an der Kehle sitzen; im entgegen gesetzten Fall aber könnte er wohl der unsrige seyn; indessen wäre die Zeichnung doch fehlerhaft, da weder die Schuppen noch die Seitenlinie darinnen angedeutet sind. (P.)

**Breitflügler, Ritter**, Equites. Mit diesem Namen wird die erste Klasse der Tagvögel belegt. **Linné** theilt sie in 2 Ordnungen.

a) **Trojanische Ritter**, Equites Trojani. Die Flügel sind sehr breit, so daß von den drey Rändern der Oberflügel der innere Rand der kürzeste ist. Die fadenähnlichen Fühlhörner haben großentheils keinen Knopf, sondern sind gerade abgestutzt. Die Brust hat hie und da rothe Flecke. **Linné** hat 19 Stück benennt, zu welchen **Götze** noch 29 neue hinzugefügt hat.

b) **Griechische Ritter**, Equites Achivi. Die Brust hat keine rothe Flecken, dagegen haben die Unterterflügel oft am Innenwinkel einen braunrothen Fleck; sie sind zum Theil geschwänzt, zum Theil nicht geschwänzt. Beym Linné finden sich 30 benannte, wozu noch 77 aus den Götzischen entomologischen Beyträgen hinzukommen. (Gr.)

Breitklaffer (Conchyl.) die schinkenförmige Mya n) Ein ganz sonderbarer Name des verstorbenen Prof. Müller,

n) Argenville Conchyl tab. 22. fig. N. S 246. 252. die große magellanische Miesmuschel. (grande moule de Magellan) die große purpurfarbene magellanische oder guineische Miesmuschel. Knorr Vergn. Th IV. tab. 15. fig. 4. erster Text S. 26, zweyter Text S 43 *Mya perna*. Die magellanische Mya. Die langgestreckte glatte magellanische Miesmuschel. Die schinkenförmige Mya. Holländischer Text S. 14. Magellaansche Mossel. Chemnitz Conchyl. Th. VIII. S 157. tab. 83. fig. 738. die langgestreckte glatte magellanische Miesmuschel. Mytilus elongatus laevis Magellanicus, testa elongata ventricosa, margaritifera laevi, coloribus purpurascentibus, violaceis, caeruleis et margaritiferis elegantissime mixtis, splendens. (Davila Catal. T. I. p. 879. Magellanique grande dans son espéce. Favart d'Herbigny Diction. Tom II. p. 371. Moule de Magellan ou Magellane bleue sans stries. Favanne de Montcervelle tab 50. fig. I. cit. Chemn)

Linné Syst. nat. ed X. p 671. Sp. 21. ed. XII. p. 1113. Sp 30. *Mya Perna*, testa oblonga dilatata basi angustiore compressa. Linné Mus Reg Lud. Ulr p. 470. n 10. Testa perniformis, laevis, violaceo-albida Margo dorsalis dilatatus. Apex terminat testam subcompressus, nec latera ad apicem dilatata sunt. Cardo intra apicem constans Fossula transversa cum dente unico. Müller Linnäisches Natursf. Th. VI. p. 223 der Breitklaffer. Linné Natursf. des Thierr. Th. II. S. 463. der Breitklaffer. Meine Einleit. Th II. S 608. tab. 7. fig 4. die magellanische Mya. Die schinkenförmige Mya. Kämmerer Conchyl. in Rudolst. S. 222 n. 6. a. die glatte dreyseitige gestreckte magellanische Miesmuschel. Verzeichn. der Na-

Müller, der, weil diese Muschel zu den Klaffmuscheln des Linné gehört, und sich nach dem äußern Rande zu ausbreitet, sie den Breitklaffer nennt. Die übrigen Benennungen sind von dem gewöhnlichen Orte ihrer Herkunft hergenommen, weil sie von der magellanischen Straße zu uns gebracht wird, nur mit dem Unterschiede, daß sie bey Einigen eine Mya, bey andern eine Miesmuschel ist, davon hernach ein Mehreres.

Nach Linné hat sie eine längliche ausgebreitete Schale, deren engere Basis eingedrückt ist. Es ist nemlich der untere Theil der Schale, das ist derjenige, wo sich die Schnäbel befinden, und der eben beym Linné die Basis heißt, auf beyden Seiten eingedrückt, in der Mitte aber erhöhet, und nun wird diese Muschel nach dem äußern Rande zu immer breiter, und erhält dadurch allerdings eine Aehnlichkeit mit

---

Naturaliens. in Köstritz S. 259 n. 1450. die magellanische Miesmuschel. Die Conchylien des Fürst. Bisch. in Constanz. S. 267. die langgestreckte glatte magellanische Miesmuschel. *Mus. Leers* p. 101. n. 980 Moule de Marseille. Marsiliaanse Mossel-doublet. *Mus Koening.* p. 62. n. 790. *Moule de Magellan.* Punt-Mossel-Doublet van Magellaan. *Mus. Gevers.* p. 466. n. 1797. Mytilus Pumicatus. Moule grande de Magellan.

Deutsch, der Breitklaffer. Die große magellanische Miesmuschel. Die magellanische Mya Die langgestreckte glatte magellanische Miesmuschel. Die schinkenförmige Mya. Lat. *Mya Perna Linn* Franz. *Grande Moule de Magellan. Moule de Magellan. Moule Magellanique. Magellanique grande Magellane bleue sans stries. Moule de Marseille. Moule bleue Malouine.* Holländ. *Magellaansche Mossel. Punt-Mossel-Doublet van Magelaan. Marsiliaanse Mossel Doublet.*

mit den Schinkenmuscheln oder den Pinnen. Die Schloßlinie mit dem leder= oder knorpelartigen Bande ist über zwey Zoll lang, und die Wirbelspitzen stehen mit dem äußern Rande in einer völlig geraden Linie, auch wie bey den Schinken. Linné hat also Gründe genug, diese Muschel Pernam zu nennen. Obs aber auch eine Mya sey? das ist eine andre Frage. Es ist wahr, daß diese Muschel unter der knorpelartigen Verbindung bis an den äußern Rand des Hintertheils derselben klafft, und selbst an der Hinterseite erblickt man eine Oefnung. Auch erblickt man in dem Schlosse in der einen Schale eine tiefe Grube, in welcher ein Zahn der Gegenschale genau paßt. An manchen Beyspielen liegt sogar neben der Grube ein kleiner Seitenzahn. Da aber bey den Myen der Zahn nicht in eine gegenseitige Grube eingreifen soll, so blieben wenig genug Kennzeichen übrig, die diese Muschel zur Mya machen könnten; hingegen für Mytilus redet alles, und Linné scheint dies selbst gefühlt zu haben, da er in seinem System die Worte setzt: Habitat in Freto Magellanico. Forte Mytili Species. Beyde Schalen sind stark aufgeblasen oder gewölbt, am stärksten nach der Hinterseite zu, am schwächsten am äußern Rande. Die Zeichnung ist sehr verschieden. Manche sind blau und weiß marmorirt, andre gleichen einem rothbraunen Achate, noch andere haben auf einem leberfarbenen Grunde röthliche und anders gefärbte Flecken u. s. w. Von außen und von innen haben sie einen großen Glanz, den sie aber äußerlich erst dann erhalten, wenn man ihr äußeres Epiderm abziehet. Vorzüglich schön ist das Spenglerische Exemplar, das wir aus Chemnitz haben nachzeichnen lassen. Es ist bey den Cookischen Reisen um die Welt im Südmeere bey Neuseeland gefunden worden; doch war es dem Pinsel des Künstlers nicht wohl möglich, den lebhaf=

lebhaften Silberglanz der Schalen, die beym Wirbel weiß sind, und auf dem Rücken bis zum Rande eine purpurfarbichte violette, mit allen Farben des Regenbogens spielende und schimmernde Farbenmischung haben, völlig zu erreichen und auszudrücken. So schön sind freylich diese Muscheln nicht, wenn sie noch ihr Epiderm haben, davon ich aber keine Nachricht geben kann, weil die Schriftsteller davon schweigen, und meine beyden Beyspiele ebenfalls abgezogen sind. Man findet diese Muscheln an den Ufern der Falklandsinseln, im Südmeere bey Neuseeland, in der magellanischen Meerenge und in der Barbarey. Sie erlangen eine Länge von fünf und eine Breite von zwey Zollen, sind da, wo sich die Schloßlinie endiget, am breitesten, und gehören unter die wahren Seltenheiten. In der Leersischen Auction wurde ein Beyspiel mit vier Gulden bezahlt.

Es ist keinem Zweifel unterworfen, daß diese Muschel keine Mya, sondern ein Mytilus ist, welches auch Linné selbst zugiebt; es ist aber auch eben so gewiß, daß die jetzt von mir beschriebene Muschel die Mya perna des Linné ist. Denn 1) passet die ganze Beschreibung des Linné auf unsere beschriebene Muschel [w]örtlich und genau. 2) Beruft er sich, so gar noch in der zwölften Ausgabe seines Natursystems auf die Abbildung des Dargenville, welche unsre beschriebene Muschel vorstellt. 3) Giebt er auch den rechten Geburtsort derselben, die magellanische Meerenge an. 4) Sagt er es ausdrücklich, daß es vieleicht eine Miesmuschel sey. Was man allenfalls dagegen einwenden könnte, das sind Kleinigkeiten, die ich bey der Beschreibung dieser Muschel hinlänglich beantwortet habe. Zuverläßig ist es, sie sollte Mytilus Perna heißen.

Als Abänderungen gehören hieher:

a) Die afrikanische Miesmuschel. o) Da man diese Muschel in südlichen Gegenden des mittländischen Meeres, vornehmlich bey Maltha und der afrikanischen Küste findet, obgleich ihr eigentliches Vaterland die Barbarey ist, so heißt sie die afrikanische Miesmuschel. Sie hat eine dreyseitige Form. Beym Wirbel ist sie gewölbt, und am äußern Rande zusammen gepreßt und flach. Ihre Vorderseite ist besonders gegen die Mitte des Randes stark ausgebreitet, und bis hieher reicht die mit einem lederartigen ligamente bedeckte Schloßlinie. Die Hinterseite ist so stark eingedrückt, daß sie dadurch ganz flach erscheint, und hat eine lange, doch nicht eine allzubreite Oefnung, das Ganze aber hat eine dreyseitige Form. Die scharfen Wirbelspitzen, die übrigens im Mittelpunkte der Schale

o) Knorr Vergn. Th. IV. tab. 15. fig. 5. Erster Text S. 26. zweyter Text S. 414. die africanische Miesmuschel, die grüne gestickte Miesmuschel. Holländischer Text p. 14. Algerynsche Mossél. von Born Ind. Mus. Caes. Vind. P. I. p. 111. *Mytilus pictus*. Die gefärbte Miesmuschel. von Born Mus. Caes. Vind. Test. p. 127. tab. 7. fig. 6. 7. Chemnitz Conchyl Th. VIII. S 160. tab. 83. fig. 739. 740. 741. die afrikanische Miesmuschel. *Mytilus Africanus*, testa triangulari, colore flavescente albida aut lucide viridescente, venis pallide rufescentibus nitidissime picta, cardine terminali bidentato. Davila Catal. T. I. p. 384. n. 892. Moules d'Afrique. Favart d'Herbigny Dict. Tom. II p. 380. Moule verte d'Afrique. Favanne de Montcervelle Conchyl. tab. 50. fig. F. 2. Kämmerer l. c. p. 222. n. 6. b. die grüne afrikanische Miesmuschel. Conchyl des Fürst Bischoffs zu Constanz S. 266. n. 14. 15. die afrikanische Miesmuschel. Meine Einleit. Th. III. S. 453. n. 10. die afrikanische Miesmuschel, Moule de Mahon.

Schale sitzen, kehren sich ein wenig nach der Hinterseite. In jeder Schale sitzt ein einzelner Zahn, der in ein gegenseitiges Grübchen der Gegenschale greift. Bey einer länge von vier Zollen, die diese Muschel erhalten kann, erreicht sie eine Breite von zwey Zollen. Von ihrer Zeichnung, die verschieden ausfällt, sagt Chemnitz folgendes: „Einige sind einfärbig, und haben alleine eine bloße Narcissen- oder Jonquillenfarbe, die man auch wohl eine schwache Stroh- oder Erbsenfarbe nennen möchte. Sie glänzen, wenn sie recht polirt werden, wie ein Spiegel. Andre haben eine lebhafte hellgrüne und gelbliche Farbenmischung, hinter welcher, wie durch einen zarten Flor, die blaßröthlichen Zickzackzüge der Grund- und Unterlage überall hindurch schimmern. Sobald dieses feine, grüngelbe Oberkleid abgezogen worden, so zeigen sich die bogenförmigen Ansätze, und die in solchen Zirkelbogen stehenden blaßröthlichen Adern und Zickzackzüge desto sichtbarer und deutlicher. Sie sind jenen Stichen ähnlich, welche man bey Broderien point d'Hongrie, Ungarische oder auch wohl Hexenstiche zu nennen pflegt. Die Bekleidung der innern Wände bestehet nur aus einem halben Perlmutter, darauf einige Farben des Regenbogens spielen.“ Herr Houttuyn sagt von seinem im Knorr abgebildeten Beyspiele, daß seine grüne Farbe unaussprechlich schön sey, welche durch goldgelbe Ringe noch um ein merkliches verschönert werde.

Ich muß aus Herrn Chemnitz noch zwey Anmerkungen wiederhohlen.

Die erste. „Der Herr Hofrath von Born glaubet in dieser Gattung diejenige höchst seltene Miesmuschel zu erblicken, welche von den französischen Conchyliologen *Moule arborisée* genannt wird, und davon man meines Wissens sonst nirgends, als im Davila Cat. raiſ. Tom. I. tab. 19. lit. z. eine Abbildung antrifft. Allein, alsdann müßte unsre afrikanische Miesmuschel dem Mytilo lithophago Linnaei gleichen, eine cylindrische Form, papierdünne Schalen, netz- und baumartige Züge auf der Oberfläche, (un dessein en rezeau très fin — und nach des Favarts Beschreibung in seinem Dict. Vol. 2. p. 366. un faisceau de petites ramifications) und keinen einzigen Zahn im Schloße, sondern nur eine längliche Furche beym ligamente haben. (Une moulure longitudinale au dessous du ligament.) Aber unsre afrikanische Miesmuschel hat keine cylindrische, walzenförmige, sondern eine dreyseitige, beym Wirbel ein wenig gewölbte, und beym Rande wie zusammengepreßte Form und Bildung. Man findet bey ihr keine papierdünne und höchst zerbrechliche, sondern ganz feste und haltbare Schalen. Ihre Oberfläche wird von Zickzackzügen, die sich wie zirkelförmige Gürtel um sie herlegen, aber nicht von netz- und baumartigen Ramificationen bezeichnet. Von der Moule arborisée behauptet Davila: on n'y appercoit nulle trace de charniere. Allein bey der afrikanischen Miesmuschel stehen im Schloße ein paar Zähne, die sogar auch von Außen etwas sichtbar sind. Es kann folglich diese letztere nimmermehr moule arborisée heißen. Sie wird auch nicht in Indien, wie der Herr von Born schreibet, gefunden."

Die

Die zweyte. „In dem brauchbaren conchyologischen Wörterbuche des Favarts d'Herbigny finde ich Tom. 2. p. 38. noch folgende Nachricht, daß man einst eine sehr große Anzahl dieser Muscheln mit ihren lebendigen Bewohnern von der afrikanischen Küste nach Marseille gebracht, und beym dortigen Meere in gewissen abgesonderten Behältnissen aufbewahret habe. Diese Gattung sey aber daselbst mit der Zeit wieder verschwunden, entweder, weil der dortige Meeresgrund und Boden ihr nicht zuträglich gewesen, oder weil sie das Klima daselbst nicht vertragen können, oder weil sie ausgeartet, oder hinweg gestorben, oder aus andern Ursachen."

2) Die bunte Miesmuschel. Die opalisirende Miesmuschel. p) Sie kommt mit der vorherbeschriebenen afrikanischen Miesmuschel in den mehresten Stücken überein. Nur hat sie da, wo die Vorderseite von der Hinterseite geschieden wird, keinen so stark gewölbten und erhobenen Rücken, sondern sie ist in ihrer ganzen



p) Argenville Conchyl. tab. 22. fig. Q. S. 246. 252. die gefleckte magellanische Miesmuschel. Moule Magellanique bariolée. Knorr Vergn. Th. IV. tab. 15. fig. 2. erster Text S. 26 zweyter Text S. 411. die bunte Miesmuschel. Die opalisirende Miesmuschel. Holländischer Text S. 13. Guineesche Mosselen. Chemnitz Conchyl. Th. VIII. S. 168. tab. 84. fig. 748. die bunte Miesmuschel. *Mytilus variegatus*, testa trilatera subcompressa, coloribus albidis, violaceis, rufescentibus, achatinis, elegantissime variegata et marmorata, cardine unidentato. Meine Einleit. Th. III. S. 456. n. 14. die bunte Miesmuschel. Die opalisirende Miesmuschel. Die Conchyl. des Fürst-Bischoffs von Constanz, S. 267. Num. 19. die bunte Miesmuschel.

Form viel platter und flacher, obgleich, mehrere Beyspiele unter sich verglichen, einige mehr gewölbt sind, als andre. Unter dem Wirbel, der sich unmerklich nach der Hinterseite krümmt, liegt ein Zahn, der in eine Grube der Gegenschale eingreift, und die Muschel, die einen schneidend scharfen Rand hat, kann über drey Zolle lang, und über zwey Zolle breit werden. Eigentlich hat sie eine bräunliche Oberhaut, auf welcher man eine Menge bogenförmiger Queerstreifen siehet. Wenn man nun diese Epiderm und diese Queerstreifen wegschleift, so wird die Schale nicht nur spiegelglatt, sondern sie erscheint auch in der schönsten Farbenmischung, die um so vielmehr einnehmend wird, da diese Muschel eine vorzüglich schöne Politur annimmt. Bisweilen ist die Schale vorzüglich dicht und reich gefärbt, und dergleichen Beyspiele spielen am äußern Rande wie ein Opal, daher nannte auch der Herr Kunstverwalter Spengler in Kopenhagen diese Muschel mit einem gut gewählten Namen, die opalisirende Miesmuschel. Manchmal sind braune, rothe und violetblaue Farben bloß durch einander gezogen, manchmal aber auch durch dunklere Queerbänder noch mehr verschönert. Die eingedrückte Hinterseite ist entweder bloß weiß, oder nur schwach gefärbt. Innwendig richtet sich das Perlmutter, welches nicht selten ebenfalls opalisirt, nach der äußern Zeichnung, und ist schöner und dichter, wenn die äußere Farbe reich und dicht ist, aber auch schwächer und unbedeutender, wenn die äußere Farbe schwächer aufgetragen ist. Allemal aber ist die Muschel schön. Sie fällt auf Guinea ziemlich häufig, ob sie aber auch in der magellanischen

Meer-

Meerenge gefunden werde, wie der Argenvillische Name nicht nur darzuthun scheinet, sondern wie auch dieser Schriftsteller ausdrücklich sagt, q) das kann ich nicht sagen, zweifle aber sehr daran.

(S.)

**Breitling.** r) In der Gegend von Pommern, Preussen und Liefland heißt dieser Fisch Breitling, Brätling, Kållo-Strömling und Kullosilkud; in Schweden Kållo-Strömlinge und Hwaßbuk; in Holland Sprott; in Dännemark Huas Sild; in Norwegen Blaa oder Smaa-Sild und Brisling; in Irland Kop Sild, und in Frankreich la Sardine. Ich theile folgende Beschreibung nach Anleitung des Blochischen Werkes hier mit. Der vor dem obern hervorstehende gekrümmte Unterkiefer und die neunzehen Strahlen in der Afterflosse, geben hinlängliche Merkmale ab,

 diesen

q) S. 252. Q. ist eine magellanische Miesmuschel mit braunen Flecken auf achatfarbigem Grund. Ihre marmorartige Mischung der Farben ist vor andern sehr unterschieden. Auch in dem *Mus. Leers.* wird diese bunte Miesmuschel S. 101. n. 788. Maggelaanse Mosseldoublet, Magellanique genennet. Eben so in dem *Museo Koeningiano* p. 62. n. 795. wahrscheinlich aber hat Herr Meuschen, der Verfasser dieser Verzeichnisse, diesen Namen aus dem Dargenville entlehnt.

r) Clupea Sprattus, pinna dorsali radiis tredecim. *Linn.* Syst. Nat. T. I. n. 2. p. 1403. ed. *Gmel.* Mus. Ad. Frid. R. T. II. Prodr. p. 105. Faun. Suec. n. 358. die Sprotte. Müll. Linn N. S. 4 Th. n. 2. p. 370. Tab. X. f 4. Bloch Fische Deutschl. 1 Th. n. 2. p. 206. Tab. 29. f. 2. *Artedi* gen. 7. syn. 17. spec. 33. *Gronov.* mus. ichth. T. I. n. 22. p. 6. *Müll.* Zool. dan. prodr. n. 422. p. 50. *Brünnich* ichth. mass. p. 82. Harengus VII. *Klein* miss. V. p. 73. *Willughby* p. 221. *Pennant* Zool. brit. T. III. p. 346. *Aldrov.* p. 220. *Schoneveld.* p. 66.

diesen Fisch von den übrigen Heringsarten zu unterscheiden. In der Kiemenhaut bemerkt man acht, in der Brustflosse sechzehn, in der Afterflosse neunzehn, in der Schwanzflosse achtzehn, und in der Rückenflosse siebzehn Strahlen. Der Kopf ist spitzig und gegen den Körper ziemlich groß, die Stirn ist schwärzlich, die Kiemendeckel sind gestrahlt und silberfarben, die Augen groß, ihr Stern schwarz, und ihr Ring gelblich ins Weiße spielend. Die kaum sichtbare Seitenlinie ist gerade, und dem Rücken näher, als dem Bauche; der Rücken ist bläulich, und die Seiten haben eine Silberfarbe. Dieser Fisch, der nicht leicht über vier bis fünf Zoll lang und einen Zoll breit wird, ist mit zarten und leicht abfallenden großen Schuppen bedeckt; auf den Seiten ist er zusammengedrückt, und der Bauch endigt sich in eine gekrümmte Schneide; die Flossen sind kurz, zart, von einer grauen Farbe, und die Schwanzflosse ist gabelförmig.

Wir treffen diesen Fisch nicht nur, wie den Hering, im November in der Ostsee allenthalben, sondern, nach der Bemerkung des Herrn Prof. Brünniche, auch im mittelländischen Meere an. Er hält sich in der Tiefe auf, und findet sich in großer Menge an den Küsten und flachen Orten im Herbst zum laichen ein. Er kömmt in so großer Menge zum Vorschein, daß man nicht selten auf einen Zug für vierzig Tonnen hinlänglichen Vorrath davon bekommt. Wenn man bedenkt, wie viel tausend Stück dazu gehören, um eine einzige Tonne damit anzufüllen; wenn man ferner auf die Menge Rücksicht nimmt, in welcher er sich in Norwegen, Schweden, Holstein, Holland und England darbietet, und daß dessen Fang an den Küsten von Bretagne, mehr als zwo Millionen einbringt; so zweifle ich, ob die Anzahl der Heringe die

die Menge der Breitlinge übertreffen werde. Auch in Preußen und Pommern ist in manchen Jahren ihr Fang ansehnlich. Dieser Fisch wird eben so, wie der Hering, frisch eingesalzen und geräuchert verzehrt. Im ersten Fall bestreut man ihn mit Mehl, und bratet ihn in Butter; im zweyten aber wird er statt der Sardellen gebraucht; weil aber das Kochsalz, dessen man sich in diesen Gegenden zum Einsalzen bedient, nicht die Schärfe des Seesalzes hat, so hält er sich nicht so lange, als dieser, und aus eben dem Grunde muß man auch mehr davon an die Speisen nehmen. Wo aber der Fang sehr häufig ist, wird er geräuchert, in Tonnen gepackt, und unter dem Namen Sprott versendet, wie denn die englischen und kieler Sprotten weit und breit berühmt, und als eine beym Butterbrode und einem Glas Wein wohlschmeckende Speise bekannt sind. Die innern Theile dieses Fisches sind eben so, wie beym Heringe, beschaffen, ausgenommen, daß auf jeder Seite nur funfzehn Ribben, und im Rückgrade acht und vierzig Wirbelbeine befindlich sind.

Aldrovand gedenkt dieses Fisches zuerst, hält ihn aber mit der Sardelle für einerley Fisch. Bald darauf erwähnte Schoneveld seiner, als einer von der Sardelle verschiedenen Art, so wie auch Charleton; darauf beschreibt ihn Willughby genau, hält ihn aber für einen jungen Hering, wovon er sich jedoch durch folgende Merkmale unterscheidet: 1) Ist der junge Hering dicker und schmäler, als der Breitling; 2) unterscheidet beyde die Anzahl der Flossen von einander; 3) kömmt der Breitling lediglich im Herbst, jener aber auch im Frühjahr und Sommer zum Vorschein; 4) hat der junge Hering sechs und funfzig, der Breitling aber, wie oben erwähnt worden ist, nur

acht

acht und vierzig Wirbelbeine: auch hat dieser eine ungleich kürzere Bauchhöle, und daher kaum halb so viel Ribben, als jener; 5) ist der Bauch beym Breitling dünner und schärfer als beym Hering, denn bey diesem sind die Schuppen in einen stumpfen, und bey jenem in einen scharfen Winkel gebogen.

Rai, der den Willughby ausschrieb, begieng auch den Fehler, ihn für einen jungen Hering zu halten. Dem Klein, welcher allein nur eine Zeichnung davon geliefert hat, scheint er und die Sardelle nur eine Fischgattung zu seyn. Wenn der Ritter von Linné der Rückenflosse nur dreyzehn Strahlen giebt, so ist dieses ohne Zweifel ein Druckfehler, der sich sowohl in die Faune als sein System eingeschlichen hat, und von einigen neuern Schriftstellern fortgepflanzt wird. Endlich ist auch Pontoppidan und Stat. Müller geneigt, unsern Fisch für einen jungen Hering zu halten; ersterer macht aus der Sardelle und dem Breitling nur einen Fisch, und letzterer giebt uns eine Zeichnung von einer jungen Alse statt des Breitlings, welches die schwarzen Flecke, die dieser allein eigen sind, zu erkennen geben. (P.)

**Breitlippe**, oder

**Breitlippschnecke.** (Conchyl.) Diesen Namen führen zwey verschiedene Conchylien, die aber beyde zu den Flügelschnecken gehören.

1) **Die Breitlippe, der Riese unter den Flügelschnecken**, Strombus gigas Linn. s) Mit völligem

s) Jonston de aquat. exsang. tab. 10. fig. 1. Murex aculeatus. und tab. 11. fig. 1. Murex marmoreus. Olearius Gottorf.

völligem Grunde nennet Linné diese Conchylie den Riesen unter den Flügelschnecken, weil sie,

---

Gottorf. Kunstk. tab. 32. fig 5. p. 67. Murex über eine halbe Elle groß. Lochner Mus. Besler. tab. 20. p. 72. Murex aculeata marmorea. Bonanni Recr. Cl. III. fig. 304. 321. 404. 405. p. 156. 159. 171. Murex auritus. Bonanni Mus. Kircher. Cl. III. fig. 304. 321. 385. 386. p. 459. 470. 474. Gualtieri Ind. Testar tab. 33. fig. A. Murex aure admodum expansa, et lata, maximus, striatus, tuberosus, ponderosus, validissime muricatus, ex albido et fusco maculatus, intus roseo colore nitidissime splendens it. tab. 34. fig. A. Murex maximus, striatus, striis crassioribus, mucrone validis muricibus armato, aure omnium longissima, et latissima, albidus, intus roseo colore splendens. Hebenstreit Mus. Richter. p. 318. das große, stachlichte, inwendig gelbliche Flügelhorn. Klein Method. p. 76. §. 200. n. 3. Vespertilio Murex carthaginensis. it. p. 100 §. 261. n. 3. Alata lata, labro et columella subcrocea. Leßer Lithotheol. §. 61. ee. ff. gg. kk. erste Ausg. S. 310 311. 312. zweyte Ausg. S. 357. 358. 359. die große geflügelte Stachelschnecke. *Mus. Gottwaldt.* tab. 18. fig. 128. a. S. 29. das große rothmündige Lapphorn Die Breitlippe, die Lappenschnecke. Der Adlersflügel. Der Lekker. Die gezackte Schweizerhose. Cochlis alata maxima, validis et obtusis aculeis per omnes spiras horrida, transversim costosa, faucibus elegantissime roseis. Ala aquilina. (Martini führt noch folgende Schriftsteller an: Rondeletius Aquat. II. p. 76. Murex marmoreus. Gesner Nom p. 244. ejusd. Fischbuch p. 145. b. Murex alatus crassior sive maximus. Belonius Aquat p. 420. Πόρφυρα f. Purpura. Roncera Genuensibus. Ogniella Romanis. Boßuet Aquat. II. p. 35. Murex marmor. Rondel. Columella Aquat p. 60. 61. Murex stromboides, bilinguis. Petiver Memor. curios. 1708. p. 189. n. 1. Murex bilinguis Iamaicensis maximus. ib. n. 5. idem spinis longis distantibus. Sloane H. N. Iam. II. p. 247. et in Additam. p. 247 lin. 33. ubi allegantur: *le Lambis, du Tertre* p 238. Labat Tom. 2. p. 563. Tom. 5. p. 261. et Tom. 6. p. 411. Jußieu ad Barrel. Ic. Tab. 1327. fig. I. p. 132. Murex laevis minor.)

Adan-

sie, wenn wir die Gichtrübenwurzel ausnehmen, die Linné nicht kannte, und den Strombus latissimus, von dem dem Ritter nur kleinere Beyspiele bekannt seyn mochten, unter den Flügelschnecken die größte ist, ob sich gleich unter andern

---

Adanson Hist. du Seneg. p. 137. tab 9. fig. 30. *Kalan.* von Born Ind. Mus. Caes Vind. P I. p. 277 Strombus gigas. Die gezackte Schweinerhose von Born Mus. Caes. Vind. Test. p. 280. Gronov Zooph p. 312. n. 1409. Linné Syst. Nat. ed. X. p 745. Sp. 435. ed. XII. p. 1210. Sp. 504. *Strombus Gigas*, testa labro rotundato maximo, coronata, ventre spiraque spinis conicis patentibus. Müller Linnäisch. Natursf Th. VI. S. 485. die gezackte Schweitzerhose. Linné Natursf. des Thierr. Th. II. S. 539. Meine Einleit. Th. I S 436. f. der Riese. Meine Abhandl. vom innern Bau Tab 1. fig. 1. S. 20. das große rothmündige Lapphorn.

Davila Catal. T. I. p 185. n 323. Grande Ailée d'Amerique. *Mus. van der Mied.* p. 18. n. 402. **. Laphoorn. *Mus. van Dishoek.* p. 16. n. 346. sterk getakte Laphoorn. *Mus. Anon.* p. 257. n. 334. getakt Vleugelhoorn, met vleschkleurige mond. Ailée americaine a pointes. *Mus. Gronov.* p. 119. n. 1215. 1216. gevleugeld Kroon-Hooren. *Mus. Gevers.* p 342. n. 891. bis 894. Ailée Geant ou Coronale Martini Verzeichn p. 68. n. 161. ein großes Lapphorn Kämmerer Conchyl. in Rudolst S 96. n. 10. die große langgezackte Alate mit emporragenden Flügel. Verz. der Reuß Plauisch. Natural. S. S. 100. n 567. das große rothmündige Lapphorn Die Conchyl. des Fürst=Bischoffs in Const S. 105. n. 24. der Adlersflügel, das großmündige Lapphorn. (soll ohne Zweifel heißen, das große rothmündige ꝛc.)

Deutsch: die Breitlippe Der Riese unter den Flügelschnecken. Das große rothmündige Lapphorn. Der Adlersflügel. Die gezackte Schweitzerhose. Der Lekker. Lat. *Strombus Gigas Linn.* Franz. *Grande Ailée americaine - nommée Lambis. Grande Ailée d'Amerique. Ailée americaine à pointes. Ailée Geant ou Coronale.* Holl. *Getakt Vleugelhoorn met vleskleurige mond. Getakte Lapphoorn. Gevleugeld Kroon-hooren.* Engl *The large Conch of Roller.* Ital. *Rancera. Ogniella. Garagao cornuto.*

dern Geschlechtern, z. B. unter den Kahnschnecken, ungleich grössere finden. Da ihr Flügel, oder die Mündungslippe sehr weit hervorragt, oder sehr breit ist, so heißt sie, wie die folgende die Breitlippe; aus eben dem Grunde das Lapphorn,, und weil die Mündung rosenroth ist, das rothmündige. Martini hieß sie um ihrer Größe und um der Größe ihres Flügels willen, den Adlersflügel, und Davila Lambis oder den Lecker, weil das Thier eine breite Zunge hat, womit es den Schleim an den Felsen lecket.

Beym Linné stehet unsere Breitlippe unter den Strombis ampliatis, die einen breiten Flügel haben, und bey unserm Martini unter denen Flügelschnecken, die einen glatten Rand haben. Von diesem Riesen unter den Flügelschnecken haben schon die ältesten Schriftsteller Nachricht ertheilet, sagt unser Martini. Man darf sich aber nicht wundern, daß man davon so vielerley Abbildungen findet, welche sowohl in der Größe, als in der Bildung des Flügels merklich von einander abzuweichen scheinen. Bey der Beurtheilung solcher Figuren muß man immer die natürliche Veränderlichkeit aller Flügelschnecken, nach der Beschaffenheit ihres unterschiedenen Alters vor Augen haben. Denn es giebt von jeder Art, also auch von dieser, ganz ausgewachsene und unvollkommen ausgewachsene Schalen. Die vollkommensten Abbildungen großer Lapphörner haben Gottwaldt und Gualtieri tab. 34. geliefert. Eine vollständige Schale dieser Art ist, wenn sie aus der See kömmt, gemeiniglich mit einer starken bräunlichen Oberhaut überzogen, unter welcher die Schalen ein gelb-

weiß

weißliches Ansehen haben. Die ganze obere Fläche der Schale ist mit starken Queerfurchen und Ribben versehen, welche den Flügelrand in unterschiedene halbrunde Abschnitte theilen, und von zartern senkrechten Streifen durchkreuzt werden. Jede der neun stark absetzenden Windungen ist, nach dem Verhältniß ihrer abwechselnden Größe, mit einer ordentlichen Reihe von sechs starken kegelförmigen, vorn abgestumpften Zacken besetzt. Unter sich sind diese Zacken länger oder kürzer, stärker oder dünner, wobey es nicht allemal auf die Größe der Conchylie ankömmt. Eben so ist die Schale, die allemal stark genug ist, manchmal stärker, manchmal schwächer. Auf dem pyramidenförmigen Zopfe bilden die sich durchkreuzenden Streifen ein unregelmäßiges Gitter. Der ausgebreitete Flügel greift oben bis an den Zacken der vierten Windung, und stößt mit seinem Vordertheile hinter der gewöhnlichen Auskehlung, an die schräg übergebogene Nase. Der untere Theil der Schale hat wegen seines blendenden Glanzes und seiner bezaubernden Röthe ein sehr reitzendes Ansehen. Die lange Mündung glänzet im Schmucke der schönsten Rosen, diese Farbe verliert sich am innern Rande des Flügels in ein röthliches Gelb, an der innern Lefze hingegen, welche sich über den ganzen Bauch ausbreitet, in eine matte mit gelb untermischte Fleischfarbe. Desto unansehnlicher ist diese Schnecke, auch wenn sie noch so gut gereiniget ist, von außen. Die Schale hat ungemeine Festigkeit und Schwere; und es giebt Stücke von 1½ Fuß in die Länge. Man findet sie auf Jamaika, häufig bey Karthagena, im spanischen Amerika in großer Menge, an den

Ufern

Ufern der Leewardseite von Barbados. Man speiset sie zwar, und bemerket an ihnen einen Kaldaunen-Geschmack, sie sind aber ohne sattsames Gewürze der Gesundheit nachtheilig. Die Schale wird zwar zu Kalk gebrannt; das Brennen aber erfordert unmäßig viel Holz. Nach Adanson müssen diese Schalen wenigstens eine Länge von drey Zollen erhalten, ehe sie anfangen Flügel zu bekommen, doch findet man unter den unausgewachsenen Schalen Beyspiele von 5 bis 6 Zoll ohne Ansatz zu einem Flügel. Wenn sie auch schon zu dieser Größe gediehen sind, so ist ihre äußere Lefze doch noch, wie bey den jungen Schalen, ungemein zart, schneidend, und kurz, ohne Ausschnitt und Nasenkanal.

Den innern Bau dieser Flügelschnecke habe ich folgender Gestalt gefunden. Die Spindel liegt gerade im Mittelpuncte der Schnecke, und ist ungewöhnlich stark, dergestalt, daß ihre größte Stärke unter der ersten ofnen Windung über $1\frac{1}{2}$ Zoll beträgt. Jeder Fortschritt der Spindel liegt gerade im Mittelpunkte der vorhergehenden Windung. Unten, wo die Spindel in der Windung selbst liegt und befestiget ist, ist sie am dünnsten und etwas gebogen, und in dem Mittelpuncte leicht, aber so unvermerkt aufgeblasen, daß ein aufmerksames Auge, dies zu beobachten, erfordert wird. Die Conchylie hat 9 bis 10 Windungen, von welchen ohngefähr drey an meinem aufgeschnittenen Exemplar verwachsen sind. Die aufgeschnittenen Windungen haben die Figur eines unten abgerundeten Herzens. Doch ist die rechte Seite etwas erhöheter und schmäler, als die linke. Das schönste rosenroth und weiß, wechseln durch die ganze Schnecke ab, doch ist die rechte Seite, die sich in der Mundöfnung endiget, allezeit lebhafter gefärbet, als die linke, und in den letzten Windungen verliert sich die rosenrothe Farbe gänzlich.

Die unausgewachsene Flügelschnecke dieser Art, oder das Strümpschen des Riesens unter den Flügelschnecken, ist das sogenannte Franche- oder Cameelhorn, Strombus Lucifer Lin. t) Linne sahe bey seiner Benennung wahr-

t) Lister Hist. Conchyl. tab. 887. fig. 8. Buccinum ampullaceum, striatum, clavicula muricata, grandioribus muricibus, apertura leviter purpurascente. it. tab. 888. fig. 9. an idem pictura quadam undata magis distinctum? Bonanni Recreat. Class III. fig. 288 p. 153. Murex coronatus. it. fig. 303. p. 155. Murex pyramidalis figurae. Bonanni Mus. Kirch. Cl. III. fig. 289. 305. p. 468. 469. Rumph Amboin. Raritätenk. tab. 49. Fig. M. Holländ. p. 161. de Fransche Hoorn Deutsch. S. 160. die französische Schnecke. Chemnitz Zusätze S. CXXVII. das Franschehorn. Das marmorirte Cameelhorn. Valentyn Abhandl. S 37. die Cameel-Schnecke. it. tab. 10. fig 88. S. 144 die westindische Schweitzerhose oder Morgensternschnecke. (Bastard Switzerbroek of Morgenstaar.) Gualtieri Ind. Testar. tab. 54. fig. M. Strombus integer vulgaris, mucrone gradatim producto, papilloso s. muricato; ex albido subflavus. it tab. 55. fig. A B. Strombus integer, ore labioso, striis raris, veluti fasciis elatis, et rotundis transversim striatus, mucrone papillis diviso, et signato, candidus, maculis parvis rubiginosis, aut pullis variegatus. (B) Strombus integer, ore labioso, rugosus, mucrone insigniter muricato, subalbidus, et lineis pullis, et subrubris undatim signatus. *Mus. Richter.* p. 322. Buccinum Gallicum. Das Franzhorn. Klein Method. tab 4. fig. 85. p. 72 §. 192. n. 2. Trocho-Conus muricatus Gallicus. de Fransche Hoorn, de gemarmerde Cameel-hoorn. it, p. 73. n. 12. Trocho-Conus

wahrscheinlich auf die Zacken, womit jede Windung der Franchehörner besetzt ist, da er sie

 mit

Conus muricatus lineatus, grandioribus muricibus. Argenville Conchyl. tab. 14. fig. I. S. 203. 210. das Franschehorn. Das marmorirte Cameelhorn. Lesser Testaceotheol. fig. 75. §. 60. uuu bis yyy. erste Ausg. S 298. 299. zweyte Ausg. S. 345 346. die pyramidenförmige Straubschnecke. Seba Thesaur. Tom. III. tab 61. fig. 8. tab. 62. fig. 38. 39. 40. p. 161 163. Knorr Vergn. Th II. tab. 29. fig. 1. erster Text S 53. 54. das Fleischhorn oder gezackte Schweitzerhose. Zweyter Text S 232. Strombus Lucifer, das zackige Cameelhorn. it. Th. III. tab. 5. fig. 4. erster Text S. 15. der Viceadmiral. Zweyter Text S. 261. Strombus Lucifer, das Cameelhorn. it. tab. 16. fig. 4. erster Text S 34. das französische Horn, das gekrönte Horn Zweyter Text S. 304. *Mus. Gottwaldt.* tab. 28. fig. 199. b. fig. 200. a. b. c tab 31. fig. 215. 216. 217. S. 40 das Franschehorn. Strombus lucifer. Martini Conchyl. Th. III. S 170 tab. 90. fig. 878. 879. 881. 885. 886. das französische Horn, Fransche Horn, Kameelhorn. Cochlis alata imperfecta, clavicula contabulata muricata, testa transversim striata, vel fusco undata et maculata, vel rubicunda vel alba. Alata mutila Gallica. von Born Ind. Mus. Caes. Vind. P. I. p. 276. Strombus lucifer. Die Kameelschnecke von Born Mus. Caes. Vind. Test. p. 279. Gronov Zooph. p. 312. n 1408.

Martini führt noch folgende Schriftsteller an: Jonston de exsangu. tab. 10. fig 10 Murex aculeatus. Aldrovand de Test. p. 116. tab. 6. fig. 6. Murex marmoreus purpurascens Grew Rarities p. 125. Murex aculeatus. Spiked Whilk. Sloane Hist. Nat Jam. Vol. II. p. 248. n. 3. Davila Catal. T. I. p. 67. n 267. Rochers marbrés et bariolés - à tête fort élevé.

Linné Syst. Nat. ed. X p. 744. Sp. 434. ed. XII. p. 1210. Sp. 503. *Strombus Lucifer*, testae labro antice rotundato integro, ventre dupliciter striato, spira carinata: tuberculis superioribus minutis. Differt a sequente (*Strombus Gigas.*) testa minus crassa, et imprimis spinis spirae minimis, nec magnis crassis pollicaribus ut in illa. Conf.

mit einem Morgensterne verglich, ein Name, der schon zu Valentyns Zeiten bekannt war. Valentyn wußte es indessen nicht, warum sie Fransche oder französische Hörner hießen? sagt auch, daß er es nie habe erfahren können. Wir wissen es aber schon längst, daß sie diese Benennung erhalten haben, weil sie aus dem französischen Antheile von Westindien nach Europa gekommen sind. Die Zacken der Windungen verglichen sich einige mit den Buckeln der Cameele, und nun hießen sie Cameelschnecken. Wegen der Benennung des Morgensterns, oder auch der Schweitzerhosen ist Martini mit ihren Erfindern weder einstim-

---

Conf. *Gualt.* test. tab. 55. B. *an hujus Larva?* Müller Linnäisch. Naturs. Th. VI. S. 484. die Kameelschnecke. Linné Natursf des Thietr. Th. II. S 539. Meine Einleit. Th. I. S 435. das Franschehorn. Meine Abhandl. vom innern Bau S. 20. n. 2. *Onomat* Hist. Nat. Tom. VII. p. 343. Deutsche Encycl. Th. X. S. 426.

*Mus. Chais.* p. 50. n. 631. 637. Chameaux. Kameelhoorn. *Mus. van Dishoek.* p. 16. n. 354. *Mus. Oudaan.* p. 42. n. 462. p. 43. n. 467. 480. p. 45. n. 500. 501. *Mus. Leers.* p. 57. n 551. *Mus. Koening.* p. 28. n 344. *Mus. Anonym.* p 257. n. 336. bis 340. *Mus. Gronov* p. 119. n. 1214. Kameel-Hooren. *Mus Gevers.* p. 342. n. 895. 896. Ailée Chameau bariolé. Kämmerer Conchyl. in Rudolstadt S. 96. n. 10. Verzeichniß der Reuß-Plauischen Naturaliens. S. 100. n. 569. Die Conchylien des Fürst Bischoffs zu Constanz. S. 128. 129. n. 38. bis 42.

Deutsch: Das französische Horn Das Franchehorn. Das Franzhorn. Die französische Schnecke. Das Kameelhorn. Die Kameelschnecke. Lat. *Strombus Lucifer.* Franz. *Chameau. Ailée Chameau bariolé.* Holländ. *Fransche-hoorn, Kameel-hoorn. Bastaart Swizersbroek of Morgenstaar,* Engl. *Spiked Whilk.*

stimmig, noch zufrieden. In der That fehlt es den französischen Hörnern an der Aehnlichkeit, welche man mit beyden gefunden zu haben vermeynt. Ueberdieß führen auch schon ganz andere Schnecken diesen Namen, und es ist unbillig, daß man so verschiedene Gegenstände mit einerley Namen belegt.

Nach Linné ist der Mündungssaum des Franschehorns oben abgerundet und ununterbrochen, der Leib hat gedoppelte Streifen, die Windungen des Wirbels sind ausgekehlt, und die obern Knoten sind klein, aber spitzig. Die Schnecke hat einen langgestreckten pyramidenförmigen Bau, und wurde daher von Letzern die pyramidenförmige Straubschnecke genannt. Ueber alle Windungen laufen eine Menge feiner erhöheter Queerstreifen, wo oft zwey und zwey am nächsten bey einander liegen; doch leidet dieser Linnäische Character viele Ausnahmen. An jungen Exemplaren ist die Zahl und Feinheit dieser Streifen viel beträchtlicher, als an alten. Mit den Jahren werden sie flacher, breiter und verhältnißmäßig minder zahlreich. Auf jeder Windung liegen eine Reihe längerer oder kürzerer Stacheln oder Knoten, die auf den Windungen des Zopfs auf einer erhöheten Kante liegen, daher die Windungen stark ausgekehlt sind. Die Stacheln, sonderlich der ersten und zuweilen auch der zweyten Windung sind inwendig hohl, die übrigen aber sind verwachsen. Die Abwechselungen der Streifen, Knoten und Farben sind überaus verschieden, und an einigen Exemplaren sind die letztern oft sehr schön. Einige sind ganz weiß, andere mit etwas Rosenfarbe bemahlt, und bisslen mit gelbbraunen Flecken bezeichnet. Einige sind weiß, olivenfarbig und braungelb gewölkt und gefleckt, an den meisten erblickt man gelb- oder auch rothbraune Flecken, Wolken und Schlangenlinien. In Amerika, Jamaica und Westindien findet man die Franschehörner häufig, und es ist daher wirklich merkwürdig, daß diese sogar gemeinen Schnecken in der Sammlung der Königin von Schweden fehlten.

Daß diese Franchehörner die unausgewachsenen großen rothmündigen Lapphörner, oder das Stümpfchen von Strombus gigas sind, das vermuthete Linné, und in unsern Tagen bezweifelt es Niemand mehr. Man darf nur Beyspiele genug vom Franschehorn besitzen, um sie in allen Wachsthumsgrößen vergleichen zu können, und man wird es auf das deutlichste sehen, wie das Franschehorn nach und nach wächset, bis es ganz in Strombus gigas verwandelt wird; man muß aber auch von Strombus gigas mehrere Beyspiele bey der Hand haben, wenn man sich in die Verschiedenheiten beyder Conchylien, des Stümpfchens nemlich und des ausgewachsenen Lapphorns schicken will. Unser Martini führet darüber folgenden Beweis. „Die französische Hörner sind in ihrer Jugend so bunt, als ich sie beschrieben habe. Nach und nach nehmen sie von außen und innen eine angenehme Röthe an, worauf gemeiniglich besonders an der Krone noch einzelne Ueberbleibsel rothbrauner Striche und Flecke zu sehen sind. In diesem Zustande und Alter heißen sie Fleisch-hör-

hörner. u) Wenn sie zu dem Alter gelangen, wo die Bewohner darauf denken müssen, einen Flügel anzusetzen, bleibt inwendig zwar die Röthe und vermehret sich in der Mündung; auf der untern Fläche aber pflegt sie immer mehr zu verschwinden, und sich in das schmutzige Weißgrau zu verlieren, das man unter der faserichten Oberhaut großer Lapphörner bemerket; je größer dann die Schale wird, um so viel mehr verlängern sich die hohlen Zacken, desto stärker und breiter werden die Queerstreifen der Krone und des Kegels, desto mehr fängt auch die vorher gerade Nase an sich zu krümmen, und mit einem Worte, es entstehet endlich aus den bunten Franschehörnern ein großes weißes, inwendig rothmündiges Lapphorn, welches dadurch noch mehr bestätiget wird, weil die zackichte Krone der Franschehörner, mit keiner einzigen andern Krone der Flügelschnecken, als mit der Krone der Lapphörner kann verglichen werden. Einerley Bewohner baut also nach den unterschiedenen Stufen seines Alters eine schalichte Wohnung, die man anfänglich das französische oder bunte Kameelhorn, hernach das Fleischhorn, in der Folge das große graue Zackenhorn, und endlich die große rothmündige Lappenschnecke nennet.

Dieses, daß nemlich das Franschehorn das Stümpfchen von dem großen rothmündigen



u) Mit diesen Fleischhörnern muß man eine andre Flügelschnecke, den Strombus pugilis, auch eine gewisse Spindel, die auch den Namen des Fleischhorn führen, nicht verwechseln.

Lapphorn sey, beweiset auch der innre Bau desselben. Denn beyde sind sich hier in allen Stücken gleich, und die Abweichung gehöret vielmehr auf die Rechnung des jüngern Alters, als auf das Wesen der Schnecke selbst. Das größere meiner aufgeschnittenen Exemplare von $9\frac{1}{2}$ Zoll hat zehn Windungen, davon die vier letztern verwachsen sind. Die herzförmige Figur der aufgeschnittenen Windungen ist nur dann an den Seiten unterbrochen, wenn der Schnitt eine äußere Zacke trifft, die noch nicht hinlänglich verwachsen ist. Die rosenrothe Farbe ist zwar in den drey untern Windungen gegenwärtig, aber überaus matt, sie scheinet sich also mit den Jahren zu vermehren und zu erhöhen, wenn indeß die äußern Schönheiten nach und nach hinfallen. Die vierte und fünfte Windung haben nicht nur erhöhete Streifen, die man an jüngern Beyspielen auch von außen siehet, sondern man siehet auch braungelbe Flammen, welche ehedem die Zierde des Rückens waren, und welche die jüngern Beyspiele noch an sich tragen. Die Schale ist, nach der Größe der Schnecke betrachtet, vorzüglich dünne. Ein kleineres von mir aufgeschnittenes $3\frac{3}{4}$ Zoll langes Beyspiel hat 9 Windungen, von denen die obern auch verwachsen sind. Die braungelben Flammen sind schwächer, und nur die erste Windung hat ein schwaches, aber angenehmes Rosenroth. Wenn also das Franschehorn wirklich nur ein Stümpfchen, und zwar von dem großen rothmündigen Lapphorn ist, so gehört demselben in dem System des Linné weder Platz, noch Name.

Den Namen der Breitlippe führt auch

2) Das

a) **Das große breitgeflügelte Lapphorn,** Strombus latissimus Linn. x) Wenn gleich diese



x) Lister Hist. Conchyl. tab. 856. fig. 12. c. tab. 862. fig. 18. a. ohne Beschreibung. Rumph amboin. Raritätenk. tab. 36. fig. E. Holländ. p. 110. n. VI. alata lata. Breed-lipp. Deutsch S 86. die breite Flügelschnecke. Die Breitlippe. Chemnitz Zusätze S. LXXXIV. die Breitlippe, das große Lapphorn. Valentyn Abhandl. S. 23. die große Lappenschnecke. Die Talanschnecke. Talanhoorn. Petiver Aquat. amboin. tab. 14. fig. 9. p. 3. Great broad-lipt Whelk. Seba Thesaur. Tom. III. tab. 63. fig. 1. 2. p. 163. Alata lata. Ailée large. Hebenstreit Mus. Richter. p. 317. das große Lapphorn. Klein Method. p. 100. §. 261. n. 1. 2. Alata lata. Tallan. de groote Laphoorn of Talanhoorn, de Breed-lip. Leßer Testaceotheol §. 61. u. erste Ausg. S. 308. zweyte Ausg. S. 355. Davila Catal. Tom. I. p. 179. n. 304. L'Aile large. Martini Conchylienk. Th. III. S. 124. tab. 82. fig. 832. tab. 83. fig. 835. das große breitgeflügelte Lapphorn. Cochlis alata marmorea, ala largissima, spiras longe superante, margine anteriore inflexa. Alata luxurians et replicata. Gronov Zooph. p. 312. n. 1410.

Linné Syst. nat. ed. X. p. 745. Sp. 436. ed. XII. p. 1211. Sp. 505. *Strombus latissimus*, testae labro rotundato maximo, ventre inermi, spira subnodosa. Linné Mus. Reg. Lud. Ulr. p. 622. n. 284. Testa ovato-oblonga, laeviuscula. Spira conica, obsolete nodosa in cingulum. Labium patens, sinu postico ex plica facto; antice attingens medium spirae, adnatum; apice obtusissimum, margine replicato gibbo. Faux alba laevis. Color flavus, interdum albo nebulosus. Müller Linnäisch. Natursf. Th. VI. S. 486. der Groslappen. Linné Natursyst. des Thierreichs Th. II. S. 539. Meine Einleit. Th. I. S. 438. das große breitgeflügelte Lapphorn. Die Breitlippe. Neuer Schaupl. der Nat. Th. III. S. 528. *Onomat* Hist. Nat. T. VII. p. 342.

*Mus. Chais.* p. 48. n. 605. Laphoorn met omgeslage Lippe. Ailée à levre rebordée. *Mus. van der Mied.* p. 18. n. 402. *Mus. Oudaan.* p. 42. n. 460. Ailée à rebord. it. n. 463. Breed gevlegelde Padde met omgeslaage Lippen.

Flügelschnecke ungleich grösser wird, als der vorherbeschriebene Strombus gigas, und ihr daher, da sie ohnstreitig die gröste unter allen bekannten Flügelschnecken seyn möchte, (man sehe nur die Figur des Listers tab. 862.) und ihr folglich der Name des Riesen unter den Flügelschnecken eigentlich gehörte, so hat doch Linné für sie einen sehr guten Namen gewählt, wenn er sie, die Flügelschnecke mit dem breitesten Flügel nennt, denn keine unter den Flügelschnecken hat einen ausgedehntern Flügel als diese. Darum nannte sie Rumph Alatam latam, und die Breitlippe, und auf diesen Umstand zielen alle die übrigen von mir angeführten Benennungen. Nur über den Namen der Talanschnecke kann ich keine weitere Auskunft geben, da Rumph darüber weiter nichts sagt, als das Wenige, sie würde von Einigen, wahrscheinlich unter den Maleiern eigentlich die Tallan genennt, woraus Valentyn die Talanschnecke macht.

Rumph

---

Lippen. Crapaud ailé. *Muf. Leerf.* p. 52. n. 494. 495. 497. *Muf Anon* p. 154. n. 302. 303. *Muf. Gronov.* p. 119. n. 1219. Vleeschkleurig-Laphooren. *Muf. Geverf.* p. 338. n. 864. bis 867. Ailée tres large, ou Levre recourbée.

Deutsch: Das große breitgeflügelte Lapphorn. Die Breitlippe. Das große Lapphorn, das breite Lapphorn. Die große Lappenschnecke. Die Talanschnecke. Das Flügelhorn mit ausgebreiteten runden Flügel. Die breite Flügelschnecke. Der Groslappen. Lat. *Strombus latissimus Linn. Alata lata. Rumph.* Franz. *L'Aile large. Ailée à levre rebordée. Ailée à rebord. Crapaud ailé. Ailée tres large ou Levre recourbée.* Holländ. *De groote Lapphoorn of Talanhoorn. De Breedlip. Groote breede Laphoorn. Laphoorn met omgeslage Lippe. Breed gevlegelde Padde met omgeslaage Lip. Vleeschkleurig Laphooren.* Engl. *Great Broad-Lipt-Whelk.* Malei. *Tallan.*

Rumph sagt über diese Schnecke überaus wenig; nur dieses, daß die Lefze sehr breit herunter auslaufe, daß sie ungezackt, glatt oder eben, dick, und zuweilen hohl, daß der Körper der Schale dunkelgelb, mit etlichen fuchsrothen Flecken versehen, innwendig glatt und roth sey, und daß sie selten gefunden werde.

Linné giebt von ihr eine sehr gute Beschreibung, da er ihr unter allen Flügelschnecken den größten abgerundeten Flügel beylegt, und sonst noch von ihr sagt, daß der Rücken gar keine, der Wirbel aber nur schwache Knoten habe. Dadurch unterscheidet er zugleich diese Breitlippe von der vorher beschriebenen, mit der sie einige Aehnlichkeit hat.

Da ich diese Flügelschnecke nicht besitze, so kann ich bloß die Nachrichten wiederhohlen, die Martini von derselben aus Schriftstellern gesammlet hat, und darum bloß sammlen mußte, weil er diese Seltenheit so wenig als ich besaß, auch in den sonst grossen und zahlreichen Sammlungen in Berlin kein Beyspiel davon fand. „Diese breit- und dicklippige Lapphörner gehören unter die noch selten vorkommenden Rangstücke, sagt er, welche die Holländer in ihren Steigerungen gern mit 6. 8. bis 20. Gulden bezahlen, nachdem sie sich durch die Vollständigkeit ihres breiten Flügels und Schönheit ihrer Farben mehr oder weniger empfehlen. Ihre Größe ist beträchtlich, und steigt nach den Listerischen Figuren von 8½ bis zu 14 Zoll in der Länge, imgleichen von 6 bis zu 10 Zoll in der Breite. Die Farbe des Rückens ist, nach Rumphs Anzeige, dunkelgelb, mit

mit etlichen fuchsrothen Flecken versehen. Sein Exemplar war stark in die Queere gefurcht und gestreift, acht bis neunmal gewunden, innwendig aber glatt und roth. Am Sebaischen und Boldenschen Exemplar sind, anstatt jener Queerfalten, bloß feine senkrechte Striche, und nur am Flügel einzelne Falten wahrzunehmen. Sie haben auf dem Rücken eine bräunlichrothe, an den knotigen Windungen mit weißen Flecken, am ganzen Flügel aber mit weißen Strahlen gemischte Farbe. Der Flügel ist innwendig weiß, die Mündung roth. Am Bauche haben diese Schalen eine schöne gelbbraunlich und weißgefleckte marmorartige Bekleidung. Es giebt von diesen Breitlippen zweyerley Arten, wovon die erste einen geraden Flügelsaum und acht bis neun knotige Windungen, die andre hingegen einen umgeschlagenen oder einwärts gekrümmten Rand, auf der Umbiegung schöne braune Strahlen von ansehnlicher Breite, und nur fünf bis sieben glattere, nicht so knotige Windungen hat. An den schönen Farben sowohl, auf der Oberfläche der Schalen, als am Mangel der Zacken am Fuße der ersten Windung, und besonders an der Bildung des Flügels, kann man diese von dem vorherbeschriebenen großen rothmündigen Lapphorn sehr leicht unterscheiden. Man hat sie mit vielem Rechte die Breitlippe oder das breite Lapphorn genennt, weil ihr Flügel gleichsam einen halben Zirkel bildet, und sehr weit über die Spitze der Windungen, an denen er sich fest anlegt, hervorraget.

Linné giebt das asiatische Meer zum Wohnorte dieser Flügelschnecke an, sie wird aber auch auf Am-

Amboina, und nach Valentyn auf den Inseln Caybobo, Ceram und Suli, nirgends aber häufig gefunden.

Wenn es richtig ist, was in unsern Tagen nicht leicht Jemand bezweifelt, daß die so genannten Stümpfchens unausgewachsene Flügelschnecken sind, so sollte man glauben, daß das Stümpfchen von der eben beschriebenen Breitlippe y) an den angeführten Oertern, Amboina, Caybobo, Ceram und Suli gefunden werden dürfte, und doch kennet man bis jetzt nur Jamaica, wo man sie antrifft. Sie sind indeß eben so selten als die ausgewachsenen Schnecken dieser Art, es ist also wohl möglich, daß sie auch daselbst wohnen, nur daß sie ihren eigentlichen Aufenthalt so gut zu verbergen wissen, daß sie nicht leicht gefunden werden. Vieleicht sinds unzugängliche Oerter der See, wo sie sich aufhalten, vieleicht liegen sie tief in der See, und widerstehen den Brandungen, wodurch sie an die Ufer geworfen werden können u. s. f. Diese Stümpfchen, von denen ich rede, haben einen glänzend weißen Grund, auf welchen hochrothbraune

y) Seba Thesaur. Tom. III. tab. 83 fig. 12. 13. 14. p. 175 Pyramis. Pyramide. Davila Catal. Tom. I. p. 159. n. 240. Grand *rocher* de la Iamaique nommé en Hollande *Pyramide.* Martini Conchylienf. Th. III. S 167. tab. 89. fig. 874. die sogenannte Breitlippe in ihrer Jugend. Alata luxurians in juventute *M/s. Leers.* p 52. onvolmaakte Laphoorn. Ailée jaune, dont l'aile n'est pas encore formée. Die Conchyl. des Fürsten Bischoffs in Constanz. S. 108. n. 35. die sogenannte Breitlippe in ihrer Jugend. Sie unterscheidet sich von der Radix Brioniae (Bryoniae) hauptsächlich durch die Windungen. Deutsch: Die Pyramide. Franz. *La Pyramide.*

braune Striche, Flecken und Wolken bald reihen- bald schlangenweise liegen. Ihre acht bis neun stark an einander anschließende Windungen decken größtentheils mit ihrem untern Saume die Knoten ihrer Kante, die an manchen Beyspielen kenntlicher sind als an andern. Der Flügel ist in seiner Entstehung erst scharf am Rande, dünne, mit durchschimmernden äußern Farben. Weil sowohl der Zopf, als der untere Theil der ersten Windung, die Form einer Pyramide haben, so gab man ihr in Holland auch diese Benennung, die sich freylich auf eine Art hoher Kräusel besser schickt, wie Martini erinnert, die man aber kann gelten lassen, weil nichts leichter ist, als einen Kräusel von einer Flügelschnecke zu unterscheiden. Davila setzt dieses Stümpfchen unter die Rochers oder Felsenschnecke, der doch auch das ausgewachsene Beyspiel desselben besaß, und in der Vergleichung beyder Schalen fast nicht irren konnte.

(S.)

**Breitmaul**, Balaena Musculus. S. unter Wallfisch.

**Breitmuscheln.** (Conchyl.) Mit diesem Namen belegen verschiedene Schriftsteller die Gienmuscheln, Chamae, Cames, Gaapers, doch nicht im Linnäischen Verstande. Im Regenfuß z) gebraucht man diesen von Seemuscheln, und indem man am angeführten Orte die Lagervenus, Venus castrensis Lin. ebenfalls zu den Breitmuscheln rechnet, und beschreibt, so macht man vorher folgende allgemeine Anmerkung: „Die Breitmuscheln werden von den Griechen und La-

z) Erster Theil, neuer Text S. IV.

Lateinern Chamae, von den Holländern Gaaper, sonst auch von einem alten deutschen Worte, welches Gähnen bedeutet, Gienmuscheln genannt, vermuthlich weil sich die Schalen gleich nach dem Tode des Thieres weit von einander aufthun. Sie lassen sich leicht von den Austern unterscheiden. Adanson bringt sie unter drey Hauptarten. Eine begreift die runden, die andre die ganz eyförmigen, die dritte aber diejenigen, die nicht völlig oval an den Rändern hingegen auf eine wellenförmige Art ausgeschnitten sind. Eine besondere Abänderung unter ihnen verursachen die verschiedenen Gelenke derselben. Einige schließen sich nur mit einem Zahn, andre mit zwey oder dreyen, bey noch andern kann man auf jeder Schale wohl 9 Zoll zählen. a) Einige sind auf dem Rande gefurcht, und haben ein Band, andre schließen durch tiefe Wiederhaken; auch unterscheiden sie die herzförmigen Grübchen von einander, nachdem das Gelenke weiter nach unten oder nach oben zu steht.

Andre b) gebrauchen den Namen der Breitmuscheln, vorzüglich in Beziehung auf Flußmuscheln, ob sie gleich nur eine einzige Art, nemlich die Horntelline, die ich gleich beschreiben will, für diese Classe aufweisen können. Nach Martini unterscheiden sich die Breitmuscheln von den übrigen dadurch, daß

1) ihre beyde Schalen

a)

a) Nach Linné gehören die ersten größtentheils unter die Tellmuscheln, die andern unter die Venusmuscheln, und die dritten unter die Archen.

b) Berlin. Magaz. IV. Band. S. 448. §. 122. Geofroy Abhandl. von den Conchylien um Paris. Martini Uebersetz. S. 118. Deutsche Encycl. Th. IV. S. 357.

a) beynahe rund und breit,

b) an Größe und Gestalt einander völlig gleich,

c) stark und egal gewölbt,

d) ziemlich dick und glatt,

e) am obern (eigentlich am untern) Rande in der Mitte durch ein Charnier mit langen Zähnen an einander verbunden, an der Seite aber zuweilen klaffend gefunden werden. Daß

2) ihr Bewohner zwey lange glatte Saugrüssel hervorstreckt, und unter die lebendig gebährenden Thiere (animalia vivipara) gehöret.

Geofroy giebt den Breitmuscheln folgende Charactere:

Die Bewohner haben 2 platte verlängerte Saugerüssel.

Ein mit Zähnen versehenes Charnier.

Ihre Schale ist rund.

Mehreres will ich bey dem Worte Chama über diesen Gegenstand sagen, und jetzt will ich lieber die einzige hierher gehörige Art beschreiben; es ist die

Breitmuschel der Flüsse, die Horntelline, Tellina cornea Linn. c) Wenn diese kleine Muschel bey Einigen

c) Lister Hist. Conchyl. tab. 159. fig 14. Pectunculus subviridis parvus subglobosus. Lister Histor. animal. tab. 2. fig. 31. p. 150. Musculus exiguus, pisi magnitudine, rotundus, subflavus, ipsis valvularum oris albidis. Gualtieri Ind. Test. tab. 7. fig. C. Musculus fluviatilis, aequilaterus, laevis, rotundus, pisiformis, ex rubro flavescens, ipsis valvarum oris albidis. Klein Method. p. 140. §. 364. 1. c. Isocardia laevis, Bucardia, Musculus exiguus. Argenville Conchyl. tab. 27. fig. 9. a. b. d. p. 282. 285. die ganz

nigen ein Musculus, bey andern eine Chama, und noch bey andern eine Tellina ist, so handelt ein jeder Schrift=

---

ganz weiße Gien= oder Breitmuschel. Argenville Zoomorph. tab 8. fig. 10. p. 61. die Gienmuschel Geofroy Conchyl. um Paris. Deutsch S. 118 die kleine Breitmuschel der Bäche. Chama fluviatilis. Came des ruisseaux. (Franz. p. 133.) Martini im Berlin. Magaz. Th IV. tab. 11. fig. 63 A. B. S. 449. die kleine Gienmuschel. Die Breitmuschel der Flüsse. Müller Hist. Verm. P. II. p. 202. n. 387. Tellina rivalis. Fischer Naturgesch. von Liefland S. 175. die Sumpftelline. Müller Zool. Dan. Prodrom. p. 246 n. 2965. Tellina rivalis. Dän Baek-Tellinen. Chemnitz fortges. Conchyl. Th. VI. tab. 13. fig. 133. a. b. p. 136. die Horntelline. Tellina cornea Linnaei, testa subglobosa, laevi, subviridi, pellucida, cornea. (Chemnitz führet noch folgende Schriftsteller an: Petiver Mus. p. 86. n 831. Pennant Brit. Zool. tab. 49. fig. 26. Favart d'Herbigny Dict Vol. 1. p. 178 Came de ruisseaux. Da Costa Brit Conchol tab 13. fig 2 p. 175 Cardium parvum globosum viride fuscum. Nux. Blumenbach Handb. der Naturgesch p 422 Edit. 3. *Dargenv.* tab 75. fig. A. Gronov Zooph. p 264. n. 1118. Neuer Schaupl. der Natur Th VIII. S. 734. die Sumpftelline. *Onomat.* Hist. nat. T VII p 447.

Linné Syst. nat. ed X. p. 678. Sp. 57. ed. XII. p 1120. Sp. 72. *Tellina cornea*, testa globosa glabra cornei coloris; sulco transversali. Testa magnitudine Pisi, rudis, cornu coloris; at in *Islandia* quadruplo major. Linné Fauna Suec. p. 517. n. 2138. Magnitudine Pisi majoris subglobosa. Testa latior transversim, quam a cardinibus antrorsum, valde gibba, laevis est, uno sulco striaque transversali, subpellucida, minime alba, sed coloris omnino cornu bovini ad pectines elaborati subdiaphani. Müller Linnäisch Natursi. Th. VI. S. 242. die Sumpftelline Linne Natursi. des Thierr. Th. II S 469 Meine Abhandl. von Flußconchyl S. 189. tab. 4. fig. 3. 4 5. die kleine Gienmuschel Meine Einleit. Th. II. S 665. die Horntelline, das hornartige Erbsgen. *Mus. Gronov.* p. 95. n. 884. Hornagtig Erwetje. Kämmerer Conchyl.

Schriftsteller nach seinem System. Beym Linné ist sie eine Tellina, und doch sagt Chemnitz, daß er fast daran zweifle, daß sie mit vollem Rechte eine Telline heißen könne, da er weder an ihren beynahe unsichtbaren Schloßzähnen, noch an ihrer Schale solche Merkmale finden könne, welche eine Verwandschaft mit dem Geschlechte der Tellinen verriethen; sie stehe daher auch im Linnäischen System, gleichsam als eine verlohrne Post, zuletzt.

Die Bauart ist sich bey dieser kleinen Muschel völlig gleich, ob sie gleich sonst in Rücksicht auf ihre Größe und Farben sehr von sich abweicht. Es ist eine fast runde stark aufgeblasene Muschel, die ihre Schnäbel gerade im Mittelpunkte hat. Die Schnäbel sind in sich gebogen, passen beyde genau an einander an, sind aber ganz stumpf. Da sich die Muschel, wenn sie fortschreitet, auf diesen Schnäbeln fortschiebet, so sind sie an den mehresten Beyspielen abgerieben, und gleichen zwey weißen Augen. Ein Umstand, den man an andern Flußmuscheln, und beynahe an allen Seemuscheln ebenfalls bemerkt, den also Lister nicht unter die Charaktere derselben hätte setzen sollen Ueber den Rücken laufen sehr feine, an kleinern Beyspielen beynahe unsichtbare Queerstreifen. Auch die neuen Schalenansätze sind oft sichtbar. Man siehet nemlich einen

---

chyl. in Rudolstadt. S. 202. n. 10. die kleine kuglige Flußtelline.

Deutsch: Die Horntelline, die Flußtelline, die Telline der süßen Wasser die kleine Gienmuschel Die Breitmuschel der Flüsse, oder der Bäche, die weiße Gien- oder Breitmuschel, die Sumpftelline, das hornartige Erbschen. Lat. *Tellina cornea Linn.* Franz *Came de ruisseaux*, Holländ. *Hornagtig Erwetje.* Dänisch. *Baek Tellinen.*

einen dunklern schwarzen Ring, das ist der Sulcus transversalis des Linné, der indessen manchen Beyspielen fehlt, an manchen aber sind auch mehrere derselben vorhanden. Die Schale ist nach der verschiedenen Größe derselben stärker oder dünner, nie aber im eigentlichen Verstande dicke. Die Farbe ist verschieden. Einige haben die Farbe, und die Durchsichtigkeit des Horns, worauf Linné bey seiner Benennung sahe. Andre sind braun mit hellern Querstreifen, noch andre sind einfärbig dunkelbraun. Eine bey uns ganz unbekannte Art ist die rothgefleckte, deren Argenville gedenket; auch haben wir eine blau und weißgefleckte aus der Leine bey Göttingen, erst durch den Herrn Prof. Blumenbach kennen gelernet. Unter diesem gefärbten Epiderm liegt die weiße in das Blauliche spielende Schale, die innwendig an guten und nicht so gar sehr veralterten Beyspielen stärker in das Blaue fällt. Indessen habe ich ehedem kleine Schalen in Sande gefunden, die weiß und glänzend, wie Perlmutter waren. Ihre Größe ist zwar verschieden, doch gehören sie durchgängig zu den kleinern Muscheln, gewöhnlich von der Größe einer Erbse, doch sagt Linné, daß sie in Ißland viermal größer wären. Ihr spitziger Mittelzahn ist so fein, daß man bey kleinern Beyspielen ein gut Vergrößerungsglas braucht ihn zu erkennen. Wenn man aber denselben mit bewaffnetem Auge betrachtet, so siehet man, daß er gewissermaßen dreyeckig und ausgehöhlt ist, fast wie bey den Mactris. Die Seitenzähne sind leichter zu erkennen, sie sind breit, gehen aber in eine scharfe Spitze aus.

Wenn man die Schalen mit dem lebendigen Thiere in ein Glas voll Wasser bringt, sagt Geofroy, streckt dieses von der einen Seite alsbald einen verlängerten Arm oder Fuß aus der Schale hervor, und von der andern zween Saugrüssel mit glatten Rändern, deren Höhlungen sich in einander vereinigen. Durch diese Saugrüssel sieht man sie das Wasser an sich ziehen und wieder aussprützen. Mit eben denselben zieht es zugleich einige Spitzchen von Moos oder kleinen Wasserpflanzen nach sich, die ihm zur Nahrung dienen. Eine andre Merkwürdigkeit ist, daß man diese Thiere in eben diesem Glase oft ihre Jungen lebendig gebähren sieht. Das Breitmuschelthier gehört demnach zu den **Lebendig gebährenden**. „Ich besitze mehrere Beyspiele, wo die jungen Muschelschalen in der alten Schale liegen, und fest angeleimt sind. Sonst macht der dänische **Herr Müller** über den Fuß und Gang des Thiers noch eine Anmerkung, die wir in seiner Sprache wiederholen wollen. „Organum, quo progreditur vermis, justo nomen pedis meretur, cum et usu et figura pes sit; affigitur ultra suum medium alio corpusculo, quod *tibiam* mentitur, utrumque et tibiam et pedem animal, quoties incedit, extra testam porrigit. Incessus hoc modo peragitur: pes primum extra testam parum protenditur, dein loca vicina circumcirca tentat, tum ultra duplicem testae latitudinem extenditur, denique corpus et testa ope tibiae ad medium pedis usque attrahitur, et sic unus passus perficitur; pes rursus extenditur et ita pergendo gressu sat celeri movetur.

In **England** fand diese kleine Breitmuschel **Lister**, in **Schweden Linné**, der uns zugleich versichert, daß sie auch in **Jßland** zu **Hause** sey, in **Dännemark** fand sie **Müller**, in **Frankreich Argenville**, in **Liefland Fischer**, bey **Paris Geofroy**, bey **Göttingen Blumenbach**. Sonst bemerkt **Martini**, daß man sie in **Thüringen**, um **Frankfurth**

an

an der Oder, im Ruppinischen und Tegelschen See, auch in allen Wässern um Berlin antreffe, und daß sie Herr Schultze im Graben des Dresdner Schloßgartens, auch Herr Professor Denso in der pommerschen See Madduin gefunden habe. Ich besitze sie noch aus dem Anspachischen, Weimarischen, und Altenburgischen.

Als Abänderungen dieser kleinen Breitmuschel kann man betrachten

1) Die queer gestreifte Flußmuschel. d) Sie ist, wie Chemnitz sagt, von der vorher beschriebenen Horntelline merklich unterschieden. Sie ist weniger gewölbt und erhoben. Sie ist auch ungleichseitiger, indem sie sich an der einen Seite mehr ausbreitet, als an der andern. Sie ist nicht glatt noch eben, sondern rauh und voller kleiner etwas zum Wirbel zurück gebogener Queerstreifen. Die etwas tieferen Furchen scheinen beym neuen Ansatze und Anwuchse der Schalen entstanden zu seyn. Das Schloß hat mehrere Zähne, als man sonst bey so kleinen Flußmuscheln zu finden pflegt. Denn ohnweit des gespaltenen Mittelzahns stehen noch ein paar kaum sichtbare Nebenzähne, alsdann folgen noch die



d) Müller Hist. Verm. P. II. p. 205. n. 389. *Tellina amnica.* Müller Zool. Dan. Prodrom. p. 246. n. 2967. Tellina amnica. Chemnitz fortges. Conchyl. Th. VI. tab. 13. fig. 134. p. 138. die queer gestreifte Flußmuschel, Tellina amnica Mulleri, testa subglobosa, lineis transversis retrorsis cincta. Meine Abhandl. von den Flußconchyl. S. 194. n. 17. die gefurchte Flußtelline. Meine Einl. Th. III. S. 9. die queer gestreifte Flußmuschel. Dänisch: Aae-Tellinen.

die Seitenzähne, welche zwischen sich ein Grübchen haben, dahinein die Zähne der Gegenschale genau eingreifen. Dieser beschriebene Bau der Schale, die nicht so bauchig ist; 2) die Runzeln, welche aus erhöheten Queerstreifen entstehen; 3) die Beschaffenheit des Schlosses, welches wohl aus 6 bis 8 Zähnen bestehet, unterscheiden diese von der Horntelline. Es wird diese kleine Muschel, deren außer der Mitte liegende Wirbelspitzen gegen einander gekehret sind, in den dänischen kleinen Flüssen, Bächen und Auen gefunden, und Müller versichert, daß man sie zuweilen bey der Horntelline antreffe.

2) Die See- oder Teichtelline. e) Sie ist dünner, durchsichtiger und zerbrechlicher, als die Horntelline, oder die Breitmuschel der Flüsse. Ihre Schalen sind weniger gewölbt, aufgeblasen und erhoben, dagegen aber viel flacher, zusammen gedrückter und gleichseitiger, als die kurz vorher beschriebene queergestreifte Flußmuschel. Sie ist glatt und rhomboidalisch gebaut. Sie hat in beyden Schalen sechs Seitenzähne, aber keinen Mittelzahn, man muß aber ein gutes Vergrößerungsglas bey der Hand haben, wenn man sie erkennen will. Sie gehöret ebenfalls zur Zahl der Lebendiggebährenden, denn Herr Müller hat in ihr eine Menge neugebohr-

e) Müller Hist. Verm. P. II. p. 204. n. 388. Tellina lacustris. Müller Zool. Dan. Prodrom. p. 246. n. 2966. id. nom. Chemnitz Conchyl. Th. VI. S. 139. tab. 13. fig. 135. die See- oder Teichtelline. Meine Abhandl. von Flußconchyl. p. 191. n. 12. die Telline der Teiche und Tümpfel. Meine Einleit. Th. III. S. 10. n. 25. die See- oder Teichtelline. Dänisch: Söe-Tellinen.

gebohrner kleiner Teichtellinen angetroffen, die alle schon mit einer dünnen Schale bedeckt waren. Sie wird größer als die Horntelline, und wohnet in dänischen Seen und Teichen.

(S.)

Breitrand. (Conchyl.) Turbo lincina Linn. f) Nach Linné hat der Breitrand eine längliche sich in eine stumpfe Spitze endigende Schale, welche runzelartige Streifen hat, ihre Mundöfnung aber hat einen breiten, platten, gekerbten Saum. Dieser Saum, der, wie sich Chemnitz ausdrückt, die Mundöfnung wie

Ll 4 eine

f) Lister Hist. Conchyl. tab. 26. fig. 24. Buccinum tenuissime striatum, ipso ore circinato, cui etiam limbus latus et striatus. Klein Method. p. 55. §. 161. n. 2 tab. 3. fig. 71. a. b Turbo lunaris nimbosus ore circinnato, limbo lato et striato. Berlin Magaz. Th III. S. 130. n. 30. tab. 5. fig 54 die gestreifte Schraubenschnecke mit cirkelrunder und breitgesäumter Mündung. Aus Jamaica. Müller Hist. Verm. P. II. n. 364 Nerita Lincina. Dän. Olive Neriten. Gronov Zooph. p. 328. n. 1522. Chemnitz fortges. Conchylienk. Th. IX. Abschn. II. p. 54. tab 123. fig. 1060. a. der Breitrand. Turbo Lincina Linnaei, testa subturrita, perforata, anfractibus transversim sulcatis, ore rotundo fimbriato, labro lato striato seu circinnato (Chemnitz führt noch folgende Schriftsteller an: Petiver Gazoph. tab 118. fig. XI. Buccinum tenuissime striatum etc. Sloane Hist. Iamaic. tom. 2 tab. 240. fig. 12. 13. Davila Catal. tom. I. p. 446. n. 997. Buccin couleur de chair vif, a bouche ronde.)

Linné Syst. Nat. ed. X. p. 765. sp. 556. ed. XII. p. 1239. Sp. 639. *Turbo lincina*, testa oblonga obtusa rugoso-striata, apertura limbo dilatato crenato. Müller Linnäisch. Natursf. Th. VI. S. 555. der Breitrand. Linné Natursf. des Thierr. Th. II. S. 559. der Breitrand. Meine Geschichte der Flußconch. S. 365. n. 165 die rothe gestreifte Schraube mit runder gesäumter Mündung. Meine Einleit. Th. II. S. 43. der Breitrand.

*Mus. Gronov.* p. 127. n. 1348. *Lip-Mondje.*

eine Sonne umgiebt, macht die Schnecke so kenntlich, daß sie aufs leichteste von andern Arten unterschieden werden kann. Sie hat fünf Windungen, welche durch Queerstreifen und Furchen rauh gemacht werden. Auch hat sie senkrechte Streifen, sie sind aber so fein, daß sie ein unbewaffnetes Auge leicht übersiehet. Die Schale ist dicht aber durchsichtig, und die Mundöfnung berührt kaum die erste Windung. Ihr ofner Nabel durchdringt nicht alle Windungen. Das Beyspiel im Chemnitz ist einen Zoll hoch, vielfältig aber findet man sie kleiner. Es ist eine Erdschnecke, die auf den Antillen, vorzüglich aber auf Jamaica gefunden wird.

Ueber diese, wenigstens in deutschen Kabinetten seltene Erdschnecke herrschet besonders in Rücksicht auf die Linnäische Benennung einige Verwirrung, die sich vieleicht dadurch heben läßt, daß man verschiedene Abänderungen annimmt.

Ich rechne hieher zuförderst den Breitrand des Argenville. g) Sie scheinet, sagt Chemnitz, mit der beschriebenen aufs nächste verwandt zu seyn. Sie ist fleischfarbig röthlich, und wird von feinen Queerstreifen und Furchen umgeben. Ihre Mundöfnung ist ebenfalls rund, aber ihr fehlt der breite gekerbte und gestreifte Lippensaum. Sie hat einen schalichten Deckel, und Argenville, der sie unter die Flußschnecken setzt, vermuthet sogar, daß sie aus der See hieher geschwemmt seyn könne.

Der

g) Argenville Conchyl tab. 27. fig 6. n. 5. S. 281. 285. sie ist röthlich und kommt aus dem Huinesfluß. Chemnitz l. c. S. 55. tab. 127. fig. 1060. b. c. Meine Einleit. Th. II. S. 221. n. 160.

Der Breitrand des Herrn von Born h) ist nach seiner eigenen Beschreibung nichts weniger als Turbo lincina des Linne. Sie hat nicht testam oblongam, sondern ovato oblongam; sie ist nicht rugoso striata, sondern hat strias rugulosas transversim decussatas, sie hat endlich nicht aperturam limbo dilatato plano - crenatam, sondern aperturam subcircinatam limbo expanso. Der Mündungssaum hat keine Zähne und Streifen, auch ist diese Schnecke ungleich größer als Turbo lincina zu erscheinen pflegt.

Endlich rechnen Einige noch hieher die feingestreifte Deckelschnecke. i) Ihr Bau ist länglich eyförmig,



h) von Born Ind. Mus. Caes. Vind. P. I. p. 365. Turbo lincina. der Breitrand. von Born Mus. Caes. Vind. Test. p. 355. tab. 13. fig. 5. 6. Meine Einl. l. c. S. 44.

i) Columna de purpura, Kiel 1675. Cap. IX. p. 27. Cochlea terrestris turbinata et striata. Lister Hist. animal. tab. 2. fig. 5. p 119. Cochlea cinerea, interdum leviter rufescens, striata, operculo testaceo cochleato donata. Lister exercit. anatom. altera tab. 2. fig. 1. Cochlea operculata parva, tenuissime striata, fasciata. Lister Hist. Conchyl. tab. 27. fig. 25. Cochlea terrestris turbinata et striata. Argenville Conchyl. tab. 28. fig 12. S. 288. 292. die aschgraue oder röthliche feingestreifte Deckelschnecke. Argenville Zoomorph. tab. 9. fig. 9. S. 67. Gualtieri Ind Testar. tab. 4. fig. A. Turbo terrestris striatus subruber et lineis variegatis obscure punctatus. it. fig. B. Turbo terrestris tenuissime striatus, ipso ore circinnato, cui etiam limbus latus albidus. Klein Method. p. 55. §. 161. sp III. Turbo lunaris tessellatus et striatus. Berlin. Magaz. Th. II. S 604. n. 7. tab. 1. fig. 4. 6. die aschgraue oder röthliche feingestreifte Deckelschnecke. Geofroy Conchylien um Paris S. 95 die zierlich gestreifte Nerite. L'elegante striée. (Anm. Geofroy und Müller classificiren nach dem Thier. Ists aber eine Erdschnecke, und hat das Thier vier Fühlhörner, so kann ja nach ihren

förmig, und die Schnecke bestehet aus fünf oder sechs Windungen, welche rund, ziemlich gewölbt sind, und sich in eine stumpfe Spitze endigen. Ueber die Windungen laufen feine, bald stärkere, bald schwächere Querstreifen, die von vielen ungleich feinern senkrechten Streifen durchschnitten werden, die man aber an einigen Beyspielen deutlicher als an andern, am deutlichsten in den Furchen siehet. Die Mundöfnung ist rund, die Lefze scharf und ungesäumt, und ist oben nur leicht an die zweyte Windung angewachsen. Hinter dieser Mündung siehet man eine kleine vertiefte rinnenförmige Oefnung, die kaum den Namen eines Nabels verdient. Die Farbe derselben ist mehr oder weniger bleichgelb, grau oder weißgrau, wahrscheinlich ausgebleicht, röthlich, röthlich mit dunkler punctirten Streifen, aschgrau mit braunen röthlichen länglichen Flekken besprengt, aschgrau mit braunen gedüpften Binden, röthlich mit rothbraunen unterbrochenen Bändern. Ein röthliches Beyspiel meiner Sammlung hat eine weisse Mündungslefze, und einen orangegelben Schlund. Sie wird höchstens drey viertel Zoll lang, und ist in Italien, England nnd Frankreich zu Hause.

Wenn gleich der Staatsrath Müller den Deckel dieser Schnecke hornartig nennet, so ist er doch zuverlässig, wie auch Lister schon sagt, und die Bey-

---

ren eigenen Principien die Conchylie keine Nerite seyn.) Müller Hist. Verm. P. II. p 177. n. 363. Nerita elegans. Dän Net-Neriten. Chemnitz fortges. Conchyl. Th. IX. Abschn. II. p. 55. tab 123. fig 1060. d. e. Deutsche Encycl Th VI S. 818. n. 4. die feingestreifte Deckelschnecke. Meine Geschichte der Flußconchyl. S 366. n. CLXV. A. tab. 9. fig. 15 a. b. fig. b ist der Deckel. Meine Einleit. Th. II. S. 85. n. 61. f. die feingestreifte Deckelschnecke.

Beyspiele meiner Sammlung beweisen, schalenartig. Er ist fast ganz rund, und nur oben mit einer kleinen Spitze versehen, um die Mundöfnung ganz zu verschließen. Seine äußere Seite ist platt, und bestehet aus halb cirkelförmigen Linien, die sich endlich im Mittelpuncte in eine Schneckenlinie endigen. Diese Schneckenlinie ist auf der innern Seite vertieft, und noch feiner und regelmäßiger gebaut. Der Rand zwischen dieser Vertiefung besteht aus feinen Streifen, und der ganze Deckel drückt das Bild eines kleinen aufgeschnittenen Nautilus sehr gut aus.

Ueber das Thier sagen uns die Schriftsteller, sogar Argenville und Geofroy nichts, da doch diese Schnecke in Frankreich zu Hause ist. Die mehresten Schriftsteller zählen sie unter die Erdschnecken, und Geofroy sagt, man finde sie in feuchten Waldungen; Chemnitz aber, hinter den Büschen auf dem pyreneischen Gebürge. (S.)

Breitrippe (Conchyl.), Arca senilis Linn. k) In den mehresten ältern Schriften, und mehrern neuen sucht man

k) Lister Hist. Conchyl. tab 238. fig. 72. Pectunculus gravis raro et minus profunde sulcatus ex fusco viridescens articulationibus laminatis. Gualtieri Ind. Test. tab. 87. fig D. Concha rhomboidalis striis latissimis complanatis et raris divisa, crassa, ponderosa, candidissima. Klein Method. p. 143. §. 367. n. 16. Anomalocardia effusa, cum descript Listeri. Argenville Conchyl. tab. 23. fig K. p. 253. 257. Bucardium albidum et canaliculatum. Das kleine Ochsenherz. (Le petit Coeur de Boeuf.) Adanson Hist. du Seneg. p. 246. tab. 18. fig. 5. Le Fagan. Martini in den Beschäftig. der Gesellsch. Naturf. Freunde in Berl. Th. III. S. 287. in der Anmerk. Gronov Zooph. p. 273. n. 1172. Chemnitz Conchyl. Th. VII. S. 213. tab. 56.

man die Breitribbe, von der Linné wohl ein großes, schweres, veraltetes Exemplar haben mochte, vergebens. Denn ob sich gleich Gualtieri auf Rumph tab.

---

56. fig. 554. 555. 556. die Breitlippe. Die achtmahl breitgefurchte oder breitgeribte Arche. Arca Senilis Linnaei, testa oblique cordata, solida, gibba ponderosa, striis latissimis laevibus atque planis costata, cuticula seu epidermide ex fusco viridescente superinducta, (hac remota candidissima evadit) apicibus umbonum valde distantibus et recurvatis, carina lata plana, in grandioribus declivi, et incisuris rhomboidalibus distincta, cardine non tantum denticulato sed lamelloso, margine clauso plicato.

(Chemnitz führt noch folgende Schriftsteller an: Davila Catal. rais. p. 358. n 826. Coeur de la Iamaique. Favart d'Herbigny Dict. Tom. I. p 249. Coeur en Arche de Noé a carene large de la Iamaique. Argenville ed. 3. tab 51. fig. C. 2.)

Linné Syst. nat. ed. X. p. 694. Sp. 145. ed. XII. p. 1141. Sp. 175. *Arca senilis,* testa oblique cordata octosulcata laevi, natibus recurvis, margine plicato. Linné Mus. Reg. Lud. Ulr. p. 518. n. 92. Testa gibba, prominula angulo antico, hians saepe inter rimam et angulum anticum, magna, crassissima, utrinque alba, laevis, sulcata sulcis 7. s. 8. latis, obtusis laevibus. Margo anticus repandus, dentibus intus manifestis obtusis. Nates distantes oblique recurvatae, area interjecta plana, ad angulos obtusos striata. Rima antice compresso-prominens. Cardo dentibus 30, compressis, membranaceis, altis et profunde immersis. Müller Linnäisch. Natursf. Th. VI. S. 296 die breite Ribbe. Linné Natursf. des Thierr. Th. II. S. 485 Meine Einleit. Th. III. S. 267. die Breitribbe. Coeur en Arche de Noe a carene.

*Mus. Leers* p. 114. n. 1117. Varieerende Bastert Arke Noachs doublet. Fausse Arche autre sorte. *Mus. Koening.* p. 52. n. 653. *Mus. Gevers* p. 426. n. 1530. Arca Cor. Arche en Coeur. Kämmerer Conchyl. in Rudolst. S. 198. n 1. die hochgewölbte schwere Arche mit breiten Ribben. Verzeichn. der Gräfl. Reuß. Plauisch. Natural Samml. S. 238. n. 1331. die Breitribbe. Die Conchyl. des Fürst Bischoffs in Constanz. S. 247. n. 9. die seltene breite Rippe.

tab. 44. fig. I. beruft, so ist doch dort nicht Arca senilis, sondern Arca antiquata abgebildet.

Die Breitribbe hat nach Linné den Bau einer schrägen Herzfigur, eine glatte mit acht Furchen oder Ribben versehene Schale, zurück gebogene Schnäbel, und einen gefalteten Rand. Sie hat eine herzförmige Bildung, acht große, und einige kleinere Furchen, und breite glatte Ribben, daher sie auch von Müller die breite Ribbe, und von andern die Breitribbe genennt wird. Die Vorderseite bildet ein Herz, und ist länger als die Hinterseite, daher auch Linné sagt: testa prominula angulo antico: angulus anticus repandus. Oft siehet man auch an der Vorderseite eine Oefnung. Dieses, welches Chemnitz leugnet übersahe das scharfe Auge des Linné nicht, und ich besitze würklich zwey gute Dupletten, und unter diesen eine mit dem Epiderm, welche die Beobachtung des Linné bestätigen. Die Vermuthung fällt also weg, daß Linné vieleicht ein Beyspiel bey der Hand gehabt habe, an welchem ein Theil der Vorderseite weggeschliffen sey. Die gekrümmten Wirbelschnäbel kehren sich nach der verkürzten Hinterseite, und sind gemeiniglich weiß, an einem meiner Beyspiele aber braun, und zwar ist diese braune Farbe kein Epiderm, sondern natürliche Farbe. Sie stehen in einer ziemlichen Entfernung von einander, und da man bey allen nicht die geringste Spur antrifft, daß sie sich sollten berührt haben, so scheint daraus zu folgen, daß der Bewohner seine beyden Schalen eben nicht allzuweit öfnen könne. Der flache Raum, welcher sich zwischen den Wirbeln befindet, gleichet einem verschobenen Vierecke, ist mit rhomboidalischen Einschnitten versehen, und mit einer schwarzen, dicken lederartigen Haut bedeckt, welche zugleich dem Schloße zu einem

sichern

sichern und unentbehrlichen Bedeckungs= und Verwahrungsmittel dienet, so wie es auch beyde Schalen fester und besser zusammen hält. Von aussen ist der Rand flach ausgeschweift, innwendig aber siehet man so viele stumpfe breite Zähne und tiefe Einschnitte, als von aussen Ribben und Furchen sind. Die Schale ist stark, doch nach der Beschaffenheit des Alters stärker oder schwächer, und glatt. Einige Queerfurchen, die man an verschiedenen Beyspielen, doch nicht an allen siehet, sind neue Schalenansätze, die der Bewohner nicht genau genug mit einander verband. Die ältere Schriftsteller, wenn wir den Lister ausnehmen, legen dieser Arche eine weisse Farbe bey, sie müssen also abgeriebene und abgeschliffene Beyspiele bey der Hand gehabt, und das wahre Colorit des Epiderms nicht gekannt haben. Frische jugendliche Exemplare werden von einem schönen castanienbraunen, an manchen Stellen nahe ans Olivengrün gränzenden, und ohnweit des äussern Randes fast schwarzbraunen Oberkleide bedeckt. Bey sehr grossen alten bejahrten Stükken siehet man keine glatte also gefärbte Oberhaut, sondern eine kohlschwarze Farbe, und eine rauhe, schilfrichte, überall aufgebrochene und zerrissene Oberfläche, wo der weisse Schalengrund überall hindurch schimmert.

Die innern Wände sind weiss und glatt, und die fast viereckigt gebildeten Muskelflecken machen einen kenntlichen Eindruck. Das Schloss dieser Muschel kann man ohne Bewunderung nicht ansehen. Man zählet bey grossen Exemplaren in jeder Schale über vierzig Zähne und Kerben, welche in gerader Linie stehen, und auf beyden Seiten am stärksten sind. Nach der Vorderseite zu ist die Schlosslinie ein wenig gekrümmt. Die Zähne und Kerben schliessen von beyden Schalen genau zusammen. Keine Arche hat

grössere

größere und stärkere Zähne, als diese. Unter dem hohen Wirbelschnabel findet sich eine tiefe Höhle. Sie wohnet bey Jamaika und den westindischen Stranden, am häufigsten aber und von ansehnlicher Größe auf der Westküste von Afrika und insonderheit auf Guinea. Sie pflegt sich tief im nassen Sande des Meerufers zu vergraben, und hat um deswillen fest verschlossene Schalen. Gute Dupletten, besonders größere, mit dem frischen Epiderm bekleidete Beyspiele sind gewiß selten. Sie verlangt eine ansehnliche Größe. „Meine größte Duplette von dieser Gattung, schreibt Chemnitz, ist drey Zoll drey Linien lang, und vollkommen vier Zoll breit, und ein paar Pfund schwer. Ihre Wirbel haben keine so starke Krümmung, wie bey jüngern und kleinern Schalen, und der Raum zwischen den Wirbeln ist nicht flach, sondern von den Schnäbeln bis zum Charniere bis zur Tiefe eines Zolls vertieft. Einige von dieser Gattung haben folglich kürzere und mehr gekrümmte Wirbelschnäbel, andre mehr gestreckte und verlängerte, aber weniger gekrümmte Wirbel. Der Bewohner von diesen Schalen soll sehr eßbar und wohlschmeckend seyn, auch von den Negern begierigst gesucht werden.

Wenn unser verewigter Martini diese Breitribbe als Abänderung der westindischen vielfach gefurchten Bastartarche betrachtet, so fehlte ihm gewiß das Original der zu seiner Zeit noch viel seltnern Breitribbe. Denn die Vergleichung beyder Archen läßt den Gedanken gar nicht zu, daß sie zwey Abänderungen einer Art wären oder nur seyn konnten.

(S.)

**Breitschnabel**, Anas clypeata. S. Löffelente; und Anas Glaucion. S. Enten.

**Breitschnäbler**, nennt Klein eine Abtheilung der Vögel, dazu die Gänse und Enten gehören.

(O.)

**Breitschwanz**, Columba laticauda. S. Taube.

— — — l) Das Vaterland dieser Schlange ist Surinam. Der Kopf ist kurz und klein, der Körper einen Schuh lang, so dick als ein kleiner Finger, zusammengedrückt, bleich, und mit funfzig nahe an einander stehenden braunen Binden, die gegen den Bauch zu schmäler werden, gezeichnet. Die Schuppen unter dem Bauche und Schwanze lassen sich schwer zählen, ihre Anzahl möchte ohngefähr gegen 200 betragen. Der Schwanz ist kurz, spitzig zusammengedrückt, und mit funfzig Schuppen bedeckt.

— — — m) Diese Natter, die mit gleichem Rechte, wie die vorhergehende Schlange diesen Beynamen verdient, ist in dem südlichen Amerika, in Ostindien, so wie an dem Strande der Insul Tonga-Tabu zu Hause. Der Kopf ist weißlicht, mit einem großen braunen Flecken, und mit einem ähnlichen von eben dieser Farbe hinter den Augen gezeichnet. Die Nasenlöcher sind rund, so wie die Augen. Zähne sind fast gar nicht sichtbar, in der obern Kinnlade sitzen jedoch

l) Anguis laticaudatus, squamis abdominis 200, caudalibus 50. *Linn* Syst. Nat. ed. Gmel. T. I. p. 1121. Mus. Ad. Frid R. T II. Prodr. p 48. der Breitschwanz. Müll. Linn N. S. 3 Th n. 12. p. 217.

m) Coluber laticaudatus, scutis abdominis 220, squamis caudae 42. *Linn* Syst. Nat. T. I. p. 1107. n. 261. ed. *Gmel.* Mus. Ad. Frid. R T. I. p. 31. t. 16. f. 1. der Breitschwanz. Müll. Linn. N. S. 3 Th. n. 55. p 187. Laticauda scutata. *Laur* amph p. 109 n. 240. *β)* Laticauda imbricata. *Laur.* amph. p. 110. n. 241.

jedoch zween kurze bewegliche Giftzähne. Der Rumpf ist unterwärts eckicht, der Schwanz ist den siebenten Theil so lang, als die ganze Schlange, zusammengedrückt und stumpf. Sie ist übrigens aschgrau, und mit sechs und vierzig braunen Ringen gezeichnet, unterwärts ist sie braun, zween Schuh lang, und einen Finger dick. Die Anzahl der Schilder variirt, wenn schon nur selten. Der Bauch ist mit 220, zuweilen mit 222 Schilden, und der Schwanz mit 42, öfters auch mit 38 Schuppen besetzt. Eine Abänderung dieser Art hat Laurent bemerkt. (P.)

Breitschwanz, Loxia laticauda Müll. S. Kernbeißer.

Breitstreif, der Agenor, der chinesische Ritter mit dem weißen Mittelfleck. n) Ein Tagvogel und trojanischer Ritter (Pap. Eques Troes). Die Vorderflügel sind an beyden Seiten gleichfärbig, und mit sehr breiten weißen Binden gestreift. Die hintern haben auf einem schwarzen Grunde große weiße Felder, die hintenher mit 7 schwarzen Flecken umringt, und nach dem After zu mit einigem Roth beschmutzt sind. Er kommt aus China. (Gr.)

Bremen, Bremenstrauch. S. Brombeere.

Bremse,

n) *Linn.* Syst. nat. Tom. I. P. 2. p. 747. n. 14. Müllers Nat. Syst. V. Th. 1 B. S. 570. n. 14. *Onomat* hist. nat. P. 6. p. 21. *Fabricii* Syst. Entom. p. 446. n. 18. *Cramer* Pap. exot. III. p. 52. t. 32. fig A. B. *Sebae* Thes. Tom. IV. t. 46. f. 15. 16. *Goetze* Entom. Beitr. III. Th. 1 B. p. 35. n. 14.

**Bremse**, Oestrus. o) Es ist ein Insekt, welches gleich den Fliegen zwey Flügel hat, und den Thieren sehr beschwerlich ist, daher sie auch wohl **Viehbremse** genannt werden. Im Englischen heißen sie: Whame und Gladflies; im Holländischen: Horsel. Die eigentlichen Gattungskennzeichen, wodurch sie sich von andern zweyflüglichten Insecten unterscheiden, sind nicht leicht zu bestimmen, denn die Fühlhörner sind wie bey den Fliegen. Sie sind kurz, fadenförmig, das erste Glied kuglicht, und sie stehen auf einem dicken Gliede vor der Stirn; am Ende ist ein ziemlich langes Haar, das unten ein Gelenke hat, und fast an der Seite der Fühlhörner sitzt; sie sind in einer Hölung vor dem Kopf eingelenkt, und haben daselbst eine Scheidewand zwischen sich. Das Maul, wovon Fabricius die Gattungskennzeichen hernimmt, ist so undeutlich, daß man oft sein Daseyn ganz bezweifelt hat. Fabricius sagt: es habe einen Saugrüssel ohne häutigen Rüssel und ohne Freßspitze, er liege innerhalb blasenähnlicher zusammengewachsener Lippen, die eine kleine runde Oeffnung haben, durch welche sich der Rüssel hervorstrecken lasse, auch könne er sich zwischen die Lippen zurückziehen. Degeer hingegen sagt: das Maul sey nur eine kleine rundlichte Schnautze ohne Rüssel, Zähne und Bartspitzen, und Reaumür: es bestehe aus drey kleinen Knötchen. Die Augen sind netzförmig, eyrund, und nach Verhältniß kleiner, wie bey den Fliegen; zwischen den großen Augen stehen oben drey Ocellen. Der Leib ist sehr haarigt, wodurch das Insect das Ansehen einer

---

o) *Linn.* Syst. Nat. p. 969. Gen. 251. *Fabric.* Syst. Ent. p. 716. *Degeer.* Ins. Th. 6. p. 116. Leske Anfangsgr. d. Naturgesch. p. 477. Sulzers Gesch. d. Ins. p. 209. Blumenbachs Handb. d. Naturg. p. 387. Herbsts Einl. Ins. 3. p. 93.

einer kleinen Hummel bekommt. Unter den zwey Flügeln liegen die gewöhnlichen Balancirstangen. Die Füße haben an den Fußblättern zwey Krallen und zwey Fußballen. Das Weibchen hat am Ende des Leibes eine hornartige walzenförmige Röhre, und das Männchen dagegen zwey Haken, mit welchen es sich bey der Begattung festhält. Die Larven dieser Insectengattung sind dicke, weißlichte, madenförmige Würmer ohne Füße; der Leib hat elf Ringe, an deren Seite oft kleine Dornen stehen; am Ende findet man zwey Luftlöcher. Sie haben ihren Aufenthalt in andern thierischen Körpern, indem die Bremse das Ey außerhalb an die Haare des Thiers legt. Die auskriechende Larve beißt sich in den Körper ein, woraus eine Beule entsteht, von deren Eiter die Larve lebt. Wenn sie ihre Vollkommenheit erreicht hat, kriecht sie rückwärts aus dem Körper heraus, fällt auf die Erde, verbirgt sich daselbst, und verwandelt sich in eine eyförmige harte Puppe, die oben einen Deckel hat, welchen die Bremse hernach beym Auskriechen öfnet. Von dieser schädlichen Gattung der Insekten sind nur 6 Arten bekannt, nehmlich:

**Bremse, Ochsenbremse,** Oestrus bovis. p) Es hat diese Bremse ohngefähr die Größe der grossen blauen Schmeißfliege. Der Leib ist sehr haarigt, vorne grau, hinten braungelb, und das Ende des Hinterleibes schwarz, daher sie das Ansehen einer kleinen Hummel

 hat.

p) *Linné* S. N. 969. 1. *Fauna* Suec. 1730. Iter Westgoth. 202. *Fabric.* Syst. Ent. 746. 1. *Ej.* Spec. I. 398. 2. *Ej.* Mant. 2. 321. 2. *Degeer.* Inf. 6. 297. Tab. XV. fig. 22. Herbsts Einl. 3 p. 94. Tab. LXIV. fig. . *Reaumur* 4. Tab. XXXVI - XXXVIII. Frisch Ins 5 2, Tab. VII. Sulzers Ins. Tab. XX. fig. 127. Schäfers Elem. Tab. 91.

hat. Die Flügel sind weiß mit braunen Banden. Sie legt ihre Eyer auf die Haut des Rindviehs; die daraus kriechende Larve beißt sich in die Haut ein, und verursacht dadurch eine eiternde Beule, worinn sie lebt, und den Hintertheil ihres Leibes zum Odemholen an die Oberfläche hält. Die Bremse sucht immer gern das junge, beste und gesundeste Vieh aus, um daselbst ihre Eyer anzubringen. Das Rindvieh merkt dies sehr wohl, und sucht dieser Gefahr durch ein beständiges Laufen mit aufgehobenem Schwanze zu entgehen; dieses Laufen nennen die Landleute bissen, und haben der Bremse deßhalb den Namen Bissenwurm oder Bissemücke gegeben. Wenn das Vieh mehrere solcher Larven in sich ernähren muß, so wird es matt und krank; man kann es aber dadurch heilen, daß man solche Beulen öfnet, und den Wurm herausdrückt.

**Bremse, Rennthierbremse,** Oestrus tarandi q) Diese Art ist größer wie die vorige, und sehr rauh, mit großen glänzenden schwarzen Augen, der Brustschild ist bleichgelb mit einem schwarzen Streif um die Brust herum; der Hinterleib ist unten eingedrückt, am Anfange bleichgelb und hinten rostfarbig; die Flügel sind weiß und durchsichtig, die Schenkel haarigt und schwarz, die übrigen Fußglieder bleich, am Ende jedes Fußes stehen zwey große scharfe Klauen mit einem Haare zwischen sich. Die Balancirstangen sind mit einem kleinen Häutchen umkleidet. Die Fühlhörner sind kurz. Diese Bremse verfolgt das Rennthier oft viele Stunden lang unaufhörlich, und fliegt allezeit gerade über dessen Rücken, oder unmittelbar hinter dem-

q) *Linn* S. N. 969. 2. *Fauna* Suec. 1731. *Fabr.* S. E. 746. 2. *Fj.* Spec. 2. 398. 3. *Fj.* Mant. 2. 321. 3. Abhandl. d. schwed. Acad. 1739. Tab. III. fig. 5. 6.

demselben. Sie hält dabey den Hinterleib beständig gerade ausgestreckt, auf dessen äußerstem Ende sie ein Ey, so groß wie ein kleines Senfkorn liegen hat; mit diesem Ey ist sie so vorsichtig, daß sie sich nicht getraut, es auf den Rücken des Rennthieres fallen zu lassen, wenn dasselbe nicht eine Weile stille steht, wozu das Thier, welches die Gefahr merkt, schwer zu bringen ist. Oft fällt die Bremse alsdann vor Mattigkeit ganz ermüdet nieder, allein nach einer Minute Ruhe ermannt sie sich wieder, eilt dem Rennthier wieder nach, und ruhet nicht eher, bis sie ihr Ey sicher untergebracht hat. Die daraus kriechende Maden verursachen dem Thiere große Beulen, die vielen den Tod zuziehen, und von den Lappländern Curbma genannt werden. Die Larve ist so groß wie eine Eichel, weiß, am Ende schwarz, und der ganze Leib mit ringförmigen, krausen Rändern besetzt.

Bremse, Afterkriecher, Oestrus haemorrhoidalis. r) Sie ist über einen halben Zoll lang, dunkelgrau, um das Schildchen herum weißlicht, der Hinterleib ist am Ende rostfarbig, die Flügel sind ungefleckt, und bey dem Männchen viel kürzer als bey dem Weibchen. Sie fliegt um die Pferde herum, und wartet, bis sie misten; sogleich legt sie dann ihre Eyer in die Falten des Mastdarms, und so wie sich dieser einzieht, ziehn sich diese Eyer mit ein, und werden durch die Wärme ausgebrütet. Die ausgekommene Larve zieht sich immer weiter in die Höhe, und ist auch von der Natur mit solchen Stacheln besetzt, mit welchen sie sich in den schlei-



r) *Linn.* S. N. 970. 4. *Fauna* Suec. 1733. *Fabr.* S. E. 747. 4. *Ej.* Spec. 2. 399. 5. *Ej* Mant. 2. 321. 4. *Degeer* Inf. 6. 291. Tab XV. fig. 13. Reaumur Ins. Tab. XXXV. fig. 3-5. Herbsts Einl. 3. 96. Tab. LXIV. fig. 2. a. b.

schleimichten Gedärmen fortschieben und festhalten kann. Sie ist ohngefähr 8 Linien lang, graugelblicht, die Ringe des Leibes haben am Hinterrande feine Stacheln, vermittelst welcher sie sich an den Wänden der Gedärme anstämmet, fortschiebt und festhält, daß sie nicht mit dem Unrath aus dem After herausgetrieben wird. Der Kopf hat am Ende zwey bewegliche Haken, die noch einen kleinen hornartigen Theil zwischen sich haben; oben auf dem Kopfe stehen zwey kleine Fleischhörner mit einem schwarzen Mittelfleck. Wenn sie ausgewachsen sind, lassen sie sich von dem Unrath mit aus dem Leibe herausstoßen, kriechen in die Erde, und verwandeln sich daselbst in ovale, harte, braunschwarze Kokons aus ihrer eignen Haut, in welchen sie einen Monat bleiben, und alsdann wie eine Fliege aus dem aufgesprengten Deckel ihrer Hülse hervortreten. Die Pferde sterben oft plötzlich von diesen Würmern, und sie sind am besten durch 10 bis 12 Loth Glaubersches Salz, in kaltem Wasser aufgelößt, wegzuschaffen.

Bremse, Schafbremse, Oestrus ovis. s) Diese Bremse ist etwas kleiner als die vorige, aschgrau und schwarz gefleckt, der Kopf hat viele ausgehöhlte Punkte auf dem Wirbel. Die Larve lebt im Kopfe der Schafe, und verursacht die bekannte Krankheit, die man das Drehen der Schafe nennt. Wie die Larve herein kommt, ist nicht gewiß; einige glauben, daß die Bremse durch die Stirnhöhle hineinkrieche, und daselbst ihre Eyer ablege; dieß scheint mir aber nicht wahrscheinlich; vielmehr glaube ich, daß sie eben so handle,

s) *Linn.* S N. 970. 5. *Fauna* Suec. 1734. *Fabr.* S. E. 747. 5. *Ej.* Spec 2. 399. 6. *Ej.* Mant 2. 321 5. *Geoffroy* Inf. 2. Tab. XVII. fig 1. *Reaumur* Inf. 4. Tab XXXV. fig. 21-24. Herbsts Einl. 3. 97. Tab. LXVII. fig. 3.

handle, wie die vorigen Arten, nehmlich, daß sie ihre Eyer nahe an die Nasenlöcher legt, und daß die ausgekrochenen Larven durch dieselben in den Kopf kriechen.

**Bremse, die schwarzpunktirte,** Oestrus buccatus. t) Diese Bremse ist grau, die Stirn weißlich mit einigen schwarzen glänzenden Punkten, der Brustschild ist grau, an den Seiten blaß, der Bauch ist grau, schwarz punktirt, die Flügel sind braun, die Schuppen der Balancirstangen lang, rund und braun. Es lebt diese Art zu Carolina.

— — **Nasenkriecher,** Oestrus nasalis. u) Diese Art hat einen rostfarbigen Brustschild, und einen schwarzen mit gelben Haaren besetzten Bauch; die Larve kriecht durch die Nasen der Pferde, und lebt im Schlunde. Fabricius will diese Art für einerley halten mit dem oben beschriebenen Oestrus haemorrhoidalis.

(He.)

**Brennbare Mineralien oder Minern, brennliche Mineralien, entzündliche Körper der deutschen** Mineralogen, Sulphura Linn. et Wall. Phlogista Cronst. et Baum. Inflammabilia Carth. et Brünn. Der wesentlichste Charakter der in dieser Klasse der Mineralien begriffenen Körper ist, daß sie von Feuer berührt, selbst entzündet werden und brennen können, auch ist die Auflöslichkeit in fetten und ätherischen Oelen eines Theils derselben, und die Auflöslichkeit im Wasser allen gemein.



t) *Fabr.* Spec. 2. 398. 1. *Ej.* Mant. 2. 321. 1.
u) *Linn.* S. N. 969. 3. *Fauna* Suec. 1722. *Fabr.* S. E. 746. 3. *Ej.* Spec. 2. 399. 4.

Viele Mineralien haben die angeführten Eigenschaften, daher sie bey Wallerius, Linne u. a. eine besondere Ordnung der Minern, bey Kronstedt, Kartheuser, Brünnich u. a. aber eine eigene Klasse ausmachen, deren Gattungen und Arten nach sehr merklichen Verschiedenheiten leicht und sicher bestimmt werden konnten. Sie sind verschieden in der Festigkeit von der sehr zarten Naphta zum spröden und politurfähigen Asphalt oder Gagath:

in der Entzündlichkeit. Die flüssigen entzünden sich schon von entfernten Licht oder Feuer, die festen wollen unmittelbar vom Feuer berührt seyn, und viele erlöschen leicht, im Brennen mit weißer, gelber, röthlicher oder blauer Flamme, und im glimmenden Brennen ohne Flamme;

im Rauch, der von einigen geringe, z. B. vom Bergöl, und von andern, z. B. Steinkohlen, sehr dick ist; einige brennen ohne Ruß, andere geben Ruß. Der Geruch des Brennens ist von einigen sehr angenehm, (Ambra, Bernstein), von andern sehr widrig, (vieler Steinkolen) vom Schwefel erstickend;

im Ueberrest des Brennens. Die flüssigen verzehren sich ganz, die festern lassen mehr oder weniger zarte Asche, Erde oder auch Schlacke nach, und am meisten in dem verschiedenen Verhältniß ihrer Bestandtheile, und in theils beständigen, theils zufälligen Beymischungen.

Alle entzündliche Mineralien riechen, wenn man sie reibt, und die spröden werden dadurch elektrisch, welches vorzüglich beym Bernstein bemerkt wird. S. Bernstein.

Die

Die von allen Mineralogen zu dieser Klasse gerechneten Gattungen der Mineralien sind Ambra, Bernstein, flüssige und feste Bergharzarten, Steinkohlen und gegrabene Holzkohlen, Torf und Schwefel. Nach Linné gehört auch der Arsenik, nach Brünnich das Wasserbley, und nach Kirwan (Mineral.) auch brennbare und Schwefelleberluft hieher.

Die wesentlichen Bestandtheile des Schwefels sind bekanntlich Vitriolsäure und brennliches Wesen; die übrigen geben in trocknen Destillationen und im Verbrennen ein der Destillation fähig Oel, eine scharfe Säure mit Wasser, und der Rest erscheint nach dem Verbrennen als Asche oder Erde. Oel, Säure, Wasser, und mehr oder weniger Erde sind also allen wesentlich, einige aber haben noch eine starke Beymischung von einer Thon- oder Schiefererde, die bisweilen sehr eisenschüssig ist; solche lassen im Verbrennen gesinterte Erde oder löcherige Schlacke nach.

Recht oft sind die festen entzündlichen Substanzen Mütter für Alaun, Vitriol, Kupfer, Kies, Arsenik und a. Wenn sie reich genug sind als Erze benutzt zu werden, so werden sie zu den Minern, die sie besitzen, gezählt, daher auch Arsenik und Wasserbley nicht bey denselben seyn müssen. Man sehe die genannten Mineralien, und auch Brande und Kohlenerze. (Ge.)

**Brennende Berge.** S. Berge, brennende.

**Brennender Busch.** S. Mispel.

**Brennende Erde.** S. Bergpecherde. Torf.

Brennende Wässer. S. Bergharzige Wässer.

Brennkraut. S. Hahnenfuß, knolliger.

Brennnessel. x) Diese afrikanische Eidechse ist der Cordylus des Jonstons, Rays, Gronovs und Kleins, von welchem letztern auch diese deutsche Benennung abstammt. Linné ließ ihr diesen Namen in seinem System. Ausserdem kommt sie in den ältern Naturhistorischen Schriften auch unter den Benennungen von Caudiverbera und Uromastix vor. In Frankreich wird sie Le Cordyle fouette-queue, und in Deutschland außer Stachelschwanz auch Schleuderschwanz genennt, weil sie ihren Schwanz bald auf diese, bald auf jene Seite sehr behende zu wenden im Stande ist. Sie gehört mit unter die wahren Eidechsen, und zwar in die zweite linnäische Ordnung, unter diejenigen, deren Schwänze in Gelenke oder runzlichte Ringe abgetheilt zu seyn scheinen. Hasselquists ägyptische Eidechse, die er auf den ägyptischen Ebenen und Bergen angetroffen, ist wohl ohne Zweifel diese nehmliche, wenigstens versichert uns solches Gronov a. a. O. Nach jenes Beschreibung ist der Kopf dieser Eidechse fast dreyseitig, nach vorwärts gestreckt, mit dem Hals zusammenhangend, und etwas

x) Lacerta Cordylus, cauda verticillata brevi, squamis denticulatis, corpore laevigato. *Linn.* Syst. Nat. n. 9. p. 1060. ed. *Gmel* Amoen. acad. T. I. p 132. 392. Lacerta aegyptiaca. *Hasselquist.* it. palaest. n. 56. p. 353. Der Stachelschwanz Müll. Linn. N. S. 3 Th. n. 9. p. 89. Tab. II. f. 4. Cordylus. *Gronov.* Zooph. T. II n. 55. p. 79. *Laurent* amph. n. 81. p. 52. *Seb.* muf. T. I. tab 84. f. 3. 4 et T. II. tab. 62. fig. 5. *Klein* quadruped. disp. p. 113. *Onomatol* med. T. II p. 414. T. III. p. 612. Leske Anfangsgr. d. N. G. p. 353.

was erhöheter, als dieser. Der Rüssel ist stumpf, sehr kurz, von dem Kopfe fast nicht zu unterscheiden, oben gedrückt, ungleich, hinten aber auf jeder Seite mit einer Erhabenheit geendigt. Die Augen liegen hinter dem Rüssel, an den Seiten des Kopfes, und sind dem obern Theile des Kopfes näher, als der Kehle. Die Pupille ist schwarz, der Ring braun: zwey länglichte Grübchen befinden sich gerade über den Augen hinter den gedachten Erhabenheiten des Rüssels. Der Augenkreis liegt tiefer, ist länglicht und mit überaus kleinen Höckerchen besetzt; der zwischen den Augen befindliche Raum ist länglicht, etwas erhöhet und etwas verengt. Hinter diesem Raume befindet sich der ein wenig mehr erhöhete Scheitel auf der Mitte des Kopfes, der sehr kurz, nur in die Queere länglicht ist. Der Raum hinter dem Scheitel ist etwas abschüßig, gegen den hintern Theil aber breit und platt. Zwey andre länglichte und etwas breite Grübchen sind an einem jeden Theil dieses Raumes schief gelagert. Die Seitentheile des Kopfes ragen hervor, und sind ungleich; hinter einer jeden dieser Hervorragung, an der Basis einer jeden Seite des Kopfes befindet sich eine halbmondförmige Vertiefung, die tief, glatt, und gleich ist, und einen häutigen Boden hat. Hasselquist frägt, ob nicht beyde etwa die Ohrläppchen seyn möchten? Die beyden Nasenlöcher sind weit, rund, mit einem häutigen Rand umgeben, und liegen neben der Spitze des Rüssels gleich über dem obern Kiefer. Die beyden Kiefer sind gleich und breitlicht. Die Lippen sind beweglich und bedecken die Kiefer. Die obere Lippe endigt sich auf beyden Seiten mit schuppichten Erhöhungen, die den Rand des Kiefers umgeben, und wie Zähne aussehen, jeder Kiefer besteht aus jedern Knochen. Der gedachten Erhöhungen licht miten; die vier hintern sind davon zugespitzt, die andern aber alle

alle convex und sehr schief. Die Spitze der obern Lippe ist glatt, die untere Lippe wird an ihrem Rand mit einfachen und länglichten Schuppen bedeckt. Drey und vierzig kleine Zähnchen sind in der obern, und vierzig ohngefähr in der untern. Der Hals ist walzenförmig, so dick wie der Kopf, und etwas länger, auch an seiner Basis etwas breit. Der Leib ist auf beyden Seiten oberwärts gedrückt, nach der äussern Extremität verengt, die Seiten des Leibes sind einigermaßen convex und bauchigt. Der Schwanz ist walzenförmig, hängt am Leibe, ist so lang als derselbe, wird nach und nach bis an die Spitze enger, ist oben mit stachlichten scheitelrecht stehenden, unten aber mit länglichten und glatten Schuppen bedeckt. Der Schuppenringe sind zwey und zwanzig, die größern sind ohngefähr aus zwölf Schuppen zusammengesetzt, jede Schuppe ist länglicht, und stellt ein Parallelogramm vor, hinterwärts endigt sich solche mit einem Stachel, welcher mit einem stumpfen Winkel von der Schuppe absteht. Die Brennnessel hat vier Füße, die zween vordern sitzen gleich unter dem Hals an den Seiten des Leibes, sind walzenförmig, und viel kürzer, als die hintern. Die Schenkel sind kurz, und nicht dicker, als die Schienbeine, diese sind noch einmal so lang, als die Schenkel, und von jenen nur durch eine Gelenkfügung unterschieden. Die hintern Füße sitzen gleich über dem Schwanz an den Seiten des Kopfes, und sind noch einmal so lang, als die vordern. Die Schenkel davon sind so lang, als die Schienbeine selbst, und um vieles dicker, als selbige; nur unten sind sie etwas dünner; die Schenkel sind oben walzenförmig, und unten zusammengedrückt. An allen vier Füßen befinden sich fünf Zehen, die bey den vordern Füßen ein wenig kleiner, bey allen aber zusammengedrückt, schwammicht und ungleich sind; die zwo äußern sind

kürzer

kürzer, als die übrigen. Die Nägel sind alle zusammengedrückt, zugespitzt, herabhangend und gekrümmt. Die Schuppen bedecken den Kopf, die Füße und den ganzen Leib; an dem Kopfe sind sie sechs bis achteckicht, gemischt, groß, erhoben und glatt; die hintern sind noch mit einem spitzigen Stachel, der sich aus ihrer Mitte begiebt, versehen. Die Schuppen an den Füßen sind länglicht, convex, stumpfendigend, und liegen in drey Reihen dachziegelartig übereinander; die Schuppen auf dem Rücken sind überaus klein, einigermaßen rund, und liegen fast auf ähnliche Art übereinander. Mitten über den Rücken läuft eine Linie, die, ohngeachtet sie aus nicht völlig kenntlichen Schuppen zusammen gesetzt ist, dennoch bemerkbar ist. Die Bauchschuppen sind viereckicht, glatt, dreymal länger, als jene auf dem Rücken, erhobener, und liegen auch dachziegelartig übereinander. Die äußere Haut dieser Eidechse ist sehr dünne, und kann leicht abgezogen werden. Der Kopf, Rücken und die Füße sind braun, der Bauch, die Finger und der Schwanz sind weiß, die Kehle aber braun und gelblicht bunt. Die Länge von der Spitze des Rüssels bis zur Spitze des Schwanzes beträgt viertehalb Spannen, der Kopf mit dem Rüssel ist zween Zolle, der Hals drey, der Leib eine Spanne und zween Zolle, und der Schwanz eben so lang. Man sieht aus dieser Beschreibung, daß die Brennnessel ganz eigentlich zu den Eidechsen gehöre, und daß sie von dem Stink und Crocodill ganz unterschieden sey. Aus Jonstons abentheuerlicher Zeichnung, nach welcher dessen Cordylus einem Wolf nicht unähnlich ist, der einen geringelten stachlichten Schwanz einer Eidechse hat, sollte sich fast schließen lassen, daß die Alten den wahren Cordylus gar nicht gekannt haben. Zufolge der Nachricht einiger Reisebeschreiber werde diese Eidechse in ihrem

Vater=

Vaterlande gegessen, und deren Fleisch dem von Hühnern gleich geachtet. (P.)

**Brennnessel** (Botan.) S. Nessel.

**Brennpalme**, Caryota. Eine Gattung Palmen, deren Blumen keine Krone, aber einen aus sechs Blättchen bestehenden Kelch haben; einige Blumen haben nur Staubfäden, und deren eine große Menge; andere auf dem gleichen Stamm nur einen Staubweg, der in dem Kelche sitzt, und diese hinterlassen eine Beere, die nicht in Fächer getheilt ist, und nur zween Samen enthält. Man kennt bisher nur eine Art mit dem Beynamen urens; sie ist in Ostindien zu Hause. Ihre Blätter sind zweyfach gefiedert, und die Blättchen, woraus sie bestehen, keilförmig und gleichsam scharf abgebissen, ihre Beeren beißend und brennend. Man genießt die Spitzen ihrer Blätter, wenn sie noch jung sind, als Zugemüs, und macht auch aus dem Marke des Stammes eine Art Sagomehl. y) (Gm.)

**Brennspitze**, Stimulus. heißen Spitzen an verschiedenen Pflanzen und Theilen derselbigen, welche durch ihr Stechen Jucken und Entzündung verursachen. (Gm.)

**Brennstein.** S. Bernstein.

**Brenntorf.** S. Torf.

**Brennwurz.** S. Kellerhals.

Brenn-

y) Caryota frondibus bipinnatis, foliolis cuneiformibus oblique praemorsis. *Linn.* sp. pl. 2. p. 1660. n 1. syst. veget. ed. 14. p. 986. n. 1. Palma dactylifera, fructu acerrimo. *Pluckn.* spec. 3. Palma indica, folio bicomposito, fructu racemoso. *Raj.* hist 1. 65. Schunda-panna. *Rheede* h. malab. 1. p. 15. t. 11. Seguastar major. *Rumph* herb. amb. 1. p. 64. t. 14.

Brennwurzel. S. Waldrebe.

Brentgans, Anas Bernicla. S. Enten. Gans.

Breslinge. S. Erdbeeren.

*Bresma.* S. Pfeffer.

Bressen, Cyprinus Brama Linn. S. Karpfen.]

Breßmen. S. eb. das.

Bretspiel, Procellaria capensis. S. Sturmvogel.

Bretspiel. (Conchyl.) Diesen Namen führen in den Schriften der Conchylienbeschreiber mehrere Conchylien, fast aber allemal solche, die mit Würfelflecken bezeichnet sind, und dadurch eine größere oder geringere Aehnlichkeit mit einem Bretspiele oder einem Damenbret haben.

Unter den Kegeln Conus Linn. führen der weiße oder gelbe Tieger, oder Butterwecke, sogar auch Rumphs Butterweckgen von Boero diesen Namen, die ich aber alle drey unter dem allgemeinen Namen Butterwecke beschreiben will.

Unter den Mondschnecken hat Chemnitz einer südländischen Conchylie den Namen des Bretspiels gegeben, von der ich hernach reden will.

Unter den Porcellanen führen zwey diesen Namen. Zuförderst die rothen Masern, deren Beschreibung bey dem Namen Masern folgen soll; dann noch eine Porcellane, deren Bekanntmachung wir Herrn Chemnitz zu danken haben, und von der ich nachher auch reden will.

Endlich unter den Sturmhauben führet das glatte Gartenbeetchen den Namen

men des Bretspiels, welches ich schon im VI. Bande S. 561. f. unter dem Namen des glatten Beets beschrieben habe. Hier sind also folgende zwey Arten zu beschreiben:

Bretspiel, eine Mondschnecke aus den Südländern. z) Diese südländische Mondschnecke unterscheidet sich nicht wenig, sowohl in ihrer Form, als auch nach den Farben von andern indianischen ihres Geschlechtes. An ihrem Obertheil ist sie ungewöhnlich eingedrückt und niedrig, von unten aber desto stärker aufgehoben. Die erste Windung ist groß und breit gewölbt, doch in etwas gegen die zweyte hohl ausgezogen. Bey jüngern Schnecken hat die erste Windung, anstatt von oben rund zu seyn, zu beyden Seiten eine etwas scharfe Kante, die aber im Fortwachsen, vermuthlich nach und nach verlohren gehet, und endlich sich in eine runde Figur verwandelt, jedoch noch Spuren dieser vorherigen Ecken zurück läßt. Vom Nabel an, bis nahe ans Mittel der großen Windung, ist alles glatt, das übrige aber mit runden, erhobenen Reifen, die einander in der Breite nicht gleich sind, in die Rundung bezogen. Die zweyte Windung scheint in der ersten sich größtentheils verlohren zu haben, sie zeigt sich nur durch einen geraden Absatz, in der Breite eines starken Messerrückens, und zieht sich in einer flachen Hohlkehle, die ziemlich breit ist, in die Höhe hinauf nach den drey folgenden, die niedrig, klein in einander verschlungen sind. Diese vier letzten Windungen sind nach dem Verhältniß ihrer Größe

z) Chemnitz Conchyl Th. V. S. 166. tab. 176. fig. 1748. 1749. das Bretspiel Alea. Cochlea lunaris umbilicata substriata, maculis quadratulis notata. Meine Einleit. Th. II. S. 66. f. n. 15. das Bretspiel.

Grösse, eben so wie die erste, mit glatten, runden, nur wenig erhobenen Reifen belegt. Der Nabel ist sehr weit, und drehet sich in Schraubengängen bis nach der obern Spitze hinauf. Ueber dem Nabelloch steiget die Spindellefze über die Mündung weit empor, und giebt von innen durch besondere Hervorragungen und Eindrücke diesem Theile ein künstliches Aussehen, welches bey andern Schnecken dieser Art nicht angetroffen wird. Die innwendige schöne Perlmutterschale ist von außen mit einem steinschaligten Ueberzuge bedeckt, dessen Grundfarbe an einigen Stellen weiß, an andern grünlicht ist. Die Flecken, womit diese Schnecke pranget, sind am lebhaftesten auf der obern Seite, an der untern etwas schwächer. Sie halten nach der Rundung eine ziemliche Ordnung, sind meistens vierkantig, und so angebracht, daß gern auf ein weißes vierkantiges Feld, ein dergleichen dunkles wechselsweise folgt. Die Farbe dieser Flecken ist dunkelviolet mit grün und roth angenehm vermischt. Nach der Nachricht, die Hr. Spengler, der Besitzer dieser Seltenheit, von ihr ertheilt, ist sie von Diemensland, und führte den englischen Namen: the zigzag green umbilicated Snail.

**Bretspiel, eine Porcellane.** a) Mit weit mehrern Grunde verdienet diese Porcellane den Namen des Dambretes oder des Bretspiels, als jenes so genannte Weib-

a) Chemnitz fortges. Conchyl. Th. X. S. 98. 99. tab. 144. fig. 1332. das Dambret, oder das Bretspiel unter den Porcellanen. *Tabula lusoria*, Cypraea testa subturbinata gibba, in fundo glauco maculis quadratulis saturatioribus fasciatim cincta, utrinque marginata, subtus plana. Franz. Le Damier entre les Porcelaines.

Weibchen von den rothen Masern. Sie gleichet in der Form, Bildung und Bauart völlig derjenigen Porcellane, die beym Linné Cypraea stercoraria heißt. Sie hat eine hoch gewölbte Schale, deren Wirbel auf der Vorderseite weit hervortritt, sie hat also, wie Linné redet, testam subturbinatam. Der Grund ist bläulich, und hat eine wahre Achatfarbe, auch stehet nahe beym Wirbel ein starker schwarzbrauner Flecken, wie bey der Cypraea stercoraria. Nahe beym Wirbel siehet man ein bläuliches Feld, so einer breiten Queerbinde gleicht. Alsdann folgen fünf Reihen viereckigter hellbrauner Flecken, die als fünf Queerbinden anzusehen sind, und deren Flecken den Steinen eines Dambrets gleichen. Es wird diese Schnecke auf beyden Seiten von einem dunkelbraun gefärbten wulstigen Rande unterwärts umringt. Die Basis oder Grundlage derselben ist braun, und dabey mehr flach und platt als erhoben. Die starken Zähne beyder Lippen sind weiß. An der innern Lippe bemerkt man hinterwärts, wo ohnstreitig der Bewohner aus seinem Gehäuse aus- und einzukriechen pflegt, wie bey vielen andern Porcellanen, eine sehr starke Vertiefung, und an solchen Stellen ist auch die innere Lippe der Spindel breiter als gewöhnlich, wie man an aufgeschliffenen Stücken sehen kann. Diese Porcellane, davon das im Chemnitz abgebildete Beyspiel 3 Zoll lang, wohnet an der Guineischen Küste, und ist nicht gemein.

Wenn Cypraea stercoraria behutsam abgeschliffen wird, entstehet daraus eine der beschriebenen überaus ähnliche Porcellane. Da aber 1) die fünf fahlbraunen wie man an aufger nicht und wohnet sind, oder weni gewöhnlich daraus die beschriebenen bilden; da 2) der äußere Rand oder Wulst nicht braun, sondern

dern fahl und braun gefleckt ist, und nach dem Rande zu einzelne braune Flecken hat; da endlich auch 3) die Basis ebenfalls eine fahle Farbe hat, so glaube ich nicht, daß das vom Chemnitz beschriebene Bretspiel eine abgeriebene Cypraea stercoraria sey.

(S.)

Bretspielblume. S. Kronblume.

Breve, Corvus brachyurus. S. Raben, kurzgeschwänzte.

Breyapfel, Achras, ist eine Gattung Bäume aus dem mittägigen Theile von Amerika. Ihre Blumen haben fünf bis sechs Staubfäden und einen Staubweg, einen aus sechs Blättchen bestehenden Kelch, und eine eyrunde in sechs Abschnitte gespaltene Krone; zwischen diesen Abschnitten und abwechselnd mit ihnen stehen nach innen zu eben so viele Schüppchen; diese Blumen hinterlassen jede eine Kernfrucht, die in zehen Fächer getheilt ist, und in jedem dieser Fächer einen Samen mit der Narbe am Rande und einer hakenförmigen Spitze haben. Man kennt fünf Arten.

— — — brüstenähnlicher, Achras mammosa. Seine Zweige sind dick belaubt; die Blätter groß, keil- oder lanzenförmig, doch dabey stumpf, unzertheilt, hart, und stark geadert; die Blumen stehen einzeln, und haben nur fünf Staubfäden; die Früchte sind sehr groß, länglicht und an beyden Enden zugespitzt, und glänzend braunroth. b)



b) Achras floribus pentandris. *Jacquin* stirp. amer. ed. 2. p. 32. t. 59. Achras floribus solitariis, foliis cuneiformi-lanceolatis. *Linn.* sp. pl. 1. p. 469. syst. veget. ed. 2. p. 341.

Breyapfel, gemeiner, Achras Sapota; Achrasbaum, Sapodillapfel. Sein Stamm verbreitet sich in viele wie Arme ausgebreitete Aeste; seine Blätter sind lanzenförmig eyrund; seine Blumen stehen einzeln in den Winkeln der Blätter, und haben sechs Staubfäden; seine Frucht ist eyrund, ziemlich groß und schmeckt, wenn sie moll zu werden anfängt, besser als Ananas. c)

— — — gujanischer, Achras Balata. Er findet sich auch in Malabar wild. Seine Blätter sind eyrund-länglicht, und auf der untern Fläche bestäubt; seine Frucht länglicht-eyrund. d)

— — — mit Weidenblättern, Achras salicifolia. Seine Blätter sind glänzend glatt und lanzenförmig eyrund; seine Blumen sind klein, haben eine blaß-

---

341. n. 1. Achras fructu maximo ovato. *Brown* jam. p. 201. Arbor americana pomifera, frondosis ramulis, foliis amplis longioribus obtusis duris et venosis margine aequali. *Plukn.* alm. 39. t. 268. f. 2. Fructus oblongus utrinque acuminatus s. conicus laevis splendens spadiceus. *Raj.* hist. 1800 Malus persica maxima, foliis magnis integris longis, fructu maximo oblongo scabro, ossiculo partim rugoso, partim glabro. *Sloan.* jam. 2. p. 124. t. 218.

c) Achras. *Loefling* it. 186. Achras floribus hexandris. *Jacq.* stirp. amer. ed. 2. p. 33. t. 60. Achras floribus solitariis, foliis lanceolato-ovatis. *Linn* syst. veget. ed. 14. p. 342. n. 2. Achras floribus solitariis, foliis ovato-oblongis. *Linn.* sp. pl. 1. p. 470. n. 2. Achras fructu elliptico scabro majore. *Brown* jam. 200. t. 19. f. 3. Sapota fructu ovato majore. *Plum.* gen. 43.

d) *Aublet* plant. de la guj. franc. 1. S. 308.

blaßgelbe Krone, und sitzen in ganzen Büscheln beysammen an den Zweigen. e)

Breyapfel, zerschnittener, Achras dissecta. Er ist auf der Insel Tanga-Tabbu zu Hause. Seine Zweige sind dick, rundlicht, und voll kleiner Erhöhungen, und tragen an ihrer Spitze Blätter und Blumen; jene sind ganz glatt, ohne allen Einschnitt, und zugestumpft, und sitzen aufrecht, und dicht beysammen, übrigens ohne anscheinende Ordnung auf eigenen Stielen. Diese hängen einzeln in allen Blattwinkeln auch an eigenen Stielen. f)

*Breynia*. S. Kapern.

Brianſoner Kreide. S. das Folgende.

Brianzoner oder Brianſoner Kreide, Talcum Creta Briaconiae. Fr. Craie de Briançon. Ist keine eigentliche, sondern nur des Gebrauchs wegen eine so genannte Kreide; eigentlich ein feinglimmernder Talk, gewöhnlich weißer, bisweilen auch grünlicher oder gelblicher Farbe, der weiß schreibt, also nicht hart ist. Die Talkglimmer oder Schuppen sind zart und so verwachsen, daß sie nicht spaltet. Der Bruch ist glim-



e) Achras floribus confertis, foliis lanceolato-ovatis. *Linn.* sp. pl. 1. p. 470. n. 3. syst. veget. ed. 14. p. 342. n. 4. Achras foliis oblongis nitidis utrinque productis, floribus confertis, fasciculis infra frondes sparsis. *Brown* jam. 201. t. 17. f. 4. Salicis folio lato splendente arbor, floribus parvis pallide luteis pentapetalis e ramulorum lateribus confertim exeuntibus. *Sloan.* hist. jam. 2. p. 98. t. 206. f. 2.

f) Achras floribus solitariis, foliis cuneiformibus emarginato-retusis. *Linn.* syst. veg. suppl. p. 210. Ed. 14. p. 342. n. 3.

merig, und scheint wie gestreift, die Weiße ist etwas durchscheinend. Die so genannte spanische Kreide ist ihr an Farbe, schlüpfrigem Gefühl, Gebrauch zum Schreiben ꝛc. sehr ähnlich, und wird oft mit der Brianzoner verwechselt; die spanische ist aber kein Talk, sondern ein Speckstein. Man schneidet die Brianzoner Kreide zum Gebrauch, vorzüglich für Schneider, in kleine vierkantige Stangen.

Im Feuer wird sie spröde, schmelzt aber nur vor dem Brennspiegel. —

Man findet sie in Ganggebürgen in Nestern und Nieren; selten in eigenen Gängen, z. B. in Frankreich in Briancon, bey Impruneta in Serpentin u. s. f. (Ge.)

*Brichilata*. S. Klee, türkischer.

**Briciningpeba.** g) Der Brasilianische Name einer der Klapperschlange sehr ähnlichen, die so geschwinde kriecht, daß sie zu fliegen scheint. Sie ist von schwarzer Farbe, und ihr Gift überaus subtil.

— — — — h) Außer der großen Klapperschlange, welche in Brasilien den Namen Boicininga führet, und so geschwind kriecht, daß sie zu fliegen scheint, findet sich auch noch eine kleine Briciningpeba genannt, welche eben die Eigenschaften hat. Sie ist von schwarzer Farbe, und das Gift überaus subtil. (P.)

**Brieftaube, Briefträger,** Columba tabellaria. S. Taube.

Brie-

g) Allgem. Reis. 3. W. u. 3. L. 16 Th. S. 274.
h) Allgem. Reis. 3. W. u. 3. L. 14 Th. p. 274.

Brieseis, die Linneische. S. Blindauge.

Brignolen. S. Pflaumen.

Brike. i) In Deutschland ist dieser Fisch, außer dem Namen Neunauge, auch unter dem der Brike und Prike bekannt. Die eine Reihe im Zirkel stehender Zähne geben sichere Zeichen ab, die Brike von der Lamprete (Petromyzon marinus) und dem Querder (Petromyzon branchialis) zu unterscheiden. Hinter denselben bemerket man unten sieben zusammengewachsene und oben zween auseinander stehende Zähne. Der Kopf ist (nach Herrn D. Blochs Beschreibung) von grünlicher, das Genick und der Rücken von schwärzlicher, die Seiten sind von gelblicher, der Bauch von weißlicher, und die Flossen von violetter Farbe. Indessen fallen diese Farben bald heller, bald dunkler aus, je nachdem der Grund beschaffen ist, worinnen sie sich aufhalten. Längs dem Körper sieht man viele in die Queere laufende, etwas geschlängelte Linien, und am Kopfende Spuren einer Seitenlinie. Die Augen sind klein, und haben einen goldfarbigen Ring.

Wir finden diese Art, welche nicht über 12 bis 15 Zoll lang angetroffen wird, in den meisten europäischen

 Flüs-

i) Petromyzon fluviatilis, pinna dorsali posteriori angulata. *Linn.* Syst. Nat. T. I. n. 2. p. 1514. ed. *Gmel.* *Arted.* gen. 64. syn. 89. spec. 99. *Faun.* Suec. n. 290. die Neunauge. Müll. Linn. N. S. 3 Th. n 2. p. 231. Bloch Fische Deutschl 3 Th. p. 41. Tab 88. Fig. 1. 2. *Müll.* Zool. dan. prodr. n. 307. p. 37. *Gronov.* mus. ichth. T. I n. 144. *Ejusd.* Zooph. T. I n. 159. p. 38. *Klein* Miss. III. p. 29. n. 1. tab. 1. f. 3. *Willughb* Tab. G. 3. f. II. *Jonston.* t. 28. f. 10. *Pennant* Zool. brit. T. III. n. 3. p 61. *Plot.* oxfordsh. p. 182. tab. 10. *Rondel.* pisc. 2. p. 202. *Aldrov.* p. 539.

Flüssen, besonders sind sie in der Mark Brandenburg, Pommern, Schlesien und Preußen sehr häufig, wo sie bey uns in Cüstrin, Oderberg, Rügenwalde ꝛc. gefangen, und nachdem sie auf dem Roste gebraten, in Fäßgen dicht über einander gepackt, und mit Lorbeerblättern, englischem Gewürze und Weinessig versehen worden, nicht nur hieher, sondern auch nach Sachsen und andern angränzenden Provinzen stark versendet werden. Man genießt sie im Winter, denn im Sommer sind sie geschmacklos, zähe, und haben kleine Auswüchse, welche die Fischer Räude nennen. Auch soll sich, nach der Beobachtung des Muralto, ein gewisses Insekt, das er beschreibt, auf die Augen dieses Fisches setzen, sie aussaugen und blind machen. In der Bober und Neisse werden sie vom December bis im April gefangen, denn im Sommer halten sie sich im Grunde zwischen den Steinen auf. In England fängt man die Neunaugen so häufig, daß man den Holländern jährlich vier bis fünfmal hundert tausend Stück zum Cabeljau und Steinbuttenfang verkaufet, und hundert tausend gehen in eben der Absicht nach Herwich. Auch werden in Curland im Jenner im Bauskenschen Flusse sehr viele Briken mit Netzen aus denen im Eise gehauenen Wuhnen gefangen. Sie sind viel größer, als die aus andern Flüssen, und werden in Schnee gepackt, weit versendet, wenn sie darauf in kaltes Wasser gelegt werden, so bewegen sie sich wieder.

Dieser Fisch begiebt sich im Frühjahr aus den Seen in die Flüsse, aus welchen er im Herbste wieder zurückkehrt. Er lebet von Insekten, Würmern, Fischbrut, und vom Fleisch gestorbener Wasserthiere. Seine Laichzeit fällt im März und April, und er setzt seine Eyer am Rande der Flüsse zwischen den Steinen ab.

ab. Seine Vermehrung ist stark, und sein furchtbarer Feind unter den fleischfressenden Wasserbewohnern ist der Wels. Er hat ein zähes Leben, und man kann ihn außer dem Wasser einige Tage lebendig erhalten.

Man fängt ihn von Martini bis Ostern mit Reußen, wie den Aal, und mit Netzen; an die Angel aber beißt er nicht leicht. Der Hauptfang geschiehet im December; man findet zwar in seinem Unterleibe kein Fett, es hat aber demohngeachtet derjenige, der im Winter gefangen wird, ein süßlichtes, hartes und wohlschmeckendes Fleisch, das jedoch nicht zu den leicht zu verdauenden Speisen gehört. Frisch genießt man ihn mit einer Butterbrühe, oder auch gebraten mit Essig, Oel, Pfeffer und Petersilie; nur soll das Männchen von besserm Geschmack als das Weibchen seyn. Die innern Theile sind von eben der Beschaffenheit, wie die von der Lamprete.

Wenn nach dem **Bomare** dieser Fisch sein Leben nicht über zwey Jahr bringen soll, so widerspricht diesem der langsame Wachsthum desselben, denn ehe er die Länge von funfzehn Zollen erreicht, ist wenigstens ein Alter von fünf bis sechs Jahren erforderlich; und wenn Stat. Müller das nehmliche behauptet und hinzusetzt, daß wenn er seine Jungen zur Welt brächte, er allmählig abzehre und stürbe, so widerspricht auch diesem die tägliche Erfahrung.

(P.)

*Brikuro.* S. Meersenf.

**Brillanten** nennet man öfters überhaupt Edelgesteine, bedeutet aber eigentlich nur eine Form geschnittener Steine, so daß sie am obern Theil und der Krone sowohl, als am untern oder der Culasse eckige Facetten haben. Brillant bezeichnet also nicht den natürlichen Stein, sondern die ihm durch Kunst gegebene Form. (Ge.)

**Brille.** S. Brilleneule.

**Brillenbogen,** Phalaena conspicillaris. k) Ein Nachtvogel aus dem Geschlechte der Eulen, ohne sichtbaren Saugrüssel. (Phal. noctuae elingues.) Die obern Flügel sind blaß braungrau, und führen in der Mitte einen weißen Brillenbogen, die hintern sind dunkler mit 2 weißen großen Flecken an der Seite des äußern Randes. Die Wiener nennen ihn die **Wirbelkrauteule.** (Gr.)

**Brillenente,** Anas perspicillata. S. Ente.

**Brilleneule, die Brille,** Phalaena perspicillaris. l) Ein Nachtvogel aus eben dem Geschlechte, die Flügel sind mit Brandstriemen besetzt, hinten zweyzahnig, und mit einem einzigen mondförmigen blassen Flecken geziert. Am Kopfe befinden sich 2 fast runde Schienen, mit 3 braunen Strichen, welche die Augen decken. Er kommt aus Schweden. Die Wiener nennen ihn die **Konradskrauteule.** (Gr.)

Brillen=

k) *Linn.* Syst. nat. Tom. I. P. 2. p. 849. n. 149. Müllers Uebersetz. V Th. 1 B. S. 693. n. 149. Wiener Schmetterl. S. 75. K. *Goetze* Entom. Beitr. III. Th. 3. B. p. 147. n. 149.

l) *Linn* Syst. nat. Tom. I. P. 2. p. 849. n. 148. Müllers Uebersetzung V. Th 1 B. S. 693. n. 148. Füeslins Verz. S 38. n. 727. Wiener Schmetterl. S. 76. n. 11. *Clerk* Icon. t 2. f. 3. Ph. Polyodon. *Goetze* Entom. Beitr. III. Th. 3. B. p. 147. n. 148.

**Brillennase**, Caprimulgus americanus. S. Ziegenmelker.

**Brillenschlange.** m) Diese Schlange hat einen kleinen Kopf, und einen Mund, der sehr mäßig abgestumpft ist. Die Schuppen sind glatt, aufwärts sind sie am größten, vorzüglich hinter den Augen; der Rumpf bläht sich, oder erweitert sich auf beyden Seiten von dem sechsten Schild bis zum zwanzigsten in eine flügelartige Haut; im übrigen ist derselbe rund, glatt und aschgrau; der Schwanz ist dünne, und den sechsten Theil so lang als das Ganze; auf der aufgeblähten Haut liegt eine brillenähnliche Zeichnung, die weiß, und am Rande schwarz ist, und deren vorderer Theil gegen die Augen zu steht. Die ganze Länge der Schlange ist anderthalb Schuh; ihre Dicke beträgt die eines kleinen Fingers; in der obern Kinnlade ist sie mit Giftzähnen versehen, mit welchen sie, die sie verletzet, innerhalb wenigen Minuten zu tödten im Stande ist. Der Herr Archiater von Linné, und mit ihn die mehresten Naturforscher, die diese Schlange zu beobachten Gelegenheit gehabt haben, zählen hundert und drey und neunzig Bauchschilde, und sechszig Schwanzschuppen, in allen zweyhundert und drey und funfzig.

Ihr

m) Coluber Naia, scutis abdominalibus 193, squamis caudalibus 60. *Linn.* Syst Nat. p. 1105. ed. *Gmel.* Mus. Ad. Frid. R. T. I. p. 30. tab. 21. f. 1. Amoen Acad. T. I. p. 112. T. II. p. 105. die Brillenschlange. Müll. Linn. N. S. 3 Th. n. 50. p. 184. Tab. 6. f. 4. *Kaempfer* Amoen. exot. p. 565. t. 567. *Laurent.* amph. p. 91. n. 197. *Seb.* Mus. T. II. tab. 85. f. 1 tab. 89. f. 1. 2. 3. 4. tab. 90. f. 1. 2. t. 94. f. 1. tab. 97. f. 1. 2. 3. 4. Blumenbach Handb. d. N. G n. 6. p. 266. Leske Anfangsgr. d. N. G. n. 5. p. 365. *Klein* herpet. p. 17. *Onomat.* med. 3 Th. p. 15. *Rai* quadruped. p. 330. Mus. Petrop. 454. n. 27. *Kolb.* can. 432. *Bruckm.* epist. 37. t. 5. 6. 7.

Ihr Vaterland ist Ostindien sowohl als Westindien, überhaupt das wärmere Amerika, vorzüglich aber Brasilien, Zeylon, und die ternatischen Inseln. Sie ist daselbst unter den portugiesischen Namen Cobras de Capello, oder Cobra Cabelo bekannt, wie sie denn deswegen, außer der Benennung Brillenschlange, auch die der Cobraschlange führt.

Das beständigste und sichtbarste Unterscheidungskennzeichen, sie von allen andern zu unterscheiden, setzt Linné in die kappenförmige Erweiterung oder Aufblähung der Nackenhaut zu beyden Seiten, die ohngefähr eine Spanne im Durchmesser beträgt, die aber nur dann erst sichtbar wird, wenn die Schlange gereitzt wird. Diese kappenförmige Aufblähung der Nackenhaut hat viel ähnliches mit den sogenannten Flügeln am fliegenden Eichhorn. Auch kommt hier noch die schon gedachte brillenförmige Zeichnung, die zwar bey allen den Verschiedenheiten, die wir von dieser Schlange kennen, nicht immer gleich regelmäßig ist, in Anregung, welche dieselbe auf dem Rücken ihrer erweiterten oder aufgeblähten Nackenhaut trägt.

Es ist diese Schlange vielleicht diejenige, deren Biß die heftigsten und am schnellsten tödtlichen Erfolge veranlassen kann. Man hat in ihrem Vaterlande mehrere traurige Erfahrungen gesammlet, die die fürchterlichen Wirkungen, welche diejenigen erfuhren, die sich ihrem Bisse aussetzen mußten, außer allen Zweifel stellen. In wenigen Minuten erfolgte nach dem Bisse der Tod. Redi war wohl der erste, welcher die Ursache dieser Wirkungen verfolgte, und die Quelle angab, wo man den Gift an dieser Schlange zu suchen habe. Die Brillenschlange besitzt in der obern Kinnlade Zähne, von welchen die vordern größer als die übrigen sind, und die eigentlichen Giftzähne sind.

Diese

Diese sind beweglich, hohl, an ihrer Spitze fast unmerklich durchbohrt, und haben unter ihrer Basis ein Bläßchen, das voll des tödlichsten Giftes ist, von welchem sie beym Biß nur einen geringen Theil mit in die Wunde bringen, und der auch zugleich die einzige und wahre Ursache aller Symptomen ist, die man an jenen unglücklichen von dieser Schlange gebissenen bisher wahrgenommen hat. Es ist merkwürdig, daß dieser giftige Saft ganz unschädlich ist, wenn ihn ein Gesunder verschluckt. Werde er aber unmittelbar dem Kreißlauf des Blutes, entweder durch den Biß der Schlange, oder sonst durch Einspritzung mitgetheilt, so erfolgt, nach vorhergehenden fürchterlichen Zufällen, schnell der Tod.

Indessen sind der Vervielfältigung dieser schädlichen Schlange, die bey vermehrterer Verbreitung ganze Nationen aufreiben würde, von dem über alle seine Geschöpfe stets wachenden Vater der Natur die sichersten Grenzen gelegt worden. Die Pharaoratze (Viverra Ichneumon L.) ist der Brillenschlange gewöhnlichster und unversöhnlichster Feind, der sie ohne Nachtheil aufzehren kann. Dieser verfolgt sie beständig, und nährt sich immer von ihr. Aber auch dieses Thier setzt sich, nach einer in ihrem Vaterlande allgemeinen Sage zu Folge, wider den Biß derselben durch das Aufsuchen und Kauen der Schlangenwurzel (Ophiorrhiza Mungos L. Sp. Pl. p. 213.) in Sicherheit, und dadurch außer aller Gefahr. — Erzählungen, die viel unbegreifliches haben, und deren Glaubwürdigkeit durch nähere Untersuchungen bestätigt zu werden verdient. (Schrebers Saugthiere 3 Th. S. 433.) Den Kampf, den übrigens die Pharaoratze mit der Brillenschlange besteht, wird ausführlich vom Linné (Amoen. Acad. T. II. p. 109.) und Kämpfer (Amoen.

(Amoen. exot. p. 574.) erzählt. Außerdem wird die Schlangenwurzel von den Indianern selbst als ein specifikes Gegenmittel gebraucht, wenn einer von ihnen das Unglück gehabt hat, von der Brillenschlange gebissen zu werden. Der seel. Linné hat in einer eignen akademischen Abhandlung (Lignum Colubrinum. Amoen. acad. T. II. p. 100.) sich weitläufig mit Untersuchung dieser Schlangenwurzel abgegeben.

Aber weit unglaublicher wird jedem das Vorgeben der Indianer seyn, wenn ich schon nicht obige Nachrichten völlig in Abrede zu stellen im Stande bin, daß die Brillenschlange diejenige war, welche Evam im Paradiese verführte. Dieß ist freylich ein Umstand, den wir ganz an seinem Orte gestellt seyn lassen müssen.

Weil Zauberkünste und Magie von je her, unter den Schwarzen in Indien, so wie unter den Weißen in Europa, Mode waren, so fällt es nicht auf, wenn uns Kämpfer, nicht nur erzählt, sondern auch figürlich darstellt, daß auch die Brillenschlange mit unter diejenigen Gegenstände gehörte, an welchen der Hunger und Superstition seine Zauber und Incantations-Kräfte nährte. Aus dem getreuen Bericht, den uns dieser für sein Zeitalter wahre aufgeklärte beobachtende Reisende von den Gaukeleyen und Taschenspielerkünsten, womit die Schwarzen mit der Brillenschlange ihr Wesen treiben, mittheilt, ergiebt sich, daß auch in Indien Charlatanerie zünftig ist. Diese schwarzen Puysegur's ziehen auf ofne Märkte und Plätze mit der Brillenschlange in Töpfen; waffnen sich, bevor sie selbige herauslocken, mit kleinen Stückchen von einer Wurzel. Die Schlange bricht nun hervor, richtet sich in die Höhe, bläht gereizt ihre

Nacken-

Nackenhaut auf, und macht mit ihrem Kopfe auf die vorgehaltene Faust des Zauberers verschiedene Bewegungen, und das eigentliche Spiel hebt an. Man hält diese Bewegungen der Schlange für gefährliche Verletzungen, die nur dem Zauberer nicht schaden. Zuweilen gehen diese Verwegene so weit, daß sie den Kopf der Schlange zum Munde bringen. Oftmals werden sie auch die Opfer ihrer Kunst. Das Spiel dauert nicht selten nur eine halbe Viertelstunde: denn länger kann sich die Schlange nicht aufrecht halten. Der Künstler nimmt den Zeitpunkt wahr, und endigt die Illusion, die, wenn sie lange fortgesetzt würde, die Schlange ermüden, und derselben Desertion veranlassen würde. Man singt bey diesem Akt meistens Lieder im eigenen Ton, und die der heftig gereizten Schlange vorgehaltene Faust bewegt sich taktmäßig, bald auf diese, bald auf eine andere Seite, welcher auch dieselbe taktmäßig folgt. Ist das Spiel zu Ende, so wird, wie bey uns in Europa, eine Gabe von den bestürzten Zuschauern gesammelt.

Kämpfer hatte oftmals Gelegenheit diesem Schauspiele zuzusehen. Die von diesen schwarzen Künstlern den Zuschauern oftmals aufgedrungenen kleinen Stücke dieser Wurzel scheinen im geringsten nicht etwas angenehmes oder unangenehmes für die Brillenschlange zu haben; einige derselben vorgeworfene Stückchen, nach geendigtem Spiel, brachten sie nicht zum Weichen, vielmehr schien sie dagegen ganz gleichgültig zu seyn. Man konnte weder Ab- noch Zuneigung gegen selbige an ihr bemerken. Noch weniger kann das Singen der Zauberer Einfluß auf sie haben. Indessen läßt sie sich doch leicht und ohne Gefahr zu diesen Künsten abrichten, und ihr gelehriges Naturell, so wie die durch Gewohnheit und an-

halten-

haltende Uebung ihr beygebrachte Furcht, setzt sie dann vollends bald in Rapport mit ihrem Bändiger. Anfangs wird ihr ein Topf, wie ein Schild, vorgehalten, gegen den sie loßzieht, und sie wird dann öfters beschädiget, indem sie immer gegen den vorgehaltenen Topf mit ihrem Munde anstößt. In der Folge gewöhnt sie sich daran, und die Gewohnheit belehrt sie endlich zu ihrem eignen Schaden, daß sie mit einem unverletzbaren Feinde kämpfe. Ist sie so weit, daß ihr Meister dies bemerkt, so hält er ihr mit gleicher Sicherheit seine Faust wie den Topf vor. Er kann nun mit ihr sein Spiel treiben. Sehr oft besitzt ein solcher indianischer Zauberer dergleichen abgerichtete Schlangen in Menge, nicht selten deren über zwanzig. Sie hüten sich aber, sie nie zu ermüden, wornach sie bald die Flucht zu nehmen pflegen. Außerdem gebrauchen sie auch noch die Vorsicht, der Schlange den Gift zu nehmen, oder wenigstens denselben so zu vermindern, daß er beym Biß nicht in die Wunde gebracht werden kann. Sie drücken entweder denselben aus der Giftblase, oder werfen der gereizten Schlange ein Stück Tuch ꝛc. hin, in das sie beißt, es oft wiederholt, und dadurch sich, wenigstens eines großen Theils dieses giftigen Saftes entledigt. Anf diese Weise vermögen sie dann um so viel eher die Schlange zu behandeln.

Wenn man die dreyzehn in dem Sebaischen Thesauro befindlichen Abbildungen bemerkt, so sollte man sie für eben so viele Arten halten, die es doch nicht sind, sondern nur eben so viel Abänderungen, denen diese Schlange, wie mehrere andere Geschöpfe, ausgesetzt ist. Und in der That variirt sie in Hinsicht ihrer Farbe, Größe, Zeichnung und Stellung, so wie in Hinsicht der mehr oder wenigern Deutlichkeit der brillenartigen Figur außerordentlich, wobey theils

ihr

ihr Vaterland, theils ihr Alter, das ihrige mit beytragen können. (P.)

**Brillenstein**, nennet man einen schwarzen Achat, auf welchem zwey größere Onyxringe neben einander durch einen dritten kleinern, so mit einander verbunden sind, daß sie einigermaßen einer Brille gleichen. Gm.

(Ge.)

**Brillentaube.** S. Taube.

**Brillenträger aus Amboina**, Phalaena Conspicillator. n) Mit etwas sichelförmigen ausgeschnittenen Flügeln, von denen die vordern grünlich braun sind, und zwey weißpunktirte Brillenflecke führen; die hintern sind schwärzlich mit einem runden rothen Fleck, und an den Spitzen weiß. Er ist ein Nachtvogel aus dem Geschlechte der Atlaße oder Spiegelträger. (Phalaenae Attaci)

(Gr.)

**Brillnase**, Vespertilio perspicillatus. S. unter Fledermaus.

*Brindones*, Brindoyn, so heißt eine indische Frucht, die zur Färberey gebraucht, und aus deren Rinde Essig bereitet wird.

(Gm.)

**Brißling.** S. Breitling.

Brißus

n) *Cramer* Pap. Exot. IX. p. 1. t. 97. f. A. B. *Goetze* Entom. Beitr. III. Th. 2. B. p. 278. n. 30.

Brißus (Seeigel.) o) ist ein Wort, mit welchem nicht nur Klein, und einige andre, die wir hernach nennen wollen, eine gewisse Klasse der Seeigel (Echinus) belegen; sondern welches auch schon ältere Schriftsteller von Seeigeln brauchen. Gesner meldet, daß Aristoteles, und aus ihm Athenäus ein gewisses Seeigelgeschlecht Βρισσυς genannt habe, daß es aber auch Bryttus heiße. Das Wort Αβρυτος, auch ein Name für gewisse Seeigel, scheint ein verstümmeltes Wort aus ἀβρωτοί zu seyn, welches von solchen Dingen gebraucht wird, die man nicht essen kann. Plutarch sagt, daß der Seeigel nicht nur αβρωτος sey, und zum Genuß nicht tauge, sondern daß er sogar giftig sey, denn der Arcesilaus, dem Learch, da er gefährlich krank war, dergleichen in einem Tranke beybrachte, fand darinne seinen Tod. War aber seine Krankheit schon erst gefährlich, so ist es noch eine Frage, ob der Genuß des Seeigels seinen Tod befördert habe? wenigstens preiset Aelian p) den Seeigel überhaupt als ein gutes Stomachale an, und legt ihm noch besondere Heilskräfte bey. In der Rücksicht könnte er wohl Βρυττος genennet werden seyn, weil er nicht nur zum Genusse taugt, sondern auch einen verdorbenen Magen wieder herstellt.

Beym Klein macht Brissus unter der Klasse, die er Ovum marinum nennet, das erste Geschlecht aus, unter

o) Lat. Brissus. Griechisch Βρισσος. Franz. Oursins ovoides. Holländ. Doods-hoofden, van Phelsum. Deutsch: Seeschädel, oder Meerschädel. conf. Leskens Ausg. von Kleins Natural. Dispos. Echinoderm. p. 29. §. 104. f. p. 70. 73. 220. 245. 247.

p) Hist. animal. Lib. XIV. Cap. 4. Schneiders Ausg. S. 437.

unter dem zwey Arten stehen, der gefleckte, Brissus maculosus, und der einfärbige. Vom Brissus unterscheidet er als das zweyte Geschlecht den Brissoides, wohin er wieder zwey Arten bringt, den Todtenkopf, Cranium, und die Seemandel, Amygdala.

Davila trennt die Brissos von den Spatagis, er nennt sie Oeufs marins, Ovoides, Seeeyer, und versteht darunter eyförmig gebaute ungesäumte Seeigel, die vom Munde an, bis zum abgestumpften Rande überaus stark convex sind.

Auch *van Phelsum* macht aus den Brissis ein eignes Seeigelgeschlecht, das er Seenüsse Egelnooten nennt.

Leske folgt wie fast allemal dem Statsrath Müller, und vereiniget die vier Klassen des Klein, Spatangus, Spatagoides, Brissus und Brissoides; siehet dem Brissus als Art (Species) an, die er Spatangus Brissus, den länglichten Seeschädel q) nennet. Er rechnet hieher folgende Abänderungen:

1) Spatangus Brissus maculosus, der längliche gefleckte Seeschädel. 2) Spatangus Brissus unicolor, der einfärbige Seeschädel. 3) Spatangus Brissus ovatus, der eyförmige Seeschädel. 4) Spatangus Brissus latecarinatus, der breitgefurchte Seeschädel. Spatangus Brissoides ist bey ihm eine eigne einzige Art.



q) Den deutschen Namen Seeschädel, den wir beybehalten, braucht Batsch in dem Verzeichniß der Gräflich Reuß-Plauischen Naturaliensammlung zu Köstritz. Gera 1785. S. 301. f.

Unter dem Namen Meerschädel sollen die hieher gehörigen Arten von mir beschrieben werden.

(S.)

**Bristoller Diamanten**, sind in England, was böhmische Diamanten oder böhmische Steine in Teutschland sind, nehmlich kleine wasserklare, harte Bergkrystallen, die als unächte Edelgesteine zu Ringen, Haarnadeln, Schnallensteinen und andern Schmuck angewendet werden. Man findet sie bey Bristol in einem Berge aus grauen Kalkstein, in leeren Kugeln, meistens auf Blutstein sitzend, eingeschlossen. Ferb. Eben so berühmt sind in England die **Buxtons Diamanten** oder Bergkrystalle von Buxton.

(Ge.)

*Britannica.* S. Alant, Ampfer, Aurikeln, Gliedkraut, Grasblume, Löffelkraut, Pfersingkraut.

*Briza.* S. Zittergras.

**Brocard.** (Conchyl.) S. Brokat.

**Brodbaum**, Artocarpus, Rademacheria. Eine Gattung Bäume, die auf den Inseln des indischen und des Südmeers, sowohl wild wächst, als gepflanzt wird, und in ihren Früchten den Einwohnern derselben ein sehr einfaches und gesundes Nahrungsmittel darreicht. Sie sind voll von einem Milchsafte, der so zäh ist, daß er sich in Fäden ziehen läßt, um den Stamm so dick als ein Mensch, und bis fünf Klafter hoch; ihre Blätter sitzen auf eigenen Stielen, bald auf dieser, dann wieder auf der andern Seite der Zweige, sind länglicht und rauch, und werden gegen zween Schuhe lang;

lang; unter sich haben sie zween große lanzenförmige Ansätze, die von außen rauch sind, die Blätter, so lange sie noch jung sind, einschließen, und dann abfallen; ihre Blumen haben keine Krone, und sind in ein violblaues, walzenförmiges, nach oben zu sich verdickendes Käzchen, das auf einem eigenen Stiele, an der Spitze der Zweige sitzt, vereinigt; einige dieser Käzchen sind ohne Scheide; ihre Blümchen sitzen vest auf, und haben einen aus zween gleichen Schalenstücken bestehenden Kelch, und einen sehr kurzen Staubfaden, mit länglichtem Beutel, aber keinen Staubweg; andere hingegen an dem gleichen Zweige haben eine aus zwey Schalenstücken bestehende Scheide, und einen eyrunden Kolben, der mit sehr vielen sechseckigen zusammengewachsenen Fruchtknoten mit einem fadenförmigen Griffel und einer oder zwo Haarzarten umgerollten Narben ohne Kelch und Staubfaden, bedeckt ist; diese letztere hinterlassen eine rundliche, inwendig in viele Fächer getheilte, auf der Oberfläche aber stachlichte Frucht, jeder Fruchtknoten einen länglichten Samen, der im Fruchtboden vest steckt, und sich an der Spitze in ein Haar endigt. Dieser Früchte wegen wird der Brodbaum im vesten Lande Indiens gepflanzt, und könnte in den wärmern Inseln, die dem mittägigen Amerika näher liegen, eben so gut gebaut werden, wo der Gebrauch seiner nahrhaften Früchte, die leichte Zubereitung derselbigen, und seine ausnehmende Fruchtbarkeit von unsäglichen Vortheilen seyn würde. Er wächst bis vierzig Schuhe hoch, läßt sich leicht aus Wurzelsprossen und Zweigen fortpflanzen, gedeiht vorzüglich in einer fetten mit etwas Sand und Muschelkalk vermengten Morerde, gewinnet durch Kultur, wie mehrere andere Bäume, an Schönheit, so wie an Wohlgeschmack und Größe seiner Früchte, die bisher zu einem Durchmesser von zehen

hen bis eilf Zollen hinanwachsen. Die Wurzel der wilden Pflanze wird getrocknet im Durchfall, das Holz als Feuerungswaare gebraucht; das Holz der zahmen, das leicht, weich und gelb ist, keine Politur annimmt, und leicht wurmstichig wird, wird zu Kähnen, Pfosten, Balken, Schemeln, Trommeln, Schüsseln, Trögen u. d., der Splint zwey bis dreyjähriger Bäume zu Zeugen, die dem Musselin ähnlich sind, verarbeitet; den aus dem Baume, wenn er geritzt wird, ausfließenden Milchsaft kocht man in Amboina mit Kokosmilch, und gebraucht ihn als Vogelleim, und mit Sagumehl, Eyweis und Zucker vermischt, als Kitt, um die Ritzen wasserdichter Gefäße damit zu schmieren; die Blätter gebrauchen die Bewohner der Südseeinseln als Teller bey ihrer Tafel, oder um ihre Speisen darein zu wickeln, oder darinn zu backen; die Frucht selbst läßt man nicht ganz reif werden; sie bekommt dann einen widerlich süßen Geruch und Geschmack, und wird ungesund; nur die Einwohner der marianischen und philippinischen Eylande genießen sie, und zwar roh; gewöhnlich wird sie vor ihrer vollen Zeitigung abgenommen; entweder noch ehe sie einmal ausgewachsen ist; in diesem Fall schneidet man Fruchtboden und Rinde weg, wirft das fleischige Mark in eine tiefe, mit Steinen ausgepflasterte Grube, und Blätter und Steine darüber, und läßt es in saure Gährung gehen; so hält es sich mehrere Monate lang, ohne sich weiter zu verändern, und schmeckt ungefähr wie Pumpernickel, wenn er nicht ganz ausgebacken ist; von diesem Vorrath nimmt man nur auf einmal so viel, als man nöthig hat, macht Klumpen so groß als eine Faust davon, wickelt sie in Blätter, und backt sie auf heiß gemachten Steinen; so halten sie sich einige Wochen lang, und dienen auch als Proviant auf Seereisen. Gewöhnlicher aber nimmt man sie

erst

erst vom Baume, wenn sie zwar noch eine grüne Rinde hat, und noch nicht vollkommen zeitig, aber doch schon ausgewachsen ist, und ein schneeweißes, lockeres und markiges Fleisch hat, aber auch da wird sie nicht roh genossen, sondern geschält, und entweder ganz oder zerschnitten in Blätter gerollt, und auf heißen Steinen geröstet und gebacken, wo sie denn ungefähr wie das Weiche von Weizenbrod schmeckt, wenn man gekochte mehlige Kartoffeln darunter mengt. In Java wird sie wohl auch in Zucker eingemacht, oder in Kokosöl gebraten, und zu Batavia, in Zeylon u. d. auf mancherley andere Art, auch mit Gewürzen, zugerichtet. Man kennt bisher nur zwo Hauptarten.

rodbaum mit gezacktem Laube, Artocarpus incisa. Er zeichnet sich durch sein oft tief gezacktes Laub, und dadurch aus, daß er nur an den Spitzen der Zweige Blumen und Früchte trägt, auch sind die Zweige glatt. r)

Diese erste Art theilt sich wieder in die wilde und zahme: die wilde s), die auf den Gewürzinseln und andern benachbarten größern Inseln wächst, hat an der Wurzel eine dunkelrothe Rinde, einen kleinen eckigen, beynahe geflügelten Stamm, eine unansehnliche Krone, und kleines rauchhaariges und stechendes Laub mit we-

 nigen

r) Artocarpus foliis incisis. *Linn.* syst. veg. suppl. p. 411. 4. ed. 14. p. 838. n. 1. Rademachia incisa. *Thunberg* Kongl. Svensk. Vetensk. Acad. Handl B. 36. 1776. S. 260. Sitodium incisum. *Thunberg* philos. Transact. Vol. LXIX. P. 2. S. 465.

s) Soccus sylvestris. *Rumph* herb. amb. 1. p. 114. t. 34.

nigen Einschnitten; ihr Saft ist nicht so klebricht, und trocknet schnell; ihre Früchte sind höckericht, stachlicht, haarig, und oben eingedrückt, und haben viel kleine, eckige, erdfarbene, sehr bittere Samen, und ein schleimiges Fleisch. Eine vermuthliche Abart davon t) von der Insel Damme, wächst zwar hoch, hat aber kleine runde Früchte, die von außen braun und gelb gefleckt sind, und viele Samen mit eßbarem gelbem Fleisch enthalten.

Der zahme Brodbaum findet sich wieder bald mit, bald ohne Samen in den Früchten: die samentragende Abart hat entweder nur unvollkommene und unfruchtbare Samen, die nur zweymal so groß, als Erbsen sind u), oder vollkommene und fruchtbare; diese letztere Abänderung x), welche auf den philippinischen, auch noch auf den marianischen Inseln vorkommt, und in den moluckischen, den Gewürzinseln, auch auf Celebes häufig gepflanzt wird, wächst ungewöhnlich schnell und über alle andere Obstbäume dieses Erdstrichs hinaus, und giebt sehr vielen Schatten; die Wurzel hat eine rothe Rinde; der Stamm ist nahe an der Erde in mehrere Auswüchse getheilt, und wird so dick, daß ihn zwey Männer nicht umspannen

t) Soccus arboreus minor. *Rumph* ebend. p. 107. t. 31.

u) *Thunberg* Svensk. Acad. Handl. 36. S. 251. β)

x) Rima. *Camelli* fascicul. frutic. et arborum in Luzona insula nascentium, apud I. *Raj.* hist. plant. 3. p. 52. n. 7. Lond. 1704. fol. *Anson* voy. round the World by *Walter*. Lond. 1748. 4. *Sonnerat* voy. à la nouv. Guinée. Paris 4. 1776. p. 90. t. 57-60. *Crozet* nouv. voyag. à la mer du Sud. Paris 8. 1783. p. 187. Soccus granosus. *Rumph* herb. amb. 1. p. 112. t. 33.

spannen können. Die Spitzen der Zweige und die Blattstiele sind haarig; das Laub groß, rauh und auf der untern Fläche wollig; die männlichen Blüthenkolben sind einen Schuh lang, weich und gelblicht, und fallen bald ab; die Frucht groß, in ihrer Gestalt einem Herzen etwas ähnlich, und mit hakenförmigen Spitzen besetzt, welche Ueberbleibsel der Griffel zu seyn scheinen: in dieser Frucht sind bis funfzehen Samen oder Kerne, die in Geschmack, Gestalt und Größe mit Kastanien übereinkommen, länglichtrund, dabey etwas eckig, ungefähr anderthalb Zoll lang, an beyden Enden mit einem kleinen stumpfen Ansatz versehen, in dünne weiße fleischige Häutchen, dann in einen eigenen weißen gestreiften fleischigen Beutel eingehüllt sind, und noch eine äußere weiße, in der Folge austrocknende, und eine innere braune Bedeckung haben.

Auch von der samenlosen Unterart giebt es mehrere Abänderungen, den **flockigen Brodbaum**, die **Tatarra, Parra, Maira** und **Uru**, welche vier letztere in Tahite gewöhnlich sind.

Der **flockige Brodbaum** oder **Baumwollen-Sockum** ist in Sumatra, Java, Baly und andern mehr nach Abend gelegenen Inseln gemein, sehr wenig belaubt, und kaum dreyßig Schuhe hoch; seine Aeste sind lang; seine Blätter zwo Spannen lang, tief eingeschnitten, glatt, und wie Pergament; seine Früchte sind klein, wie ein großes Herz gestaltet, und auf der Oberfläche mit spitzigen Wärzchen besetzt, und hat ein zaserichtes, flockiger Schafwolle ähnliches Fleisch, und in der Mitte wohl zuweilen eine kleine Höhlung. y)



y) Brodbaum. Panzer Beytrag zur Geschichte des ostindischen Brodbaums. Nürnberg 1783. 8. Abbild.

Die Tatarra hat eine länglichtrunde Frucht, mit runden warzenähnlichen Erhabenheiten an dem Fruchtknoten, und kurzen stachlichten Griffeln.

Die Parra hat eine länglichte, auf der Oberfläche sehr rauhe, gleichsam geschuppte Frucht.

Die Maira hat eine länglichtrunde glatte Frucht. und sehr tief eingeschnittene, in lange sehr schmale Lappen zerschlissene Blätter.

Die Uru übertrifft an Größe und Wohlgeschmack der Frucht alle übrige Spielarten, hat durch Cultur am meisten gewonnen, weicht aber eben deswegen von der Stammpflanze am weitesten ab; ihr Stamm wächst gerade, vierzig Schuhe hoch, und noch höher, hat einen grobfaserichten weißen Splint, eine hellgraue, glatte, doch etwas gesprungene, und mit wenigen kleinen Knötgen besetzte Rinde, und eine breite, runde, nach oben zu stufenweise schmäler werdende Krone, und treibt die ersten Aeste zwölf bis funfzehn Schuhe hoch über der Erde. Diese sind lang, stehen wagrecht, oft zu drey bis vier in einer Höhe, und theilen sich in kleinere Zweige, welche aufwärts steigen; ihre Blätter sind auf beyden Flächen nackend und glatt, schöngrün, sonst wie Pergament, anderthalb Schuhe lang, geadert, und so lange sie noch jung sind, klebricht; die Stiele, worauf sie sitzen, glatt, und beynahe rund. Auch die Blumenstiele sind rund, aber dünn, mit Härchen besetzt, und zween bis

Brodboom. Houttuyn natuurl Hist. volgens Linnaeus. Deel. 2. St. II. S. 433. Abb. Soccus lanosus. *Rumph* herb. amb. I. p. 110. t. 32.

bis drey Zoll lang; die männliche Blumendecke steht aufrecht, und ist keulenförmig, eine Spanne lang, und einen Daumen dick; der Kelch ihrer Blümchen ist geschlossen, und gelbbraun; die weibliche Kolbe ist kugelrund, und wenigstens so groß, als ein Taubeney; der Fruchtknoten stellt eine fünf- bis achteckige umgekehrte Pyramide vor, die mit der Spitze im Fruchtboden steckt, ist ohne Griffel, und hat statt der Narbe ein erhabenes bald verwelkendes Düpfelchen in der Mitte. Ihre Frucht ist kugelrund, wenn sie reif ist, gelb, süß, weich, und von süßlichtem Geruch, und auf der Oberfläche in kleine Sechsecke getheilt, sonst glatt; ihre Rinde ist ziemlich hart, blaßgrün, und mit dem Fleisch verwachsen, welches weiß, locker und etwas faserícht ist, den keulenförmigen dicken, fleischigen Fruchtboden umgiebt, und statt der Samen nur kleine verschrumpfte, bräunliche Spuren hat, die sich an der Spitze mit einem langen Haare endigen. z)

**Brodbaum mit ungezacktem Laub, Jaccabaum, Nankabaum,** Artocarpus integrifolia. Er wächst vornehmlich im abendlichen Theile Indiens, in Malabar, Koromandel, auch in Zeylon wild. Seine Zweige sind haarig; seine Blätter eyrund länglicht, stumpf, unzertheilt, oben schöngrün, unten mit steifen Haaren besetzt; seine Blumen und Früchte stehen nicht bloß an der Spitze der Zweige, sondern finden sich auch an der Wurzel und am Stamm. a) Seine Frucht ist auch eßbar, und wird zuweilen so groß, daß sie

z) Artocarpus. *Forster* char. gen. plant. 4. Lond. 1765. t. 51. a. Breadfruit. *Cook* voyag. to the pacif. Ocean. Lond. 1784. 4. t. 26. Brodbaum G. Forster vom Brodbaum. 1784. 4. Pl. 1. 2.

a) Artocarpus foliis integris. *Linn.* syst. veget. suppl. p. 412. ed. 14. p. 838. n. 2. Rademacheria integra. *Thun-*

sie ein Mensch nicht fortbringen kann. Sollte nicht auch der Andscheli b) unter diese Gattung gehören? (Gm.)

**Brodda-Mur.** c) Ist der Wester-Isländische Name vom Cottus cataphractus L. S. Steinpiecker, Groppen.

**Brodschwamm.** d) Ist ein unförmlicher, weißlicher, weicher und sehr zarter Saugschwamm, der auf der Oberfläche mit sehr feinen Poren erscheint, und in dieser Hinsicht einem Brode nicht unähnlich ist. Diese unförmlichen und sich weit ausbreitenden Massen, die es von dieser Art giebt, sind niemals über einen Finger dick. Man findet sie zwischen den Meerpflanzen, Pfeifen- und Blasencorallinen eingewebt, und diese damit umwachsen. Die Substanz ist weißlich, weich (von der Consistenz des weißen Marks in den nicht knotigen Binsenarten) und so nahe zusammengebracht, daß es darinn nur ganz subtile Zwischenräume und Zellen giebt.

---

*Thunberg* Kongl. Svensk. Vetensk. Acad. Handl. 36. S. 252. Soccus arboreus major. *Rumph* herbar. amb. 1. p 104. t. 30.

b) *Rheed* hort. malab. 3. p. 25. t. 32.

c) Olassen und Povelsen Reise d. Island. 1 Th. p. 313.

d) Spongia panicea. Der Brodschwamm. Müll. Linn. N S. 6 Th 2 B. p 800. Spongia panicea, amorpha albida mollis tenerrima, subtilissime porosa. Pallas Thierpflanzen 2ter Th. p. 224. Alcyonium ramosum, molle, medullae panis intus simile. *Rai* synops. p. 31. Alcyonium pilae rugosae simile, densi subtilisque contextus. *Seb* T. III. tab. 96. f. 4. tab 99. n. 3. Spongia medullam panis referens. *Ellis* Corall. p. 80. (gall. p. 95. germ. p. 89.) n. 2. tab. 16. fig. d. D.

giebt. Die Oberfläche, welche glatt ist, hat also auch nur ganz zarte Poren. Er ist im Meere zwischen Engelland und Holland anzutreffen.

Nach Stat. Müller wäre der Brodschwamm, den Pallas als eine eigene Art beschrieben, nur eine bloße Abänderung des officinellen oder Apothekerschwammes (Spongia Officin. L.) Er äußert sich mit folgendem hierüber.

Inzwischen sind nicht alle Schwämme einander im Gewebe gleich, und es giebt in diesem Betrachte Verschiedenheiten, zum Exempel der Brodschwamm. Diese Art ist sehr fein, und siehet wie Brod aus. Der Farbe nach giebt es hochrothe, purpurfarbige, violetfarbige oder weiße. Ellis beschreibt seinen weißen Brodschwamm, daß er voller Höhlungen sey, die nach gerade mit dem bloßen Auge können gesehen werden, unter dem Mikroskop aber sich mit mehrerem Gewebe und Höhlungen angefüllt zeigen. Die Eingänge in diese Höhlungen sind regelmäßig rund, und bestehen aus kleinen Bündeln feiner durchsichtiger Fasern, die einander durchkreuzen. Eben diese Fasern seyn auch so fein und scharf, daß sie ein Jucken in der Haut verursachen, wenn man sie berühret.

Brodschwamm e), zeylonischer. Zuweilen zeigen sich auch, sagt Stat. Müller, auch um andere corallinische Gewächse gewisse mißförmige Klumpen, die sich wie ein Brodschwamm anlegen, und in ihrem innern Gewebe dem Binsenmark sehr nahe kommen, auch

e) Spongia zeylonica. Der zeylonische Brodschwamm. Müll. Linn. N. S. 6 Th. 2 B. p. 801.

auch wohl mit Aestchen hervorsteigen, dergleichen olivenfärbige braune Massen an andern Seegewächsen aus Ceylon, und überhaupt aus Ostindien öfters vorkommen, so wie wir sie aus Amerika von Curacao erhalten haben. (Ho.)

**Brokat oder Brocard.** (Conchyl.) Mit diesem Namen belegen die Conchylienbeschreiber verschiedene Conchylien, weil ihre immer geschäftige Einbildungskraft unter ihrer Zeichnung, und denen unter eben diesen Namen bekannten seidenen Zeugen eine Aehnlichkeit zu finden glaubte; die freylich bey manchen Beyspielen weit genug hergehohlt ist. Wir zeigen folgende an:

**Brokat, der blau gefleckte, braun punctirte,** Conus minimus Linn. f) Er gehört unter diejenigen Kegel,

f) Knorr Vergn. Th V. tab. 25. fig. 5. erster deutscher Text. S. 41. Admiral der Wolkenschnecken Admiraal van de Wolkjes, Admiral des Brocades. Holländischer Text S 58. Admiral van de Wolkje's Th. VI. tab. 1. fig. 5. Deutscher Text S 7. die Amadis-Tute Amadis Toot, l'Amadis. Holländischer Text. S. 64. Basterd-Amadis Toot. Martini Conchyl Th. II. tab. 55. fig. 613. S. 256. f. die braune blaugewölkte Marmortute mit weißen Federn Der blaue Brokat Die Marmorrolle Conus ex olivaceo fuscus, colore cyaneo elegantissime nubilatus, maculis albis pennatus et fasciatus Textile sericum ex cyaneo et albo variegatum et pennatum. Le Brocad à nuages bleues, panaché de blanc. Blauw gewolkte Achaate-Toot. von Born Ind. Mus. Caes. Vind. P. I p. 138. Conus minimus. der graue Mönch La Minime. von Born Mus. Caes. Vind. Test. p. 156.

Linné Syst. nat. ed. X. p. 714. Sp. 263. ed. XII. p. 1168. *Conus minimus*, testa cinerascente punctis oblongis

Kegel, über welche die Schriftsteller gar verschiedene Meynungen haben, der wirklich in verschiedenen Abänderungen erscheint, die aber nach dem Linnäischen System schwer heraus zu suchen seyn möchten. Denn der Begriff eines graulichen mit länglichen Puncten umgebenen Kegels, möchte auf manches unrichtiges Beyspiel passen. Durch das Citat des Linné aus Argenville tab. 12. fig. A., wo die Eichenholztute abgebildet ist, wird der Verwirrung nicht abgeholfen, zumal da Linné den französischen Namen des Argenville Minime, der Braune, in Minimus, der Kleinste umwandelte, dazu er ein Recht zu haben glaubte, weil sein Beyspiel nur die Größe einer Eichel hatte. Mehr Licht giebt uns Linné in dem Museo, denn da muß sein Conus minimus 1) schmutzig blaue Wolken haben, 2) aufgeblasen, 3) mit braun und weißen Queerlinien umgeben seyn, 4) einen weißen braungefleckten Wirbel, und 5) außer an der Basi weiter keine Queerstreifen haben.

Gerade so sind die zwey Beyspiele meiner Sammlung, von denen das größte $2\frac{1}{4}'$, das kleinste aber $1\frac{3}{4}$ Zoll lang ist. Der Bau ist gewölbt, und die ganze Schale

longis cincta. Linné Mus. Reg. Lud. Ulr. p. 556. n. 162. Testa magnitudine glandis, ovata, glauco-sordidoque nubilata, gibba; saepe striae transversales plus 30 ex lineis fuscis punctis albis. Basis striis aliquot exarata. Spira convexa albida, maculis fuscis, magnis, transversis. Müller Linnäisch. Natursf. Th. VI. S. 374. der graue Mönch Linné Natursf. des Thierr. Th. II. S. 508. Meine Einleit. Th. I. S. 40. *Mus. Gevers.* p. 358. n. 1025. Volute Minime, à coquille les anfractures noueuses, la premiere à noeux aigues, brunvertes, bandée de blanc. Testa anfractibus nodosis, prima nodis acutis, viridi fusca, albo fasciata.

Schale ist glatt, blos unten an der Basis siehet man einige Queerstreifen, die aber flach und kaum kenntlich sind. Auch der Ausschnitt der Basis ist flach. Der Wirbel ragt hervor, er ist convex, aber nicht spitzig, und mit braunen Flammen bezeichnet. Blaue Wolken, die etwas in das Graue schielen, bedecken den ganzen Rücken, die hier so häufig liegen, und so groß sind, daß man mehr blau als weiß siehet. Andere Beyspiele haben mehr weiß, bey noch andern siehet man wenig blau, hingegen mehr grau braune Farbe mit Weiß vermischt. Der Abänderungen giebts hier sehr viele. So ist es mit den braun und weißen Queerlinien. Mein groß Exemplar hat ihrer mehr als dreyßig, das kleinere hat ohngefähr 26. andere haben noch wenigere, andern scheinen sie gar zu mangeln. Die Schale ist stark.

Das Beyspiel im Knorr Th. V. tab. 25. fig. 5. ist eins der schönsten Beyspiele dieser Art, das ich aber doch nicht gern mit Herrn Houttuyn, aus dessen Sammlung es genommen ist, einen Admiral nennen möchte, weil man mit diesem Namen durchaus nicht freygebig seyn darf. Es hat große braune Wolken, die gleich Bändern über die Schale laufen, deren Zwischenräume mit Blau ausgefüllt sind, worein sich nur hin und wieder etwas weiß gemischt hat. Der braunen unterbrochenen Fäden sind einige und dreyßig.

Von diesem ist das Beyspiel im sechsten Theile tab. 1. fig. 5. gänzlich unterschieden; aber doch nur bloß der Zeichnung nach. Die Farbe ist braun und braunroth, mit sehr wenig eingemischten Blau, auch hat der Kegel einige mit bräunlichen Flecken gemischte Bänder. Die braunen unterbrochenen Fäden sind vorzüglich lang, und ihrer sind nahe an 30; und der Kegel ist stark aufgeblasen.

Martini

Martini hat auf seiner 55ten Tafel zwey ganz verschiedene Kegel unter eine Nummer gebracht, davon nur Fig. 613. der Conus minimus ist, ob ihn gleich Martini unter diesen Namen nicht kannte. Er führt zwar in seinen Citaten den Conus monachus des Linné an; da er aber nicht nur ein Fragzeichen, sondern auch sogar sein vix credo hinzusetzt, so würde ich die Asche meines Freundes entehren, wenn ich erst beweisen wollte, es sey nicht Conus monachus, ders auch gewiß nicht ist. Rumph sagt: g) der graue Mönch sey schlecht, habe einen schmalen Kopf, einen bauchigen Körper, eine unansehnlich graue Farbe, und die Schale sey voller Runzeln. Das Beyspiel aus Martini, das ich hier bey Conus minimus meyne, nehmlich Fig. 613. beschreibt Martini folgendergestalt. „Es hat einen aus dem Olivenfarbigen ins schwarzbraune spielenden Grund, und ist auf demselben allenthalben mit himmelblauen Wolken umgeben, zwischen welchen die weißen schuppichten Flecken aufs anmuthigste hervorglänzen, und sich mitten in eine weißgefleckte Queerbinde vereinigen. Die pyramidenförmig hervorstehenden Windungen sind eben so gefleckt, der vordere Theil aber der Schale mit schrägen Streifen gefurcht. Ihre Mündung glänzet wie Elfenbein.

In beyden Werken des Herrn von Born ist zwar die Beschreibung die nemliche des Linné vom Conus minimus, aber die angeführten Citaten aus Va-

g) Amboin. Raritätenk. Holl p. 106. graauwe Munikes. Oude Wyven. Deutsch S. 79.

Valentyn, d'Argenville, Knorr und Martini machen es sehr zweifelhaft, daß der Herr von Born ein wahres Beyspiel vom Conus minimus vor sich gehabt habe. Den Namen des grauen Mönchs hat der Herr von Born aus dem Müller entlehnt, der aber darum nicht zu billigen ist, weil Rumphs graue Mönche der Conus monachus des Linne ist, woraus am Ende nichts als Verwirrungen entstehen. Daß es auch eine Abänderung mit gekrönten Wirbel gebe, davon sagt uns die Beschreibung des Linné nichts, also ist der im *Museo Geversiano* angezogene Kegel, an dem die erste Windung des gekrönten Wirbels so gar scharfe Knoten haben soll, nichts weniger als der Conus minimus des Linné.

Brokat, der blau gewölkte. h) Bloß damit dieser dem Namen nach von dem vorhergehenden Kegel unter-

h) Bonanni Recreat. Class. III. fig. 126. p. 128. Cylinder quatuor coloribus, albo, livido, ex viridi flavescente, et molochitico, sive albo, livido, fulvo et terreo. — Bonanni Mus. Kircher. Class. III. fig. 126 p. 456. Valentyn Abhandl. tab. 9. fig. 74. S 43 eine stark marmorirte blau und schwarze dicke Datteltute oder Achattute. Gualtieri Ind. Testar. tab. 25. fig. R. Cochlea longa pyriformis vulgaris, laevis, colore obscuro, nigro, rufo, subcaeruleo, et albido nitidissime nebulata, lineis quibusdam interruptis signata. Argenville Conchyl. S. 195 die bunte Kegelschnecke mit blauen Flecken. Leßer Testaceotheol. §. 52. ppp. erste Ausg S. 211. zweyte Ausg S. 248. aus Bonanni. Regenfuß Th. I. tab 12. fig. 68. erster Text S. 50. 51. zweyter Text S. 81. 84. in beyden Texten wird die Farbe Meergrün angegeben, die nach der Zeichnung mehr blau ist. Knorr Vergn. Th. III. tab. 16. fig. 2. erster Text S. 33. die Marmorrolle. zweyter Text S. 303. Conus monachus. Linn. die Schildkröten, Die Achattute. Ecaille,

terschieden sey, habe ich ihn den gewölkten, so wie jenen den geflecktten genennt. Die Conchylie selbst aber ist von der vorhergehenden hinlänglich unterschieden, ob sie gleich unter sich selbst in mancherley Abänderungen erscheinet. Martini sagt, daß die Beyspiele dieser Art unter die Achattuten gehören, ein Name, der nach dem Gebrauche der Schriftsteller ausgedehnt, und willkührlich genug ist, und von denen unser Martini im ersten Bande dieses Lexikons S. 200. ff manche Arten beschrieben hat. Alle Beyspiele dieser Art haben einen kurzen gedrungenen stark gewölbten Bau, glatte Schalen, und einen convex erhabenen Wirbel, der bey einigen mehr als bey andern gestreckt ist, welches auch von dem Bau selbst gilt. Alle sind ferner mit Wolken bezeichnet, woben bisweilen die blaue Farbe die herrschende ist, und das sind die schönsten, bey andern findet man weniger Blau. Da es bey den Kegelschnecken vorzüglich üblich ist, daß sie auf der Politscheibe abgeschliffen, und dann zu einem besondern Glanze erhoben werden, so werden nicht nur verschiedene hieher gerechnete Beyspiele nicht nur auf diese Art erkünstelt, sondern auch andre dadurch merk-

 lich

Ecaille, ou Cornet d'agate picotée a taches brunes. De Schildpad-Toot. it fig. 1. erster Text l. c. die Marmortute zweyter Text S. 304. Conus rusticus Linn. der streifige Aschenströhrer. Cornet d'Agate cendrée. De streepige Asschepoester. Martini Conchyl Th II. S. 256 tab. 55. fig. 614. (Martini hat dieser aus Regenfuß copirten Figur eben die Namen gegeben, die fig. 613. hatte, (Siehe Anm a.) weil er glaubt, fig. 614. entstehe durchs Abschleifen aus fig. 613.) Meine Einleit. Th. I. S 65. n. 26. 27. Martinis Namen. *Mus Chais.* p. 36. n. 430 Gebandeerde en geplekte Achaaten of Wolk-Tooten. Deutsche Encycl. Th. IV. S. 406. n. 2. der blaue Brokat. (völlig nach Martini ausgearbeitet.)

lich verschönert. Bey vielen Kegeln stecken die eigentlichen Schönheiten etwas tief in der Schale, und bey andern unter einer oft unansehnlichen schmutzigen Oberdecke. Kenner, die besonders viele Kegel unter sich vergleichen können, und aus solchen Vergleichungen Erfahrungen gesammlet haben, kennen dergleichen erkünstelte Seltenheiten gar bald, und sonderlich an den Windungen des Wirbels, deren Einschnitte weniger tief, und deren Ränder weniger scharf sind als an natürlichen Beyspielen. Eine umständliche Beschreibung der besondern Beyspiele des blau gewölkten Brokats wäre also eine würklich unnöthige Beschäftigung, zumal, da ich die Beschreibungen eines Valentyn und Gualtieri in der Anmerkung angeführt habe; andre sich aber aus der allgemeinen von mir gegebenen Beschreibung leicht finden und beurtheilen lassen. Die Beyspiele, die ich von der Art Kegel kenne, haben keine braunen unterbrochenen Queerlinien, und unterscheiden sich auch dadurch von dem vorher beschriebenen Brokat.

**Brokat, der seidene. Die achatne Kronbacke.** Conus geographus, Linn. i) Diese prächtige Volute, sagt

i) Lister Hist. Conchyl. tab. 747. fig. 41. Rhombus maximus, ex rufo vermiculatus, clavicula muricata Rumph amboin. Raritätenk tab. 31. fig. G. Holländ. p 103. n. VI. Nubeculae. Wolkjes. Deutsch S 74 Wölckchen. Chemnitz Zusätze. S. LXX. Das gekrönte Wolckhorn. Das Wölcklein Die achatne Kronbacke. Der Brocard. Valentyn Abhandl. S. 18. Petiver Aquat. Amb tab. 15. fig. 3. A p 3. Cloudy Stamper. Bonanni Recreat. Class. III. fig. 319. p. 157. Tabula geographica. Bonanni Mus Kircher. Class. III. fig. 319 p. 470. Gualtieri Ind. Test. tab. 26. fig. E.

sagt unser Martini, mit ihren in den folgenden Figuren abgebildeten Schwestern, er meynet die Tulpe

Pp 3 des

E. Cochlea longa pyriformis intorta, integra mucronata, basi muricata, ex fusco maculata, et vermiculata. Hebenstreit Mus. Richter. p. 309. die braunrothe Cronen-Volute, mit weißen Wolken, die Wolken-Toote des Rumphs. Klein Method. p. 76. §. 202. n. 1. 2. 3. 4. tab 5. fig 90. Nubecula. Wolkje, Achaate Kroonbak. Leßer Testaceotheol. §. 52. U. erste Ausg. S. 205 zweyte Ausg S 243. Argenville Conchyl. tab. 13. fig. A. S 196. 200 Textile Sericum. der Brocard Das gekrönte Wolkhorn. Die achatne Cronbacke. Seba Thesaur. Tom. III. tab. 42. fig 1. bis 4. p. 126. 127. Nubeculae. Knorr Vergn. Th. III. tab. 21. fig. 2. erster Text S. 40. das gekrönte Wolkhorn. Die Kronenbacke. Der Brocard. zweyter Text S. 323. Conus Geographus Linn. die achatne Kronbacke. Brocard de Soie. De Agaate Kroon-Baks-Toot ferner Th VI. tab. 17. fig. 3. erster Text S. 32. der braune Kronenback. Bruin Kroonbakje. Brocard de soie brun. Holländischer Text p. 84 Bruin Kroonbakje. Adanson Hist. du Seneg. p. 97. tab. 6. fig. 8. Le Salar. Martini Conchyl. Th. II. S 354. tab. 64. fig 717. das gekrönte Wolckhorn. Das Wölckchen. Die achatne Kronbacke. Der seidne Brocard. Conus testa tenui, magnus, basi muricato excavata, candidus ex fusco nebulatus et vermiculatus. Nubeculae. Martini führt noch folgende Schriftster an: Petiver Gazoph. tab. 98. fig. 8. Light Molucca Cloath-Shell. Cat. 244. Cylindrus moluccensis laevis ex rufo alboque marmoratus. Davila Catal. T. I. p. 255. n. 538. Brocard de Soie. von Born Ind. Mus. Caes. P. I p. 154. die Kronenbacke. von Born Mus. Caes. Vind. Test. p. 169. Gronov Zooph. p. 287. n. 1249.

Linné Syst. Nat. ed. X. p. 718. Sp. 283. ed. XII. p. 1172. sp. 324. *Conus geographus*, testa oblonga gibba coronata, apertura dehiscente. Linné Mus. Reg. Lud. Ulr. p. 563. n. 177. Testa oblonga, gibba, laxissime omnium convoluta, superne angulum formans labio, unde

des Linné, (Conus tulipa. erster Band dieses Naturl. S. 203. ff.) gar wohl an die Grenze zwischen den Tuten und Backen oder Trogschnecken gesetzt werden. Nur ists in unsern Tagen so ziemlich entschieden, daß diese Achat= oder Wolckenbacken keine eigne Art bestimmen, noch weniger der *Conus bullatus* des Linné,

---

unde Spira angulo distinguitur, saepius obtuse coronato Color nebulosus ex albo et testaceo. Müller Linnäisch. Naturs. Th VI S 383. die Kronenbacke. Linné Natursl. des Thierr. Th. II. S. 510. Meine Einleit. Th. I. S. 58. die achatne Kronbacke. Der Geograph.

*Mus. Gottwaldt.* tab. 12. fig. 85. 1. S 21. das gekrönte Wolckhorn. Der seidene Brocard. Conus Geographus. *Mus. Leerſ.* p. 74. n. 727. 728. 729. Agate Band-Bakken. Brocards de Soye. *Mus. Chais.* p. 36. n. 442. *Mus van der Mied* p. 13. n. 278. Agate Wolk Bakken. *Mus. Oudaan.* p 59. n. 694. gewolkte en gekroonte Agate-bakken. Brocards à spirale couronnée *Mus Koening* p 37. n. 462. bis 465. Agaate Bakken. *Mus Gronov* p. 105. n. 1024. 1025. Kroonbaks-Toot, of Agaate-Baks-Toot. *Mus. Geverſ* p. 344. n 911. 912 Volute Brocard de Soye d'agatée. Kämmerer Conchyl. in Rudolst. S 73 die gekrönte Wolckentute. Verzeichn. der Gräfl. Reuß. Pl. Naturalſ S. 87. das gekrönte Wolckhorn. Die Conchyl. in dem Kabin des Fürst. Bisch. zu Const. S. 90. n. 108. nom. Mart.

Deutsch: der seidene Brokat, oder Brocard. Das gekrönte Wolckhorn. Das Wölckchen. Der Geograph. Die achatne Kronbacke. Die braunrothe Kronenvolute. Die Wolkentute. Die gekrönte Wolkentute. Lat. *Conus Geographus. Linn. Nubeculae.* Franz. *Le Brocard de Soye. Brocards à ſpirale couronnée. Brocard de Soye d'agatée.* Holländ. *Agate Band-Bakken. Agate Wolk Bakken. Agaate Bakken gewolkte en gekroonte Agate-bakken. Kroonbaks-Toot, of Agaate-Baks-Toot.* Engl. *Cloudy-Stamper. Light Molucca Cloath-Shell.*

Linné, sondern unausgewachsene Porcellanen sind. Müller im Knorr setzet unsre Kronbacken unter die Kahnschnecken, und sagt sogar, weil sie eine leichte dünne Schale, und eine weite Mündung hätten, so wären diese zwey Umstände hinlänglich, dies ohne alles Bedenken zu thun, und bedenkt nicht, daß die Kahnschnecken einen ganz andern Bau, gar keine dünnen Schalen, eine gezahnte Spindel haben, und unter die Voluten des Linné gehören. Und wer reich genug an Beyspielen wäre, und eins derselben aufschneiden wollte, der würde an dieser Conchylie innwendig eben die dünnen, pergamentnen, ja gläsernen Windungen finden, die man an allen Kegeln wahrnimmt. Mehrere Wahrscheinlichkeit hat Herr Kämmerer vor sich, wenn er unsre Kronbacke und die Tulpe, Conus Geographus und Conus tulipa unter eine Art bringt, die er die marmorirte weitmündige Dute mit knotigem feingestreiften Gewinde nennt:

a) Groß mit starken Knoten. Conus Geographus.

b) Kleiner mit schwachen Knoten. Conus Tulipa.

Die abwechselnden hell- und dunkelbraunen Wolcken, Faden und Netze auf einem weißen Grunde gaben diesem Kegel den Namen des seidenen Brokats; der insonderheit den Namen des achatnen Kronbacks oder gekrönten Wolckhorns führt, wenn seine Flecken mehr wolckicht ausfallen. Den Namen des gekrönten Kegels führt er um seiner knotigen Windungen willen. Bonanni hat ihn die Landchartenschnecke genennt, weil auf den großen Stücken, statt feiner Netze, die man zwischen den

Wolcken auf kleinern jungen Schalen wahrnimmt, oft Eylande, Meerbusen und Häfen erscheinen, zwischen welchen der weißliche Grund das Wasser vorstellte; das aber alles in seiner Einbildung. Indessen schien dies Linné auch vor Augen zu haben, da er diesem Kegel den Namen des Geographs gab.

Nach Linné hat diese Conchylie eine längliche aufgeblasene Schale, einen gekrönten Wirbel, und eine Mundöfnung, die unten vorzüglich weit ist. Der Bau dieser Schale ist fast cylindrisch, unten nicht viel schmäler, als oben, in der Mitte aber am breitesten. Die Schale ist glatt, denn die senkrecht laufenden Streifen, die man häufiger oder sparsamer siehet, sind durch neue Schalenansätze entstanden. Die Basis ist gerunzelt, etwas gebogen, und flach und weit ausgeschnitten. Der Wirbel ist sehr kurz, aber breit, die Windungen sind flach ausgekehlt, und so wie die erste mit Knoten besetzt, die nach der Größe der Conchylie stärker oder schwächer sind. Die Zeichnung des Rückens habe ich angegeben. Oben ist die erste Windung hinter den Knoten, so wie der Wirbel mit sehr feinen, doch kenntlichen Queerstreifen belegt. An einigen Beyspielen ist dieser Wirbel einfärbig rosen- oder fleischroth, an andern mehr weiß mit braunen Flecken und Wolken. Die Mundöfnung ist weiß und glänzend, doch schimmern die äussern Flecken und Wolken durch, weil die Schale vorzüglich dünne ist. Die neuen Schalenansätze machen sich innwendig durch etwas dunkler weiße Streifen kenntlich. Lister giebt die Insel Maurizien, Rumph Amboina, Adanson, Africa, und Davila die französischen Inseln (Isle de france) zu Wohnörtern des seidenen Brokats an. Mein größtes sehr gut erhaltenes Exemplar, das außer den Flecken und

Wol-

Wolken ein überaus feines aber deutliches Netz hat, ist beynahe 5 Zoll lang, doch findet man diesen Kegel vielfältig kleiner. Er wird zwar in holländischen Auctionen nicht leicht über drey bis vier Gulden bezahlt, man kann ihn aber gleichwohl nicht unter die gemeinen Conchylien zählen, zumal wenn er groß und gut erhalten ist.

Brokat, der weiße mit rothbraunen Bändern. k) Diejenigen Voluten, die Linné Oliven nennt, erscheinen in sehr vielen Abänderungen, die aber nicht sowohl den Bau, als vielmehr die Zeichnung betreffen. Man darf nur mehrere, besonders große Kabinette, zu besehen Gelegenheit haben, und damit gute Zeichnungen der Schriftsteller vergleichen, so wird man über die große Mannichfaltigkeit der Oliven erstaunen. Beym Wort Olive wollen wir dies nicht nur beweisen, sondern auch das, was Linné von seiner Voluta oliva fordert, mit mehrerm entwickeln. Jetzt bleiben wir blos bey dieser Olive stehen, die den Namen des weißen rothbraun bandirten Brokats führt. Die Schale ist stark, und unten stark und tief ausgeschnitten. Die erhöhete Nasenschwüle ist glatt, nach innen zu aber, wo sich die weiße glänzende Spindellefze an sie anschließt, mit verschiedenen scharfen Zähnen oder Runzeln besetzt, die an der



k) von Born Ind. Mus. Caes. Vind. P. I. p. 198. Voluta oliva Linn. α) albida lineis undulatis, fasciisque reticulatis rufis; weiß mit rothbraunen wellenförmigen Linien, und netzartigen rothbraunen Queerbändern. von Born Mus. Caes. Vind. Test. S. 213. der weiße Brokard mit rothbraunen Bändern. Martini Conchyl. Th. II. S. 170. tab. 51. fig. 561. Volutae olivae Linnaei Varietas.

Spindel selbst sparsamer und unkenntlicher sind. Die erste Windung ist, wie bey allen Oliven, durch eine tiefe Linie von dem Wirbel getrennt, wodurch die erste Windung des Wirbels eine scharfe Kante erhält, welche vorn wulstartig hervortritt. Der Wirbel raget spitzig hervor, und ist so wie die Mündungslefze weißlich, mit sehr wenig braun gemischt. Der Rücken ist mit rothbraunen Linien besetzt, welche auf weißem Grunde liegen, und eine wellenförmige Richtung nehmen. Auf manchen Beyspielen liegen sie häufiger, auf manchen sparsamer. Gemeiniglich laufen zwey rothbraune, netzartige Bänder über die Schale, die eine ziemliche Breite haben, ob sie gleich auch an verschiedenen Beyspielen verschieden sind. Da man ganz ähnliche Beyspiele unter den Oliven hat, wo die Lage der Wellenlinien triangelförmige oder andre Figuren bildet, so muß man sich hüten in dem Geschlechte der Oliven der Abänderungen nicht zu viel zu machen: und da andre Beyspiele nicht einen weißen, sondern einen gelblichen, zuweilen mit Grün unterlaufenen Grund haben, so fürchte ich fast, daß die weißen Beyspiele eine Zeitlang am Meeresstrande gelegen, und ihre eigentliche Grundfarbe verlohren haben.

**Brokat, der weiße, mit schwarzbraunen Bändern, die bunte Achatdattel.** l) Martini hat bereits im ersten Bande dieses Naturlexikons S. 157. eine bunte Achatdattel beschrieben, die aber die gegen-

l) Martini Conchyl Th. II. S 170 tab. 51. fig. 559. die bunte Achatdattel, oder der weiße Brokard mit schwarzbraunen Banden. Deutsche Encycl. Th. IV. S. 406. Brocat Num. 3 Meine Einleit. Th I. S. 255. Num. 29. Volutae Olivae Linn. variet.

gegenwärtige nicht ist, sondern die sogenannte Porphyrwaltze mit Banden; von der ich glaube, daß sie Linne bey seiner Voluta porphyria nicht vor Augen gehabt habe. Diese, von der hier die Rede ist, hat eine Länge von 2½ Zoll, auf weißem blau schattirten Grunde, schwarz- oder auch rothbraune Striche, die netzförmig ineinander laufen, was aber freylich die Abbildung nicht gut und deutlich ausdrückt. Oben und in der Mitte wird man zwey dunkelbraune netzförmige Bänder gewahr, unter deren Zwischenräumen der bläulich weiße Grund hindurch schimmert. Die Nasenschwüle ist auch braun gefleckt, der Wirbel aber ist weiß. Auch die Mundöfnung ist weiß. Der Bau ist dem Bau des vorher beschriebenen weißen Brokats mit rothbraunen Bändern ganz gleich; blos die Größe unterscheidet sie, und die geringe Abweichung der Zeichnung reicht um so viel weniger hin, aus dieser und der vorher beschriebenen zwey besondere Arten zu machen, da man unter den Oliven gewiß nicht viele einzelne Beyspiele findet, die einander ganz gleich wären. Also hätten wir am Ende so viele Arten, als einzelne Schalen. Wir geben also unserm Martini gern Beyfall, daß dieser und der vorher beschriebene Brokat zwey Abänderungen einer Art sind.

Brokat, der weiße seidene. Siehe vorher der seidene. (S.)

Brokatalabastrit. S. Brokatstein.

Brokatell. S. eb. das.

Brokatmarmor. S. eb. das.

Brokatporphyr. S. eb. das.

**Brokatstein**, Brokatell, Ital. Brocatello. Es ist eine schwankende Benennung bunten Marmors und Porphyrs, von der Aehnlichkeit eines reichen seidenen Zeuges, welches Brokat genennet wird.

**Brokat- oder Broccatellmarmor.** Ist in Italien theils ein allgemeiner Name mit hohen Farben gefleckter Marmorarten, theils eines

Roth, weiß und gelb gefleckten. Man hat ihn z. B. in Portugal, Chio, auch nesterweise in Schlesien bey Kauffungen, bey Blankenburg, in Spanien bey Tortesa u. s.

Roth und weiß gefleckter, Ital. Marmor Brocatello. Ferb.

Gelb- und rothsprenklicher. Br. Brocatello di Siena. Ist gelb, mit schwarzen Adern, bisweilen mit purpurfarbnem Grunde. Bey Siena. Ferber.

**Brokatporphyr**, Marmor thebaicum Plinii. Brocatello rosso. Ital. Hat rothen Grund mit gelben Feldspathflecken. Wall. Die Grundfarbe desselben ist oft nur röthlich, meist frisch roth, auch wohl braunroth. Nach Brückmann kann der Brokatellporphyr auch weiße und grünliche Flecke auf rothem Grunde haben. Einige nennen auch sprenklichen oder fleckigen Alabastrit Brokatell.

Da sich dieser Name auf keine innere Eigenschaft und Unterscheidung der Steine nach ihrer Beschaffenheit gründet, so muß man sich nicht wundern, daß sowohl die Alten, als auch die heutigen italienischen Architekten und Steinsammler ihn sehr unbestimmt

stimmt gebrauchen, dem abgeholfen wird, wenn man Brokatell zum Beynamen macht, Brokatell-Marmor u. s. f. (Ge.)

Brockkohlen, Stückkohlen. Es sind harte Steinkohlen, die sich deswegen in großen Stücken gewinnen lassen. Sie verwittern, wenn sie nicht viel Schwefelkies enthalten, langsam, entzünden sich schwerer, als die übrigen, blähen sich auf, brennen nicht leicht mit Flamme, und sparsam, hitzen stark niederwärts, und hinterlassen wenig löcherige schlackenhafte Asche. Man hat sie

Dicht, von glattem Bruch. Die meisten Farcoals der Engländer.

Fasericht, mit gestreifter Oberfläche bey Lobegün und in Sibirien.

Würflig, oder die gern in würfliche Stücke zerbrechen. Bey Lüttich. Gm. S. a. Steinkohlen. (Ge.)

Brombeere, blaue Brombeere, große Brombeerstaude, Brombeerstrauch. S. Himbeere.

Brombeere, (Conchyl.) Murex nodus Linn. S. Himbeere.

Brombeer-Eule. S. Braunauge.

Brombeer-Falter. S. Argus, blinder.

Brombeer-Motte. S. Braunauge.

**Brombeer-Spanner,** Phalaena Viridata, Arpenteuse de la Ronce. m) Ein Nachtvogel und Spanner (Phal. Geometra), die Flügel einfarbig hellgrün mit 2 sich queer durch alle Flügel schwingenden weißen Linien. Die Unterflügel laufen in einen Winkel aus. Die Raupe findet sich auf Haselnußsträuchern, Eichen und Brombeerstauden.

**Brombeer-Spinner, das Himbeerblatt, der Vielfraß,** Phalaena Rubi. n) Ein Nachtvogel aus dem Geschlechte der Spinner, mit Wendeflügeln ohne Zungen (Phal. Bombyces alis reversis elingues). Die Raupe ist braunschwarz, haarigt, mit goldgelben Ringeln, man findet sie den ganzen Sommer hindurch bis in den späten Herbst, viele überwintern auch und verwandeln sich erst im folgenden Frühling. Es gelingt selten sie aufzufuttern und zur Verwandlung zu bringen. Sie nährt sich von allerhand Gewächsen, Gras, Heidekraut, Himbeeren, Rosen und Baumblättern, macht

---

m) Wien. Schmetterl. S. 97. B. n. 7. *Reaumur* Inf II. Mem 9. p. 149. *Albin* Inf. t. 48. f 80. *Goetze* Entom. Beitr. III. Th. 3. B. p. 391. n. 106.

n) *Linn.* Syst nat. Tom. I. P. 2. p. 813. n. 21. Müllers Uebersetz. V. Th. 1 B S. 657 n. 21. Füeslins Verz. S. 34. n 638. Magazin der Entom I. S 269 Roesels Inf. Bel. III. S. 283. t. 49. Maders Raupen-Kalender. S. 113 n. 317. Gleditsch Forstwissensch II. S 737. n 18. Wien. Schmetterl S 56 K. n. 2. *Onomat* hist. nat. P. 6. p. 409 *Bekm* Epit. S. L. p. 162. n. 21. *Scop* Entom. Carn. p. 197. n 491. *Schaeff.* Icon. t. 178. f 3. 4. 5. 6. Syst. nat du Regne anim. II. p. 147. n. 21. 22. Act. Upsal. 1736. p 25. n 65. *Fabricii* Syst. Entom p 565. n. 35. *Mülleri* Faun. Friedr. p 39. n. 351. Zool. Dan. Prodr. p. 117. n. 1350. *Goetze* Entom. Beitr. III. Th. 2. B. p. 286. n. 21.

macht über der Erde ein langes, braunes, undurchsichtiges Gespinste. Die Puppe ist mattschwarz, mit 3 ockergelben Einschnitten; der Vogel braun, oder zimmtfarbig, zuweilen auch aschgrau, mit zwey weißgrauen bogichten Strichen auf den Oberflügeln. Das Männchen hat starke baumartige Fühlhörner. Man trifft ihn gemeiniglich im Junius an Baumstämmen und Zäunen.

**Brombeervogel.** S. Braunauge.

**Brombeerwickler, Herrmanswickler,** Phalaena Hermanniana. o) Ein Nachtvogel und Wickler (Phal. Tortrix); braun mit einigen hellen Streifen und Flecken, er findet sich auf den Brombeeren.

(Gr.)

***Bromelia.*** S. Ananas.

**Bromen, Brommer.** S. Himbeere.

**Bromhahn.** S. Brummhahn.

***Bromos,*** Bromus. S. Hafer, Tresp.

**Bronte.** S. Blauling.

**Brontes,** Papilio Brontes. p) Ein Tagvogel aus dem Geschlechte der Bürger oder Dickköpfe (Pap. plebeji urbi-

---

o) Wien. Schmetterl. Nachtrag. S 317. D. *Goetze* Entom. Beitr. III. Th 4. B. p. 48. n. 147.

p) Syst Verz. der Wien. Schmetterl. S 160. n. 6. *Goetze* Entom. Beitr. III. Th. II. B. p. 119. n. 27.

urbicolae), oben goldgelb und veilbraun, unten bleichfleckig. Die Raupe ist unbekannt.

Brontes-Schwärmer, der Neuyorksche, Sphinx Brontes. q) Ein Abendvogel aus den ächten Schwärmern, (Sph. legitimae), groß mit bunten eckigen Flügeln, auf dem Leibe stehen zwey gelbbraune Punkte.

Brossische Pflanze, Brossaea. Eine Gattung amerikanischer Stauden, die noch nicht genug bekannt ist; ihre Blumen haben einen fleischigen Kelch, eine abgestumpfte Krone, und (vermuthlich) fünf Staubfäden mit einem Staubwege, und hinterlassen ein trockenes Samengehäus, das innwendig in fünf Fächer getheilt ist, und in jedem derselbigen viele Samen enthält. Man kennt bisher nur eine Art, welche in dem wärmern Theile von Amerika zu Hause ist; ihre Aeste stehen abwechselnd bald auf dieser, dann wieder auf der andern Seite des Stengels; ihre Blätter sitzen eben so abwechselnd auf eigenen Stielen, und sind am Rande wie eine Säge gezackt, und eyrund; auch ihre Blumen sitzen eben so am Gipfel der Zweige, haben eine scharlachrothe Krone, und hinterlassen eine schwarze Frucht. r)

Browallie, Browallia. Eine Gattung Gewächse aus wärmeren Ländern; ihre Blumen haben am Kelche fünf Zähne und vier Staubfäden, von welchen zween klei-

---

q) *Drury* illustr. of. nat. hist. II. p. 53. t. 29. f. 4. *Goetze* Entom. Beitr. III. Th. 2. B. p. 219. n. 52.

r) Brossaea. *Linn.* sp. pl. 2. app. p. 1661. syst. veget. ed. 14. p. 219 Brossaea frutescens, flore coccineo, fructu nigro, *Plum.* gen. 5. ic. 64. f. 2,

kleiner sind, als die beyden übrigen; der Saum ihrer Krone steht weit auseinander, und ist in fünf gleiche Abschnitte gespalten; der Nabel ist mit den zween grösseren Staubbeuteln geschlossen; das Samengehäus ist trocken, und inwendig nicht in Fächer getheilt. Man kennt vier Arten, von welchen die drey ersten Sommergewächse sind.

Browallie, entfremdete, Browallia alienata. Ihr Stengel theilt sich in mehrere Aeste; ihre Blätter sind lang und lanzenförmig, und sitzen auf eigenen Stielen, oben einander gerade gegen über; zween von ihren Staubfäden sind so lang, als die Blumenkrone. s)

— — — erhabene, Browallia elata. Sie ist in Peru zu Hause, und der niederhängenden ähnlich, wächst aber zweymal höher: ihr Stengel ist härter, steif, und einen halben Finger dick; die untern Aeste, die er treibt, sind fast so lang, als der Stengel selbst; die Blätter, welche zunächst unter den Blumen sitzen, sind beynahe glatt; die Blumen sitzen zwar oft einzeln, aber auch oft zu drey, fünf, auch wohl mehrere, auf einem Stiele, und haben eine starke violblaue Krone. t) Sie läßt sich, wie die folgende, in Gärten ziehen.

— — — niederhängende, Browallia demissa. Sie findet sich bey Panama und in dem noch mehr nach Mittag

s) Browallia foliis lanceolatis petiolatis longis, caule ramoso, radice annua. *Mill* ic. 68. Browallia foliis superioribus oppositis, staminibus duobus longitudine corollae *Linn* syst. veget. 14. p 57?. n. 3.

t) Browallia pedunculis unifloris multiflorisque. *Linn.* spec pl. 2. p 880. n. 2. syst. veget ed. 14. p. 572. n. 2.

Mittag liegenden Theile von Amerika, und wächst zween Schuhe hoch. Ihr Stengel treibt viele Aeste; ihre Blätter sind eyrund, doch scharf zugespitzt, und sitzen auf kurzen Stielen; ihre Blumen zeigen sich vom Brach bis in den Herbstmonat, jede auf einem eigenen langen Stiele nach dem Gipfel der Zweige zu in den Gipfeln der Aeste, und haben eine hellblaue Krone, die doch zuweilen in eine rothe, oder matte Purpurfarbe spielt. Sie läßt sich aus dem Samen ziehen, wenn man ihn im Frühling in ein Mistbett säet, die Pflanzen, wenn sie aufgegangen sind, in einem andern weiter zu bringen sucht, im Heumonat einige davon in die Rabatten des Blumengartens setzt, und einige wenige in dem Glashause erhält. u)

**Browallie, niedrige,** Browallia humifusa. Sie ist in Arabien zu Hause, und liegt ganz auf der Erde, und ist über und über mit steifen Borsten besetzt; ihre Blumen sitzen ohne eigene Stiele in den Winkeln der Blätter. x) (Gm.)

**Brownie,** Brownea. Ist eine Gattung von Bäumchen, aus dem mittägigen Theile von Amerika; ihre Blumen haben einen in fünf Abschnitte gespaltenen Kelch, eine gedoppelte Krone, von welchen die äußere auch in fünf Abschnitte gespalten ist, die innere aber aus fünf Blättchen besteht, und neun bis eilf unten in eine Säule zusammen gewachsene Staubfäden, und hinterlassen eine Hülse, die innwendig nicht in Fächer ge-

u) Browallia pedunculis unifloris. *Linn.* sp. pl. 2. p. 879. n. 1. syst. veg. ed. 14. p. 572. n. 1.

x) Browallia hispida prostrata, floribus axillaribus sessilibus. *Forsk.* fl. aeg. arab. p. 112.

getheilt ist. Man kennt bisher nur eine Art, die von der Farbe ihrer Blumenkrone die scharlachrothe heißt. Sie wächst ungefähr achtzehen Schuhe hoch, treibt viele Aeste, ist ohne Geschmack und Geruch, und hat kein großes Ansehen; ihr Stamm hat hartes, gelblichtes Holz, und eine aschgraue Rinde; ihre Blätter sind glatt und eyrund, doch scharf zugespitzt, haben einen glatten Rand, und sitzen auf kurzen Stielen einander gerade gegen über; ihre Blumen hängen zur Seite der Zweige bis zu zehen an einem kurzen Stiele, und haben einen rostbraunen Kelch und gelbfüchtige Staubfäden. y) (Gm.)

**Brucea**, Brucea. Ist eine afrikanische Gattung Stauden, welche die männlichen Blumen auf einem andern Stamme tragen, als die weiblichen. Ihre Blumen haben einen glockenförmigen, tief in vier ovale, aber scharf zugespitzte und weit offen stehende Abschnitte getheilten Kelch, eine aus acht eben so gestalteten Blättchen bestehende offen stehende Krone, die männliche vier Staubfäden, die nur halb so lang sind, als diese, und einen flachen, fleischigen Fruchtboden mit acht Einschnitten zur Seite; die weibliche einen Fruchtknoten mit vier Griffeln, und einen Fruchtboden mit vier Hörnern. Man kennt bisher nur zwo Arten:

— — — abyssinische, Brucea antidysenterica. Sie wächst in Abyssinien, gerade, und fünf bis sechs Schuhe hoch, und gleicht einem kleinen Nußbaum. Ihr



y) Brownea. *Linn.* sp. pl. 2. p. 958. n. 1. syst. veget. ed. 14. p. 619. n. 1. *Harmasius* Rosa de monte. *Loefl.* it. 278.

Ihr Stamm hat eine graulichte, etwas runzlichte Rinde, und ein weißlichtes Holz, und theilt sich oben in einige lose, zurückgebogene Aeste, die vieles Mark, und auf ihrer Oberfläche viel kleine Erhabenheiten haben, und nach ihrer Spitze zu belaubt, und mit einer feinen röthlichen Wolle bekleidet sind; ihre Blätter, welche die Einwohner gegen die Ruhr gebrauchen, stehen dicht beysammen, ohne anscheinende Ordnung, und bilden ganz an der Spitze der Zweige auch wohl Rosen; sie sind einen Schuh lang oder noch länger, weich, gelblicht grün, Rand und Adern ausgenommen, welche mit kurzer röthlicher Wolle bekleidet sind, glatt, und gefiedert, und bestehen aus eilf bis dreyzehen eyrund-lanzenförmigen Blätchen; ihre Blumen sind sehr klein, grünlicht, und ehe sie sich öfnen, röthlicht; sie fangen mit dem Anfang des Frühlings an, sich zu zeigen, und sitzen auf langen, dünnen, haarigen Stielen, die sich in den Winkeln der Blätter in einfache Traubenkämme vereinigen; ihr Kelch sowohl als ihre Krone, ist von außen haarig; ihre Staubbeutel sind rundlicht, ehe sie sich öfnen, roth, nachdem sie ihren Staub ausgestreut haben, weißlicht. z)

**Brucea, von Sierra Leona,** Brucea paniculata. Sie kommt von Sierra leona, und ist bisher nur aus trockenen Zweigen bekannt; ihre Traubenkämme sind mehr in Aeste getheilt, und rispenförmig; ihre Staubfäden scheinen länger zu seyn, als die Blumenkrone. a)

(Gm.)

Bruch,

---

z) Brucea floribus tetrandris, racemis simplicibus. *de la Mark* mem. de l'Acad. roy. des sciences à Paris 1784. S 342-344.

a) de la Mark a. a. O. S. 344.

**Bruch**, Fractura, nennen die Mineralogen das Ansehen der Flächen zerschlagener fester Mineralien, und halten es mit Recht für eines der vorzüglichsten äußern Kennzeichen der Structur oder des Gewebes derselben. Herr **Werner** hat die Verschiedenheiten des Bruchs, oder des Ansehens der innern Flächen mit Fleiß bestimmt. (**Werner** v. d. äußerlichen Kennzeichen der Foßilien. 8. 1774.)

Die Mineralien sind im Bruch dicht, wenn man keine Theilchen unterscheiden kann, und die Bruchfläche ist eben, fein- oder grobkörnigt, erdigt, schlackigt, glashaft oder spiegelnd, splittrig oder mit kleinen Schiefern, muschlig, wenn die Bruchstücke erhoben und vertieft sind, faserigt, wenn sie gleichsam feine, parallele oder sich kreuzende, oder büschelweise Faden zeigt, strahlicht mit breiten gleich oder durcheinander laufenden, auslaufenden, sternförmigen oder büschelweisen Faden oder schmalen Flächen.

Blättrig, feinblättrig, schuppig groß- oder grobblättrig, mit parallelen oder verworrenen, ebenen oder gebogenen, gewölbten oder wogigen Blättern.

In Absicht der Gestalt, der Bruchstücke, in welche harte Mineralien beym Zerschlagen zerspringen, sind sie würflich, wie Steinkohlen ꝛc., rautenförmig, z. B. Spath, Pyramidalstücke, oder säulenförmig, keilförmig, z. B. Blutstein, splitterig, scheidenförmig, oder unbestimmt eckig, wie Kalkstein, Alabaster ꝛc.

(Ge.)

**Bruchband**, Phalaena Interruptella. b) Eine Motte, (Phal. Tinea) weiß ins Gelbliche fallend, mit zweyen schiefen



b) Geoffr. Inf. II. p. 197. n. 38. *Goetze* Entom. Beitr. III. Th. 4. B. p. 166. n. 280.

schiefen, rostfarbenen Banden, wovon die hintere unterbrochen ist. (Gr.)

**Bruchbeere.** S. Heidelbeere.

**Bruchbinde**, Phalaena interrupta. c) Ein Nachtvogel und Spanner mit borstenartigen Fühlhörnern und Spiralzunge, (Phal. Geometra seticornis spirilinguis) Die Flügel sind schneeweiß, eine wellenförmige braune Binde, hinterwärts durch alle 4 Flügel, an dem äußern Rande der Oberflügel schwarze Punkte. (Gr.)

**Bruchdroßel, Bruchweidendroßel**, Turdus arundinaceus. S. unter Droßel, Krametsvogel.

**Bruchhase, Sumpfhase**, Lepus timidus. S. Hase.

**Bruchkraut**, Herniaria. Ist eine meist europäische Gattung Gewächse, deren Blumen keine Krone, aber einen in fünf Abschnitte getheilten Kelch, fünf fruchtbare, und eben so viele unfruchtbare Staubfäden, und zween Staubwege haben, und ein trockenes Samengehäus mit einem Samen hinterlassen. Man kennt fünf Arten:

— — — **chilesisches**, Herniaria Payco. Es wächst in Chili wild, und zeichnet sich durch seine sägenartig gezahnte Blätter aus; sie hat ein sanftes Grün, und einen Geruch, wie verfaultes Cedernholz; ihre Zweige liegen auf der Erde, ihre Blätter sind eyrund

c) Geoffr. Inf. II. p. 141. n. 65. *Goeze* Entom. Beitr. III. Th. 3. B. p. 427. n. 342.

rund und ohne eigene Stiele; ihre Blumen sind zahlreich, und ihr Samengehäus rund. Das damit gekochte Wasser zählen die Einwohner unter die schweißtreibende Mittel, und gebrauchen es im Seitenstich und in Magenbeschwerden. d)

**Bruchkraut, glattes**, Herniaria glabra. Es wächst in ganz Europa auf trocknem, sonnigem und sandigem Boden, auch auf den astrakanischen Steppen wild, und gehört zu den Sommergewächsen. Es ist durchaus glatt, niedrig, und auf der Erde gestreckt; seine Stengel treiben auf allen Seiten sechs bis sieben Zolle lange darnieder liegende Aeste, seine kleine gelblichtgrüne Blumen stehen in Trauben zur Seite der Stengel. Es hat einen etwas gesalzenen und zusammenziehenden Geschmack, bekommt den Schafen gut, und kann sehr leicht aus dem Samen gezogen werden, den man nur ausfallen lassen darf. Man hat es sonst zu den harntreibenden und zusammenziehenden Mitteln gezählt, und in Brüchen, im Stein, in der Wassersucht, **Gruhlmann** sogar in der Blindheit empfohlen. e)

— — — **linsenförmiges**, Herniaria lenticulata. Dieser Strauch ist sehr weich, wächst in England, bey Montpellier, auf den spanischen Gebürgen, in



d) Herniaria foliis serratis. **Molina** Naturg. v. Chili. S. 127.

e) Herniaria calycibus bractea nudis. *Royen* h. lugdb. S. 215. Herniaria glabra. *Linn.* syst. veget. ed. 14. p. 261. n. 1. Herniaria glabra herbacea. *Linn.* spec. pl. 1. p. 317. n. 1. Polygonum minus s. Millegrana major. C. *Bauh.* πιναξ. S. 281.

in Arabien und Ostindien wild, und ist wahrscheinlich von da aus nach Europa gekommen. Seine Wurzeln sind lang, seine Blätter klein, schmal, dick, glänzend, eyrund länglicht und haarig, und sitzen ohne eigene Stiele bald auf dieser, dann wieder auf der andern Seite der Zweige; die Blumen haben eine sehr kleine, in fünf Stücke getheilte Krone, haarzarte Staubfäden mit einfachen Staubbeuteln, und einen rundlichten Fruchtknoten mit stumpfer Narbe, und kaum merklichem Griffel; sein Samengehäus ist klein, und in den Kelch eingehüllt. f)

**Bruchkraut, staudiges,** Herniaria fruticosa. Es ist in Spanien zu Hause, kann leicht aus abgeschnittenen Zweigen gezogen werden, und hat sehr grosse Wurzeln. Seine Blumenkelche sind nur in vier Abschnitte gespalten. g)

**— — — zotiges,** Herniaria hirsuta. Dieses Kraut wächst in England, Spanien, Italien und in der Schweitz auf Aeckern wild, ist über und über zotig, und wahrscheinlich nur eine Abänderung des glatten, und

f) Herniaria caule fruticoso foliis alternis sessilibus ovato-lanceolatis pilosis. *Burm.* ind. S 78. Herniaria suffruticosa, foliis ovato-oblongis pilosis. *Linn.* syst. veget. ed 14 p. 261. n 4. Polygonum maritimum longius radiatum nostras, serpylli folio crasso nitente. *Raj.* angl. 3. p. 161. Polygonum minus lentifolium. C. *Bauh.* prodr th. bot. 131. Polygonum minus tenuifolium C. *Bauh.* πιναξ. S. 281.

g) Herniaria caulibus fruticosis, floribus quadrifidis. *Linn* sp. pl 1. p 317. n. 3. Herniaria fruticosa, viticulis lignosis. C. *Bauh.* πιναξ S. 382. Polygonum herniariae folio et facie, perampla radice. C. *Bauh.* hist. pl. univ. 3. p. 378.

und kann auch wie dieses gezogen werden; aber es ist kleiner, hat nicht so viele, hingegen größere Blumen in seinen Knaueln, und ganz weiße Blattdecken. h)
(Gm.)

Bruchlinie. S. Fichtenspanner.

Bruchschlange. i) Weil man diese Schlange mit einem dünnen Stäbgen, ohne viele Gewalt, mitten von einander schlagen kann, und weil sie diesemnach leicht zerspringt, so wird sie im Deutschen Bruchschlange genannt. Außerdem führt sie wegen ihrer kleinen Augen auch den Namen Blindschleiche. In Schweden heißt sie Ormslao und Kopper-Orm, bey den Engelländern Blindworm, und bey den Franzosen Avoyne und Orvet. Nach Linnés Bemerkung hat sie hundert und fünf und dreyßig Schuppen am Bauche, und eben so viel unter dem Schwanze, daher der Schwanz und der Körper einerley Länge, und mit einander zweyhundert und siebenzig Schuppen haben.

Herr Prof. Weigel gedenkt ihrer in seinem schönen Beytrag zur Geschichte der Schlangen u. a. O. mit folgenden.



h) Herniaria hirsuta. *Linn.* syst. veget. ed. 14. p. 261. n. 2. Herniaria hirsuta herbacea. *Linn.* sp. pl. 1. p. 317. n 2.

i) Anguis fragilis, scutis abdominalibus 135, scutellis caudalibus 135. *Linn.* Syst. Nat. p. 1122. ed. *Gmel.* Faun. Suec. n. 289. die Bruchschlange. Müll. Linn. N S. 3 Th. n. 15. p. 220. Weigel Abh. der Hall. Naturf. Gesellsch. 1 Th. p. 50. n. 78. Leske Anfangsgr. der N. G. p. 366. *Laurent.* amph. n. 125. p. 68. tab. 5. f. 2. Caecilia vulgaris. *Aldrov.* serp 215. Caecilia Gesneri. *Imperat.* nat. 916. Caecilia Typhlus. *Rai* quadrup. 289.

Kopfs größte Breite wenig über $\frac{1}{4}$ Zoll. Leib am Kopfe kaum ein wenig dünner; größte Breite $\frac{3}{8}$ Zoll, am After wieder $\frac{1}{4}$ Zoll, dann der Schwanz nach und nach bis zur Spitze dünner, vor denselben $\frac{1}{8}$ Zoll dick, dann abgerundet; die Spitze stehet wie eine kleine Borste hervor.

Grau: mitten auf dem Rücken ein schwarzer Streif, und beide Seiten nach der Mitte des Unterleibes zu schwärzlicht, dazwischen unten weißlich.

Ein paar Reihen Schuppen unter dem Bauche und Schwanze etwas größer, als die übrigen, doch nicht so abstehend, wie bey A. Scytale. Giftzähne finde ich nicht; auch hat sie Laurenti nicht schädlich gefunden; sie wird also mit Unrecht von einigen gefürchtet.

Findet sich hin und wieder an Wällen, in Heiden, Gehölzen. Der gemeine Mann nennt sie Hartwurm, zu welcher Benennung ihr leichtes Zerspringen, und daß sie hart anzufühlen ist, Gelegenheit gegeben haben mag.

Nach Herrn Prof. Weigels Ausmessung verhält sich ihre Länge folgendergestalt: Kopf $\frac{3}{8}$ Zoll, Leib $4\frac{3}{8}$, Schwanz $5\frac{7}{8}$ Zoll, also $= 10\frac{1}{8}$ Zoll.

Gronov theilt folgende Beschreibung von dieser Schlange mit: Der Kopf ist klein, vorwärts schmal, stumpf zugespitzt, und oben platt, dergleichen auch an den Seiten, aber unterwärts rund. Der Kopf ist oben mit ungleichen Schuppen bedeckt, doch in der Mitte liegt eine große herzförmige. Die Augen sind sehr klein, schwärzlich, und haben ihre Augenlieder.

Die

Die Nasenlöcher stehen ganz vorne, und sind offen, der obere Kiefer springt etwas über dem untern hervor, die Zähne der beyden Kiefer sind ziemlich groß, und von gleicher Länge, etwas einwärts gebogen, und sehr spitzig. Die Zunge ist breit, und an der Spitze gespalten, der Körper ist rund, und wird nach dem After zu immer dicker, der Schwanz ist hernach etwas dünner, und läuft stumpf ab, und da das Gronovische Exemplar nur drey und vierzig Reihen Schuppen unter dem Schwanze hatte, so war derselbe auch nur halb so lang, als der Körper. Die Farbe war aschgrau braun. Das Vaterland ist Europa.

Stat. Müller setzt hinzu: Von dieser Art giebt es in Italien solche, die zwo bis drey Ellen lang sind, und wenn man sie unversehens tritt, so beißen sie einen gleich in die Schuhe, und geisseln ihren Beleidiger mit ihrem langen Schwanze, jedoch ist ihr Biß weiter nicht schädlich. Sie bringen, gleich den Nattern, lebendige Jungen zur Welt, und werden auch zur Arzney gebraucht.

Wenn man sie übrigens anrührt, oder sonst reizt, so macht sie sich so steif, wie ein Stück Holz, und ihr Körper zerbricht durch die geringste Gewalt: sie beißt zwar, aber auch den zärtlichsten Thieren schadet dieser Biß nicht. Ihre Augen sind sehr klein.

(P.)

Bruchsilber. S. Silberlinie.

Bruchweide. S. Weide.

Bruchweidendrossel. S. Bruchdrossel.

**Bruchwerft.** S. Weide.

**Bruchwurz.** S. Fetthenne.

**Brudel.** Wird eine der Quellen des Karlsbades in Böhmen im Elnbogner Kreise genennet, deren Wasser vorzüglich häufig Tuf absetzt, und dadurch auch fremde Körper in der hierbey erforderlichen Lage sehr bald übersintert. Das dieser Quelle nahe Mühlenbad inkrustiret gegen diese gerechnet nur jetzt langsam. (Ge.)

**Brudelsand.** Wird der losere, gleichsam sandähnliche Tuf genennet, welchen man theils im Brudel des Karlsbades selbst, theils in der Nähe desselben unter dem Rasen nester- oder revierweise findet. Er unterscheidet sich vom Brudelstein bloß durch mindere Festigkeit. Diese kann theils in seiner Mischung Grund haben, theils kann er auch, wie Springfeld meint, gleichsam verwitterter oder zerstörter Brudelstein seyn. S. a. Brudel und Brudelstein. (Ge.)

**Brudelstein, Karlsbader Brudel oder Badetuf.** Er besteht aus einer etwas gipsigen Kalkerde mit Eisentheilchen, und erscheint:

Los, oder doch sehr mürbe und zerreiblich, gleichsam sandhaft, nester- und stellenweise um die Quellen. Man nennet ihn Brudelsand. S. d. Wort.

In festern verbundenen, meistens nur schwachen Lagern, theils in mächtigen Lagern, als eigentlicher Brudelstein, ebenfalls um die Quellen des Karlsbades. Diese Tuflagen haben oft Festigkeit genug, eine hohe Politur anzunehmen, und da die Schichten selbst, oder ihre Ränder, die sie mit den Schichten über und unter ihnen verbinden, oft von andern Farben sind, so erscheint er dann als ein sehr schöner Bänderstein. Auf diesem eigentlichen Brudel- oder Tufstein sind Steinbrüche.

In kleinen aus übereinander liegenden Schalen bestehenden Kügelchen, die wegen ihrer Form und Größe Erbsensteine genannt werden.

In stalaktitischen Gestalten, und besonders als Inkrustat zufällig oder meist absichtlich auf Reisern, Zweigen, Pflanzen, Käfern, Krebsen, künstlichen Bildern, und überhaupt auf allen, welches man dem Wasser des Brudels gehörig aussetzt. Die Farben des Brudelsteins sind vorzüglich weiß oder weißlich und gelblich, bräunlich, braun, röthlich und roth. S. vorh. Badetuf. (Ge.)

**Bruder Berolt, Berolft,** Oriolus Galbala. Siehe Pirol.

**Brücher,** Loci paludosi, werden morastige oder sumpfige, niedrige, mit krüpplicher Holzung und Gebüsch bewachsene Flächen genannt. Sie sind immer mit einer höhern Gegend umgeben, oder haben Hindernisse des Wasserzuges, daher sie stets Wasser behalten, welches üble Eigenschaften annimmt, und das Erdreich schwammig macht, daher sie nur für Weiden, Erlen, Faulbaum, Schilf, Riedgräser, Moose und überhaupt für Sumpfgesträuch und Pflanzen tauglicher Boden sind. Gewöhnlich ist Thon das Bette der Brücher, den meistens eine Griessandlage bedeckt, und auf diesem alten Seeboden hat sich denn von vermoderten Pflanzen und Moosen theils Moostorf, theils schwarze Sumpf- oder Moorerde erzeugt, dessen Rasen

Sumpf- und theils Alpenpflanzen machen. Mehrere sind sichtlich verwachsene Seen, wovon in vielen noch Teiche und Pfützen nach sind. Die niedrige und nasse Lage, und die von umgebenden Höhen und eigenem Gebüsch abgehaltenen Winde und Sonnenstrahlen machen, daß sie Frost und Schnee im Frühlinge weit länger, als höhere ofne Gegenden behalten, und um sich her die Sommerluft kalt machen, also das Gedeihen des nahen Getreides u. s. f. hindern; man nennet sie des späten Frosts wegen in Schweden Frostnester. Viele haben eine Lage, daß man sie durch Gräben und Kanäle austrocknen kann; auf diesen Fall senkt sich ihre Oberfläche nach der Tiefe und Schwammigkeit des Bruches von einer Elle bis 1 Faden; die festere Erde aber beträgt sich als sehr fruchtbarer Boden. Viele trocknen von selbst nach und nach immer mehr aus, verlieren ihre Pfützen, werden fester — welches in volkreichen Ländern durch Kanäle, Räumung des Gebüsches u. s. f. sehr und mit dem besten und sichtlich glücklichen Erfolge befördert, die fruchtbare Oberfläche des Landes vermehrt, und das Klima sehr merklich gemildert wird. S. a. Moore und Sümpfe.

(Ge.)

**Brücke.** (Conchyl.) k) Dargenville redet von einem Spondylo, sagt Chemnitz, der bey ihm le Pont die Brücke heißt. Aus dieser Lazarusklappe wird von ihm etwas außerordentliches gemacht, und sie un morceau unique genannt. Es ist aber nur eine bekannte und

k) Argenville Conchyl. tab. 19. fig E. S. 233. 236. Ostreum pons, saxis adhaerens. die Brücke Chemnitz fortges. Conchylienk. Th. VII. S. 67. Le Pont, die Brücke.

und gewöhnliche Lazarusklappe, deren Hauptvorzug darinne bestehet, daß sie auf solchen Steinen und Austern feste gewachsen ist, dazwischen man, wie unter einer Brücke, hindurch sehen kann. „Diese Auster, sagt Argenville, ist von brauner Farbe, und roth melirt, und ist mit vielen Stacheln versehen. An ihr hängen sieben oder acht andre kleine Austern von verschiedener Farbe, die sämtlich auf zwey Kieseln aus der See dergestalt festsitzen, daß sie unten einen kleinen Raum leer lassen, weswegen sie die Brücke genennt wurde. Es ist dies ein Stück, das in seiner Art das einzige ist.' Nein, es ist nicht das einzige in seiner Art, denn in der grossen Spenglerischen Sammlung in Kopenhagen liegen dergleichen auch. Da es aber keine eigne Art der Klappmuscheln, der Umstand aber, daß diese Lazarusklappe auf zwey Kieseln, und zwar so liegt, daß man durch sie hinsehen kann, bloß Zufall ist, so fällt von dem angeblichen Wunderbaren sehr viel weg. Die Lazarusklappen sollen unter dem Geschlechtsnamen Klappmuscheln (Spondylus) beschrieben werden. (S.)

**Brünettchen.** (Conchyl.) Wenn gleich die Holländer zum Theil die kleinere Abänderung vom *Conus aulicus* Linn. (Siehe Brünette.) mit dem Namen der **Brünettchen**, Bruinettjes belegen, so verstehen wir doch unter diesem Namen hier zwey andre Conchylien, deren vier unter die Sturmhauben, Buccinum Linn. die andre unter *Helix* Linn. gehört.

Das Brünettchen eine Sturmhaube, Buccinum pullus Linn. 1) hat nach Linné eine aufgeblasene

1) Lister Hist. Conchyl. tab. 971. fig 26. Buccinum breviroſtrum columella callosa undatis striis leviter distinctum,

sene schräg gestreifte Schale, und einen breiten ungleichen ausgebreiteten Spindelsaum. Noch sagt Linné, daß diese Schnecke kaum halb so groß als Buccinum arcularia, das Kufferhörnchen sey, rostfarbig, und habe Streifen, welche die länge herab, aber schräg laufen, und eine weiße Queerbinde. Die beyden Beyspiele, die ich besitze, sind etwas über einen halben Zoll lang, und ihre Farbe fällt in das Braunrothe. Das eine hat, wie es Linné fordert, auf der ersten Windung ein weißes Band, welches auf die folgenden Windungen fortgehet, aber gegen die Mundöffnung zu ist ein großer Theil dieser kleinen Schnecke weiß; zum Beweise, daß die Grundfarbe eigentlich weiß sey, und daß sie folglich eigentlich zwey breite braune

---

ctum, e rufo fasciatum. Gualtieri Ind. Testar. tab. 44. fig. N Buccinum parvum, sulcatum, et canaliculatum, labio interno insigniter repando, externo fimbriato, rugosum aliquando striatum, mucrone costis seu rugis perpendicularibus eleganter diviso, aliquando papillis coronato, subalbidum. Adanson Hist du Seneg. tab. 8. fig. 11. p. 117. Le Totombo. Knorr Vergnüg. Th. VI. tab 22. fig. 5 erster Text S. 43. das höckerichte Kufferhörnchen. Holl Bultig Kofferhoorntje. Franz. Arculaire bossu. Hollond Text. S. 94. Bultig Kufferhoorentje. Gronov Zooph. p. 305. n. 1358.

Linné Syst. Nat. ed X. p. 737. sp. 396. *Buccinum pullus*, testa oblique striata etc. ed XII. p. 1201. sp. 458 *Buccinum Pullus*, testa gibba, oblique striata, labio interiore explanato gibbo Praecedenti (*Buccinum Arcularia*) dimidio minor, ferruginea, striis longitudinalibus, sed obliquis et fascia transversa alba. Müller Linnäisch. Natursf. Th. VI. S 459 das braune Kufferhörnchen. Linné Natursf des Thier Th II. S 531. Meine Einleit Th. I. S. 328. tab 2. fig. 2. das braune Kufferhörnchen. Das Brünettchen. Mus. Gronov. p. 115. n. 1165. Bruinetje.

braune Bänder auf der ersten Windung habe, wovon das eine auf die folgenden zwey Windungen fortgehet. Das andre Beyspiel hat drey braunrothe, und drey weiße Bänder auf der ersten Windung, davon ebenfalls nur eins auf die folgenden übergehet. Die Schale dieser Schnecke ist sehr stark, sie selbst auch stark gewölbt. Die erste Windung ist zweymal so groß als die folgenden vier, die einen stumpf hervorragenden Wirbel bilden. Die länge herab laufen feine Streifen, aber schräg, die von noch feinern kaum zu bemerkenden Queerstreifen durchkreuzt werden. Zwey andere, wahrscheinlich auch hieher gehörige Beyspiele meiner Sammlung haben schärfere senkrechte Ribben, und kenntlichere Queerstreifen, die auf den Ribben Knötchen bilden. Ich muthmaße, diese befinden sich in ihrem natürlichen Umstande, und jene, dergleichen auch Linné vor sich hatte, sind abgerieben. Die Mundöfnung ist ovalrund, stark gesäumt, und inwendig gezahnt. Der Spindelsaum ist breit und ausgedehnt, und wie Mündung und Schlund weiß und glänzend, übrigens glatt. Der Ausschnitt der Nase ist enge, tief und schräg. Auch oben findet sich am Ende der Mündungslefze eine kenntliche Rinne, und diese kleinen Schneckchen sind im mittländischen Meere zu Hause, wo sie häufig genug liegen mögen, man achtet sie aber nicht, weil sie klein sind.

**Das Brünettchen ein Helix, das bandirte Brünettchen,** m) hat ungenabelte, eyförmig gebaute,

m) Linné Syst. Nat. ed. XII. p. 1248. Sp. 699. Helix pella, testa imperforata ovata acuminata transverse striata fusca.

baute, spitzig zulaufende, queergestreifte Schale, welche auf braunem Grunde gelbe Bänder hat. Sie wohnt, nach Linné, in Ißland, wo sie Zoega entdeckt hat. Die Schale ist länglich eyförmig, und hat die Grösse des sogenannten Meerhirsens oder des Steinsamens. (Lithospermum.) Die braune Farbe gehet in das rostfarbige über, und die Windungen haben Queerstreifen. Auf der ersten Windung liegen zwey Bänder, auf der andern aber nur ein einziges, bis zur Endspitze. Die Mundöfnung ist halb eyförmig. Da dieses kleine Schneckchen ein Helix ist, so vermuthe ich, daß es in den isländischen Flüssen wohne. (S.)

Brünette oder Brunette, Conus Aulicus Linn. Obgleich dem ersten Anschein nach die Brünette mit dem goldnen Zeuge (Conus textile Linn.) eine grosse Aehnlichkeit hat, so glaube ich doch nicht, daß Adansons n) Angabe hinlänglich sey, beyde zu unterscheiden. „Sind die Farben dieser Schnecke braun, sagt Adanson, so werden sie Brünetten genennt; sind sie blau, und mit weißen Puncten bezeichnet, Tulpen; sind ihre Flecken orangenfarbig: orangengelber Zeug und Gülden-Zeug, wenn sie eine schöne Goldfarbe haben.“ Ich sage, diese Kennzeichen reichen nicht zu, da

---

fusca, fasciis flavis. Habitat in Islandia. Zoega. Testa ovato oblonga, decumbens, magnitudine Lithospermi seminis, fusco-ferruginea, anfractibus transverse striatis. Fascia in primo anfractu duplex; in reliquis simplex ad eorum basin. Apertura semiovata. Müller Linnäisch. Natursyst. Th. VI. p. 579. der Ißländer. Linné Natursyst. des Thierr. Th. II S. 567 Meine Einleit. Th. I. S. 164. das bandirte Brünetchen Holländ. Bruinetje.

n) Beym Regenfuß erster Theil zweyter Text S. XLIV.

da wir auch von der Brunette eine Abänderung beschreiben werden, die eine orange- und goldgelbe Farbe hat. Wir gehen sicherer, wenn wir nach Kennzeichen gehen, die nicht blos von der Zeichnung, sondern auch vom Bau der Schalen hergenommen sind, obs gleich wahr ist, daß die braune Farbe, die den gewöhnlichsten Beyspielen zukommen, den Namen der Brünette veranlaßt hat.

Diese Brünette o) hat nach Linné netzförmige Adern, und braune unterbrochene die Länge herab-



o) Lister Hist. Conchyl. tab. 744. fig. 34. ohne Beschreibung und schlecht vorgestellt. Bonanni Recreat. Class. III fig. 133. p. 129. Cylindroides. Bonanni Mus. Kircher. Class. III. fig. 133. p. 457. Rumph Amboin. Raritätenk. tab. 33. fig. 4. Holländ. p. 108. de Bruinett-Toot. Deutsch. p. 82. die Bruinetttute. Chemnitz Zusätze S. LXXVII. die Bruinet-Tute. Valentyn Abhandl. S. 22 die Hühnerfeder-Tute, Hoenderveder; die Brunette. it. tab. 9. fig. 75. S. 143 die roth und weiße Achattute oder Brunette. Olearius Gottorf. Kunstkammer p. 60. tab. 31. fig. 4. Gualtieri Ind. Testar. tab. 25. fig. V. X. Z. Cochlea longa pyriformis vulgaris, candidissima, ex croceo colore nitidissime maculata, et reticulata. it. Z. V. Cochlea longa pyriformis vulgaris, minutissime striata, major, candidissima, ex rubro fusco maculata, et reticulata. Klein Method. p. 65. §. 187 5. g. Voluta pennata Iaspidizans, seu Siculo Iaspidi similis. Argenville Conchyl. tab. 13. fig. G. p. 195. 201. die Brünette. Die Hühnerfeder. Seba Thesaur. Tom. III. tab. 43. fig. 1. bis 5. p. 129. Voluta pennata Rumphio. Volute pannachée (man verwechselt aber hier den Conus textile, den Rumph Volutam pennatam nennet, mit dem Conico aulico.) it. tab. 47. fig. 11. 12. p. 135. Volutae cordiformes. Knorr Vergn. Th. II. tab 1. fig. 3. erster Text S. 8. die braune granulirte Herztute Zweyter Text S. 127. Conus aulicus Linn. die Brunet-Tute Tulipe

herablaufende Binden. Linné beschreibt also diesen Kegel blos seiner Zeichnung nach wahrscheinlich darum,

---

Tulipe. Regenfuß Th. I. tab. 8. fig. 25. erster Text S. 34. 36. Zweyter Text S. 54. 58. Cylinder maculosus. Dän. Bruneten. Die Brünette. Martini Conchyl. Th. II. S. 240. tab. 53. fig. 592. tab. 54. fig. 595. 596 die Brünette. Hühnerfeder. Das Netzhorn. Conus teres longus, fuscus subtilissime striatus, maculis albis pennatus et reticulatus. Pannus argenteus. (Martini führt noch folgende Schriftsteller an: Valentini Mus. Vol. II. tab. 35. fig. 10. Gersaint Cat. rais p. 78. n. 42. 44. Nigella vera. Brunette.) Adanson Hist. du Seneg. p. 97. Brunette. von Born Ind. Mus. Caes. Vind. P. I. p. 151. Conus aulicus. die Brunette. von Born Mus. Caes. Vind. Testac p. 166. Gronov Zooph. p. 286. n. 1246. Deutsche Encycl. Th. IV. S. 483.

Linné Syst. Nat. ed. X. p 717. Sp 279. ed. XII p. 1171. Sp. 320. *Conus aulicus*, testa venis reticulatis fasciisque longitudinalibus fuscis interruptis. Varietas forte praecedentis. Linné Mus. Reg. Lud. Ulr p. 562. n. 174. Testa obovato-sub cylindrica, colore fundamentali albo, cui inductae striae reticulatae fusco-purpurascentes et maculae albae subovatae undique tegunt testam. Maculae insuper magnae subfuscae, longitudinales reddunt testam variegatam Columella postice replicata est. Spira convexa acuta. Müller Linnäisch. Naturs. Th VI. S. 382. die Brünette. Linné Naturs. des Thierr. Th. II. S. 510. Meine Einl. Th. I. 54. die Brünette. Die Hühnerfeder.

*Mus Chais.* p. 38. n. 462. 464. Brunettes. Draps d'oranges. *Mus van der Mied.* p. 12. n. 260. Bruinet Rolle. *Mus. van Dishoek.* p. 22. n. 545. *Mus Koening.* p. 37. n. 451. *Mus. Leers.* p. 78. n 766. Bruinet Rolle. p. 73. n. 720. ff. Bruinet Toot. *Mus. Gronov.* p. 106. n. 1031. 1032. 1033. Bruinet Toots Rol. *Mus. Gevers.* p. 366. n. 1090. 1091. 1092. Volute Brunette. Kämmerer

darum, weil er die Brünette blos für Abänderung vom goldnen Zeug, Conus textile hält. Ich kann mich nicht davon überzeugen. Die Brünette hat einen langen schmalen, fast cylindrischen Bau, der am goldnen Zeuge nichts weniger als cylindrisch ist, auch ist die Schale der Brünette ungleich glatter, als die des goldnen Zeuges, so wie Farbe und Zeichnung bey der Brünette von der Farbe des goldnen Zeuges sehr verschieden, und alles an derselben feiner ist, als am goldnen Zeuge. Man wird wenig Kegel aufweisen können, die so lang und schmal gebaut wären, als die Brünette. Die zehn Windungen derselben bilden bey den mehresten einen lang hervorstehenden spitzigen Wirbel, der aber an vielen Beyspielen abgerieben ist, und nun stumpf erscheinet. Die Schale ist stark, und stärker, als bey dem goldnen Zeuge. Manche Beyspiele sind mit sehr feinen Queerstreifen belegt, die ich an andern auch durch kein Augenglas erkennen kann. Die Mundöfnung ist ein wenig einwärts gebogen, und enger, sonderlich unten, als beym goldnen Zeuge. Der Ausschnitt der Basis ist sehr flach, und die Spindel ist, wie beym goldnen Zeuge, unten zurückgeschlagen. Farbe und Zeichnung ist bey ihnen sehr unterschieden. In so fern ich



---

merer Conchyl. in Rudolst. S. 88. Verzeichn. der Gräfl. Reußpl. Naturaliens. S. 87. n. 493. die Brünette. Das Netzhorn. Die Conchyl. des Fürst. Bisch. zu Constanz. S. 79. Num. 22. das Netzhorn.

Deutsch. Die Brünette. Die Hühnerfeder. Das Netzhorn. Die Bruinetttute. Die Brunette. Lat. *Conus aulicus. Linn.* Franz. *Brunette. Volute Brunette. Drap d'orange.* Holländ. *Bruinet-Toot. Bruinet Toots-Rol. Hoenderveder. Bruinet Rolle. Net-hoorn.* Dänisch *Bruneten.*

jetzt von der eigentlichen gemeinen Brünette rede, und die hernach zu beschreibenden Abänderungen mehrentheils übergehe, so siehet man hier auf einem braunen oder zimmtfarbenem Grunde viele winklichte Zickzaglinien über den ganzen Körper bis zur Endspitze laufen, welche sehr viele weiße, fast herzförmige größere und kleinere Zwischenfelder einschließen, die bald mehr, bald weniger von dem dunkelbraunen Grunde verdrängen. An den mehresten Beyspielen siehet man unzählige weiße Punkte, die wie Schnüren über den Körper laufen, und an einigen sind es weiß und dunkelbraune Perlenschnuren, und dergleichen Beyspiele, von denen ich drey besitze, sollte man Admirale der Brünetten nennen. Die Mundöfnung ist bey allen weiß. Die Abänderungen dieser Brünetten betreffen:

1) ihren Wirbel. Dieser ist bey den mehresten sehr lang gestreckt, bey einigen mittelmäßig, und bey andern vorzüglich kurz.

2) ihre Farbe. Sie ist bey einigen dunkelbraun, bey andern hellbraun, bey noch andern braunroth.

3) ihre Farbenzeichnung oder Mahlerey. Die herzförmigen Flecken sind bald größer, bald kleiner, wie an einem und eben demselben Beyspiele von einerley Größe, bald liegen sie häufiger, bald sparsamer auf der Schale, und manchmal ist bey ihnen die Schale fast ganz mit solchen Herzfiguren bedeckt. Im letzten Falle, und besonders, wenn die Schuppen vorzüglich fein sind, werden sie von den Holländern Netzhörner, Nethoorns' genennt.

Wenn im Regenfuß und in der deutschen Encyklopädie gesagt wird, daß die seltenste Brünette die

Gloria

Gloria maris wäre, so merke ich an, daß diese so seltene als schöne Conchylie mit dem *Cono textili* näher verwandt ist als mit dem *Cono aulico;* daß sie aber wahrscheinlich eine eigne Art bestimmt.

Die Brünette findet man gemeiniglich bis zu einer Größe von 2½, bis drey Zollen auf den Friedrichs-Inseln in Ostindien und in Mauritien. Sie gehören zwar nicht unter die seltensten Conchylien, sind aber gleichwohl schätzbar und nicht gemein, und werden das Paar in Holland nach der Beschaffenheit ihrer Größe und Schönheit mit 2 bis 8 Gulden bezahlt.

Als schätzbare und zum Theil seltene Abänderungen der Brünette betrachtet man:

1) **Die braune ostindische und mauritianische Gloria Maris.** p) Die eigentlichen Brunetten,



p) Lister Hist. Conchyl. tab. 790. fig. 43. Rhombus cylindro-pyramidalis ex rufo vermiculatus sive maculis inaequalibus reticulatus. Leßer Testaceotheol. §. 52. dd. erste Ausg S. 204 zweyte Ausg. S. 241. fig. 42. Listers Name, aber Leßer irrt, wenn er sagt, dies sey die sogenannte gelbe Herztute. Davila Catal. Tom. I. p. 252. n. 524. Drap d'or de la Chine. Mus. Oudaan. p. 58. n. 672 fray gestipte Bruinet-Toot. Bruinette tricotée. Martini Conchyl. Th. II. S. 238. f. tab. 53. fig. 591. tab. 54. fig. 593. 594. die braune ostindische Gloria Maris, mit weißen herzförmigen Flecken. Die braune mauritianische Gloria Maris mit langen weißen Flecken. Gloria Maris Indiae orient. et Mauritianae. La belle Brunette. Wonderlyk fraaye Bruinet Tooten.

Linné Syst. Nat l. c. *Conus aulicus.* Meine Einleit. Th. I. S. 54. n. 1. *Mus. Gevers.* p. 366. n. 1093. bis

ten, die ich vorher beschrieben habe, haben eine langgedehnte schmale Figur, sagt Martini, und weit hervorstehende Gewinde, diejenigen aber, welche er, um ihrer vorzüglichen Schönheit willen, die Ehre der See (Gloria maris) in dieser Art genennt hat, sind flacher gewunden, etwas stärker vom Leibe, und kürzer und gedrungener in ihrer Figur. Wenn also Kämmerer unserm Kegel eine gestreckte Form und wenige Schuppen beylegt, und darinne dem Martini gerade zu widerspricht, so scheint er einen falschen Kegel vor sich gehabt zu haben, der nicht die mauritianische Gloria Maris seyn kann, ob er sich gleich auf Martini fig. 593. 594. beruft. So ungern ich dem seel. Martini widerspreche, so wünschte ich doch, daß er den Namen der *Gloriae maris* möchte demjenigen Kegel allein gelassen haben, dem er längst beygelegt ist, und dem er vorzüglich gehört.

Diejenigen Kegel aus Ostindien und Mauritien, die Martini meynet, sind flächer gewunden, etwas stärker vom Leibe, und kürzer oder gedrungener in ihrer Figur, als die eigentlichen Brünetten. Auf einem bald hellern, bald sehr dunkelbraunen Grunde wird man auf ihrer glänzenden Oberfläche viele große, wie Elfenbein schimmernde Flecken gewahr, die ohne Ordnung zer-

---

bis 1095. Conus brunneus, testa obscure fusca, maculis albis cordiformibus, fusco marmoratis. Volute Brunette Tricotée. Kämmerer Conchyl. in Rudolst. S. 78. Num. e. β. Die Conchyl. des Fürst. Bisch. in Const. S. 79. n. 21. die mauritianische Gloria Maris.

zerstreut stehen, und noch eine Menge kleiner Flecken und Punkte von gleicher Farbe zwischen sich einschließen. Die mauritianische *Gloria maris* hingegen ist mit vielen langen senkrechten und einzelnen darzwischen liegenden runden oder halbrunden Flecken aufs zierlichste bemahlt. Herr Spengler, dieser große Conchylienkenner, hat dieselbe unserm Martini als eine ganz neu entdeckte Gattung aus Mauritien zugeschickt, und unter den in der Anmerkung angeführten Schriftstellern ist Herr Abel in dem Verzeichniß der Conchylien in dem Kabinet des Fürst Bischofs zu Constanz der einzige, der, außer Martini, diese mauritianische *Gloriam maris* meynt und kannte.

2) Das gelbe Netzhorn. Die gelbe Brünette. q) Unser Martini glaubt, daß der Un-



q) Olearius Gottorf. Kunstk. tab. 31. fig. 6. Leßer Testaceoth. § 52 mm. erste Ausg. S. 206. zweyte Ausg. S 243 Voluta porphyretica. Argenville Conchyl. tab. 13. fig. D. S. 201. das orangenfarbige Tuch. (Pannus citrinus.) Drap couleur de citron. Drap orangé. Seba Thesaur. Tom. III. tab. 43. fig. 3 p. 129. Voluta pennata colore aurantio. Knorr Vergn. Th II. tab. 1. fig. 1. erster Text S. 8. die gelbe gefleckte Katze, die Bastart Herztute Zweyter Text S. 125. Conus aulicus. Linn. die rollenförmige Brunet-Tute. Brunette à nette Tricottée. De rolvormige Bruinet Toot of Bruinet Rol. it. fig. 2? erster Text S. 8 die gelbe granulirte Bastart Herz-Tutte, ein Agate Back. Zweyter Text S. 127. die Brunet-Tute. Tulipe. Martini Conchyl. Th. II. S. 242. tab. 54. fig. 597. das gelbe Netzhorn Die wahre Brünette oder Hühnerfeder. Die gelbe Netztute, das Porphyrhuhn. Het geele Nethoorn. Conus oblongus teres, clavicula pro-

terschied, der sich zwischen den vorigen braunen Brünetten und unserm gelben Netzhorn befindet, sich bloß auf die Grundfarbe und mehrere Seltenheit des letztern einzuschränken pflege. Da wir an jenen immer einen zimmt- oder kastanienfarbigen Grund wahrgenommen, so erblickt man hingegen an diesen Hörnern ein gelbes oder orangenfarbiges Gewand, auf welchem einzelne große weiße Flecken von unterschiedener Figur, ohne Ordnung unter einander stehen. Es leugnet es auch Niemand, daß dieses gelbe Netzhorn bloße Abänderung vom *Cono aulico*, und folglich auch von der Brünette sey, allein mich dünkt doch, daß man auch unter Abänderungen einen Unterschied machen müsse. Sehr viele Abänderungen betreffen bloß die Zeichnung, und nicht selten einen geringen Unterschied, aber unser gelbes Netzhorn unterscheidet sich durch mehrere Stücke von der Brunette:

a) Erlangt es eine ansehnliche Größe, zu welcher die Brunette nie gelangt. Mein größtes Beyspiel ist über vier Zolle lang, und ich zweifle nicht, daß es deren noch größere gebe.

b) Die

---

prominente, luteus vel aurantius, maculis cordatis albis pennatus. Deutsche Encykl. Th. IV. S. 483. n. 1. das gelbe Netzhorn.

Linné l. c. Conus aulicus. Meine Einleit. Th I. S. 55. n. 3. *Mus. Leers* p. 78. n. 767. *Mus. Chais.* p. 38. n. 462. *Mus. Oudaan.* p. 58 n. 677. Brunette cylindroide. *Mus. van der Mied.* p. 12. n. 260. Kämmerer Conchyl. in Rudolst S. 88. n. d. Die Conchyl. des Fürst Bisch. zu Constanz. S. 79. n. 23. das gelbe Netzhorn.

b) Die feinen Queerstreifen, die man gemeiniglich an den Brünetten erblickt, sind am gelben Netzhorn, wenns nicht abgeschliffen ist, zwar auch fein, aber doch ungleich kenntlicher, und können sogleich mit bloßem Auge erkannt werden.

c) Die punktirten Queerlinien, so wie das Netzwerk überhaupt, fehlt dem gelben Netzhorne gänzlich, und da die herzförmigen Flecken nur einzeln und gleichsam nur hin und her zerstreut da liegen, so erhält es den Namen eines Netzhorns in einem sehr uneigentlichen Verstande.

d) Die Grundfarbe ist entweder goldgelb, und da sind die weißen Flecken dunkler eingefaßt, oder orangegelb. Beyde vergleicht Martini sehr richtig mit einem geglätteten Zeuge, das mit Silberblättchen von allerley Form belegt ist.

Wahrscheinlich ist ihr Vaterland Ostindien, sie werden aber so selten gefunden, daß sie in holländischen Auctionen bis zu 14 Gulden bezahlt worden sind.

Leßer sagt von seinem Beyspiel, das er beschreibt, es habe knotige Windungen. Wäre dies, so gehört sein Beyspiel nicht hieher, denn am gelben Netzhorn sind viel Windungen glatt. Eben das würde von dem Beyspiele zu behaupten seyn, das im Knorr Th. II. tab. 1. fig. 2. abgebildet ist, wenn es, wie Müller sagt, granulirt wäre. Ich muthmaße aber, dies Beyspiel habe weiß punctirte Queerlinien, die Müller für Sandkörner ansahe, der die mehresten seiner

Beschreibungen nach Abbildungen, und nicht nach Originalen verfertigte. Sogar nach der Abbildung konnte er nicht sagen: „daß dies Beyspiel über und über als mit Sand bestreut zu seyn scheine."

3) Das türkische Lager. r) Diese wahre Abänderung von der Brünette stehet eigentlich zwischen der Brünette und dem gelben Netzhorn in der Mitte. Von der Brünette hat es vorzüglich die weißen punctirten Linien, welche über die Schale laufen, und die feinen fast unkenntlichen Queerstreifen. Auch die Farbe nähert sich mehr der Brünette, als dem gelben Netzhorn. Sie ist zwar nie braun, aber auch nicht gold- oder orangegelb, sondern gelbbraun, oder hell zimmetfarben. Auch die Größe ist wie bey der Brünette. Vom gelben Netzhorn hat es die sparsamern herzförmigen Flecken, die gemeiniglich in senkrechten Linien, die nur selten gerade, sondern mehrentheils gekrümmt, winklicht, ja schlangenförmig geordnet sind, auf der Schale herunter laufen. Diese Reihen herzförmiger Flecken, die nur selten durch eine queer hindurch laufende Fleckenreihe unterbrochen werden, stellen ein Lager so ziemlich deutlich vor; obs nun aber gerade ein türkisches seyn müsse? das ist eine andre Frage.

4) Die bandirte Brünette. s) Mit völligem Rechte sagt man im neuen Knorrischen Texte, daß

r) von Born Ind. Mus. Caes. Vind. P. I. p. 151. it. Mus. Caes. Vind. Test. p. 167. tab. 7. fig. 14. Conus pennaceus. Meine Einleit. Th. I. S. 55. n. 4. das türkische Lager.

s) Knorr Vergn. Th. III. tab. 18. fig. 2. erster Text S. 36.

daß die Vergleichung mehrerer Beyspiele von Conus aulicus und Conus textile, oder von der Brünette und vom goldnen Zeuge lehre, daß einzelne Beyspiele oft so an einander gränzen, daß man ungewiß wird, zu welcher Linnäischen Art man sie rechnen soll. Von der Art ist die sogenannte bandirte Brünette. Aus diesem Grunde habe ich sie in meiner Einleitung als eine Mittelgattung zwischen beyden genannten Arten angesetzen, und soll ich sie zu einer von beyden Arten zählen, und darf meine Meinung frey sagen, so glaube ich, sie gehöre zu Conus textile, dem sie sich auch in dem Bau mehr nähert, als zu Conus aulicus, von dem sie eigentlich nichts, als die braune Farbe hat. So viel ist richtig, daß wir hier einen der schönsten Kegel vor uns haben, man muß aber ein Original zu der Knorrischen Abbildung legen können, wenn man ihre Schönheiten deutlich sehen will, die der Künstler mit aller seiner Kunst nicht auszudrücken vermochte. Das siehet man, daß sich auf der Schale ein sehr feines braunes Netz befindet, daß größere und kleinere weiße Federn unter einander liegen, daß man die größern aber weit sparsamer, und gleichsam nur zur Ausfüllung des Netzes antrifft, daß drey dunklere Bänder über die Schale laufen, und daß der Wirbel geflammt

36. die bandirte Brunette. Zweyter Text S. 311. Conus aulicus. Linn. die bandirte Netz-Brunette. Die bandirte Hühnerfeder. Franz. Tulipe en Cornet; ou Brunette à natte tricottée. Holländ. De Netswys bandeerde Bruinet-Toot. Deutsche Encykl. Th. IV. S. 483. n. 2. die bandirte Brünette. Meine Einleit. Th. I. S. 86. n. 134. id. nom.

flammt ist, wo sich aber ebenfalls einzelne Herzfiguren eingenistet haben. Das siehet man, aber die überaus feine Arbeit der Natur, und den herrlichsten Glanz, den diese Conchylie hat, konnte kein Künstler ausdrücken. Mein Exemplar ist kleiner, als das im Knorr abgebildete, $1\frac{1}{2}$ Zoll lang, an der Zeichnung und Schönheit aber, giebt es jenem gewiß nichts nach. Diese Conchylie ist sehr selten.

5) Die große Brünette t), oder die größte Art der Netzrollen, ist eine der schönsten, größten und

t) Rumph amboin. Raritätenk. tab. 33 fig. 3. Holländ. p. 108. een vechte Bruinnet. Deutsch p. 82. die ächte Bruinette. Chemnitz Zusätze S LXXVII Nigella vera. die wahre Brünette Valentyn Abhandl. S 22. die große fuchsrothe Brünette. Seba Thesaur. Tom. III. tab 47. fig. 10. p. 135. Voluta subfusca maxima. Voluta subfusca cordiformis. Volute d'un brun-clair, grande. Knorr Vergn Th. III. tab. 19. fig. 1. Erster Text S. 37. die ächte Brünette Zweyter Text S. 313. Conus aulicus Linn. die Brunetwalze Chemnitz fortges. Conchylienk. Th. X. S. 79. tab. 143. fig. 1328. die große Bruinette Die größte Art der Netzrollen. Das Netzhorn mit weiten Maschen. *Conus aulicus Linnaei.* Conus reticulatus maximus, testa valde elongata cylindrica transversim striis exarata, maculis rubro fuscis concatenatis in fundo albo reticulata, spira exserta, anfractibus octo planiusculis, columella postice replicata, apertura effusa. *Gall.* La grande Brunette de forme plus effilée. *Belg.* Zeer capitale Bruinet-Rolle. (Chemnitz führt noch folgende Schriftsteller an: Davila Catal. T. I. p. 254. n. 532. Grand Rouleau des Indes. nommée Brunette. Favart d'Herbigny Diction. T. I. p. 421. Drap orangé. de Favanne *Conchyl.* (Argenville edit. 3.) Tom. 2. tab 18. fig. C. 6. C. 7. p. 474. it. pag 648. et 650. La brunette renflée H. Le drap orangé rayé.) *Mus. Leers* p. 78. n. 767. zeer capitale Bruinet-Rolle. Tres grande Brunette. (kostete 9 Fl. 15 St.)

und seltensten Brünetten, wenns nicht gar eine eigne, und vom Cono aulico ganz verschiedene Art. Ich bin nicht so glücklich, diese Seltenheit selbst zu besitzen, und wiederhole daher nur Herrn Chemnitzens Beschreibung.

„Die Netzrollen oder Netztuten, sagt er, welche auch wohl große Brünetten oder Netzhörner mit weiten Maschen genannt worden, erreichen zum öftern eine ausnehmende Größe. Ich besitze vortreffliche Exemplare derselben, die fünf Zoll lang, und fast zween Zoll breit sind, und ich entsinne mich in andern Kabinettern noch größere gesehen zu haben. Aber es hält schwer, unter vielen auch nur zwey Stücke heraus zu finden, die einander völlig gleich wären. Bey einigen siehet man ein gröberes netzartiges Gewebe und weitere Maschen, bey andern ein feineres Gewebe und kleine Maschen. Bey einigen haben die weissen, bey andern die braunrothen Flecken und Wolken die Oberhand. Bey einigen findet man dickere, mehr gewölbte schwere Schalen, und stärkere, mehr erhobene Queerstreifen; bey andern aber dünnere und leichtere Schalen, wie auch zartere Queerstreifen. Bey der wahren eigentlichen Brünette, dem Cono aulico Linnaei, zeigt sich bey fast unmerklichen Queerstreifen das feinste netzartige Gewebe, und ein ziemlich stumpfer Wirbel: aber bey den großen dickschalichten und größten Netzhörnern erhebt sich der Wirbel, wie eine Pyramide, und auf der ganzen Oberfläche findet man dichte beysammen stehende deutliche Queerstreifen, und ein mit den größesten Maschen versehenes netzartiges Gewebe. Die Farbe der Flecken und Wolken

ken ist bey manchen rothbraun, ja bey einigen fast schwarzbraun, aber bey andern licht- und hellbraun, ja wohl hellroth, daher dergleichen Farbe bey den Franzosen feuille morte, oder Drap orangé pflegt genannt zu werden. An den innern glatten Wänden schimmert bey vielen eine gelbliche Farbenmischung hervor. Es wohnen diese Netzhörner in den ostindischen Gewässern, vorzüglich in den chinesischen Meeren, wie auch bey der Insel St. Maurice."

Diejenige, die Chemnitz hat abbilden lassen, zeichnet sich unter ihren Mitgeschwistern durch ihre ansehnliche Grösse (sie ist beynahe 5 Zoll lang) und durch die Menge ihrer grossen weissen Flecken und Felder aufs vortheilhafteste heraus. Sie wird nur von wenig braunrothen, netzartig mit einander verbundenen Flecken bezeichnet. Die weisse Grundfarbe behält bey ihr die Oberhand, und es giebt vornehmlich nah bey der Mündung grosse weisse Felder, darauf keine Spur eines braunen Fleckens gefunden wird. Sie kommt von der Insel Maurice. Daß diese grosse Waltzen nur Varietäten von Cono aulico Linnaei, der bekannten Brünette seyn sollen, will Herrn Chemnitz nicht einleuchten, ob es gleich andere nicht blos zu muthmaßen, sondern zu glauben scheinen. Da ich mich aus Mangel eines Originals in diesen Zwist nicht mischen kann, so merke ich nur an, daß Herrn Chemnitz Beschreibung sehr gut auf das vorher beschriebene gelbe Netzhorn paßt, wenn wir die Farbe, die doch wohl zufällig seyn möchte, wegnehmen.

Wollen

Wollen wir die nun beschriebenen Brünetten alphabetisch übersehen, so sind es folgende;

1) Die bandirte Brünette, unter den Abänderungen der Brünette. Num. 4.

2) Die Bastart-Herztute, unter dem gelben Netzhorn. Num. 2.

3) Die eigentliche Brünette, ist der Conus aulicus Linn. gleich zu Anfange beschrieben.

4) Das große Netzhorn, unter den Abänderungen der Brünette, Num. 2.

5) Die Gloria Maris unter den Brünetten, unter den Abänderungen Num. 1.

6) Die große Brünette; ist die zuletzt beschriebene.

7) Das türkische Lager, unter den Abänderungen der Brünette Num. 3.

8) Die wahre Brünette, ist das gelbe Netzhorn unter den Abänderungen Num. 2. (S.)

Brüllaffe, S. Affen, Meerkatzen.

Brütende Henne. (Conchyl.) Siehe unter Besansseegel, das aufgeblasene.

Brütendes Täubchen. (Conchyl.) Voluta mercatoria Linn. u) Müller sagt, daß man diese Volute Säckchen.

u) Lister Hist. Conchyl. tab. 824. fig. 43. Buccinum dentatum parvum, rictu compresso, siue angusto, variegatum,

chenweise] zu Grottenwerken und Mignatur kaufe, und daß eben daher der holländische Name Koopwaar entstanden

---

gatum, striis valde exasperatum. Bonanni Recreat. Class. III. fig. 36. p. 118. Bonanni Mus. Kircher. Cl. III. fig. 36. p. 452. in beyden Werken stark vergrößert. Gualtieri Ind. Testar. tab. 43. fig. I. L. Buccinum parvum, pruniforme, canaliculatum, striatum, striis transversis cancellatis, subalbidum. it. Buccinum parvum, pruniforme, canaliculatum, rictu compresso, striis exasperatum, candidum ex fusco maculatum, labio externo dentato Klein Method. p. 83 § 224. Oliva variegata. *Mus Gottwaldt* tab. 16. fig 120. b. d. e. S. 28. das brütende Täubchen Voluta mercatoria. Linn. Adanson Hist. du Seneg. tab. 9. fig. 29. Le Staron. Knorr Vergn. Th IV tab 12 fig. 5. erster Text S. 22. eine Sturmhaube Zweyter Text S. 401. Voluta mercatoria. das brütende Täubchen, Die gemeine amerikanische Olive Holländ Text S. 12 gebandeerde Kasketje. it. Th. VI. tab 18. fig. 3. erster Text S. 34. pomeranzenfarbige Walzenschnecke. Oranjekleurige Volutje. Volute jaune. Holländ Text Oranjekleurige Voluutje. Martini Conchyl. Th II. S 130. tab. 44. fig. 452. bis 458 brütende Täubchen. Cochlides volutatae parvae, rictu angusto denticulato, variis coloribus pictae, transversim striatae Columbulae incubitantes (Martini führet noch folgende Schriftsteller an: Sloane Nat. Hist of Jam. Vol. II. p. 244. 245. n. 2 Petiver Gazoph. tab 9 fig. 4. Cat. 578. Common american Olive.) von Born Ind. Mus. Caes. Vind. P. I. p. 209. das brütende Täubchen Voluta mercatoria von Born Mus Caes. Vind. Test. p. 222. Gronov Zooph. p. 298. n. 1320.

Linné Syst. Nat. ed. X. p. 730. Sp. 357. *Voluta mercatoria*, testa ovata striata scabriuscula, spira obtusata, columella retusa labroque introrsum gibbo denticulato. ed. XII. p. 1190. Sp. 409. *Voluta mercatoria*, testa emarginata ovata striata, spira obtusata, columella retusa dentata, labro gibbo denticulato. Simillima insequenti (Volutae nempe rusticae) a qua differt,

standen sey. Auf diesen Umstand sahe wahrscheinlich auch Linné bey seiner Benennung. Dem seel. Martini gab zur Benennung des brütenden Täubchen der Bau der Schale Gelegenheit, wenn sie auf ihrer Mundöfnung liegt. Linné sagte in der Anmerkung Voluta mercatoria und rustica wären sich überaus ähnlich, die erstere aber unterscheide sich von der zweyten dadurch, daß sie eine stärkere Schale, einen kürzern Bau, und eine feinere weiß und braun gewölkte Farbe, öfters auch ein braunes unterbrochenes Band habe; vorzüglich aber durch die Queerstreifen, welche erhaben und gewissermaßen knotig wären. Das gab Herrn Kämmerer Gelegenheit, aus beyden genannten Voluten eine Art zu machen, der er den Namen der gestreiften walzenartigen Schnecke gab.

a) Mit starken Queerstreifen; die äußere Lippe oben etwas abgebogen. Das brütende Täubchen, Voluta mercatoria.



fert, quod crassior, brevior, nitidius colorata albo luteoque, saepe etiam cingulo ferrugineo articulato notata, sed imprimis, quod transversim striata, striis elevatis subtuberculatis. Müller Linnäisch Naturs. Th. VI. S. 424. das brüthende Täubchen Linné Naturs. des Thierr. Th II. S. 522. Meine Einl. Th. I. S. 215. Meine Abhandl über den innern Bau der Conchyl. S. 13. Deutsche Encykl. Th. IV. S 486.

*Mus. Gronov.* p. 111. n. 1104. f. *Koopwaar.* Kämmerer Conchyl. in Rudolst S 55. n. 1. a. Verzeichn. der Reuß Plauisch Naturalienf. S. 68 n. 365. das dunkelgefleckte brütende Täubchen Die Conchylien des Fürst Bisch. in Constanz. S. 62. 63.

Deutsch: Das brütende Täubchen Die gemeine amerikanische Olive. Lat. *Voluta mercatoria.* Franz. *Pigeonneaux couvaus.* Holländ. *Broedende Duifjes. Koopwaar.*

b) Mit leichten Queerstreifen. Der Olivenkern, Voluta rustica.

Der Herr Prof. Batsch hingegen hat in dem Verzeichniß der Gräflich Reuß Plauischen Naturaliensammlung zu Köstritz, aus den brütenden Täubchen ein eignes Geschlecht gemacht, und darunter Volutam mendicariam, mercatoriam und rusticam als Arten gesetzt.

Das brütende Täubchen, von dem wir hier reden, oder die Voluta mercatoria des Linné, gehört zwar unter die kleinsten und gemeinsten Schnecken; allein ihre Schönheiten der Farbe und Abwechselung sind entschieden. Ihr Bau nahet sich sehr dem Bau einer Flügelschnecke, denn wenn sie auf dem Bauche liegt, so bildet ihre Lippe einen etwas hervorragenden Flügel. Diese Schnecken haben eine gedrungene bauchige Figur, einen kurzen Zopf, aber 5 oder 6 stark absetzende Windungen und starke Queerstreifen auf der ganzen Oberfläche. Ihr Mund ist enge, auf beyden Seiten gekerbt oder gezahnt, und in der Mitte ein wenig eingedrückt. Einige unter ihnen sind etwas länger gestreckt, als die andern, in der Hauptsache aber kommen sie alle unter sich überein, und unterscheiden sich von dem Olivenkern:

1) Durch die gedrungene bauchigere Figur.

2) Durch die überall stark in die Queere gestreifte Oberfläche.

3) Durch den kürzern Zopf der stark absetzenden Gewinde.

Ihre

Ihre Abänderungen betreffen vorzüglich die Farben. Sie sind entweder einfärbig, oder auf allerley Art gefleckt, gewölkt, geflammt, oder mit Bändern geschmückt. Unter den bunten sind einige auf weißen, zuweilen ins Violette spielendem Grunde, auf den erhabenen Querstreifen mit abgerupften gelben, roth oder schwarzbraunen, auch mit gelb und rothbraunen Strahlen, oder mit rothbraunen Wolken, und hellbraunen Queerbändern geschmückt. Die Grundfarbe von allen diesen ist braun, heller oder dunkler. Die gelben wechseln entweder bloß mit unregelmäßigen weißen Flecken ab, oder sie haben dabey schmale, schwarz oder orangenfarbig und weiß gefleckte Queerbänder. Eine seltenere Abänderung hat auf weißem Grunde olivenfarbige und bräunliche Striche, und nahe am Fuße ein weißes Band. Außerdem besitze ich brütende Täubchen von schneeweißer Farbe, mit schwachgelber sparsamer Zeichnung, und röthliche am Ende der ersten Windung weißgefleckte. Man kann überhaupt die verschiedenen Abwechselungen der Farben kaum zählen. Müller sagt zwar, daß sie nicht viel größer als eine Erbse würden, allein sie erreichen fast die Länge eines Zolls, ob man sie gleich vielfältig kleiner findet. Martini giebt das mittländische und indianische Meer, und die Felsen der Insel Gorea, ingleichen Jamaika zu ihrem Vaterlande an. Ich habe sie häufig aus Guinea erhalten.

**Den innern Bau des brütenden Täubchen** habe ich folgendergestalt befunden. Die Spindel liegt in gerader Linie im Mittelpuncte der Schnecke, sie ist unten etwas übergeschlagen und hohl, und über sie weg läuft eine Leiste, die ihr einen schrägen Bau giebt; oder sie ist im Mittelpuncte höher als oben und unten, und unten tiefer als oben. Diese Leiste ist eigentlich ein

Fortgang des einen Zahns der linken Seite der Mündung, oder der Spindel. Sie hat fünf Windungen, von denen doch die letzte fast ganz unsichtbar ist. Von der zweyten Windung an ist die Schale überaus dünne. Die aufgeschnittenen Windungen bilden ein kurzes oval mit etwas zugespitztem Ende, folglich beynahe die Form eines Herzens. Die erste Windung ist bey den mehresten, so wie alle die folgenden, ganz weiß, bey andern schimmern Bänder oder Flammen hindurch. Der äußere Farbenschmuck macht hier keinen Unterschied. Ein Beyspiel hat auf der Spindel der zweyten Windung gelbe Punkte. Beyspiele, die auf dem Rücken aufgeschnitten sind, stellen die Spindel weit stärker vor, die Leiste ist größer, die Einbeugung sichtbarer. Man siehet auch, sonderlich an größern Beyspielen, zwey Zähne an der linken Seite.

(S.)

**Brummer.** x) Man trift diesen Fisch sowohl in Ost- als Westindien an, denn Nieuhoff sah ihn in Ostindien, und Marcgraf in Brasilien. Seine eigentliche Größe ist nicht zu bestimmen, denn derjenige, wel-

---

x) Cottus gruniens, gula ramentis villosa, corpore nudo. *Linn* Syst. Nat. T I. n. 3. p. 1208. ed Gmel. Mus. Ad Frid. R. T. II. Prodr p. 65. der Brummer. Müll. Linn. N. S. 4 Th. n 3. p. 135. Bloch ausländ. Fische 2 Th. p. 157. Tab. 179. *Gronov* Mus T. I. n. 106. p. 46. *Ejusd.* Zooph. T. I. n. 269. p. 79. *Seb.* mus. T. III. n. 4. p. 80. Tab. 23. f. 4. *Coryst́ion* VIII. *Klein* Miss. IV. n. 8. p. 46. Pieterman *Willughb.* p. 289. Tab. S. 11. f 1. Niqui, Gallus gruniens. Append. p. 3. tab. 4. f. 1. Niqui brasiliensibus. *Marcgr.* bras. p. 78. *Rai* synops. p. 92. n. 7. et p. 150. n. 7. der grunzende Cottusfisch Onomat. h. n. T. III. p. 448. *Knorhaan. Nieuhof.* ind. p. 271. fig. 3.

welchen Herr D. Bloch besitzt, ist nicht grösser als die von ihm mitgetheilte Zeichnung. Aus dem grossen und starken bewaffneten Munde sieht man, daß derselbe zu den fleischfressenden Thieren gehöre; er läßt sich aber leicht mit der Angel, wenn Fleisch oder ein Fisch daran gestochen ist, fangen. Beym Anfassen giebt er einen grunzenden Ton von sich, daher er auch mit dem oben angeführten Namen belegt worden ist. Er hat ein weißes, fettes und wohlschmeckendes Fleisch, jedoch hält man die Leber für so giftig, daß der Genuß derselben den Tod nach sich ziehen soll. Die Deutschen nennen ihn Brummer, die Holländer Pietermann und Knorhan, die Franzosen Grondin, und die Brasilianer Niqui. Man erkennet ihn an den vielen Bartfasern, die an dem Unterkiefer sitzen, und an seinem glatten Körper. In der Kiemenhaut zählt man sechs, in der Brustflosse zwey und zwanzig, in der Bauchflosse vier, in der Afterflosse sechszehn, in der Schwanzflosse eilf, in der ersten Rückenflosse drey, und in der zwoten zwanzig Strahlen. Der Kopf ist groß, breit, von oben nach unten, der Rumpf hingegen von den Seiten zusammengedrückt. Die Mundöffnung ist sehr weit, die Zunge breit, und der Gaumen glatt, von beyden Kinnladen ist die untere die längste, die Lippen sind stark und mit zwo Reihen spitziger auseinander stehender, und nach einwärts gekrümmter Zähne versehen, außer diesen ist auch jede Kinnlade mit einer Reihe dergleichen Zähne bewafnet. Ohnweit der Oberlippe nimmt man zwo röhrenförmige Nasenlöcher, und dicht an den Augen zwo Gehöröffnungen wahr. Die Augen sind klein, haben einen schwarzen Stern in einem rothen Ringe, über demselben sieht man nur drey Fasern. Der Kiemendeckel ist ein einziges Blättchen, auf dem man vier Stacheln siehet. Die Kiemenöffnung ist sehr weit, die Kiemenhaut liegt frey, und wird von sechs Strahlen unterstützt. Der Rücken und Kopf sind braun, die Seiten weiß und braun marmorirt, der Bauch ist kurz, und der After liegt beynahe im Mittelpunkt des Körpers, die Brust- und Bauchflossen sind röthlicht und braun gefleckt, die übrigen grau und mit ähnlichen Flecken versehen. Von den einfachen Strahlen in der Rückenflosse sind die ersten beyden stark und stachlicht, auch die in den Brustflossen sind einfach, die in den übrigen aber vielzweigicht. Bey genauer Untersuchung nimmt man über den Körper ganz feine Punkte wahr, welche ohnstreitig die Oefnungen der Schleimröhren sind, womit der Körper statt der Schuppen bedeckt ist.

Dem Marcgraf haben wir zwar die erste Bekanntmachung dieses Fisches zu verdanken, allein seine Zeichnung ist höchst schlecht, die Nieuhofische, die auch im Willughby befindlich ist, imgleichen die Sebaische ist nicht viel besser.

Beym Willughby kömmt unser Fisch zweymal vor, dieser Schriftsteller hält ihn für eine Art von Petermännchen. Beym Marcgraf findet sich ein Fisch, unter dem Namen Pacamo, beschrieben, welcher eine Abänderung von dem unsrigen zu seyn scheint.

(P.)

**Brummhahn**, Tetrao Tetrix. S. Auerhahn, Th. III. S. 526.

**Brummochs**, Bos grunniens. S. Ochs.

**Brummvogel.** S. Kolibri.

**Brummvogelbaum.** S. Schildkröte.

Brunelchen, Brunelle, Braunelle. S. Bachstelzen, Th. V. S. 17.

Brunelle, Prunella. Eine meist europäische Gattung ausdaurender Kräuter; an ihren Blumen ist die Krone in zwo Lippen getheilt; die drey Staubfäden sind zweygabelicht, und tragen nur an der Spitze einige Staubbeutel; zween sind länger als die zween andere; ihr Griffel ist entzweygespalten; jede Blume hinterläßt vier Samen, welche bloß im Kelche liegen. Man kennt bisher fünf Arten:

— — — gemeine, Brunelle, Prunelle, Braunheil, Gottheil, Prunella vulgaris. Sie wächst in ganz Europa auf Weiden, Wiesen und magern Plätzen wild, und kann leicht aus Wurzeln oder Samen gezogen werden; sie ist vornehmlich an Blättern, Blattdecken und Blumenkelchen mehr oder weniger zotig, und blüht im Brach- und Heumonat. Ihr Stengel liegt an sonnigen Orten auf der Erde, und wird da nicht leicht über einen Zoll hoch, in Wäldern aber, zum Beyspiel, wächst er mehr aufrecht, und zuweilen bis anderthalb Schuhe hoch, und theilt sich in mehrere Aeste; ihre Blätter sitzen auf eigenen Stielen, und sind eyrund länglicht, bald stumpfer, bald spitziger, und am Rande seicht gezahnt: ihre Blumen vereinigen sich in eine Aehre, die kürzer ist, als das Blatt, in dessen Winkel sie stehen, und haben sehr breite, geaderte, und sich in eine steife Spitze verlierende Blattdecken zwischen sich, und gewöhnlich eine aus der blauen in die Purpurfarbe spielende, seltner eine rothe oder weiße, noch seltner eine gelbe Krone; an ihrem Kelche ist die obere Lippe abgestumpft, und hat nur drey kaum merkliche Zähne. Ihr Kraut hat einen bittern, etwas herben und schleimigen Geschmack, wird, so lange es jung ist, in einigen Gegenden als Salat gespeißt, giebt dem Vieh ein angenehmes und gesundes Futter, und ist auch von den ältern Aerzten innerlich und äußerlich als ein gelinde zusammenziehendes Mittel in Wunden und Blutflüssen, auch zur Befestigung der Zähne, und als Gurgelwasser in der Halsbräune gebraucht worden. Aus ihren Blumen sammlen die Bienen vielen Stoff zu Honig. y)

**Brunelle, großblumige,** Prunella grandiflora. Sie kommt der gemeinen nahe, und in Ansehung ihres Wachsthums, Vaterlandes, ihrer Fortpflanzung und Blüthezeit mit ihr überein, und wächst vornemlich in den Rissen der Felsen, aber ihr Stengel theilt sich nicht in Aeste; ihre Blätter haben am Rande keine, oder nur sehr wenige Zähne; ihre Blumen sind gegen einen Zoll lang, und die Aehren, die sie bilden, länger, als das Blatt, in dessen Winkel sie stehen; die obere Lippe ihres Kelches ist in drey Lappen getheilt; ihre Krone ist gewöhnlich schön violblau, zuweilen weiß oder fleischroth. z)

— — — **kleinblumige,** Prunella parviflora. Sie wächst in der Barbarey wild: ihre Blätter sitzen auf eigenen Stielen, und sind eyrund-lanzenförmig, und nur

---

y) Prunella. *Dodon.* pempt. 136. Prunella major, folio non dissecto. C. *Bauh.* πιναξ. p. 260. Prunella bracteis cordatis. *Royen* h. lugdb. 314. Prunella foliis omnibus ovato-oblongis petiolatis. *Linn.* sp. pl. 2. p. 837. n. 1. Prunella foliis omnibus ovato-oblongis serratis petiolatis. *Linn.* syst. veget. ed. 14. p. 547. n. 1.

z) Prunella prima non vulgaris. *Clus.* hist. 2. p. 42. Prunella caerulea, magno flore. C. *Bauh.* πιναξ. S. 261.

nur wenig gezahnt; ihre Blumenähre sitzt fest auf; die Blumen ragen kaum über die Blattdecken hervor. a)

Brunelle, mit Isopblättern, Prunella hyssopifolia. Sie wächst ganz aufrecht, und bey Montpellier wild: ihr Stengel ist zotig, ihre Blätter sind rauh, schmal, und lanzenförmig, und haben einen ganz glatten Rand und keine eigene Stiele; an ihren Blumen ist die Krone viermal größer, als bey der gemeinen, und die Schneide ihrer obern Lippe mit Haaren besetzt. b)

— — — zerschlissene, Prunella laciniata. Sie wächst in ganz Europa, doch seltener, als die gemeine, vornehmlich auf Weiden wild, blüht im Herbstmonat, uud ist zwar an ihrem natürlichen Standorte zotig, wird aber in Gärten glatt, und läßt sich leicht aus Samen und Wurzeln ziehen. Ihr Stengel theilt sich in Aeste; ihre Blätter sitzen auf eigenen Stielen, und sind eyrund länglicht, die vier obersten lanzenförmig, meistens nur diese gezahnt, oder in Queerstücke getheilt, von welchen das äußerste das größte ist; ihre Blumenähre ist lang, und hat zwey Blätter unmittelbar unter sich, die, wie die Blattdecken zwischen den Blumen, gleich breit sind; ihre Blumen sind bald größer, bald kleiner, und haben an der obern Lippe ihres Kelchs kurze Zähne, und zwar gewöhnlich eine gelb-

a) *Poiret* voyage en Barbarie. 2. p. 188.

b) Prunella angustifolia integra hirsutior. *Moris.* hist. pl. univ. 3. p. 364. S. II. t. 5. f. 7. Prunella hyssopifolia. C. *Bauh.* πιναξ S. 261. Prunella foliis lanceolatis integerrimis sessilibus, caule erecto. *Linn.* syst. veg. ed. 14. p. 547. n. 3. Prunella foliis lanceolato-linearibus ciliatis subsessilibus. *Linn.* sp. pl. 2. p. 837. n. 3.

gelblichte, aber zuweilen auch eine weiße, rosenrothe, matt purpurrothe, himmel- oder violetblaue Farbe. c)
(Gm.)

Brunetröslein. S. Adonis.

Brunette. d) Nach der Linnäischen Beschreibung ist der Kopf an dieser Natter glänzend braun, und hinter den Augen mit einen braunen länglichten Fleck gezeichnet; der Scheitel ist flach, die Augen groß, die Zähne unschädlich, der Rumpf ist fast gar nicht kielförmig, und mit in neun Reihen liegenden stumpfen glatten Schuppen bedeckt; der Schwanz ist rund, an der Spitze sehr schmal, und ein Drittel der ganzen Länge lang. Die Hauptfarbe ist aschgrau bräunlicht; die ganze Länge ist drey Schuh. In Hinsicht der äusserlichen Gestalt, hat sie viel ähnliches mit der Ahätülle oder Peitschschlange.

Herr Prof. Weigel beschreibt diese Natter in seinem wichtigen Beytrag zur Bestimmung der Schlangen a. a. O. also:

Oben

c) Prunella altera non vulgaris. *Clus.* hist 2. p. 43. Prunella foliis laciniatis. C. *Bauh* πιναξ S. 261. Prunella foliis ovato-oblongis petiolatis, supremis quatuor lanceolatis dentatis. *Linn.* sp. pl. 2. p. 837. n. 2. syst. veget. ed. 14. p. 547. n. 2.

d) Coluber fuscus, scutis abdominalibus 149, scutellis caudalibus 117. *Linn.* Syst. Nat. p. 1108. ed. *Gmel.* die Brunette. Müll. Linn N. S. 3 Th n. 60. p. 189. Tab VI. fig. 5. Muf. Adolph. Frid. R T. I. p. 32. tab. 17 f 1. Weigel Abhandl. der Hall. N. G. 1 Th. n. 46 p. 33. *Seb.* muf. T. II. tab. 54. f. 2. tab. 71. f. 2. tab. 72. f. 1. tab. 87. f. 1. tab. 91. f. 1.

Oben schwarzblau, unten gelblich weiß, Schilder und Schuppen am Rande schwarz, an jeder Seite längst den Schildern und Schwanzschuppen eine Reihe sehr großer Schuppen, welche rundum schwarz sind, und in der Mitte einen runden weißen Fleck haben; hin und wieder auch die daran liegenden Rückenschuppen in der Mitte blässer: — und äußert sich über sein Exemplar ferner mit folgenden:

Die Zahl paßt, aber nicht die Farbe, indessen paßt keine andere linnäische besser, und auf einigen Stellen ist der schwarzbraune Rücken mit einem bräunlichen Schleim bedeckt; sie hat also durch die Zeit gelitten, und mag bey unversehrtem Ueberzug graubraun ausgesehen haben, wie von Linné im Mus. Ad. Frid. R. sagt, dessen Beschreibung im übrigen paßt.

Nach Herrn Prof. Weigel ist die ganze Länge dieser Natter vier Schuh, als: Kopf $1\frac{1}{2}$ Zoll, Leib 2 Schuh, $7\frac{1}{2}$ Zoll, Schwanz 1 Schuh, 3 Zoll.

Statius Müller theilt folgende Nachrichten von ihr mit, so wie eine Abbildung, die aber nur eine Varietät von dieser Brunette ist, und woraus erhellet, daß diese Natterart verschiedenen Abänderungen unterworfen ist.

Diese Natter ist bräunlich einfärbig, doch mit dem Unterschiede, daß das Braune bey der einen etwas aufs Aschgraue, bey der andern aber aufs Himmelblaue zieht. Sie wird sehr groß, oder vielmehr lang, denn der Gestalt nach kömmt sie mit der Peitschschlange überein. Der Schwanz ist auch ungemein lang, daher man an selbigem hundert und siebenzehn Schuppen, und nur hundert und vierzig Bauchschilde zählet,

let, folglich zusammen zweyhundert und sechs und sechzig. Seba will sie den Aesculapiusschlangen beygezählt wissen, und giebt etliche Verschiedenheiten an. Diejenige, die auch hier abgebildet, ist aus Panama im mittägigen Amerika, und hatte auf dem Rücken eine dunkelblaue Indigofarbe, am Bauche aber war sie blasser. Linné hingegen beschreibt die seinige aschgrau braun. Die Brasilianer nennen diese Schlange wegen ihrer Grösse Boigiacu, und haben eine Art, der sie den Namen Ibiboboca oder Cobra de Corais geben. Selbige ist auf dem Rücken braunroth, und am Bauche weiß. Die Amboinische Brunettnatter ist auf dem Rücken zwar auch braun, aber an den Seiten des Bauches grünlich. Dieselbe wird Sprützschlange genennet, weil sie schießt, wie das Wasser spritzt. Eine andere brasilianische ist olivenfarbig und rauh, dieselbe wird Boiriapo genennet. Diejenige, die in Ceylon unter dem Namen Pimberah bekannt ist, hat eine röthliche Farbe mit braunen Flecken; und in der Sammlung des Herrn Houttuyns befindet sich eine, die oben blau und unten seegrün ist, jedoch eine andere Anzahl von Schilden und Schuppen hat. Es scheinet also, daß die Einfärbigkeit und die viereckichten Schuppen, nebst den großen Augen, das vorzüglichste Merkmal ausmachen.

Sie haben krumme zurückgebogene Zähne, packen gut an, und was sie anfassen, muß auch durch die Kehle; jedoch riechen und spühren sie den Gegenstand zuvörderst wohl aus, und betrachten ihn mit ihren großen Augen genau, ob er ihnen zur Speise tauglich ist und behagt. Gemeiniglich stellen sie den Ratzen, Mäusen und Vögeln nach. Den Menschen thun sie nichts, und sind ganz unschädlich, die Indianer essen selbige, und halten so viel auf sie, als auf eine

eine grosse Delicatesse, indem ihr Fleisch mürber, weisser, schmackhafter, als Hühnerfleisch seyn soll. (P.)

Brunette, die indianische Nauplia, Phalaena Nauplia e) Ein Tagvogel, aus dem Geschlechte der geschmückten Nymphen (Pap. Nymphales phalerati). Die Flügel sind wenig gezähnelt, an beyden Seiten fast gleich braun. Die Vorderflügel haben 4 weisse Flecken, und die hintern eine weisse Binde. Er kommt aus Indien. (Gr.)

Brunette, oder Brunet-Tute. S. Brünette.

Brunie, Brunia, eine Gattung Stauden aus Ethiopien und vom Vorgebirge der guten Hoffnung mit angehäuften Blumen, welche fünf der Spitze der Blumenblättchen einverleibte Staubfäden, und einen Staubweg mit entzwey gespaltener Narbe haben, und einen Samen, der innwendig in zwey Fächer getheilt ist, hinterlassen. Man kennt davon acht Arten.

— — — gefranzte, Brunia ciliata. Ihre Blätter sind rund, scharf zugespitzt, und am Rande mit steifen Haaren besetzt; ihr Fruchtknoten ist im Kelche. f)

— — — gestrahlte, Brunia radiata. Ihr Stengel ist haarig; ihre Blätter gleichbreit, dreyseitig, und sitzen

e) *Linn.* Syst. nat. Tom. I. P. 2. p. 783 n. 197. Müllers Uebersetz. S. 616. n. 197. *Fabricii* Syst. Entom. p. 512. n. 293. *Goetze* Entom. Beitr. III. Th. 1. B. p. 333. n. 197.

f) Brunia foliis ovatis acuminatis ciliatis. *Linn.* sp pl. 1. p. 288. n. 3. syst. veget. ed. 14. p. 240. n. 5.

sitzen ohne bestimmte Ordnung; an ihren Blumen ist der gemeinschaftliche Kelch gestrahlt, und die innersten Blättchen desselbigen gefärbt. g)

**Brunie, klebrichte,** Brunia glutinosa. Sie kommt mit der gestrahlten nahe, selbst auch darinn überein, daß ihr Griffel einfach ist, und ihr Blumenkelch auf dem Fruchtknoten steht; aber ihr Fruchtboden ist grösser und klebricht, und die Blättchen ihres Blumenkelchs alle gefärbt. h)

**— — — knotige,** Brunia nodiflora. Ihre Blätter sind spitzig und dreyseitig, und liegen in vier Reihen, wie Dachziegel, auf einander; ihre Blumenköpfgen sind kugelrund; ihre Blumen haben zween Griffel, und den Fruchtknoten innerhalb des Kelchs; jede hinterläßt eine Frucht, die in zwey Fächer getheilt ist. i)

Bru-

g) Brunia foliis linearibus triquetris, calyce radiante, foliis intimis colorato. *Linn.* syst veget. ed. 14. S. 240. n. 6. Chrysanthemum ericoides coronatum. *Breyn* cent. 165. t. 82. Phylica foliis linearibus triquetris sparsis, caule piloso, bracteis apice glabris coloratisque. *Linn* sp. pl. 1. p 283. n. 3.

h) Brunia colorata. *Berg.* cap. 57. Brunia foliis linearibus triquetris, calyce radiante, foliolis omnibus coloratis. *Linn.* mant. pl. alt. p. 210. syst. veget. ed. 14. p. 240. n. 7.

i) Brunia foliis imbricatis triquetris acutis. *Linn.* mant. pl. alt. p. 343. syst. veget. ed. 14. p. 240. n. 1. Brunia foliis quadrifariam imbricatis. *Linn.* sp. pl. 1 p. 288. n. 1. Cupresso-pinulus capitis b. spei. *Breyn* cent. 22. t. 10. Erica capitata s. nodiflora cupressiformis africana. *Pluckn.* mant. 69. t. 346. f. 4 Scabiosae affinis arbuscula africana ericoides sphaerocephalos. *Raj.* hist. 1444.

Brunie, quirlförmige, Brunia verticillata. Ihre Zweige stehen quirlförmig um den Ast, von welchem sie entspringen; ihre Blätter sind dreyseitig, stumpf und glatt; ihre Blumenköpfgen sind klein und glatt, und sitzen am Gipfel der Zweige. k)

— — — spatelförmige, Brunia Levisanus. Ihr Stengel ist rauh; ihre Blätter wollig, spatelförmig, spitzig und fleischig, und liegen, wie Dachziegel, auf einander; ihre kleine eyrunde Blumenköpfgen stehen an der Spitze der Zweige. Sie scheint eher zur Gattung der Protea zu gehören.

— — — spreuiche, Brunia paleacea. Ihre Blätter sind fest an die Zweige angedrückt, und liegen in fünf Reihen, wie Dachziegel, auf einander; ihre Blumenköpfgen stehen am Gipfel der Zweige in flachen Sträußen, und die spreuartigen Blättchen, womit ihr Fruchtboden besetzt ist, ragen über die Blümchen hervor. l)

— — — stabwurzartige, Brunia abrotanoides. Ihre zahlreiche Blätter stehen von den Zweigen ab, und sind gleichbreit lanzenförmig, dreyseitig und an der Spitze erhärtet; ihre Blumenköpfgen sind kugelrund; die

k) Brunia foliis triquetris obtusis glabris, ramulis verticillatis fastigiatis. capitulis terminalibus glabris. *Linn.* syst. veget. suppl. p. 156. ed. 14. p. 241. n. 8.

l) Brunia foliis quinquefariam imbricatis appressis, corymbo terminali, paleis capitulorum exsertis. *Linn.* mant. pl. alt. p. 559. syst. veget. ed. 14. p. 240. n. 2.

die Blumen haben nur einen an der Spitze ausgeschnittenen Griffel; ihr Fruchtknoten sitzt am Kelche. m)

**Brunie, wollige,** Brunia lanuginosa. Sie kommt der vorhergehenden sehr nahe; ihre Blätter stehen auch von den Zweigen ab, und sind auch an der Spitze erhärtet; aber sie sind schmäler, und ganz gleichbreit. n)
(Gm.)

**Brunitschen.** S. Himbeeren.

**Brunnen,** Fons, Puteus, werden theils Quellen, die selbst aus Bergen oder höhern Stellen hervorbrechen, und eine gewisse Einfassung erhalten, wie der Eger-Selter- und überhaupt die mehresten Gesundbrunnen, Sauerbrunnen u. s. f. genennet; theils und meistens versteht man tiefere, nach Art der Schächte der Bergwerke ausgezimmerte oder ausgemauerte Gruben, deren Zweck ist, auf unterirdische Wasseradern zu treffen, und diese in den Haushaltungen zu nutzen.
Niedrige

m) Brunia foliis creberrimis lanceolatis, floribus conglobatis. *Burmann* afric. 266 t. 100. f 1. Brunia foliis lineari-lanceolatis nitentibus triquetris apice callosis. *Linn.* sp. pl. 1. p. 288 n. 4. syst. veget. ed. 14. p. 240. n. 4. Erica capitata s. nodiflora, foliis rectis, aethiopica. *Pluckn* mant. 69. t. 346. f. 7 Levisanus africanus, ericae folio, capitulo majore. *Raj* dendr. 130. Levisanus capensis, serpylli folio. *Petiv.* gaz. 9. t. 5. f. 7.

n) Brunia foliis linearibus patulis apice callosis. *Linn.* sp. pl. 1. p. 288. n 2. syst. veget. ed. 14. S. 240 n 3. Tamariscus monomotapensis ericae tenuissimo folio, pilulifera, ramulis lanugine aranearum instar implexis. *Pluckn.* alm. 361. t. 318. f. 4.

Niedrige Stellen haben ihre Quellen nicht tief, daher sie von geübten Wassersuchern, öfters durch mehrere Nässe des Rasens, durch stärkeres Bethauen und frischere Farbe des Grases, durch stärkeres Bereifen und durch verschiedene Pflanzen, deren Standplatz quellige Plätze sind, Sisymbrium, Nasturtium Cardamine pratensis, Polygonum Persicaria und andere Anzeigen beym Graben der Brunnen selten verfehlt werden. Auf hohen Stellen ist es mißlicher; man muß so tief graben, daß man unter Sande festen Thon- oder Felsenboden erreicht, damit, wenn man auch nicht eine eigentliche Ader träfe, welches meistens zufällig ist, sich doch das zwischen den Erd- und Steinlagen befindliche Wasser durch den Sand geseigt, im Brunnen als der ihm verschafften tiefsten Stelle sammlen könne. Je mehr also aus einem solchen Brunnen geschöpft wird, je frischer und weniger stehend ist sein Wasser. Das Wasser der Brunnen ist wie das Wasser der Quellen ursprünglich atmosphärisches, welches sich nach der Beschaffenheit der Klüfte und Erden, durch die es geht, mehr oder weniger verändert, und da viele Brunnen ihr Wasser bloß als tiefe Stellen aus lockerer Erde sammlen, und es weder aus Quellen, noch den Scheiden fester Erd- und Steinarten erhalten, so ist überhaupt das Brunnenwasser öfter, als das Wasser der Quellen, schlecht. Brunnen, Flüssen und Seen nahe, erhalten ihr Wasser gewöhnlich aus denselben, und wegen der Seigerung durch die Erdlagen öfters merklich verbessert. In einigen Brunnen felsigen Bodens muß das Wasser durch unterirdische Röhren geleitet werden. Die schlechtesten erhalten ihre Nahrung bloß von dem nächsten atmosphärischen Wasser, das sich durch schwammiges Erdreich nach demselben als den tiefsten Stellen zieht.

Die künstliche Unterscheidung der Brunnen in Schöpf. Zieh- Pumpen oder Springbrunnen gehört nicht hieher. S. a. Born. (Ge.)

**Brunnen, mineralische.** S. Gesundbrunnen und Mineralwässer.

**Brunnenäther.** S. Brunnengeist und Mineralwässer.

**Brunnengeist, Brunnenäther**, nennet man überhaupt das zarte flüchtige Wesen, welches sich in reinen, besonders in vielen Mineralquellen, dem Geschmack und vorzüglich dem Geruch durch eine gleichsam prickelnde Empfindung merklich macht. Der Brunnengeist ist immer luftartig, und besteht oft in bloßer reichlicher Schwängerung des Wassers mit reiner Luft; bald gleicht die Luft verschiedenen andern Gasarten, die man nach neuern Erfindungen Priestleys und anderer, mittelst bequemer Apparate, mit Anwendung des Quecksilbers, von den Wässern scheiden, und nach Art und Menge mit ziemlicher Genauigkeit bestimmen kann, welches bey den Analysen der Wässer voriger Chemisten nicht statt hatte. Man findet den Brunnengeist als reine feste Luft oder Luftsäure, flüchtige Vitriolsäure, flüchtig alkalisch, als Schwefelluft u. s. f. S. Mineralwässer und Luftarten. (Ge.)

**Brunnensalz**, wird theils das aus Kochsalzquellen gesottene Kochsalz zur Unterscheidung vom Meer- und Steinsalz, theils das Bitter- oder Purgirsalz 2c. der Mineralwässer, besonders der Sauerquellen genennet. S. Kochsalz, Bittersalz, Glaubersalz. (Ge.)

Brun-

Brunnensalzerde. S. Bittersalzerde.

Brunnenwasser, Aqua Putealis Wall. Carth. et al. Wenn man beym Graben der Brunnen auf wahre unterirdische Wasseradern trifft, (s. Brunnen); so ist ihr Wasser wahres Quellwasser, welches über den Brunnengrund hinfließt, und kann so verschieden seyn, als es Quellwässer unter sich sind. Wenn aber Brunnen keine Quellen haben, sondern nur Wasser als die tiefsten Stellen aus der Erde und ihren Schichten sammlen, oder aus Flüssen oder Seen erhalten, so kann es so verschieden seyn, als Erdwässer überhaupt. Sie werden bey trockner Witterung und Frost sparsamer, bey nasser reichlicher Wasser geben, und dieses Tagewasser wird sich nach dem Boden und den Umständen verändern. Recht oft ist daher Brunnenwasser von schwimmenden Erdtheilchen trübe von auflöslichen gelblich, von Kalkerde hart, von Salzen etwas brak, oder übelschmeckend — und durch alles dieses auf die Gesundheit der Menschen und Thiere, und im häuslichen Gebrauch von verschiedener Wirkung. Außer dem Auge, dem Geruch und Geschmack entdecken die Theekessel durch den Kesselstein und dessen langsamere oder geschwindere Vermehrung die Mängel von groben Einmischungen und Auflösungen; zu einer augenblicklichen Prüfung aber dient in Wasser aufgelösetes Weinsteinsalz, von welchem etliche Tropfen ein Weinglas mit schlechtem Brunnenwasser trüben. Noch weit schneller und stärker erfolgt diese Trübung von etlichen Tropfen in destillirtem Wasser aufgelöseten Bleyzuckers. Beyde zeigen indessen nur fremdartige Dinge nach ihrer Menge, nicht nach ihrer Beschaffenheit an, welches wahre chemische Prüfungen erfordert, Diese sollten an jedem Orte durch

Kunstverständige veranstaltet werden, theils damit man sich erforderndenFalles um bessere Wässer bewürde, oder doch, wo dieses nicht statt hätte, unter den vorhandenen die weniger schlechtern wählen, und zur Verbesserung aller, ihren Fehlern angemessene Maßregeln nehmen könne.

Die leichtesten und wirksamsten Verbesserungsmittel schlechter Brunnenwasser sind: die Reinlichkeit der Brunnen, die mögliche Verhinderung schlechter Zuflüsse, das fleißige Schöpfen aus Brunnen, damit stets neues zufließe, bey trüben das Abstehen in Bassins ꝛc. damit sie sich klären, bey groberdigten, oder gleichsam schleimigen, an welchen man vegetabilische oder thierische Unreinigkeiten, von Fröschen, Gewürm u. d. gl. fürchtet, das Aufkochen des zum Genuß bestimmten; das Seigen des Wassers durch reinen Sand. Das Destilliren ist zu mühsam und kostbar, und das Niederschlagen der fremden Dinge mit Fällmitteln zu künstlich, als daß es im Großen angewendet werden könnte. S. a. Wasser.

(Ge.)

**Brunnus-Schwärmer aus Surinam**, Sphinx Brunnus. *) Ein Abendvogel und unächter Schwärmer (Sphinx adscita), mit eckigen Flügeln, völlig rothbraun. (Gr.)

**Brunsfelsie**, Brunsfelsia. Eine Gattung Gewächse aus dem mittägigen Theile von Amerika und den nahe dabey

---

*) *Cramer* Pap. Exot. XIII. p. 81. t. 147. fig. C. *Goeze* Entom. Beitr. III. Th. 2. B. p. 241. n. 144.

daben liegenden Inseln; ihre Blumen haben an ihrer Krone eine sehr lange Röhre, an ihrem Kelche fünf Staubfäden, von welchen zween länger, als die zween andern, und der fünfte ohne Staubbeutel ist; sie lassen eine Beere zurück, die innwendig nicht in Fächer getheilt ist, aber einen sehr grossen Fruchtboden, und viele Samen hat; man kennt zwo Arten.

Brunsfelsie, amerikanische, Trompetenblume, Brunsfelsia americana. Sie wächst acht bis zehen Schuhe hoch, und hat einen holzigen Stamm, und viele Nebenäste, die mit einer rauhen Rinde bekleidet sind; ihre Blätter sind oval, doch daben scharf zugespitzt, und sitzen auf ziemlich langen Stielen; ihre Blumen sitzen zu dren bis vier an der Spitze der Zweige, und haben eine weiße Krone mit aufrechter Röhre und ungetheilter Rinde; ihre Staubbeutel ragen darüber hervor; ihre Beeren sind safrangelb, saftig und rund. Man kann sie aus abgeschnittenen Zweigen und aus Samen ziehen; diesen säet man mit Anfang des Frühlings in Töpfe, die mit leichter Erde angefüllt, in ein Mistbett von Gerberloh gegraben, und so oft, als es nöthig ist, begossen werden; sind die Pflanzen aufgegangen, so setzt man sie jede in einen besondern kleinen Topf, der mit leichter Erde angefüllt, auch in ein Mistbett gegraben, und bis die Pflanzen Wurzel geschlagen haben, mäßig begossen und im Schatten erhalten wird; dann aber bekommen sie alle Tage Wasser und frene Luft, und werden, wenn sie groß zu werden anfangen, in das Lohglashaus gesetzt, wo sie im Sommer viele frene Luft, und im Winter Wärme haben müssen; die abgeschnittenen Zweige, die aber noch nicht getrieben haben müssen, steckt man im Frühlinge in Töpfe, die mit leichter Erde angefüllt

 sind,

sind, gräbt diese in ein Lohbett, giebt ihnen, bis sie Wurzeln haben, Wasser und Schatten, und behandelt sie nachher, wie andere zärtliche ausländische Gewächse. o)

**Brunsfelsie, krause,** Brunsfelsia undulata, Ihre Blätter sind lanzenförmig eyrund, und laufen nach beyden Enden schmäler zu; sie sitzen auf sehr kurzen Stielen; ihre Krone hat eine krumme Röhre, und einen wellenförmig gekrümmten Saum. p)

(Gm.)

**Brunstzeit der Conchylien.** (Conchyl.) Von der Begattung der Conchylien habe ich im 6ten Bande dieses Naturlexikons S. 572 - 576 das nöthigste gesagt, so viel nemlich darüber, als über eine der dunkelsten Materien, gesagt werden kann. Die Brunstzeit geht der Begattung voraus, wüsten wir also die Zeit der Begattung bey den sämmtlichen Conchylien, sie mögen nun auf der Erde, oder in den süßen Wassern, oder in der See wohnen, so wüsten wir auch ihre Brunstzeit wenigstens wahrscheinlich. Aber in der Zoomorphose der Conchylien sind wir noch gar nicht weit gerückt, am wenigsten wissen wir von den See-Conchylien. Es wohnt doch in den entferntern Weltgegenden, nahe am, oder wenigstens nicht weit vom See-

o) Brunsfelsia *Linn.* sp. pl. 1. p. 276. n. 1. syst. nat. ed. 14. p. 231. n. 1. Brunsfelsia flore albo, fructu croceo molli. *Plum.* gen 12. ic. 65. Brunsfelsia foliis ellipticis acuminatis, petiolis longioribus, corollae tubo erecto, limbo integro, *Swerts* nov. pl. gen. et sp. p. 90.

p) *Swerts* nov. pl. gen. et sp. p. 90.

Seestrande mancher wackrer Naturforscher, und doch erfahren wir so wenig über die Zeugung und Fortpflanzung der Seeconchylien, gleichsam als wenn diese Beschäftigung des Mannes nicht eben so würdig wäre als das Aufsuchen der Kräuter! — Was Leßer q) über diesen Gegenstand, doch nur in Rücksicht auf einige Schnecken sagt, bestehet in folgenden: „Gleichwie andre Thiere sich nicht eher zusammenhalten, bis die Zeit ihrer Mannbarkeit kommt, also findet man dieses auch bey den Schnecken, sintemal man nur an den Alten r) gewahr wird, daß sie mit andern des Beyschlafs pflegen. Und wie andre Thiere eine gewisse Zeit ihrer Brunst haben, da sie nach ihrer fleischlichen Zusammenfügung eine große Begierde blicken lassen, so findet man auch dieses bey den Schnecken. Die Erdschnecken halten sich zu gewissen Zeiten

 bey

q) Testaceotheol. §. 35. erste Ausg. S. 92. zweyte Ausg. S. 121. f.

r) Wir haben noch keine sichern Kennzeichen, die Jahre der Conchylien zu berechnen, oder ihr eigentliches Alter festzusetzen. Wir wissen daher zwar in vielen Fällen zu bestimmen, ob eine Conchylie ausgewachsen habe, oder nicht? aber wir können weder in dem einen, noch in dem andern Falle, bestimmt sagen, wie alt diese oder jene Conchylie sey? Eben so können wir die Jahre nicht angeben, die eine Schnecke oder Muschel gelebt haben muß, ehe sie zur Begattung geschickt ist. Leßers Ausdruck also, daß nur die Alten zur Zeugung geschickt sind, ist auf einer Seite zweydeutig, auf der andern gewiß falsch. Bestimmter hätte er so gesagt werden sollen: es gehört eine gewisse Anzahl Jahre dazu, ehe eine Schnecke zur Begattung und Zeugung geschickt wird, und das kann nun gleichwohl bey einigen früher, bey andern später geschehen.

bey einander auf, und es ist der Wahrheit sehr ähnlich, daß die Männchen zu den Weibchen durch den Geruch gezogen werden, wie etwa die Hirsche zur Brunstzeit, durch die sogenannte Witterung. Diese Zeit des Begattens ist nicht bey allen einerley. Die Rinkhörner thun solches am Ende des Winters, und die Purpurschnecken im Frühlinge. Die gelben Erdschnecken halten sich im May zusammen, und zwar an solchen Tagen, die da warm sind, und mehrentheils des Vormittags um 9 Uhr. Fällt aber die Wärme später, so pflegen sie auch wohl erst im Junio sich zu begatten, sonderlich an solchen Tagen, wenn es regnet. Diese Beywohnung geschieht in 6 Wochen 3 mal, von 15 Tagen zu 15 Tagen. Sie hangen, wie die Hunde, so fest an einander, daß, wenn man eine aufhebt, die andre fest an derselben bekleben bleibt, und sich mit fortziehen läßt.

(S.)

*Brunsvigia.* S. Amaryllis, morgenländische.

*Brusothaes*, ist bey Dalechamp, Pigafetta, und Scaliger ein Baum aus Sina, welcher Früchte, so groß als Wassermelonen, trägt.

*Bruscus.* S. Mausdorn. (Gm.)

**Brust.** (Conchyl.) Die Aehnlichkeit mancher Schnecken aus dem Geschlechte der Neriten, mit einer Brust, hat den Schriftstellern Gelegenheit gegeben, einigen derselben die gesagte Benennung zu geben. Linné hat schon den Namen Nerita mammilla, es ist aber unmöglich, alle der Aehnlichkeit der Bildung nach hieher gehörige Neriten, gesetzt auch, daß es nur Abänderunderungen einer Hauptart wären, unter einen Namen zu vereinigen. Die Schriftsteller haben sie daher durch Namen getrennt, die nach alphabetischer Ordnung folgende sind: 1) die Affenbrust. 2) Die Brust der Indianerin. 3) Die Brust der Mohrin, oder der Negerin. 4) Die Katzenbrust. 5) Die Mutterbrust, wohin auch der Elephantenfuß gehöret. 6) Die braune Venusbrust. 7) Die citrongelbe Venusbrust. 8) Die Wolfsbrust. In dieser Ordnung wollen wir sie beschreiben.

Die Affenbrust. s) Alle die Neriten, die ich hier unter einen gemeinschaftlichen Namen beschreibe, haben das Gemeinschaftliche unter sich, daß sie einen verlängerten, mehrentheils einen langen schmalen Bau, eine weite ausgebreitete Mundöfnung, einen hervorragenden, aber kurzen Wirbel, und eine blendendweiße Grundfarbe haben. Besonders ist die gegenwärtige Affenbrust der gleichfolgenden Brust der Indianerin sehr nahe verwandt Sie hat einen länglich ovalen Bau, und eine dünne Schale, auf grau weißen Grunde siehet man gewässerte oder geäderte, mit braunen Zickzaglinien bezeichnete Bänder. Die mit Auswüchsen versehene Spindellefze hat eine braune Farbe, und legt sich so weit über den Nabel hin, daß sie denselben fast ganz überdeckt. Da die Schale dieser Nerite dünne und durchsichtig ist, so schimmern die braunen

---

s) Chemnitz Conchyl. Th V. S. 285. tab. 189. fig. 1938. die Zitze der Affenbrust. Ruma Simiae. *Gall.* Le Teton de Singe. Favanne de Montcervelle ed. 3. Darg. Tom. 2. p. 291. Le Teton de Singe. Meine Einleit. Th. II. S. 313. Num. 24. Nom. Chem. Die Conchyl. des Fürst. Bisch. zu Const. S. 203. n. 37. Nom. Chemn.

nen Adern der Oberfläche deutlich hindurch. Sie gehöret unter die seltenen Neriten dieser Art, und wird an den Stranden der Nicobarischen Eylande, und wenn die Herausgeber der neuesten Ausgabe des D'Argenville recht haben, auch in Neuseeland gefunden, welches letzte auch der Herr Sekretair Abel in dem Verzeichnisse der Conchylien des Fürsten Bischoffs zu Constanz, in dessen Sammlung ein Beyspiel aus Neuseeland liegt, bestätiget.

Die Brust der Indianerin r) hat den gestreckten Bau, die weite ausgebreitete Mundöfnung, und den kurz hervorragenden stumpfen Wirbel mit der vorhergehenden und nachfolgenden gemein. Ihre Spindellefze ist ein wenig umgeschlagen und braun, sie überdeckt aber den Nabel nicht; dieser Nabel ist zwar nicht groß und breit, aber tief. Innwendig ist diese Nerite bräunlich, von Außen aber siehet man gemeiniglich zwey breite braune, und zwey weiße Bänder, von denen das obere am Wirbel schmal ist. Bey einer Abänderung in dem Kabinet des Fürst Bischoffs zu Constanz ist die Farbe mehr bräunlich, und das weiße Band mehr hellweiß, und bey einer andern Abänderung

r) Chemnitz l. c. S. 284. tab. 189. fig. 1936. 1937. die Brust der Indianerin Mamma mulieris Indicae. Gall. Le Teton d'Indienne. Favanne de Montcervelle l. c. Tom. II p. 191. Le Teton d'Indienne. Meine Einleit. Th. II. S. 312. n. 23. Nom. Chemniz. Die Conchylien in dem Kab. des Fürsten Bisch. zu Constanz. l. c. die Brust der Indianerin. Nerita glaucina, was sie nicht seyn kann, weil Nerita glaucina einen runden Bau, einen durch eine Schwüle halb verdeckten Nabel haben muß, der von dem Nabel der Brust der Indianerin gar sehr verschieden ist.

rung wird das breite weiße Band mit bräunlichen Strichen unterbrochen. Der Wirbel ist gemeiniglich bräunlich, und wenn die Nerite ausbleicht, so verschwindet die braune Farbe dergestalt, daß es scheint, als wenn die Conchylie drey oder auch wohl vier bräunliche Bänder habe, welches ich darum anmerke, damit man aus dergleichen Beyspielen keine eigenen Abänderungen mache. Die äußere Lippe ist sehr scharf, und an einem auf dem Rücken aufgeschnittenen Beyspiele habe ich auf der Spindel der ersten Windung ein breites braunes Band gesehen, das aber nicht auf die zweyte Windung übergeht. Man findet diese Schwimmschnecke an den Ufern der nicobarischen Eylande, oder denen jetzt sogenannten Friedrichs Inseln, und sie ist besonders in ihrem frischen Zustande sehr selten.

**Die Brust der Mohrin, oder**

**Die Brust der Negerin, die angebrannte Nerite, das Schwarzmündchen.** u) Die Namen der

u) Lister Hist. Conchyl. tab. 142. fig. 36. Nerites fasciatus. (unter den Flußschnecken.) it. tab. 566. fig. 15. Cochlea tenuis et pellucida, lineis aliquot latis depicta, ipsa aure et umbiculo nigricante. Gualtieri Ind. Test. tab. 67. fig. D. Cochlea marina umbilicata, oblonga, veluti ex una tantum spira conflata, laevis, lactea et pellucida. (die schwarze Spindelseite, die doch die Abbildung sehr gut ausdrückt, hat der in seinen Beschreibungen sonst so genaue Gualtieri hier übersehen.) Klein Method. p. 22. §. 59. Spec. VIII. n. 3. Mamma maculata tenuis et pellucida. Seba Thesaur. Tom. III. tab. 41. fig. 20. 21? Valvata Albula. Limaçon en Croissant.

der angebrannten Nerite, oder des Schwarzmündchens würden für diese Schwimmschnecke sehr gut gewählet seyn, wenn sie nur nicht auf die beyden vorhergehenden Abänderungen paßte; unterdessen sind auch alle drey unter sich so nahe verwandt, daß sie fast nichts

---

Croissant. von Born Ind Mus. Caes Vind P. I. p. 391. Helix Mammillaris Der Warzenschnirkel von Born Mus. Caes. Vind. Testac. p. 380 tab. 15 fig. 13. 14. Chemnitz fortges. Conchylienk. Th V. S. 278. tab. 189 fig. 1926 1927. die Brust der Negerin, oder die angebrannte Nerite Mamma Aethiopissae, s. Nerita adusta, labio interiori ex fusco nigrescente. (Chemnitz führet noch folgende Schriftsteller an: Davila Catal. Tom I. p 118. n. 124. Mammelon blanc nué de couleur de chair. Favart d'Herbigny Dict. Vol. II. p. 304. Mammelon à columelle noire. Favanne de Montcervelle Edit. 3. Darg. tab. 11. fig H. 3 Tom. 2. pag. 290. Le Téton de Negresse, ou brulé.) Meine Einleit Th II. S 311. n. 21. die Brust der Negerin, oder die angebrannte Nerite. Das Schwarzmündchen. Meine Abhandl. über den innern Bau tab 5. fig. 3. S 67. n 9 die weiße Eyerschale mit schwarzer Mündung. Der Weißling mit schwarzen Munde Das Schwarzmündchen. Gronov Zooph. p. 338. n. 1580. Nerita testa umbilicata oblonga glabra; umbilico subobtecto gibbo compresso fusco. Statura eadem cum antecedente (*Nerita mammilla*). Gibbus umbilicum ferme occludens, ad columellam appressus fuscus. Caeterum testa alba obsolete rufescente bifasciata. *Mus. Gronov.* p. 130. n. 1386. Zwart genavelde witte Eyerschaal. *Mus. Gevers* p. 274. n. 327. Nerita Putamen. Neritoides Coque d'Oeuf ou Mammelon Martini Verzeichn. 1773. p 126. n. 296. der Weißling mit schwarzbraun eingefaßten Nabel Verzeichn. der Gräfl. Reuß-Plauischen Naturaliens. S. 184 n. 1045. die Brust der Negerin. Die Conchylien des Fürsten Bisch. zu Constanz. S. 202. n. 30. id. nom.

nichts als die Farbenzeichnung unterscheidet. Ihre Schale ist länglich, stark geschoben, und ziemlich flach, doch einmal mehr gewölbt, als ein andermal, und läuft spitzig zu, obgleich der Wirbel an und für sich selbst sehr kurz ist. Die erste Windung macht beynahe die ganze Schnecke aus, und die Mundöfnung ist sehr weit und ausgeschweift, daß man dem Gualtieri Beyfall geben muß, wenn er sagt, die ganze Schnecke scheine gleichsam nur aus einer einzigen Windung zu bestehen. Die Spindellefze ist schwarz, wie angebrannt, und bedeckt den Nabel zuweilen fast völlig, zuweilen nur zum Theil, zuweilen läßt sie ihn aber auch offen, und da ist er zwar nicht groß und weit, aber gleichwohl tief. Die Schale ist dünne, zuweilen stärker, nie stark, und hat mehrentheils eine weißliche, etwas ins Fleischfarbige schielende, zuweilen eine ganz weiße glänzende Schale, über welche zwey, auch drey dünne bräunliche, oft unterbrochene, oft auch wohl verloschene Bänder laufen, die andern Beyspielen gänzlich zu fehlen scheinen. Diese Schwimmschnecke kann über zwey Zoll lang werden, und ist nicht so selten, als die vorhergehende.

Bey aller Aehnlichkeit, die diese Nerite mit Nerita mammilla des Linné (siehe hernach, die Mutterbrust) hat, glaube ich gleichwohl, daß Gronow, Chemnitz und andre, beyde mit Recht trennen. Denn 1) erscheint das Schwarzmündchen mehrmalen mit halb verdeckten, als mit ganz verschlossenem Nabel, da der Nabel von Nerita mammilla mit einer starken Schwüle überdeckt ist. 2) Ist die Schale derselben viel dünner und allemal halb durchsichtig, da jener Schale stark und undurchsichtig ist. 3) Sind diese dünnern Schalen viel mehr zugespitzt, als jene.

4) Ist

4) Ist an diesen dünnern Schalen die Spindellefze und der Nabel allemal schwarz gefärbt, da sie an jener stärkern Schale allemal weiß sind. 5) Fehlen der Mutterbrust die Bänder gänzlich. 6) Redet sogar auch der innere Bau für diese Meinung. Zwar ist die Lage der Spindel bey beyden Schnecken einerley, der zweyte Fortschritt derselben in der zweyten Windung ist außerordentlich dünne, doch ist die Spindel überhaupt betrachtet, kaum halb so stark, als bey der Mutterbrust. Die Spindel des Schwarzmündchens ist völlig rund und glatt. Damit ich aber alle Windungen geöfnet sehen möchte, habe ich die Hälfte der Spindel mit wegschleifen müssen. Ich sehe nun, daß sie nicht hohl ist, und daß die schwarzbraune Farbe der innern Lefze, zwar die ganze Spindel durchdringt, aber nicht bis an die zweyte Windung reicht; wenigstens wird die Farbe nahe an der zweyten Windung so schwach, daß man sie kaum unterscheiden kann. Innwendig ist die Farbe indessen nicht so dicht, und nicht so dunkel, als von außen. Ein Beyspiel habe ich auf dem Rücken aufgeschnitten, und dieses bestätiget alles, was ich gesagt habe, und lehret noch, daß die Spindel in allen Windungen eine schräge Lage hat, die in den ersten Windungen einen wahren Wirbel bilden würde, wenn die Spindel einerley Stärke hätte, oder wenigstens verhältnißmäßig abnähme. Wenn dieses Schwarzmündchen von außen Bänder hat, so schimmern diese innwendig stärker oder schwächer durch.

Noch eine Anmerkung aus Chemnitz. „Der Herr Hofrath von Born behauptet, das Schwarzmündchen sey Helix. mammillaris Linnaei. Alsdann aber müßte sie nur drey Windungen und aperturam apici

apici adnatam haben, beydes in die Länge und Queere geriefelt und gestreift seyn, und der Dargenvillischen Figur unter den Flußschnecken gleichen (nach der alten Edit. des Darg. tab. 31. lin. 3. no. 7 nach der neuern tab. 27. lin. 3. no. 7.) darauf sich Linné berufet und beziehet. Diese aber, von der wir hier reden, und die Herr von Born kenntbar genug loc. supra cit. abbilden lassen, hat nicht bloß drey, sondern fünf Windungen. Es fehlet ihr apertura apici adnata. Sie ist spiegelglatt, und ermangelt aller Queer- und senkrechten Streifen. Wie könnte es nun Helix mammillaris Linnaei seyn, da die Kennzeichen derselben bey ihr gar nicht anzutreffen sind? Die Behauptung, daß sie in den afrikanischen Flüssen wohne, gilt wohl von dem Helix mammillaris Linnaei, fällt aber bey dieser gänzlich hinweg. Denn dies ist gar keine Fluß- sondern eine Meerschnecke, welche in den ostindischen Gewässern, und vornehmlich bey den tranquebarischen Ufern wohnet.

Die Katzenbrust x) hat ebenfalls den länglichen ovalen geschobenen Bau, den wir an den vorhergehenden erblickten; aber sie hat auch Eigenheiten, die man

x) Chemnitz fortges. Conchylienk. l. c. tab. 189 fig 1939. p. 285. die Zitze der Katzenbrust. Papilla seu Ruma Felis. *Gall.* Le Teton de Chat. Favanne de Montcervelle Ed. 3. Darg tom. 2. p. 292. Le Teton de Chat. Meine Einleit. Th. II. S. 313. n. 25. nom Chemn. Verz. der Reuß-Plauischen Naturalienf. S. 185 n. 1046. nom. Chemn. Die Conchyl. des Fürsten Bischofs zu Constanz. S. 203. n. 38. die Zitze der Katzenbrust. Ruma felis.

man an den vorhergehenden vergeblich sucht. Ihre obern Windungen, deren überhaupt nur drey sind, bilden einen etwas stumpfern Zopf, als an der vorhergehenden, da das Endknöpfchen in die vorletzte Windung eingedrückt ist, und dieser Wirbel ist durch eine ziemlich tiefe, obgleich enge Linie von der ersten Windung getrennet. Mehr will noch der Umstand sagen, daß diese Nerite kreuzweis gestreift ist. Denn es werden stärkere Queerstreifen von feinern, aber schräg laufenden Streifen durchkreuzt. Die Spindellefze legt sich zwar an den Nabel an, aber sie bedeckt ihn nicht völlig. Die Mundöfnung ist einigermaßen eyförmig, unten ungleich breiter, als oben, und abgerundet. Die Mündungslefze ist scharf und ungesäumt. Die Schale ist dünne, und entweder weiß, oder schmutziggelb gefärbt. Mein größtes Beyspiel ist fünfviertel Zoll lang, und viel größer wird diese Nerite nicht gefunden. Chemnitz sagt, sie werde an den tranquebarischen Ufern häufig gefunden, und doch ist sie den mehresten Schriftstellern unbekannt? Sie muß also zu den neuern Entdeckungen gehören.

Ein Beyspiel, das ich aufgeschnitten habe, zeigt eine überaus dünne Spindel, die mit den Spindeln der vorher beschriebenen Arten in keine Vergleichung kommt. Sie ist innwendig hohl, und bestehet, da die obern Windungen eingedrückt sind, nur aus zwey Fortschritten, folglich siehet man auch nicht mehr, als zwey offne Windungen, an denen die rechte offne Seite überaus schmal, die entgegen gesetzte linke Seite aber desto breiter ist. Man mag also bey dieser Nerite das Aeußere oder das Innere in Erwägung ziehen, so wird man einräumen, daß diese Nerite mehr als Abänderung unter diesem kleinen Volke, von dem ich

ich rede, ist, und Linné würde ihr vermuthlich einen eigenen Namen, den sie auch verdient, gegeben haben, wenn er sie gekannt hätte.

Die Mutterbrust, der Weißling, Nerita mammilla Linn. y) verdienet mit vollem Rechte den

Uu 2 Namen

y) Fabius Columna de Purpura p. 52. Cochlea nivea exotica. cit Chemn. Lister Hist. Conchyl. tab 571. fig. 22. Cochlea nivea nitida rarior. Fab. Col. Rumph Amb. Raritätenk. tab 22. fig. F Holländ. p. 76. Valvata septima sive albula. Amboin. Issii palessu. Deutsch S. 31. die schneeweiße Klappenschnecke. Chemnitz Zusätze S XLI. der Weißling. Valentyn Abhandl. S. 6. die weiße Dotter. Gualtieri Ind. Testar. tab 67. fig. C. Cochlea marina umbilicata (und doch zeigt die Abbildung nicht die geringste Spur eines Nabels) oblonga, veluti ex una tantum spira conflata, lactea. Klein Method p. 20 §. 55. Spec. I. n. 2. Vitta nivea nitida. it. p. 21. §. 59. Sp I. n I. Mamma albula candidissima Argenville Conchyl. tab. 7. fig. X. p. 167. 170. Cochlea umbonata. Der Weißling. Die weiße Brustwarze. (Le Mammelon blanc.) Seba Thesaur Tom. III. tab. 41. fig. 22 p. 126. Knorr Vergn. Th. I. tab. 6. fig. 6. 7. erster Text S. 10. die halbmondförmige Schwimmschnecke. Zweyter Text. S. 56. der weiße Halbmond. Helix ambigua Lin. Dritter Text S. Nerita mammilla Linn. der Weißling. Die weiße Mutterbrust. it. Th VI tab. 40. fig. 2. 3. erster Text S. 75. die weiße Halbmondschnecke. Holl. Witte halve-Maan-Hoorens Franz. Iaunes d'Oeuf blancs. Holländischer Text S. 117. Witte Halve-Maanhoorens. Witte Eijerdoijers. von Born Ind. Mus Caes Vind. P. I. p. 415. f. Nerita Mammilla Der Warzendotter. von Born Mus Caes. Vind. Test. p. 399. f. id. nom. Gronov Zooph. p. 338. n. 1579. Nerita mammilla. vorzüglich num 1580. Testa alba obsolete rufescente bifasciata. Chemnitz fort-

Namen des Weißlings, denn sie ist so weiß, wie Schnee, und glänzend wie Email und Elfenbein. Sie hat

---

fortgef. Conchylienk. Th. V. S 280 tab. 179. fig. 1928. bis 1931. die Mutterbrust. Der Weißling. Mamma. Albula. Testa oblonga, candidissima, ponderosa, labio interiore valde crasso, umbilico in aliis aperto in aliis obtecto et clauso.

Linné Syst Nat. ed. X. p 776 Sp 627. ed XII. p. 1252. Sp. 719. *Nerita mammilla*, testa umbilicata ovata glabra, umbilico obtecto, apertura ovata. Umbilicus in aliis perforatus, pallida; in aliis crassiusculus, totus obtectus Labium interius non transversale, sed oblongius est. Linné Mus Reg. Lud. Ulr p. 675. n. 386. Testa magnitudine extimi articuli pollicis, lactea aut lutea, laevis, nitida, ovato-oblonga. Spira brevis, neque acuta, neque obtusa; suturis anfractuum subobliteratis. Apertura ovata; Labio edentulo, subtus gibbo. Umbilicus perforatus, sed fere et saepe totaliter obtectus labio interiore replicato, ut ne vestigium appareat. Muller Linnäisch. Naturs Th. VI. S. 587. der Warzendotter Linné Natursyst des Thierr. Th. II. S. 569 id. nom. Meine Einleit. Th. II. S. 282. die weiße oder braune Mutterbrust Meine Abhandl. vom innern Bau S. 66. n. 8. die weiße Eyerschale. Naturforscher XIII Stück. S. 85 tab. 5. fig 5.

*Mus. Leers.* p. 16. n. 119. witte Eyerschaal. Mamelon blanc *Mus. Koening.* p. 10. n. 111. Witte Schaalen van Eyeren. *Mus. Oudaan* p. 13. n 96. Witte lang getopte Eyerschaalen. Mammelon blanc à ombilic fort allongé. *Mus. van der Mied* p. 6 n 104. 105. 106. *Mus. Dishoek* p. 5. n. 6·. bis 66. *Mus Anon.* p 238. n. 83. 84. 85. *Mus. Gronov.* p 130. n. 1385. *Mus. Gevers.* p. 274. n. 329. 3:0. Neritoides. Mammelle. Davila Cat. Tom. I. p. 117 n 120. 123. Mammelon blanc. Favart d'Herbigny Diction. Vol. II. p. 303. id nom. Favanne de Montcervelle ed 3. Darg. tab. 11. fig. H. 2. tom. 2. p. 288. Mamelon ou Teton blanc hat nach Linné eine genabelte eyförmig gebaute glatte Schale, einen überdeckten Nabel, und eine eyförmige Mundöfnung. Wenn aber Linné sagt, daß der Nabel bey einigen ganz offen, bey andern ganz verdeckt sey, und daß einige eine gelbe, und andre eine weiße Farbe hätten, so siehet man wohl, daß er, sowohl den Elephantenfuß, den wir gleich beschreiben wollen, als auch die braune Venusbrust, deren wir hernach auch gedenken werden, mit unter seine Neritam mammillam rechne, wohin sie im Grunde auch gehören. Wir trennen sie indessen mit Chemnitz.

Die Gestalt der weißen Eyerschale hat etwas eyförmiges, vielmals aber findet man sie auch so ausgedehnt und gestreckt, daß sie mehr einem Buccino als einer Nerite zu gleichen scheint. Ihre erste Windung ist ungemein groß, aber die übrigen sind auch dagegen so klein, daß man ein gutes Vergrößerungsglas zu Hülfe nehmen muß, um die Zahl der sechs Windungen, welche die Herausgeber des neusten Dargenville ihr beylegen, und die ich durch mein Vergröße-

 rungs-

blanc de Venus. Kämmerer Conchyl. in Rudolst. S. 189. die gestreckte brustförmige Nerite. Verzeichn. der Reuß Plautsch. Natural S. 184. no. 1041. die Mutterbrust Die Conchylien des Fürsten Bisch. zu Const. S 202. id. nom.

Deutsch: Die Mutterbrust. Der Weißling. Die weiße Brustwarze. Die weiße Eyerschale. Lat. *Nerita mammilla. Lin.* Franz. *Mamelon blanc. Teton blanc de Venus. Nerite Mammelle.* Holländ. *Witte Halve-Maanhooren. Witte Eyerdoijer. Witte Eyerschaal. Witte Schaalen van Eyeren.* Amboin. *Issu palessu.* Engl. *White Nerit. White Nipple Nerite. Huddesf.*

rungsglas gleichwohl nicht finden kann, heraus zu finden. Die Mundöfnung ist halbrund, und die innern Wände sind ebenfalls glänzend weiß. Die äussere Lippe ist scharf und schneidend. Die innre Lippe oder die Spindellefze bestehet aus einem ungewöhnlich breiten, dicken und conpacten Wulste, welcher sich dergestalt über die ganze Oefnung des Nabels hinüber legt, daß bey vielen gar keine, und bey einigen nur eine sehr kleine Spur der Nabelöfnung übrig bleibt. In der Gegend des Nabels siehet man eine halbmondförmige Tiefe.

Linné muß nur mittelmäßige Stücke von dieser Mutterbrust bey der Hand gehabt haben, da er ihnen nur eine Größe von einen Zoll beylegt. Nicht nur die gestreckten werden beynahe zwey Zolle lang, sondern ich besitze auch von den weniger gestreckten ein vortrefliches Beyspiel, das $2\frac{1}{4}$ Zoll lang, und $1\frac{3}{4}$ Zoll breit ist. Die größten kommen vornehmlich aus Ostindien und von Tranquebar, die westindischen sind viel kleiner, und ihr Nabel ist nicht allemal von der Spindellefze ganz überdeckt.

Ohnerachtet aber diese Mutterbrust eine ansehnliche Größe erlangt, so habe ich doch an ihr nicht mehr als vier Windungen finden können, unter denen die erste beynahe die ganze Schnecke einnimmt. Daher ist die Spindelsäule der zweyten Windung keinen Viertels-Zoll lang, und die übrigen paar Windungen kann man fast nicht öfnen. Die Spindelsäule der ersten Windung hat, wie die Mundöfnung und der ganze ovale Bau der Schnecke lehren, nicht durchgängig eine Höhe, sondern nach der linken Hand zu, oder in der Gegend des Nabels ist sie viel länger als nach der rechten

rechten Hand zu, daher ist auch die linke Oefnung der ersten Windung, an meinem $1\frac{1}{4}$ Zoll langen aufgeschnittenen Beyspiele, beynahe drey Viertel Zoll lang, da die rechte Oefnung kaum die länge eines Viertel Zolls hat. Die Säule der ersten Windung ist überhaupt sehr stark, oben an der zweyten Windung $\frac{1}{4}$ Zoll, unten wohl zweymahl stärker. Sie ist übrigens ganz rund und glatt. In der zweyten Windung ist die Säule desto schwächer. Der Nabel ist überdeckt. Da ich, die obere zweyte Windung ganz offen zu erhalten, die Säule der ersten Windung über halb weggeschliffen habe, und doch keine Spur von einer hohlen Spindel finde, so muß der überdeckte Nabel eben nicht tief eindringen. Die Schnecke ist auch innwendig weiß, glatt und glänzend.

Rumph sagt, diese Nerite hat einen dunkelbraunen oder honigfarbenen Deckel, welcher so dünne, wie ein Hornschilfer ist; er scheinet daher hornartig zu seyn, da wie bekannt, die eigentlichen Schwimmschnecken, welche keine Spindelsäule, sondern eine bloße Kammer haben, ihre Mundöfnung mit einem schalenartigen Deckel verschliessen. Ferner sagt Rumph, daß diese Albulae insbesondere bey den Ambo nesern Issi palessu genennt würden, d. i., daß sie mehr Fleisch haben als sie fassen können; denn wenn sie kriechen, so treten sie mit so vielem Fleisch aus der Schale hervor, daß man unmöglich glauben sollte, daß sie solches in der Schale einschließen könnten, und dennoch schließen sie alles richtig ein, und schließen die Schale mit dem dunkelbraunen Schildchen oder Deckel zu.

Der Elephantenfuß z) gehört zwar, wie oben gesagt, nach Linné zu seiner Nerita mammilla, allein er hat auch viel Unterscheidendes. Er hat auch eine starke, weiße glatte glänzende Schale, und erlangt eine ansehnliche Größe. Daß er von der Mutterbrust wesentlich verschieden sey, sagt Chemnitz, wird man schon an ihrem nicht erhobenen, sondern ganz stumpfen und platten Wirbel, an der gar nicht länglichen, aber desto breitern Form ihres Gehäuses, und an der spiralförmigen Bildung ihres tiefen bis zur Spitze hindurch gehenden nicht verschlossenen Nabels wahrnehmen können. Die Mündung ist halbrund. Die innern Wände sind glatt und schneeweiß. Die Spindellippe ist dick, wulstig, und in der Mitte getheilt. Der untere größere Wulst legt sich ein wenig über die Oefnung des tiefen Nabels hinüber, ohne sie jedoch zu bedecken und zu verschließen. Dieser Elephantenfuß gehöret unter die seltnern Neriten, und kömmt von den tranquebarischen Ufern.

Die braune Venusbrust a) schließet Linné namentlich bey seiner Nerita mammilla mit ein, von der

---

z) Chemnitz fortges. Conchylienk. Th. V. S. 275. tab. 189. fig. 1922. 1923. der Elephantenfuß. Pes Elephantis Nerita magna, ponderosa, compressa, eburnea, glaberrima, umbilico pervio callo valde incrassato et complanato in latere dextro obtecto. Geve Belust. tab 28. fig 305. Meine Einleit. Th. II. S. 311 n. 20. der Elephantenfuß. Die Conchyl. des Fürsten Bisch. in Constanz S. 202. n. 28. der Elephantenfuß.

a) Lister Hist Conchyl. tab. 566. fig. 14. Cochlea subflava unicolor. Klein Method. p. 15. §. 40. Sp. II. n. 7.

der sie auch wahre Abänderung zu seyn scheinet. Sie gleichet in ihrer äußern Form völlig dem Weißlinge



---

7. Platystoma ore fimbriato (welches aber falsch ist, denn diese Nerite ist ungesäumt.) subflavum unicolor. Seba Thesaur. Tom. III. tab. 38. fig. 9. 10. p. 114. Cochlea subflava umbilicata. Limaçon jaunatre fait en nombril. it. fig. 32. 33. p. 115. Knorr Vergnüg. Th IV. tab. 8. fig. 4 erster Text S. 15. der Weißling. Zweyter Text S. 383. Nerita mammilla. Die braune Venusbrust. Holländischer Text S. 7 Gestrekte Eyer Doyer. Chemnitz fortg. Conchylienk Th. V. S. 282. tab. 189. fig. 1932 1933. die braune Venusbrust. Mamma Veneris fuscata s. lutea. (Chemnitz führt noch folgende Schriftsteller an: Geve monatl Bel tab. 28. fig. 306. Davila Catal. Tom. I. p. 119. n. 125. Mammelon souci. Favart d'Herbigny Dict. Vol. 2. p. 304. Mammelon fauve à grand ombilic. Favanne de Montcervelle Edit. 3. Darg. tab. 11. fig. H. 4. tom. 2. p. 285 Le Mammelon ou Teton brun de Venus.) Gronov Zooph. p. 338. n. 1581. Nerita testa oblonga glabra, umbilico apertissimo, gibbo subbifido albo. Habitat in Oceano Americano. Statura praecedentis. (Gronov meynt die Brust der Negerin.) Color superioris testae subluteus; inferioris albus. Gibbus albus, subbifidus, magis prominens.

Linné Syst. Nat. ed. X. et XII. ll. cc. *Nerita mammilla.* Linné Mus. Reg. Ulr. l. c. Testa-lutea. Meine Einleit Th. II. S. 282. die braune Venusbrust.

*Mus. Oudaan.* p. 13. n. 96. Geele Eyerschaalen. *Mus van der Mied.* p. 6. n. 107. ongemeene getopte geele Eyerschaal. *Mus. Dishoek.* p. 6. n. 66. geele Doyers van Eyeren. Mammelons jaunes. *Mus. Gronov.* p. 130. n. 1387. Nerita Aurantiaca flava. Verbleekte Oranje Schil. *Mus. Gevers* p. 274. n. 328. Neritoide Mammelle jaune. Verz. der Gräfl. Reuß-Plauisch Naturalienf. S. 184. n. 1043. die braune Venusbrust. Die Conchyl. des Fürsten und Bisch. zu Constanz S. 202. 203. n. 33. 34. id. nom.

oder der vorher beschriebenen Mutterbrust. Sie hat ebenfalls eine längliche, etwas ovale Figur, und ein gleichsam geschobenes Gehäuse. Ihr Farbenkleid unterscheidet sie aber hinlänglich, denn sie ist so glänzend lichtbraun, als jene glänzend weiß ist. In der Sammlung des Herrn Fürsten und Bischoffs zu Constanz liegt eine Abänderung, die mehr bräunlich und mit länglichen Strichen versehen ist. Ihr Nabel ist nicht verschlossen, und durch Wulste nie verwachsen, sondern weit und offen, ja etwas rinnenartig. Die Schale ist dick und schwer; die Spitze mehrentheils abgerieben und weißlich; die Spindellippe und der Rand des tiefen Nabels sind weiß. Oben im Winkel bey der Verbindung der äußern und innern Lippe zeigt sich ein größerer und nahe beym Nabel ein kleinerer Wulst. Sie erlangt beynahe die Länge von zwey Zollen, wird aber lange nicht so breit. Sie kommt aus Ostindien, aber auch aus Westindien von St. Thomas. Lister hat die seinigen von Barbados und Jamaica erhalten. Sie ist selten.

**Die citrongelbe Venusbrust, oder die Rinde der Pomeranze** b), kömmt in der Form des Ge-

b) Lister Hist. Conchyl tab. 565. fig. 13. Cochlea subflava, ima parte volutae primae leviter sinuata, quem sinum alba linea circumscribit. Klein Method. p. 15. §. 40. Sp. II n. 7. Platystoma ore fimbriato subflavum, ima parte volutae etc. e List. Knorr Vergn. Th. IV. tab 6. fig. 3. 4. erster Text S 12. der geschobene Eyerdotter. Zweyter Text S. 375. die citrongelbe oder pomeranzenfarbige Venusbrust. Die Pomeranzenschale. Holländ De geele Eyerschaal. De Oranjeschelle. Holländischer Text S. 5. Getepelde Eijerdoijer.

Gebäudes mit der kurz zuvor beschriebenen braunen Venus fast völlig überein. Nur darinne zeigt sich der Unterschied, daß sie weniger länglich, hingegen etwas breiter gebaut ist, auch ist ihr Farbenkleid ungleich feiner, und zeigt die angenehmste Pomeranzenfarbe, die an meinem Beyspiele stark in das Weiße schielt, und daher der Strohfarbe gleicht. Ihr schöner Glanz, den sie hat, läßt mich kaum vermuthen, daß sie ausgebleicht sey. Die stumpfe Spitze, die Spindellefze, und das ganze Innre dieser Schnecke sind glänzend weiß. Der Nabel ist klein, und wird von den Wulsten, die von der Spindellefze ausgehen, mehr oder weniger, nie aber ganz überdeckt. Oben im Wirbel der ersten Windung, wo sich beyde Lippen, nemlich die äußere Mündungs- und innere Spindellefze vereinigen, erhebt sich ein merklicher Wulst. Die Mundöffnung ist halbrund, und die pomeranzenfarbigen Beyspiele sind innwendig schmutzig gelb, und etwas pomeranzenfarbig, und die äußere scharfe Lippe wird durch einen pomeranzenfarbigen Lippensaum einge-

---

doijer. Regenfuß Th I. tab. 5. fig. 54. erster Text S. 20. 23. der orangenfarbige Dotter. Zweyter Text S. 32. 36. das orangenfarbige Dotter. Dän. Blommen. Chemnitz fortges. Conchylienk. Th. V. S. 283. tab. 189. fig. 1934. 1935. die citrongelbe Venusbrust. Die Rinde der Pomeranze. Mamma Veneris citrina. Cortex mali aurei, intus albedine lactea splendens. L'Ecorce d'orange. Geve monatl. Belust. tab. 28. fig. 312. Favanne de Montcervelle Ed. 3. Darg. tom. 2. p. 289. Mammelon jaune ou Teton de Venus orangé. Meine Einleit. Th II p. 312. n. 22. nom. Chemn. Kämmerer Conchyl. in Rudolst. S 189. n. 12. β. die Pomeranzenschale. Verz. der Gräfl. Reuß. Plauisch. Naturalienf. S. 184. n. 1042. die Pomeranzenrinde.

eingefaßt. Mein oben genanntes strohgelbes Exemplar scheinet daher eigne Abänderung zu seyn. Diese seltene Nerite wird bey den Ufern der Insel Ceylon und Nicobar gefunden.

Die Wolfsbrust. c) Diejenige glatte Nerite, sagt Chemnitz, welche von den Herausgebern der neuesten Ausgabe des Dargenville die Zitze oder Warze der Wolfsbrust genannt wird, hat keine recht geschobene und längliche, sondern mehr eine gewölbte und gerundete Form. Sie wird von einigen breiten und braunrothen Binden umgeben. Die Spitze ist schwärzlich. Die schwarzbraune Spindellippe bedeckt mit ihren wulstigen Auswüchsen die Hälfte des tiefen Nabels Sie kommt aus Ostindien, und ist selten, scheinet mir aber mit der Brust der Indianerin nahe verwandt zu seyn.

(S.)

**Brustbäucher**, ist nur eine übel gerathene Uebersetzung des Wortes (Pisces) thoracici, die vom seel. Stat. Müller abstammt. Eigentlich und bestimmter übersetzt man Brustflosser, und bezeichnet damit diejenigen Fische, deren Bauchflossen an der Brust sitzen. S. Brustflosser. (P.)

Brust-

c) Lister Hist. Conchyl tab. 559. fig. 2. Cochlea parva subrufa, media et ima parte volutae albicante. Chemnitz Conchyl l. c. S 206. tab. 189 Fig 1940. 1941. die Zitze der Wolfsbrust Papilla seu Ruma Lupi. Favanne de Montcervelle l. c. p 292. La Teton du Loup. Meine Einleit. Th. II. S. 313. n. 26. nom. Chemn.

**Brustbeere**, Cordia. Eine Gattung von Bäumen und Stauden, die außer Europa und in wärmern Ländern zu Hause ist. Ihre Blumen haben eine trichterförmige Krone, fünf, selten nur vier Staubfäden, und einen Staubweg mit zweytheiligem Griffel; sie hinterlassen eine Kernfrucht, welche innwendig gar nicht, aber einen Kern enthält, der in zwey bis vier Fächer getheilt ist. In Europa müssen die Arten dieser Gattung beständig im Glashause seyn, und können am besten aus Samen gezogen werden, wenn man ihn frisch aus ihrem Vaterlande haben kann; man säet ihn im Frühling in Töpfe, und gräbt diese in ein Lohbett, setzt die Pflanzen, wenn sie etwa nach acht Wochen aufgegangen sind, in ein Mistbett, behandelt sie da, wie andere ausländische Gewächse, gewöhnt sie im Heumonat nach und nach an die freye Luft, gräbt sie die beyden ersten Winter über in das Lohbett im Glashause ein, und setzt sie, wenn sie anfangen holzige Stämme zu bekommen, in einem trockenen, mäßig warmen Glashause auf Bretter. Man kennt vierzehn Arten:

**Brustbeere, breitblätterichte**, Cordia macrophylla. Sie ist auf den Inseln, die nahe am mittägigen Amerika liegen, zu Hause, und wächst bis zwanzig Schuh hoch. Ihre Blätter sind eyrund, rauch, und bis anderthalb Schuh lang, ihre Früchte roth. d)



---

d) Collococcos platyphyllos major, racemis umbellatis. *Brown* jam. 168. Cordia foliis ovatis villosis, sesquipedalibus. *Linn.* sp. pl. 1. p. 274. n 4. syst. veget. ed. 14. p. 230. n. 5. Prunus racemosa, foliis oblongis hirsutis maximis, fructu rubro. *Sloan.* hist. jam. 2. p. 130. t. 121. f. 1.

Brustbeere, elliptische, Cordia elliptica. Sie hat mit der breitblätterichten das gleiche Vaterland; ihre Blätter sind oval, doch daben scharf zugespitzt, unzertheilt und lederartig; ihre Blumen hängen an weitschweifigen, zusammen gesetzten Traubenkämmen; ihre Früchte sind scharf zugespitzt. e)

— — — gelblichte, Cordia flavescens. Dieser Strauch wächst in den cayennischen und gujanischen Wäldern am Rande der Wiesen, und trägt im Erndtemonat Blüthe und Frucht; seine Stengel sind holzig, in mehrere Aeste getheilt, und acht bis neun Schuh lang; sie verbreiten sich über die benachbarten Gewächse: ihre Blätter sitzen abwechselnd auf kurzen Stielen an den Zweigen; sie sind höchstens sieben Zoll lang, und drey Zoll breit, glatt, grün, am Rande ohne Einschnitt, oval, doch etwas scharf zugespitzt; ihre Blumen sitzen, jede auf einem eigenen Stiele, an langen Kämmen in den Winkeln der Blätter; ihre Beere ist gelblicht, einer Kirsche ähnlich, aber saftlos; sie enthält nur einen Samen. f)

— — — glatte, Cordia Collococca. Sie wächst in Jamaika wild; ihre Blätter sind herzförmig eyrund, adericht und runzlicht, und haben einen glatten Rand; ihre Blumen sind grasgrün und gedüpfelt, stehen in flachen Sträußen beysammen, und haben Kelche, die

e) *Swerts* nov. pl. gen. et sp. p. 47.

f) Histoire des plantes de la Gujane francoise par F. *Aublet*. T. I. S. 226 = 228. Pl. 89.

die innwendig filzig sind; ihre Früchte sind scharlachroth und klebricht, und ihr Same runzlicht. g)

Brustbeere, kleinblumige, Cordia micrantha. Auch sie ist auf den westindischen Inseln zu Hause: ihre Blätter sind häutig, stark geadert, elliptisch und lanzenförmig, und haben einen ganz glatten Rand; ihre Blumen hängen an lockern, zusammengesetzten Traubenkämmen. h)

— — — mit vier Staubfäden, Cordia tetrandra. Dieser Baum wächst in den Wäldern von Cayenne und Gujane, vornehmlich am Ufer der Flüsse und am Strande des Meeres, blüht zu verschiedenen Jahrszeiten, und heißt bey den Creolen: Bois marguerite, oder: Arbre à parasol. Sein Stamm wächst vierzig bis funfzig Schuhe hoch, und hat zween Schuhe und mehr im Durchmesser; seine Rinde ist graulicht, runzlicht und rissig; sein Holz weißlicht, brüchig und nicht fest; an seinem Gipfel treibt er eine Menge Aeste, welche sich nach allen Seiten verbreiten, und viele Zweige von sich geben; an diesen stehen auf eigenen, einen Zoll langen, oder auch noch längern Stielen, wech-

g) Ceraso affinis arbor baccifera ramosa, flore pentapetalo herbaceo guttato, fructu coccineo monopyreno viscido, semine rugoso. *Sloan* hist. jam. 2. p 95. t. 205. f. 2. Collococcus foliis rugosis venosis oblongo-ovatis, floribus laxe racemosis *Brown* jam. 167. Cordia foliis oblongo ovatis integerrimis, floribus corymbosis, calycibus interne tomentosis. *Linn.* sp. pl. ed. alt. 1. p. 274. n. 5. syst. veget. ed. 14. p. 230. n. 6. Cordia glabra. *Linn.* sp. pl. ed. 1. p. 191.

h) *Swerts* nov. pl. gen. et sp. p. 47.

wechselsweise die Blätter, welche höchstens zehn Zoll lang, und vier breit sind; sonst sind sie oben grün, unten blässer und gröber, einige zugeründet, andere länglicht, oder oval mit einer Spitze; ihre grünlichte Blumen stehen in den Winkeln der Blätter und an dem Ende der Zweige in gedrängten, beynahe doldenförmigen flachen Sträußen beysammen, und haben jede nur vier Staubfäden; ihre Beere ist weiß, kugelrund, und in vier Fächer getheilt, in deren jedem ein Steinchen mit einem Samen ist. i)

**Brustbeere, mit Wallnußblättern**, Cordia juglandifolia. Dieses Bäumchen wächst in Domingo in Gebüschen am Meerbusen Banaha; es wächst aufrecht bis zwölf Schuhe hoch, ist aber übrigens unansehnlich; seine Blätter sind länglicht, spitzig, ohne Einschnitt am Rande, auf beyden Seiten rauh, und vier bis fünf Zoll lang; sie stehen wechselsweise auf eigenen Stielen; seine Blumen sitzen an anderthalb Zoll langen, übrigens blumenartigen Kämmen, in den Winkeln der Blätter; sie sind von Gestalt und Größe, wie die andern Arten der Brustbeeren; nur ihr Saum ist dreymal kürzer, als die Röhre der Krone, und immer in sechs Abschnitte, der Griffel nur entzwey gespalten; die Frucht ist eben so, wie bey andern Arten. k)

— — — **rauhe**, Cordia aspera. Sie wächst auf den Inseln der Südsee wild; ihre Blätter sind weich und

i) Histoire des plantes de la Guyane françoise par F. *Aublet*. T. I. S. 222: 224. Pl. 87.

k) *Jacquin* Hist. stirp. americ. Pl. I. S. 43.

und eyrund, doch scharf zugespitzt; ihre Blumen sind runzlicht, und stehen in unächten Dolden beysammen. l)

**Brustbeere, schwarze, Brustpflaumen, assyrische, syrische Pflaumen, Sebesten, zahmer Sebestenbaum,** Cordia Myxa. Sie ist in Egypten und Malabar zu Hause, und wird in mehreren Ländern Asiens gebaut. Sie wächst in warmen Ländern so hoch, als der gemeine Pflaumenbaum; ihre Blätter sind am Rande gezackt, sonst eyrund, und auf der obern Fläche glatt, auf der untern rauh; ihre Blumen haben am Kelche zehen Streifen, und stehen zur Seite der Zweige in flachen Sträußen; ihre Früchte haben mit den süßen Pflaumen Geschmack, Bestandtheile und Arzneykräfte gemein, und werden als ein erweichendes, linderndes, schleimiges, verdickendes und Schärfe einhüllendes Mittel gebraucht. m)

Brust=

---

l) *Forster* flor. austr.! p. 18.

m) Cordia foliis ovatis supra glabris, corymbis lateralibus, calycibus decemstriatis. *Linn* syst. veget. ed. 14. p. 230. n. 1. Cordia foliis ovatis tomentosis, corymbis lateralibus, calycibus decemstriatis. *Linn.* sp. pl. 1. p. 273. n. 1. Cordia foliis subovatis serrato dentatis. *Linn.* sp. pl. 1. p. 273. n. 1. Cordia foliis subovatis serrato dentatis. *Linn.* h. Cliff. 1. p 63. Prunus Sebestena, longiore folio, maderaspatana. *Pluckn.* alm. 306. t. 217. f. 3 Sebestena dormestica s. Myxa. *Comm* h. Amst. 1 p. 129. t. 72. Sebestena sylvestris et domestica. C. *Bauh* πιναξ. S. 446. Vidi-marum. *Rheed.* h. malab. 4. p. 77. t. 37.

**Brustbeere, Sebestenbaum**, Cordia Sebesten. Er wächst in Indien, und im mittägigen Amerika wild, und bis neun Schuhe hoch. Seine Blätter sitzen auf kurzen Stielen, abwechselnd, bald auf dieser, dann wieder an der andern Seite der Zweige; sie sind rauh, länglicht eyrund, und auf der untern Fläche dunkelgrün, am Rande, so lange sie noch jung sind, sägenartig gezahnt, wenn sie aber älter werden, ausgeschweift, und die obersten haben einen ganz glatten Rand; ihre Blumen stehen in feinen großen Sträußen an der Spitze der Zweige; sie haben einen walzenförmigen Kelch, der an der Mündung in drey Abschnitte gespalten ist, und eine rothgelbe Krone, die so runzlicht, wie die Krone der Mohnblume, sonst wie der Wunderblume, gestaltet ist, und hinterlassen eine säuerlicht-süße Frucht. n)

— — — **finemarische**, Cordia Toguevé. Dieser Strauch, der bey den Caraiben Toguevé heißt, wächst in den Steinbrüchen am Sinemari in Gujana, und trägt im Weinmonat Blüthe und Frucht. Er wächst aufrecht bis sechs Schuhe hoch, hat ein weißes, brüchiges und leichtes Holz, und treibt nach allen Seiten Aeste, welche eine rissige Rinde haben, und sich wieder in zarte, brüchige, sehr leicht abtrock-

n) Caryophyllus spurius inodorus, folio subrotundo scabro, flore racemoso hexapetaloide coccineo. *Sloan.* hist. jam. 2. p 20. t. 64. Cordia foliis amplioribus hirtis, tubo floris subaequali. *Brown.* jam. 262. Cordia foliis oblongo-ovatis scabris repandis. *Linn.* sp pl. 1. p. 274. n. 3. syst. veget. ed. 14. p. 230. n. 3. Sebestena scabra, flore miniato scabro. *Dill.* h. Elth. 341. 255. f. 331.

trocknende und abfallende, und mit einem eisenrost-farbigen Filze bekleidete Zweige zertheilen; an den Aesten und Zweigen sitzen auf eigenen, aber sehr kurzen Stielen, wechselsweise die Blätter; sie sind höchstens sechs Zoll lang, und ungefähr vier breit, oben zotig und rauh, unten filzig und blaßgrün, übrigens wie ein länglichtes spitziges Herz gestaltet. An den Enden der Aeste und Zweige, auch in den Winkeln, welche die Zweige mit dem Ast machen, stehen auf nackenden, gegen vier Zoll langen, rauchen und zu äußerst in Aeste vertheilten Stielen die Traubenkämme. Die Blumen haben eine weiße Krone; die Nuß eine fleischige gelblichte Schale, und nur einen Samen. o)

**Brustbeere, stachlichte**, Cordia spinescens. Ihre Blätter sind rauh, am Rande sägenartig gezackt und eyrund, doch an einem Ende spitzig; die Stiele, worauf sie stehen, bleiben sitzen, und erhärten zu Stacheln. p)

— — — **vierblätterichte**, Cordia tetraphylla. Dieser Baum wächst in Gujane an sandigen Orten, nicht weit vom Meere, trägt in allen Monaten des Jahres Blüthe und Frucht, und heißt bey den Creolen Bois marguerite. Er wird sechs bis sieben Schuhe hoch, hat einen Zoll im Durchmesser, eine runz-

 lichte

o) Histoire des plantes de la Gujane francoise par. F. *Aublet.* T. I. S. 228-230. Pl. 90.

p) Cordia foliis ovatis acutis serratis scabris, petiolis subspinescentibus. *Linn.* mant. pl. 2. p. 206. syst. veget. ed. 14. p. 230. n. 2.

lichte und rissige Rinde, und ein weißlichtes festes Holz, und treibt am Gipfel nach allen Seiten knotige Aeste, die sich wieder nach allen Seiten in knotige Aeste vertheilen; an jedem Knoten stehen auf eigenen kurzen Stielen vier Blätter; sie haben keinen Einschnitt am Rande, und sind fest, schön, grün, glatt, oval, und da, wo sie zunächst ansitzen, schmäler; in ihren Winkeln stehen auf langen Stielen die flachen Blumensträuße; die Blumen haben eine weiße Krone und keine eigene Stiele; die Nuß hat die Gestalt einer Olive, und eine gelbe Schale. q)

**Brustbeere, von Jamaika**, Cordia Geraschanthus. Sie ist in Jamaika zu Hause. Ihre Blätter sind rauh, und lanzenförmig eyrund; ihre Blumen haben eine weißlichte Krone, und an ihrem Kelche zehen Streifen, und sitzen an der Spitze in Rispen beysammen. r)

**— — — zweytheilige**, Cordia dichotoma. Sie wächst auf den Inseln des Südmeeres wild. Ihre Blätter sind länglicht-eyrund, und kaum gekerbt; ihre Blumen stehen in flachen Sträußen, die immer wieder entzwey getheilt sind. s) (Gm.)

Brust-

---

q) Histoire des plantes de la Gujane françoise par F. *Aublet* T. I. S. 224-226. Pl. 88.

r) Cordia folis lanceolato-ovatis scabris, panicula terminali, calycibus decemstriatis. *Linn.* sp. pl. 1. p. 273. n 2. syst. veget. ed. 14. p. 210. n. 1. Geraschanthus foliis-ovato-oblongis utrinque productis, racemis terminalibus. *Brown.* jam. 170. t. 29. f. 3.

s) Cordia foliis oblongo-ovatis vix crenatis, corymbis dichotomis. *Forster* flor. austr. p. 18.

**Brustbeerenbaum**, s. **Wegdorn**.

**Brustfaltenfisch** t), **durchsichtiger**. Der gleich berühmte als verdienstvolle Herr Prof. **Hermann** in Strasburg hat zuerst diesen vorhin unbekannten Fisch in dem **16ten St. des Naturforschers** bekannt gemacht. Er beschreibt ihn daselbst mit seiner gewöhnlichen Genauigkeit; und ich bemerke hier daraus, nur die diesem Fische vorzüglichst merkwürdigen Eigenheiten.

Es gehört dieser Fisch unter die erste Linnäische Ordnung der eigentlichen Fische, oder, weil ihm die Bauchflossen fehlen, unter die **Kahlbäuche** (Apodes). Sein Vaterland ist Amerika, und daselbst wahrscheinlich Jamaika. Der Beyname bezieht sich auf eine weiter unten zu bemerkende Eigenschaft, die diesem Fisch eigen ist. Auch fällt seine generische Benennung, durch die Nachrichten, die uns der Hr. P. **Hermann** davon mitgetheilt hat, und die auch hier im Auszuge vorgelegt werden soll, gerechtfertiget werden. Ob er ein See- oder Süßwasser-Fisch sey, läßt sich deswegen nicht angeben, weil derselbe aus der naturhistorischen Verlassenschaft des verstorbenen D. **Ramsay**, Professors der Naturgeschichte zu Edinburg, ein Eigenthum des Hrn. Prof. **Hermanns** worden, und **Ramsay** solchen von einem seiner Freunde aus Amerika erhalten. Die Größe dieses



t) Sternoptyx diaphana, corpore ovato alepidoto, pectore plicato. Der durchsichtige **Brustfaltenfisch** Naturforscher 16 St. p. 8. tab. I. fig. I. 2. et 17 St. p. 249. *Linn.* Syst. Nat. p. 1150. ed. *Gmel.*

ses Fisches giebt die Abbildung zu erkennen. Der Körper ist sehr zusammen gedrückt, und die ganze Gestalt hat viel ähnliches mit den **Klippfischen** (Chaetodon), zween Zoll lang, vorwärts abgestumpft und hinterwärts eckig, und schmäler sich endigend. Die Oeffnung des Mundes ist von mittelmäßiger Größe, aber die Richtung derselben ist besonders, sie gehet gerade und fast senkelrecht herab, und läuft mit der senkrechten Linie beynahe parallel. Die Zähne sind nur klein, und lassen sich eher mit dem Finger fühlen, als mit dem Auge sehen; mit der Linse siehet man sie als zerstreute Spitzchen mehr an der untern, als der obern Kinnlade, und mehr gegen den Winkel des Mundes, als gegen die Mitte. Die Zunge ist dick, breit, an der untern Kinnlade angewachsen, und auch rauh anzufühlen. Einer der sonderbarsten Thiele, der dem Fische ein ausnehmend seltenes Ansehen giebt, ist ein Theil des Bauches, der durchsichtig, dünne, wie das feinste Blättchen vom rußischen Glase ist, keinen Silberglanz hat, und wirklich blos aus zwo äußerst feinen Membranen des Oberhäutchens gebildet zu seyn scheint. Die Augen des Fisches sind ziemlich groß, liegen hoch am Kopfe, und sind etwas hervorragend. Betrachtet man ihn von vorne, so sieht man die Hälfte der kuglichten bernsteingelben Krystallinse hervorragen, und zwischen derselben und der sie bedeckenden, flächern, hellgelben Hornhaut kann man durchsehen. Die Regenbogenhaut ist schwarz; nur unten her, so weit sich der vierte Theil des Zirkels erstreckt, und in einer kleinen innwendig ausgeschnittenen Ecke, gerade oben darüber, scheint diese Haut zu fehlen, und es zeigt sich eine andere tiefer liegende, silberglänzende Haut. Der Kiemendeckel oder vielmehr die weiche Haut, die dessen

dessen Stelle vertritt, ist lang und schmal, und erstreckt sich schief von dem Rücken herab hinter den Augen herunter. Er hat der Länge nach zwo Streifen, die seine Fläche in drey gleich breite lange Felder theilen. Er ist so schmal, daß die Kiemenöffnung von dem Auge nicht viel weiter, als die Hälfte des Durchschnittes des Auges beträgt, entfernt ist. Hinter demselben findet sich eine gleich laufende, etwas breite, vertiefte schwarze Linie; eine Kiemenhaut war nicht zu finden. Mit Hülfe einer Pincette und Glaslinse bemerkte man nur die oben genannte, an beyden Enden befestigte biegsame Haut, und nicht sowohl unter derselben, als an ihrem hintern Rand sind wahre bewegliche Kiemen zu sehen; daher auch dieser Fisch zu den wahren eigentlichen Fischen, und nicht zu den so genannten amphibiis nantibus oder branchiostegis gehört. Der Körper ist ganz ohne alle Schuppen, aber die Silberhaut, die ihn überzieht, macht hin und wieder feine Runzeln. Ohne Zweifel nur eine Wirkung des Weingeistes. Eine Seitenlinie, die wie bey andern Fischen, die schuppicht sind, aus Röhrchen bestände, welche aus einer langen, unter der Haut liegenden Röhre als so viele Seitenästchen entsprängen, und auf der Mitte jeder Schuppe sich endigten, findet hier nicht statt. Aber diejenige Linie, welche aus dem Zusammenstoßen der Rücken- und Bauchmuskeln entsteht, (linea interstitialis) scheint durch die sehr dünne Haut durch, und läuft mit dem Rücken ziemlich parallel. Die braungrüne Farbe des Rückens nimmt die ganze Breite des Schwanzes, und die obere Hälfte der Gegend ein, welche von der Seitenlinie und der Rückenflosse begränzt wird; sie verliert sich, wo die schiefsten Linien einen Winkel machen, in die Silberfarbe, und läuft mit dem Rande des Rückens so ziemlich parallel. Die Rückenflosse hat etwas besonderes. Nicht gar völlig am Anfang des letzten Drittels von der ganzen Leibeslänge kömmt ein zwo bis dritthalb Linien langer Stachel aus dem Rücken hervor, welcher nach hinten zu gerichtet ist. Dieser Stachel, der unten einen etwas breiten Grund hat, ist undurchsichtig, von der nehmlichen Farbe wie der Rücken, wovon er eine Fortsetzung zu seyn scheint. Hinter ihm ist eine dünnhäutige, durchsichtige Rückenflosse befestigt, welche sich bis in den Winkel des Rückens erstrecket. Sie hat neun Gräten oder Strahlen, welche am Ende in zween Aeste gespalten sind. Die Brustflossen sitzen zwischen den Winkel des Mundes und der untern Ecke des Leibes. Sie haben eine bernsteingelbe Farbe, und sieben bis acht Strahlen, die, wie gewöhnlich, nach hinten zu kürzer werden. Die Bauchflossen fehlen gänzlich. Die Afterflosse hat zwölf bis dreyzehn zweyspaltige, gegliederte Strahlen, sitzt auf dem Bauchgrat auf, doch so, daß die Strahlen am Grunde noch durch andere unter dem Bauchgrat hinlaufende Gelenke verbunden werden. Die Schwanzflosse hat die Farbe der Brustflossen, ist zweyspaltig, besteht, welches eine seltene Anzahl ist, aus vierzig Strahlen, davon die erstern, eben sowohl als unten, nicht hinten aus dem Schwanz, sondern aus dem obern und untern Rand entspringen, auch gar viel kürzer sind, so daß erst der siebente oder achte Strahl bis an die äußerste Spitze des Schwanzes reicht.

(P.)

**Brustfleck**, Perca mediterranea, S. Pärsch.

Brust-

**Brustfleck, der ostindianische rothe**, Papilio Cronis. u) Ein Tagvogel aus den weißen Rundflügeln, (Pap. Danai candidi) die Vorderflügel weiß und schwarz gitterförmig gefleckt, die hintern ganz weiß, auf beyden Seiten nach der Brust zu roth gefleckt.

(Gr.)

**Brustflosser.** Der wandelbare Sitz der **Bauchflossen**, (pinnae ventrales) gab den glücklichen Anlaß, die Familie der Fische unter eben so viele Ordnungen oder Horden zu vertheilen, als sich Situationen der Bauchflossen mit Gebühr denken lassen, und so nennt man diejenigen Fische, bey welchen diese an der Brust sitzen, **Brustflosser** oder Thoracici.

(P.)

**Brustharnisch.** (Conchyl.) Diesen Namen führen zwey **Porcellanen** von verschiedener Größe und verschiedenem Werthe, die wir beschreiben wollen.

**Der Brustharnisch, die guineische Münze**, Cypraea moneta Linn. x) Sie ist unter dem ganzen



u) *Cramer* Pap. Exot. V. p. 94. t. IX. fig. C. XV. t. 178. fig. A. *Sebae* Thes. IV. t. 27. f. 9. 10. eine Varietät. *Sebae* Thes IV. t. 7. f. 15. 16. *Goeze* Entom. Beitr. III. Th. I. B. p. 175. n. 48.

x) Lister Hist. Conchyl. tab. 709. fig 59. Concha Veneris lata, ponderosa, aliquibus nodis inaequalis, modo alba, modo citrina. Nigritarum moneta. Simbi Puri dicti, juxta Insulam Louando expiscati. Bonanni Recreat. Class III. fig. 233. p. 143. Bonanni Mus. Kircher. Class. III. fig. 233. p. 463. Rumph amboin. Raritätenk.

Geschlechte der Porcellanen die gemeinste. Sie hat würklich eine große Aehnlichkeit mit einem Harnisch,

---

ritätenk. tab. 39. fig. C. Holländ. p. 117. n. III. Thoracium vulgare sive Cauricium, gemeene geele Cauris. Deutsch S. 95. der gemeine gelbe *Cauris*. Chemnitz Zusätze S. XCIII. die gemeine gelbe Cauris. Die guineische Münze Die Colic. Valentyn Abhandl. S. 26 der gelbe Cauris. geele Cauris. Petiver Aquat. amboin. tab 16. fig 14. p. 4. Common Coury, or Black moors Teeth. Gualtieri Ind. Testar. tab. 14. fig. 3. 4. 5. Porcellana Thoracica, parva, nodosa, citrina. it. insigniter nodosa, candida. it. dorso et basi nodosa, et linea crocea circumdata, candida. Argenville Conchyl. tab 18 fig. K. S. 227 230. die guineische Munze. Die Colik. Torax. (Colique. Monnoie de Guinée.) Hebenstreit Mus. Richter. p. 301. die Mohrische Münze des Listers, weiß oder geld. Klein Method. p. 90. § 232. Sp. IV. n. 5. Porcellana in utroque latere fimbriata, Thoracica vulgaris, sive Caurica. — vulgo Schlangenköpfe, Siamensium nummi. Leßer Testaceotheol. §. 48. K. erste Ausg p. 147. zweyte Ausg. S. 181 fig. 26. Boorst-Stukjes. Brustharnische Padde-Hoorns, Schild-pad-Hoorns. Schildkrötchen. Afric. Simbi puri. Mal. Bia Tsjonka Condaga, Schlangenköpfchen. Lüstje. *Mus. Gottwaldt.* tab 7. fig. 42. a. bis g. S. 15. die guineische oder mohrische Münze. Cypraea moneta. Linn. Systemeister Apparat tab. 12. fig. 59. p. 38. Martini Conchylienk. Th I. S 404. tab 31. fig. 337. 338. die guineische oder mohrische Münze. Die Colik. (Porcellana in utroque latere fimbriata, nodoso-tuberosa, dorso vel flavido vel albo, quem annulus interdum aureus includit, basi albida, intus coerulea. (Martini führt noch folgende Schriftsteller an: Petiver Gazoph. tab. 97. fig. 8. Concha Veneris Africana sive Moneta Nigritarum. Barrel. Icon. Tab. H. 1322. n. 26. p. 133. Coris des Maldives. Davila Catal. T. I. p. 273. n. 578. Thorax ou Cauris des Maldives.) Murray

nisch, oder auch mit einer Schildkröte, mit einem Schlangenkopfe, und führet davon ihren Namen. Weil

---

ray Fundam. Test. tab. 1. fig. 11. p. 37. Cypraea moneta von Born Ind. Mus. Caes. Vind. P. I. p. 172. f. Cypraea moneta. die guineische Münze. von Born Mus. Caes. Vind. Test p. 187. Gronov Zooph. p. 291. n. 1277. Descr. Linn. Deutsche Encykl. Th. V. S. 343. Cauris n 1.

Linné Syst. Nat. ed. X. p. 723. Sp. 312. ed. XII. p. 1178. Sp 354. *Cypraea moneta*, testa marginato-nodosa, albida. Habitat ad Africam, in M. Mediterraneo, Alexandriae; imprimis in Maldivis, ubi a foeminis legitur sub aqua per tres dies a plenilunio, vel ante novilunium, unde transportatur navibus in Bengalam, Siam, Americam, pro Moneta Nigritarum. Amoen. Acad. 3. p. 239. Linné Mus. Reg. Lud. Ulr. p 578. n. 203. Testa magnitudine ovi passerini, ovata, obtusa, depressa, alba, dorso convexo, saepe obscuriore, subtus albo. Gibbositates 2. ad locum spirae; Gibbus solitarius utrinque ad latus anterius et Gibbus obsoletus ante postica. Subtus planiuscula. Postice obtusa. Spirae nullum signum. Rima utrinque dentata. Labium exterius dentibus obtusis, interius dentibus obtusis incisis. Rarius occurrit annulo flavo, uti sequens, (*Cypraea annulus.*) qui indicat summam affinitatem cum sequenti, quamvis illa non nodosa sit. Müller Linnäisch. Natursl. Th. VI. S. 399. das guineische Geld. Linné Natursl. des Thierr. Th. II. S. 515. id. nom. Meine Einleit. Th. I. S. 120. die guineische oder mohrische Münze. Die Cauris. Meine Abhandl. vom innern Bau S. 6. n. 7. S. 89.

*Mus. van der Mied.* p. 3. n. 34. Slangehoofden. *Mus. Koening.* p. 46. n. 582. Têtes de Serpens. *Mus. Anonym.* p. 274. Kaurissen. Cauris. *Mus. Gronov.* p. 108. n. 1067. Guineesche Munt. *Mus. Gevers.* p. 408. n. 1406. Colique de Chene, ou Cauris jaune. Martini

Weil ihre Seiten, wie die Seiten einer leiste erhaben sind, so heißt sie auch die **Leiste.** Beym **Linné** heißt sie die **Müntze**, sonst die **guineische oder mohrische Müntze**, über welchen Namen uns **Martini** folgende Auskunft giebt. „In diesen gemeinen Porcellanen lernt man das berühmte Geld kennen, welches in großen Schifsladungen von den **maldivischen Inseln** abgehohlt, und sowohl nach **Bengalen** als nach **Siam** gebracht wird, wo man es statt der Scheidemüntze zu brauchen pflegt. Inzwischen laufen oft auch andre kleine Porcellanen mit unter, welche dort insgesammt Condagae heißen. In **Bengalen** stehen diese Schnecken in einem so hohen Werthe, daß sie die Stellen andrer Müntzen vertreten, ob es gleich dieser Nation weder an einem Ueberfluß von Gold und Silber, noch an andren Metallen fehlet. Die Achtung für diese Schale gehet so weit, daß

---

tini Verz. 1773. p. 71. n. 204 die guineische Müntze. Kämmerer Conchyl. in Rudolst. S. 49. n. 21. b. die Kauris mit höckerichten Wulsten. Verz der Gräfl. Reuß Pl Naturaliens S. 52. n. 282. Die Conchyl. des Fürsten und Bischoffs zu Constanz. S. 46.

Deutsch: Der Brustharnisch. Die Guineische oder mohrische Müntze. Die Cauris. Die aufrichtige Cauris Die gelbe Cauris. Die gemeine gelbe Cauris. Das guineische Geld. Die Colik. Das Schildkrötchen. Das Schlangenköpfchen. Das Leistchen. Lat. *Cypraea moneta Linn* Franz. *Monnoie de Guinée. La Colique. Thorax ou Cauris des Maldives. Scelettes de Tortuë. Tetes de Serpens. Colique de Chene, ou Cauris jaune. Cauris.* Holländ. *Boorst-Stukjes Padde-hoorn. Schildpad-hoorn. Luistjes. Gemeene geele Kauris. Slangenhoofdje. Guineesche Munt.* Engl. *Common Coury or Black moors Teeth.* Mal. *Bia Tijonka. Condoga.* Afrik. *Simbi puri.*

daß die Könige und großen Herren dasiger Länder ganze Vorrathshäuser errichten, um diese Schnecken, als einen ansehnlichen Theil ihres Schatzes, darinn aufzubehalten. Die Kaufleute machen sich dieses Vorurtheil besonders zu Nutze, und holen sie in großen Ladungen von den **maldivischen Inseln** um in **Bengalen** einen einträglichen Wucher damit zu treiben. In **Cambaja** und andern **indianischen** Oertern werden die schönsten Stücke mit Gold oder Silber beschlagen, und für eben so kostbar und rar, als die prächtigsten Edelsteine gehalten. **Franciscus Pyrad** schreibt von diesen Caudis oder Cauris: „es giebt in den **maldivischen** Inseln, außer andern Kostbarkeiten, noch einen besondern Schatz, der in kleinen weißen, glatten und glänzenden Schnecken besteht, von der Dicke eines kleinen Fingers. Man fischet sie zweymal im Monat, nehmlich drey Tage nach dem **Neumond**, und drey Tage nach dem **Vollmond**. Zu andern Zeiten sind sie nicht zu finden. Die Weibspersonen daselbst gehen aus Gewinnsucht bis an die Mitte ins Wasser, um sie am Seestrande aufzusuchen. Man führt sie sodann in großer Menge nach allen Gegenden von **Indien**, daß **Rumph** versichert, öfters 30 bis 40 Schiffe damit befrachtet gesehen zu haben.

**Linné** beschreibt diesen **Brustharnisch** kurz, aber gut, wenn er ihm **einen knotigen Rand und eine weiße Farbe beylegt.** Diese Porcellane ist in der Gegend der Mundöffnung auf beyden Seiten gesäumt und gezahnt. Ihre Figur ist mehr breit als länglich zu nennen. An den Seiten, besonders an dem hintern breiten Ende, ist sie mit Höckern oder Buckeln von ungleicher Größe versehen, wodurch sie für

für allen Porcellanen kenntlich ist. An ältern Exemplaren sind diese Knoten undeutlich, und an manchen kaum zu bemerken. Die Farbe des Rückens ist weiß oder strohgelb, manche haben zwey schwach olivengrüne Bänder, und einige einen goldgelben Ring, der länglich ist, und oben und unten spitzig zuläuft. Der Saum, wenn er nicht ganz weiß ist, ist doch wenigstens blässer, als der Rücken. Der Bauch ist weiß, und die Schale überall so glänzend, als wenn sie lackirt wäre. Ihre höchste Größe ist anderthalb Zoll. Innwendig ist diese Conchylie blau, und wenn man einen Theil des Rückens wegschleift, so kommt diese blaue Farbe auch hervor, und das ist nun die Porcellane, welche bey den Schriftstellern die **blaue Cauris** heißt.

Den **innern Bau** habe ich folgender Gestalt gefunden. Die Spindel liegt beynahe ganz gerade, doch nicht ganz im Mittelpuncte der Conchylie. Sie hat keine Spur von einer Leiste, wohl aber nach der rechten Hand zu eine tiefe Einkerbung, die von den ersten zwey Zähnen der Mündung gebildet wird. Die Säule der folgenden Windung ist etwas gedrehet, und gleichsam übergeschlagen, und alle Windungen, deren vier sind, haben, die erste ausgenommen, eine vorzüglich dünne Schale. Die aufgeschnittenen Windungen stellen ein längliches Oval vor. Innwendig ist die Schale ganz weiß, außer daß an der Wand der ersten, und bey manchen Beyspielen auch an der zweyten Windung sich eine braune hellere oder dunklere Farbe zeigt.

Diese **Guineische Münze**, und der so genannte **goldne Ring**, Cypraea annulus Lin. haben weiter

weiter keinen Unterschied, als daß der letztern die Unebenheiten und Knoten fehlen. Von innen ist der Bau bey beyden ganz gleich. Der **gelbe Ring** des Rückens steht bey Cypraea annulus nicht selten, und ist ebenfalls bey Cypraea moneta nicht selten zugegen. Hier also keine Arten, sondern Spielarten, was auch **Linné** eingesteht.

**Der Brustharnisch, die Schildkrötenporzellane,** Cypraea testudinaria Linn. y) Es ist bey dieser

y) Lister Hist. Conchyl. tab. 689. fig. 36. Concha veneris maxima, longissima, maculis ex fusco rufescentibus. Rumph amboin. Raritätenk. tab. 38. fig C. Holländ. pag. 114. n. 3. Concha testudinaria. Karet. Caap falso. p. 116. Schildpadhoorn. Deutsch S. 91. 91 die Schildkrötenporcellane. Das unrechte Vorgebürge. Chemnitz Zusätze S. LXXXIX. die Schildkröte. Das Schildpadhorn. Der Brustharnisch. Valentyn Abhandl. S. 25. die falsche Caapschnecke, de valsche Caap. Petiver Aquat. amboin. tab 8. fig. 7. p. 2. Great Turtle Coury. Argenville Conchyl. p. 226. Lepusculus. Der junge Hase. Hebenstreidt Mus. Richter. p. 299. Caput spei spurium. Das Bastard Cap. Klein Method. p. 84. §. 229. Sp. I. 1. Porcellana longa seu cylindroides, testudinaria. Olim sed male, Caap falso, de valsche Caap. Knorr Vergn. Th. IV. tab. 27. fig. 2. erster Text S. 42. die Schildkrötenporcellane. Zweyter Text S. 462. Cypraea testudinaria Linn. die Schildkrötenporcellane. Martini Conchylienk. Th. I. S. 353. tab 27. fig. 271. 272. die Schildkrötenporcellane. Das Schildpadhorn. Der Brustharnisch. Porcellana longa et angusta magna, nubeculata maculis fuscis, alba quasi farina undique adspersa, *Clypei testudinarii* colores referens. Martini führt noch folgende zwey Schriftsteller an: Gerson Cat. rais. 1736. p. 111. n. 255. Lapin ou Levrau. Davila Catal.

dieser sonst schönen und eben nicht gemeinen Porcellane schwerer, als bey der vorhergehenden, zu ergrün=

Catal. T. I. p 269. n. 569. Lievre. Lievre à gouttes de suif. von Born Ind. Mus. Caes. Vind. P. I. p. 159. Cypraea testudinaria. Die Schildkrötenporcellane. von Born Mus. Caes Vind. Test. p. 175. Gronov Zooph. p. 288. n. 1255. Descrip. Linn.

Linné Syst. Nat. ed. X. p. 719. Sp. 288. ed. XII. p. 1173. Sp. 329. *Cypraea testudinaria*, testa obtusa subcylindrica, extremitatibus depressis. Haec in suo genere maxima et reliquis longior; variat absque et cum spira antice manifesta. Linné Mus. Reg. Lud Ulr p. 567. n. 182. Testa magnitudine ovi Meleagridis, ovato-cylindrica, oblonga, pallida, adspersa tanquam farinae pulvere rariore; versus latera maculis subrotunpis, sparsis; dorso fuscente maculis magnis pallidis; postice interiore latere reflexo subtus excavato. Spira nulla, locus parum retusus. Rima utrinque dentata, introrsum postice retusa Labium exterius dentatum rugis obtusis, interius rugis transversis pallidis Noscitur figura subcylindrica, fusco maculata. Müller Linnäisch. Natursf. Th VI. S. 390. die Schildkrötenporcellane. Linné Natursf des Thierr. Th. II. S 512. id. nom. Meine Einleit. Th I. S. 98. die Schildkrötenporcellane. Das Schildpadhorn.

*Mus. Leers.* p. 96. 97. n. 948. 949. 950. Schildpad hoorens, Caret-Hoorens. Tortues ou Carets. *Mus. Chais.* p. 62. n. 800. *Mus. van der Mied.* p. 2. n. 20. *Mus. Oudaan* p. 73. n. 849. *Mus. van Dishoek* p. 29. n. 686. 688. *Mus. Koening.* p. 46. n. 578. *Mus. Anon* p. 273. n. 547. *Mus. Gronov.* p. 106. n. 1040. Schildpad of Caret Hooren. *Mus. Gevers.* p 402. n. 1366. Ecaille de Tortue. Kämmerer Conchylien in Rudolstadt S. 44. n. 10. die Schildkrötenporcellane. Verz. der Reuß=Plauischen Naturaliens. S. 46. n. 254. id. nom.

Deutsch:

gründen, warum sie der **Brustharnisch** heißt. Eben so grundlos ist der Name der **unächten Capschnecke**, da man die Aehnlichkeit unter dieser und der **wahren Capschnecke** schwerlich finden möchte. Warum sie die **Franzosen** den **Hasen**, und wenn sie auf dem Rücken einzelne weiße Flecken hat, den mit **Seifentropfen besprengten Hasen** nennen? kann ich vollends gar nicht ergründen. Sehr gut ist der Name der **Schildkrötenporzellane** oder des **Schildpadhorns** gewählt, weil ihre Zeichnung mit den Farben einer Schildkrötenschale eine große Aehnlichkeit hat.

Zuverläßig gehört dies Schildpadhorn unter die schönsten und größten Beyspiele dieses Geschlechts, aber sie schlechthin die größte zu nennen, wie **Linné** und von **Born** thun, das ist ohne Grund, da wir in unsern Tagen größere Porcellanen kennen. Sie hat nach **Linné einen etwas cylindrischen Bau, ist an beyden Seiten abgestumpft und an beyden Enden eingedrückt.** Ihr Bau ist wirklich lang und schmal, doch ist sie unten am schmälsten, und in der Mitte am breitesten; dabey ist sie stark gewölbt, doch auf dem Rücken ein wenig gedrückt. An

Deutsch: Der Brustharnisch. Die Schildkrötenporcellane. Das Schildpadhorn Die Schildkr.. Das unrechte oder falsche Vorgebürge Die falsche Caapschnecke Der Hase. Der junge Hase. Lat. *Cypraea testudinaria. Linn.* Französ *Lapin, ou Levreau, Liévre Tortue ou Caret. Ecaille de Tortue.* Holl. *Schildpadhoorn, Caret-hoorn. Caret. Caap falso.* Engl. *Great Turtle Coury.*

An manchen, vielleicht jüngern Beyspielen, siehet man oben, wie die **Rumphische** Abbildung lehrt, deutliche Windungen, die an andern Beyspielen unkenntlicher, und an den mehresten gar nicht zu bemerken sind. Oben und unten ist diese Porcellane abgestumpft, und an ihrem Bauche flach. Die Mundöffnung ist enge, und auf beyden Seiten gezahnt, doch sind die Zähne der linken, inwendig platten und unten vertieften Seite ungleich länger, und die mehresten der untern Zähne sind gabelförmig. Was diese Porcellane kenntlich genug macht, das ist ihre Zeichnung. Auf schmutzig weißen, mehrentheils ganz überdecktem Grunde ist sie hell- und dunkelbraun gewölkt, auch hin und wieder, besonders an den Seiten, mit einzelnen großen schwarzen Tropfen bezeichnet, auch scheint es, als wenn der ganze Rücken mit Mehl überstreut wäre. Unten ist sie einfärbig fahlbraun. Eine seltenere Abänderung ist auf dem Rücken mit einzelnen großen weißen Flecken belegt, und heißt, wie schon erinnert ist, der mit **Seifentropfen besprengte Kase**, Louvre à gouttes de suif. Man findet diese Porcellane auf **Amboine** und in dem **persischen Meerbusen** bis zu einer Länge von fünf Zollen. Ehedem war sie sehr selten, und in **Holland** hochgeschätzt: in unsern Tagen scheinet ihr Werth um ein Merkliches gefallen zu seyn, da man in der **Leersischen** Auction in **Holland** das Paar mit 3, 4, auch 5 Gulden bezahlt hat.

**Linné** behauptet, die Abbildungen des **Listers** z) wären die unausgewachsene Schalen der Schildkröten-

z) Lister Hist. Conchyl. tab. 748. fig. 42. 43. Rhombus tenuis, ex rufo maculatus. it. Rhombus tenuis, ex fusco

tenporcellane. Ehedem hielt man dergleichen Schalen irrig für den Conus bullatus des Linné; jetzt aber kennen wir den Conum bullatum besser, und wissen auch, daß die Listerischen und andre ähnliche Figuren unausgewachsene Porcellanen, oder Larven sind. Von verschiedenen kennen wir auch schon diejenigen Porcellanen, die aus ihnen entstehen. Ob nun aber diese von Linné angeführten Schalen mit der Zeit zur Cypraea testudinaria werden? darüber habe ich nicht Erfahrungen genug es zu bejahen, ich wills aber noch nicht ableugnen.

(S.)

**Brustlatzknöpfe**, (Conchyl.) Cypraea globulus Lin. a) Unser verewigter **Martini** hat das **Perlchen**, oder

 Ohren=

---

fusco nebulatus fasciatusque. Linné Syst. Nat. ed X. p. 719. Sp 288. β. ed. XII. p. 1173. Sp. 329. β. List. conch. 4. S. 10. c. 8. t. 1. Larva est.

a) Rumph Amboin Raritätenk. tab. 39 fig. L. Holländ. p. 118 n XI. Globuli. Knopjes. Wambais Knoppen. Deutsch S. 97. Kügelchen oder Knöpfchen. Brustlatzknöpfe. Chemnitz Zusätze S 94. das glatte Knöpfchen. it. fig. N. Holland. p. 118. n XIII. Paereltjes. Deutsch S 97. Perlchen. Chemnitz Zusätze S. 95. die Perlchen. Petiver Aquat. amboin tab. 16. fig 19. Small Smooth Coury. it. fig. 20. Pearl Coury. Gualtieri Ind. Test. tab 14. fig M. Porcellana vulgaris, laevis, candida, fragilis, capitibus bicornibus, rima angusta et dentata. Valentyn Abhand. S. 27. Knoopjens, witte Knoopjes, Peerlkens. Hebenstreidt Mus. Richt. p. 301. Globulus. Auripendula. Das Knöpfchen. Das Ohrengehänge. Klein Method. p. 86. §. 220. Sp. II. n. 9. b. Porcellana brevis sive elatior vel gibba, Globuli laeves. it. n. 11. Perlae. *Mus. Gottwaldt.*

Ohrengehänge von den glatten Knöpfchen, oder den Brustlatzknöpfen, Cypraea globulus, getrennt, gestehet

waldt p 16. tab. 8. fig. 44. e. f. das glatte Knöpfchen. Cypraea globulus. Linn. Knorr Vergn Th. VI. tab. 21. fig. 7. erster Text S. 42. das Knöpfchen. Holländischer Text S 93. Glad Knopje. von Born Ind. Mus Caes. Vind. P. I. p 182. das glatte Knöpfchen. Cypraea globulus. von Born Mus. Caes. Vind. Test. p. 195 tab. 8. fig. 20. Murray Fund. testaceol. p. 37. tab. 1. fig. 12. Cypraea globulus Martini Conchyl. Th I. S. 338 tab. 24. fig. 242 das Perlchen. Das kleine weiße Ohrengehänge. Porcellana simplex conglobata, crassa; parvula, utrinque acuminata, coloris vel albi, vel cornei. it. das glatte Knöpfchen. Die Kügelchen. Brustlatzknöpfe. Porcellana simplex conglobata et crassa parva, laevis, utrinque acuminata, Globulo similis vel lutescenti, vel albo.

Linné Syst. Nat. ed. X. p. 725. sp. 326 ed. XII. p. 1181. sp. 368. *Cypraea globulus*, testa utrinque rostrata laevi Linné Mus. Reg. Lud. Ulr. p 583. n. 214. Testa ovi passerini magnitudine, ovata, glabra, alba s. flavescens, extremitate utraque prominula, subrostrata. Superficies punctis vix manifestis notata Spira nulla. Rima utrinque rostrata bifida acumine duplici obtuso; utrinque dentata aequalis. Dentes utrinque transversales, interiores et exteriores maxima ex parte per basin excurrentes in strias. Noscitur glabra, utrinque subrostrata et utrinque dentata. Müller Linnäisch. Natursyst. Th V. S. 403. das glatte Knöpfchen. Linné Natursyst. des Thierr. Th. II. S. 516. Meine Einleit. Th. I. S. 132. das Perlchen. Das Ohrengehänge. Das glatte Knöpfchen. Meine Abhandl. vom innern Bau S. 7. n. 11. das Perlchen.

*Mus. Gronov.* p. 109. n. 1072. lange Knopje. *Mus. Gevers.* p. 404. n. 1377. Bouton ventrue. Verz. der Gräfl. Reußpl. Naturalienf. S. 56. das Perlchen. Die Conchyl.

gestehet aber selbst ein, daß beyde durch fast gar nichts unterschieden wären. Es kömmt ihm daher beynahe unbegreiflich vor, warum die Schriftsteller sie beyde besonders beschrieben und ihnen verschiedene Namen beygelegt haben. Da sie einen runden, gewölbten Bau, und oft auch eine weiße Farbe haben, so hat man sie mit **Perlen** verglichen, die man statt der **Ohrengehänge** brauchen kann, oder auch mit den **runden Knöpfen eines Brustlatzes**, denen sie besonders dann ähnlich seyn sollen, wenn ihre kleinen Fortsätze oder Schnäbel ein wenig abgenutzt sind.

Nach **Linné ist diese Porcellane an beyden Seiten geschnäbelt und glatt.** Man siehet nemlich an beyden äußern Enden kleine Hervorragungen oder Schnäbel, und oben statt der Windungen einen kenntlichen Wulst. Der Rücken ist rund und gewölbt, auch ganz glatt. Der Bauch ist flach, die Seiten desselben aber sind rund, und die Hälfte des Bauches hat feine, doch kenntliche Ribben, so wie beyde Lefzen gezahnt sind, welche Zähnchen sich in der Mündungslefze innwendig in den feinsten Kerbchen endigen. **Linné** giebt sie von der Größe eines **Sperlingsey** an, man findet sie aber vielfältig klei-

 ner.

---

Conchyl. des Fürsten und Bisch. zu Constanz. S. 38. n. 22. das Perlchen.

Deutsch: Das Perlchen Das Ohrengehänge. Das kleine Ohrengehänge. Das Knöpfchen. Das glatte Knöpfchen. Das Kügelchen. Das Brustlatzknöpfchen. Lat. *Cypraea globulus Linn.* Franz. *Bouton ventru.* Holländ. *Knopjes Wambois Knoppen. Lange Knopje. Paereltjes. Peerlkens.* Engl. *Pearl Coury. Small Smooth Coury.*

ner. Einige sind weiß, andre gelb, und noch andre haben auf isabellfarbenem Grunde durchschimmernde bräunliche Punkte, die am kenntlichsten werden, wenn die Schale ausgebleicht ist. Einige, und das sollen die so genannten **Brustlatzknöpfe**, Cypraea globulus Linn. seyn, haben auf dem Rücken eine kleine Furche, die dem **Perlchen** mangelt. Dieser einzige Umstand aber ist nicht hinreichend, beyde zu trennen.

Ein aufgeschnittenes Beyspiel, das ich besitze, zeigt folgenden **innern Bau** dieser kleinen Porcellane. Die Spindel ist vorzüglich kurz, schmal, zusammen gepreßt, und hat eine übergehende Leiste mit einer tiefen Einkerbung. Bey der dritten und vierten Windung ist die Spindel mehr gedreht, als irgend an einer andern Porcellane. Die aufgeschnittenen Windungen sind überaus lang, von der zweyten an nicht stärker, als das feinste Papier, daher sie auch einigermaßen durchsichtig sind. Die innere Farbe ist weiß und glänzend, und die feinen Einkerbungen an der Mündung, deren ich oben gedachte, sind von innen deutlich zu sehen. (S.)

**Brustmuschel**, (Conchyl.) ist eine Benennung, die sonderlich im **Hebenstreit** b) von verschiedenen Porcellanen gebraucht wird, und die bey andern den gleichbedeutenden Namen der **Bruststücke** führen. Siehe **Bruststück**. Dieser Name ist eigentlich aus dem Thoracium **des Rumphs** c) entstanden, der aus ihnen

---

b) Mus. Richter. p. 301. conf. Deutsche Encykl. Th. IV. S. 506 Brustmuschel.

c) Amboin. Raritätenk. Deutsch S. 95. Hollând. p. 117.

nen eine eigne Classe der Porcellanen macht, dahin er die kleinen Porcellanen rechnet. Von diesen sagt er, daß die vornehmsten unter ihnen von ihm ihnen a oder **Bruststücke** genennet worden wären, weil si einem **Brustschilde**, so eine Art Waffen ist, sehr ähnlich sehen. Er belegt indessen nur vier mit dem Namen Thoracium, und nennet sie

1) Thoracium oculatum, **das äugigte Brustschild.**

2) Thoracium stellatum, **oder Sternchen.**

3) Thoracium vulgare sive Cauricium, **die gemeine gelbe Cauris.**

4) Thoracium quartum, **die gemeine Cauris, (der goldne Ring).**

Von diesen allen sagt **Rumph** noch, sie würden Cauri oder Caudı, von den **Maleyern** aber insgemein Condaga und Bia Tsjonka genennt, weil man sie häufig zu einem Spiel gebraucht, welches Tsjonka genennt wird, da man nemlich viel kleine Sachen in gewisse Grübchen, die in einem dicken Bret ausgehöhlt sind, hineinzählet.

**Hebenstreit** hat den Gebrauch des Wortes **Brustmuschel** weiter ausgedehnt, und nicht nur ganz gegen **Rumphs** Intention **den großen Schlangenkopf** mit diesem Namen belegt, sondern er glaubt auch, daß **die weiße Frieselporcellane** eine bloße Abänderung von dem Brandflecken sey, welcher der Name der **Brustmuschel** folglich auch

 gehöre,

gehöre, so wie er auch das Drachenhäuptchen kleine Brustmüschelchen nennt. Wir hätten also alphabetisch folgende Brustmuscheln.

1) **Die augenförmige.** Siehe Naturl. Th. I. S. 520. und **Brandflecken.**

2) **Die gemeine Cauris.** Siehe unter **Brustharnisch.**

3) **Die Frieselporcellane.** Siehe **Frieselporcellane.**

4) **Der große Schlangenkopf.** Siehe **Schlangenkopf unter den Porcellanen.**

5) **Das kleine Brustmüschelchen.** Siehe **Drachenhäuptchen.**

6) **Das Sternchen.** Siehe **Sternchen unter den Porcellanen.**

7) **Das Türkisblaue,** ist die abgeschliffene **Cauris** von Cypraea moneta (siehe **Brustharnisch**), und von Cypraea annulus, siehe **Ring unter den Porcellanen.** (S.)

**Brustpflaume.** S. **Brustbeere, schwarze.**

**Brustpunkt.** S. **Gabelschwanz.**

**Brustschild, der gestreifte,** Phalaena Thoracella. d) Eine Motte (Phal. Tinea). Kopf und Brustschild führen

---

d) Geoffr. Ins. II. p. 196. n. 37. *Goetze* Entom. Beitr. III. Th. 4. B. p. 166. n. 279.

führen in die Länge laufende braungelbe Linien, die Flügel sind weiß, mit braungelben Queerbinden.

**Brustschildwickler, der hohe,** Phalaena Merianana, **der Merianswickler.** e) Ein Nachtvogel und Wickler (Phal. Tortrix), mit fadenförmigen Fühlhörnern, breiten, braunen, ins Grüne fallenden Flügeln, auf welchen sich 2 länglichtrunde graue Flecken und 3 graue Queerlinien finden. In der Uebersetzung des **Degeer** heißt er die Mantelphaläne mit einem kantigen Brustschilde. (Gr.)

**Brustschild,** (Conchyl.) **das äugigte Brustschild,** wird im **Deutschen Rumph** (Amboin. Raritätenk. S. 95.) das Thoracium oculatum des **Rumphs** genennt; weil diese so genannte **Brandflecken** mit einem Brustschilde eine Aehnlichkeit haben sollen. Siehe **Brustmuschel,** vorzüglich **Brandflecken.**

(S.)

**Bruststück.** (Conchyl.) Die Verfasser der **Onomatologie** f) belegen mit diesem Namen die **gelbe Cauris,** oder die **guineische Münze,** die sie **das gemeine gelbe Bruststück** nennen, und die ich unter dem Namen **Brustharnisch** beschrieben habe. Siehe **Brustharnisch.**



e) *Degeer* Inf. II. P. I. p. 470. n. 6. t. 9. f. 16. 19. Uebersetz. II. B. 1 Th. S 473. n. 6. t. 9. f. 16. 19. *Merian* Ins. Eur. t. 87. *Goetze* Entom. Beit. III. Th. 4 B. p. 49. n. 155.

f) Onomat. Hist. Nat. Tom. V, p. 220. Moneta Nigritarum.

Den Namen des **Bruststücks** führet auch **eine Patelle,** g) die nach der Eintheilung unsers **Martini** unter den eyförmigen Napfschnecken mit glatten Rande und verschlossenem Wirbel steht. Sie gehört unter die Patellen, welche nie eine vorzügliche Größe erhalten. Sie haben eine länglich runde Form, sind zuweilen ziemlich hoch gewölbt, zuweilen aber auch ganz platt, eine Erscheinung, die man bey den Patellen oft findet. Der Wirbel stehet nicht gerade in der Mitte; wenn er nicht abgerieben ist, so ist er spitzig, bey abgeriebenen Beyspielen aber rund und glatt. Die Grundfarbe ist von Außen und von Innen weiß oder fahl. Der Rücken hat auf diesem Grunde vom Wirbel an bis zur Grundfläche schwarze Streifen, die an einigen Beyspielen feiner als an andern sind, manchmal findet man feinere und stärkere Streifen an einem und eben demselben Beyspiele. Der Wirbel ist bey einigen mit einem, bey andern mit zwey schwarzen Ringen eingefaßt, man hat aber auch Beyspiele, denen diese Ringe gänzlich mangeln. Innwendig ist der Wirbel weiß, aber ebenfalls schwarz einge-

g) Lister Hist. Conchyl. tab 539. fig. 22. Patella vertice integro, striis nigris donata, ipso vertice albo, nigraque fere linea cincto Klein Method. p. 116. §. 283. Sp. I. n. 20. Patella integra striata, striis nigris donata. Hebenstreidt Mus. Richter. p. 294. Virunculus thorace pictus. Das Bruststuck. Deutsche Encykl. Th. IV. S. 509. Bruststück n. 2. Martini Conchyl Th. I. S. 110. tab. 7. fig 56. 57. die kleine schwarz und weiß gestreifte Napfschnecke mit weißem Wirbel. Lepas parva, vertice et limbo integro, alba, striis in dorso nigris, apice albo, gyris interdum nigris incluso. Meine Einleit. Th. II. S. 448. n. 18. nom. Mart.

eingefaßt. Unter meinen Patellen besitze ich eine Art mit feinen erhöheten Streifen, welche nicht nur den allgemeinen Bau des beschriebenen Bruststücks hat, sondern die auch, wenn sie abgeschliffen ist, die völlige Gestalt desselben erhält. Ob aber eine aus der andern entstehet, wenn nehmlich die letztere abgeschliffen ist? das kann ich nicht sagen, ob ichs gleich vermuthe. Das Bruststück ist unter andern in **Afrika** und auf dem **Vorgebürge der guten Hoffnung** zu Hause, und eben nicht gemein.

(S.)

**Brustwarze.** (Conchyl.) Patella mammillaris Linn. h) **Linné** sahe bey dieser Patelle wahrscheinlich auf Beyspiele,

h) Lister Hist. Conch. tab. 537. fig. 17. Patella nigricans minor, capillaceis striis insignita. Klein Method. p. 115. §. 283. Sp. I. n. 15. tab 8. fig. 1. Patella integra striata nigricans minor. Hebenstreidt Mus. Richter. p. 293. die kleine schwärzliche Schüßelmuschel mit haarförmigen Streifen. Adanson Hist. du Seneg. p. 34. tab. 2. fig. 5. Le Mouret? Davila Catal. P. I. p. 85. n. 30. Lepas, a stries capillaires. von Born Ind. Mus. Caes. Vind. P. I. p. 440. Patella mammillaris. Die Kopfpatelle. von Born Mus. Caes. Vind. Test. p. 422. id. nom. Martini Conchyl. Th. I. S. 111. tab. 7. fig. 58 59. die schwarz und weiße fein gestreifte Knopfplatte. Die kleine afrikanische Napfschnecke mit haarförmigen Streifen und gelben oder weißen Bändern. Lepas exigua africana, vertice et margine integro depressa, striis capillaribus nigris et zonis albis vel aurantiis notata.

Linné Syst. Nat. ed. X. p 782. sp. 668. ed XII. p. 1259. sp. 763. *Patella mammillaris*, testa integra conica, striata subdiaphana, vertice reflexo. laevi. Müller Lin-

spiele, deren Wirbel abgerieben war, da er sie mit einer **Brustwarze** verglich, und **Martini** glaubte unter ihr und einer converen **Knopfplatte** eine Aehnlichkeit zu finden; ich gestehe es aber aufrichtig, daß mir beyde Benennungen zu weit hergehohlt zu seyn scheinen. Beym **Linne** stehet diese Patelle unter denjenigen, die einen **verschlossenen spitzigen zurück gebogenen Wirbel** haben (mucronatae vertice acuminato recurvo), und er legt **ihr einen undurchbohrten Wirbel, der zurückgebogen und glatt ist, einen conischen Bau, und eine gestreifte einigermaßen durchsichtige Schale bey.** Die Schale erlangt nur eine mittlere Größe, denn sie wird höchstens einen Zoll lang, und ¾ Zoll breit, folglich ist ihr Bau nicht rund, sondern mehr oval zu nennen, doch ist sie stark erhaben, darauf **Linné** ohne Zweifel sahe, da er ihr einen conischen Bau beylegt. Vom Wirbel herab laufen auf schwarzen, schwarzbraunen, oder auch castanienbraunen Grunde die feinsten Streifen, die eine weiße Farbe haben. Einige haben auch weiße oder gelbe Queerbänder. Mehrentheils ist diese Patelle abgerieben, und da ist der Wirbel, der sonst spitzig und zurück gebogen ist, unkenntlich und flach, der ganze Wirbel erscheinet weiß, oft ist die halbe Schale weiß, und die ganze Patelle erscheinet glatt, die sonst erhabene Streifen hat. Die Schale ist ziemlich stark, und einigermaßen durchsichtig,

---

Linnäisch. Naturs. Th. VI. S. 611. die Kopfplatte. (soll wahrscheinlich hier und beym Herrn von Born Knopfplatte heißen.) Getepelde Patelle. Linné Naturs. des Thierr. Th. II. S. 576. Meine Einleit. Th. II. S. 576. die Brustwarze. *Mus. Gevers.* p. 244. n. 71. Patelle à Mammelles.

tig, sonderlich wenn sie abgeschliffen ist. Der Umriß der Schale ist glatt, auch an unversehrten Beyspielen. Innwendig hat sie einen breiten braunen Rand, wenn sie von Außen braun ist, und einen schwarzen, wenn die äußere Farbe schwarz ist, und dieser Rand ist bald mit feinen weißen Streifen geschmückt, bald ohne Streifen; das übrige der innern Schale ist weiß.

**Der Bewohner** hat, wie **Adanson** sagt, viel Eigenes. Seine Augen und Fühlhörner sind so klein, daß man fast glauben möchte, es fehle ihm an beyden. Der Kopf stellt einen halben Mond vor, und ist in der Mitte durch einen tiefen Einschnitt gleichsam in zwey gleiche Theile getheilt. Die Franzen sucht man an seinem Kragen vergeblich, der Saum des Kragens ist bloß eingekerbt. An der rechten Seite des Thiers entdeckt man eine kleine viereckige Haut, die in beständiger Bewegung ist, und das Werkzeug zum Athemhohlen ausmacht. Der Fuß ist ohne Furche. Die Grundfarbe des ganzen Leibes ist aschgrau, mit einer großen Menge kleiner gelber Puncte und Flecken überstreut.

Man findet diese Patelle nach **Linné** im **mittländischen Meere**, nach **Lister** in **Afrika**, und nach **Adanson** und **Martini** auf der **Insel Gorea**.

(S.)

**Brustwarzenschwamm.** i) Nach **Seba** ist Herr Collegienrath **Pallas** der erste, der uns mit diesem äußerst

i) Spongia papillaris, crustacea tenera mollis papillosa, papillis perforatis. Pallas Thierpfl. 2 Th. n. 17. p. 228. Spongia singularis lignosa, ramis recurvis in totum fistulatis. *Seb.* thes. T. III. tab. 97. fig. 3.

ßerst sonderbaren Saugschwamm näher bekannt macht. In seinem von dem seel. Pastor **Wilkens** übersetzten Elencho zoophyt. wird derselbe folgendergestalt beschrieben: Es sind Krusten, welche sich über Korallenarten, Konchylien oder Felsen auf eine ungleiche Art ausbreiten. Auf ihrer Oberfläche sind etwas hervorstehende Brustwärzchen von kugelförmiger Gestalt, die sich mehr oder weniger erheben, und zum Theil vor sich allein bleiben, zum Theil aber auch zusammen vereinigt, kleine Hügel vorstellen. Ein jegliches Wärzchen hat ein ansehnliches Loch, welches durch die ganze Kruste von oben bis unten senkrecht durchgehet. So sehr ähnlich aber auch die Substanz derjenigen in dem **Augenschwamm** (Spongia oculata Linn.), so ist sie doch weniger zähe, und dagegen etwas härter; wie man sie denn auch, wenn sie trocken geworden ist, leicht zerreiben kann. Ausgewaschene Exemplare haben eine Farbe, die aus dem Griesgrauen sich ins Weiße zieht, dahingegen solche, die zusamt dem einsitzenden Gallert trocken geworden sind, sich dunkelbraun zeigen. Der Geruch beym Verbrennen ist thierisch. Er kommt aus dem amerikanischen Meere.

Die Abbildung, welche ich bey dem **Knotenschwamm** (Spongia nodosa *Linn.* Spongia rubens *Pallas.*) aus dem **Imperatus** angeführt habe, stellt wegen der großen Löcher, mehr diese Art vor.

(Ho.)

**Brustwenzel, brasilianischer,** Motacilla Guira. S. **Bachstelzen,** Th. V. S. 33.

— — — **indianischer,** Lanius Emeria. S. **Würger.**

**Brustwenzel.** **Klein** macht in seinem siebenten Geschlecht der vierten Ordnung von Vögeln, nämlich der Fliegenstecher, drey Eintheilungen. Die erste heißt bey ihm: Grasmücken, die zweyte Zaunkönige, und die dritte **Brustwenzel** Von diesen zählt er 27 Arten, die schon mehrentheils unter den Bachstelzen und Baumläufern beschrieben sind; die übrigen werden unter ihren eigenthümlichen Namen vorkommen. (O.)

**Brustwurz, Brustwurzel.** S. **Engelwurz.**

**Brut der Schnecken.** S. **Conchylien-Eyer.**

**Brustzitze,** (Conchyl.) **die Warze.** k) Eine seltene Conchylie aus der großen **Spenglerischen** Conchyliensammlung, die wahrscheinlich unter die **ausländischen Erdschnecken** gehöret. Sie stellet eine stumpfe Pyramide, oder wie sich **Müller** ausdrückt, einen nodum conicum vor, und man sucht sie in den mehresten Conchyliensammlungen, und in allen conchyliologischen Schriften vergebens, es ist mit einem Worte eine ganz neue Art von Erdschnecken. Sie ist eilf Linien hoch, und unten bey der etwas erhobenen

---

k) **Müller** Hist. Verm. P. II. p 100. n. 298. Helix Papilla, testa conica, in nodum conicum elevata, perforata, striis rugosis, apertura transversali, labro reflexo. **Chemnitz** fortges. Conchylienk. Th. II Abschn. II. S. 51. tab. 122. fig. 1053. 1054. die **Warze.** Die **Brustzitze.** Trochus Papilla, testa terrestri, obtuse pyramidali, valde rugosa, sulcis et striis longitudinalibus obliquis albis et fuscentibus alternis, apice plano glabro, apertura transversali, labro reflexo. **Dänisch** Vorte Snekken.

nen Grundfläche zehn Linien breit. Sie hat nur fünf bis sechs Windungen. Die obersten beym stumpfen flachen Wirbel sind glatt, die andern werden durch längliche in schiefer Richtung herablaufende weiße Streifen und rothbräunliche Furchen ganz rauh und runzelvoll gemacht. Der Lippensaum bedeckt den kleinen Nabel fast gänzlich. Ein breiter weißer Saum dienet der weiten flachgedrückten Mündung zur Einfassung. Der **seel. Müller in Kopenhagen** hat dieser Schnecke den Namen der **Warze** oder der **Brustzitze** ertheilet, und ihr dadurch einen mit ihrer Form und Figur völlig übereinstimmenden Namen gegeben. Ihm ists ein Helix, beym **Chemnitz** ein Trochus oder **Kräusel**; wer von beyden Recht habe? kann ich nicht untersuchen, weil mir das Original mangelt. Das eigentliche Vaterland dieser Seltenheit weiß **Herr Chemnitz** nicht anzugeben. (S.)

*Bruta.* S. **Wachholder.**

*Brya.* S. **Ebenholz.**

**Brynie, himmlische; Hymber,** Colymbus Immer, S. unter **Taucher.**

*Bryon.* S. **Flechte, Knotenmos, Ylle.**

*Bryonia.* S. **Zaunrübe.**

*Bryoniastrum.* S. **Stichling.**

*Bryonioides.* S. **Klimmen, Stichling.**

*Bryopteris.* S. **Bärlappen.**

*Bryum.* S. **Knotenmos.**

**Ende des IX. Bandes.**

Große Bohne.
Faba major.

T. 4

Nat. Lex. IX. B.

Bauh. S. 358.

Fuchsrothe Bohne
Phaseolus rutilus 15

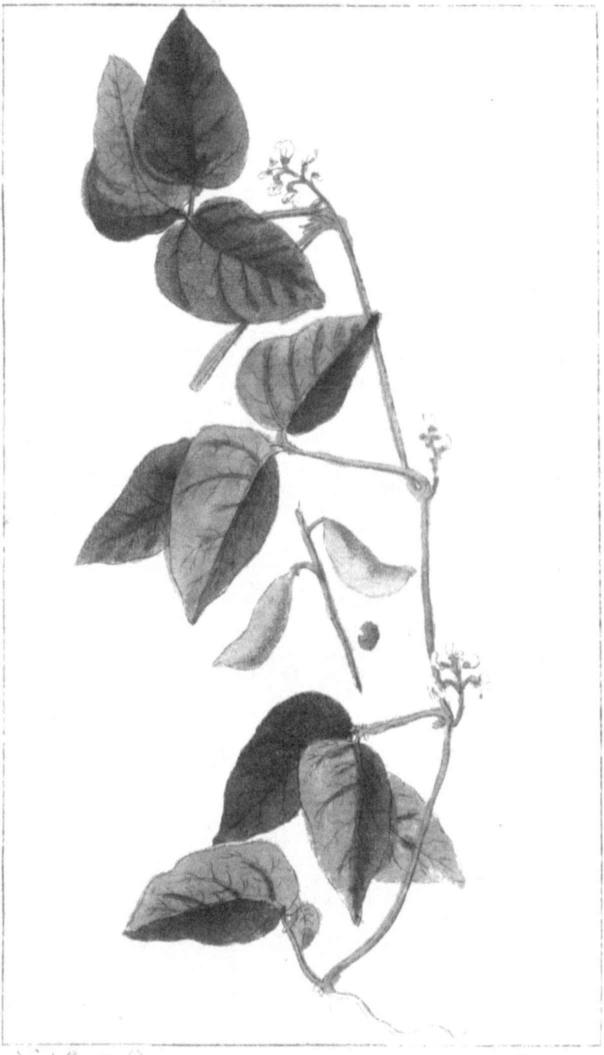

Nat.Lex.17.B. Jacquin

Halbaufrechte Bohne
Phaseolus Semierectus. Tab. 10

Nat. Lex. VI. B. Capieux

Bohne mit Sturmhutblättern.
Phaseolus Aconitifolius. T. 11.

Nat. Lex. II. B. Jacq.

Bohne mit 2 Düpfelchen. S.

Zwey Varietäten der Mondförmigen Bohne. S. 13.

Nat. Lep. II. B:

Bohne von Havana. S. 26

Bohnen Kapern. mit vestsizenden Blættern S.35

Nat: Lex: 9. B

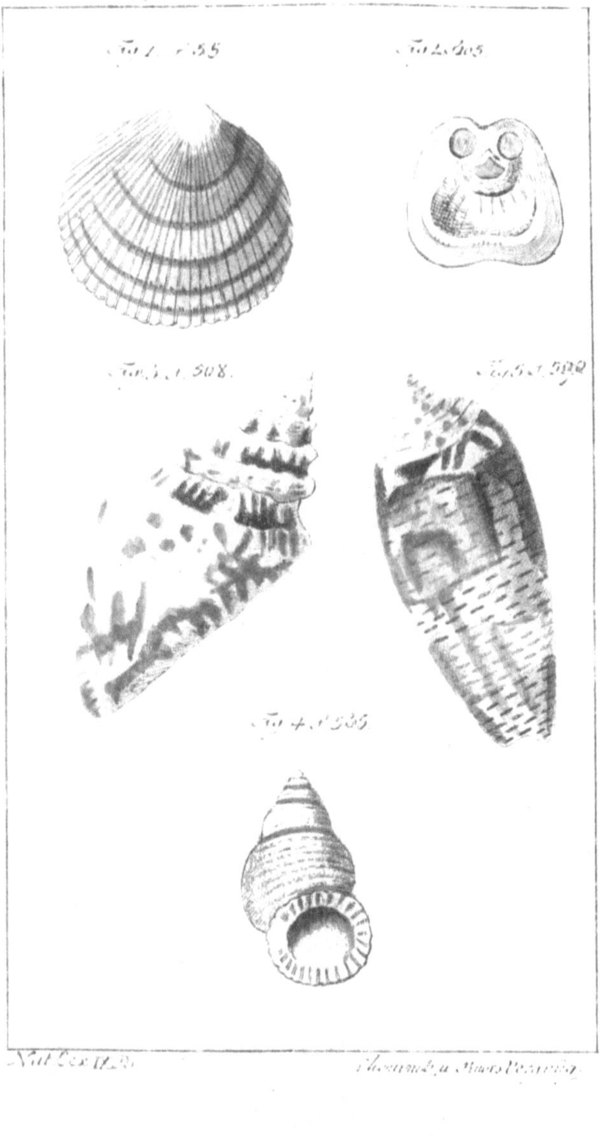

Daphneartige Bontie. S:158.

Nat Lex IX B.

Bootshaken

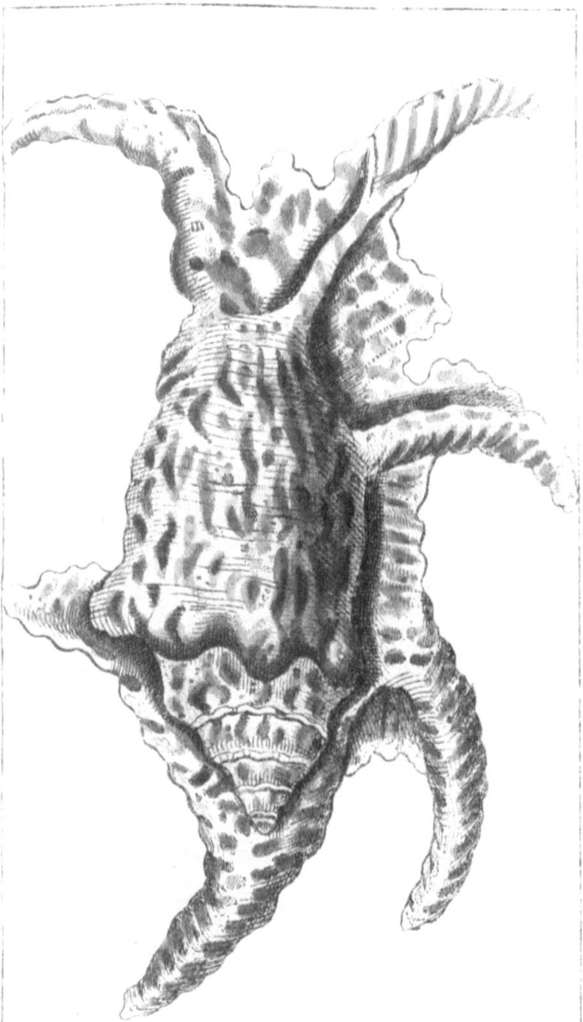

Nat. Lex. IX. B.

Knorr Vergnügen

F. 1. Bootshaken der mauritianische S. 223
F. 2. Boraestreppe. S. 242. F. 3. Brandflecken S. 24[illegible]

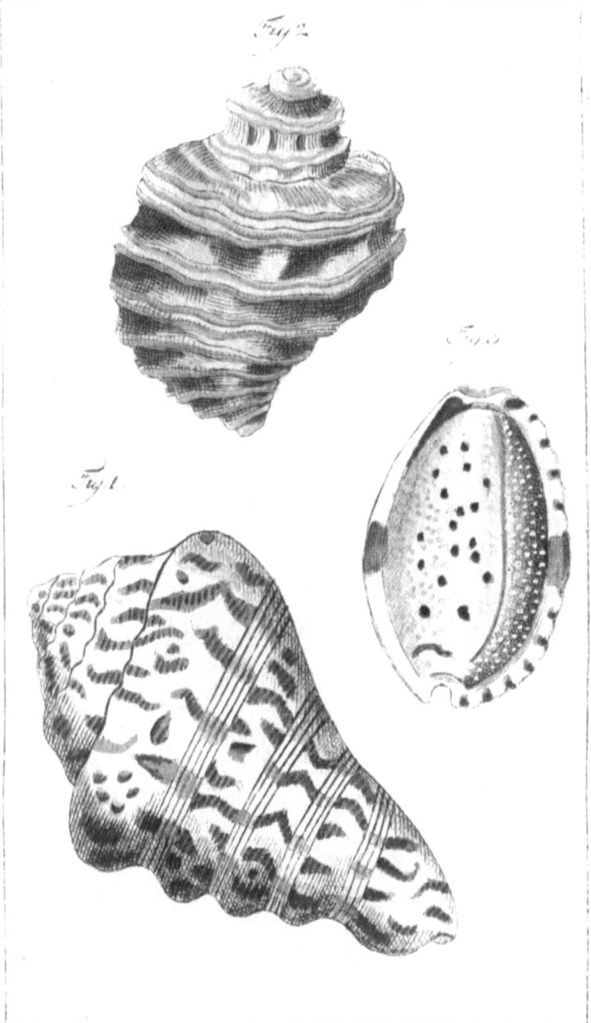


Nat. Lex. II. B. Martini u. Chemnitz.

Filzige Borbonie. S. 259

Nat: Lex. 9: B.

Herzförmige Borbonie. S. 210.

No. Sep. 9. B.

Boreaphalene. f.253.

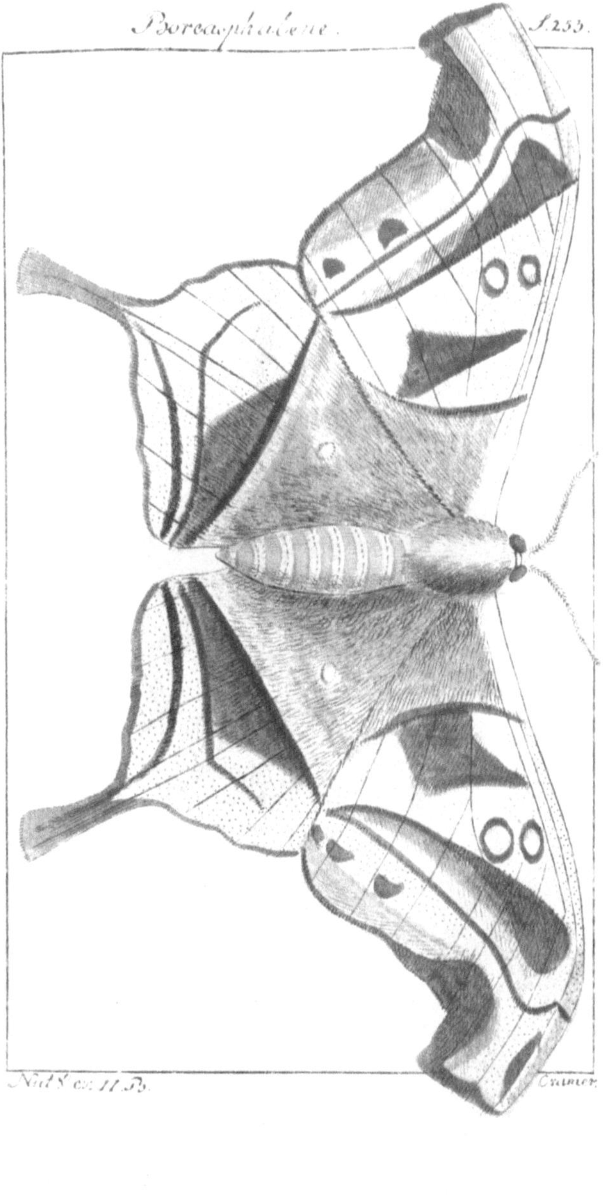

Nat S ex. 11 B. Cramer.

Borrago.

Nat: Lex: g B.

Fig. 1 Breitbacken. S. 487.
Fig. 2 Borstenfeder. S. 258.

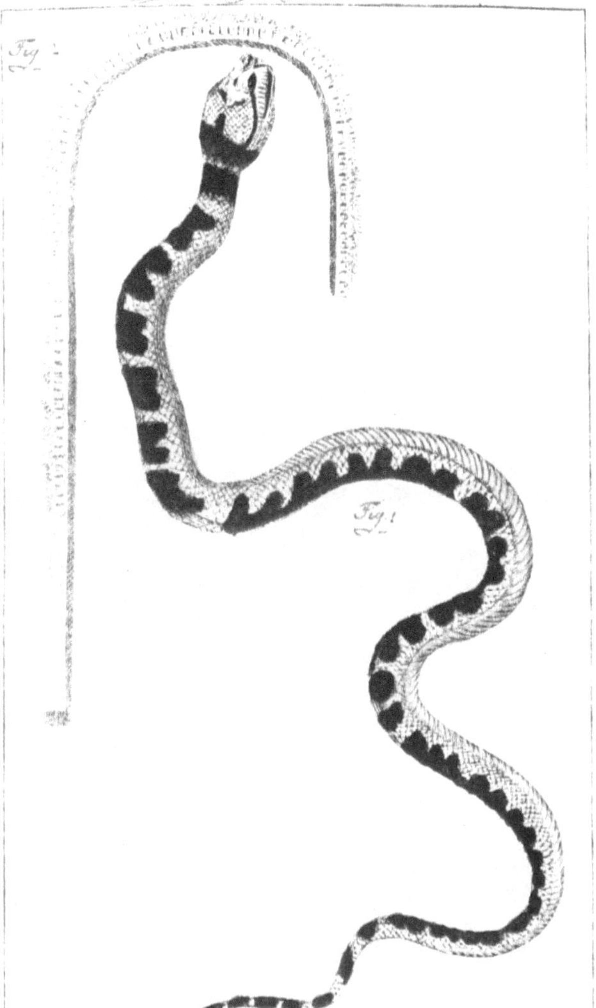

Borstenflosse.



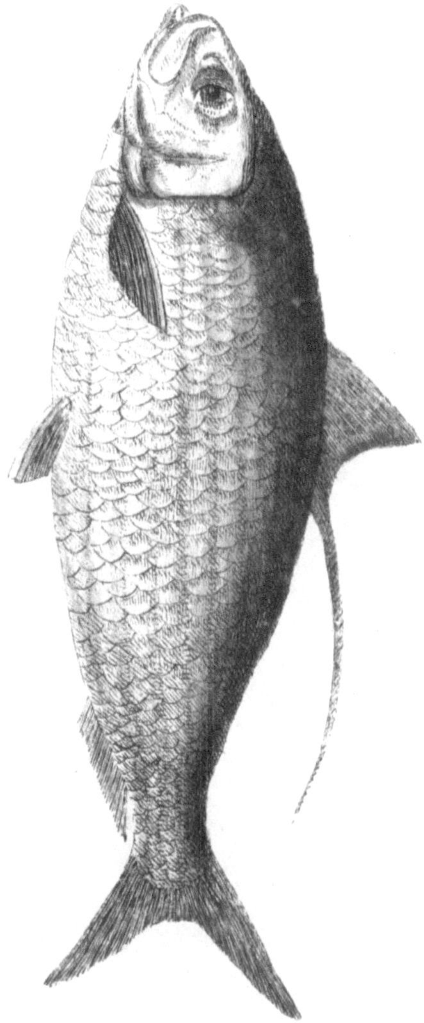

Nat. Clx.IX.B.

Bosea. Bosischer Baum. S. 261.

Nat. Lex. II. B.

Botryllus



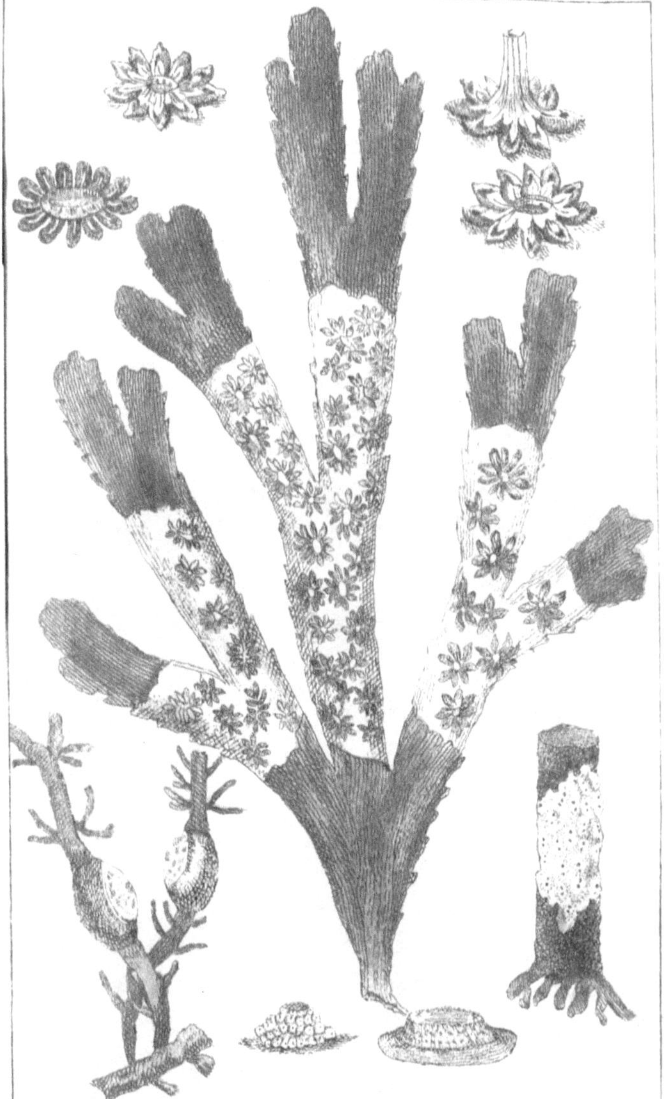

Nat. Lex. IX.B.

Brachsme.

S. 270.

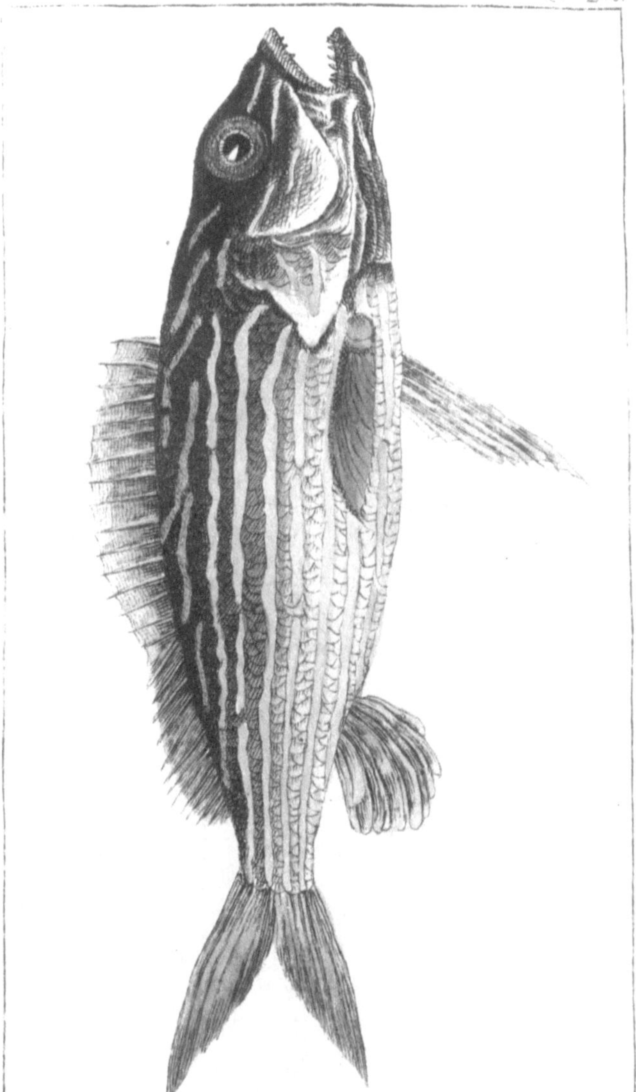

Nat. lex. IX. B.

Brachsme Gold.

S. 275.

Nat. Lex. IX. B.

Brachsme Stein.



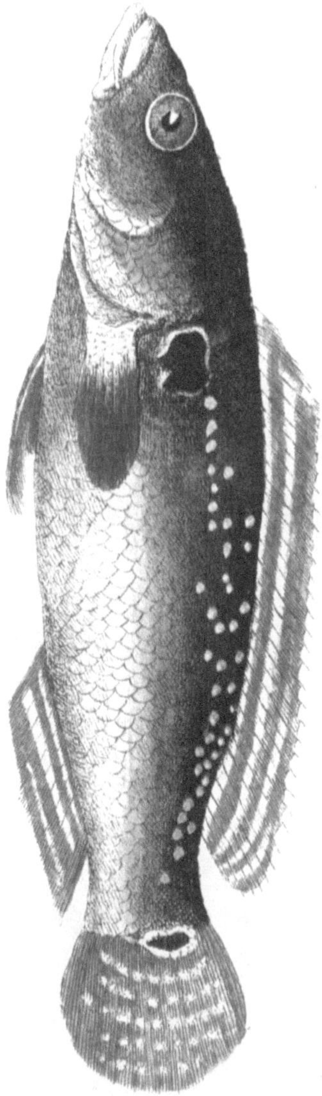

Brachme betrügerischer.

S. 292.

Nat. Lex. IX. B.

Fig. 2. Brustfaltenfisch S. 203

Fig. 3. Brachsme Klappaugiger S. 206

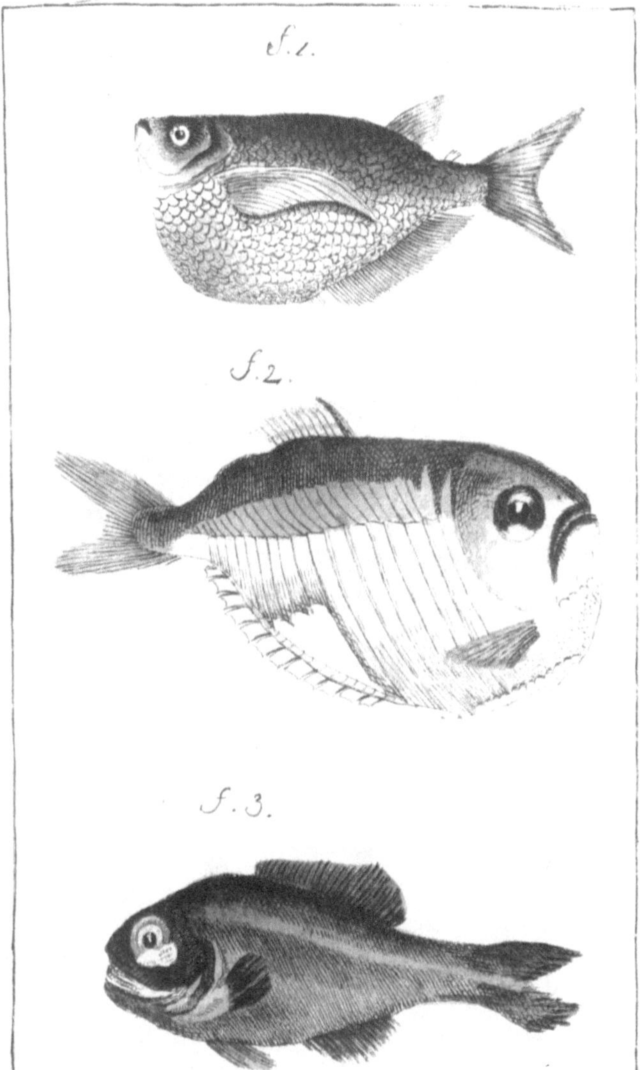


Nat. Lex. IX. B.

Brachsme rautenförmiger

S. 202

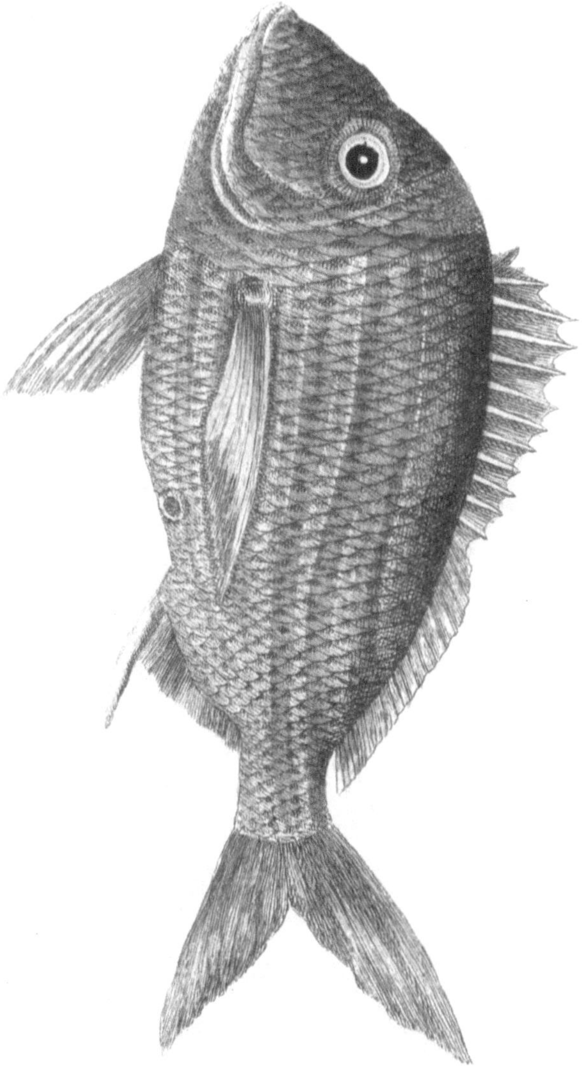

Nat. Lex. I. X. B

Brachsme goldmangler S. 306

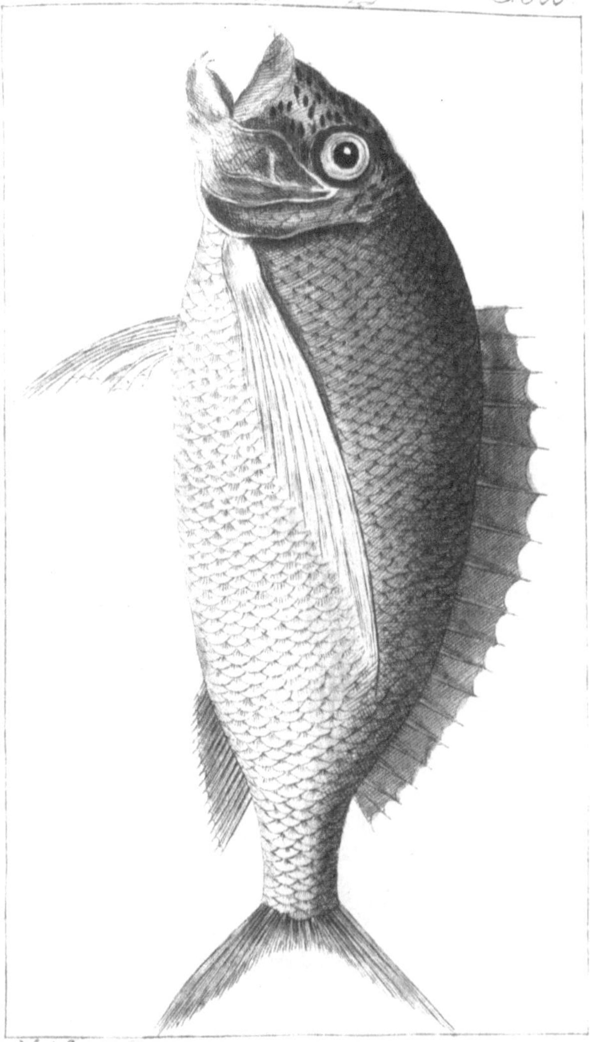

Nat. Lex. II. B.

Brandhorn { Das doppelte Fig. 1. S. 357. / Das geknobbelte Fig. 2. S. 360.

Fig. 1.

Fig. 2.

Nat. Lex. IX. B. Martini Conchyl.

Breitfisch. Tab. 21

Nat. Grösse.

Zotige Brasilienstaude. Tarirlyum

Nat. Lex. I N. 71.

F. 1 Le Pyramidique S. 435
F. 2 Le Brechbilter S. 497

Fig. 1

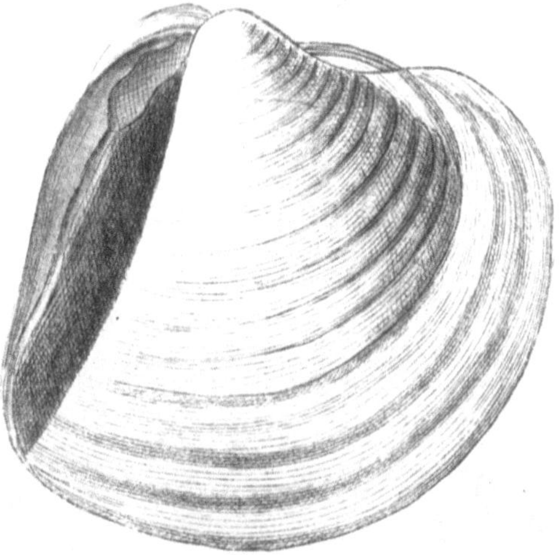

Fig. 2

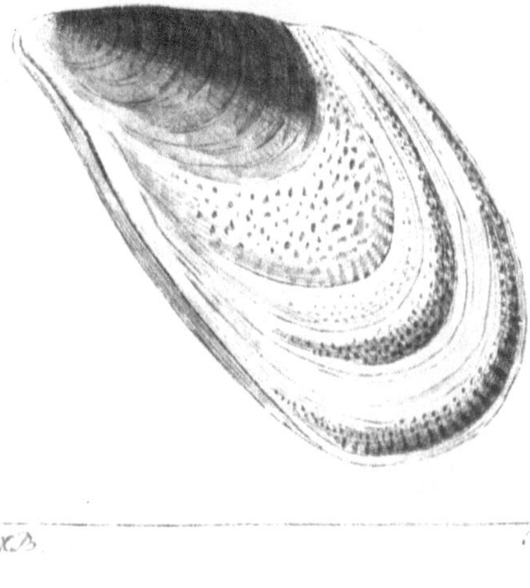

 Chevron

Braunwurz Hundskraut S. 466

Nat. Lex. IX. B.

Frühlings-Braunwurz.

S. 466

Nat. Lex. IX. B.

Waßerbraunwurz



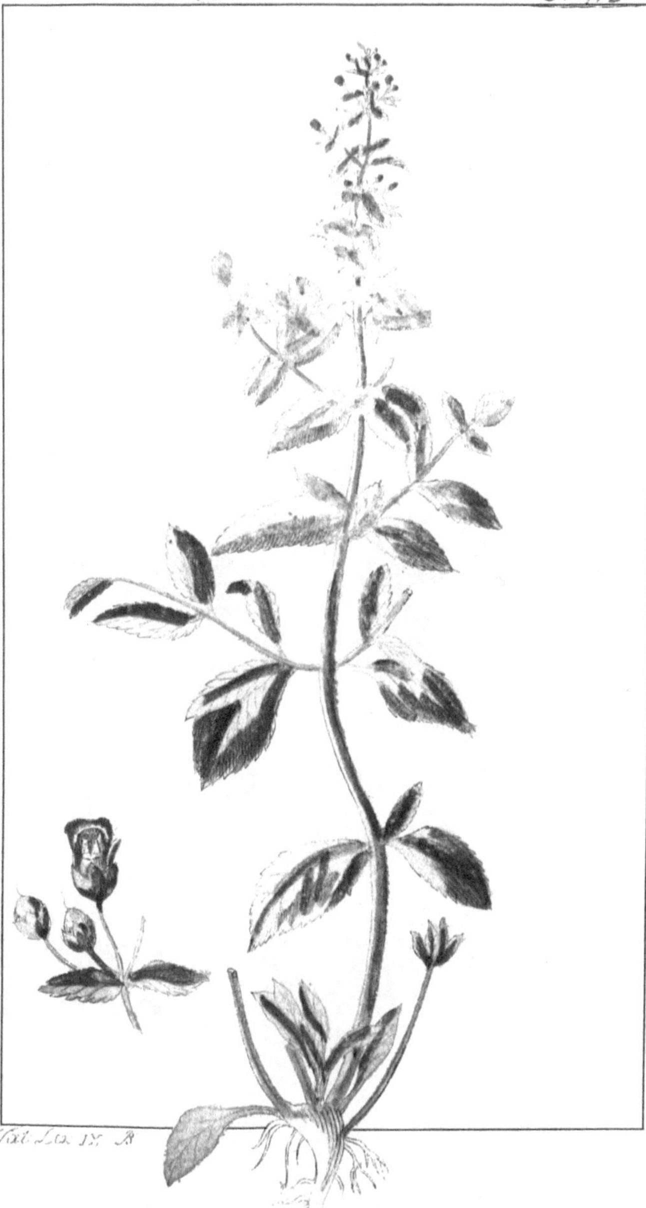

Nat. Lex. IX. B.

brennende Brechnus. S. 478

Americanische Brechnuß. S. 173

Tab. Lep. 9. B.

Brechnus mit Baumwollenblättern

Schwarze Brechnus. S. 484.

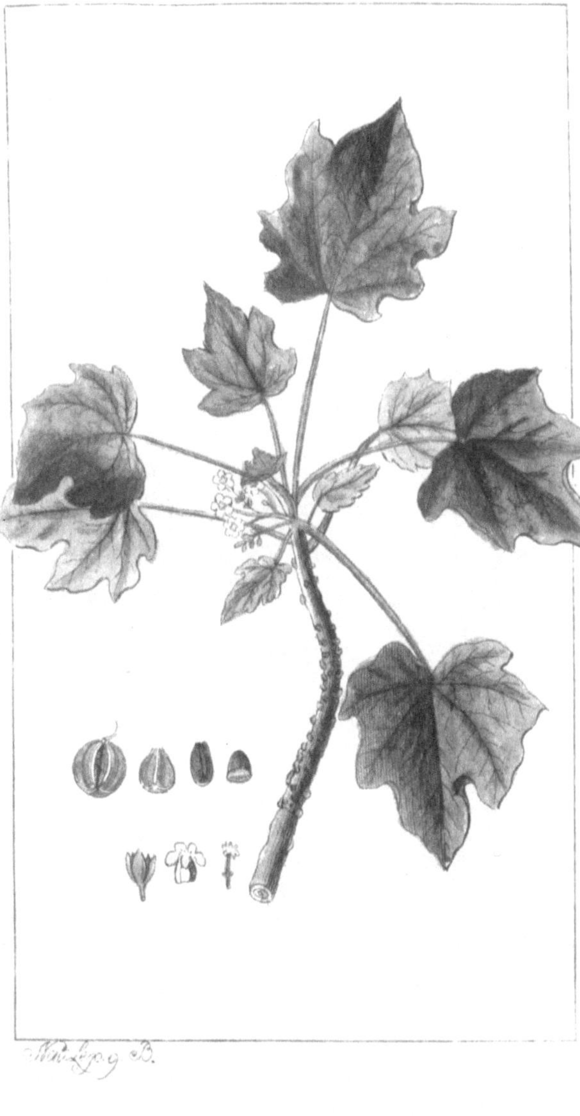

Nic. Lep. g. B.

Nat. L. del. K. S.

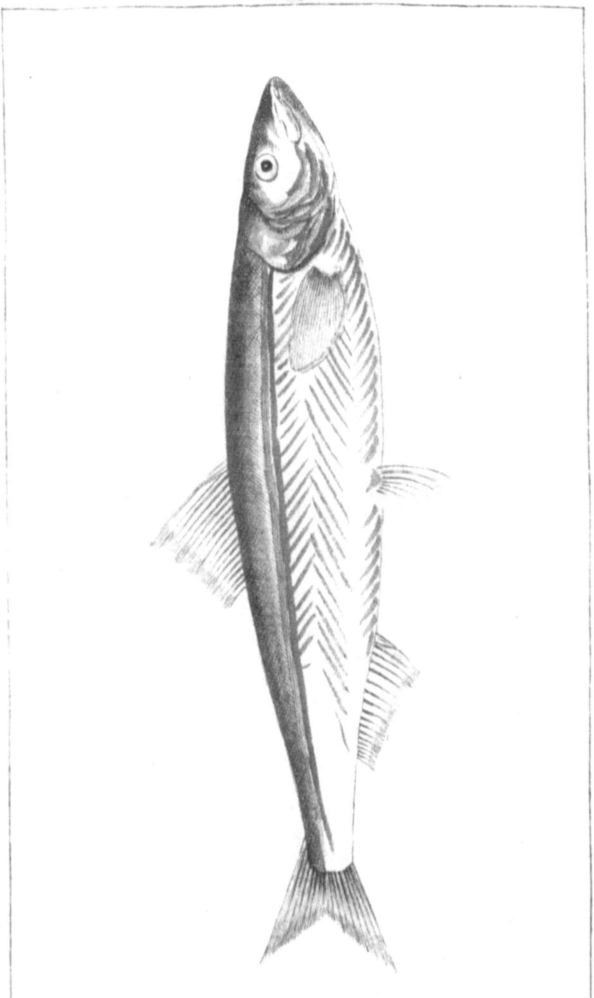

Nat. Lex. IX. 13.

Nat. Lex. IX. B.

Bremse { Fig. 1. Ochsenafterbremse S. Fig. 2. Renthierbremse
Fig. 3. Afterkriecher. S. Fig. 4. Sterngrübler. S. 587

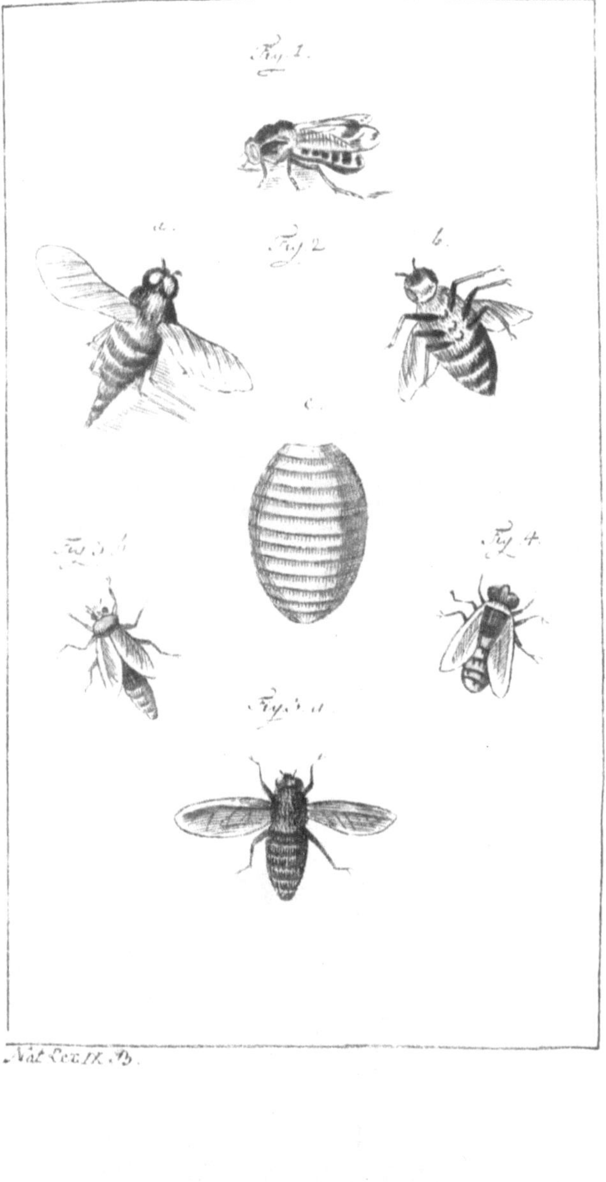


Nat. Lex. IX. B.

S. 554.

Brenn Palme. S. 558.

Nat Lex 9 B.

Fig. 1. Brautrippe. S. 539. Fig. 2. Bretspiel. S. 559

Fig. 1

Fig. 2

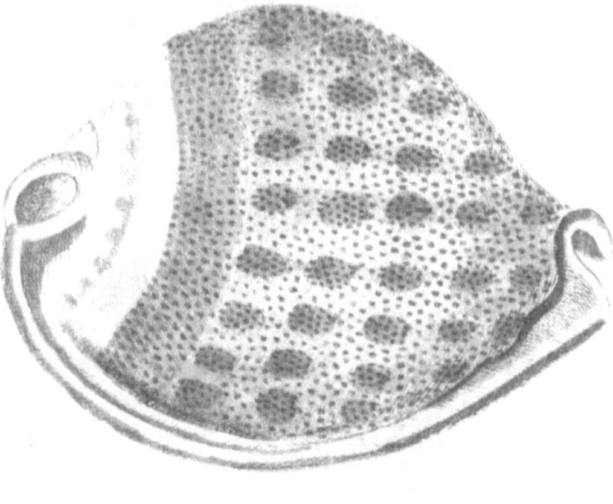

Naturf. 20. IX. B. Chemnitz.

Brüsten ähnlicher Breiapfelbaum. S. 56.

Gemeiner Breiapfelbaum. S. 503.

Nat. Lep. g. B.

Bricke.



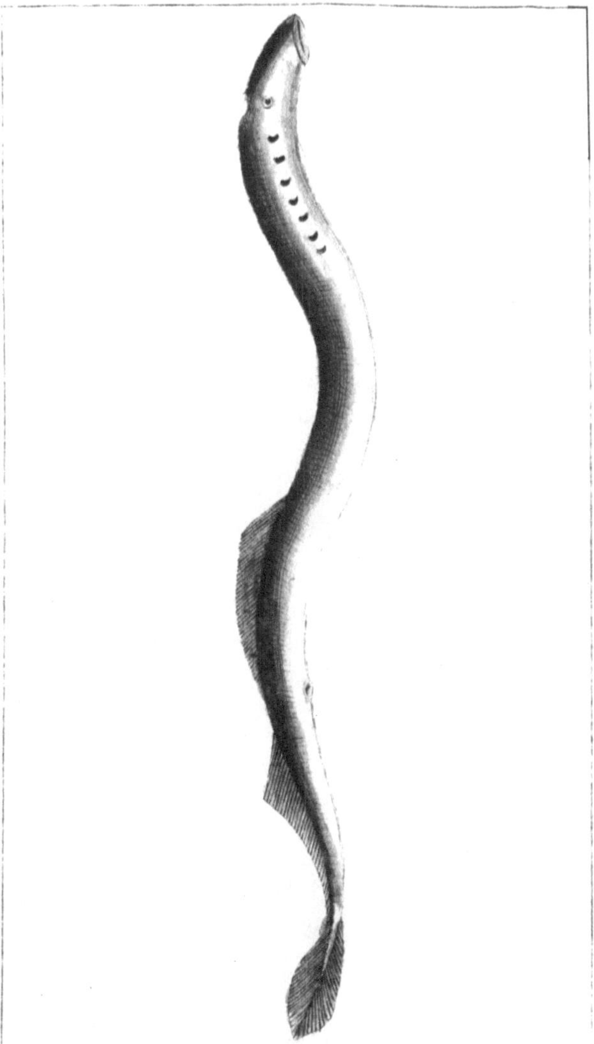

Nat. Lex. IX B.

Brillen Schlange. S. 571.

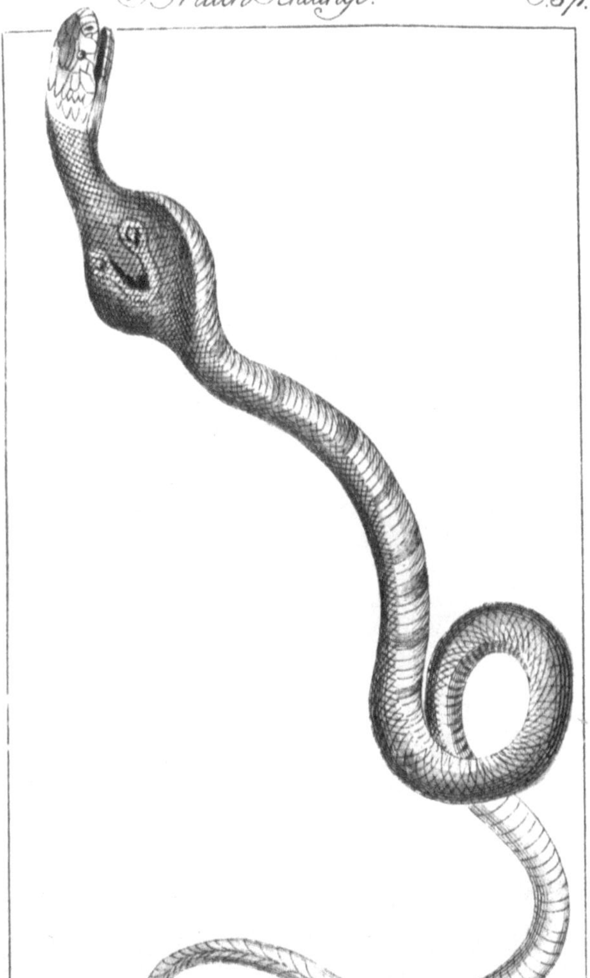

Andscheli Baum S.580

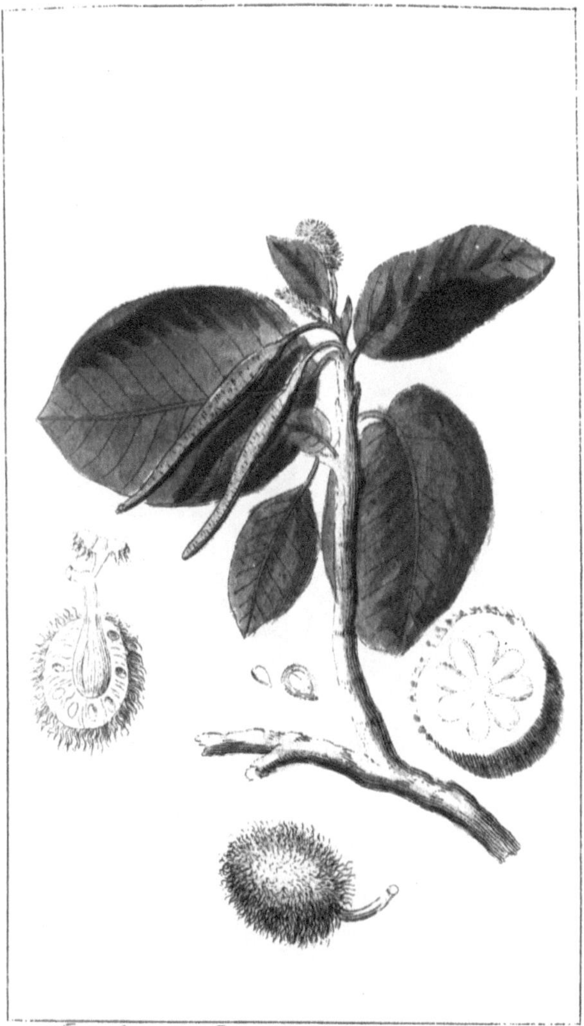

Nat: Lep. 9.B.

Brotbaum mit volkommenen Samen S. 580.

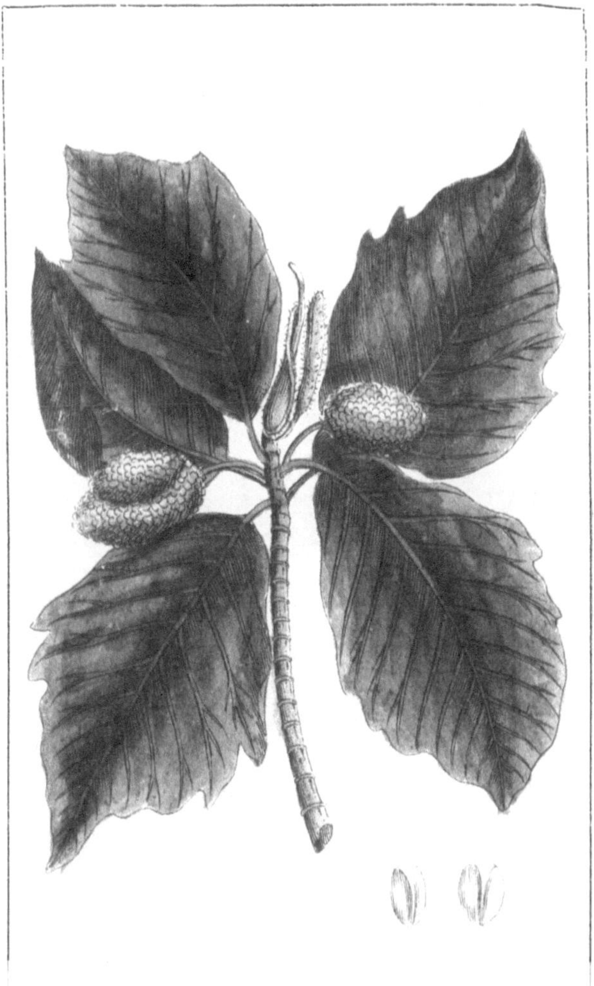

Nat: Le p. 9 B.

wilder Brotbaum. S. 583

Nat. Lex. g. B.

Brotbaum, mit ungetheilten blættern.

Spielart des Brotbaums mit unzertheilten Blättern. 587.

Nat: Lep. 9. B.

Brossæa S. 608

Nat Lex 9 B

Brownie S. 61

Nat Lex 9 B.

Entfremdete Browallie S. 609

Nat. Lex.: IX B

Brucée S.611.

Nat. Lep. 9. B.

glattes Bruchkraut. N°15.

Nat. Lep. 9 B

Brummer. S. 646.

Nat: Lex: 9. B:

grossblumige Brunelle. S. 650.

Nat. Lep. y B.

Zerschlissene Brunelle. S.651.

Nat. Lex. 9 B.

Brunette N° 52.

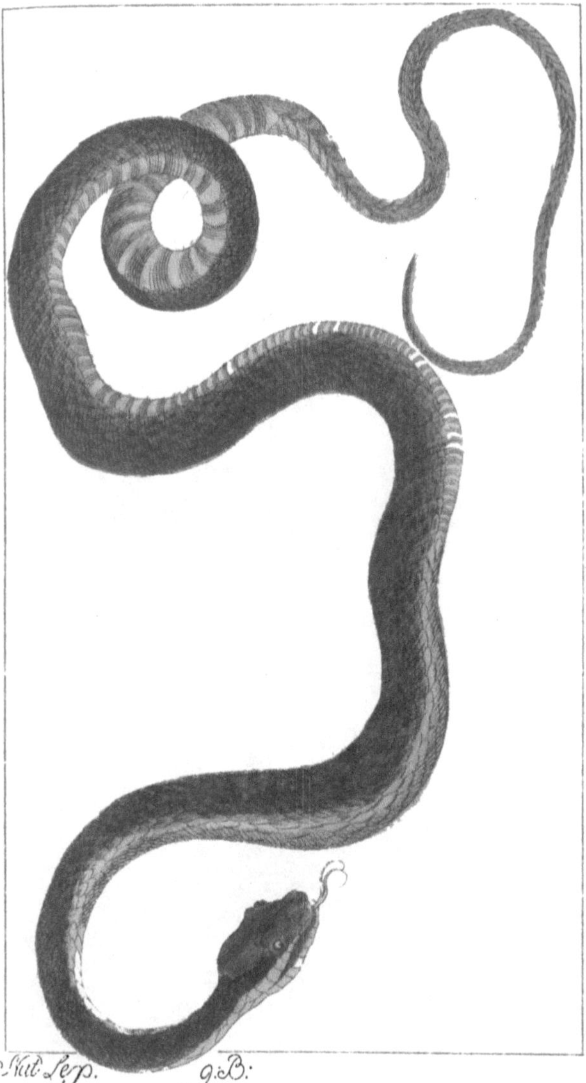

Nat. Lep. g. B.

Stabwurzartige Brunie. T. 657.

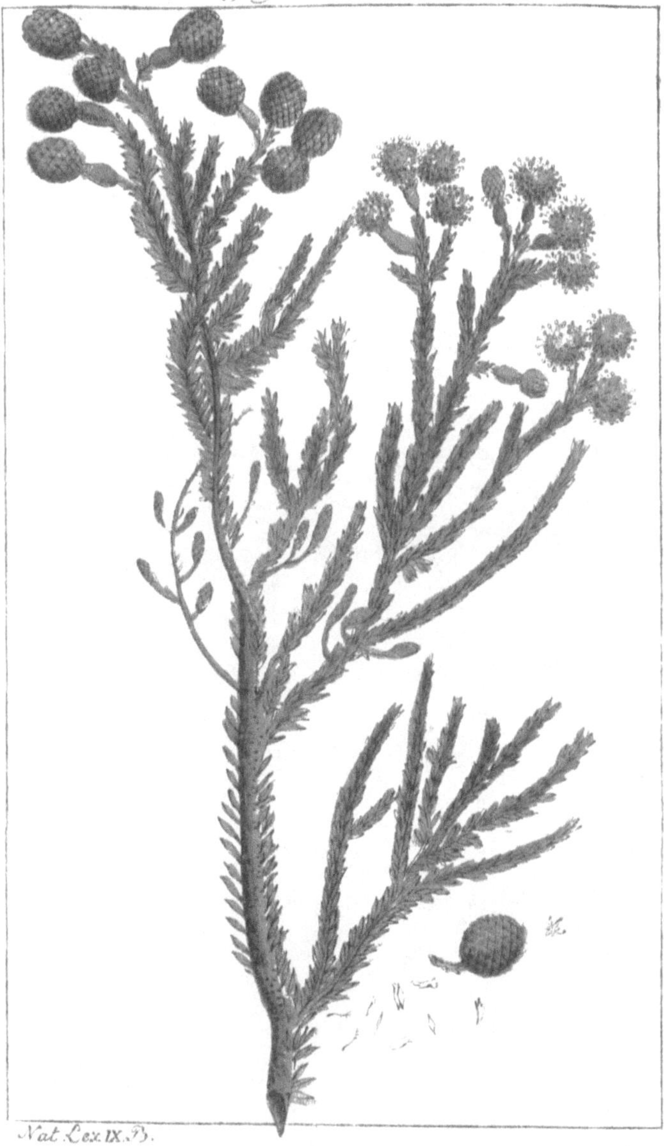

Nat. Lex. IX. B.

Bouinsfel fic. S. 663.

Nat. Ccxix B.

Brustbeer Strauch.

S. 690.

Nat. Lex. IX. B.

1 *Cordia Gerascanthus.*
2 *Sebesten Baum mit rother Blume.* S.69.

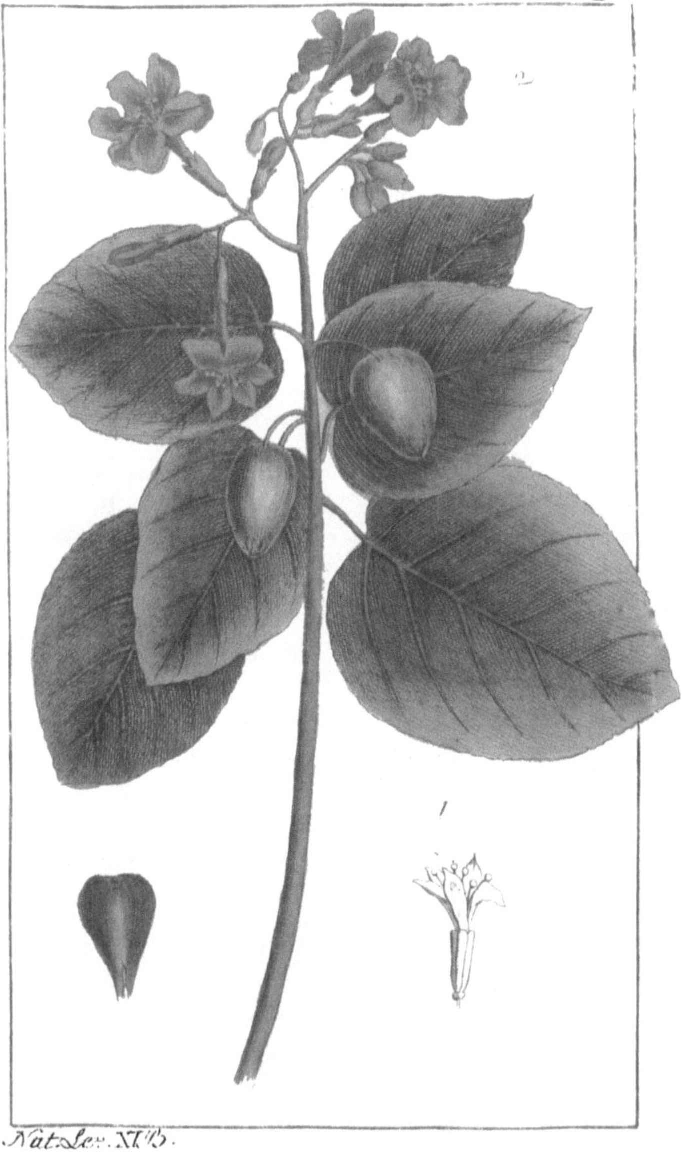


Nat. Lex. XI. B.

1 Cordia Gerascanthus.
2 Sebesten Baum mit rother Blume. S.692

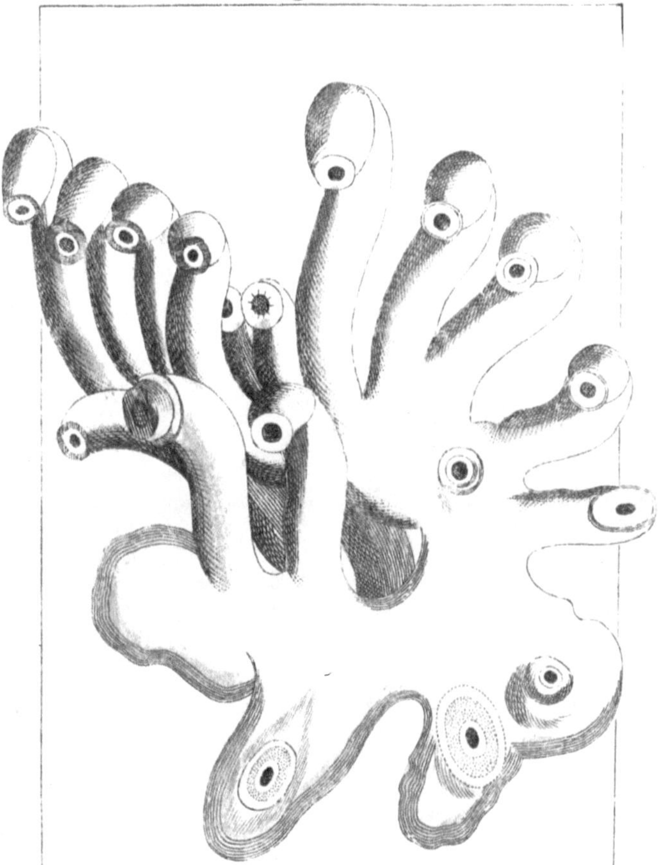

www.ingramcontent.com/pod-product-compliance
Lightning Source LLC
LaVergne TN
LVHW092114300926
849161LV00002B/128
* 9 7 8 3 1 1 2 6 6 4 5 1 3 *